普通高等教育“十一五”国家级规划教材
全国高等医药院校药学类规划教材

药用植物学

（第二版）

（供药学类专业用）

主　编　孙启时
编　委　（以姓氏笔画为序）
孙启时（沈阳药科大学中药学院）
陈虎彪（北京大学药学院）
张　浩（四川大学华西药学院）
张　勉（中国药科大学中药学院）
郭增军（西安交通大学药学院）
贾景明（沈阳药科大学中药学院）
温学森（山东大学药学院）
路金才（沈阳药科大学中药学院）
主编助理　贾凌云（沈阳药科大学中药学院）

中国医药科技出版社

内 容 提 要

本书是全国高等医药院校药学类规划教材之一，共分四篇：植物器官形态和显微结构、药用植物的分类、药用植物生物技术、药用植物资源的分布与开发。

在编写过程中注意对基本知识、基本理论、基本技能的阐述，同时也增加了药用植物生物技术等学科前沿知识。

本书可供药学、中药学等相关专业教学使用，也可供相关技术人员参考。

图书在版编目(CIP)数据

药用植物学/孙启时主编．—2 版．—北京：中国医药科技出版社，2009. 9

全国高等医药院校药学类规划教材．普通高等教育"十一五"国家级规划教材

ISBN 978 -7 -5067 -4315 -0

Ⅰ．药...　Ⅱ．孙...　Ⅲ．药用植物学—医学院校—教材　Ⅳ．Q949. 95

中国版本图书馆 CIP 数据核字(2009)第 120136 号

美术编辑　陈君杞
版式设计　郭小平

出版　中国医药科技出版社
地址　北京市海淀区文慧园北路甲 22 号
邮编　100082
电话　发行：010-62227427　邮购：010-62236938
网址　www. cmstp. com
规格　787×1092mm 1/16
印张　34 1/4
字数　687 千字
初版　2003 年 12 月第 1 版
版次　2009 年 9 月第 2 版
印次　2015 年 2 月第 2 版第 6 次印刷
印刷　三河市百盛印装有限公司
经销　全国各地新华书店
书号　ISBN 978-7-5067-4315-0
定价　62. 00 元

出 版 说 明

全国高等医药院校药学类专业规划教材是目前国内体系最完整、专业覆盖最全面、作者队伍最权威的药学类教材。随着我国药学教育事业的快速发展，药学及相关专业办学规模和水平的不断扩大和提高，课程设置的不断更新，对药学类教材的质量提出了更高的要求。

全国高等医药院校药学类规划教材编写委员会在调查和总结上轮药学类规划教材质量和使用情况的基础上，经过审议和规划，组织中国药科大学、沈阳药科大学、广东药学院、北京大学药学院、复旦大学药学院、四川大学华西药学院、北京中医药大学、西安交通大学医学院、华中科技大学同济药学院、山东大学药学院、山西医科大学药学院、第二军医大学药学院、山东中医药大学、上海中医药大学和江西中医学院等数十所院校的教师共同进行药学类第三轮规划教材的编写修订工作。

药学类第三轮规划教材的编写修订，坚持紧扣药学类专业本科教育培养目标，参考执业药师资格准入标准，强调药学特色鲜明，体现现代医药科技水平，进一步提高教材水平和质量。同时，针对学生自学、复习、考试等需要，紧扣主干教材内容，新编了相应的学习指导与习题集等配套教材。

本套教材由中国医药科技出版社出版，供全国高等医药院校药学类及相关专业使用。其中包括理论课教材 82 种，实验课教材 38 种，配套教材 10 种，其中有 45 种入选普通高等教育“十一五”国家级规划教材。

全国高等医药院校药学类规划教材

编写委员会

2009 年 8 月 1 日

第二版前言

本教材是全国高等医药院校药学类规划教材之一。

在上一版的基础上，本教材重点阐述植物学的基本理论、基本知识和基本技能，力求使教材内容符合本门课程的性质和基本要求，以利于人才的培养。教材中增加了药用植物的生物技术、药用植物资源的分布、药用植物的开发利用等内容，以增加教材的实用性和体现本课程的特色，绘制插图300余幅。

本教材共分四篇：植物器官形态和显微结构、药用植物的分类、药用植物生物技术、药用植物资源的分布与开发。后两篇内容可根据各校实际情况安排教学。

本书的编写分工是：第一、二章由中国药科大学张勉教授编写；第三章第一节至第三节由四川大学华西药学院张浩教授编写；第三章第四节至第六节由北京大学药学院陈虎彪教授编写；绪论、第四、五、六、七章及第四篇由沈阳药科大学孙启时、贾凌云编写；第八、九、十章由沈阳药科大学路金才教授编写；第十一章第一节至蔷薇科由西安交通大学药学院郭增军教授编写；第十一章豆科至玄参科由山东大学药学院温学森教授编写，第十一章玄参科至兰科由贾凌云、孙启时教授编写，第三篇由沈阳药科大学贾景明教授编写。全书由孙启时教授统一审改。

本书编写过程中，始终得到各编写院校的支持，特别是沈阳药科大学教务处的大力支持和帮助。另外沈阳药科大学丁宏、李倩协助整理书稿，在此表示感谢。

由于编者水平有限和时间仓促，又值非常时期，本教材错误和欠妥之处在所难免，敬请广大师生和读者提出批评和建议，以供今后修订时提高。

《药用植物学》编委会

2009年3月

目录

第一篇　植物器官形态和显微结构

第二篇　药用植物的分类

第三篇　药用植物生物技术

第四篇　药用植物资源的分布与开发

绪 论

植物是人类生存发展必不可少的物质基础，除为人类提供食物来源以外，还提供了许多与人类生活有关的天然产品，如天然药物，天然保健食品，天然色素，天然甜味剂等。我国是世界上药用植物种类最多，应用历史最久的国家，现有药用植物 383 科 11020 种（含种下等级 1208 个），约占中药资源（包括动、植、矿物）总数的 87%，故中药及天然药物的绝大部分来源于植物，所以没有植物学的知识，就无法进行中草药的资源调查，无法对中草药原植物及药材进行品种真伪和质量优劣的鉴定，无法进行临床应用以及资源的开发利用，因而本学科在药学专业及中药专业是一门必修的基础课。

一、药用植物学的研究内容及任务

药用植物学（Pharmaceutical botany）是一门以具有防治疾病和保健作用的植物为对象，用植物学的知识和方法来研究它们的形态、组织、生理功能、化学成分、分类鉴定、资源开发和合理利用的学科。它是药学专业、中药专业必修的一门专业基础课。主要任务是：

（一）研究中药原植物的种类、来源，确保用药的安全有效。

我国幅员辽阔，自然条件多样，植物种类繁多，来源复杂，加上各地用药历史、习惯的差异，造成同名异物、同物异名现象较为严重，直接影响了中药的质量和疗效，如贯众为较常用的中药，有小毒，全国曾作贯众用的原植物有 11 科，18 属，58 种（含 2 变种及 1 个变型），均属蕨类植物，其中各地习用的商品和混用的药材有 26 种，另 32 种均为民间草医用药。中药大青叶，实际应用的有 4 科 4 种。十字花科菘蓝 *Isatis indigotica* Fort. 的叶；蓼科植物蓼蓝 *Polygonum tinctorium* Ait. 的叶；爵床科植物马蓝 *Strobilanthes cusia*（Nees）O. Ktze. 的叶；马鞭草科植物大青 *Clerodendrum cyrtophyllum* Turcz. 的叶。有些药材一物多名，如鸭胆子别称苦参子，为苦木科鸭胆子 *Brucea javarica*（L.）Merr. 的果实，而不是豆科苦参 *Sophora flavescens* Ait. 的种子，极易引起品种的混乱。药材的不真，质量低劣都影响疗效和试验结果，甚至会危害生命。如人参 *Panax ginseng* C. A. Mey 的根，具大补元气，强心固脱，安神生津作用，曾发现有用商陆 *Phytolacca acinosa* Roxb. 的根伪充人参，商陆为逐水药，有毒，功效与人参完全不同，如若误服，会造成危害。

以上混乱情况在植物中较为常见，给临床、科研以及植物采集、购销等工作带来诸多不便。因此，必须结合实物、标本，考证本草，逐一整理澄清，力求名实相符，名称统一，一物一名。故学好药用植物学对准确鉴定植物品种，保证用药安全有效，调查植物资源，指导生产、收购和保护以及寻找新药等方面都具有很重要的意义。

（二）调查研究、合理利用植物资源

现代科学技术的发展使人类开发利用植物资源的能力越来越强，世界各国都在利用各地的动、植物，开发研制新药、保健品和食品。

应用现代高新技术，从植物中寻找新的有效成分研制新药，近年来越来越多。从本草记载治疗疟疾的青蒿（*Artemisia annua* L.）中分离的得到高效抗疟成分——青蒿素；从印度民间草药长春花中筛选高效抗白血病的成分——长春新碱；红豆杉树皮中发现的紫杉醇，对乳腺癌及其他癌症都有较好的治疗作用。银杏叶提取物制成的新药，能明显降低血清胆固醇，同时升高血清磷脂，改善血清胆固醇及磷脂的比例。目前，已开发大量既有营养又能提高机体抵抗力的保健食品，如沙棘（*Hippophae rhamnoides*）、刺梨（*Rose roxburgii* f. *normalis*）、山楂（*Crataegus pinnatifida*）、桑、五味子及野生的食用菌、魔芋、蕨类等等。从植物中寻找新药的潜力很大，我们的任务是要充分利用现代科学技术及手段去研究和发掘各种植物资源的新用途、新的活性成分。

（三）根据植物间的亲缘关系，结合相关学科，寻找药材的新资源

利用植物系统进化关系和植物化学分类学揭示的亲缘关系越近的物种，其所含的化学成分越相似，甚至有相同的活性成分的原理，寻找紧缺药材的代用品。如药用植物马钱子（*Strychnosnux-vomica*）是传统进口药，在云南发现的云南马钱子（*S. pierriana*）其有效成分与进口马前子相似，且质量更优。印度从蛇根木（*Ranvolfia serpentina*）中提取降压药的有效成分，我国云南同属的另外两个种：中国萝芙木（*R. verticillata*）和云南萝芙木（*R. yunnanensis*）中均含有降压药的有效成分且副作用小。这些新药或进口药的代用品，即填补了国内生产的空白，又创造了较大的经济效益。

（四）利用植物生物技术，扩大繁殖濒危物种，培养活性成分高含量物种和转基因新物种

生物技术在21世纪对生命科学的各个领域，产生了十分深刻的影响，利用植物培养技术将植物的分生组织进行离体培养，建立无性繁殖并诱导分化植株，此方法尤其对一些珍稀濒危植物的保存、繁殖和纯化是一条有效途径。近年经离体培养获得试管植株的药用植物已有金线莲（*Anoectochlus formosanus*）、白芨（*Bletilla striata*）、番红花、铁皮石槲（*Dendrobium candidum*）、绞股蓝（*Gynostemma pentaphyllum*）等一百余种，其中大多数为珍贵的药用植物。

通过植物培养及种类的筛选、不同激素配比以及培养时间、温度、光照、外植体类型等条件的研究，利用离体克隆技术改良药用植物的品质，快速繁殖一些重要的植物是植物细胞工程的重要内容。许多植物的试管苗已被诱导出来，并能产生高含量的药用成分，如红豆杉、人参、西洋参等。

生物技术目前已成为国家重点发展的技术领域，我国植物资源丰富，这是发展植物生物技术的有利条件，应用细胞工程和基因工程方法开展对药用植物的研究，深化对药用植物的形态及代谢产物的内在认识，是对药用植物及其活性成分的研究从宏观进入细胞及分子水平，进一步促进我国国民经济发展和人民生活水平提高的有力手段。

（五）药用植物资源的保护

药用植物资源的开发利用与资源的保护再生，是对立和矛盾的，如果处理很好，也是相辅和统一的。为了解决药用植物的供需矛盾，人们采用多种方法进行扩大药源。如上述的植物生物工程及人工引种等。另外，建立一些植物资源合理利用与保护的战略基地—植物园、自然保护区、植物种质基因库等。

植物园是保护特有、孑遗、濒危植物以及引种驯化外地迁移植物的重要基地。我国已有 100 多个植物园，如庐山植物园、西双版纳热带植物园、上海植物园等。自然保护区能够维持、保护区内的生态平衡，保护生物多样性，是自然状态下保护物质资源的场所，又是科学研究的基地。植物种质基因库能够保存植物遗传资源，使多种多样的物种，尤其是珍稀物种和濒危物种的遗传资源得以保存，同时也可为植物育种工作提供基因来源。

此外，国务院颁布了《中国珍稀濒危保护植物名录》、《野生药材资源保护管理条例》，重点保护一些野生药材。药用植物资源的保护和管理在我国刚刚起步，应加强立法，使现有中药有关的法规法制化，用法制的手段合理地开发利用，以促进对植物资源的保护，控制资源利用量。

二、药用植物学的发展简史

我国用药历史悠久，植物药十分丰富，药用植物学最初是随着医药学和农学的发展而发展的，对我国民族的繁衍昌盛起了很大作用。

古代把记载药物的书籍称为“本草”。我国历代“本草”有 400 多部，是中医药宝库中的灿烂明珠。春秋秦汉之际的《山海经》是我国最早的本草著作的萌芽之作，载药 51 种。后汉（公元 1 - 2 世纪）的《神农本草经》，载药 365 种，其中植物药 237 种，该书总结了我国汉朝以前的医药经验，是我国现存的第一部记载药物的专著；南北朝、梁代（公元 5 世纪），陶弘景以《神农本草经》为基础，补入《名医别录》编著《本草经集注》，共载药 730 种；唐代（公元 659 年），由苏敬等 23 人编著的《新修本草》（又称《唐本草》），载药 844 种，其中新增了不少来自印度、波斯、南洋的外来药用植物，因由政府组织编著和颁布，被认为是我国第一部药典，也是世界上第一部药典。宋代（公元 1082 年），唐慎微编写的《经史证类备急本草》（又称《证类本草》），载药 1746 种，是我国现存最早的一部完整本草；明代李时珍，以《证类本草》为蓝本，书考 800 余种，历经 30 年，编著而成最著名的《本草纲目》，共 52 卷，载药 1892 种，其中药用植物 1100 多种，每种均有名称、产地、形态、采集、炮制、性味、功能等，分类方法一改以往所用上、中、下 3 品，而以植物、动物和矿物分类。该书全面总结了 16 世纪以前我国人民认、采、种、制、用药的经验，不仅大大地促进了我国医药的发展，同时也促进了日本、欧洲各国药用植物学的发展，至今仍具很大的参考价值；清代（1765年）赵学敏编著的《本草纲目拾遗》，载药921种，其中716种是《本草纲目》未收载的种类；另外，（公元1848年）吴其浚所著的《植物名实图考》和《植物名实图考长编》，共收载植物2552种，是论述植物的一部专著。作者历经我国各地考察，亲自记述、描绘植物。该书内容丰富，叙述详细，并有较为精美的插图，对植物的药用价值和同名异物的考证颇有研究，因而不论对植物学还是药物学都是十分重要的著作，为后代研究和鉴定药用植物，提供了宝贵的资料。

此外，在药用植物学领域有影响的专著尚有：晋代（公元304年）嵇含的《南方草木状》，可视为我国及世界上最早的一部区系植物志；明代（公元1436－1449年）兰茂的《滇南本草》是我国现存内容最丰富的一部地方本草；南宋（公元1245年前后）陈仁玉的《菌谱》；晋代（公元265－419年间）戴凯的《竹谱》；唐代（公元758年前后）陆羽的《茶经》；宋代（公元1104年前后）刘蒙的《菊谱》；宋代（公元1019年前后）蔡襄的《荔枝谱》等，都是历代植物学的代表性的专著，其中不少记载药用植物。

我国介绍西方近代植物科学的第一部书籍，是1857年李善兰先生和英国人A. Williamson合作编译的《植物学》，全书共八卷，插图200多篇。此书的出版，是我国近代植物学的萌芽。20世纪初至40年代，有胡先骕、钱崇澍、张景钺、严楚江等植物学家，用近代植物学的理论与方法，发表了一些植物分类和植物形态解剖论著。1948年，李承祜教授出版了我国第一部《药用植物学》大学教科书。

近50年来，国家培养了大量中医中药、天然药物及药用植物的研究人才，为中药及天然药物做出了重要贡献，如编写了《中药志》、《中华人民共和国药典》（1953、1965、1977、1985、1990、1995、2000年版）、《中国药用植物图鉴》、《中药大辞典》、《全国中草药汇编》、《中国药用植物志》、《中华本草》、《中草药学》、《中药鉴别手册》、《中国植物志》等举世瞩目的重要专著。此外，还出版了不少药用植物类群、资源学专著和地区性药用植物志，如《中国中药资源》、《中国中药区划》、《中国常用中药材》、《中国药材资源分布图》、《中国药材资源地图集》、《中国高等植物图鉴》、《中国民间单验方》、《中国民族药志》、《中国药用真菌》、《中国药用地衣》、《中国药用孢子植物》、《东北药用植物》及各地的植物志等，还创刊了大量刊登药用植物和重要研究论文的期刊，如《中国中药杂志》、《中草药》、《中药材》、《中成药》等等。

随着科学的发展，各门学科之间相互渗透、相互联系，是现代科学发展的特点之一。随着植物学各分支学科，以及医药学、化学等学科的不断发展，使药用植物学与其他学科，如植物分类学、植物化学分类学、植物解剖学、孢粉学、植物生态学、植物地理学、中药鉴定学、天然药物化学、中药学等有着密切的联系。药用植物学与这些学科之间的互相渗透，又分化出药用植物化学分类学、中药资源学等学科，促进了药用植物学的不断发展。

三、药用植物学和相关学科的关系

药用植物学是药学和中药学专业的专业基础课，凡涉及中药（生药）植物品种来源及品质的学科都与药用植物学有关，关系较密切的有：中药学、生药学、中药鉴定学、天然药物化学、中药资源学、药用植物栽培学、中药药剂学、中药炮制学等。这些都需要药用植物学的基本理论和方法作为基础。

四、学习药用植物学的方法

药用植物学是一门实践性很强的应用学科，在学习时必须紧密联系实际，多到大自然和实验室进行观察和比较，用理论指导实践，通过实践再巩固理论知识，具体的学习方法是：观察、比较、实验。全面认真细致地观察植物的形态结构和生活习性，对相似的植物类群、器官形态、组织构造及化学成分多进行比较和分析，找出相似点和相异点。实践是获得真知、增长才干的重要途径，学习药用植物学的实践途径是室内实验和野外实习。室内实验，要熟悉掌握药用植物形态结构，徒手切片的制作，显微特征的观察描述，以及基本试验操作技能和常用仪器、设备的使用及保养等。野外实习，主要在于掌握分类学的标本采集、制作、保存技术，检索表的查阅及科、属、种定名技术，并识别一定数量的药用植物。

总之，学习药用植物学要严格要求自己，做好课前预习，课堂注意听讲，课后及时小结，认真运用所学知识，紧密联系实际，训练和不断提高解决实际问题的能力，多观察、多比较、多实践，才能有效的掌握本课程的基本知识、基本理论和基本操作技能，才能将本课程学得活、记得牢、利用得好。

第一篇 SECTION

植物器官形态和显微结构

植物的细胞

植物细胞是构成植物体的形态结构和植物生命活动的基本单位。单细胞植物是由一个细胞构成的个体，一切生命活动（生长、发育和繁殖）都由这一个细胞来完成。高等植物的个体是由许多形态和功能不同的细胞组成的，在整体中，它们相互依存，彼此协作，共同完成复杂的生命活动。二十世纪五十年代末期，用人工方法从胡萝卜根韧皮部细胞培养出能开花结实的植株，首次肯定了在多细胞植物体中体细胞具有“全能性”，并说明植物细胞是一个具有相对独立性的单位。

由于植物的种类、细胞在植物体中存在的部位以及执行的机能不同，其形状和大小也随之而异。游离或排列疏松的细胞多呈球状体，排列紧密的则多呈多面体或其他形状；执行功能作用的细胞多呈圆柱形，纺锤形等，并且细胞壁增厚；执行输导作用的细胞则多为长管状。植物细胞一般都比较小，直径一般在10～50μm之间，必须要借助显微镜才能看见。有的植物细胞则较大，如贮藏组织细胞的直径可达1mm，亚麻纤维细胞较细长，长达4cm左右，有的无节乳汁管细胞甚至可长达数米至数十米。

第一节　植物细胞的基本构造

一般光学显微镜下见到的细胞结构称为显微结构（microscopic structure），而在电子显微镜下才能见到的结构称为亚显微结构（submicroscopic structure）或超微结构（ultra microscopic structure）。超微结构的大小以埃（Å）计。为了进一步了解植物组织和器官的结构，并为生药的显微鉴定打下基础，这里重点介绍植物细胞的显微结构，一般介绍一些基本的超微结构。

各种植物细胞的结构是不同的，就是一个细胞在不同的发育时期结构也有变化。所以，不可能在一个细胞中同时看到细胞的一切结构。为了便于学习和掌握细胞的结构，将各种植物细胞的主要结构都集中在一个细胞里示意说明，这个细胞称为模式的植物细胞。（图1－1，1－2）

一个典型的植物细胞，外面包围着一层比较坚韧的细胞壁，壁内的生活物质总称为原生质体。此外，细胞中尚含有多种非生命的物质，它们是原生质体的代谢产物，称为后含物。

一、原生质体

原生质体（protoplast）是细胞内有生命物质的总称，主要包括细胞质、细胞核、质体、线粒体、高尔基体、核糖体、溶酶体。它是细胞的最主要部分，细胞的一切代谢活动都在这里进行。组成原生质体的物质称为原生质（protoplasm）。原生质中最主要的成分是以蛋白质、核酸为主的复合物，又称为"蛋白体"。蛋白体不断地进行代谢活动，并进一步分化形成原生质体中的各种细微结构。

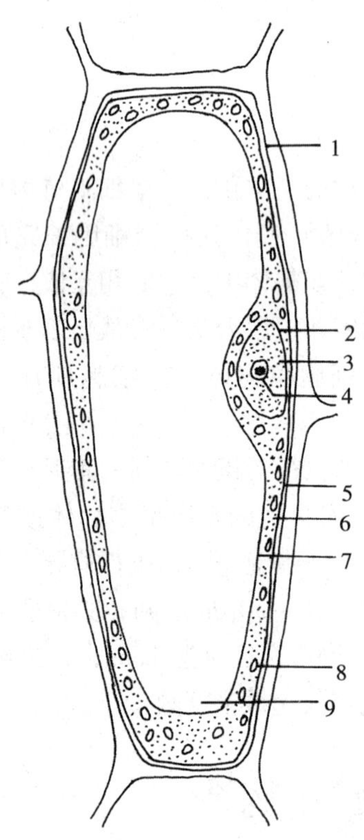

图 1-1　植物细胞的显微构造（模式图）
1. 细胞壁　2. 核膜　3. 核液　4. 核仁
5. 质膜　6. 胞基质　7. 液泡膜
8. 叶绿体　9. 液泡

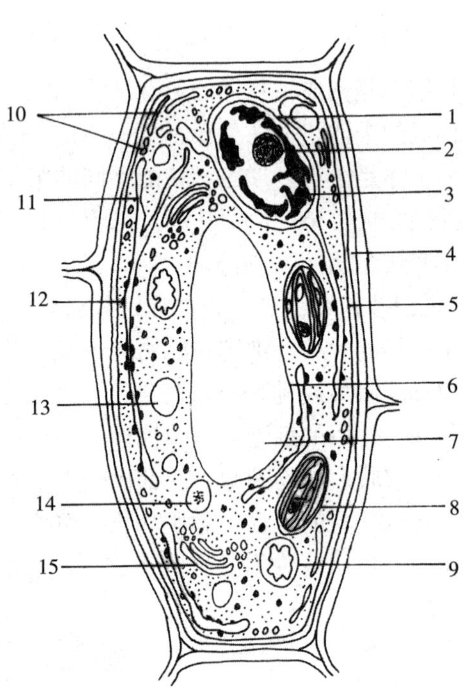

图 1-2　植物细胞的超微构造（模式图）
1. 核膜　2. 核仁　3. 染色质　4. 细胞壁
5. 质膜　6. 液泡膜　7. 液泡　8. 叶绿体
9. 线粒体　10. 微管　11. 内质网
12. 核糖核蛋白体　13. 圆球体　14. 微球体
15. 高尔基体

（一）细胞质（cytoplasm）

细胞质充满在细胞核和细胞壁之间，它的外面包被着质膜，质膜内是半透明而带黏滞性的胞基质（cytoplasmic matrix），胞基质中包埋着细胞器。

1. 质膜（plasma membrane 或 plasmalemma）　质膜是包围在细胞质表面的一层薄膜，通常紧贴细胞壁，因此，在显微镜下不易看到。如果将细胞放在高渗溶液内，细胞质失水而收缩，与细胞壁发生分离（即质壁分离），就可看到一层透明的薄膜——质膜。质膜与其他各种膜（如液泡膜，叶绿体膜、线粒体膜等）有相似的成分和结构，都是由类脂（主要是磷脂）和蛋白质组成。质膜主要有两种特性：一是半透性，表现出一种渗透现象；二是通过一种由蛋白质或多肽形成的载体有选择性地转运某些物质出入细胞的特性。因而它既能阻止细胞内的许多有机物（如糖和可溶性蛋白）由细胞内渗出，同时又能调节水分、盐类及其他营养物质进入细胞，并使废物排出。

2. 细胞器（orangelle）　一般认为细胞器是细胞质中具有一定形态结构和特定功能的微小“器官”。从这个定义出发，细胞器包括质体、线粒体、液泡、内质网、核糖核蛋白体、微管、高尔基体、圆球体、溶酶体、微体等。前三者可在光学显微镜下观察到，其他细胞器只能在电子显微镜下看到。

（1）质体（plastid）　质体是植物细胞特有的细胞器，它由蛋白质、类脂等成分组成。质体所含的色素不同，并执行不同的生理机能，据此可将质体分为叶绿体（chloroplast）、有色体（chromoplast）和白色体（leucoplast）。（图 1－3）

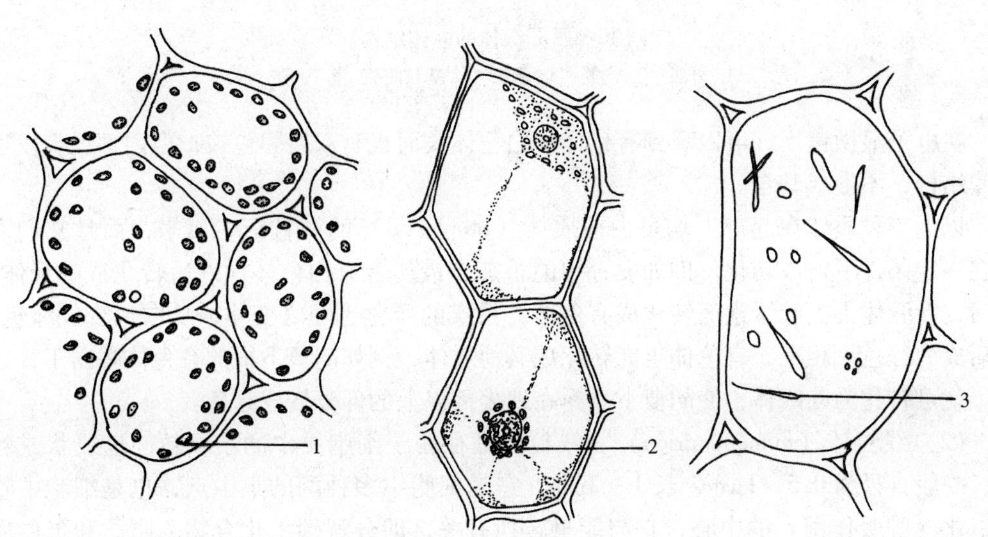

图 1－3　质体的种类

1. 叶绿体　2. 白色体　3. 有色体

叶绿体 高等植物的叶绿体一般呈球型或扁圆形，直径 4～10μm，厚度 1～2μm，叶绿体含有叶绿素（chlorophyll）、叶黄素（xanthophyll）和胡萝卜素（carotin），因为含叶绿素较多，所以呈绿色。它主要分布在绿色植物的叶和暴露的幼茎、幼果的基本组织中。它是植物进行光合作用和合成同化淀粉的场所。在电子显微镜下，叶绿体呈现一种复杂的超微结构，其外面被双层膜所包被，在膜的里面为无色的基质（matrix），其内常有同化淀粉。基质中有若干基粒（grana），它是由一列双层膜片状的类囊体（thylakoid）重叠而成，叶绿素分子及许多与光合作用有关的酶分布在膜上。在基粒之间，有基粒间膜（frets）相联系。（图 1－4）

有色体 常存在植物体某些器官的有色部位。有色体只含胡萝卜素及叶黄素，由于二者比例不同，分别呈黄色、橙色或橙红色。常呈杆状，圆形或不规则形状。存在于花，果或植物体的其他部分，如胡萝卜的根。

白色体 是不含色素的微小质体，多呈球形。主要分布在不曝光的贮藏细胞中，常聚集在细胞核附近。白色体在植物细胞中起着淀粉和脂肪合成中心的作用，包括合成贮藏淀粉的造粉体（amyloplastid）和合成脂肪及油的造油体（elaioplast）。

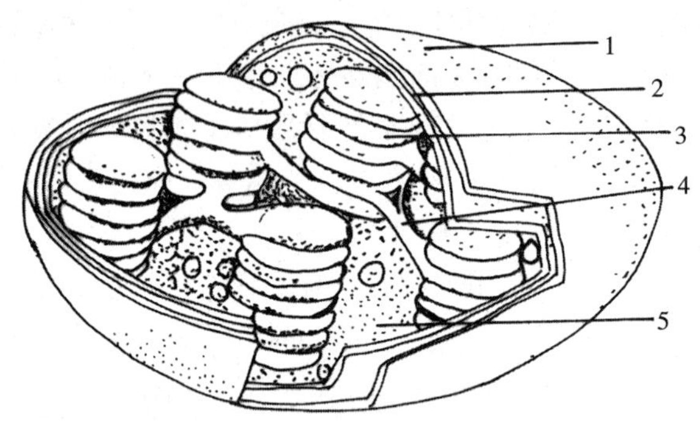

图 1－4　叶绿体的立体结构

1. 外膜　2. 内膜　3. 基粒　4. 基粒间膜　5. 基质

在电子显微镜下，可以看到有色体和白色体表面也有双层膜包被，但内部没有发达的膜结构，不形成基粒。

以上三种质体在起源上均可由前质体（proplastid）的微粒衍生而来，而且它们之间在一定条件下可以转化。例如发育中的番茄，最初含有白色体，以后转化成叶绿体，最后，叶绿体失去叶绿素而转化成有色体，果实的颜色也随之变化，从白色变成绿色，最后成为红色。相反，有色体也能转化成其他质体，例如胡萝卜根的有色体曝露于日光下，就可转化为叶绿体，使胡萝卜暴露在地表面以上的部分变成绿色。

（2）线粒体（mitochondrion）　线粒体是存在于细胞质中的小颗粒，呈线状或粒状，一般直径为0.5～1μm，长1～2μm。它是细胞中多种酶的集中点，也是细胞中物质氧化（呼吸作用）的中心，它与能量转换有关，即分解碳水化合物、脂肪和蛋白质等并释放能量。

在电子显微镜下可看出，线粒体由双层膜包裹着，其内膜向中心腔内折叠，形成许多搁状板或管状突起，称为嵴或脊膜（cristae）。在二层被膜之间及中心腔内，是以可溶性蛋白为主的基质。（图 1－5）

（3）液泡（vacuole）　液泡外有液泡膜（tonoplast）把细胞液（cell sap）与细胞质隔开。液泡膜是有生命的，是属于原生质体的一个组成部分，而细胞液是细胞代谢过程中产生的多种物质的混合液，是无生命的。液泡在植物细胞生理活动中有重要的地位，主要功能是调节细胞的渗透压，维持细胞质内环境的稳定。液泡也是植物细胞特有的结构，是与动物细胞在结构上明显区别之一。

幼小的细胞中无液泡或液泡不明显，小而分散，随着细胞长大成熟，液泡逐渐增大，并彼此合并成几个大液泡或一个中央大液泡，而将细胞质，细胞核和质体等挤向细胞的周边。（图 1－6）

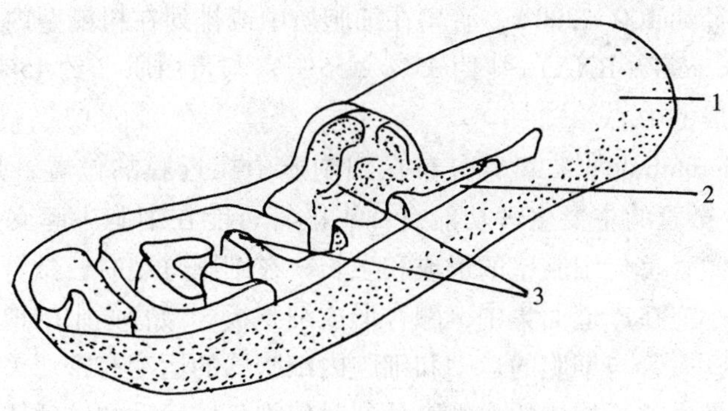

图1-5 线立体的立体结构图解

1. 外膜 2. 内膜 3. 嵴

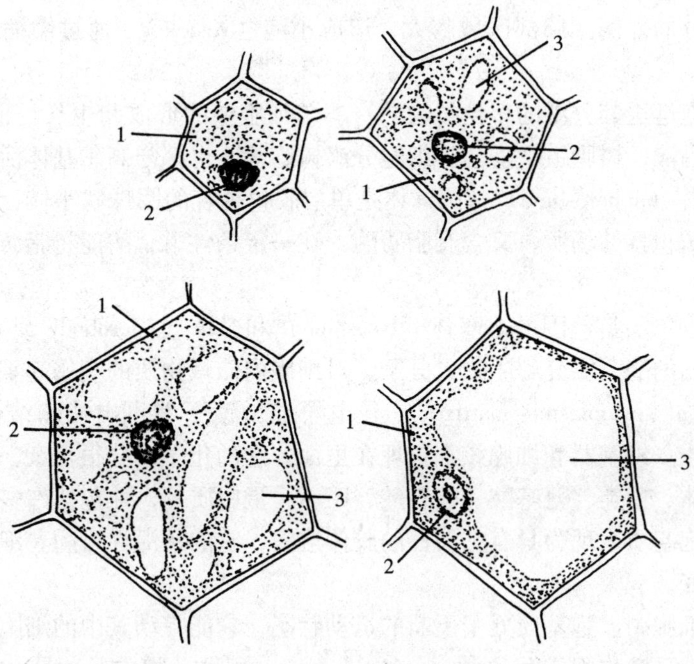

图1-6 液泡的形成

1. 细胞质 2. 细胞核 3. 液泡

(4) 内质网(endoplasmic reticulum) 内质网是分布在细胞质中由膜构成的网状管道系统，膜的厚度约50Å，这些网状结构的一些分支和核膜相连，另一些分支和质膜相连，而且还能随同胞间联丝穿过细胞壁，与相连细胞的内质网发生联系。内质网膜有两种类型：有些膜的外面附着许多核糖核蛋白体小颗粒，称为粗糙型内质网（rough surfaced endoplasmic reticulum）；另外一些膜外面不附有核糖核蛋白体，表面光滑，称为光滑型内质网（smooth surfaced endoplasmic reticulum）。一般认为内质网的功能是与细胞内的蛋白质、类脂和多糖的合成、贮藏及运输有关的。

(5) 核糖核蛋白体（ribosome） 核糖核蛋白体简称为核糖体，是细胞中的超微颗粒，近圆球形，直径约100～200Å，游离在细胞质中或排列在粗糙型内质网上。它由核糖核酸［ribonucleic acid（RNA）］（约35%～55%）与蛋白质（约45%～65%）组成。核糖体是蛋白质合成的中心。

（6）微管（microtubule） 微管分布在细胞质中靠近膜的位置，是中空而直的细管，直径约250Å。微管的主要生理功能有：①微管可能在细胞中起支架作用，保持细胞一定的形状；②微管参与细胞壁的形成和生长，在细胞分裂时，微管控制着含有多糖类物质的高尔基体小泡在赤道面集中，融合形成细胞板；微管集中的地方细胞壁就发生特别加厚的现象；③微管与细胞的运动和细胞内细胞器的运动有密切关系，植物游动细胞的纤毛或鞭毛，是由微管构成的；细胞分裂时使染色体运动的纺锤体，也是由微管构成的；也有实验指出，其他细胞器的运动方向，也受微管的控制。

（7）高尔基体（golgi body；dictyosome） 高尔基体是由一叠扁平的泡囊或池（cisterna）所组成的结构，囊的边缘或多或少出现穿孔，当穿孔扩大时，显得像网状结构。在网状部分的外侧，局部区域膨大，形成小泡（vesicle），通过缢缩断裂，小泡从囊上分离出去。

高尔基小泡运送其分泌的多糖类物质，参与细胞壁的形成和生长。也有实验证明，根冠细胞分泌黏液，树脂道上皮分泌细胞分泌树脂等，也都与高尔基体活动有关。

（8）圆球体（spherosome） 圆球体是单层膜包裹着的圆球状小体，直径1～10Å。圆球体既是脂肪积累的场所，又含有脂肪酶，在一定条件下，酶能将脂肪水解成甘油和脂肪酸。

此外，尚有单层膜包围的溶酶体（lysosome）和微体（microbody 或 cytosome），它们含有各种不同的酶，能分解生物大分子，对细胞内储藏物质的利用起重要作用。

（9）胞基质（cytoplasmic matrix） 在电子显微镜下看不出特殊结构的细胞质部分，称为胞基质。细胞器和细胞核都包埋在里面。它的化学成分很复杂，包含水、无机盐、溶解的气体、糖类、氨基酸、核苷酸、RNA、蛋白质等，并包括许多酶类。这些物质的存在，使胞基质表现为具有粘滞性的胶体溶液，它的粘滞性可随着细胞生理状态的不同而发生改变。

在生活的细胞中，胞基质处于不断的运动状态，它能带动其中的细胞器作有规则的持续流动。这种运动称胞质运动（cytoplasmic movement）。胞质运动是一种消耗能量的生命现象，它的速度与细胞生理状态有密切的关系，一旦细胞死亡，流动也随之停止。胞质运动对于细胞内物质的转运具有重要的作用，促进了细胞器之间生理上的相互联系。

胞基质不仅是细胞器之间物质运输的介质，而且也是细胞代谢的一个重要场所，许多生化反应，如厌氧呼吸及某些蛋白质的合成等，就是在胞基质中进行的。同时胞基质也不断为各类细胞器行使功能提供必需的原料。

（二）细胞核（nucleus）

细胞核植物中除了蓝藻（原核细胞）外，所有其他生活细胞（真核细胞）都具有细胞核。一般的细胞中只有一个核，但也有多核的（如乳管）。细胞核在细胞中所占的大小比例和它的位置、形状、随着细胞的生长而变化。幼期细胞的细胞核，在细胞质中占的体积比例较大，位于细胞质的中央，呈球形；随着细胞的长大，细胞核的体积比例渐次变小，当细胞质被增大了的液泡挤压到细胞的周边时，细胞核也随之被挤压到细胞的一侧，形状变成半球形或圆饼状。

细胞核具有一定的结构，可分为核膜、核质、核仁和染色质四部分。

1. 核膜（nuclear membrane）　是分隔细胞质与细胞核的界膜。核膜在光学显微镜下观察只是一层膜，在电子显微镜下观察，可看到是由内外两层膜组成。膜上还有许多小孔，称为核孔（nuclear pore）。这些孔能张开或关闭，对控制细胞核与细胞质之间的物质交换和调节细胞的代谢具有十分重要作用。有实验证明，小麦在活跃生长的分裂时期，核膜上呈现相当大的孔，当进入寒冷季节时，抗寒的冬性品种的核孔，随着气温的降低逐渐关闭，而不抗寒的春性品种的核孔，却依然张开，因此，可以认为核孔的这种动态，对小麦在低温下停止细胞分裂和生长，增进抗寒能力上起着控制的作用。

2. 核液（nucleochylema）　核膜内充满着粘滞性较大的液状胶体，称为核液。它的主要成分是聚合度较低的蛋白质。核仁和染色质就分布在核液中。

3. 核仁（nucleolus）　是细胞核中折光率更强的小球体，有一个或几个。核仁主要由蛋白质和核糖核酸（RNA）组成。它的作用主要是产生核糖核蛋白体，然后转移到细胞质中去。

4. 染色质（chromatin）　细胞核中易被碱性染料染色的物质称为染色质，散布在核液中。在不分裂的细胞核中染色质是不明显的，或者可以成为着色深的网状物；当细胞核进行分裂的时候，染色质聚集成为一些螺旋状的染色质丝，进而形成棒状的染色体（chromosome）。染色质由去氧核糖核酸［deoxyribonucleicacid（DNA）］和蛋白质组成，而DNA又是遗传的主要物质基础，所以染色质与植物的遗传有密切的关系。各种植物的染色体数目、形状和大小是各不相同的，但对某一种植物来说，则是相对稳定的，所以染色体的数目、形状和大小（也称为植物染色体的核型）是植物分类鉴定的重要依据之一。

现在一般已公认细胞核在控制机体特性遗传及控制和调节细胞内物质代谢途径方面起主导作用。失去细胞核的细胞就停止生长和代谢，不能进行繁殖，经光合作用形成的同化淀粉也不会溶解，且细胞生活的时间也很短，很快就会死亡。同样细胞核也不能脱离细胞质而孤立的生存。

二、植物细胞的后含物

植物细胞在生活过程中，由于新陈代谢的活动，产生各种非生命的物质，统称为后含物（ergastic substance）。细胞后含物种类很多，有些在医疗上具有重要的价值，是植物可供药用的主要物质，有些是具有营养价值的贮藏物，是人类食物的主要来源，有些是细胞代谢过程的废物。它们的形态和性质是生药鉴定的主要依据。这里仅就那些成形的贮藏物和废物，包括淀粉粒、菊糖、糊粉粒、脂肪油和各种结晶介绍如下。至于那些以溶质状态存在于细胞液中的后含物，如生物碱、苷、鞣质等等，它们的性质，理化鉴别将在生药学中讨论。

1. 淀粉（starch）由多分子葡萄糖脱水缩合而成，分子式为（$C_6H_{10}O_5$）$_n$。一般绿色植物经光合作用所产生的葡萄糖，暂时在叶绿体内转变成的淀粉称为同化淀粉（assimilation starch）。同化淀粉再度分解为葡萄糖，转运到贮藏器官中，而在造粉体（白色体之一）内重新形成的淀粉称为贮藏淀粉（reserve starch）。贮藏淀粉是以淀粉粒的形式贮存在植物根、块茎和种子等器官的薄壁细胞中。淀粉积累时，先形成淀粉的核心—脐点（hilum），然后环绕脐点继续由内向外层层沉积。许多植物的淀粉粒，在显微镜下可以看到围绕脐点有许多亮暗相间的轮纹（annular striation）（层纹），这是由于淀粉沉积时，直链淀粉（葡萄糖分子成直线排列）和支链淀粉（葡萄糖分子成分支排列）相互交替地分层沉积的缘故，直链淀粉较支链淀粉对水有更强的亲和性，二者遇水膨胀不一，从而显出了折光上的差异。如果用酒精处理，使淀粉脱水，这种轮纹也就随之消失。

淀粉粒的形状有圆球形、卵球圆形、长圆球形或多面体等；脐点的形状有颗粒状、裂隙状、分叉状、星状等，有的在中心，有的偏于一端。淀粉还有单粒、复粒、半复粒之分。一个淀粉粒只具有一个脐点的称为单粒淀粉粒（simple starch grain）；具有二个或多个脐点，每个脐点只具有自己的层纹的称为复粒淀粉粒（compound starch grain）；具有二个或多个脐点，每个脐点除有它各自的层纹外，同时在外面被有共同的层纹的称为半复粒淀粉粒（half compound starch grain）。淀粉粒的形状、大小、层纹和脐点常随植物的不同而异，因此，可作为药材鉴定的一种依据。淀粉粒不溶于水，在热水中膨胀而糊化，与酸或碱共煮则变为葡萄糖。含有直链淀粉的淀粉粒遇稀碘液变成蓝紫色，支链淀粉显紫红色。（图1－7）

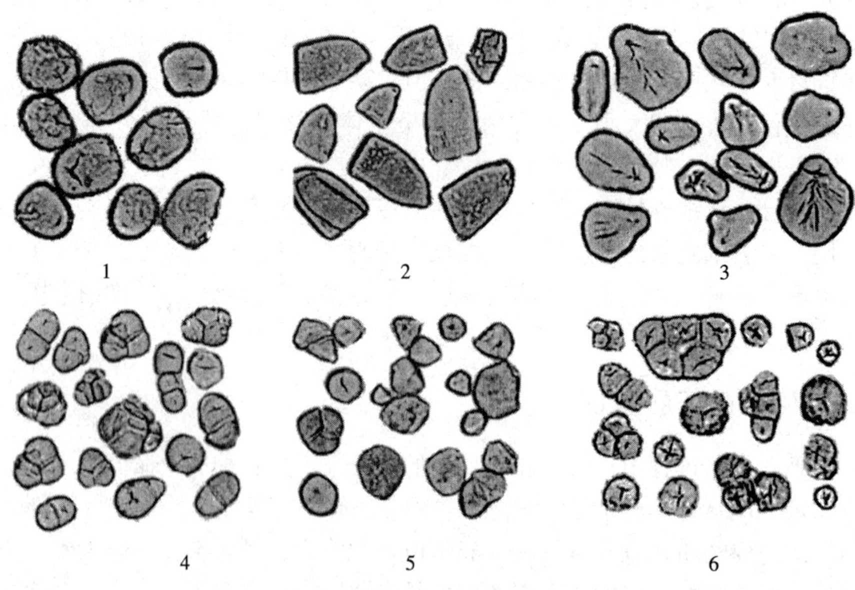

图1－7 各种淀粉粒

1. 薯蓣 2. 黄独 3. 暗紫贝母 4. 甘遂 5. 乌药 6. 大黄

2. 菊糖（inulin） 是由果糖分子聚合而成。它能溶于水，多含在菊科、桔梗科植物根的细胞里。由于它不溶于乙醇，可将含有菊糖的材料（如蒲公英、大丽菊或桔梗的根）浸于乙醇中，一周后，作成切片在显微镜下观察，在细胞内可见球状或半球状结晶的菊糖。菊糖遇25% α-萘酚溶液及浓硫酸显紫堇色而溶解。（图1-8）

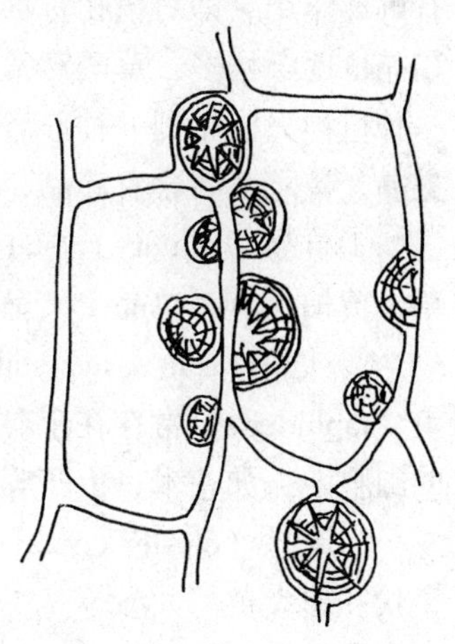

图1-8　菊糖结晶（桔梗根）

3. 蛋白质（protein）　也是细胞内的一种贮藏营养物质，由碳、氢、氧、氮组成，尚有含硫、磷的，是一种复杂的含氮化合物。贮藏的蛋白质是化学性质稳定的无生命物质，它与构成原生质体的活性蛋白质完全不同，不可混淆。在种子的胚乳和子叶细胞里多含有丰富的蛋白质。它们有的是以无定形的状态分布在细胞中，如小麦胚乳细胞中的蛋白质；但通常是以糊粉粒（aleurone grain）的状态贮存在细胞质或液泡里，体形很小，但有些植物如蓖麻种子的糊粉粒比较大，并有一定的结构，它的外面有一层蛋白质膜，里面无定形的蛋白质基质中分布有蛋白质拟晶体和环己六醇磷酯的钙或镁盐的球形体。在小茴香胚乳的糊粉粒中还包含有细小草酸钙簇晶。这些贮藏蛋白质加碘变成暗黄色；遇硫酸铜加苛性碱水溶液显紫红色。（图1-9）

4. 脂肪（fat）**和脂肪油**（fixed oil）　是由脂肪酸和甘油结合而成的酯。也是植物贮藏的一种营养物质，存在于植物各器官中，特别是种子中。一般在常温下呈固态或半固态的称脂肪，如乌桕脂，可可豆脂，呈液态的称脂肪油，以小油滴状态分布在细胞质里。有些植物种子含脂肪油特别丰富，如蓖麻子、芝麻、油菜子等。

脂肪和脂肪油不溶于水，易溶于有机溶剂，遇碱则皂化，遇苏丹Ⅲ溶液显橙红色，遇锇酸变成黑色。有些脂肪油可作食用和工业用，有的供药用，如蓖麻油常用作泻下剂，大风子油用于治疗麻风病等。（图1-10）

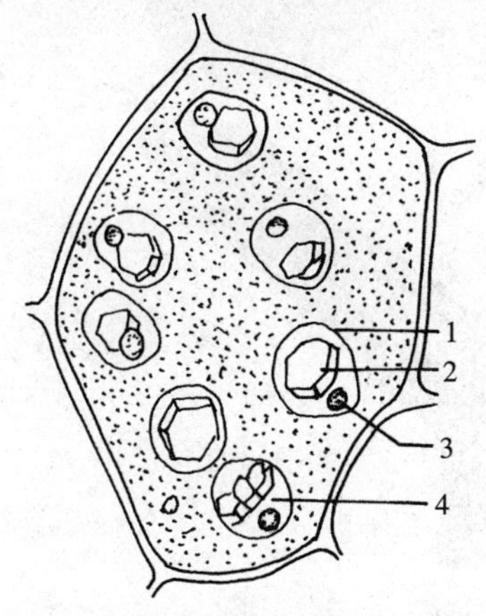

图1-9　蓖麻的胚乳细胞

1. 糊粉粒　2. 蛋白体晶体　3. 球晶体　4. 基质

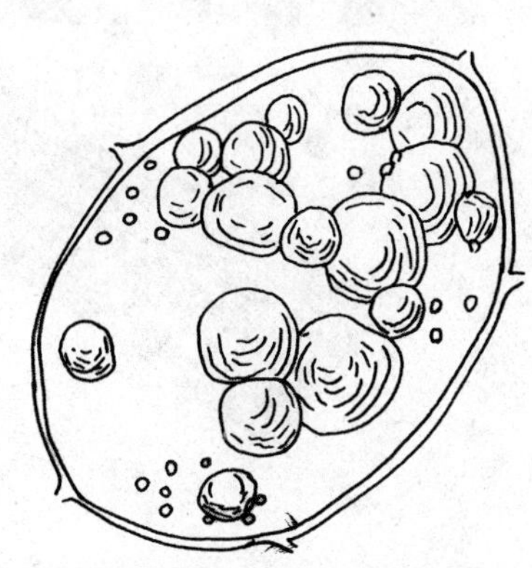

图1-10　脂肪油（椰子胚乳细胞）

5. 晶体（crystal）　植物细胞中常见的晶体有两种类型。

（1）草酸钙结晶（calcium oxalate crystal）　植物体内草酸钙结晶的形成，被认为有解毒作用，即对植物有毒害的多量草酸被钙中和。在器官中，随着组织衰老，草酸钙结晶也逐渐增多。草酸钙常为无色透明的结晶，并以不同的形态分布在细胞液中，一般一种植物只能见到一种形态，但少数也有二种或三种的，如臭椿根皮除含有簇晶外尚有方晶，曼陀罗叶含有簇晶、方晶和砂晶。草酸钙结晶的形状有以下几种：(图1－11)

①单晶（solitary crystal）又称方晶或块晶，通常呈斜方形、菱形、长方形等。如甘草、黄柏。有时单晶交叉呈双晶，如莨菪。

②针晶（acicular crystal）为两端尖锐的针状，在细胞中大多成束存在，称为针晶束（raphides），常存在于黏液细胞中，如半夏、黄精等。有的针晶不规则地散布在薄壁细胞中，如苍术、山药等。

③簇晶（cluster crystal；rosette aggregate）由许多菱状晶集合而成，一般呈多角形星状，如大黄、人参等。

④砂晶（micro－crystal；crystal sand）为细小的三角形、箭头状或不规则形，聚集在细胞里，如麻黄、颠茄、牛膝等。

⑤柱晶（columnar crystal；styloid）为长柱形，长度为直径的四倍以上，如淫羊藿叶、射干等。

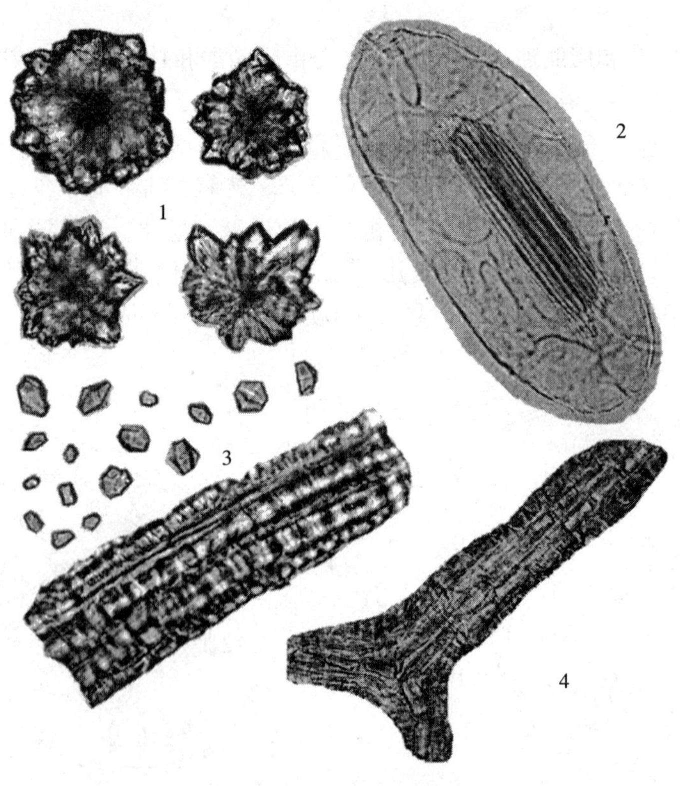

图1－11　各种草酸钙结晶

1. 簇晶（大黄根茎）　2. 针晶束（薯蓣块茎）
3. 方晶和晶鞘纤维（野葛根）　4. 柱晶（淫羊藿叶脉）

不是所有植物都含有草酸钙结晶，含有的草酸钙结晶又因植物种类不同而有不同的形状和大小，这种特征可作为鉴别生药的依据。草酸钙结晶不溶于醋酸，但遇20%硫酸便溶解并形成硫酸钙针状结晶析出。

（2）碳酸钙结晶（calcium carbonate crystal）　多存在于植物叶的表层细胞中，其一端与细胞壁连接，形状如一串悬垂的葡萄，形成钟乳体。钟乳体多存在于爵床科、桑科、荨麻科等植物体中，如穿心莲叶、大麻叶等的表层细胞中含有。碳酸钙结晶加醋酸则溶解并放出 CO_2 气泡，可与草酸钙区别。（图1－12）

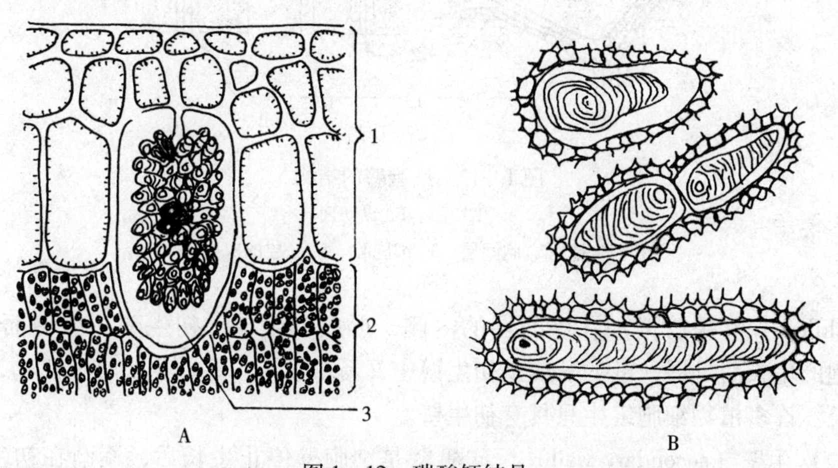

图1－12　碳酸钙结晶

A. 无花果叶内的钟乳体　B. 穿心莲细胞中的螺状钟乳体

1. 表皮和皮下层　2. 栅栏组织　3. 钟乳体和细胞腔

此外，在细胞质中还有酶（enzyme）、维生素（vitamin）、生长素（auxin）、抗生素（antibiotics）等物质，这些物质统称为生理活性物质，它们与植物的生长发育有着密切关系。

三、细胞壁

细胞壁（cell wall）一般认为细胞壁是由原生质体分泌的非生命物质所构成，具有一定的坚韧性。但现已证明，在细胞壁（主要是初生壁）中亦含有少量具有生理活性的蛋白质，它们可能参与细胞壁的生长以及细胞分化时壁的分解过程。细胞壁是植物细胞特有的结构，与液泡，质体一起构成了植物细胞与动物细胞区别的三大结构特征。

1. 细胞壁的层次　细胞壁根据形成的先后和化学成分的不同分为三层：胞间层，初生壁和次生壁。（图1－13）

（1）胞间层（intercellular layer）　又称中层（middle lamella），存在于细胞壁的最外面。它是由亲水性的果胶（pectin）类物质所组成，依靠它使相邻细胞粘连在一起。果胶很容易被酸或酶等溶解，从而导致细胞的相互分离。我们常用的组织解离法和沤麻的工艺过程就是这个道理，前者是用硝酸和铬酸的混合液浸离，后者是利用细菌的活动产生果胶酶，分解麻纤维的胞间层使其相互分离。

（2）初生壁（primary wall）　由原生质体分泌的纤维素（cellulose）、半纤维素

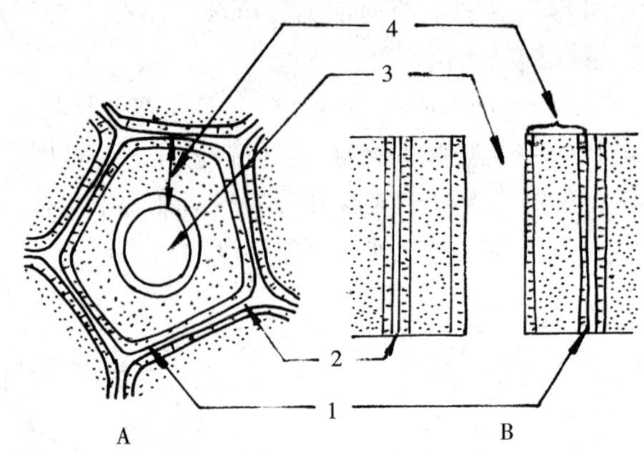

图 1－13　细胞壁的结构

A. 横切面　B. 纵切面

1. 初生壁　2. 胞间层　3. 细胞腔　4. 三层的次生壁

(hemicellulose) 和果胶增加在胞间层的内侧，形成初生壁。初生壁一般薄而有弹性，能随细胞的生长而延展，壁的延展是初生壁中又新填充了一些原生质体分泌物，这称为填充生长。许多植物细胞终生只具有初生壁。

(3) 次生壁 (secondary wall)　次生壁是细胞壁停止生长后，逐渐在初生壁的内侧层层地积累一些物质，使细胞壁增厚形成了同心层，这称为附加生长。厚壁细胞就是附加生长的结果。次生壁的成分除纤维素及少量半纤维素外，常常沉积有木质素 (lignin) 等物质，因此，次生壁较厚、质地较坚硬，有增强细胞壁机械强度的作用。在较厚的次生壁中，一般又分为内、中、外三层，并以中间的次生壁最厚。

2. 纹孔 (pit) **和胞间连丝** (plasmodesmata)　次生壁在加厚过程中并不是均匀增厚的，在很多地方留下没有增厚的空隙，称为纹孔。纹孔通常呈小窝或细管状，相邻的细胞壁其纹孔常成对地相互衔接，称为纹孔对 (pit pair)。纹孔对有三种类型，即单纹孔、具缘纹孔、半缘纹孔。(图 1－14)

(1) 单纹孔 (simple pit)　细胞壁上未加厚的部分，呈圆孔形或扁圆形，纹孔对的中间由初生壁和胞间层所形成的纹孔膜隔开。

(2) 具缘纹孔 (bordered pit)　又称重纹孔，纹孔边缘的次生壁向细胞内呈架拱状隆起，形成一个扁圆的纹孔腔，纹孔腔有一圆形或扁圆形的纹孔口，同时在纹孔膜 (即纹孔所在的初生壁) 中央也加厚形成纹孔塞。因此，有些具缘纹孔在显微镜下从正面看起来是三个同心圆，外圈是纹孔腔的边缘，第二圈是纹孔塞的边缘，内圈是纹孔口的边缘。纹孔塞在具缘纹孔上有活塞的作用，当水流得很快时，水流压力会把隔膜推向一面，纹孔塞就把纹孔口堵塞起来，这样就使得上升水流减缓。这种纹孔塞只有在松柏类植物的管胞上才有，其他裸子植物和被子植物的具缘纹孔没有纹孔塞，因此，在正面只表现两个同心圆。

(3) 半缘纹孔 (half bordered pit)　在管胞或导管与薄壁细胞间形成的纹孔。即一边有架拱状隆起的纹孔缘，而另一边形似单纹孔。没有纹孔塞。

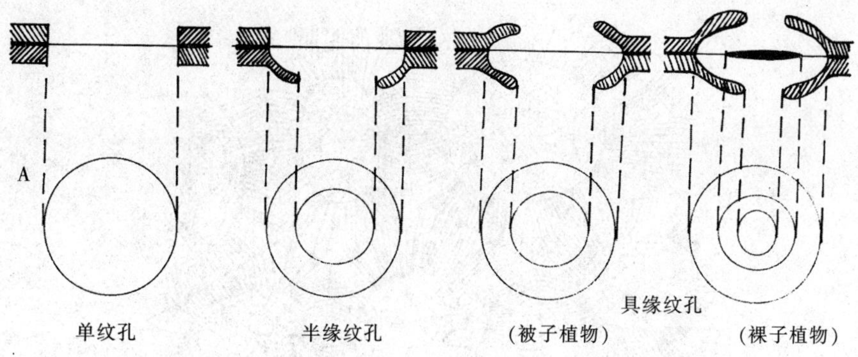

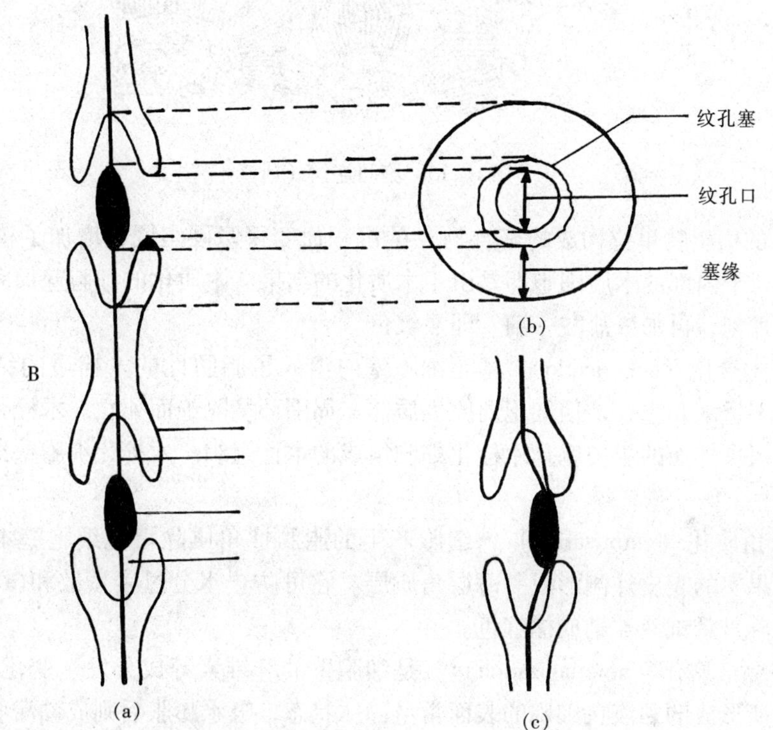

图 1－14　纹孔的图解

A. 纹孔的类型　B. 具缘纹孔的详图

（a）两个具缘纹孔的侧面观　（b）具缘纹孔对的表面观　（c）闭塞的具缘纹孔

（4）胞间连丝　细胞间有许多纤细的原生质丝穿过初生壁上微细孔眼彼此联系着，这种原生质丝称为胞间连丝。在电子显微镜下可看到胞间连丝中有内质网连接相邻细胞的内质网系统。如柿核、马钱子胚乳的细胞可以明显地看到胞间连丝。（图 1－15）

3. 细胞壁的特化　细胞壁主要是由纤维素构成（纤维素遇氯化锌碘液呈蓝紫色）。由于环境的影响，生理机能的不同，细胞壁还常常沉积其他物质，以致发生理化性质的变化，如木质化、木栓化、角质化、黏质化和矿质化等。

（1）木质化（lignification）　细胞壁由于细胞产生的木质素［苯基丙烷（phenyl-

图 1－15 胞间连丝（柿核）

propane）的衍生物单位构成的聚合物］的沉积而变得坚硬牢固，增加了植物支持重力的能力，树干内部的木质细胞即是由于木质化的结果。木质化的细胞壁加间苯三酚溶液一滴，待片刻，再加浓盐酸一滴，即显红色。

（2）木栓化（suberization） 是细胞壁内渗入了脂肪性的木栓质的结果。木栓化的细胞壁不透水和空气，使细胞内原生质体与周围环境隔绝而死亡。木栓化细胞有保护作用，如树皮外面的粗皮就是木栓化细胞组成的木栓组织。木栓化细胞壁遇苏丹Ⅲ试液可染成红色。

（3）角质化（cutinization） 细胞产生的脂肪性角质除填充细胞壁本身外，常在茎、叶或果实的表皮外侧形成一薄层角质层。它可防止水分过度蒸散和微生物的侵害。角质层遇苏丹Ⅲ试液被染成橘红色。

（4）黏液质化（mucilagization） 是细胞壁的纤维素等成分发生变化而成为黏液。黏液质化所形成的黏液在细胞的表面常呈固体状态，吸水膨胀后则成黏滞状态。如车前子，亚麻子表皮细胞中都具有黏液化细胞。黏液质化的细胞壁遇玫瑰红酸钠醇溶液染成玫瑰红色；遇钌红试剂染成红色。

（5）矿质化（mineralization） 是细胞壁中含有硅质或钙质等，其中以含硅质的最常见，如木贼茎和硅藻的细胞壁内含大量硅质。由于二氧化硅的存在，增加了细胞壁的硬度，可作磨擦料应用。二氧化硅能溶于氟化氢，但不溶于醋酸或浓硫酸（可区别于碳酸钙和草酸钙）。

第二节 植物细胞的分裂

植物的生长和繁衍后代，是靠细胞的数量增殖、体积扩大和分化来实现的。种子植物从受精卵发育成胚，再由胚形成幼苗，进而根、茎、叶不断生长，最后开花、结果，都必须以细胞繁殖为前提。细胞繁殖又是通过细胞分裂的结果。植物细胞分裂有三种方式：有丝分裂、无丝分裂和减数分裂。

一、有丝分裂

高等植物的细胞分裂主要是以有丝分裂（mitosis）方式进行的。有丝分裂又称为间接分裂（indirect nuclear division），它包含着两个过程，第一是核分裂（karyokinesis），细胞核分为两个；第二是细胞质分裂（cytokinesis），在两细胞核之间形成新细胞壁而成为两个子细胞。

有丝分裂是一个连续的过程，但为了叙述方便，一般把这整个过程人为地划分为分裂间期、前期、中期、后期和末期等几个时期。（图 1－16）

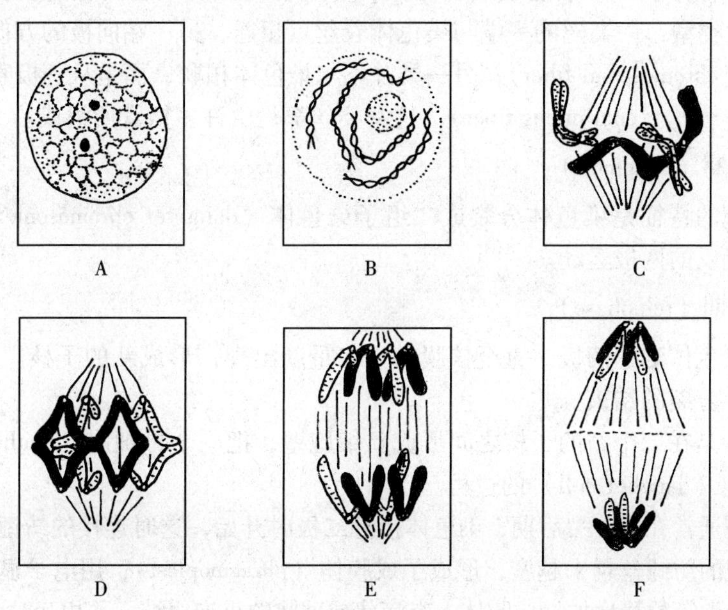

图 1－16　有丝分裂图解

A. 分裂间期　B. 前期　C. 中期　D. 早后期　E. 晚后期　F. 末期

（一）分裂间期（interphase）

分裂间期是从前一次分裂结束，到下一次分裂开始的一段时间，它是分裂前的准备阶段。处于分裂间期的细胞在形态上细胞核大，呈球形，具有核膜，核仁明显，染色质分散在核液中，细胞质很浓。反映出这时的细胞具有旺盛的代谢活动，进行着大量的生物合成，为细胞分裂进行物质上的准备。

根据在不同时期合成的物质不同，一般把整个分裂间期分为三个阶段：复制前期（G_1 期）、复制期（S 期）和复制后期（G_2 期）。G_1 期从细胞前一次分裂结束开始，在这一时期，主要进行 RNA 和各类蛋白质的合成，其中包括多种酶的合成。当细胞开始进行 DNA 的复制，就意味着进入 S 期，在此期中，DNA 的复制和组蛋白的合成基本完成。接着进入 G_2 期，在此期中，某些合成仍在继续进行，但速度明显下降，直至分裂开始。

（二）前期（prophase）

前期是有丝分裂开始时期。这一时期染色体出现，表现为纵向螺旋的细丝，在核内伸展并呈转曲状态。以后染色体（chromosome）通过螺旋作用逐渐地缩短并变粗。染色体越缩短，它们的形态也就越清楚。可以看出每个染色体是由两股染色单体（chromatid）组成的，除了在着丝点（centromere）区域外，它们之间是不相联系的。

在染色体形成的同时，核膜、核仁消失，这标志着前期的终结。

（三）中期（metaphase）

中期细胞的特征是染色体排列到细胞中央的赤道面（equatorial plane）上。纺锤体（spindle）非常明显。细胞两端各出现许多放射状的细丝，这些细丝在近细胞壁的一端各聚为一点，称作极。由细丝组成纺锤体。构成纺锤体的细丝又称为纺锤丝（spindle fiber）有两种类型：一类丝的一端与染色体着丝点相连，另一端向极的方向延伸，称为染色体牵丝（chromosomal fiber）；另一类并不与染色体相联，而是从一极直接延伸到另一极，称为连续丝（continuous fiber）。这两类丝都是由许多微管所组成。

（四）后期（anaphase）

后期细胞的特征是染色体分裂成二组子染色体（daughter chromosome），二组子染色体分别朝相反的两极运动。

（五）末期（telophase）

末期是染色体到达两极，直至核膜、核仁重新出现，形成新的子核。子核的出现，标志着细胞核分裂的结束。

胞质分裂是在二个新的子核之间形成新细胞壁，把一个母细胞（mother cell）分隔成两个子细胞（daugher cell）的过程。

胞质分裂通常在核分裂后期，染色体接近二极时开始，这时连接的纺锤丝起了变化，在赤道面区域的纺锤丝越来越密，形成了成膜体（phragmoplast）；用电子显微镜观察时，这一区域短的微管数量增加。成膜体上有滴状或球状的小泡集结，并相互融合而成为细胞板（cell plate）。这些滴状小泡可能是由高尔基体产生的，也可能部分来自内质网。细胞板逐渐向四周扩展，直至与原来母细胞壁相连接，这时细胞板就成为新细胞壁。新细胞壁形成后，把两个新形成的子核和它们周围的细胞质，分隔成为两个子细胞。

有丝分裂由于染色体的复制和以后染色单体的分离，使每一子细胞具有与原来母细胞相同数量和类型的染色体，而染色体又具遗传特性的基因，因此，保证了子细胞具有与母细胞相同的遗传因子，从而保持了细胞遗传的稳定性。

二、无丝分裂

无丝分裂（amitosis）又称为直接分裂（direct nuclear division），它的核分裂过程较简单，核内不出现染色体，不发生象有丝分裂过程中出现的一系列复杂的变化。在大多数情况下，分裂细胞的核先发生延长，然后在中间缢缩、变细，最后断裂，分成二子核，子核间形成新壁。无丝分裂不能保证母细胞的遗传物质平均地分配到二子细胞中去，从而影响到遗传的稳定性问题。

过去认为无丝分裂在低等植物内较为常见，其实在高等植物体中也普遍存在。如在胚乳发育过程中，以及植物形成愈伤组织时，虫瘿的生长、不定根和不定芽的产生时，均可看到无丝分裂。

三、减数分裂

减数分裂（meiosis）与植物的有性生殖密切相关。在分裂的过程中，细胞核也要经历染色体的复制、运动和分裂等复杂的变化。但是减数分裂仅发生在生殖细胞中，而且分裂的结果，使每个子细胞的染色体数只有母细胞的一半。因此，称为减数分裂。

减数分裂整个过程经过两次细胞分裂而不是一次分裂，第一次是母细胞中每对同源染色体进行配对，排列到赤道面，与此同时每个染色体自已纵裂为二，成为二个子染色体，但这两个单体仍并列着，而未分开。接着，两两配对的染色体各向一端移动，最后产生两个子细胞，每个子细胞中的染色体数目为母细胞的一半。第二次分裂，子细胞中每个染色体中并列的两个子染色体开始分离，各向一端移动，进行与有丝分裂相似的过程，最后每个子细胞又分裂成两个细胞，结果形成四个细胞。每个细胞中的染色体数均为单倍体（n）。（图 1－17）

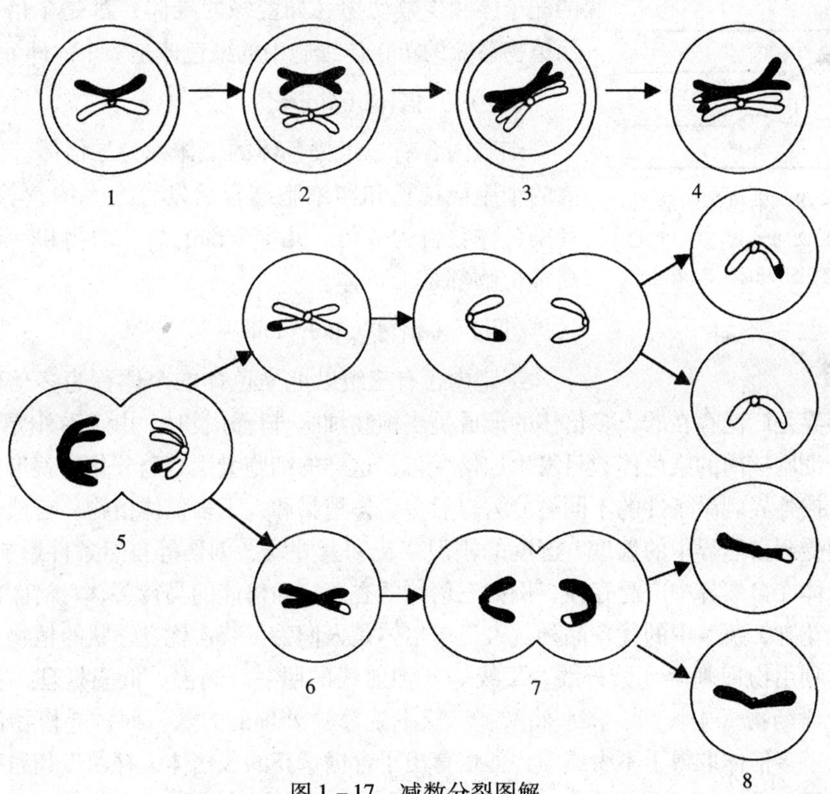

图 1－17　减数分裂图解

1. 2. 3. 第一次分裂前期　4. 第一次分裂中期　5. 第一次分裂后期
6. 第一次分裂末期　7. 第二次分裂后期　8. 第二次分裂末期

种子植物在有性生殖时所产生的精子和卵细胞都是经过减数分裂以后才产生的，它们都是单倍体（n），由于精子与卵结合，又恢复成为二倍体（2n），使子代的染色体仍保持与亲代同数。

四、染色体、单倍体、二倍体、多倍体

（一）染色体（chromosome）

染色体是在细胞进行有丝分裂和减数分裂时细胞核中出现的细长结构。染色体是由DNA和组蛋白组成，核心物质是DNA。

在高倍显微镜下，可观察到染色体的着丝点、染色体臂、主缢痕、次缢痕、有的染色体在短臂末端还有一个球形或棒状突出物称随体（图1-18）。研究一个种的全部染色体的形态结构，包括染色体的数目、大小、形态、主缢痕和次缢痕等特征的总和，称为染色体组型分析或染色体核型分析。因为染色体的核型是每个物种相当稳定的特征，所以染色体的核型分析也是植物的物种分类的重要依据。

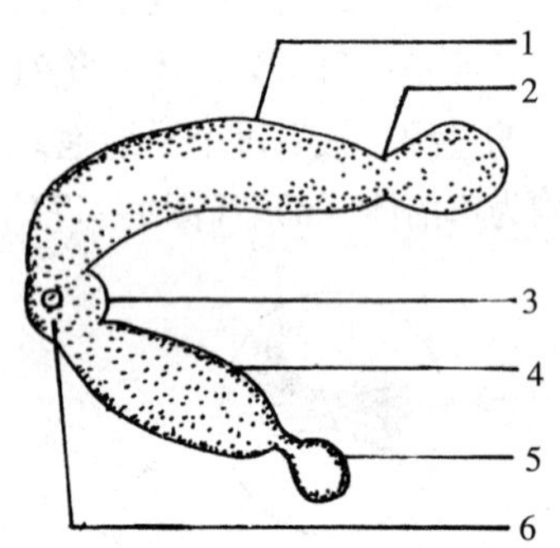

图1-18 染色体的形态

1. 长臂 2. 次缢痕 3. 主缢痕 4. 短臂 5. 随体 6. 着丝点

（二）单倍体（haploid）

细胞内仅含有一组染色体的个体称为单倍体。经过减数分裂产生的精子和卵细胞的染色体数均为单倍的。植物的配子体和少数动物（如蜜蜂的雄体）都是单倍体，如药用植物菘蓝的单倍体细胞中的染色体是7个，即n=X=7。

（三）二倍体（diploid）

细胞内含有二组染色体的个体称为二倍体。减数分裂前的细胞或精子和卵细胞结合后发育产生的营养体细胞，其染色体数目为双倍。几乎全部的高等动物和一半以上的高等植物都是二倍体。

（四）多倍体（polyploid）

细胞内含有三组以上染色体的个体称为多倍体。多倍体在植物界是广泛存在的。多倍体的形成是当植物细胞进行分裂时，由于受外界条件的刺激，而使细胞核内的染色体数目发生加倍变化，这样的细胞继续繁殖分化，就形成了多倍体植物。按外界刺激条件的不同可分为自然多倍体植物和人工多倍体植物。自然多倍体是细胞分裂受到自然界中的温度、湿度的剧烈变化和紫外线、创伤等自然条件影响而形成。这类多倍体在自然界中广泛存在，例如三倍体的香蕉、四倍体的马铃薯、六倍体的普通小麦及其他花卉、蔬菜中的优良品种。人工多倍体是人们为了获得优良性状的植物，在细胞分裂时，利用物理刺激（紫外线、X线等各种射线的照射，高温、低温处理，机械损伤等）或化学药物（生长剂、秋水仙碱、三氯甲烷等）处理的方法，而诱导植物产生的多倍体。人工多倍体取得了不少成绩，如培育出了含糖量高的三倍体无籽西瓜和甜菜等。

在药用植物方面，如菘蓝 Isatis indigotica Fort. 的四倍体（2n = 4X = 28）的新品系与二倍体相比，根的产量提高30%以上，根的抗内毒素作用也有较大提高，叶中靛蓝的含量可成倍增加，靛玉红的含量也有显著提高。需要注意的是，不管用什么方法获得的多倍体，不是所有的多倍体植株的产量和活性成分的含量都是提高的，多倍体植株的品质并非都对人类有利，必须对不同品质的多倍体植株进行大量反复的优选，才能获得较为理想的多倍体植株。

植物的组织

植物在长期进化发展过程中，由于细胞分工（即机能不同）的不同，在高等植物体内就形成不同形态和构造的细胞群。这些来源、机能相同，形态构造相似，而且彼此联系的细胞群称为组织（tissue）。

第一节　植物组织的种类

植物的组织一般可分为分生组织、基本组织、保护组织、分泌组织、机械组织和输导组织六类，后五类都是由分生组织分生分化而来的，所以又统称为成熟组织（mature tissue）或永久组织（permanent tissue）。

一、分生组织

分生组织（meristem）是一群具有分生能力的细胞，能进行细胞分裂，增加细胞的数目使植物不断生长。它的特征是细胞小，排列紧密，无细胞间隙，细胞壁薄，细胞核大，细胞质浓，无明显的液泡。

分生组织按其来源的不同又可分为原生分生组织、初生分生组织、次生分生组织。

（一）原生分生组织（promeristem）

原生分生组织是种子的胚遗留下来的一群原始细胞及其紧接的衍生细胞。位于植物根、茎和枝的先端，即生长点（growing point），又称顶端分生组织（apical meristem）。原生分生组织分生的结果，使根、茎和枝不断的伸长和长高。（图 2－1）

（二）初生分生组织（primary meristem）

初生分生组织是原生分生组织分裂出来而仍保持分生能力的细胞，如原表皮层，基本分生组织（紧接于原生分生组织之后的部分）和原形成层（茎初生构造的束中形成层）。初生分生组织分生的结果，产生茎、根的初生构造。如茎的初生分生组织形成初生构造的结果是：

原生分生组织⟶初生分生组织｛原表皮层⟶表皮；基本分生组织⟶皮层、髓｝茎的初生构造原形成层 ⟶形成层麦和竹等禾本科植物茎叶的基部，韭菜等百合科植物叶的基部，都具有分生组织，称为居间分生组织（intercalary meristem），它分生的结果，使茎、叶伸长。居间分生组织是从顶端分生组织中保留下来的一部分分生组织，因此从来源看，它属于初生分生组织，所以由它产生的组织仍是初生构造。

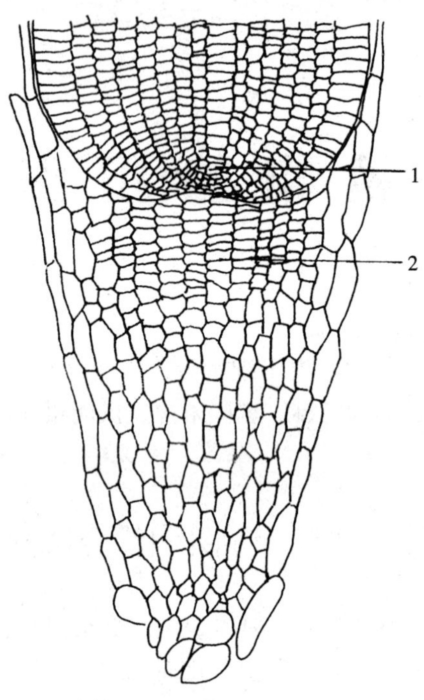

图2－1　根尖生长点及根冠

1. 生长点　2. 根冠的分生组织

（三）次生分生组织（secondary meristem）

次生分生组织是由成熟组织（永久组织）中的某些薄壁细胞如表皮、皮层、维管柱鞘等细胞重新恢复分生机能而形成的。如木栓形成层、根的形成层和茎的束间形成层等。这类分生组织存在于裸子植物及双子叶植物的根和茎内，一般排成环状，并与轴相平行，所以又称侧生分生组织（lateral meristem）。次生分生组织分生的结果，产生次生构造，使根、茎不断加粗。

二、基本组织

基本组织（ground tissue）在植物体内占很大体积，分布在植物体的许多部位，是组成植物体的基础。它由主要起代谢活动和营养作用的薄壁细胞所组成，所以又称薄壁组织（parenchyma）。主要特征是细胞壁薄，细胞壁由纤维素和果胶构成，并且是具有原生质体的生活细胞；细胞的形状有圆球形、圆柱形、多面体等，细胞之间常有间隙。基本组织分化程度较浅，具有潜在的分化能力。

依其结构、功能的不同可分为一般薄壁组织、通气薄壁组织、同化薄壁组织、输导薄壁组织、贮藏薄壁组织等。（图2－2）

（一）一般薄壁组织（ordinary parenchyma）

一般薄壁组织通常存在于根、茎的皮层和髓部。这类薄壁细胞主要起填充和联系其他组织的作用，并具有转化为次生分生组织的可能。

（二）通气薄壁组织（aerenchyma）

通气薄壁组织多存在于水生和沼泽植物体内。其特征是细胞间隙特别发达，常形成大的空隙或通道，具有贮存空气的功能。如莲的叶柄和灯心草的髓部。

（三）同化薄壁组织（assimilation parenchyma）

同化薄壁组织多存在于植物的叶肉及茎的周皮内层（绿皮层）等部分。细胞中有叶绿体，能进行光合作用，制造营养物质。

（四）输导薄壁组织（conducting parenchyma）

输导薄壁组织多存在于植物器官的木质部及髓部。细胞细长，有输导水分与养料的作用。如髓射线。

（五）贮藏薄壁组织（storage parenchyma）

贮藏薄壁组织多存在于植物地下部分如块根、块茎、球茎、鳞茎等及果实、种子中。细胞较大，其中含有大量淀粉、糊粉粒、脂肪油或糖类等营养物质。

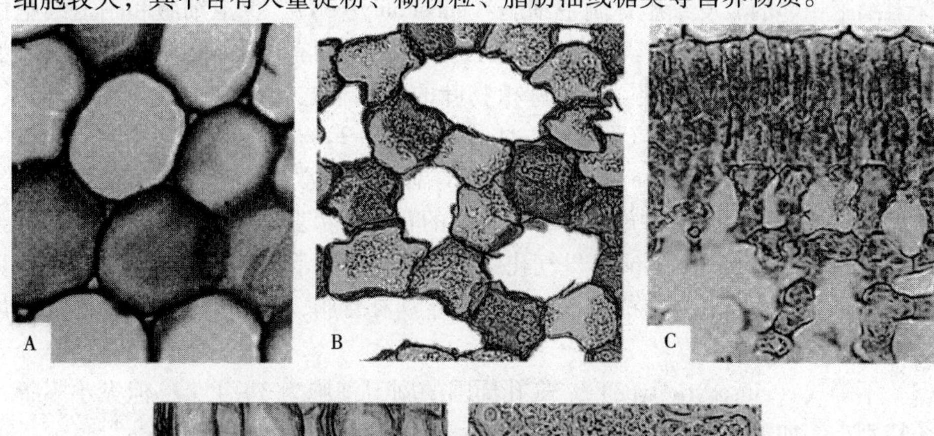

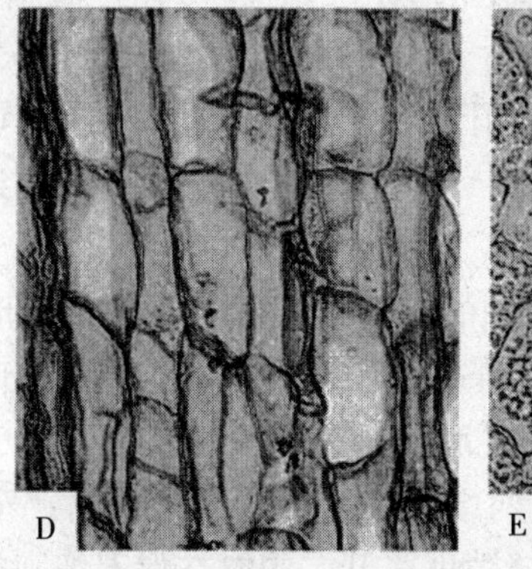

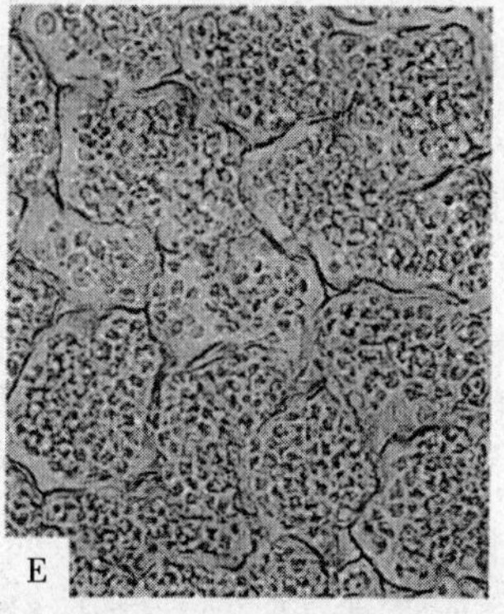

图 2－2　基本组织

A. 一般薄壁组织（白茅根皮层）　B. 通气薄壁组织（菖蒲根茎皮层）　C. 同化薄壁组织（夹竹桃叶肉）
D. 输导薄壁组织（东北马兜铃藤茎木射线）　E. 贮藏薄壁组织（人参根薄壁细胞）

三、保护组织

保护组织（protective tissue）分布于植物的体表，由一层或数层细胞组成，对植物体起保护作用，并有控制和进行气体交换的能力。依其来源的不同，又分为初生保护组织——表皮组织与次生保护组织——周皮。

（一）表皮组织（epidermal tissue）

表皮组织分布在幼茎及叶、花、果实和种子的表面。常为一层扁平的长方形、多边形或波状不规则形细胞，彼此嵌合，排列紧密，无细胞间隙。表皮细胞通常不含叶绿体，外壁常角质化，并在表面形成连续的角质层，有的在角质层上还有蜡被，有防止水分散失的作用。有些表皮细胞常分化形成气孔或向外突出形成毛茸。

1. 气孔（stoma）　在表皮上（特别是叶的下表皮）可见一些呈星散或成行分布的小孔，称为气孔，是气体交换的通道，也是调节水分蒸发的通道。气孔是由两个半月形的保卫细胞（guard cell）对合而成的。保卫细胞的细胞质比较丰富，细胞核比较明显，含有叶绿体，它的细胞壁厚薄不均，其上下壁和外侧壁的角隅处较厚，而外侧壁的中部和内侧壁较薄。因此，当保卫细胞充水膨胀时，气孔隙缝就张开；当保卫细胞失水萎缩时，气孔隙缝就闭合。气孔的关闭受外界环境条件的影响，如温度、光照、湿度等。

保卫细胞相邻的表皮细胞称副卫细胞（subsidiary cell）。保卫细胞和副卫细胞排列的方式称为气孔的轴式类型。其类型随植物科属的不同而有所不同。因此，这些类型可用于叶类、全草类生药的鉴定。双子叶植物叶的气孔轴式类型有不定式、不等式、环式、直轴式、平轴式等五种。（图 2－3－1、图 2－3－2）

（1）直轴式（diacytic type）　气孔周围的副卫细胞常为 2 个，其长轴与气孔长轴垂直。如唇形科的薄荷叶，益母草叶，石竹科的石竹、瞿麦，爵床科的穿心莲等。

（2）平轴式（paracytic type）　气孔周围的副卫细胞常为 2 个，其长轴与气孔长轴平行。如茜草科的茜草，豆科的番泻叶、落花生、补骨脂，虎耳草科的常山叶和马齿苋科的马齿苋叶等。

（3）不等式（anisocytic type）　气孔周围的副卫细胞为 3～4 个，但大小不等，其中一个特别小。如十字花科的菘蓝叶、蔊菜，茄科的烟草、曼陀罗叶等。

（4）不定式（anomocytic type）　气孔周围的副卫细胞数目不定，其大小基本相同，并与其他表皮细胞形状相似。如菊科的艾叶，桑科的桑叶，玄参科的洋地黄、地黄，毛茛科的毛茛等。

（5）环式（actinocytic type）　气孔周围的副卫细胞数目不定，其形状较其他表皮细胞狭窄，围绕气孔周围排列成环状，如山茶科的茶叶，桃金娘科的桉叶等。

单子叶植物气孔的轴式也很多，仅介绍禾本科植物气孔的特征。禾本科型（gramineous type）气孔的保卫细胞呈哑铃形，两端的细胞壁较薄，中间狭窄部分的细胞壁较厚，当保卫细胞充水两端膨胀时，气孔缝隙就张开。同时在保卫细胞的两边，还有两个平行排列而略呈三角形的副卫细胞，对气孔的开闭有辅助作用，因此，有的称为辅助细胞。如淡竹叶、芸香草等。（图 2－4）

2. 毛茸（trichome，hair）　是由表皮细胞分化而成的突起物。具有保护和减少水

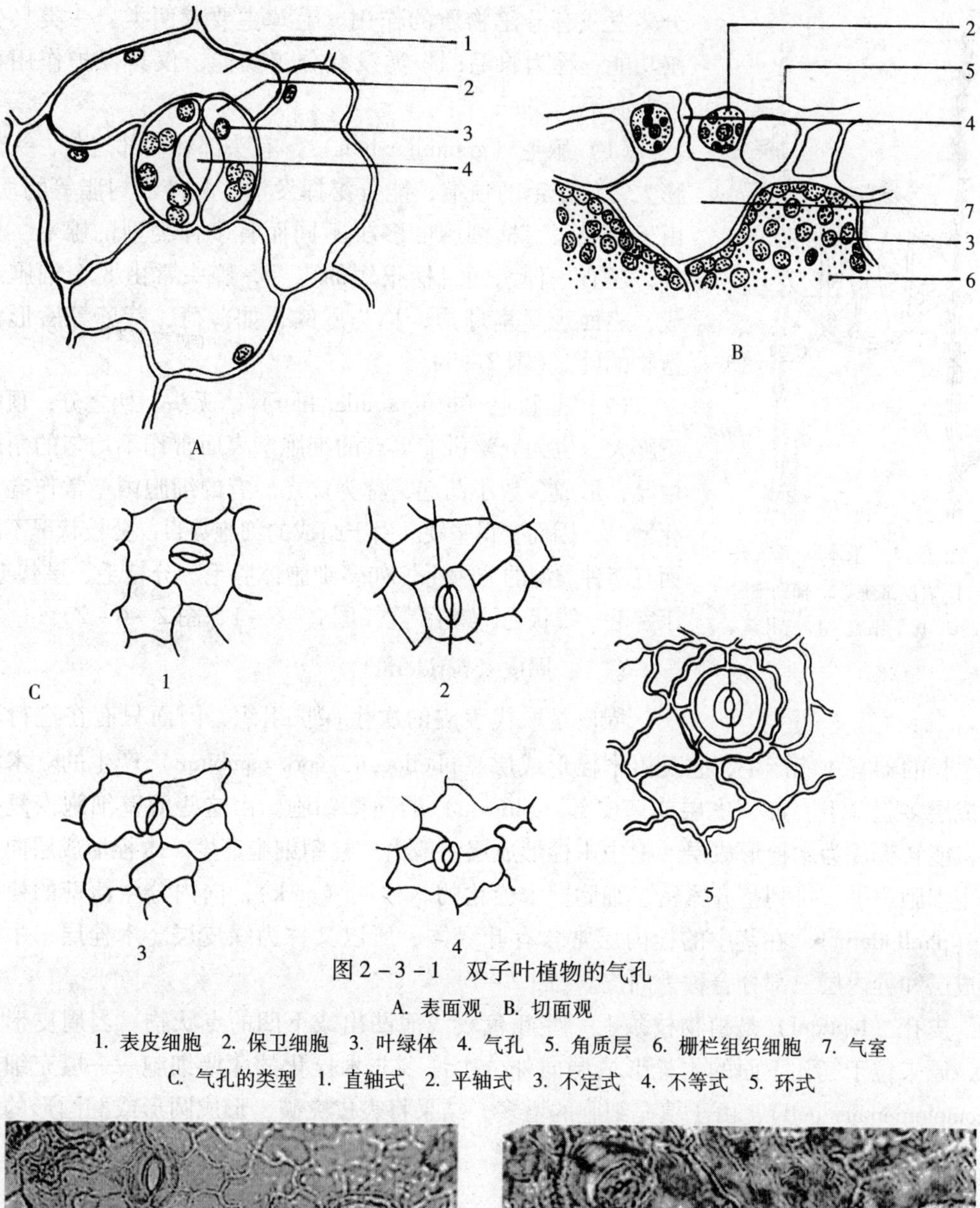

图 2－3－1　双子叶植物的气孔

A. 表面观　B. 切面观

1. 表皮细胞　2. 保卫细胞　3. 叶绿体　4. 气孔　5. 角质层　6. 栅栏组织细胞　7. 气室

C. 气孔的类型　1. 直轴式　2. 平轴式　3. 不定式　4. 不等式　5. 环式

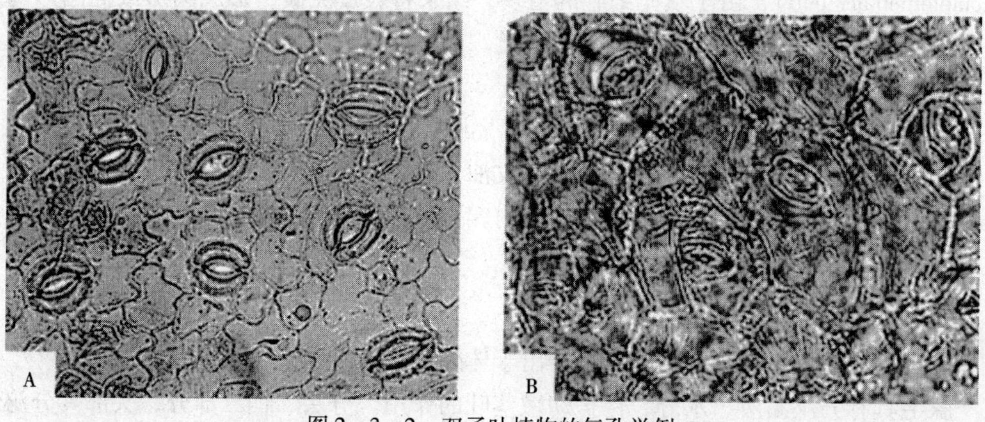

图 2－3－2　双子叶植物的气孔举例

A. 杜仲叶（不定式）　B. 萹蓄叶（不等式）

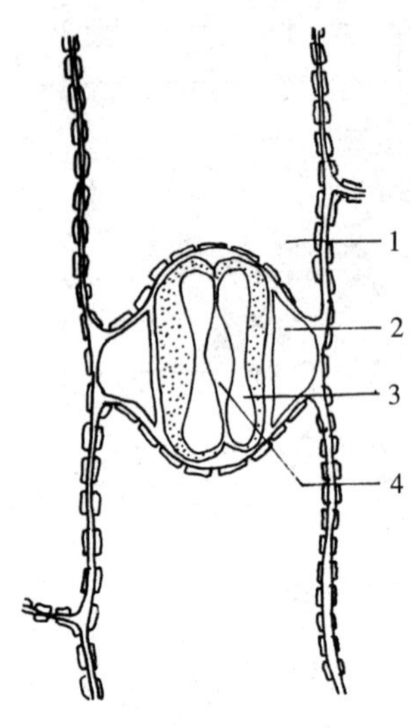

图 2-4　禾本科型气孔
1. 表皮细胞　2. 辅助细胞
3. 保卫细胞　4. 气孔缝

分蒸发或有分泌物质的作用。毛茸主要有两类：一类具分泌功能，称为腺毛；一类没有分泌功能，仅具保护作用称为非腺毛。

（1）腺毛（grandular hair）　有头部和柄部之分，头部膨大，位于毛的顶端，能分泌挥发油、黏液、树脂等物质。由于组成头、柄细胞的多少不同而有多种类型的腺毛。另外，还有一种无柄或柄很短的腺毛，腺头常由 8 个细胞组成，表面观呈扁球形，称为腺鳞，如薄荷、紫苏等唇形科植物的叶。（图 2-5）

（2）非腺毛（nongranlular hair）　无头、柄之分，顶端不膨大，也无分泌机能。有的细胞壁表面常作不均匀的角质增厚，形成多数小凸起，称为疣点。有的细胞内壁常作硅质化增厚，因而变得坚硬。由于组成的细胞数目，分枝状况不同而有多种类型的非腺毛，如多细胞体腺毛、分枝毛、星状毛、丁字毛、线状毛、鳞毛等。（图 2-6-1、图 2-6-2）

（二）周皮（periderm）

周皮是取代表皮的次生保护组织，因而只有在进行次生生长的器官才能产生，它是由木栓形成层（phellogen，cork cambium）产生的。木栓形成层多起源于表皮、皮层或韧皮部（phloem）的薄壁细胞。由这些薄壁细胞恢复分生机能转变成为木栓形成层。根中木栓形成层一般由中柱鞘细胞产生。木栓形成层向外分生细胞扁平、排列整齐紧密、细胞壁木栓化的木栓层（cork），向内分生薄壁的栓内层（phelloderm），在茎中的栓内层常含有叶绿体，所以又称为绿皮层。木栓层、木栓形成层和栓内层三部分合称为周皮。（图 2-7）

皮孔（lenticel）是植物枝条上一些颜色较浅而凸出或下凹的点状物。当周皮形成时，原来位于气孔下面的木栓形成层向外分生许多非木栓化的薄壁细胞——填充细胞（complementary cell），由于填充细胞的增多，结果将表皮突破，形成圆形或椭圆形的裂口，这种裂口即为皮孔，是气体交换的通道。（图 2-8）

四、分泌组织

分泌组织是由具有分泌作用能分泌挥发油、树脂、蜜汁、乳汁等的细胞所组成。根据分泌组织分布在植物的体表或植物的体内，可分为外部分泌组织和内部分泌组织两大类。（图 2-9）

（一）外部分泌组织

位于植物的体表，其分泌物直接排出于体外，其中有腺毛、腺鳞和蜜腺。

腺毛具有分泌黏液、水分，保护幼嫩茎叶的作用。分头、柄二部分，头部具分泌物质的功能。蜜腺（nectary）是分泌蜜汁（nectar）的多细胞腺体，由一层表皮细胞或及其下面数层细胞分化而来。蜜腺的细胞具浓厚的细胞质。细胞质产生蜜汁，可由扩散通

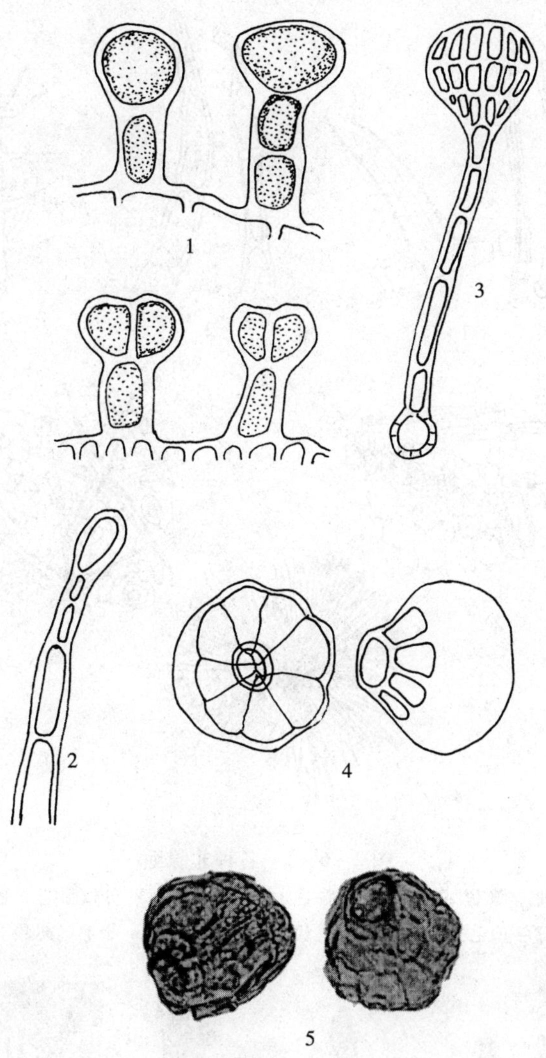

图2－5　各种腺毛

1. 洋地黄叶的腺毛　2. 曼陀罗叶的腺毛

3. 金银花的腺毛　4. 薄荷叶的腺毛（腺鳞）　5. 凌霄花腺鳞

过细胞壁、由角质层的破裂、或经过表皮层上的气孔而到体外。蜜腺常存在于虫媒花植物的花瓣基部或花托上，如油菜花；植物体营养器官上的蜜腺，称花外蜜腺，如蚕豆托叶的紫色部分，樱桃叶片基部的腺体等。

（二）内部分泌组织

存在于植物体内，其分泌物贮存在细胞内或细胞间隙中。按其组成、形状和分泌物的不同，可分为：

1. 分泌细胞（secretory cell）　是单个散在具分泌能力的细胞，其分泌物贮存在细胞内。当分泌细胞在充满分泌物后，即成死亡的贮藏细胞。根据其分泌的物质可分为油细胞，含有挥发油，如肉桂皮、姜、菖蒲；黏液细胞，含有黏液质，如白及、知母。

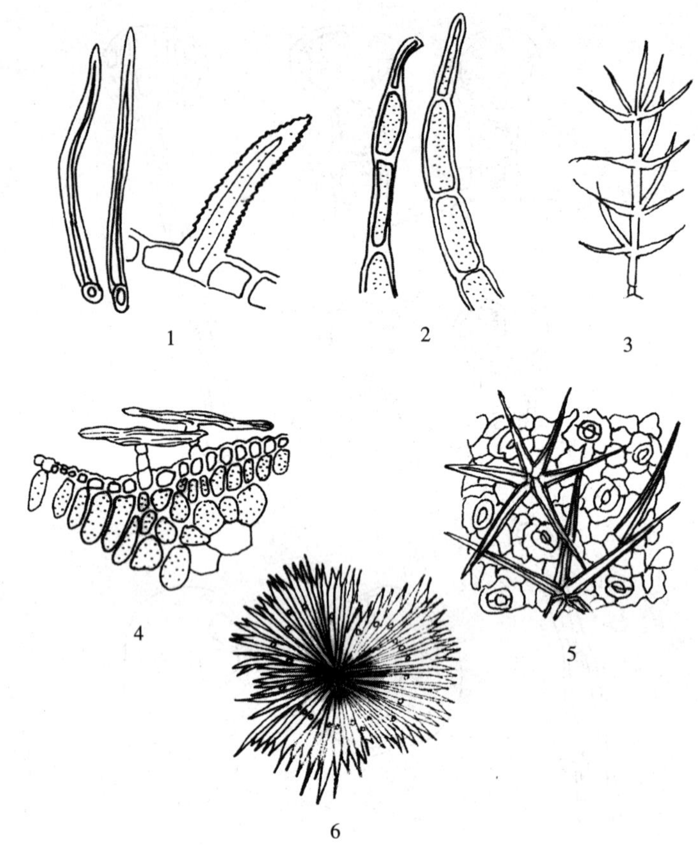

图2-6-1　各种非腺毛

1. 单细胞非腺毛　2. 多细胞非腺毛（洋地黄叶）　3. 分枝腺毛（毛蕊花叶）
4. 丁字型毛（艾叶）　5. 星状毛（蜀葵叶）　6. 鳞毛（胡颓子叶）

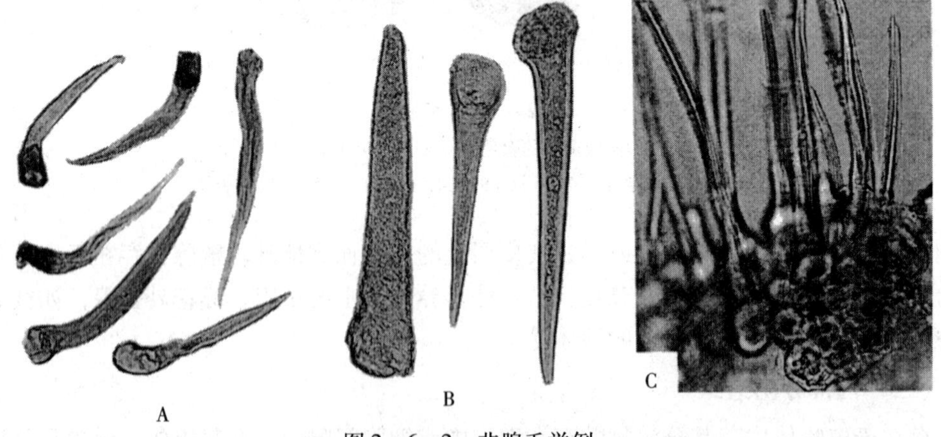

图2-6-2　非腺毛举例

A. 毛诃子（果实）　B. 马鞭草（地上部分）　C. 望春花（花蕾）

2. 分泌腔（secretory cavity）　它是由多数分泌细胞所形成的腔室，分泌物大多是挥发油贮存在腔室内，故称油室。腔室的形成，一种是由于分泌细胞中层裂开形成，分泌细胞完整地围绕着腔室，称为离生（裂生的 schizogenous）分泌腔，如当归根，花椒

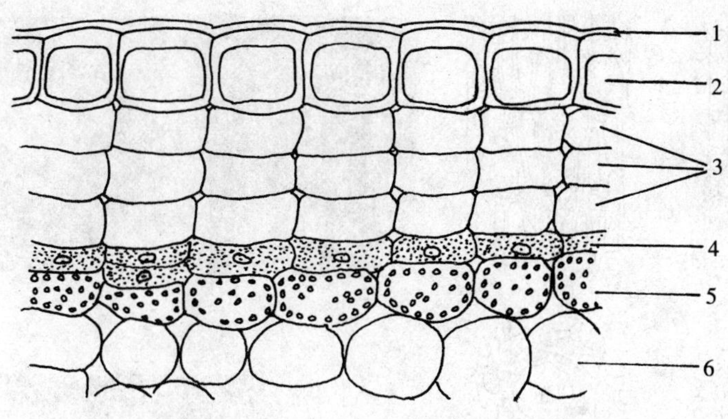

图 2－7　周皮

1. 角质层　2. 表皮层　3. 木栓层　4. 木栓形成层　5. 栓内层　6. 皮层

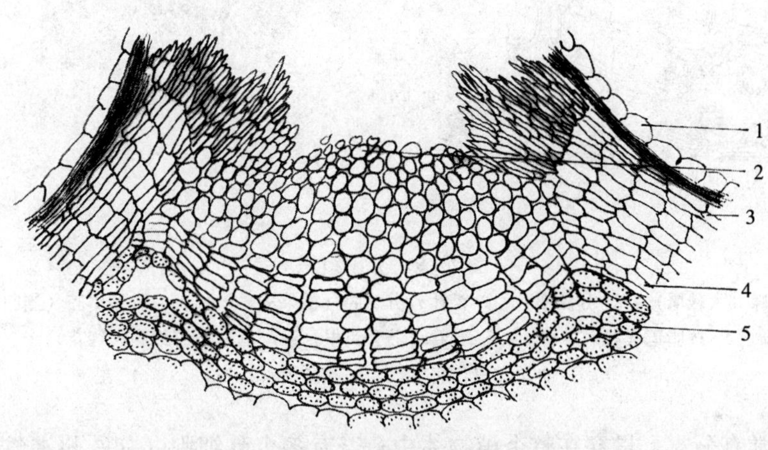

图 2－8　皮孔的横切面

1. 表皮层　2. 填充细胞　3. 木栓层　4. 木栓形成层　5. 栓内层

果等；另一种由许多聚集的分泌细胞本身破裂溶解而成的腔室，腔室周围的细胞常破碎不完整，称为溶生（lysigenous）分泌腔，如陈皮等。

3. 分泌道（secretory canal）　它是由多数分泌细胞彼此分离形成的长形管道，其周围的分泌细胞称上皮细胞（epithelial cell）。分泌物贮存管道里，分泌道顺轴分布于器官中，故横切面观呈类圆形与分泌腔相似，但纵切面观则呈管状。分泌道中的分泌物有的是挥发油，称为油管（vittae），如茴香；有的是树脂或油树脂，称为树脂道（resin canal），如松茎；有的是黏液，称黏液道（slime canal）或黏液管（slime duct），如美人蕉、椴树等。

4. 乳汁管（laticifer）　是由一个或多个细长分支的乳细胞（latex cell）形成。乳细胞是具有细胞质和细胞核的生活细胞，原生质体紧贴在胞壁上，具有分泌作用，其分泌的乳汁（latex）贮存在细胞中。乳汁管通常有下列两种：

（1）无节乳汁管（nonarticulate laticifer）　是由单个乳细胞构成，随着器官长大而伸长，管壁上无节，有的在发育过程中，细胞核进行分裂，但细胞质不分裂而形成多核

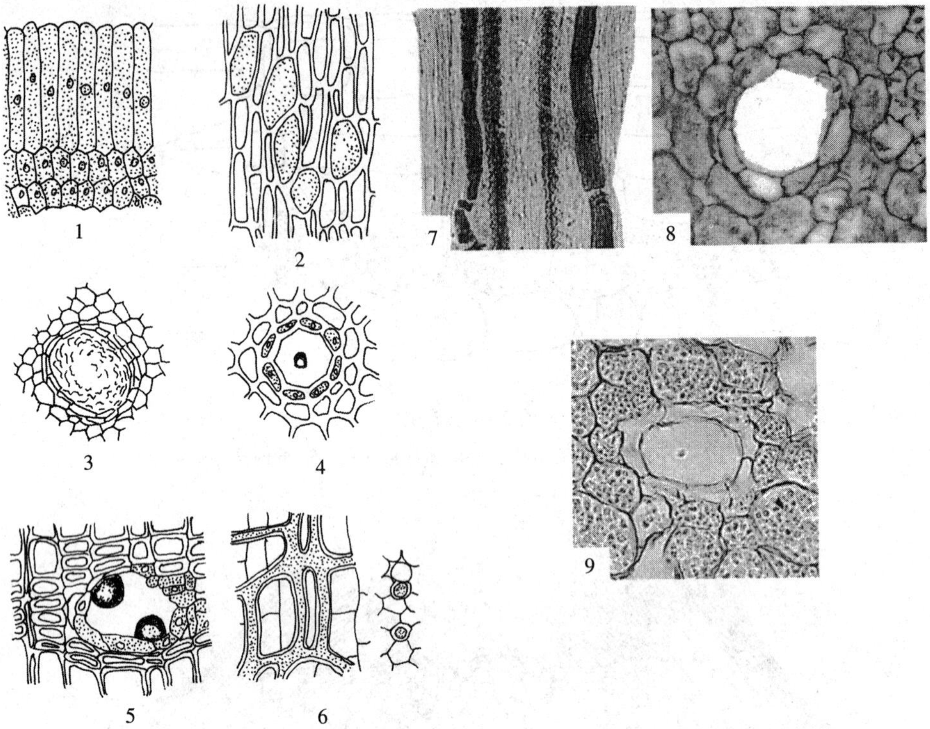

图2-9　分泌组织

1. 蜜腺（大戟属）　2. 分泌细胞　3. 溶生性分泌腔（橘果皮）　4. 离生性分泌腔（当归根）
5. 树脂道（松属木材）　6. 乳管（蒲公英根）　7. 管状分泌细胞（红花）
8. 油管（白花前胡）　9. 树脂道（人参）

细胞，因而常有分支，贯穿在整个植物体中；若有多个乳细胞（如欧州夹竹桃），它们彼此各成一独立单位而永不相连。具分支乳汁管的如大戟科、夹竹桃科，具不分支乳汁管的如大麻。

（2）有节乳汁管（articulate laticifer）　是由一系列管状乳细胞错综连接而成的网状系统，连接处细胞壁溶化贯通，乳汁可以相互流动。如菊科、桔梗科、罂粟科、旋花科、芭蕉科等植物的乳汁管。

乳汁管多分布在植物的薄壁组织中，如皮层、髓部、子房壁等处。乳汁大多是白色的，但也有黄色的，如白屈菜。乳汁的成分复杂，有些可供药用，如罂粟的乳汁含有多种生物碱。三叶橡胶的乳汁含有橡胶，是重要的工业原料。乳汁还具保护作用，当草食动物袭击植物时，乳汁从伤口渗出，有助于伤口的封闭。

五、机械组织

机械组织（mechanical tissue）是细胞壁明显增厚的一群细胞，有支持植物体或增加其巩固性以承受机械压力的作用。根据其为纤维素增厚还是木质化增厚，以及增厚部位和程度的不同，可分为厚角组织和厚壁组织两类。

（一）厚角组织（collenchyma）

厚角组织的细胞是生活细胞，常含有叶绿体，能进行光合作用，细胞壁增厚的成分是纤维素、果胶质和半纤维素，无木质素，不木质化，呈不均匀的增厚，一般在角隅处增厚。厚角组织是双子叶植物地上部分幼嫩器官（茎、叶柄、花梗）的支持组织。它主要在这些器官的表皮下成环或成束分布，在许多具有棱角的嫩茎中，厚角组织常集中分布于棱角处，如益母草茎。（图2－10）

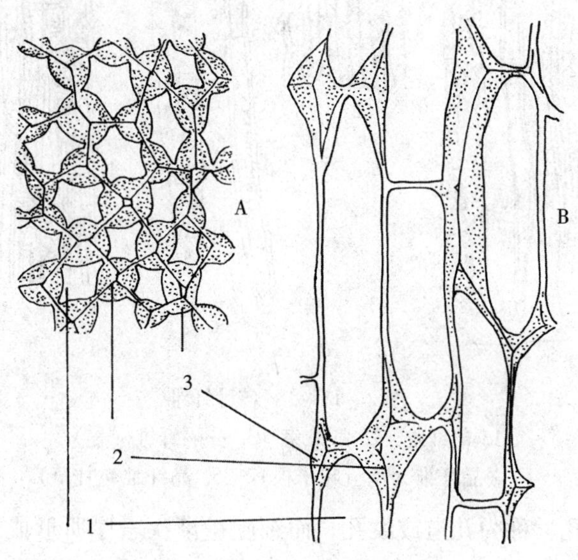

图2－10　厚角组织

A. 横切面　B. 纵切面　1. 细胞腔　2. 胞间层　3. 增厚的壁

（二）厚壁组织（sclerenchyma）

厚壁组织的特征是它的细胞壁呈均匀的次生加厚，常具层纹和纹孔，成熟后细胞腔变小，成熟时无原生质体，为死的细胞。根据其细胞形态的不同，又可分为纤维和石细胞。

纤维（fiber）来源于薄壁组织或由维管形成层分裂、分化产生，细胞壁为纤维素或有的木质化增厚的细长细胞。一般为死细胞，通常成束。每个纤维细胞的尖端彼此紧密嵌插而加强巩固性。根据纤维存在部位的不同，分韧皮纤维和木纤维，分布在韧皮部的纤维称为韧皮纤维（phloem fiber）或皮层纤维（cortical fiber），这种纤维一般纹孔及细胞腔都较显著，如肉桂。分布在木质部的纤维称为木纤维（wood fiber），木纤维往往极度木质化增厚，细胞腔通常较小，如川木通。还有一种纤维，其细胞腔中有菲薄的横隔膜，这种纤维称为分隔纤维（septate fiber），如姜。（图2－11－1、图2－11－2）

此外，还有一种“晶鞘纤维”，是一束纤维外侧包围着许多含草酸钙方晶的薄壁细胞所组成的复合体的总称，如甘草、黄柏等。

石细胞（stone cell）来源于薄壁组织的分化，是细胞壁明显增厚且木质化，并渐次死亡的细胞。细胞壁上未增厚的部分呈细管状，有时分支，向四周射出。因此，细胞壁

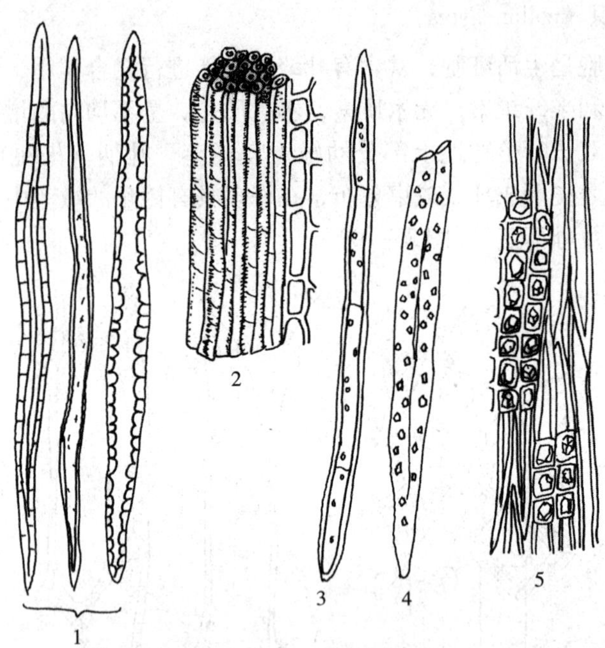

图 2－11－1　各种纤维
1. 单纤维　2. 纤维束　3. 分隔纤维（姜）
4. 嵌晶纤维（南五味子根）　5. 晶纤维（甘草）

上可见到细小的壁孔，称为孔道或纹孔；而细胞壁渐次增厚所形成的纹理则称为层纹。石细胞的形状大多是近于球形或多面体形，但也有短棒状或具分支的，大小也不一致。石细胞常单个或成群的分布在植物的根皮，茎皮，果皮及种皮中，如党参、黄柏、八角茴香，杏仁；有些植物的叶或花亦有分布，这些石细胞通常呈分枝状，所以又称为畸形石细胞（idioblast）或支柱细胞。（图 2－12）

纤维和石细胞二者的区别在于细胞的形状和存在形式。纤维细胞长，常成环状或束状分布；石细胞相对短，形状多样，单一或成堆存在。

六、输导组织

输导组织（conducting tissue）是植物体中输送水分，无机盐和营养物质的组织。输导组织是植物从水生到陆生演化、适应体内长距离运输需要的产物。包括木质部（xylem）的导管与管胞，韧皮部（phloem）的筛管与伴胞以及筛胞等。其共同特点是细胞长形，常上下相连，形成适于输导的管道。

（一）管胞和导管

管胞和导管是自下而上输送水分及溶于水中的无机养料的输导组织，存在于植物的木质部中。

1. 管胞（tracheid）　管胞是绝大多数蕨类植物和绝大多数裸子植物主要的输导组织，同时兼有支持作用。有些被子植物或被子植物某些器官也有管胞，但不是主要的输导组织。

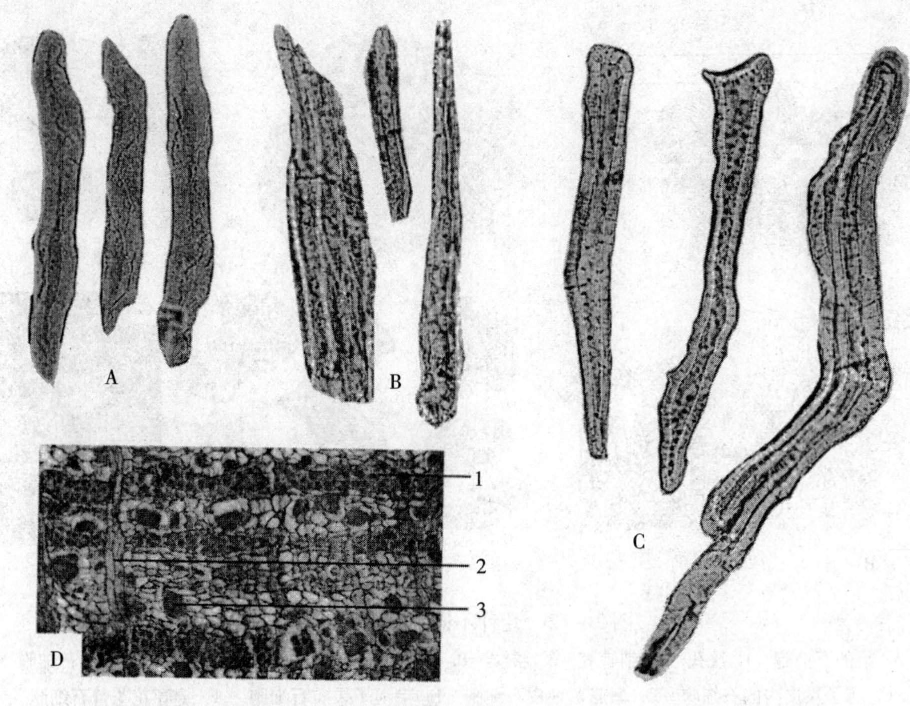

图2－11－2　各种纤维举例

A. 根部韧皮纤维（乌药）　B. 根部木纤维（乌药）　C. 内果皮纤维（毛诃子）

D. 树皮纤维束（黄皮树，1－韧皮纤维束，2－韧皮射线，3－黏液细胞）

管胞是单个的细胞呈狭长形，两端尖斜，末端不穿孔，细胞无生命，细胞壁木质化加厚形成各种纹理，以梯纹及具缘纹孔管胞较为多见。管胞互相连接并集合成群，管径较小，末端无穿孔，依靠侧壁上的纹孔（未增厚部分）运输水分。因此液流的速度缓慢，是一类较原始的输导组织。（图2－13）

2. 导管（vessel）　导管是被子植物最主要的输导组织，少数裸子植物如麻黄也有导管。

导管由多数纵长端壁具穿孔的管状死细胞纵向连接而成，每个管状细胞称为导管分子（vessel element，vessel member），导管分子的侧面观与管胞极为相似，但其上下两端往往不如管胞尖细倾斜，而且相接处的横壁常贯通成大的穿孔，因而输导水分的作用远较管胞为快。细胞壁一般木质化增厚，由于不是均匀加厚，而呈各种纹理加厚，形成的纹理或纹孔有环纹、螺纹、梯纹、网纹、单纹孔和具缘纹孔导管等类型。（图2－14－1、图2－14－2）

环纹导管（annular vessel）增厚的部分呈环状，导管直径较小，存在于植物幼嫩器官中。如半夏、玉米幼茎中的导管。

螺纹导管（spiral vessel）增厚部分呈螺旋带状，导管直径一般较小，多存在于植物幼嫩器官中。

梯纹导管（scalariform vessel）增厚部分（连续部分）与未增厚部分（间断部分）间隔呈梯形，即增厚部分呈横条突起，与未增厚的部分相间如梯形，多存在于成熟器官

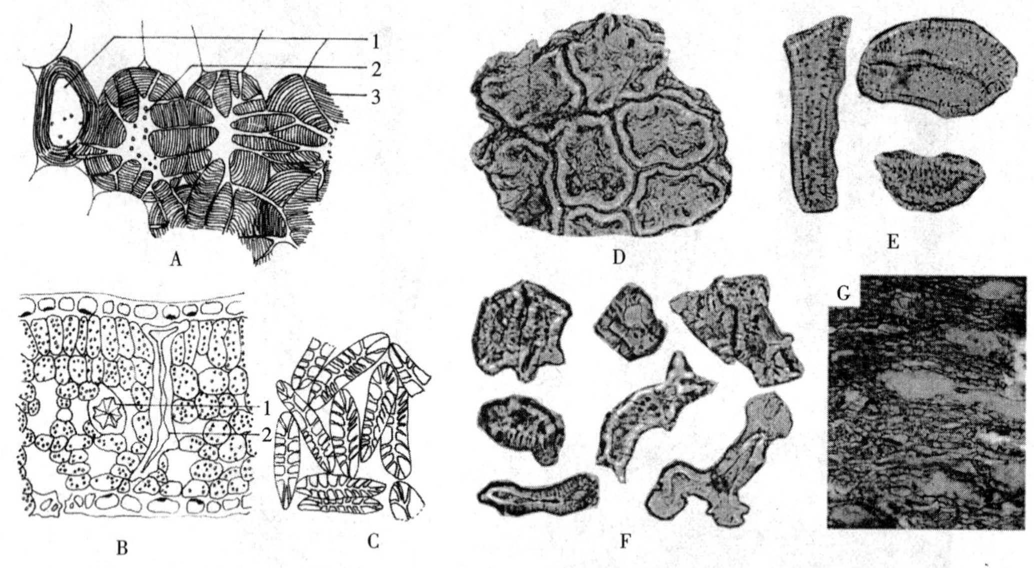

图 2－12 几种不同形状的石细胞

A. 梨的石细胞 1. 纹孔 2. 细胞腔 3. 层纹 B. 茶叶的横切面 1. 草酸钙结晶 2. 畸形石细胞 C. 椰子果皮内的石细胞 D. 颠茄草种皮石细胞 E. 毛诃子果实石细胞 F. 望春花花蕾石细胞 G. 黄皮树树皮石细胞（黄色的为石细胞或石细胞群）

中，如葡萄茎、香附块茎中的导管。

网纹导管（reticulated vessel）增厚的部分呈网状，网孔是未增厚的细胞壁，导管直径较大，多存在于器官成熟部分，如大黄根及根茎、南瓜茎等的导管。

孔纹导管（pitted vessel）导管壁几乎全面增厚，未增厚处为单纹孔或具缘纹孔，前者为单纹孔导管，后者为具缘纹孔导管，导管直径较大，多存在于器官成熟部分，如甘草根、青木香等的导管。

环纹和螺纹导管的木化次生壁是以环纹或螺纹状加厚于初生壁内侧，导管口径小，输导能力低；梯纹导管的次生壁呈横条状隆起增厚；孔纹和网纹导管除纹孔或网眼未增厚外，其余均木化加厚，梯纹、孔纹和网纹导管口径大、输导能力较高。

侵填体（tylosis）某些植物由于邻接导管的薄壁细胞胀大，通过导管壁上未增厚的部分或纹孔，连同其内含物如鞣质、树脂等物质侵入到导管腔内堵塞导管的囊状突出物称侵填体。侵填体的产生使导管液流透性降低，但对病菌侵害起一定防腐作用。具有侵填体的木材是较耐水湿的。在南瓜、木薯、茄等植物以及一些木本植物的导管内可见。

1

2

图 2－13 管胞

1. 梯纹管胞 2. 具缘纹孔管胞

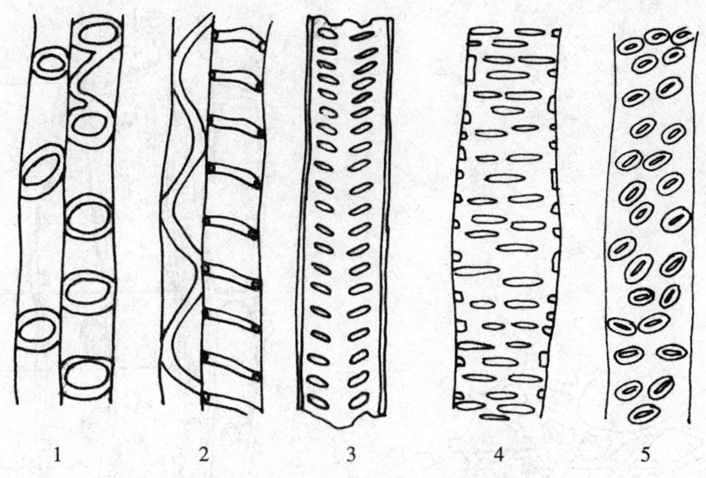

图 2－14－1　导管类型

1. 环纹导管　2. 螺纹导管　3. 梯纹导管　4. 网纹导管　5. 具缘纹孔导管

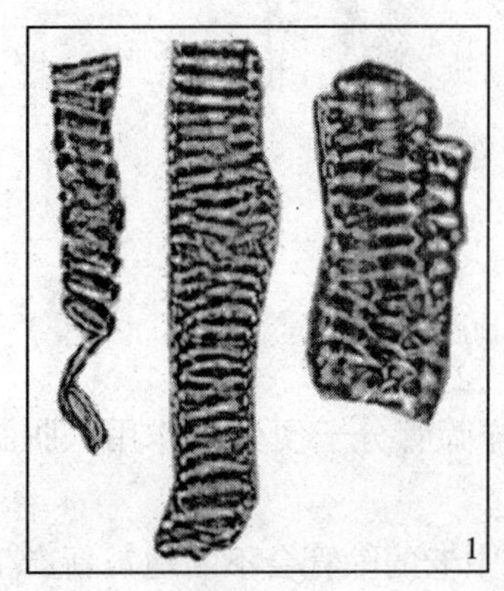
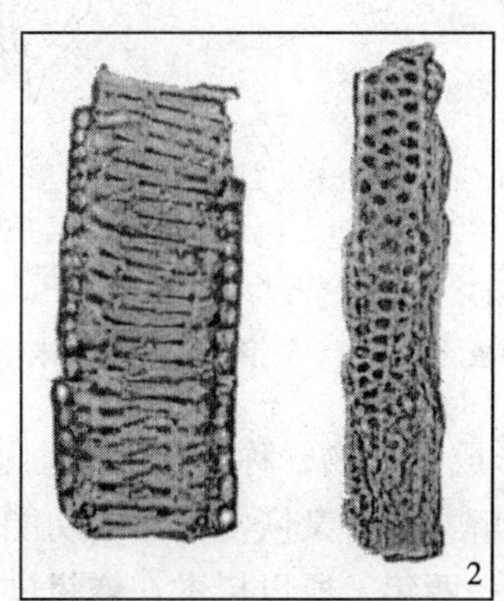
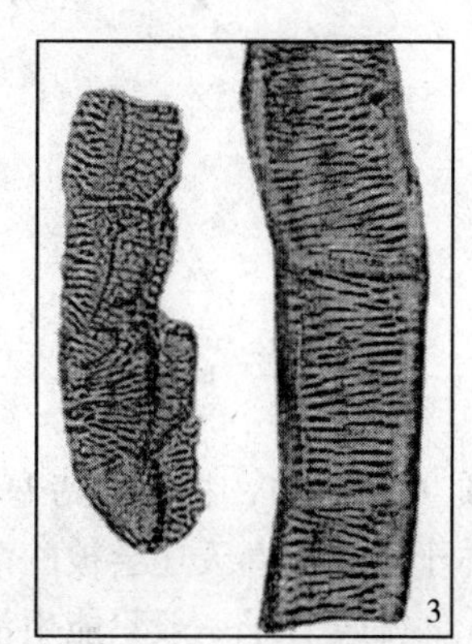

图 2－14－2　导管类型举例

1. 掌叶大黄（环纹、螺纹、网纹）　2. 颠茄草（网纹、孔纹）

3. 蒙古黄芪（孔纹＋网纹、网纹）

（二）筛管、伴胞和筛胞

筛管、伴胞和筛胞是输送光合作用制造的有机营养物质到植物其他部分的输导组织，存在于被子植物的韧皮部中。

1. 筛管（sieve tube）　筛管是由多数长管状活细胞纵向连接成的，其组成的每一个细胞，称为筛管分子（sieve element）。细胞壁为初生壁，由纤维素和果胶质组成，侧壁和端壁上有凹陷区域—筛域（sieve area），筛域上有筛孔（sieve pore）。具有筛孔的横壁称筛板（sieve plate）。上下相邻两筛管分子的细胞质，通过筛孔彼此相连，这些呈丝状的原生质称为联络索（connecting strand）。（图 2－15）

胼胝体（callus）在冬季，在筛管的筛板处生成一种黏稠的碳水化合物，称为胼胝

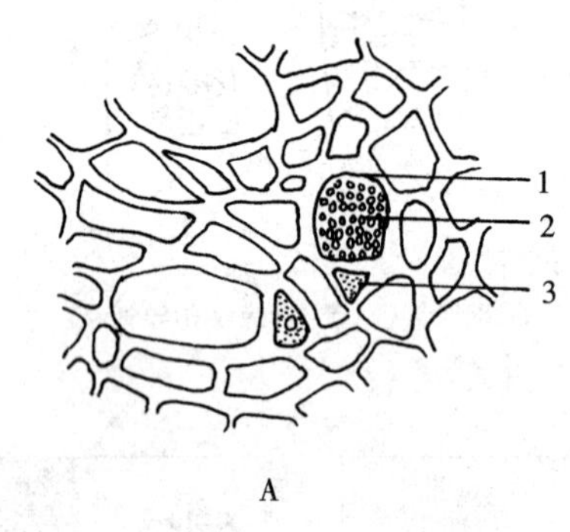

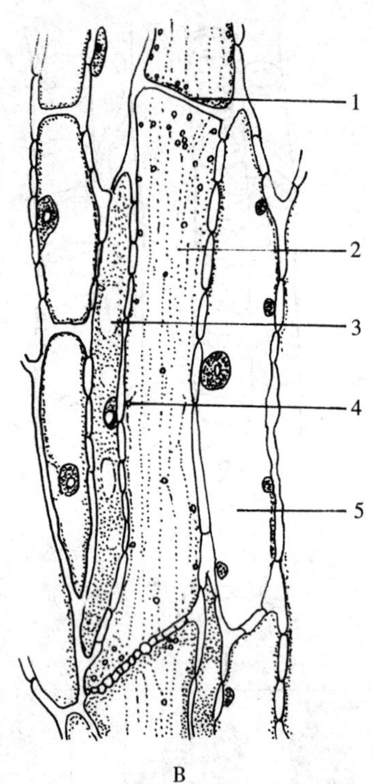

图 2－15　筛管及伴胞

A. 横切面　1. 筛板　2. 筛孔　3. 伴胞

B. 纵切面　1. 筛板　2. 筛管　3. 伴胞　4. 白色体　5. 韧皮薄壁细胞

质（callose），将筛孔堵塞形成垫状物，称为胼胝体。这样筛管分子便失去作用，胼胝体于第二年春天还会被酶溶解，筛管又恢复其运输功能。

筛管分子一般只能生活一两年，所以树木在增粗过程中老的筛管会不断地被新产生的筛管取代，老的筛管被挤压成为颓废组织；但在多年生单子叶植物中，筛管则可长期行使其功能。

2. 伴胞（companion cell）　是位于筛管分子旁侧的一至数个狭长的薄壁细胞，称为伴胞，它与筛管分子来源于同一个母细胞，经母细胞纵裂为二，较大的细胞形成筛管分子，较小的细胞形成伴胞，伴胞具浓厚的细胞质和明显的细胞核，并含有多种酶，筛管的输导机能与伴胞有密切关系。当筛管死亡后，伴胞也随之死亡。伴胞为被子植物所特有，蕨类及裸子植物则不存在。

3. 筛胞（sieve cell）　为单个、两端尖斜的管状活细胞，没有特化成筛板，只有侧壁上或端壁上有凹入的小孔，称筛域（sieve area），不具伴胞，物质运输能力没有筛管强，是较原始的输导组织，是绝大多数裸子植物和蕨类植物韧皮部的输导分子。

第二节　维管束及其类型

维管植物由三种组织系统组成，即皮组织系统（dermal tissue system）、维管组织系统（vascular tissue system）和基本组织系统（foundamental tissue system 或 ground tissue system）。分别简称为皮系统（dermal system），维管系统（vascular system）和基本系统（foundmental system 或 ground system）。植物整体的结构表现为维管系统包埋于基本系统之中，而外面又覆盖着皮系统。

维管系统由许多维管束（vascular bundle）组成。维管束主要由韧皮部（phloem）与木质部（xylem）构成。韧皮部主要由筛管、伴胞、筛胞、韧皮薄壁细胞与韧皮纤维组成，这部分质较柔韧，故称韧皮部；木质部主要由导管、管胞、木薄壁细胞与木纤维组成，这部分木质坚硬，故称木质部。

双子叶植物和裸子植物根和茎的维管束，在韧皮部和木质部之间有形成层（cambium）存在，能继续增生长大，所以称为无限维管束（open bundle 开放性维管束）。单子叶植物和蕨类植物根和茎的维管束没有形成层，不能增生长大，所以称为有限维管束（closed bundle 闭锁性维管束）。

根据维管束中韧皮部和木质部排列方式的不同，以及形成层的有无，维管束可分为下列几种类型：（图 2－16，图 2－17－1、图 2－17－2）

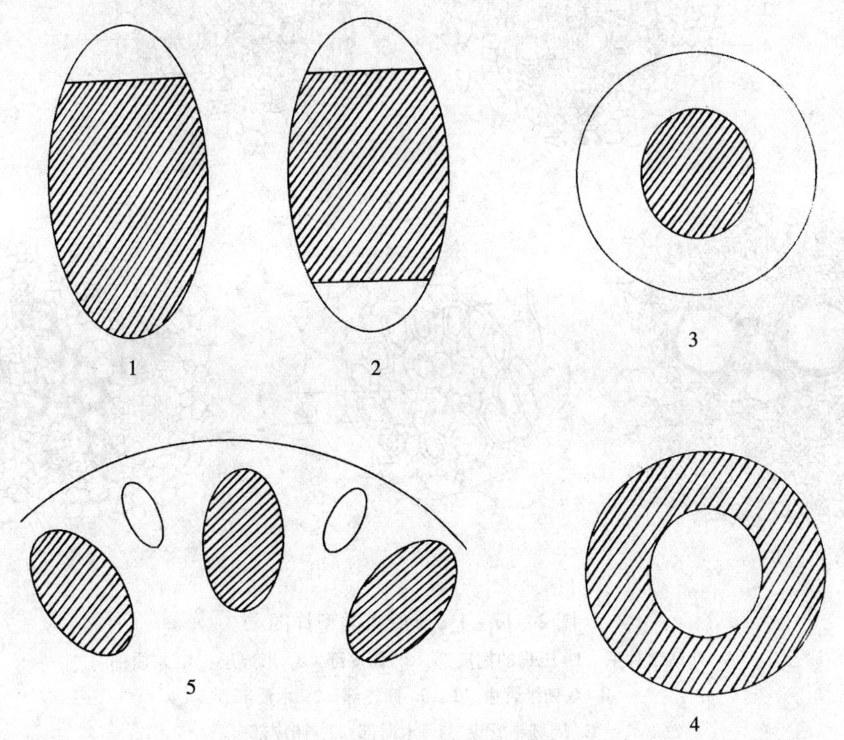

图 2－16　维管束类型图解

1. 外韧维管束　2. 双韧维管束　3. 周韧维管束　4. 周木维管束　5. 辐射维管束

1. 有限外韧维管束（closed collateral bundle）　韧皮部位于外侧，木质部位于内侧，两者并行排列，中间无形成层。如单子叶植物茎的维管束。

2. 无限外韧维管束（open collateral bundle）　与有限外韧维管束的不同点是韧皮部与木质部之间有形成层。如裸子植物和双子叶植物茎中的维管束。

3. 双韧维管束（bicollateral bundle）　木质部的内外侧都有韧皮部。外侧的韧皮部称外韧部，内侧的韧皮部称内韧部，在外韧皮部与木质部之间常有形成层。常见于茄科、葫芦科、桃金娘科等植物的茎中。如颠茄、南瓜茎的维管束。

4. 周韧维管束（amphicribral bundle）　木质部居中，韧皮部围绕在木质部的四周，无形成层。常见于蕨类某些植物的茎、叶中，如贯众。此外，百合科、禾本科、蓼科等植物茎中也常见。

5. 周木维管束（amphivasal bundle）　韧皮部居中，木质部围绕在韧皮部的四周。常见于百合科（轮叶王孙属）、鸢尾科、天南星科（菖蒲属）、莎草科、仙茅科等植物茎中。

6. 辐射维管束（radial bundle）　韧皮部和木质部相互间隔排列，呈辐射状排列。存在于双子叶植物根的初生构造及单子叶植物根的构造中。

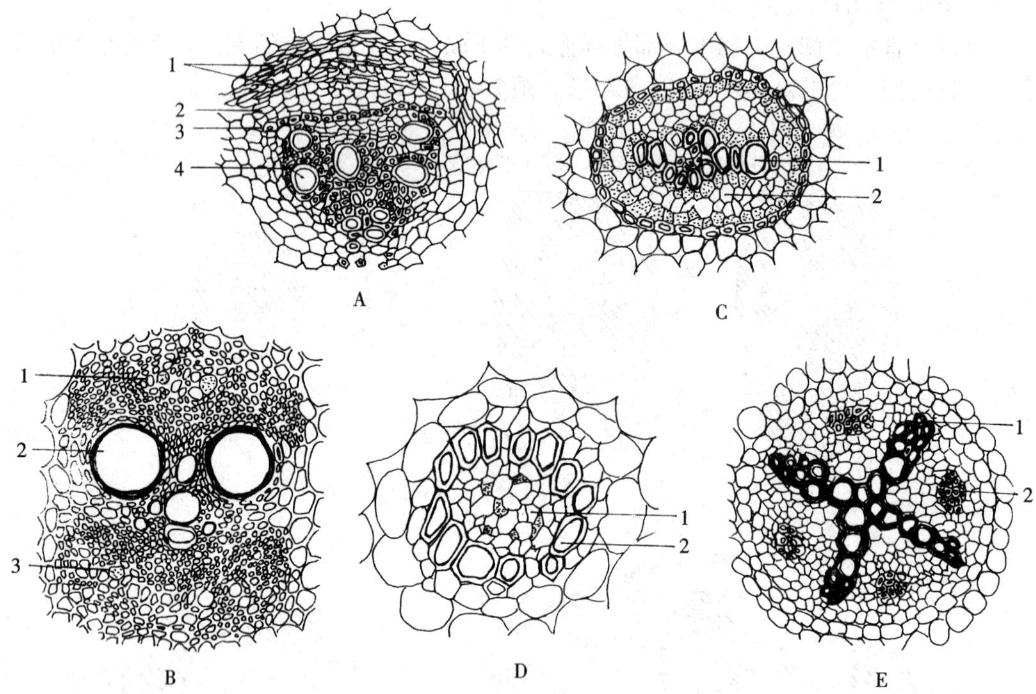

图 2－17－1　维管束类型详图

A. 外韧维管束　1. 压扁的韧皮部　2. 韧皮部　3. 形成层　4. 木质部

B. 双韧维管束　1、3. 韧皮部　2. 木质部

C. 周韧维管束　1. 木质部　2. 韧皮部

D. 周木维管束　1. 韧皮部　2. 木质部

E. 辐射维管束　1. 木质部　2. 韧皮部

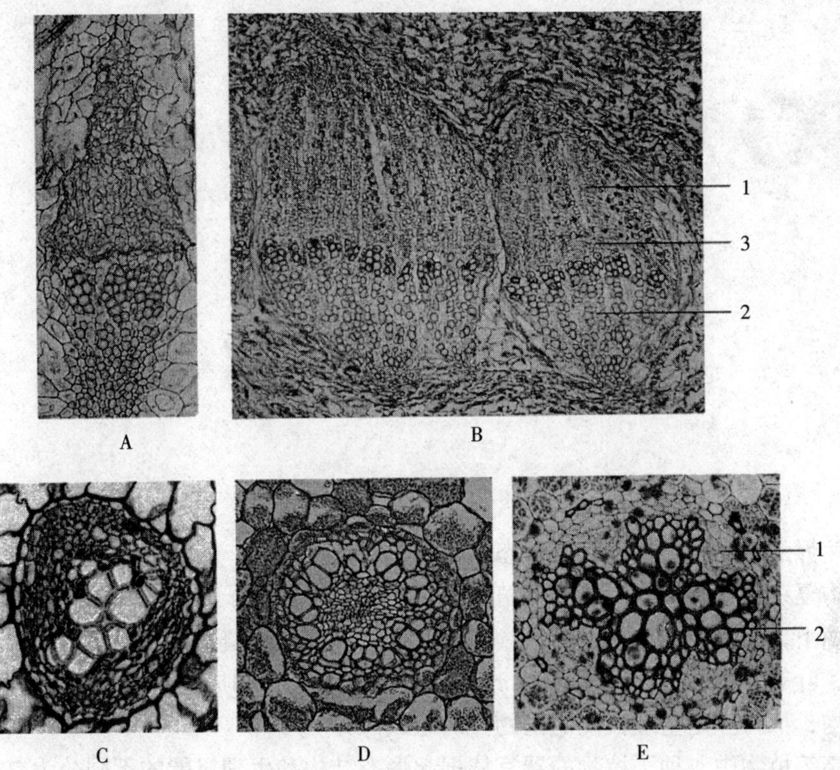

图2－17－2　维管束类型举例

1. 韧皮部　2. 木质部　3. 形成层

A. 外韧维管束（肉苁蓉茎）　B. 外韧维管束（盐生肉苁蓉茎）　C. 周韧维管束（槲蕨根茎）　D. 周木维管束（菖蒲根茎）　E. 辐射维管束（毛茛根）

植物的器官

自然界的植物种类繁多，有形态结构简单的低等植物，如藻类、菌类、地衣等；有形态结构复杂的高等植物，在高等植物中，种子植物的种子完全成熟后，经过休眠，在适宜环境下，萌发成幼苗，以后继续生长发育，成为成年植物。在成年植物体上，就有根、茎、叶等器官的分化。器官（organ）是由多种组织构成，具有一定的外部形态和内部结构，执行一定生理机能的植物体的组成部分。

在高等植物中，种子植物的器官依据起形态结构和生理机能的不同分为二类：一类为营养器官（vegetative organs）包括根、茎、叶，它们共同起着吸收、制造和输送植物体所需的水分和营养物质的作用，以便植物体更好的生长、发育。另一类为繁殖器官（reproductive organs）包括花、果实、种子，它们起着繁殖后代延续种族的作用。各器官间在形态及生理机能上有明显不同，但彼此又相互联系，相互依存构成一个完整的植物体。

第一节　根

根（root）一般是指植物体生长在地面下的营养器官，具有向地、向湿和背光等特性。根的顶端具有向下无限生长的能力，能形成庞大的根系，有利于植物体固着于土壤中，并从土壤中吸收水分和无机盐类，根是植物生长的基础。

根是植物长期适应陆生生活而在进化中形成与发展起来的器官，其外形一般呈圆柱形，在土壤中生长愈向下愈细，并可向周围分枝而形成复杂的根系。由于在地下生长，根内细胞中不含叶绿体，亦无节与节间之分，一般不生芽、叶和花。

一、根的类型与根系

（一）根的类型

1. 主根和侧根　植物种子萌发时，最初由胚根突破种皮，向下生长，这种由胚根直接发育而形成的根称主根（main root），主根一般与地面垂直向下生长。当主根生长达到一定的长度时，从其侧面生出许多支根，称为侧根（lateral root），侧根达到一定长度时，又能生出新的次一级侧根，如此多次反复分枝，就形成了整株植物的根系。

2. 定根和不定根 就根发生来源的不同，又可分为定根（normal root）和不定根（adventitious root）两类。凡直接或间接起源于胚根，经发育而成的主根及其各级侧根称为定根，它们均有固定的生长部位。有些植物中根的发生没有一定的位置，不是来源于胚根，而是从植物的茎、叶或其他部位生长而出，这样的根统称为不定根，故农、木、园艺植物的栽培上常利用此特性进行扦插、压条等营养繁殖。此外，一些植物如玉米、水稻、小麦、薏苡等的种子萌发后，其主根生长不久后即枯萎，而从其茎基部的节上生长出许多大小和长短相似的须根来，这些根即是不定根。

（二）根系的类型

1. 直根系 一株植物地下部分所有根的总体称之为根系。根据根的形态及生长特性，根系分为两种类型。凡由明显而发达的主根及各级侧根组成的根系称为直根系（tap root system），直根系一般入土较深，大多数双子叶植物和裸子植物均具有直根系，如人参、甘草、桔梗等。

2. 须根系 如果植物的主根不发达或早期死亡，由其茎基部的节上生长出的不定根组成的根系称为须根系（fibrous root system），须根系入土较浅，单子叶植物多数均具有须根系，如水稻、小麦、百合等。（图 3－1）

二、根的变态

有些植物在长期的历史进化过程中，为了适应生活环境的变化，其根的形态构造发生了一些变态，并且这些变态性状形成后可代代遗传下去，这样的根称为变态根，常见有以下几种主要类型。

（一）贮藏根（storage root）

根的一部分或全部因贮藏营养物质而呈肉质肥大状，这样的根称为贮藏根。依据其来源及形态的不同，贮藏根又可分为肉质直根（fleshy tap root）和块根（root tuber）。肉质直根主要由主根发育而成，一株植物上仅有一个肉质直根，其上部具有胚轴和节间很短的茎，其中又分为几种类型，肥大呈圆锥状的，如胡萝卜、白芷、桔梗等，称圆锥状根；肥大呈圆柱状的，如萝卜、菘蓝、丹参等，称圆柱状根；肥大呈圆球状的，如芜青，称圆球状根。块根由侧根或不定根膨大而形成，在外形上通常呈不规则状，一株植物可以形成许多膨大的块根，其组成不含茎和胚轴部分。如天门冬、何首乌、百部等均为块根。（图 3－2）

（二）支柱根（prop root）

有些植物的茎节在下部靠近土壤处向四周环生出一些不定根深入土中，成为起增强茎干支持力量的辅助根系，这样的根称为支柱根，如玉米、薏苡、甘蔗、高粱等。

（三）攀援根（climbing root）

有些植物由其地上部分的茎干上生长出细长柔弱的不定根，使植物攀附于石壁、墙

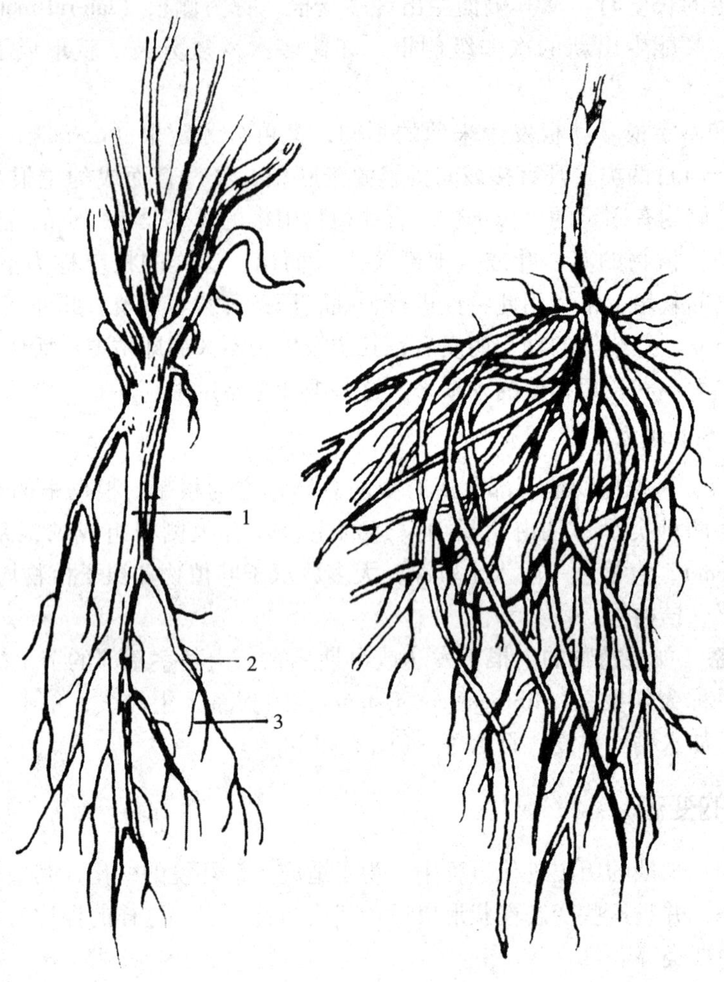

图 3－1　直根系与须根系
1. 主根　2. 侧根　3. 纤维根

垣、树干或其他物体上，这种具攀附作用的根称为攀援根，如常春藤、薜荔、络石藤等。

（四）气生根（aerial root）

自茎上产生的一些不定根，不伸入土中，而是生长于空气中，称为气生根。气生根具有在潮湿空气中吸收和贮藏水分的能力，如石斛、吊兰、榕树等。

（五）呼吸根（respiratory root）

由于承担的生理功能不同，部分气生根主要起呼吸作用。如一些生长在湖沼或热带海滩地带的植物，如水松、红树等，由于植株的一部分被泥沙淹没，呼吸十分困难，因而有部分根垂直向上生长，暴露于空气中行呼吸作用，称为呼吸根。

（六）水生根（water root）

水生植物的根一般呈须状，垂直漂浮于水中，纤细柔软并常带绿色，称为水生根，如浮萍、睡莲、菱等。

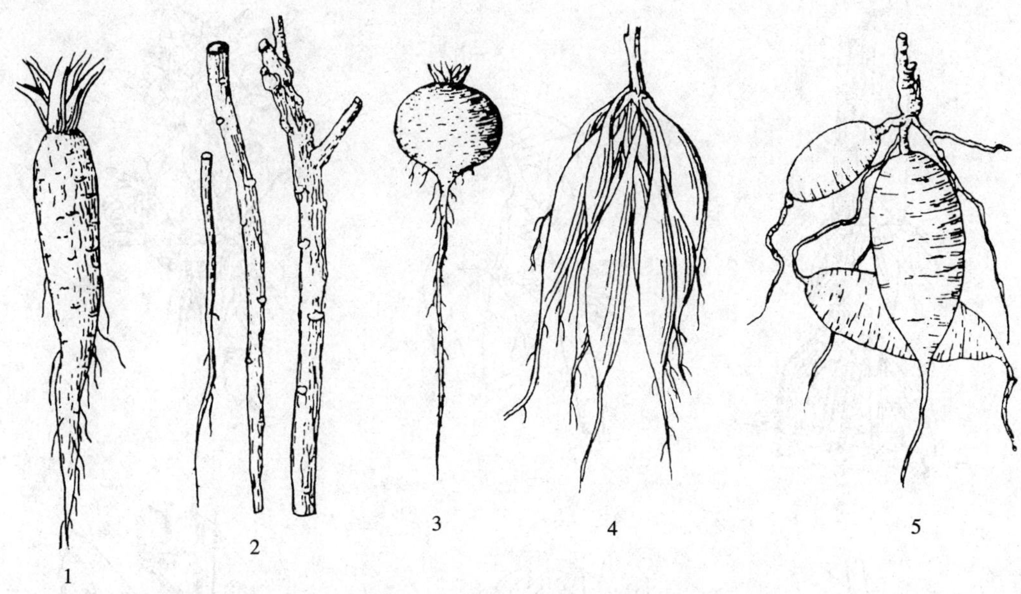

图3-2 变态根的类型（一）

1. 圆锥根 2. 圆柱根 3. 圆球根 4. 块根（纺锤状） 5. 块根（块状）

（七）寄生根（parasitic root）

一些植物产生的不定根，不是插入土中，而是伸入寄主植物的体内吸收水分和营养物质，以维持自身的生活，这种根称为寄生根。具有寄生根的植物称为寄生植物。寄生植物可分为两种类型，其中菟丝子、列当等植物，体内不含叶绿体，不能自己制造养料，完全依靠吸收寄主体内的养分以维持生活，称为全寄生植物。而桑寄生、槲寄生等植物，体内含叶绿体，既能自己制造部分养料，又依靠寄生根吸收寄主体内的养分，称为半寄生植物。（图3-3）

三、根的功能

根是植物的重要营养器官，具有吸收、固着、输导、合成、贮藏和繁殖等生理功能。

根最主要的功能是从土壤中吸收水分以及溶解在水中的二氧化碳和无机盐类等。植物体内所需要的物质，除少部分是由叶和幼嫩的茎自空气中吸收外，多数由根从土壤中获得。

根具有输导的功能，由植物根所吸收的水分与无机盐等，可通过根内的维管组织输送到植物的地上部分；而由植物的叶所制造的有机物则可经过茎输送到根中，以满足根的生活与植物生长需求。

根的另一个功能是起固定与支持作用，由于植物体一般均具有庞大的根系，其地上部分有赖于根系在土壤中的固定与支持而稳固地直立于地面上。

根还有合成的功能，能合成氨基酸、生物碱、植物激素等有机物质，对植物体的生长发育产生重大影响。例如，烟草的根能合成烟碱，南瓜和玉米中很多重要的氨基酸是在根部合成的。

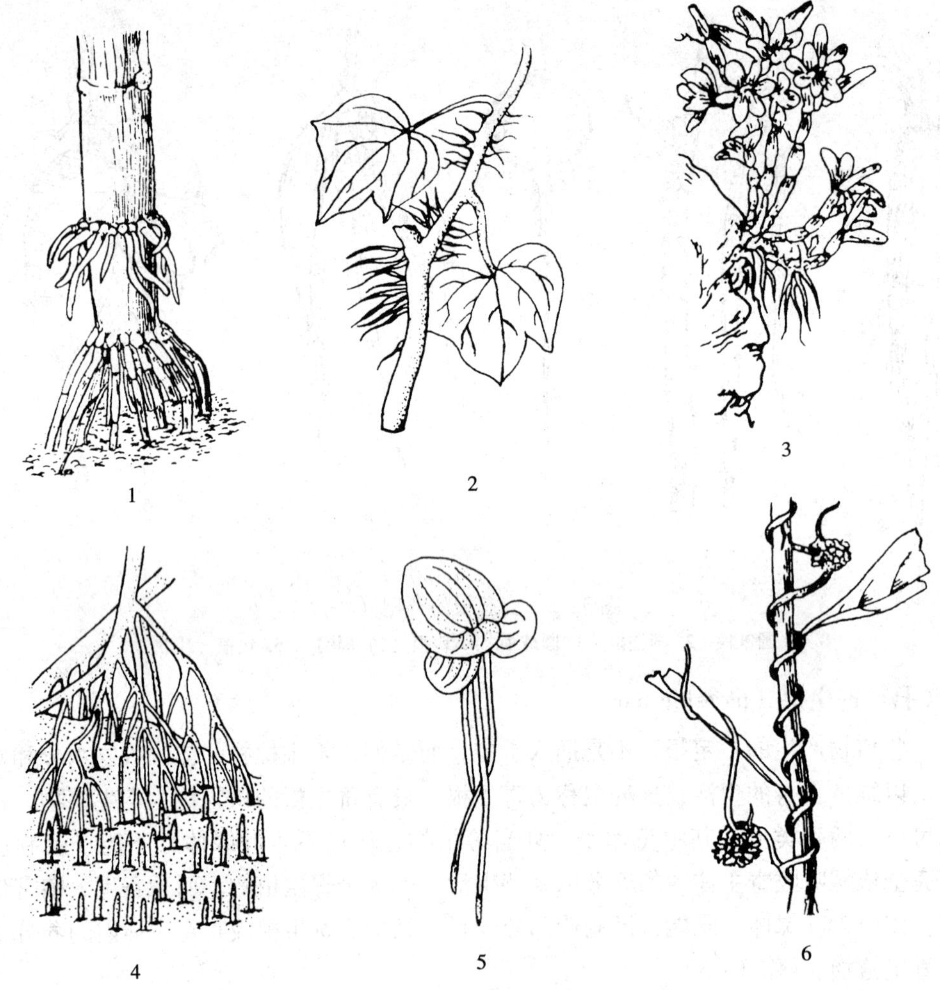

图 3-3　变态根的类型（二）

1. 支柱根（玉米）　2. 攀援根（长春藤）　3. 气生根（石斛）
4. 呼吸根（红树）　5. 水生根（青萍）　6. 寄生根（菟丝子）

此外，根还有贮藏的功能，由于根内的薄壁组织比较发达，尤其是一些变态的贮藏根，常成为贮藏物质的场所。

根的繁殖功能，是由于不少植物的根能产生不定芽而可进行营养繁殖，例如甘薯的繁殖就是利用根生长出的芽来作插条繁殖的。

四、根的组织构造

根一般为植物体在土壤中的继续和延伸部分。愈向下愈尖细，最下端为根尖，渐向上则有根毛着生。根毛着生处以上部分，根中的结构相继分化为初生构造、次生构造或三生构造。

（一）根尖的构造

根尖（root tip）是根的尖端幼嫩部分，即从根的最顶端到有根毛的这一段，是根中生命活动最旺盛、最重要的部分。根的伸长、对水分与养分的吸收以及根内组织的形成等，均主要在此部分进行。根尖损伤后，就会直接影响到根的生长与发育。根据根尖的外部构造和内部组织分化的不同，可将其分为四个部分，最下先端为根冠，向上依次为分生区、伸长区、成熟区。（图 3 - 4）

1. 根冠（root cap） 位于根的最先端，是根所特有的组织，略呈圆锥状，像帽套样（冠）包被着生长锥的外围。根冠由多层排列不规则的薄壁细胞所组成，起着保护根尖的作用。当根不断在土壤中向下延伸生长时，根冠在前面，与土壤中的沙砾等不断地发生摩擦，其外围细胞就会破碎、死亡和脱落，由于根冠内层细胞可不断地分裂而产生新的细胞，使其外层被磨损的细胞相继得到补充，因此根冠始终能保持一定的形态和厚度，对分生区起到了有效的保护作用。除了一些寄生植物和有菌根共生的植物其根部无根冠存在外，绝大多数植物的根尖部分均有根冠。

2. 分生区（division zone） 为位于根冠的上方或内方的顶端分生组织，呈圆锥状，具有极强的分生能力，又称为生长锥。分生区细胞可不断地进行分裂，增加细胞数目，并经过细胞的进一步生长、分化，逐渐形成根的表皮、皮层和中柱等各种结构。

3. 伸长区（elongation zone） 是位于分生区上方或后方的部分，此处细胞分裂已逐渐停止，体积扩大，细胞沿根的长轴方向显著延伸，因而称为伸长区。伸长区的细胞除显著延伸外，同时也加速了细胞分化，细胞的形状上开始有了差异，最早的筛管与环纹导管等，往往出现在此区域。根的长度生长是由于分生区细胞的分裂、增大和伸长区细胞的延伸共同活动的结果，特别是伸长区细胞的延伸，可使根显著地伸长，不断地向土壤中推进。

4. 成熟区（maturation zone） 位于伸长区的上方，在成熟区内根的各种细胞均已停止伸长，并且多数已分化成熟，因而称之为成熟区。成熟区中形成了根的各种初生组织，最外一层细胞分化为表皮，内层细胞分化为皮层和中柱。特别是表皮中一部分细胞的外壁向外突出形成根毛（root hair），所以又称为根毛区。根毛是根的特殊结构，一般呈管状，不分枝，角质层极薄。根毛的生长速度极快，但其生活期很短，随着分生区细胞的不断增大与分化，以及伸长区不断地向前延伸，老的根毛陆续死亡，从伸长区上部又可陆续生长出新的根毛。根毛虽细小，但数量很多，在根毛的生长发育过程中，由于其外壁存在着黏液与果胶质，可使根毛与土壤颗粒密切接触，增大了根的吸收面积，更加有利于根对水分与无机盐的吸收。水生植物常无根毛。

综上所述，根的发育起源于根尖的顶端分生组织，经过细胞的不断分裂、生长、分化，逐渐形成了原表皮层、基本分生组织、原形成层等初生分生组织。原表皮层位于最外层，细胞进行垂周分裂（细胞分裂的平面和器官的表面相垂直），增加表面积，进一步分化形成根的表皮；基本分生组织在中间，细胞进行垂周分裂和平周分裂（细胞分裂的平面和器官的表面相平行），增大体积，进而分化形成根的皮层；原形成层在最内层，分化形成为根的维管柱。

这种直接源于根中顶端分生组织细胞的增生与成熟，使根延长的生长称为初生生长（primary growth）；由初生生长过程中所形成的各种成熟组织，称为初生组织（primary tissue）；由初生组织所组成的结构，称为初生构造（primary structure）。

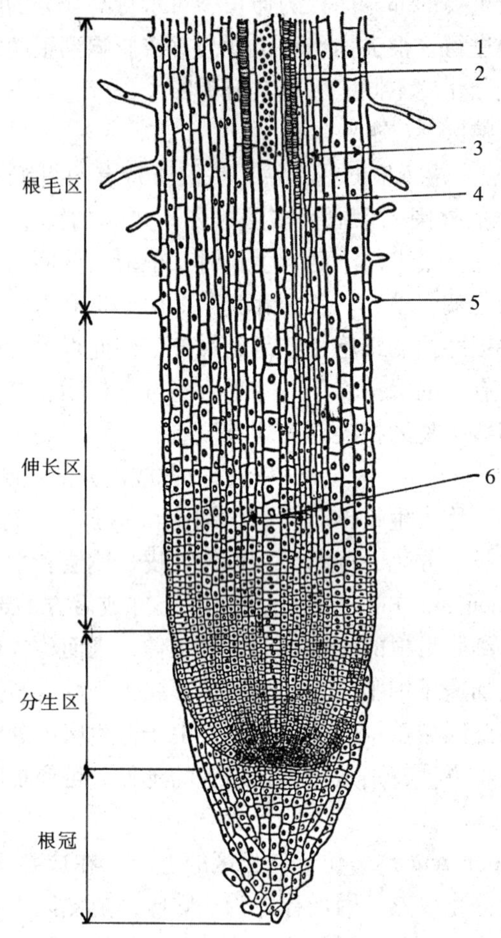

图 3－4　根尖的纵切面（大麦根尖纵切面）
1. 表皮　2. 导管　3. 皮层　4. 维管束鞘　5. 根毛　6. 原形成层

（二）根的初生构造

在根尖的成熟区作一横切面，就能看到根的全部初生构造，由外至内分别为表皮、皮层和维管柱三个部分。

1. 表皮（epidermis）　根的成熟区的最外层为表皮，系由原表皮发育而成，一般为一层表皮细胞所组成。表皮细胞多为近长方形，其长轴与根的纵轴平行，细胞排列整齐、紧密，无细胞间隙，壁薄，非角质化，细胞壁由纤维素与果胶构成，富有通透性，水和溶质可以自由通过。部分表皮细胞的外壁向外突出伸长，形成根毛，扩大了根的吸收面积。这些特征与植物其他器官的表皮不同，而与吸收功能密切相适应，所以有吸收表皮之称。

2. 皮层（cortex）　皮层位于表皮与维管柱之间，系由基本分生组织发育而成，为多层薄壁细胞所组成，细胞排列疏松，常有显著的细胞间隙，占有根相当大的部分。通常可分为外皮层、皮层薄壁组织和内皮层。

外皮层（exodermis）为皮层最外方紧邻表皮的一层细胞，细胞较小，排列整齐、紧密。当根毛枯萎，表皮被破坏脱落后，外皮层细胞的壁常增厚，栓质化，并代替表皮起保护作用。

皮层薄壁组织 位于外皮层内方，由几层至几十层细胞组成，细胞壁薄，排列疏松，有明显的细胞间隙。皮层薄壁组织具有将根表皮所吸收的水和溶质横向输导至根内维管柱的作用。有的皮层细胞内常贮存有淀粉等后含物，起着贮藏功能。所以皮层实际上为兼有吸收、运输和贮藏作用的基本组织。

内皮层（endodermis）是皮层最内方特化的一层细胞，细胞排列整齐、紧密，无细胞间隙。内皮层细胞壁常增厚，可分为两种类型。一种是在内皮层细胞的径向壁（侧壁）和上下壁（横壁）上，形成木质化或木栓化增厚的区域，环绕径向壁和上下壁而呈一整圈，称为凯氏带（casparian strip）。凯氏带的宽度不一，从横切面观，增厚的部分呈点状，故又叫凯氏点（casparian dots）。另一种是内皮层细胞进一步发育，其径向壁、上下壁以及内切向壁（内壁）均显著增厚，只有外切向壁（外壁）比较薄，因此横切面观时，细胞壁增厚部分呈马蹄形。也有的内皮层细胞壁全部木栓化加厚。在内皮层细胞壁增厚的过程中，有少数正对初生木质部束的内皮层细胞的胞壁不增厚，仍保持着初期发育阶段的结构，这些在凯氏带上壁不增厚的细胞称为通道细胞（passage cell），起着皮层与维管束间物质内外流通的作用。内皮层的这种特殊结构，被认为对于根的吸收作用有显著的意义，它阻断了皮层与中柱间通过细胞壁、细胞间隙的运输途径，使水和溶质只能通过内皮层细胞具有选择性的质膜和原生质进入维管柱，从而使根能进行选择性吸收。

3. 维管柱（vascular cylinder） 根的内皮层以内的所有组织构造统称为维管柱，结构比较复杂，包括中柱鞘、初生木质部和初生韧皮部三部分，有的植物还具有髓部（pith）。

（1）中柱鞘（pericycle） 在维管柱的最外方，紧贴着内皮层，系由原形成层的细胞发育而成，具有潜在的分生能力，通常由一层或几层薄壁细胞构成，细胞较小，排列紧密；也有的中柱鞘由厚壁细胞组成。在适当的条件下，中柱鞘细胞恢复分生能力，产生侧根、不定根、不定芽等，在根进行增粗生长时，还可产生部分木栓形成层和形成层等。

（2）初生木质部（primary xylem） 位于根的最内方，与初生韧皮部一样，均由原形成层分化而形成。初生木质部的结构比较简单，被子植物的初生木质部由导管和管胞组成，也有木纤维和木薄壁细胞；裸子植物的初生木质部只有管胞。由于初生木质部分化的顺序是自外向内逐渐发育成熟的，故称之为外始式（exarch）。初生木质部的外方，即最先分化成熟的木质部，称原生木质部（protoxylem），其导管直径较小，多呈环纹或螺纹；后分化成熟的木质部，称后生木质部（metaxylem），其导管直径较大，多呈梯纹、网纹或孔纹。这种分化成熟的顺序，表现了形态构造和生理机能的统一性，因为最初形成的导管出现在木质部的外方，由根毛吸收的水分和无机盐类等物质，通过皮层传到导管中的距离就短些，有利于物质的迅速运输。

由于根的初生木质部中先后分化形成的两种导管口径不一，使各初生木质部束呈星角状，其角的数目随植物种类而异，而同一种植物的根中，其初生木质部束角的数目是相对稳定的。如十字花科、伞形科的一些植物和多数裸子植物的根中，只有两个角的初生木质部，叫二原型（diarch）；毛茛科的唐松草属有三个角，叫三原型（triarch）；葫芦科、杨柳科及毛茛科毛茛属的一些植物有四个角，叫四原型（tetrarch）；如果根的角数多，则称为多原型（polyarch）。单子叶植物根的角数较多，一般在7个以上，有的棕榈科植物其角数可达数百个之多。

（3）初生韧皮部（primary phloem） 初生韧皮部位于初生木质部之间，其发育成熟的方式也是外始式，即原生韧皮部（protophloem）在外方，后生韧皮部（metaphloem）在内方。在同一根内，初生韧皮部束的数目和初生木质部束的数目相同；被子植物的初生韧皮部一般有筛管和伴胞，也有韧皮薄壁细胞，偶有韧皮纤维；裸子植物的初生韧皮部只有筛胞。

在初生木质部和初生韧皮部之间有数列薄壁组织。这些薄壁组织在根进行次生生长时将会恢复分生能力。多数双子叶植物的根中，中央部分往往由初生木质部中的后生木质部占据，因此不具有髓部。多数单子叶植物以及双子叶植物中少数种类，根的中央部分未分化形成木质部，即由未分化的薄壁细胞或厚壁细胞组成髓部。（图3－5）

（三）侧根的形成

无论是主根、侧根或不定根所产生的支根均统称为侧根。在根的初生生长开始不久，即不断地产生分支，出现侧根，侧根上又依次生长出各级侧根，由此反复形成的分支，连同原来的母根一起，共同组成植物的根系。侧根起源于中柱鞘，即发生于根的内部组织中，因此其起源被称为内起源（endogenous origin）。当侧根形成时，母根中中柱鞘上一定位置的细胞经脱分化而发生变化，细胞质变浓，液泡变小，重新恢复分裂能力。最初的几次分裂是平周分裂，使细胞层数增加，因而新生的组织就产生向外的突起；继而进行平周分裂和垂周分裂，产生一团新的细胞，形成侧根原基（lateral root primordium）。侧根原基细胞经分裂、生长，逐渐分化形成生长锥和根冠，生长锥细胞继续进行分裂、生长和分化，并以根冠为先导向外推进，先后突破皮层和表皮而出，形成侧根。随着侧根的生长，其维管组织亦相应分化成熟，此时其附近的母根中柱鞘与侧根本身的中柱鞘细胞分化形成相应的输导组织，使侧根与主根的维管组织直接相连，因而形成一个连续的维管系统。（图3－6）

侧根发生的位置，在同一种植物中常常是固定的。一般情况下，在二原型的根中，侧根发生于原生木质部与原生韧皮部之间的中柱鞘部分；在三原型和四原型的根中，侧根在正对着原生木质部的中柱鞘处发生；在多原型根中，侧根在正对着原生韧皮部的中柱鞘处形成。由于侧根发生的位置有一定规律，所以从母根的表面观，侧根常较规则地沿母根主轴纵向排列成行。

（四）根的次生构造

多数双子叶植物和裸子植物的主根及较大的侧根在进行一段时间伸长生长后，由根中形成层细胞的分裂、分化而产生新的组织，使根逐渐加粗，这种使根增粗的生长称为次生生长（secondary growth），由次生生长所产生的各种组织叫次生组织（secondary tis-

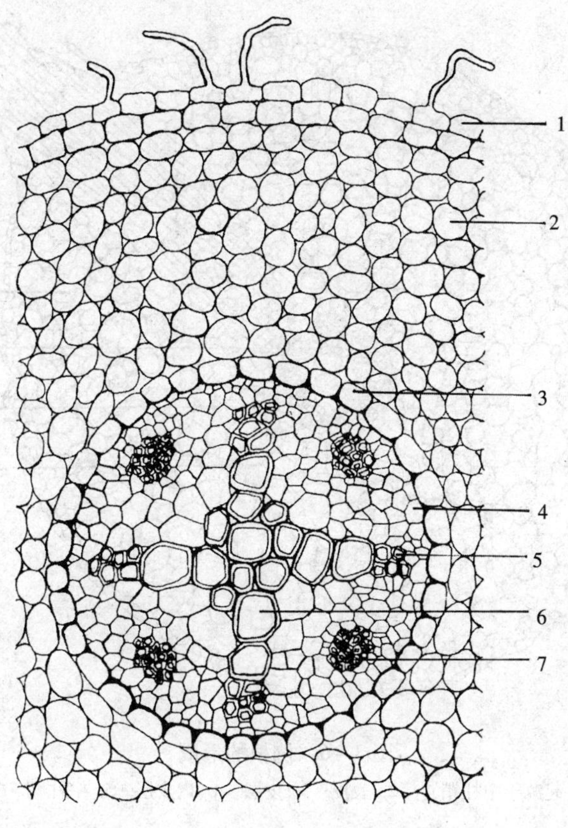

图 3－5　双子叶植物幼根的初生构造
1. 表皮　2. 皮层　3. 内皮层　4. 中柱鞘
5. 原生木质部　6. 后生木质部　7. 韧皮部

sue)，由这些组织所形成的结构叫次生构造（secondary structure）。

绝大多数蕨类植物、单子叶植物和一年生双子叶植物的根，在整个生活期中，不发生次生生长，一直保持着初生构造。而多数双子叶植物和裸子植物的根，由于发生了次生增粗生长，故其根尖以上的部分，具有次生构造。

1. 形成层的活动及次生维管组织　在根进行初生生长时，初生木质部与初生韧皮部之间的一些薄壁组织恢复分裂机能，转变为形成层，并逐渐向初生木质部束外方的中柱鞘部位发展，使相接连的中柱鞘细胞也开始恢复分裂能力成为形成层的一部分，这样形成层就由初始的几个弧形片段，相互连接形成一个凹凸相间的形成层环。此后，在韧皮部下方的形成层持续进行次生生长，由于其向内分裂速度较快，次生木质部产生的量比较多，因此，形成层凹入的部分大量向外推移，致使凹凸相间的形成层环变成圆环状。

形成层多为一层扁平细胞，主要进行平周分裂，向内产生新的木质部，加于初生木质部的外方，称为次生木质部，包括导管、管胞、木薄壁细胞和木纤维；向外产生新的韧皮部，加于初生韧皮部的内方，称为次生韧皮部，包括筛管、伴胞、韧皮

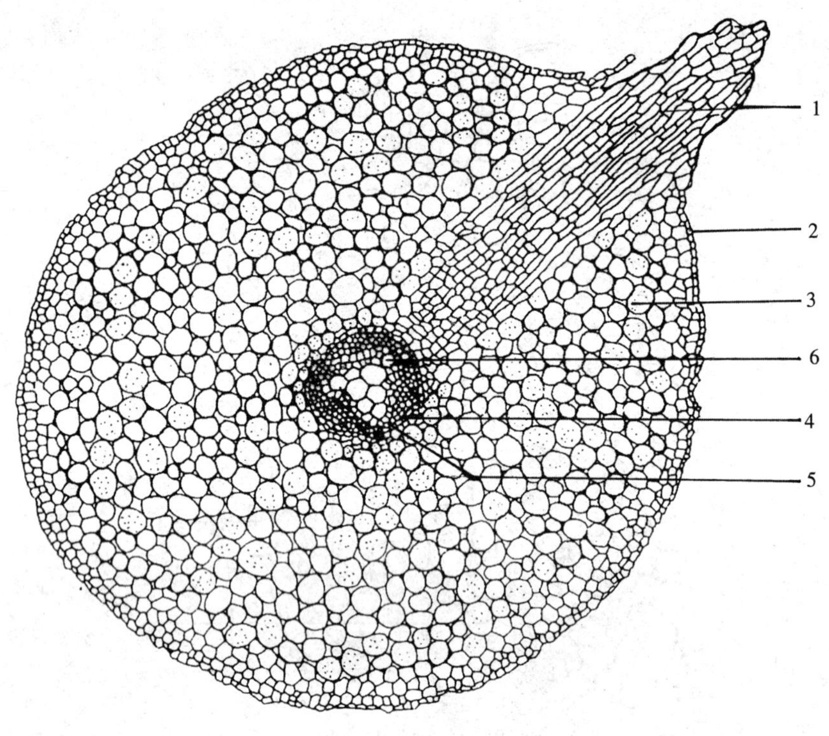

图 3－6　侧根的形成

1. 侧根（起源于中柱鞘）　2. 表皮　3. 皮层　4. 内皮层　5. 中柱鞘　6. 维管柱

薄壁细胞和韧皮纤维。在形成层发生上述变化时，它所在部分的中柱即已逐渐加粗，因而形成层本身的位置也因其内部木质部的增加向被向外推移。此时的维管束便由初生构造的木质部与韧皮部相间排列而转变为木质部在内方，韧皮部在外方的外韧型维管束。次生木质部和次生韧皮部合称为次生维管组织，是次生构造的主要成分。(图 3－7)

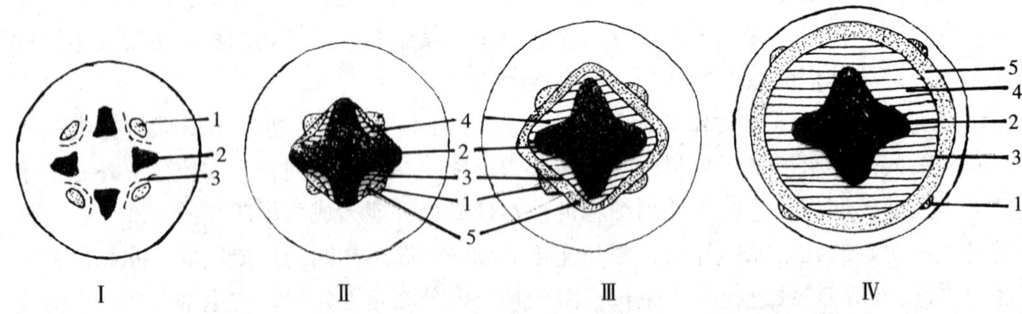

图 3－7　根的次生生长图解（横剖面示形成层的产生与发展）

Ⅰ. 幼根的情况　初生木质部在成熟中，点线示形成层起始的地方　Ⅱ. 形成层已成连续的组织，初生部分已产生次生结构，初生韧皮部已受挤压　Ⅲ. 形成层全部产生次生结构，但仍为凹凸不平的形象，初生韧皮部挤压更甚　Ⅳ. 形成层已成完整的圆环

1. 初生韧皮部　2. 初生木质部　3. 形成层　4. 次生木质部　5. 次生韧皮部

位于两个维管束之间的薄壁细胞叫髓射线（ray）。在形成层一定部位也分生一些薄壁细胞，这些薄壁细胞呈辐射状排列，叫维管射线（vascular ray）。贯穿在木质部的叫木射线（xylem ray），贯穿在韧皮部的叫韧皮射线（phloem ray），两者合称为维管射线，具有横向运输水分和营养物质的机能。

2. 木栓形成层的发生及周皮的形成 根的次生生长多发生在中柱的内部，由于形成层的分裂活动，使得根不断地加粗，中柱外方的中柱鞘可随次生生长作垂周分裂而扩大本身，但最外方的表皮及部分皮层因不能相应加粗，因而当中柱增粗到一定程度时，其外方的皮层和表皮即发生破裂。在皮层组织被破坏之前，整个中柱鞘的细胞除继续进行垂周分裂外，又开始恢复平周分裂的能力，形成木栓形成层（phellogen），木栓形成层向外产生由木栓细胞组成的木栓层（phellem），向内产生由薄壁细胞组成的栓内层（phelloderm）。木栓层由多层木栓细胞组成，细胞沿径向整齐紧密地排列，成熟时细胞栓质化，细胞内原生质解体而死亡并充满空气，由于木栓细胞不透水、不透气，故可代替外皮层起保护作用，当木栓形成时，其外部的组织由于营养断绝而死亡。根的栓内层细胞一般不含叶绿体，栓内层发达者，有“后生皮层”之称。栓内层、木栓形成层、木栓层共同组成次生保护组织周皮（periderm）。周皮形成以后，其外方的各种组织（表皮和皮层）由于内部失去水分和营养供给而全部破坏剥落，所以一般根的次生构造中表皮和皮层均为周皮所代替。

在多年生植物中，木栓形成层不像维管形成层那样终生存在，而是随着根的进一步加粗，在一定时候，由老的周皮内方的部分薄壁细胞，恢复分生能力而再产生新的木栓形成层，而形成新的周皮。产生新的木栓形成层的部位逐年向内推移，最终可由次生韧皮部中的薄壁细胞形成。

值得指出的是：植物学上所称的根皮是指根中周皮这一部分，而药材中的根皮类，如地骨皮、牡丹皮等，则是包含根中形成层以外的部分，包括韧皮部和周皮。

单子叶植物的根中无形成层，不能加粗生长，无木栓形成层，故也没有周皮，其保护功能由表皮或外皮层行使。也有一些单子叶植物，如百部、麦冬等，表皮分裂成多层细胞，壁木栓化，形成一种称之为“根被”的保护组织。

（五）根的异常构造

在一些双子叶植物根的生长发育过程中，除了正常的次生构造外，还会产生一些特有的维管束，称为异型维管束，从而形成了根的异常构造（anomalous structure）。与初生构造、次生构造相对应，亦称其为三生构造（tertiary structure）。三生构造与次生构造的主要差异在于皮层中有新的形成层环不断产生，并不断地形成新的异型维管束。常见的有两种类型：

1. 同心环状维管束 当植物根中正常维管束形成后不久，其形成层往往失去分生能力，而在相当于中柱鞘部位的薄壁细胞恢复分生能力，转化而形成新的形成层，新的形成层向外分裂产生大量薄壁细胞和一圈异型的无限外韧型维管束，如此反复多次，可形成多圈异型维管束，并有薄壁细胞相间隔，一圈套住一圈，呈同心环状排列。属于此种类型的，又可分为两种情况：

不断产生的新形成层环始终保持分生能力，并使层层同心性排列的异型维管束均不断增大，在横切面上呈年轮状，如药材商陆。

不断产生的新形成层环中仅最外一层保持有分生能力，而内面各同心性形成层环于异型维管束形成后即停止分裂活动，如药材牛膝、川牛膝。

2. 异心的异型维管束　有的植物在根中正常维管束形成后，皮层中部分薄壁细胞恢复分生能力，形成多个新的形成层环，这此新形成层环对于原有的形成层环而言是异心的，而由此分生出一些大小不等的异型维管束，形成了另一种类型的异常构造。当根中央较大的正常维管束形成之后，其皮层中部分薄壁细胞恢复分生后产生出许多单独的和复合的异型维管束，故在横切面上可看到一些大小不等的圆圈状的花纹，成为其鉴别的重要特征，如药材何首乌。（图 3－8）

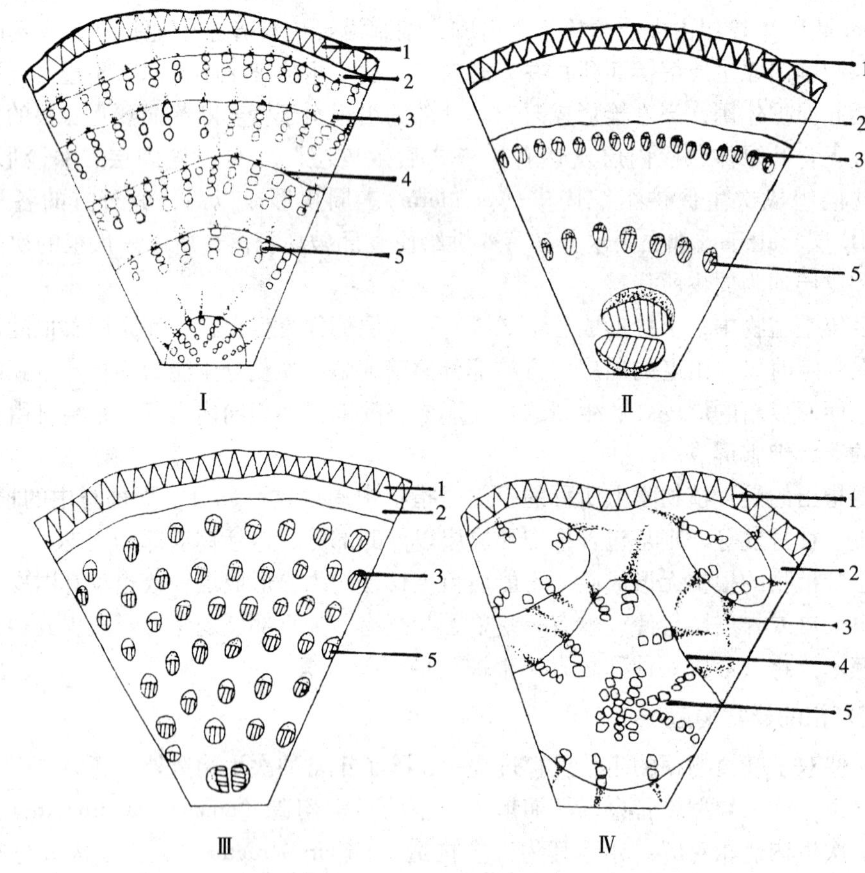

图 3－8　根的异常构造

Ⅰ. 商陆根　Ⅱ. 牛膝根　Ⅲ. 川牛膝根　Ⅳ. 何首乌根

1. 木栓层　2. 皮层　3. 韧皮部　4. 形成层　5. 木质部

第二节　茎

茎（stem）起源于种子中幼胚的胚芽，有时还加上部分下胚轴，除少数生于地下者外，一般是植物体生长于地上的营养器官，茎是联系根、叶，输送水分、无机盐和有机养料的轴状结构。多数茎的顶端能无限地向上生长，同时从叶腋内产生侧芽，不断地发育出新的分枝，连同上面着生的叶一起形成了植物体的整个地上部分。

一、茎的形态

（一）茎的外形

茎是植物地上部分的轴状结构，其上着生叶、花和果实。多数植物茎的外形呈圆柱形，但也有的茎比较特别，呈方形（如薄荷、益母草）、三棱形（如香附、黑三棱）、扁平形（如仙人掌、昙花）等。茎的中心一般为实心，但也有些植物的茎是空心的，如川芎、南瓜等，禾本科植物如稻、麦、竹等的茎中空且有明显的节，特称秆。

茎上着生叶的部位称为节（node），两个节之间的部分称之为节间（internode）。在茎的顶端和节处的叶腋内均生有芽（bud）。具有节和节间是茎的本质特征，也是茎与根在外形上的主要区别。多数植物的节只在叶着生的部位稍有膨大，但有些植物的茎节特别明显，如石竹、玉米、竹的节呈环状膨大，而莲的根状茎（藕）的节却特别细缩。各种植物的节间长短也很不一致，如葫芦科植物的节间可长达数十厘米，而蒲公英的叶则簇生于极度缩短的茎上，其节间仅1mm左右。

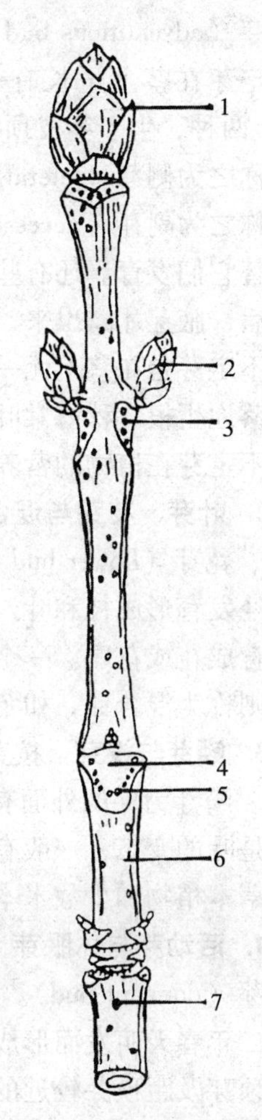

图3－9　茎的外部形态

1. 顶芽　2. 侧芽　3. 节　4. 叶痕　5. 束痕　6. 节间　7. 皮孔

一般植物体的地上部分是由茎和叶共同组成的，凡着生叶的茎称为枝或枝条（shoot）。枝有时有长枝（long shoot）和短枝（dwarf shoot）之分。在植物生长的过程中，枝条的伸长有强有弱，因此造成节间的长短也不一致，节间显者伸长的枝条称长枝；节间短，各个节间紧密相接，甚至难以分辨的枝条称为短枝。一般短枝着生于长枝上，能生花结果，因此又称为果枝，如梨、苹果和银杏等。

多年生木本植物的茎枝上除节、节间和芽外，还分布有叶痕（leaf scar）、托叶痕（stipule scar）、芽鳞痕（bud scale scar）和皮孔（lenticel）等。叶痕是叶脱落后留下的叶柄痕迹；托叶痕是托叶脱落后留下的痕迹；芽鳞痕是顶芽开展时，包被着顶芽外围的鳞片脱落后留下的痕迹，顶芽每年在春季开展一次，因此，可根据芽鳞痕来辨别茎的生长量和生长年龄；皮孔是茎枝表面隆起呈裂隙状的小孔，是木质茎与外界气体交换的通道。以上各种痕迹在不同植物上均具有一定的特征，可作为鉴别植物种类、植物生长年龄等的依据。（图3－9）

（二）芽

芽是处于幼态而未伸展的枝、花或花序，也就是枝、花或花序尚未发育的原始体。

发育成枝的芽称为枝芽，发育成花的芽称为花芽，芽的类型可从各种不同角度，根据其生长位置、发育性质、芽鳞有无、将形成器官的性质，以及生理活动状态的不同而区分。

1. 定芽与不定芽　按芽在茎上发生的位置不同而分，可分为定芽（normal bud）和不定芽（adventitious bud）两大类。

定芽在茎上生长有一定的位置，又可分为顶芽（terminal bud）和腋芽（axillary bud）两种，生于茎枝顶端称为顶芽，生于叶腋的称为腋芽，由于腋芽生于枝的侧面，故亦称之为侧芽（lateral bud）。在有些植物的顶芽和腋芽旁边还可生出一至二个较小的芽，称之为副芽（accessory bud），如金银花、桃、葡萄等，副芽在顶芽和腋芽受伤后可代替它们发育。还有些植物的腋芽生长位置较低，并为叶柄膨大的基部所覆盖，直到叶落后，腋芽才露出来，故又称之为叶柄下芽（subpetiolar bud），如悬铃木、刺槐等。

不定芽是在茎上无一定生长位置的芽，即不是生长于枝顶或叶腋内。如甘薯根上的芽，落地生根、秋海棠叶上的芽，柳、桑等的茎枝或创伤切口上产生的芽等均为不定芽。不定芽在植物的营养繁殖上常加以利用，具有很重要的意义。

2. 叶芽、花芽与混合芽　按芽所形成的器官发展性质不同而分，可分为叶芽（leaf bud）、花芽（flower bud）和混合芽（mixed bud）。叶芽内包括叶原基、腋芽原基和幼叶，经发育形成枝和叶，故又称枝芽。花芽为花的原始体，由花原基或花序原基组成，可发育成花或花序。一个芽含有叶芽和花芽的组成部分，能同时发育成枝、叶、花或花序的则称为混合芽，如苹果、梨等。

3. 鳞芽与裸芽　按芽外的鳞片有无而分，可分为鳞芽（scaly bud）和裸芽（naked bud）。鳞芽为芽的外面有鳞片包被，如杨、柳、辛夷等多数多年生木本植物的越冬芽。鳞片是叶的变态，一般有厚的角质层，有时还覆被着毛茸。裸芽则外面无鳞片包被，多见于草本植物和少数木本植物，如油菜、薄荷、枫杨等。

4. 活动芽与休眠芽　按芽的生理活动状态而分，又可分为活动芽（active bud）和休眠芽（dormant bud）。活动芽是指正常发育且在生长季节活动的芽，即能在当年萌发或第二年春天萌发而形成新枝、新叶、花或花序的芽，如一年生草本植物和一般木本植物的顶芽及距顶芽较近的芽。休眠芽又称潜伏芽，即生长季节长期保持休眠状态而不萌发的芽，如一般木本植物中大部分靠下部的腋芽在生长季节均不生长，呈休眠状态。休眠芽的存在，是植物长期适应外界环境的结果，它能使生长期植物体内的养料有大量的贮存，可提供活动芽的利用，也可备未来需要时使用。多年生植物的芽可随季节交替地成为活动芽或休眠芽，如冬季时的休眠芽，当进入生长季时又可成为活动芽。在一定条件下休眠芽和活动芽是可转变的，如在生长季节突遇高温、干旱等，会引起一些植物的活动芽转入休眠；树木砍伐后，树桩上往往由休眠芽转化为活动芽，萌发出许多新枝条，此外，一般植物的顶芽有优先发育并抑制腋芽的作用（顶端优势），如果摘掉顶芽，可以促进下部休眠腋芽的活动。（图 3－10）

（三）茎的分枝

分枝是植物生长时普遍存在的现象，是植物的基本特性之一。每种植物的茎都有一定的分枝方式，各种植物，由于芽的性质和活动情况不同，所产生的枝的组成和外部形

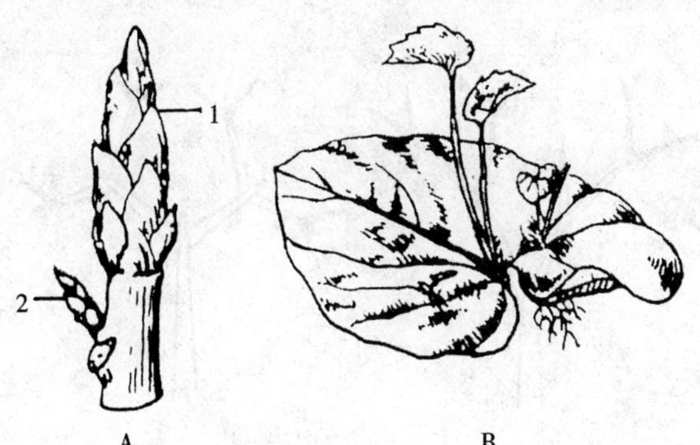

图 3－10　芽的类型

A. 定芽　B. 不定芽　C. 鳞芽　D. 裸芽

1. 顶芽　2. 腋芽

态也不相同，但分枝是有一定规律性的。常见的分枝类型有以下四种：（图 3－11）

1. 单轴分枝（monopodial branching）　植物的主茎即为主轴，其顶芽具有明显的顶端优势，可不断地向上生长形成直立而粗壮的主干。同时主轴上的侧芽亦以同样方式形成各级分枝，在主茎的发育过程中，其伸长与加粗生长明显，相对侧枝生长而占有绝对优势。多数裸子植物如松、杉、柏等，和一部分被子植物如杨、山毛榉等，均为单轴分枝。

2. 合轴分枝（sympodial branching）　主干的顶芽在生长季节生长迟缓或死亡；或顶芽为花芽，由紧接着顶芽下面的腋芽代替顶芽，发育形成粗壮的侧枝，如此每年交替进行，使主干继续生长，这种主干是由许多腋芽发育而成的侧枝联合组成，故称为合轴。合轴分枝植株的树冠呈开展状，枝繁叶茂，通风透光，有效地扩大了光合作用面积，是先进的分枝方式。大多数被子植物为这种分枝方式，如苹果、桃、无花果、马铃薯、番茄等。

3. 二叉分枝（dichotomous branching）　顶端的分生组织平分成两半，各形成一个分枝，在一定的时候，又进行同样的分枝，其后不断地重复进行，形成二叉状分枝系统。此种分枝多见于低等植物，是一种原始的分枝方式，在高等植物中则见于苔藓和蕨类植物，如地钱、石松等。

4. 假二叉分枝（false dichotomous branching）　植物的顶芽停止生长或顶芽是花芽，由顶芽下面的两侧腋芽同时发育面形成两个相同的分枝，从外表看似二叉分枝，因此称为假二叉分枝。假二叉分枝是合轴分枝的一种变化特殊形式，可见于曼陀罗、丁香、石竹等植物。

二、茎的类型

（一）按茎的质地分

植物茎的生活习性不同，其质地亦不一样，常见的有以下几种：

1. 木质茎（woody stem）　木质部发达的茎称为木质茎，其质地坚硬。具有木质茎的植物称为木本植物。由于形态不同又可分为乔木（tree）、灌木（shrub）和木质藤本（woody vine）。乔木的植株高大，主干明显，基部少分枝，如杨树、杜仲、厚朴等；灌

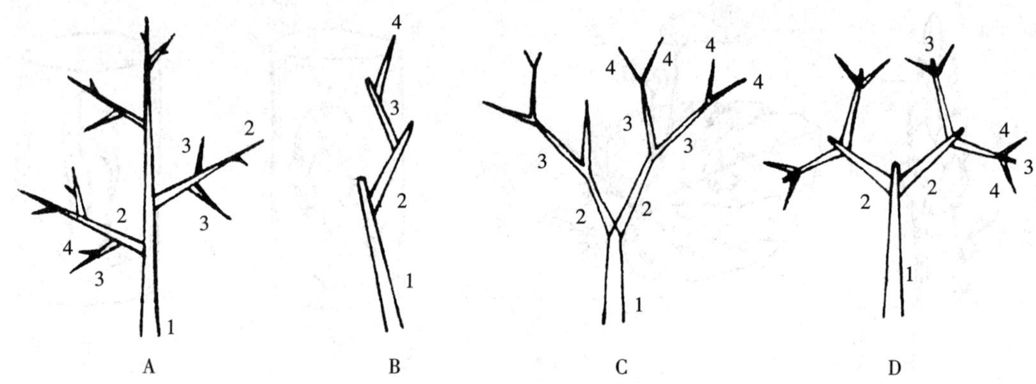

图 3－11　茎的分枝图解

A. 单轴分枝　B. 合轴分枝　C. 二叉分枝　D. 假二叉分枝

木的植株矮小，无明显主干，基部多分枝发出，形成几个丛生的枝干，如夹竹桃、连翘等；若介于木本和草本之间，仅在基部木质化的，则称为亚灌木或半灌木（subshrub），如麻黄、牡丹等；茎长而柔韧，常缠绕或攀附它物向上生长的，称木质藤本，如葡萄、木通等。

木本植物均为多年生，其叶在冬季或旱季脱落的，分别称为落叶乔木、落叶灌木、落叶藤本；叶在冬季或旱季不脱落的，则分别称之为常绿乔木、常绿灌木、常绿藤本；

2. 草质茎（herbaceous stem）　木质部不发达的茎称为草质茎，其质地较柔软。具有草质茎的植物称为草本植物。由于生长期长短与生活状态的不同又可分为一年生草本（annual herb），二年生草本（biennial herb），多年生草本（perennial herb）。其中在一年内完成全部生命周期，开花结果后即枯死的，称一年生草本，如水稻、红花、马齿苋等；种子在第一年萌发，第二年开花结果，然后整个植株枯死的称二年生草本，如萝卜、菘蓝、油菜等；若生命周期在二年以上的称为多年生草本；多年生草本又可分为两种，一种是植株的地上部分每年枯死，而地下部分不死，第二年再长出新苗，如人参、大黄、姜黄等；另一种是整个植株，包括地上部分多年不死，而呈常绿状态，如麦冬、黄连等；若植物的茎细长柔软，为缠绕或攀援性的草本，则称为草质藤本（herbaceous vine），如牵牛、扁豆、党参等。

3. 肉质茎（succulent stem）　茎的质地柔软多汁，呈肉质肥厚状的称为肉质茎，如芦荟、景天、仙人掌等。

（二）按茎的生长习性分

1. 直立茎（erect stem）　为最常见茎的类型，茎垂直地面生长，如松、杉、紫苏等。

2. 缠绕茎（twining stem）　茎一般细长，自身不能直立，仅依靠缠绕它物呈螺旋状向上生长。其中有的呈顺时针方向缠绕，如五味子、忍冬等；有的呈逆时针方向缠绕，如牵牛、马兜铃等；也有的缠绕方向无一定规律，如何首乌、猕猴桃等。

3. 攀缘茎（climbing stem）　茎细长不能直立，而是以卷须、不定根、吸盘或其他特有的卷附器官等，攀附它物向上生长，称为攀缘茎。葡萄、栝楼、豌豆等借助于茎或叶形成的卷须攀缘它物；常春藤、络石等借助于不定根攀缘它物；而爬山虎则借助短枝形成的吸盘攀援它物。

4. 匍匐茎（creeping stem）　茎一般细长，平卧于地面，沿水平方向蔓延生长，节上生不定根，称为匍匐茎，如甘薯、连钱草等。若节上不生不定根的，则称之为平卧茎，如蒺藜、马齿苋等。（图 3－12）

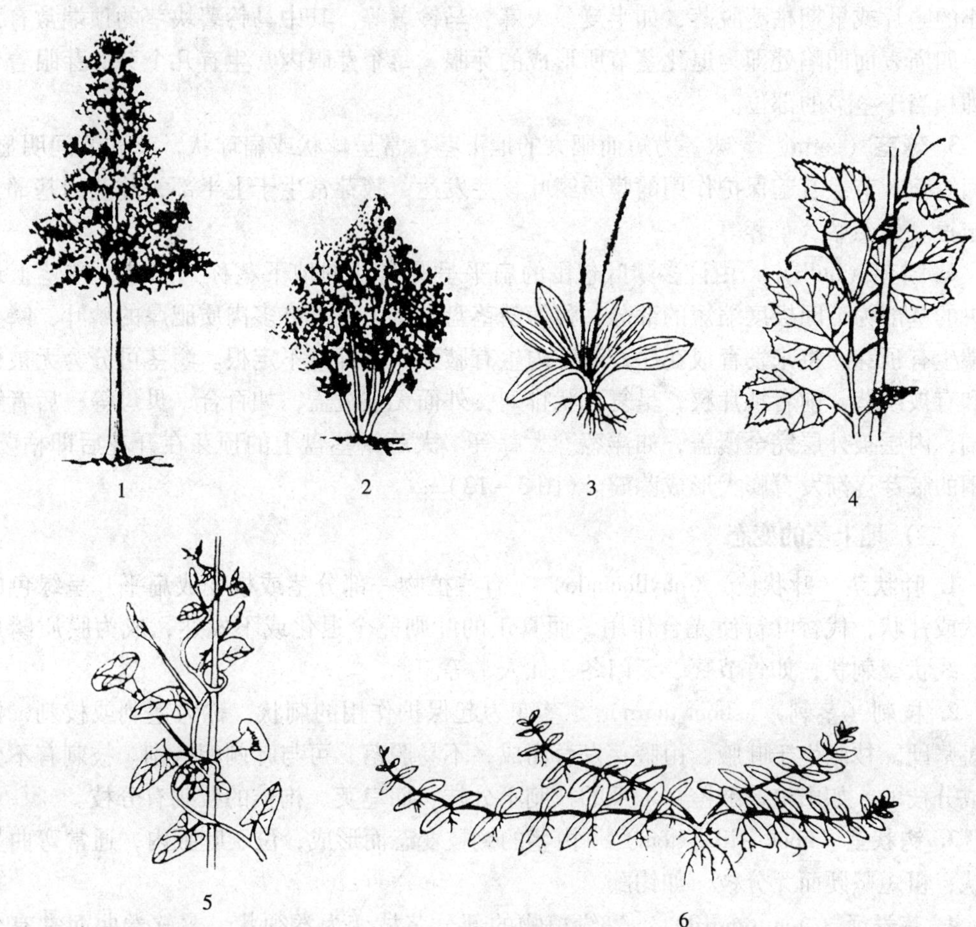

图 3－12　茎的类型

1. 乔木　2. 灌木　3. 草木　4. 攀援藤本　5. 缠绕藤本　6. 匍匐茎

三、茎的变态

有些植物由于长期适应不同的生活环境，其茎产生了一些变态。茎的变态类型很多，分为地下茎的变态和地上茎的变态两大类。地下茎与根类似，但仍具有茎的基本特征，即其上有节与节间，具退化的鳞叶、顶芽、侧芽等，可与根明显相区别。地下茎变态后的作用主要为贮藏各种营养物质。

（一）地下茎的变态

1. 根茎（rhizome）　又称根状茎，常横卧地下，肉质膨大呈根状，与根很相似，但根茎有明显的节和节间，节上有退化的鳞叶，先端有顶芽，节上有腋芽，可发育为地上枝，根茎上常生有不定根。根茎的形态及节间长短因种类而异，有的细长，如白茅、芦苇；有的粗肥肉质，如姜、玉竹；有的短而直立，如人参、三七；有的呈不规则团块状，如苍术、川芎；有的还具有明显的茎痕（地上茎死后留下的痕迹），如黄精。

2. 块茎（tuber）　为地下茎的顶端膨大而形成，其节间很短，节上有芽，叶退化成小的鳞片或早期枯萎脱落，如半夏、天麻、马铃薯等。其中马铃薯块茎的顶端常有顶芽，四周表面凹陷处即为退化茎节所形成的芽眼，每个芽眼内常生有几个芽，芽眼着生处即相当于茎节的部位。

3. 球茎（corm）　球茎为短而肥大的地下茎，常呈球状或扁球状，节和节间明显，节间短缩，节上有起保护作用的膜质鳞叶，芽发达，腋芽常生于上半部，球茎的基部具不定根。如慈姑、荸荠等。

4. 鳞茎（bulb）　由许多鳞叶包围的扁平呈圆盘状的地下茎称为鳞茎，鳞茎上最中央的基部为节间极度缩短的部分，称为鳞茎盘，盘上生有许多肉质肥厚的鳞叶，鳞茎顶端生有顶芽，将来发育成花序，鳞叶内生有腋芽，基部具不定根。鳞茎可分为无被鳞茎和有被鳞茎，前者鳞片狭，呈复瓦状排列，外面无被覆盖，如百合、贝母等；后者鳞片阔，内层被外层完全覆盖，如洋葱、大蒜等。大蒜鳞茎盘上的顶芽在开花后即枯萎，周围的腋芽逐渐发育膨大形成蒜瓣。（图 3－13）

（二）地上茎的变态

1. 叶状茎（叶状枝）（phylloclade）　有些植物一部分茎或枝变成扁平、呈绿色的叶状或针状，代替叶行使光合作用，而真正的叶则完全退化或不发达，成为膜质鳞片状、线状或刺状，如竹节蓼、天门冬、仙人掌等。

2. 枝刺（茎刺）（shoot thorn）　茎变为起保护作用的刺状，称为茎刺或枝刺，常粗短坚硬。枝刺生于叶腋，由腋芽发育而成，不易脱落，可与叶刺相区别。枝刺有不分枝或分枝的，如山楂、酸橙、木瓜的枝刺不分枝；而皂荚、枸桔的枝刺有分枝。

3. 钩状茎（hook－like stem）　由茎的侧枝变态而形成，位于叶腋内，通常弯曲呈钩状，粗短坚硬而无分枝，如钩藤。

4. 茎卷须（stem tendril）　攀缘植物的部分茎枝变为卷须状，柔软卷曲而常有分枝，用以攀缘或缠绕它物向上生长，如葡萄、栝楼、丝瓜等。

5. 小块茎（tubercle）和小鳞茎（bulblet）　有些植物的腋芽常形成小块茎，如山药的零余子（珠芽），半夏叶柄上的不定芽也可形成小块茎。有些植物在叶腋或花序处由腋芽或花芽形成小鳞茎，如大蒜、洋葱等。小块茎和小鳞茎均有繁殖作用。

四、茎的功能

茎的主要功能是输导和支持作用。茎是植物体内物质运输的主要通道，根部从土壤中吸收的水分和无机盐以及在根中合成或贮藏的营养物质，要通过茎和枝而运输到地上各部；叶进行光合作用所制造的有机养料，也要通过茎和枝输送到体内各部被利用或贮藏。另外，茎和根系一道共同承受枝叶及花、果的重量，并支持它们合理伸展和有规律地分布，有利于光合作用、开花和传粉的进行以及果实和种子的传播。

茎除有输导和支持作用外，还有贮藏和繁殖的功能。在茎的薄壁组织中贮有大量的营养物质，尤其是在变态茎中，如根状茎、球茎、块茎等的贮藏物更为丰富，可作为食品和工业原料，其中有很多药用植物如黄精、天麻、半夏、百合等亦含有丰富的贮藏物质。不少植物有形成不定根和不定芽的习性，可作营养繁殖。农、林和园艺工作中用扦插、压条来繁殖苗木，便是利用茎的这种习性。

五、茎的内部构造

种子植物的主茎起源于种子内幼胚的胚芽，主茎上的侧枝则由主茎上的侧芽（腋芽）发育而来。无论主茎或侧枝，一般在其顶端均具有顶芽，能保持顶端生长的能力，使植物体不断长高。

（一）茎尖的构造

茎尖又称茎端，其结构基本上与根尖相类似，主要不同之处在于，前端没有类似根冠的构造，但茎尖的结构较根尖复杂，存在着能形成叶和芽的原始突起，称为叶原基（leaf primordium）和芽原基（bud primordium）。叶原基腋部产生腋芽原基，以后分别发育为叶和腋芽，腋芽发育成枝条。因此，茎、叶和腋芽的发生是同时并举的。

茎或枝的顶端自上而下可分为三个部分，即分生区、伸长区和成熟区。

1. 分生区　分生区位于茎尖的顶端，呈圆锥状，其最前端为原分生组织，具有强烈的分生能力，所以又称为生长锥（growth cone）。

2. 伸长区　茎伸长区的长度一般比根的伸长区长，细胞的分裂活动自上而下逐渐减弱，而细胞急剧向上伸长，并液泡化。伸长区中的细胞已由原表皮、基本分生组织、原形成层等初生分生组织逐渐分化而形成一些初生组织。

3. 成熟区　茎的成熟区与根成熟区的主要区别是无根毛产生，但常有气孔和毛茸。成熟区中细胞分裂与细胞伸长均趋于停止，各种组织的分化已基本完成，形成了茎的初生结构。

（二）双子叶植物茎的初生构造

双子叶植物茎的初生结构与根的初生结构有相似之处，通过茎的成熟区作一横切面，从外至内可观察到表皮、皮层和维管柱三部分。

1. 表皮　由原表皮层分化而形成，通常为一层形状扁平、排列整齐而紧密的生活细胞构成，表皮细胞在横切面上一般呈长方形，细胞外壁较厚，常角质化并形成角质层，有的植物在角质层外还有蜡被。表皮上常具有气孔、毛茸或其他附属物。茎的表皮属于保护组织。

2. 皮层　皮层位于表皮内方，系由基本分生组织分化而形成，由多层生活细胞构成，一般不如根的皮层发达，仅占有茎中较小的部分。皮层细胞壁薄而大，排列疏松，常具细胞间隙，靠近表皮部分的细胞通常含有叶绿体，故嫩茎一般呈绿色，能进行光合作用。

组成皮层的细胞一般为薄壁组织，但贴近表皮的几层细胞常分化为厚角组织，可加强茎的韧性。厚角组织有的排列呈环状（如葫芦科和菊科的一些植物）；有的聚集在茎的棱角处（如薄荷、芹菜等植物）；有的植物茎的皮层中还有纤维、石细胞或分泌组织。而水生植物茎的皮层薄壁组织中，具有发达的胞间隙。

大多数双子叶植物茎的皮层中最内一层细胞仍为一般的薄壁细胞，没有像根一样存在形态上可以明显分辨出内皮层结构，故皮层与维管区域之间无明显分界。有的植物皮层中最内一层细胞排列较整齐，并含有许多淀粉粒，因而称之为淀粉鞘（starch sheath），如马兜铃、蚕豆、蓖麻等。

3. 维管柱（vascular cylinder）　维管柱位于皮层以内，由呈环状排列的维管束、髓射线和髓等组成，占有茎的较大部分。维管柱在过去常被称为中柱（stele）。

（1）初生维管束　由原形成层分化而形成，双子叶植物茎的初生维管束包括初生韧皮部、初生木质部和束中形成层（fascicular cambium）。

初生韧皮部位于维管束的外侧，由筛管、伴胞、韧皮薄壁细胞和初生韧皮纤维组成，初生韧皮部分化成熟的方式与根相同，也是外始式，即原生韧皮部在外方，后生韧皮部在内方。初生韧皮纤维常成群地位于韧皮部的最外侧，过去常误称之为中柱鞘纤维，其来源实为韧皮部的一部分，故仍应称之为韧皮纤维。

初生木质部位于维管束的内侧，由导管、管胞、木薄壁细胞和木纤维组成，其分化成熟的方式与根完全相反，系由内向外，故称为内始式（endarch），原生木质部居内方，由口径较小的环纹、螺纹导管组成；后生木质部居外方，由孔径较大的梯纹、网纹或孔纹导管组成。

初生韧皮部与初生木质部之间具有束中形成层，为原形成层遗留下来的1～2层具有分生能力的细胞所组成，能使茎不断加粗。

植物茎的维管束一般是初生韧皮部在外方，初生木质部位于内方，束中形成层居间，因而称之为无限外韧维管束（collateral vascular bundle）。也有少数植物茎中的维管束，在初生木质部的内方还有韧皮部，内方的韧皮部称内生韧皮部（internal phloem），这种维管束称为双韧维管束（bicollateral vascular bundle），如茄科的曼陀罗、颠茄、莨菪，葫芦科的南瓜，桃金娘科的桉树，旋花科的甘薯等植物茎中都有双韧维管束存在。

（2）髓射线（medullary ray）　髓射线由基本分生组织分化而形成，亦称为初生射线（primary ray），为各个初生维管束之间的薄壁组织，外连皮层，内接髓部，在横切面上呈放射状排列，具横向运输和贮藏养料的作用。一般草本植物的髓射线较宽，而树木的髓射线则较窄。

（3）髓（pith）　髓位于茎的中央，被维管束紧紧围绕。髓部亦是基本分生组织分化所形成，主要由体积较大的薄壁细胞组成，细胞排列疏松，常含有淀粉粒，细胞间常有明显的胞间隙。有的髓组织中具有石细胞，亦有的髓部细胞中含有晶体。草本植物茎的髓部一般较大，木本植物茎的髓部一般较小，但也有例外，如泡桐、接骨木、旌节花等。有些植物的髓部呈局部破坏，形成一系列片状的横隔，如胡桃、猕猴桃；也有些植物茎的髓部在发育过程，由于细胞成熟较早，常因死亡而解体消失，形成髓腔，此时茎呈现为中空，如连翘、芹菜、南瓜等。（图3－14）

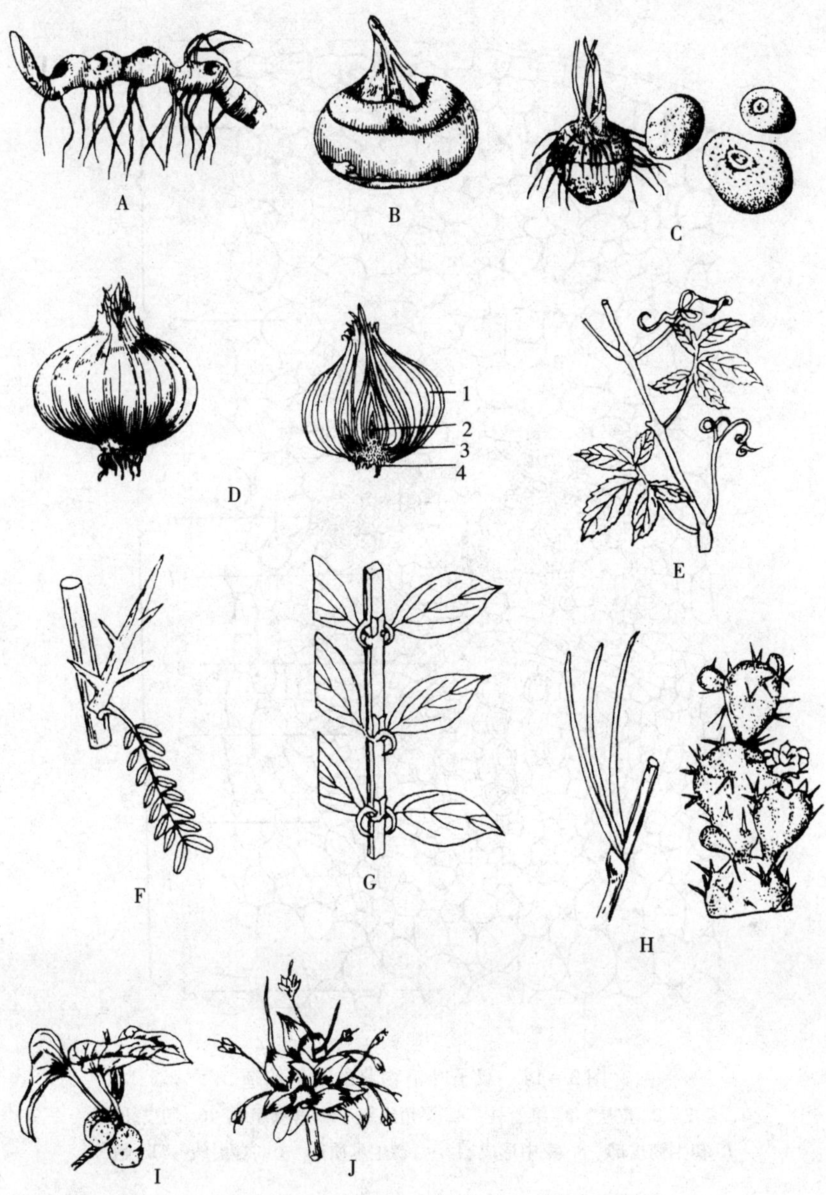

图3-13 变态茎的类型

A. 根状茎 B. 球茎 C. 块茎 D. 鳞茎（1. 顶芽 2. 鳞片叶 3. 鳞茎盘 4. 不定根）
E. 卷须茎 F. 刺状茎 G. 钩状茎 H. 叶状茎 I. 小块茎（零余子） J. 小鳞茎（洋葱花序）

（三）双子叶植物茎的次生构造

大多数双子叶植物的茎在初生构造形成后，由于维管形成层和木栓形成层的分裂活动，随之进行次生生长，产生次生结构，使茎不断加粗。木本植物的次生生长一般可持续多年，因此其次生构造很发达。

1. 双子叶植物木质茎的次生结构

（1）形成层发生及其活动　茎中次生生长开始时，维管束中的初生木质部与初生

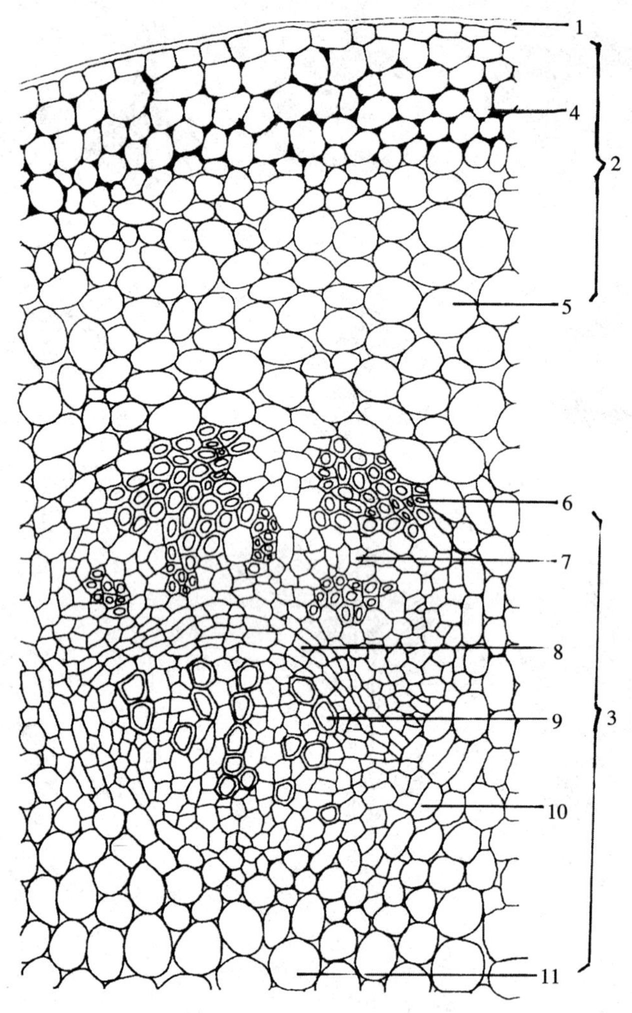

图 3－14　双子叶植物茎的初生构造

1. 表皮　2. 皮层　3. 维管柱　4. 厚角组织　5. 薄壁组织　6. 韧皮纤维
7. 初生韧皮部　8. 束中形成层　9. 初生木质部　10. 髓射线　11. 髓

韧皮部之间保持分生能力的束中形成层开始分裂活动，同时，与束中形成层相连的髓射线中的薄壁细胞恢复分生能力，转变为束间形成层（interfascicular cambium），束间形成层和各初生维管束中的束中形成层相连接，这样形成层就成为一个圆筒（在横切面上成为一个完整的圆环）。

形成层细胞由纺锤状原始细胞与射线原始细胞组成，具有强烈的分生能力，向内分裂产生次生木质部，添加于初生木质部的外方；向外分裂产生次生韧皮部，添加于初生韧皮部内方。并将初生韧皮部向外推移。同时，形成层中的射线原始细胞也不断进行切向分裂，产生次生射线的薄壁细胞，贯穿于次生木质部与次生韧皮部，形成横向的联系组织，称维管射线。形成层的束间部分，或产生维管组织，或继续产生薄壁组织，以增加髓射线的长度。

形成层细胞在不断地进行分裂，形成次生构造的同时，同时也进行径向或横向分裂，其周径也随之扩大，以适应内方木质部的大量增加，同时维管形成层的位置也逐渐向外推移。

（2）次生木质部　为茎的次生结构的主要部分。当形成层活动时，向内形成次生木质部的量，远比向外形成次生韧皮部的量为多，就木本植物来说，茎的绝大部分是次生木质部，树木愈大，次生木质部所占的比例也愈大。

茎的次生木质部与根的次生木质部相类似，也是由导管、管胞、木薄壁细胞、木纤维和木射线组成，其中导管与木纤维是次生木质部的主要组成部分，木薄壁细胞的数量相对较少。次生木质部中的导管为梯纹导管、网纹导管和孔纹导管。导管、管胞、木薄壁细胞和木纤维细胞均为纵列，是次生木质部中的纵向系统。

此外，由形成层中的射线原始细胞衍生所形成的细胞，径向延长，形成维管射线。位于次生木质部的部分称为木射线。木射线常有多列细胞，也有一列细胞的，为薄壁细胞，细胞壁木质化。木薄壁细胞单个或成群散在于木质部中，或包围在导管或管胞的外方。

木本植物茎的木质部或木材的横切面上常可观察到许多同心轮层，每一个轮层都是由形成层在一年的次生生长中所产生的次生木质部，构成一个生长轮，称为年轮（annual ring），根据树木主干基部的年轮数目，可以推断出树木的年龄。年轮的形成与形成层的分裂活动受环境气候变化的影响密切相关。生长在温带与寒带的植物，其维管形成层的活动具有周期性。春季，气候温暖，雨量充沛，形成层细胞的分裂活动比较强烈，所产生的细胞生长快，体积大，细胞壁薄，新的导管或管胞直径大，数目多，纤维较少，因此材质较疏松，颜色较淡，称为早材（early wood）或春材（spring wood）；到了秋季，气温下降，雨量稀少，形成层的分裂活动能力降低，生长变慢，所产生的细胞体积较小，细胞壁较厚，导管的直径小，数目少，木纤维多，因而材质较密，颜色较深，称为晚材（late wood）或秋材（autumn wood）。

同一年中早材和晚材是逐渐转变的，中间无明显的界限。而到了冬季，维管形成层基本停止活动，第一年的晚材与第二年的早材之间界限分明，因此形成了年轮。年轮一般为一年一轮，但有的植物在一年中，产生二个以上的生长轮，这些轮被称为假年轮，假年轮常呈不完整的轮环，它们的形成是由于该年气候变化特殊或受害虫严重危害而引起的。有的植物在一年中有几次季节性生长，如柑橘类植物，一年可以形成三个生长轮，即三个生长轮均为一年中产生的次生木质部。在终年气候变化不大的热带，树木一般不形成年轮；但在有明显旱季和湿季之分的热带地区，树木也产生年轮，此时雨季所形成的木材相当于早材，旱季形成的木材相当于晚材。（图 3 – 15）

在多年生老茎的次生木质部横切面上，依位置和颜色不同，可以分为边材（sap wood）与心材（heart wood）。靠近形成层的部分颜色较浅，质地较松软，称边材。边材具有输导作用。而中心部分，颜色较深，质地较坚硬，称心材。由于心材为较老的次生木质部，远离韧皮部，氧气与养料进入困难，引起木薄壁细胞老化与死亡。心材中的导管常被侵填体（tylosis）所堵塞，而侵填体则为导管周围的薄壁细胞通过纹孔进入导管腔中所形成。心材中还常常积累一些代谢产物，如单宁、树脂、树胶等，加重了导管

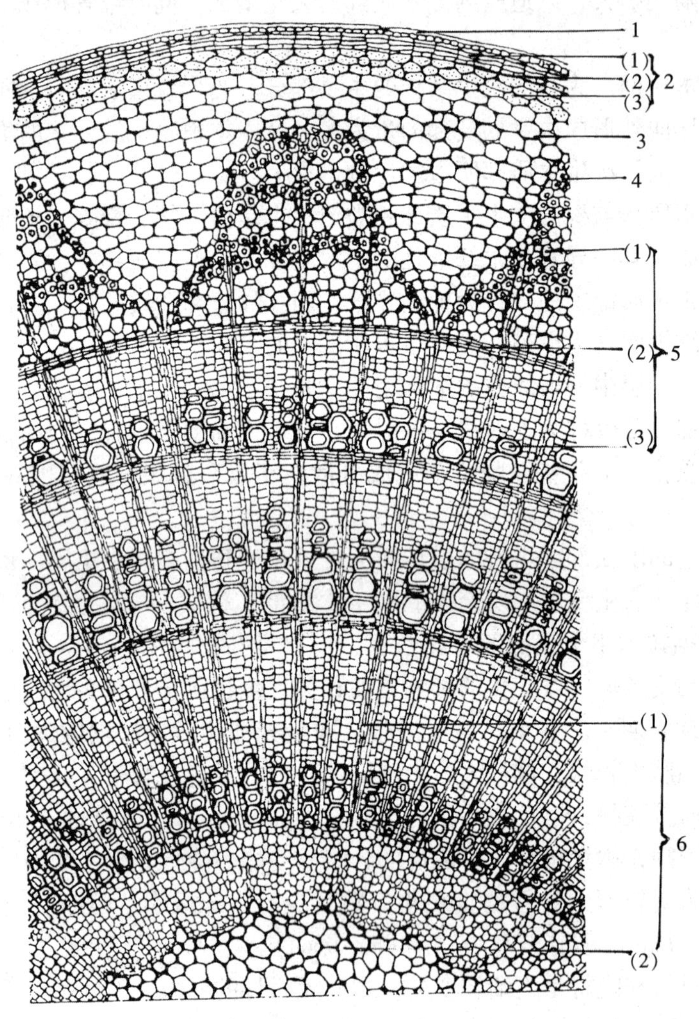

图 3-15　双子叶植物茎的次生构造

1. 表层　2. 周皮（1）木栓层（2）木栓形成层（3）栓内层　3. 皮层　4. 韧皮纤维

5. 维管束（1）韧皮部（2）形成层（3）木质部　6. 髓部（1）射髓（2）中髓

和管胞的堵塞，使其失去输导能力。心材虽无输导作用，但对植物体有加强支持的作用。有些植物的心材中常含有各种色素，使心材呈现褐、红、黑等色泽。心材比较坚固，又不易腐烂，且常含有特殊的成分，因此在药材的利用上，心材的价值要比边材高，药材中如沉香、降香、檀香等都是取心材入药。

要充分地了解茎的次生结构及鉴定木类药材，常需采用三种切面，即横切面、径向切面和切向切面，以便进行比较观察。（图 3-16）

横切面（transverse section）是与茎的纵轴相垂直所作的切面。可见导管、管胞、木纤维和木薄壁细胞等横断面的形状、直径的大小、胞壁的厚薄、胞腔的大小、纹孔的类型等，亦可见同心状的年轮和辐射状的射线。

径向切面（radial section）是通过茎中心所作的纵切面。在径向切面上可见导管、管胞、木纤维和木薄壁细胞等纵切面的长度、宽度、壁的厚度、胞腔的大小、纹孔的类型和细胞两端的形状。纵切面观，射线细胞为长方形，细胞多列排列整齐，与纵轴垂直，显示了射线的高度和长度。

切向切面（tangential section）是垂直于茎的半径所作的纵切面。在切向切面上见到的导管、管胞、木纤维和木薄壁细胞等形态与径向切面相同。射线细胞群（横切面）呈纺锤形，显示了射线的高度、宽度和细胞列数。

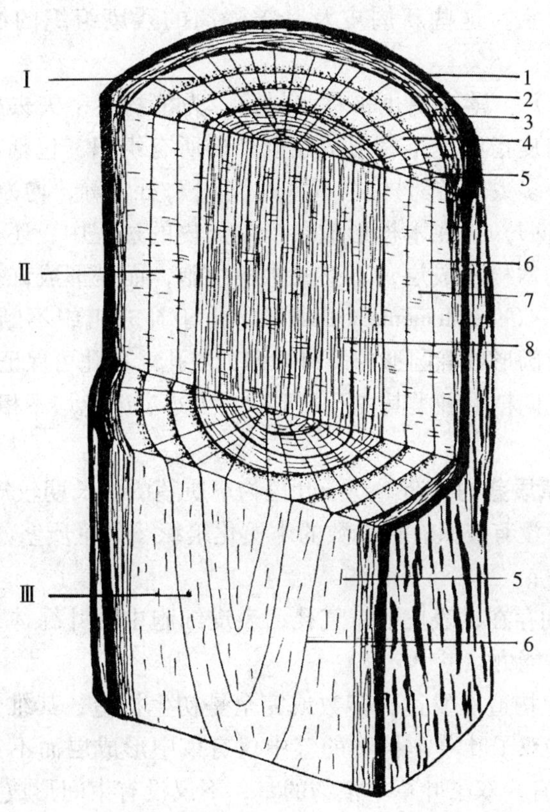

图 3－16 木材的三种切面

Ⅰ. 横切面 Ⅱ. 径向切面 Ⅲ. 切向切面

1. 外树皮 2. 内树皮 3. 形成层 4. 次生木质部 5. 射线 6. 年轮 7. 边材 8. 心材

（3）次生韧皮部 茎中次生韧皮部的组成和功能与根中的次生韧皮部相同，也是由筛管、伴胞、韧皮薄壁细胞、韧皮纤维和韧皮射线所组成，有的还具有石细胞、乳管等。形成层活动向外分裂形成次生韧皮部。当次生韧皮部形成时，初生韧皮部被推向外方并被挤压破裂，形成颓废组织。

茎的次生韧皮部薄壁细胞中除含有糖类、油脂等营养物质外，有的还含有鞣质、橡胶、生物碱、皂苷、挥发油等，具有一定的药用价值，如杜仲、黄柏、金鸡纳皮、苦楝皮、肉桂等茎皮类药材。

(4) 木栓形成层及其活动　双子叶植物的茎为适应内部直径的扩大，外围出现了木栓形成层。木栓形成层由表皮内侧皮层薄壁组织细胞恢复分生能力而形成，茎中的木栓形成层与根中一样，向外产生木栓层，向内产生栓内层，栓内层为生活细胞组成，细胞中常含有叶绿体。木栓层、木栓形成层、栓内层一同组成了周皮，以代替表皮行使保护作用。大部分植物的木栓形成层活动只有几个月，在第一次木栓形成层的活动停止以后，多数树木又可依次在其内方产生新的木栓形成层，形成新的周皮，所以木栓形成层的发生位置是逐渐内移的。当新周皮形成后，其外方所有的组织，由于水分和营养供应的终止，相继全部死亡，这些新周皮及其被隔离的残废组织的综合体，称为落皮层（rhytidome）。

(5) 树皮（bark）　落皮层也被称为树皮，为植物茎中失去生命的许多周皮所组成。但广义概念的树皮指的是维管形成层以外的所有组织，包括历年产生的周皮、皮层、次生韧皮部等。多数皮类药材，如黄柏、厚朴、杜仲等，均为广义的树皮。

(6) 皮孔（lenticel）　在木栓形成层产生周皮的过程中，还可形成皮孔。即在原来表皮上气孔下方的木栓形成层，不形成木栓细胞，而是形成许多排列疏松的薄壁细胞，总称为补充组织（complementary tissue）。由于补充组织不断增多，便向外突出，并将表皮胀破，形成圆形或椭圆形的裂口，即为皮孔。皮孔可保证植物老茎内部与外界之间的气体交换。不同植物种类其皮孔的形状、大小、颜色均不相同，可作为鉴别植物的依据之一。

2. 双子叶植物草质茎的构造　双子叶植物草质茎的生长期较短，与木质茎相比较，草质茎一般较柔软，没有或只有极少数的木质化组织。具草质茎的植物称为草本植物。其主要构造特点如下：

(1) 表皮多长期存在，表皮上有气孔，表皮细胞中含叶绿体，因此草质茎常呈绿色，具有光合作用的能力。

(2) 组织中次生构造不发达，多数或完全是初生构造，其维管柱中维管束的数量占较少的比例。有些双子叶草本植物的茎中仅有束中形成层而不具束间形成层（如部分葫芦科植物）。还有些双子叶草本植物的茎，不仅没有束间形成层，连束中形成层也不发达，因而次生构造的量很少，甚至不存在（如毛茛科植物）。

(3) 髓部发达，髓射线一般较宽，有的髓部中央破裂而呈空洞状。(图 3－17)

3. 双子叶植物根状茎的构造　双子叶草本植物根状茎的结构与地上茎类似。其特点为：根茎表面通常具木栓组织，少数有表皮；皮层中常有根迹维管束和叶迹维管束；皮层内侧有的有厚壁组织，维管束排列呈环状；中央髓部明显；机械组织一般不发达；薄壁细胞中常有较多的贮藏物质。(图 3－18)

4. 双子叶植物茎和根状茎的异常构造　有些植物的茎和根茎，除了能形成一般的正常构造外，常有部分薄壁细胞，可恢复分生能力，转化形成新的形成层，并分裂产生多数异型维管束，形成异型构造。有下列几种情况：

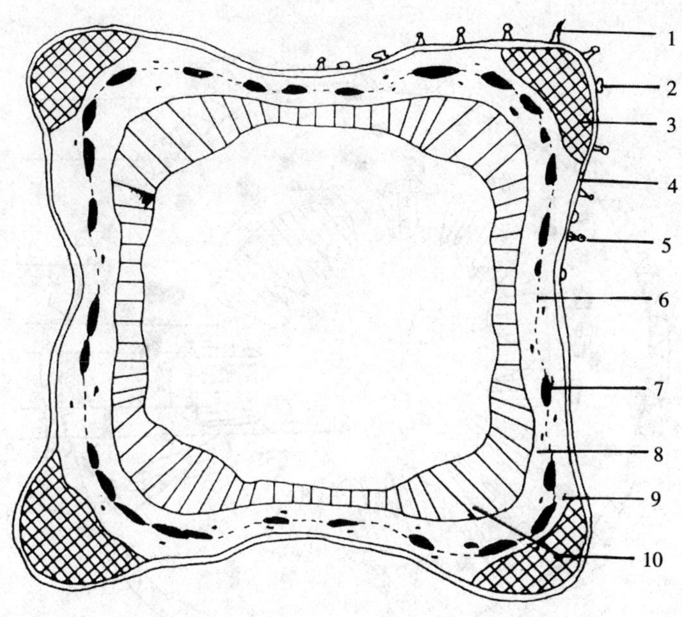

图3－17 双子叶植物草质茎的横切面简图

1. 非腺毛 2. 腺鳞 3. 厚角组织 4. 表皮 5. 腺毛
6. 内皮层 7. 纤维 8. 韧皮部 9. 石细胞 10. 木质部

（1）在髓部形成多数呈点状的异型维管束，它们是特殊的周木式维管束，内方为韧皮部，其中常可见黏液腔，外方为木质部，导管不发达，形成层为环状，射线深棕色，呈星芒状射出，故习称“星点”。如大黄的根状茎。（图3－19）

（2）在正常次生生长发育至一定阶段后，一部分薄壁细胞恢复分生能力，在次生维管束的外围又形成多层呈环状排列的异型维管束，称为同心环维管束。如密花豆的老茎（鸡血藤）。

（3）根茎薄壁组织中的细胞恢复分生能力后，形成了新的木栓形成层，并呈一个个的环包围一部分韧皮部和木质部，将维管束分隔成数束。如甘松的根状茎。

（四）单子叶植物茎和根状茎的构造特点

单子叶植物的茎和根茎中只有初生构造而没有次生构造，因此不能进行次生生长，与双子叶植物茎和根茎在组织构造上最大的不同点是：

1. 单子叶植物茎中一般无形成层和木栓形成层，除少数热带单子叶植物（如龙血树、芦荟等）外，一般单子叶植物只具有初生构造。

2. 单子叶植物的维管束主要是有限外韧维管束（如玉米、石斛）或周木维管束（如香附、重楼），而双子叶植物为无限外韧维管束。

3. 横切面观，单子叶植物维管束散在排列，而双子叶植物维管束呈环状排列。

有的单子叶植物茎的表皮以内均为薄壁细胞组成的基本组织，维管束多数，并散布于其中，因此很难分辨皮层与髓（如玉米、石斛）；有的单子叶植物茎中维管束呈内外

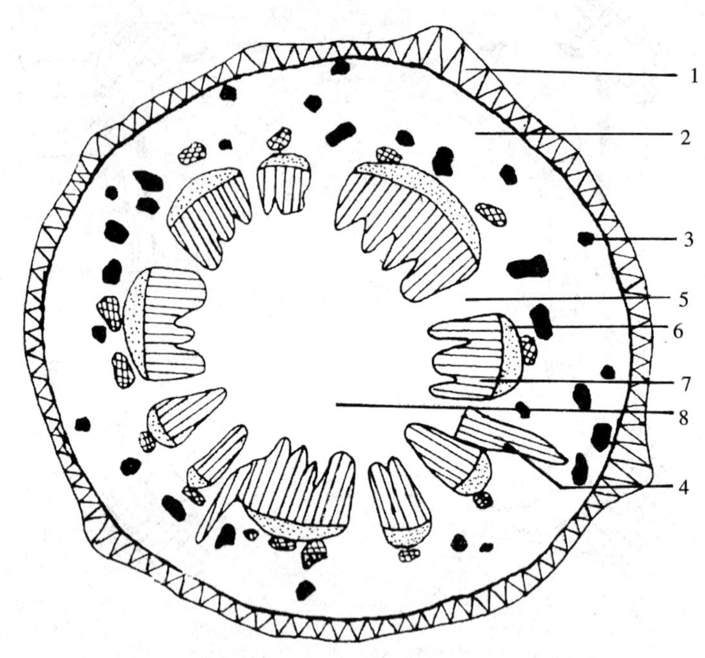

图 3－18 双子叶植物根状茎的构造简图（黄连根茎横切面）

1. 木栓层 2. 皮层 3. 石细胞群 4. 根迹 5. 射线 6. 韧皮部 7. 木质部 8. 髓部

两轮排列，外轮的维管束较小，且大部分深藏于机械组织中，内轮的维管束体积较大，茎的中央部分萎缩破裂，形成中空的茎杆（如小麦、水稻）。（图 3－20）

单子叶植物根茎的内皮层大多明显，因而皮层与维管柱之间有明显的分界，皮层常占较大部分，其中往往有叶迹维管束散在（如石菖蒲）。

（五）裸子植物茎的构造特点

裸子植物的茎均为木本，因此其构造基本上与木本双子叶植物的茎相类似。茎中长期存在形成层，可产生次生结构，使茎逐年增粗，并有显著的年轮。不同点主要在于茎中木质部与韧皮部的组成。

1. 多数裸子植物茎的次生木质部中无导管（少数如麻黄属、买麻藤属等裸子植物的木质部中具有导管），无典型的木纤维，主要由管胞、木薄壁细胞、木射线所组成。管胞细胞壁厚，木质化，为一种胞壁完整的死细胞，略呈纺锤形，各细胞间以先端部分贴合，贴合部分具有许多具缘纹孔。裸子植物中管胞兼具输送水分和支持的双重作用。

2. 裸子植物茎的次生韧皮部组成比较简单，无筛管和伴胞的分化，而由筛胞（sieve cell）、韧皮薄壁组织和射线所组成，筛胞为比筛管原始的输导组织。韧皮部中一般无韧皮纤维。

3. 有些裸子植物茎的皮层、维管柱中，常分布有许多树脂道（如松柏类植物）。（图 3－21）

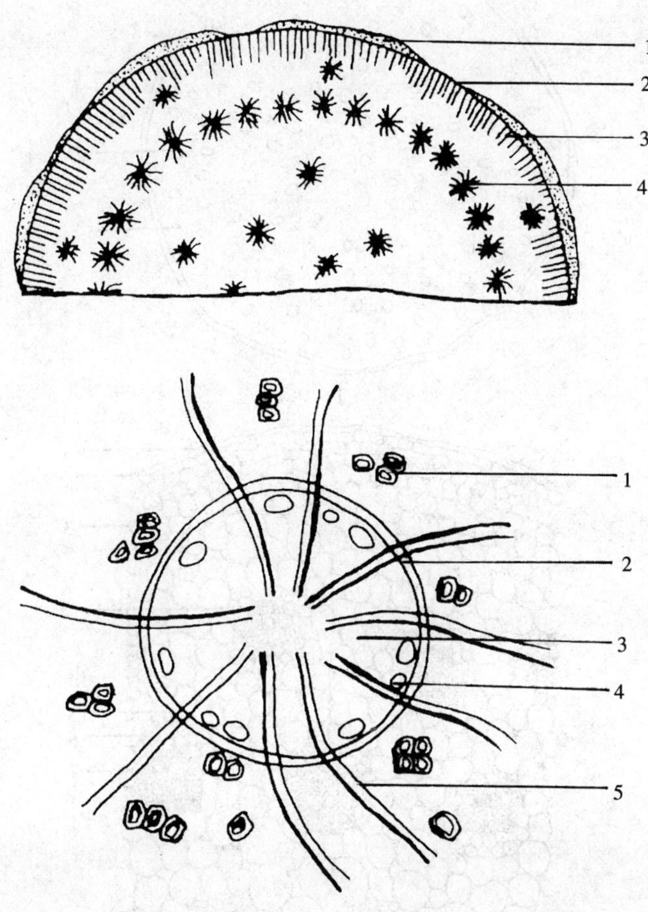

图 3－19　双子叶植物根状茎的异常构造简图（大黄根茎）

1. 韧皮部　2. 形成层　3. 木质部射线　4. 星点

星点：1. 导管　2. 形成层　3. 韧皮部　4. 黏液腔　5. 射线

第三节　叶

叶（leaf）着生于茎节上，多数为绿色的扁平体，其内含有大量的叶绿体。叶具有向光性，是植物进行光合作用的场所，为植物制造有机养料的重要器官。光合作用的进行，与叶绿体的存在与叶的整个构造有着紧密的关系。

一、叶的组成

叶的形态虽然变化多样，但其组成基本一致，一般由叶片（blade）、叶柄（petiole）

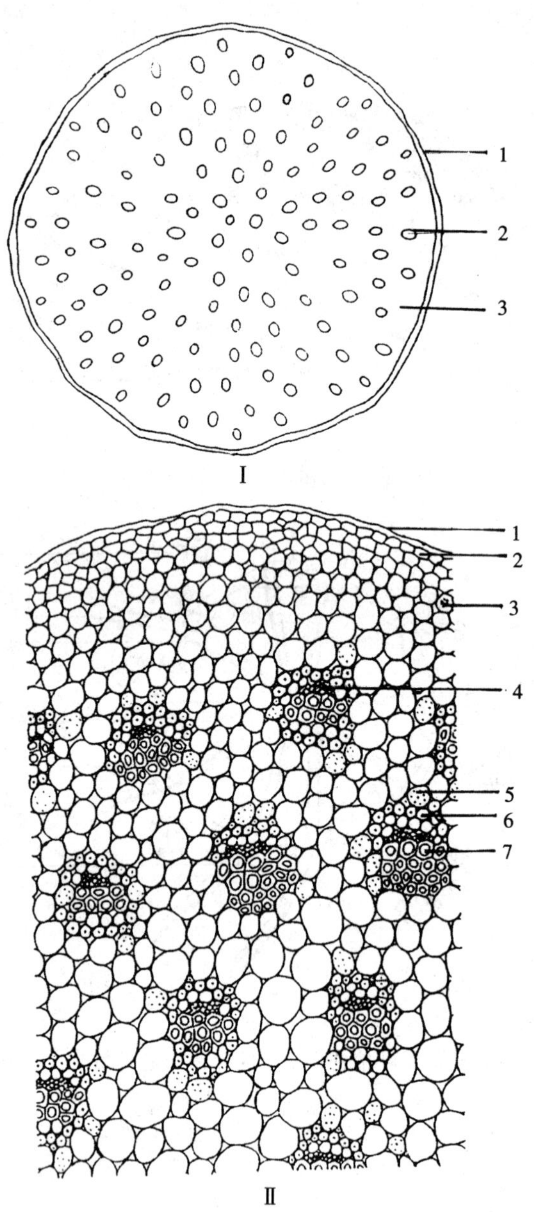

图3－20　单子叶植物茎的构造

Ⅰ. 石斛茎的横切面简图　1. 表皮　2. 维管束　3. 基本组织

Ⅱ. 石斛茎的横切面详图　1. 角质层 2. 表皮　3. 皮层　4. 韧皮部

5. 薄壁细胞　6. 纤维束　7. 木质部

和托叶（stipule）三部分组成。三部分俱全的叶称之为完全叶（complete leaf），如桃、柳、月季等。有些植物的叶只具有其中的一或两个部分，称为不完全叶（incomplete leaf），其中无托叶的叶为最普遍，如丁香、茶、白菜等；还有些植物的叶同时缺少托叶和

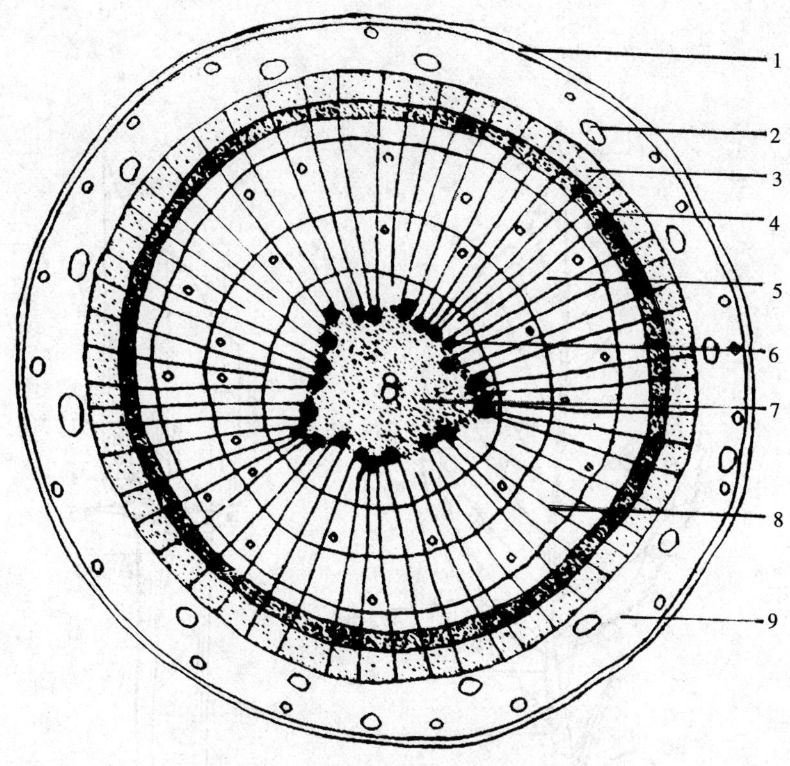

图 3－21　裸子植物茎的构造横切面简图

1. 周皮　2. 树脂道　3. 不具输导功能的韧皮部　4. 具有输导功能的韧皮部
5. 次生木质部　6. 初生木质部　7. 髓　8. 射线　9. 皮层

叶柄，只有叶片，也称无柄叶，如石竹、龙胆等；缺少叶片的叶则极为少见。（图 3－22）

（一）叶片

叶片为叶的最主要部分，各种植物的叶片形态多样，大小不一。但就一种植物来说，其叶片的形态是比较固定的，可作为识别植物和分类的依据。

叶片一般为绿色、薄的扁平体，有上表面（腹面）与下表面（背面）分。叶片的全形称为叶形，顶端称叶端或叶尖（leaf apex），基部称叶基（leaf base），周边称叶缘（leaf margin），叶片内分布有叶脉（vein）。

（二）叶柄

叶柄为连接叶片和茎枝之间的轴，其内有维管束，是茎、叶之间水分与物质输导的通道，同时具有支持叶片的作用。叶柄一般呈类圆柱形、半圆柱形或稍扁平。有些植物，如当归、白芷等伞形科植物，叶柄基部或叶柄全部扩大成鞘状，称叶鞘（leaf sheath）。而淡竹叶、芦苇、小麦等禾本科植物的叶也有叶鞘，是由相当于叶柄的部位扩大形成的，并且在叶鞘与叶片相接处还具有一些特殊结构，在其相接处的腹面的膜状突起物称叶舌（ligulate），在叶舌两旁有一对从叶片基部边缘延伸出来的突起物称叶耳（auricle）。叶耳、叶舌的有无、大小及形状等，常可作为鉴别禾本科植物种类的依据之一。

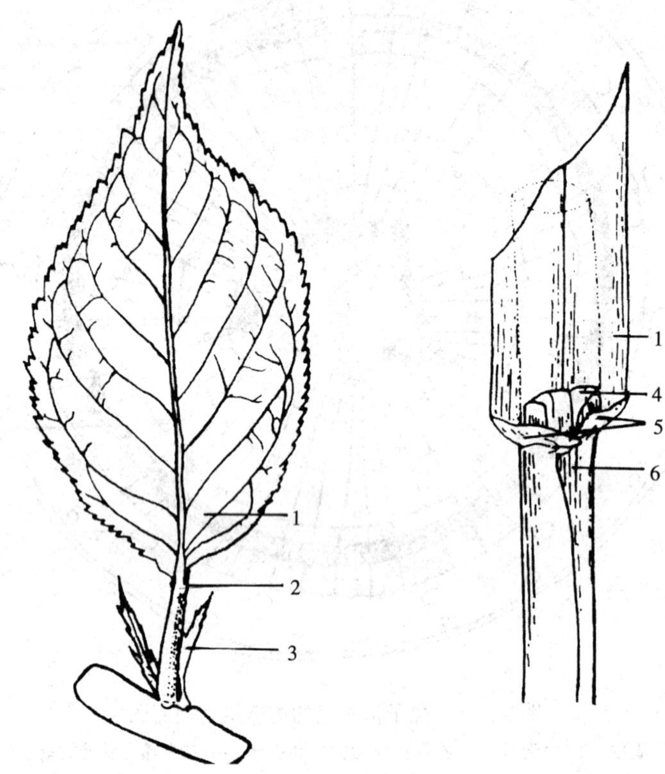

图 3－22　叶的组成部分

1. 叶片　2. 叶柄　3. 托叶　4. 叶舌　5. 叶耳　6. 叶鞘

（三）托叶

托叶常成对着生于叶柄基部两侧，为叶柄基部的附属物。托叶的形状与作用多样，随植物的种类而异。有的托叶细小而呈线状，如梨、桑；有的与叶柄愈合成翅状，如月季、蔷薇、金樱子；有的变成卷须，如菝契；有的呈刺状，如刺槐；有托叶大而呈叶状，如豌豆、贴梗海棠；有的其形状和大小和叶片几乎一样，只是托叶的腋内无腋芽，如茜草；有的两片托叶边缘合生呈鞘状，包围着茎节的基部，称为托叶鞘（ocrea），为何首乌、虎杖等蓼科植物的主要鉴别特征。

二、叶的形态

（一）叶片的全形

叶片通常扁平，呈绿色，其形状和大小随植物种类而异，甚至在同一植株上也不一样。但一般同一种植物上其叶片的形状特征是比较稳定的，可作为识别植物或植物分类的依据。叶片的长度差别极大，如柏的叶片细小，长仅数毫米，芭蕉的叶片可长达数米。叶片的形状主要根据叶片长度与宽度的比例，以及最宽处的位置来确定。若叶片在发育过程中其长度的生长量占绝对优势，则呈线形（linear）、剑形（ensiform）等；若长度与宽度的生长量相接近，或是略长一些，而且最宽处在叶片中部，则呈圆形（orbicular）、阔椭圆形（wide elliptical）或长椭圆形（long elliptical）；若最宽处偏于叶片的基部，则呈卵形（ovate）、阔卵形（wide ovate）或披针形（lanceolate）；若最宽处偏于叶片顶端，则呈倒卵形（obovate）、倒阔卵形（wide obovate）或倒披针形（ oblanceolate）。（图 3－23）

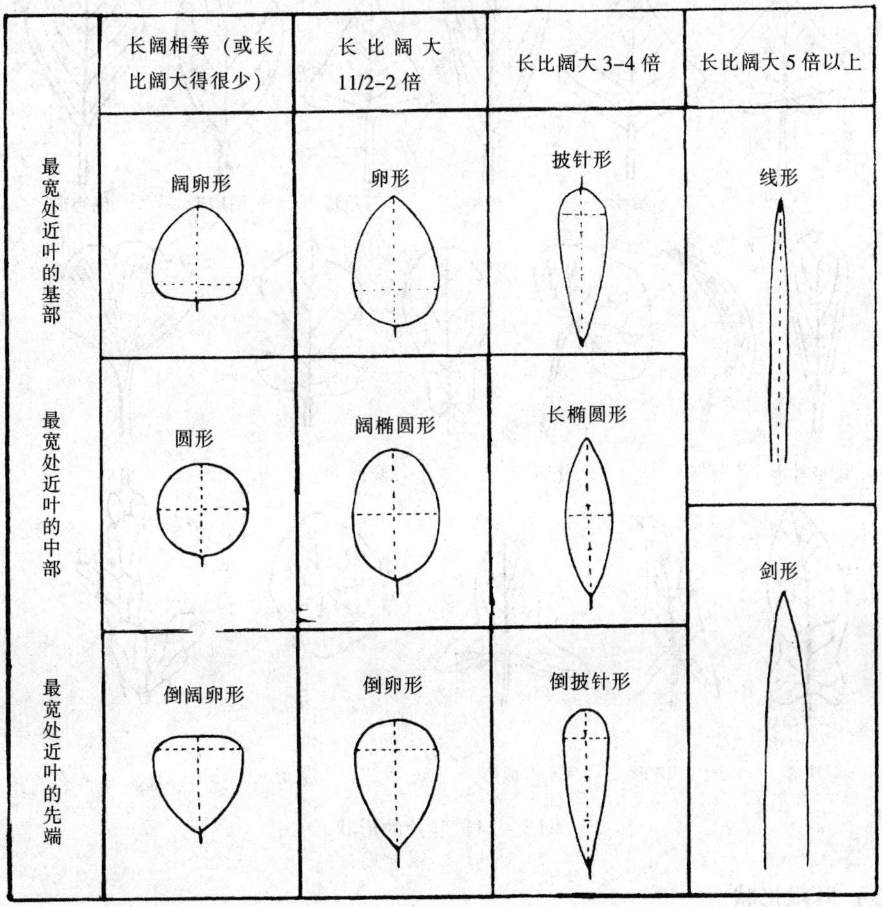

	长阔相等（或长比阔大得很少）	长比阔大 11/2–2 倍	长比阔大 3–4 倍	长比阔大 5 倍以上
最宽处近叶的基部	阔卵形	卵形	披针形	线形
最宽处近叶的中部	圆形	阔椭圆形	长椭圆形	
最宽处近叶的先端	倒阔卵形	倒卵形	倒披针形	剑形

图 3－23 叶片形状图解

上述为一般叶片的基本形状，其他常见的或较特殊的叶片形状还有：松树叶为针形；海葱、文殊兰叶为带形；银杏叶为扇形；紫荆、细辛叶为心形；积雪草、连钱草叶为肾形；蝙蝠葛、莲叶为盾形；慈姑叶为箭形；菠菜、旋花叶为戟形；车前叶为匙形；菱叶为菱形；蓝桉的老叶为镰形；白英叶为提琴形；杠板归叶为三角形；侧柏叶为鳞形；葱叶为管形；秋海棠叶为偏斜形等。此外，还有一些植物的叶并不属于上述的其中一种类型，而是两种形状的综合，如卵状椭圆形、椭圆状披针形等。还有的植物其基生叶与上部生叶片的形状不一，分属两种以上类型。（图 3－24）

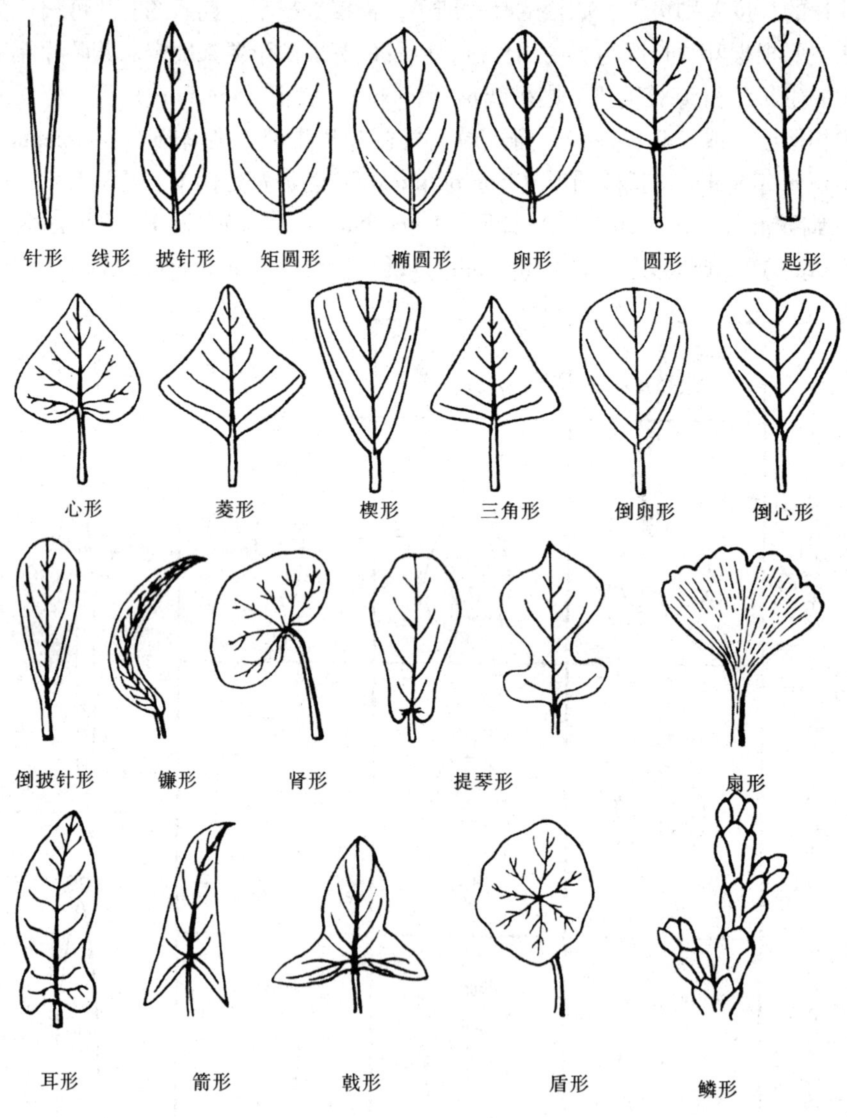

图 3－24 叶片的形状

（二）叶端形状

叶端又称叶尖，其形状主要有以下几种：圆形（rounded）、钝形（obtuse）、截形（truncate）、急尖（acute）、渐尖（acuminate）、渐狭（attenuate）、尾状（caudate）、芒尖（aristate）、短尖（macronate）、微凹（retuse）、微缺（emarginate）、倒心形（obcordate）等。（图 3－25）

（三）叶基形状

叶基的形状与叶尖相类似，仅出现在叶的基部，主要有以下几种：楔形（cuneate）、钝形（obtuse）、圆形（rounded）、心形（cordate）、耳形（auriculate）、箭形（saggitate）、戟形（hastate）、截形（truncate）、渐狭（attenuate）、偏斜（oblique）、盾形（peltate）、穿茎（perfoliate）、抱茎（amplexicaul）等。（图 3－26）

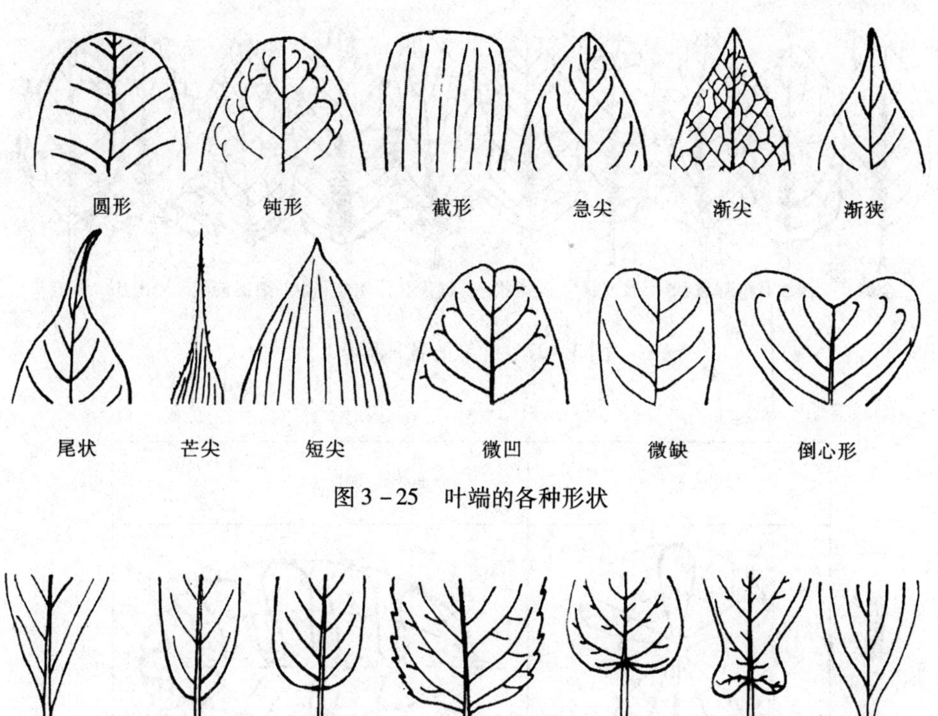

图 3-25 叶端的各种形状

楔形 钝形 圆形 截形 心形 耳形 渐狭

箭形 戟形 偏斜 盾形 穿茎 抱茎 合生穿茎

图 3-26 叶基的各种形状

（四）叶缘形状

叶缘的形状主要有：全缘（entire）、波状（undulate）、皱缩状（crisped）、锯齿状（serrate）、重锯齿状（double serrate）、牙齿状（dentate）、圆齿状（crenate）、缺刻状（erose）等。（图 3-27）

（五）叶片的分裂

多数植物的叶片常为完整的或近叶缘处具齿或细小缺刻，但有些植物的叶片其叶缘缺刻既深且大，形成分裂状态。常见的叶片分裂有羽状分裂、掌状分裂和三出分裂等 3 种。依据叶片裂隙的深浅不同，又可分为浅裂（lobate）、深裂（parted）和全裂（divided）。浅裂为叶裂深度不超过或接近叶片宽度的四分之一；深裂为叶裂深度超过叶片宽度的四分之一；全裂为叶裂深度几达主脉或叶柄顶部。（图 3-28，图 3-29）

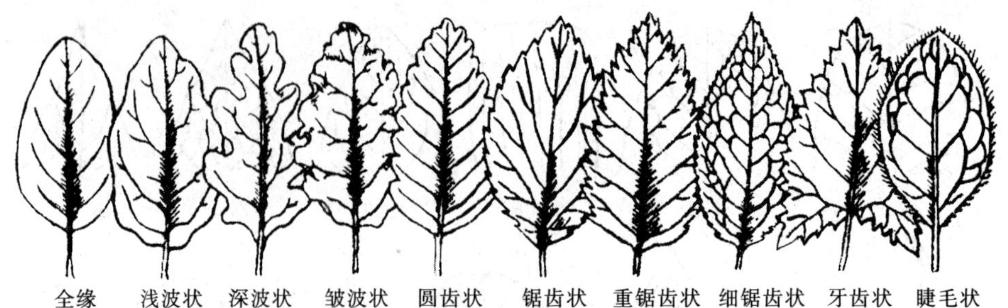

图 3－27　叶缘的各种形状

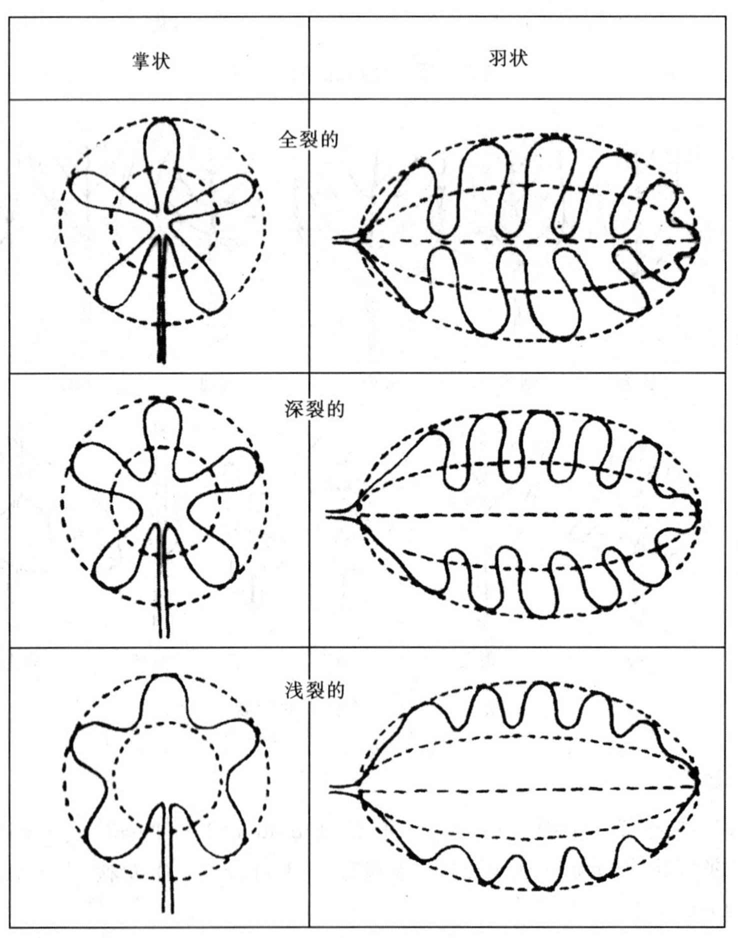

图 3－28　叶片的分裂图解

（六）叶脉与脉序

叶脉（vein）为贯穿于叶肉内的维管束，是叶内的输导和支持结构。叶脉维管组织通过叶柄与茎枝内的维管组织相连接。叶片上最粗大的叶脉称主脉，主脉的分枝称侧脉，其余较细小的称为细脉。叶脉在叶片上呈各种有规律性的分布，其分布形式称脉序

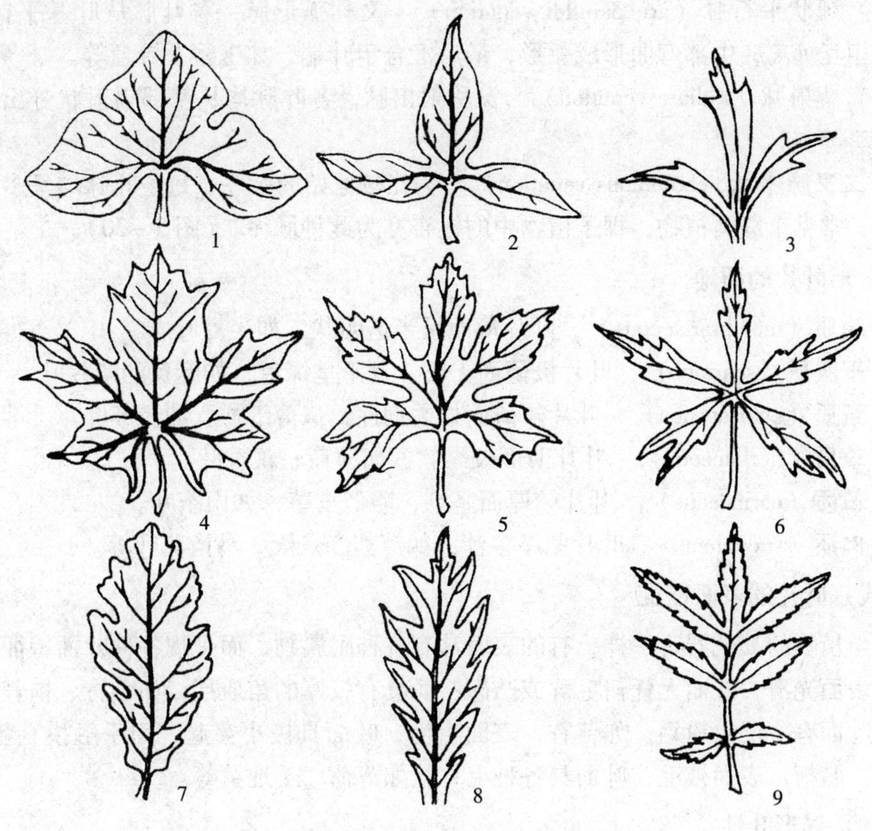

图 3-29 叶片的分裂类型

1. 三出浅裂 2. 三出深裂 3. 三出全裂
4. 掌状浅裂 5. 掌状深裂 6. 掌状全裂
7. 羽状浅裂 8. 羽状深裂 9. 羽状全裂

(venation)。脉序主要有以下三种类型。

1. 网状脉序(netted venation) 网状脉序具有明显粗大的主脉，由主脉上分出许多侧脉，侧脉上再分出细脉，彼此连接形成网状。网状脉序为双子叶植物叶脉的主要特征。网状脉序又因侧脉从主脉分出的方式不同而有两种形式：

(1) 羽状网脉(pinnate venation) 叶具有一条明显的主脉，两侧分出许多大小几乎相等，并呈羽状排列的侧脉，侧脉再分出细脉，交织呈网状，如桂花、茶、枇杷等。

(2) 掌状网脉(palmate venation) 叶有数条主脉，由叶基部辐射状发出伸向叶缘，并由主脉上一再分枝，形成许多侧脉及细脉，交织成网状，如南瓜、蓖麻等。

2. 平行脉序(parallel venation) 多见于单子叶植物，各叶脉平行或近于平行排列。常见的平行脉可分为四种形式：

(1) 直出平行脉(straight parallel venation) 又称为直出脉，各叶脉从叶基发出，平行排列，直达叶端，如淡竹叶、麦冬等。

(2) 横出平行脉(pinnately parallel venation) 又称侧出脉，中央主脉明显，侧脉垂直于主脉，彼此平行，直达叶缘，如芭蕉、美人蕉等。

（3）弧状平行脉（arc parallel venation） 又称弧形脉，各叶脉从叶基平行出发，但彼此相互远离，中部弯曲形成弧形，最后汇合于叶端，如玉簪、铃兰等。

（4）辐射脉（radiate venation） 又称射出脉，各叶脉均从基部辐射状分出，如棕榈、蒲葵等。

3. 二叉脉序（dichotomous venation） 为比较原始的脉序，每条叶脉均呈多级二叉状分枝，常见于蕨类植物，裸子植物中的银杏亦为此种脉序。（图 3－30）

（七）叶片的质地

1. 膜质（membranaceous） 叶片薄而呈半透明状，如半夏叶。

2. 干膜质（scarious） 叶片极薄而干脆，且不呈绿色，如麻黄的鳞片叶。

3. 纸质（chartaceous） 叶片较薄而显柔韧性，似薄纸样，如糙苏叶。

4. 草质（herbaceous） 叶片薄而较柔软，如薄荷、藿香叶。

5. 革质（coriaceous） 叶片较厚而坚韧，略似皮革，如山茶叶。

6. 肉质（succulent） 叶片肥厚多汁，如芦荟、景天、马齿苋叶等。

（八）叶片的表面特征

叶与植物的其他器官一样，有的表面常有各种附属物，而呈现各种叶面特征。常见的有：表面光滑，叶面无任何毛茸或凸起，而具有较厚的角质层，如冬青、枸骨；表面被粉，叶面有一层白粉霜，如芸香；表面粗糙，叶面具极小突起，用手触摸有粗糙感，如紫草、腊梅；表面被毛，叶面具各种毛茸，如薄荷、毛地黄等。

（九）异形叶性

通常每一种植物的叶均具有其特定形状，但也有一些植物在同一植株上具有不同形状的叶，这种现象称为异形叶性（heterophylly）。异形叶性的发生有两种情况：一类是由于植株的发育年龄不同，所形成的叶形各异，如小檗幼苗期的叶为扁平形，但在其后的生长过程中再长出的叶逐渐转变为刺状；又如蓝桉幼枝上的叶为对生无柄的椭圆形叶，而老枝上的叶则变为互生有柄的镰形叶。另一类是由于外界环境的影响，而引起叶的形态变化，如慈菇在水中的叶为线形，浮在水面的叶为肾形，而露出水面的叶则呈箭形。

三、单叶与复叶

一个叶柄上所生叶片的数目，在各种植物中是不相同的，一般有下列两种情况：

（一）单叶

在一个叶柄上只生有一个叶片的叶称为单叶（simple leaf），如厚朴、女贞、枇杷等。

（二）复叶

在一个叶柄上生有两个以上叶片的叶称为复叶（compound leaf）。

从来源上看，复叶是由单叶的叶片分裂而形成。即当叶裂片深达主脉或叶基，并具有小叶柄时，便形成了复叶。复叶的叶柄称为总叶柄（common petiole），总叶柄上着生

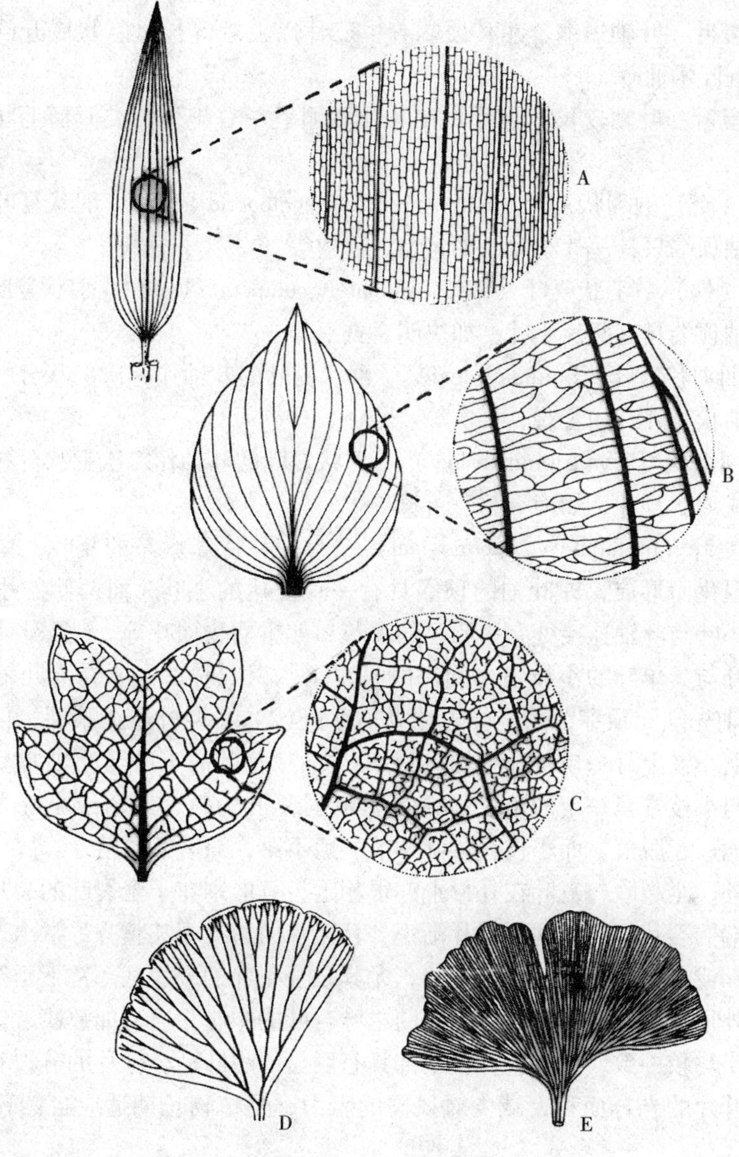

图 3 - 30　脉序的类型

A. 淡竹叶，示平行脉序　B. 玉簪属一种，示弧形脉序
C. 北美鹅掌楸，示网状脉序　D. 铁线蕨属一种，示叉状脉序
E. 银杏，示叉状脉序　A ~ C 的放大部分，示细脉的分布

叶片的轴状部分称为叶轴（rachis），复叶上的每片叶子称为小叶（leaflet），小叶的柄称为小叶柄（petiolule）。根据小叶数目和在叶轴上排列的方式不同，又可将复叶分为三出复叶（ternately compound leaf）、掌状复叶（palmately compound leaf）、羽状复叶（pinnately compound leaf）三种类型。

1. 三出复叶　为叶轴上着生有三片小叶的复叶。如果顶生小叶具有柄，称羽状三出复叶，如大豆、胡枝子叶等；如果顶生小叶无柄，称掌状三出复叶，如半夏、酢浆草等。

2. 掌状复叶　叶轴短缩，在其顶端着生三片以上近等长呈掌状展开的小叶，如五加、人参、五叶木通等。

3. 羽状复叶　叶轴较长，小叶片在叶轴两侧呈左右排列，类似羽毛状。羽状复叶又分为：

（1）单（奇）数羽状复叶（odd - pinnately compound leaf）　羽状复叶上的小叶为单数，其叶轴顶端只具一片小叶，如苦参、槐树等。

（2）双（偶）数羽状复叶（even - pinnately compound leaf）　羽状复叶上的小叶为双数，其叶轴顶端具有两片小叶，如决明、蚕豆等。

（3）二回羽状复叶（bipinnate leaf）　羽状复叶的叶轴作一次羽状分枝，在每一分枝上又形成羽状复叶，如合欢、云实等。

（4）三回羽状复叶（tripinnate leaf）　羽状复叶的叶轴作二次羽状分枝，最后一次分枝上又形成羽状复叶，如南天竹、苦楝等。

4. 单身复叶（unifoliate compound leaf）　为一种特殊形态的复叶，单身复叶可能是三出复叶退化而形成，即叶轴的顶端具有一片发达的小叶，而两侧的小叶退化成翼状，其顶生小叶与叶轴连接处有一明显的关节，如柑橘、柚叶等。（图3 - 31）

羽状复叶与具单叶的小枝条之间有时易混淆，识别时首先要弄清叶轴和小枝的区别：（1）叶轴先端无顶芽，而小枝先端具顶芽；（2）小叶叶腋无腋芽，仅在总叶柄腋内有腋芽，而小枝上每一单叶叶腋均具腋芽；（3）复叶的小叶与叶轴常呈一平面，而小枝上单叶与小枝常呈一定的角度；（4）落叶时复叶为整个脱落或小叶先落，然后叶轴连同总叶柄一起脱落，而小枝在落叶季节一般不落，只有叶脱落。

除此之外，全裂叶与复叶在外形上亦很相近，其区别在于全裂叶的裂片往往大小不一，通常先端的裂片较大，向下裂片渐小，且裂片的边缘不甚整齐，常出现锯齿间距不等、大小不一或有不同程度缺刻等现象，尤其是全裂叶的裂片基部常下延至中肋，无小叶柄形成，外形扁平，并明显可见裂片的主脉与叶的中脉相连，如败酱、紫堇等；而复叶的小叶大小均较一致，边缘整齐，基部具有明显的小叶柄。叶片的分裂和复叶的形成有利于增大叶片的光合面积，减少对风雨的阻力，是植物长期适应自然环境而发展的结果。

四、叶序

叶在茎枝上均有一定规律的排列方式，称为叶序（phyllotaxy）。叶序有三种基本类型，即互生（alternate）、对生（opposite）和轮生（verticillate）。

1. 互生叶序　在茎枝的每一节上只生一叶，交互而生，沿茎枝呈螺旋状排列，如桃、柳、桑等。

2. 对生叶序　在茎枝的每一节上相对着生两片叶，呈相对排列，如丁香、石竹等；有的对生叶还与相邻两叶呈十字形排列，称交互对生，如薄荷、龙胆等；有的对生叶排列于茎的两侧，呈二列式对生，如女贞、水杉等。

3. 轮生叶序　轮生叶序为在茎枝的每一节上轮生三片或三片以上的叶，呈辐射状

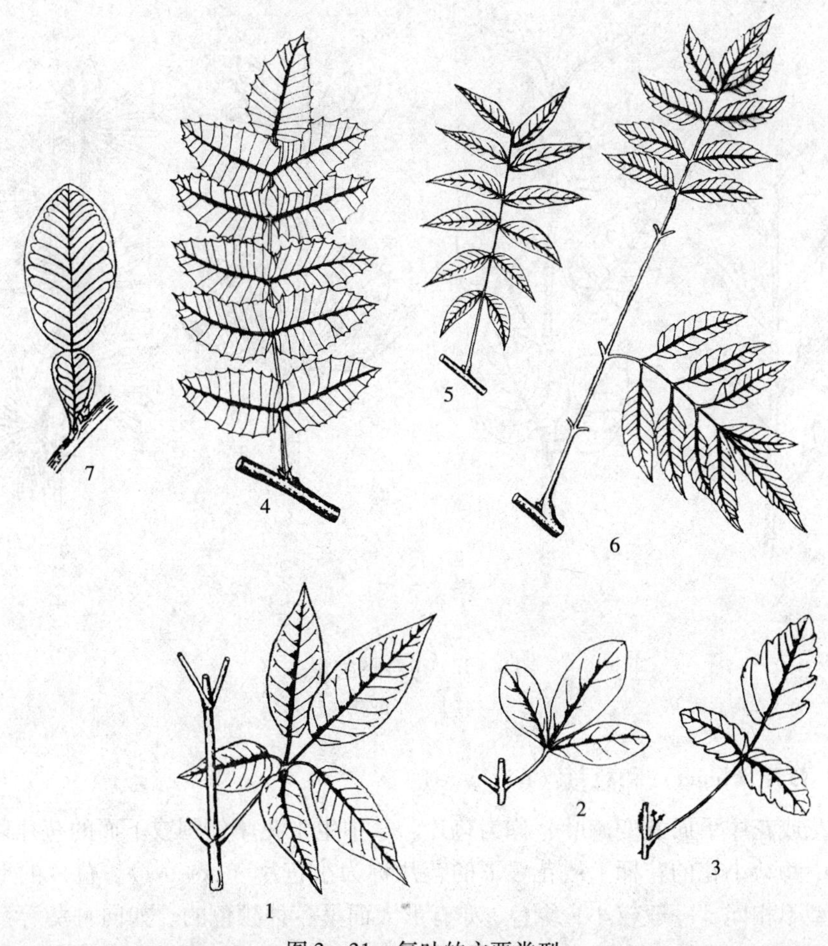

图 3-31 复叶的主要类型

1. 掌状复叶 2. 掌状三出复叶 3. 羽状三出复叶 4. 奇数羽状复叶
5. 偶数羽状复叶 6. 二回羽状复叶，示羽片 7. 单身复叶

排列，如夹竹桃、轮叶沙参等。在以上三类叶序中以互生叶序最为常见。

除上述三类基本叶序外，还有一些植物的节间极度缩短，使叶在侧生短枝上成簇长出，称为簇生叶序（fascicled phyllotaxy），如银杏、枸杞、落叶松等。此外，有些植物的茎极为短缩，节间不明显，其叶如同从根上生出一样，而呈莲座状，称基生叶（basal leaf），如蒲公英、车前等。（图 3-32）

叶在茎枝上的排列，无论是哪一种叶序，相邻两节的叶子均是不相重叠，彼此呈相当的角度镶嵌着生，称为叶镶嵌（leaf mosaic）。叶镶嵌现象比较明显的有常春藤、爬山虎、烟草等。叶镶嵌使茎枝上的叶片不致相互遮盖，有利于叶片充分接受阳光，进行光合作用。另外，叶在茎枝上的均匀排列也使茎枝的各侧受力均衡。

五、叶的变态

叶也与根、茎一样，受各种环境条件的影响，以及其生理功能的改变，而产生各种变态。常见的变态类型有以下几种。

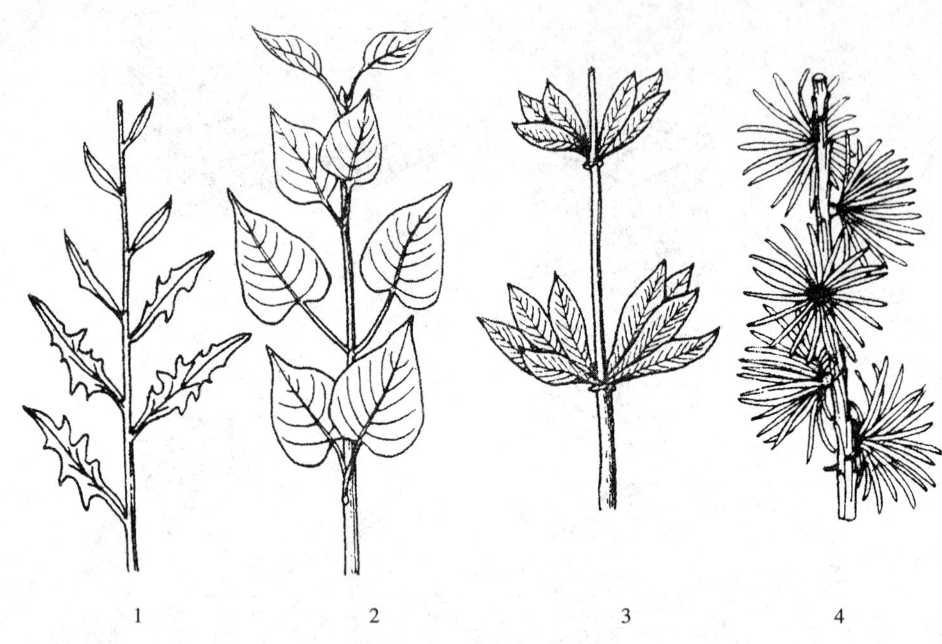

图 3－32　叶序的类型
1. 互生　2. 对生　3. 轮生　4. 簇生

（一）苞片（bract）**和总苞**（involucre）

生在花或花序下面的变态叶，称为苞片，其中生于花序外围或下面的苞片称为总苞片，花序中每朵小花的花柄上或花萼下的苞片称为小苞片（bractlet）。苞片的形状大多与普通叶型不相同，一般较小，绿色，亦有形大而呈各种颜色的。如向日葵等菊科植物花序下的总苞即为由多数绿色的总苞片组成；鱼腥草花序下的总苞是由四片白色的花瓣状总苞片组成；半夏、马蹄莲等天南星科植物的花序外面常有一片形状特异的大型总苞片，称为佛焰苞（spathe）。

（二）鳞叶（scale leaf）

叶特化或退化成鳞片状，称为鳞叶。鳞叶有肉质和膜质两类。肉质鳞叶肥厚多汁，含有丰富的营养物质，如百合、贝母、洋葱等鳞茎上的鳞叶；膜质鳞叶质地菲薄，常呈干膜状而不呈绿色，如麻黄的叶、洋葱鳞茎外层包被以及慈菇、荸荠球茎上的鳞叶等；此外，木本植物的冬芽外常具褐色膜质鳞叶，亦称芽鳞（bud scale），常具茸毛或有黏液，起保护芽的作用。

（三）刺状叶（thorn leaf）

叶片或托叶变态呈刺状，起保护作用或适应干旱的生态环境，如小檗、仙人掌类植物的刺为叶退化而成；刺槐、酸枣的刺系由托叶变态而成；红花、枸骨上的刺由叶尖、叶缘变化而成。根据植株上刺的来源和生长位置的不同，可区别为叶刺或茎刺。如月季、玫瑰等茎上的许多刺，则是由茎的表皮向外突起所形成，其位置常不固定，且易剥落，称之为皮刺（aculeus）。（图 3－33）

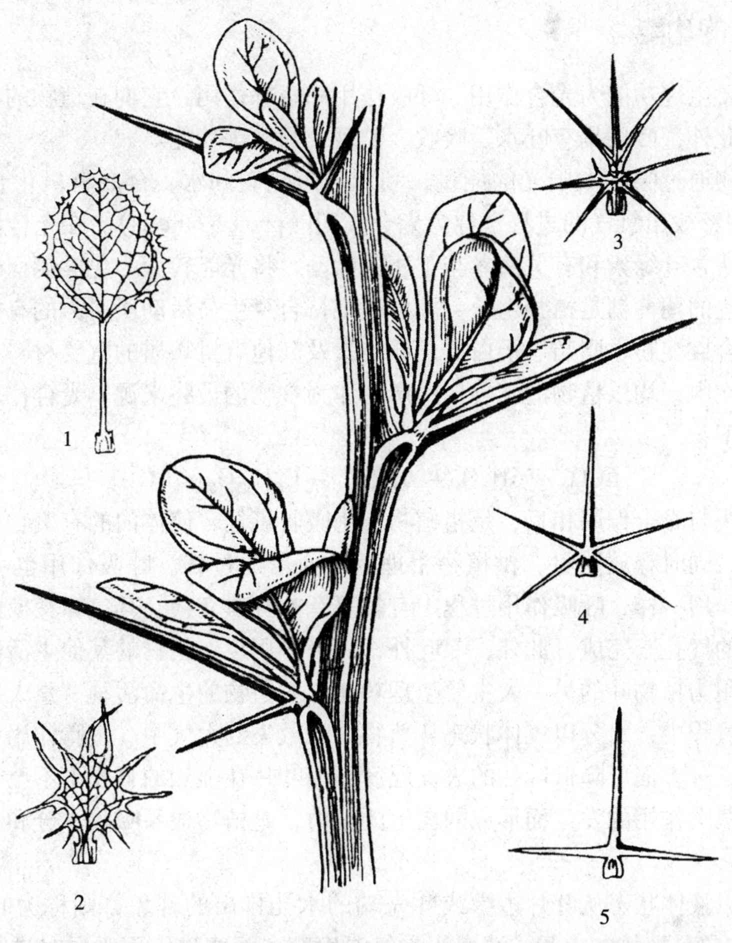

图 3－33　小檗的刺状叶

（四）叶卷须（leaf tendril）

由叶的全部或一部分变成卷须，借以攀援它物。如豌豆的卷须是由羽状复叶先端的小叶变成；菝契的卷须系由托叶变成。根据植株上卷须的来源及生长位置，可将其与茎卷须相区别。

（五）根状叶（rhizomorphoid leaf）

某些水生植物如槐叶萍、金鱼藻等，其沉浸于水中的叶常变态为丝状细裂，呈须根状，表皮上常无角质层，有吸收养料和通气的作用。

（六）捕虫叶（insect－catching leaf）

有些植物生有能捕食小虫的变态叶，称为捕虫叶。具有捕虫叶的植物称食虫植物（insectivorous plant）或肉食植物（carnivorous plant）。捕虫叶常呈盘状、瓶状或囊状，以利捕食昆虫。其叶的结构上有许多能分泌消化液的腺毛或腺体，并具有感应性，当昆虫触及时能立即自动闭合，将昆虫捕获而被消化液所消化，如茅膏菜、猪笼草等。

六、叶的功能

叶的主要生理功能为光合作用、呼吸作用和蒸腾作用，它们在植物的生活中有着重大的意义。此外，叶还具有吐水、吸收、贮藏、繁殖等功能。

绿色植物通过吸收太阳光的能量，利用二氧化碳和水，合成有机化合物（主要是葡萄糖），并释放出氧气的过程，称为光合作用（photosynthesis）。在光合作用中，叶片中的叶绿体所含叶绿素和有关酶参与了相关活动，将光能转变为化学能而储存起来，光合作用所产生的葡萄糖是植物生长、发育，维持自身生命活动所必需的有机物质，也是植物进一步合成淀粉、脂肪、蛋白质、纤维素及其他有机物质的重要材料。所有其他生物包括人类在内，均以植物的光合作用产物作为食物的最终来源。光合作用的方程式可简单概括如下：

$$6CO_2 + 6H_2O + 674JK \rightarrow C_6H_{12}O_6 + 6O^2 \uparrow$$

呼吸作用与光合作用相反，是指植物细胞吸收氧气，使体内的有机物氧化分解，排出二氧化碳，同时释放能量，供植物生理活动所需的过程。呼吸作用也主要在叶中进行，与光合作用一样，呼吸作用过程中有较复杂的气体交换，其气体交换的主要通道即通过叶表面的气孔来完成。此外，除叶外，呼吸作用也在植物的其他生活细胞中发生。

蒸腾作用为植物叶的另一大主要生理功能，对植物的生命活动有重大意义。在蒸腾作用进行的过程中，水分以气体状态从植物体表散失到大气中。蒸腾作用主要通过叶表的气孔进行，一方面可降低叶片的表面温度而使叶片在强烈的日光下不至于被灼伤；另一方面由于蒸腾作用的发生而形成的向上的拉力，是植物根系吸收水分和无机盐的动力之一。

若水分以液体状态从叶片边缘或叶先端的水孔排出的现象，则称为吐水作用（溢泌作用），它常是植物在夜间或清晨当空气湿度高，而蒸腾作用微弱时进行。水孔仅存在于某些植物种属的叶片中，以禾本科植物较为多见。

此外，在不同的植物中，叶尚有吸收（如叶面施肥）、贮藏（如洋葱、百合、贝母等的肉质鳞叶）、繁殖（如落地生根、秋海棠等）等功能。

七、叶的内部构造

叶的发生开始得很早，当芽形成时，在芽的生长锥后方的外围，产生许多侧生的突起，称为叶原基。叶即为叶原其发育而成，在叶原基形成幼叶的过程中，包括顶端生长、边缘生长、居间生长三种方式。叶的初生组织与根和茎一样，分为原表皮层、基本分生组织和原形成层，幼叶在发育过程中已完全成熟，幼叶上不再保留原分生组织，因此没有根与茎中所仍然保留着的原分生组织所组成的生长锥。因而，与根和茎相比较，叶的生长期较短，与根和茎的无限生长不一样，是一种有限生长。叶通过叶柄与茎有着直接的联系。

（一）双子叶植物叶的构造

1. 叶柄的构造　叶柄的结构与幼茎的结构大致相似，是由表皮、皮层和维管组织三部分组成。叶柄的横切面常呈半月形、圆形、三角形等。叶柄的最外层是表皮，表皮以内为皮层，皮层的外围部分常有多层厚角组织，有时也有一些厚壁组织，这是叶柄的主要机械组织，能增强叶柄的支持作用，皮层的内方为薄壁组织。维管束的数目不定，大小各异，常呈弧形、环形、平列形排列于薄壁组织中。维管束的基本结构与幼茎中的维管束相似，但由于系从茎中向外方、侧向地进入叶柄，便形成了木质部位于上方（近轴面），韧皮部位于下方（远轴面）的排列方式，在每一维管束外，常有厚壁细胞包围。双子叶植物的叶柄中，在木质部与韧皮部之间常有一层形成层，但只有短期的活动。在叶柄中，由于维管束的分离或联合，使维管束的数目和排列变化极大，造成其结构复杂化。

2. 双子叶植物叶片的构造 双子叶植物的叶片多有腹面（上面或近轴面）、背面（下面或远轴面）之分，一般腹面为深绿色，背面为淡绿色，这是由于叶片在枝上的着生位置为横向的，即叶片近于和枝的长轴相垂直，使叶片两面受光的情况不同，腹背两面的色泽与内部结构也出现较大的差异，这种叶称为两面叶或异面叶（bifacial leaf 或 dorsi - ventral leaf）。还有些植物的叶着生于枝上，近于和枝的长轴平行，或与地面相垂直，叶片两面的受光情况差异不大，因而叶片两面色泽与内部结构也就相似，即上下两面均有气孔和栅栏组织等，这种叶称为等面叶（isobilateral leaf）。无论是两面叶还是等面叶，尽管其外形上表现多种多样，但叶片的内部构造却基本相似，均由三种基本结构组成，即表皮、叶肉和叶脉。

（1）表皮 表皮覆盖在整个叶片的外表，分为上、下表皮，覆盖在叶片腹面的称上表皮，覆盖于背面的称下表皮。表皮通常由一层生活细胞组成，包括表皮细胞、气孔器、表皮毛等。但也有少数植物，叶片表皮系由多层细胞组成，称之为复表皮（multiple epidermis），如夹竹桃具有 2 ~3 层细胞组成的复表皮，印度橡胶树叶具有 3 ~4 层细胞组成的复表皮。表皮细胞中一般不含叶绿体。

大多数双子叶植物叶片的表皮细胞顶面观，呈不规则形，侧壁（径向壁）往往凸凹不齐，细胞间彼此犬牙交错地紧密嵌合，除气孔外没有细胞间隙。横切面观，表皮细胞呈方形或长方形，外壁较厚，角质化并具角质层，其上表皮的角质层较发达。多数植物在叶的角质层外面，还有一层不同厚度的蜡质层。近年来，通过电子显微镜对表皮超微结构观察，对角质层有了更进一步的了解，认为角质层包括两层，位于外面的一层，是由角质和蜡质组成，位于里面的一层由角质和纤维素组成，因此有人提出，将前者称为角质层，后者称为角化层，而把二者合称为角质膜（即相当原来的角质层）。至于角化层和初生壁之间则明显的有果胶层分界。角质层对叶片起着保护作用，可以控制水分蒸腾，加固机械性能，防止病菌侵入，对于喷撒的药液也有着不同程度的吸收能力。因此，角质层的厚度，可作为作物优良品种选育时的根据之一。

叶片的表皮上分布着许多气孔（stomata），气孔由两个肾形的保卫细胞（guard cell）合围组成。保卫细胞内含叶绿体，两个保卫细胞以凹面相对，中间存在孔隙，狭义的气孔即指这个孔隙，包括两个保卫细胞和中间的孔隙称为气孔器（stomatal apparatus）。它是叶片与外界进行气体交换和水分蒸腾的孔道。在保卫细胞的周围有一个或多个与表皮细胞形状不同的细胞，称为副卫细胞（subsidiary cell），副卫细胞的多少及其与保卫细胞排列的方式构成了气孔的轴式。气孔的轴式为叶类生药的重要鉴别特征。

有些植物的叶片表面上常常有形态与结构各异的毛茸（非腺毛、腺毛、鳞片等）。表皮毛为表皮细胞的突出物，表皮毛的有无和毛的类型因植物的种类而异。此外，有的植物还有晶细胞，有的植物在叶片的边缘存在排水器。这些结构，在植物分类学上，以及叶类生药的显微鉴定时，常常是有价值的鉴别特征。

（2）叶肉（mesophyll）　位于上表皮与下表皮之间，为叶片中最发达、最重要的部分，其细胞中含有大量的叶绿体，是绿色植物进行光合作用的主要场所，因而属于同化组织。大多数被子植物的叶片中，叶肉组织明显地可分为栅栏组织和海绵组织两部分。

栅栏组织（palisade tissue）位于上表皮之下，细胞呈长柱形，排列整齐紧密，细胞的长轴与上表皮垂直相交，形如栅栏。细胞内含有大量叶绿体，所以叶片上表面的颜色较深，其光合作用效能较强。栅栏组织在叶片内的细胞层数，随植物种类而不同。通常为一层，也有排列成二层或二层以上的，如冬青叶、枇杷叶等。各种植物叶肉中栅栏组织细胞排列的层数，可作为叶类药材鉴别的特征。

海绵组织（spongy tissue）位于栅栏组织与下表皮之间，由一些近圆形或不规则形的薄壁细胞构成，细胞间隙较大，排列疏松，如海绵样；海绵细胞中所含的叶绿体一般较栅栏组织为少，所以叶片下面的颜色常较浅。

叶肉组织在上表皮和下表皮的气孔处常有较大的空隙，称孔下室。这些空隙与栅栏组织和海绵组织的胞间隙相通，构成叶片的通气组织，有利于内外气体的交换。

有些植物叶肉组织中，含有分泌腔，如桉叶；有的含有各种单个分布的石细胞，如茶叶；还有的在薄壁细胞中常含有结晶体，如曼陀罗叶中的砂晶。

（3）叶脉（vein）　叶脉主要由维管束和机械组织组成，在叶肉中呈束状结构，通过叶柄与茎的维管束相连接，起输导和支持叶片的作用。叶脉分主脉和各级侧脉，其维管束的构造和茎的维管束大致相同，由木质部和韧皮部组织，木质部位于上方，由导管、管胞组成。韧皮部位于下方，由筛管、伴胞组成。在木质部和韧皮部之间有少量的次生组织。维管束的上下方，常有厚壁或厚角组织包围；在叶脉处的表皮下常有厚角组织起着支持作用，这些机械组织在叶的背面最为发达，因此主脉和大的侧脉在叶片背面常形成显著的突起。随着侧脉越分越细，其构造也越趋简化，最初消失的为形成层和机械组织，其次是韧皮部组成分子，组成木质部的分子数目也逐渐减少，其构造也渐趋简单。到了细脉的末端，木质部中只留下 1～2 个短的螺纹管胞，韧皮部中则只有几个短而狭的筛管分子和增大的伴胞，或只有 1～2 个薄壁细胞。细脉广泛分布于叶肉中，对叶片中水分和营养物质的运输有着重要的意义。

叶片主脉部位的上下表皮内方，一般为厚角组织和薄壁组织，而无栅栏组织和海绵组织。但有些植物在主脉的上方有一层或几层栅栏组织，与叶肉中的栅栏组织相连接，如番泻叶、石楠叶，形成叶类药材的鉴别特征。（图 3－34）

（二）单子叶植物叶的构造

单子叶植物叶片的形态构造比较复杂，以禾本科植物叶片为例，其叶片同样分为表皮、叶肉和叶脉三部分，但各部分均有不同的特点。

表皮细胞的形状较规则，分为长、短两种细胞。长细胞构成表皮的主要部分，细胞

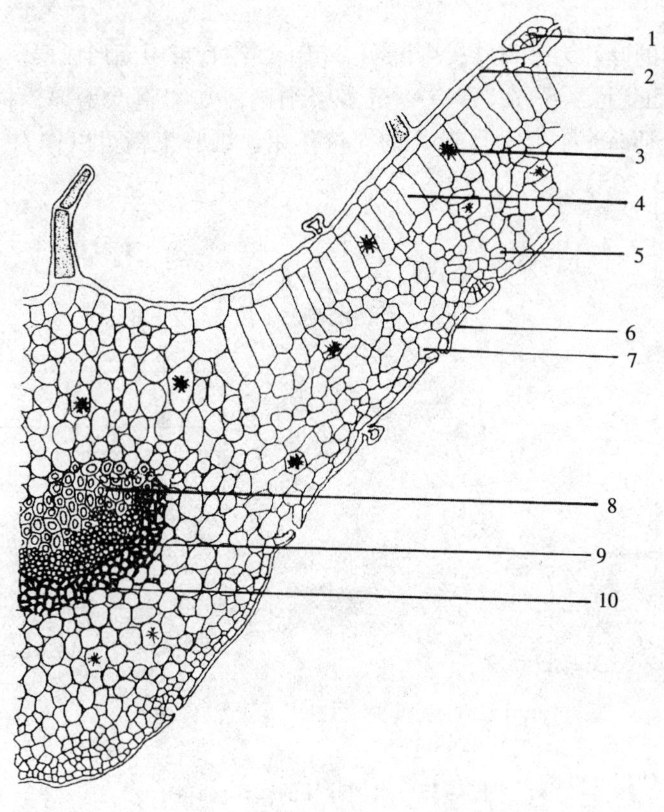

图 3－34　薄荷叶横切面详图

1. 腺毛　2. 上表皮　3. 橙皮苷结晶　4. 栅栏组织　5. 海绵组织
6. 下表皮　7. 气孔　8. 木质部　9. 韧皮部　10. 厚角组织

长径与叶的纵轴方向一致，呈纵行排列，横切面观近于方形，细胞外壁不仅角质化，而且含有硅质，在表皮上形成一些角质或硅质的乳头状突起、刺或毛茸，因此叶片表面比较粗糙。短细胞又分为硅细胞和栓细胞两种，与长细胞交替排列成整齐的纵行，分布于叶脉的上、下方。

上表皮中还有一些特殊的大型薄壁细胞，称泡状细胞（bulliform cell），这些细胞壁较厚，胞内有大型的液泡，一般无叶绿体。泡状细胞在横切面上略呈展开的扇形排列，中间的一个细胞最大，两侧的细胞较小。当气候干燥时，叶片蒸腾失水过多，泡状细胞收缩，使叶片卷曲呈筒，可减少水分蒸发；当气候湿润时，蒸腾作用减少，泡状细胞吸水膨胀，使叶片重新展开。由于泡状细胞与叶片的卷曲和张开有关，因此也称之为运动细胞（motor cell）。

禾本科植物表皮的上下两面都分布有气孔，其数目上下相差不多。气孔器由两个狭长或哑铃状的保卫细胞和其外侧一对略呈三角形的副卫细胞组成。保卫细胞两端膨大呈球形，细胞壁较薄，中间的柄状部分狭长，细胞壁较厚。由于禾本科植物叶片生长多呈直立状态，两面受光条件相近，因此，叶肉中无栅栏组织和海绵组织的明显分化，属于等面叶。

禾本科植物的叶脉为平行脉，中脉明显粗大，维管束中无形成层，为有限外韧型维管束。在维管束的上、下方，常有一至多层细胞，其细胞壁增厚，构成了维管束鞘（vascular bundle sheath），增强了叶片的支持作用。维管束鞘可以作为禾本科植物分类上的特征。（图3－35）

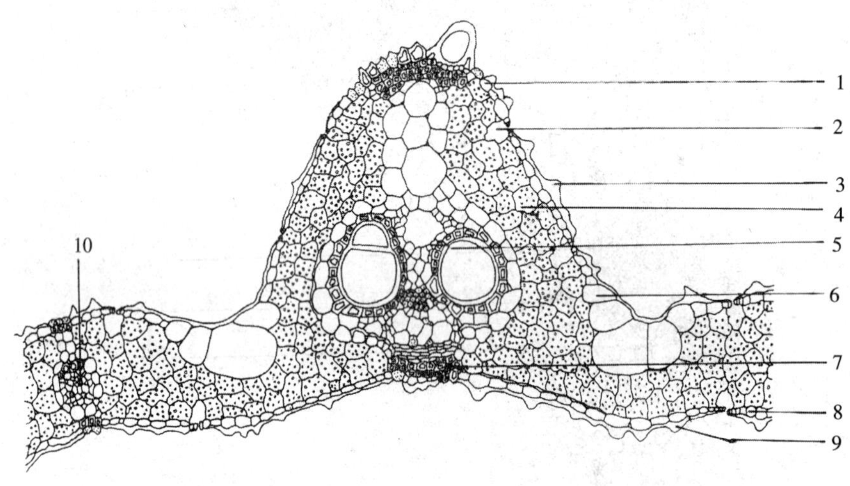

图3－35 水稻叶片的横切面详图

1. 上表皮 2. 气孔 3. 表皮毛 4. 薄壁细胞 5. 主脉维管束 6. 泡状细胞 7. 厚壁细胞 8. 下表皮 9. 角质层 10. 侧脉维管束

（三）裸子植物叶的构造

裸子植物的叶多为针叶。其叶小，横切面呈半圆形或三角形。以裸子植物中松属植物马尾松的针叶为例，其表皮细胞壁较厚，胞腔小，角质层发达；表皮下有一至多层厚壁细胞，细胞壁木化，称为下皮层（hypodermis）；气孔器纵向排列，保卫细胞内陷，呈旱生植物的特征；叶肉细胞的细胞壁向内凹陷，有无数的褶襞，叶绿体沿褶襞分布，这使细胞扩大了光合作用的面积，叶肉细胞实际上就是绿色折叠的薄壁细胞；叶肉中具树脂道；维管组织两束，居于叶的中央；维管束周围有转输组织（transrusion tissue）包围，这种组织为管胞与薄壁细胞组成，是叶肉与维管组织间的物质运输通道，称为内皮层。（图3－36）

第四节 花

花（flower）为种子植物所特有的繁殖器官，是植物产生雌、雄性生殖细胞的场所，通过开花、传粉、受精过程形成果实和种子，执行生殖功能，繁衍后代。种子植物包括裸子植物和被子植物，其花的特化程度不同，裸子植物的花较简单原始，而被子植

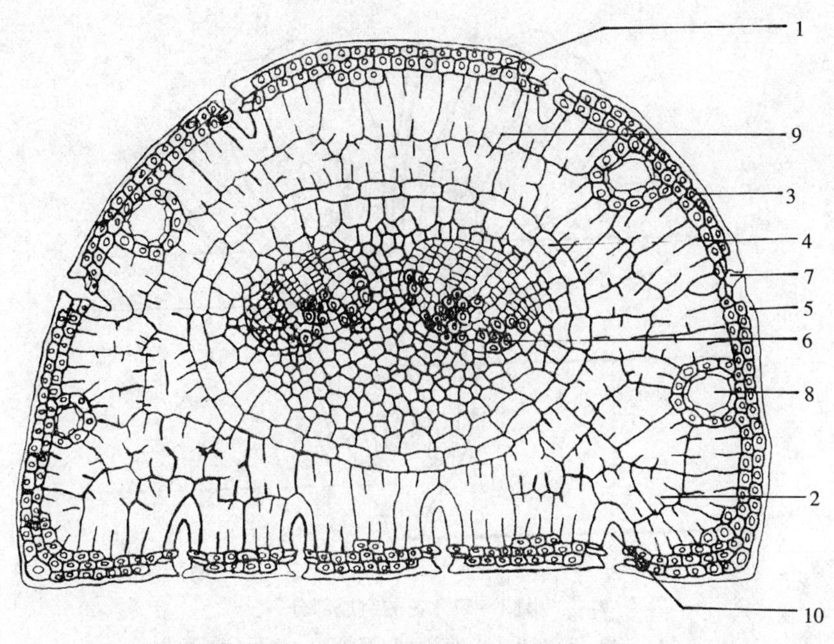

图 3-36 松针叶横切面详图

1. 下表皮 2. 叶肉细胞 3. 表皮 4. 内皮层 5. 角质层
6. 维管束 7. 下陷的气孔 8. 树脂道 9. 薄壁组织 10. 孔下室

物的花高度进化，结构复杂，常有美丽的形态、鲜艳的颜色和芬芳的气味，通常所述的花，即是被子植物的花。花的形态结构变化较小，具有相对保守性和稳定性，对研究植物分类、药材的原植物鉴别及花类药材的鉴定等均具有重要意义。

一、花的组成及形态构造

花由花芽发育而成，可形成于茎的顶端，也可自叶的腋部发生，是节间极度缩短、适应生殖的一种变态短枝。花一般由花梗、花托、花萼、花冠、雄蕊群和雌蕊群等部分组成。其中雄蕊群和雌蕊群是花中最重要的部分，位于花的中心，执行生殖功能；花萼和花冠合称花被（perianth），位于花的外围，具有保护和引诱昆虫传粉的作用；花梗及花托位于花的下面，主要起支持作用。(图 3-37)

（一）花梗

花梗（pedicel）又称花柄，是着生花的小枝，是花与茎相连的一绿色柱形柄状体，其粗细长短随植物种类而异。多数植物的花都具有花梗，但也有无梗的花，如车前、地肤等。

花梗的内部构造和茎枝的初生构造基本相同，也包括表皮、皮层、中柱三部分。中柱的维管系统成束环生或筒状分布于基本组织中，并与茎枝相连。当花梗发育成果梗后，有的还可产生次生构造，如南瓜的果梗。

（二）花托

花梗顶端稍膨大的部分称花托（receptacle），花的各组成部分可以螺旋式地着生在花托上，也可以成轮地着生于花托上。花托一般呈平坦或稍凸起的圆顶状，但也有呈其

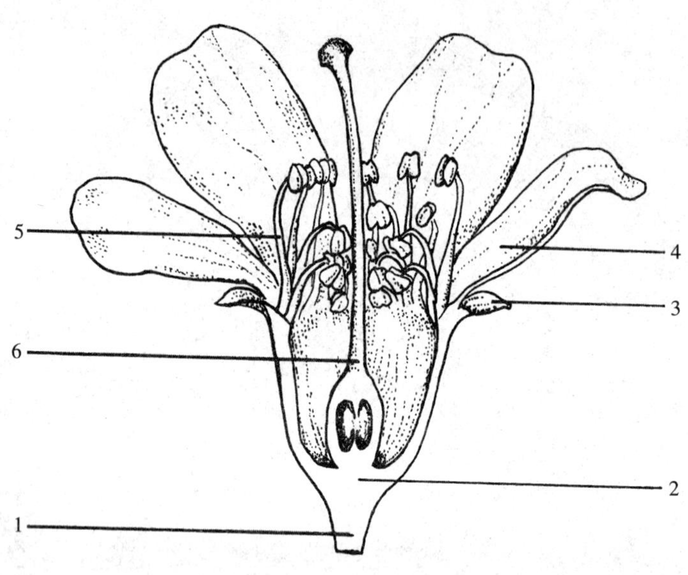

图 3－37　花的组成部分

1. 花梗　2. 花托　3. 花萼　4. 花冠　5. 雄蕊　6. 雌蕊

他形状的，如木兰、厚朴的花托呈圆柱状；草莓的花托膨大成圆锥状；桃花的花托呈杯状；金樱子、玫瑰的花托呈瓶状；莲的花托膨大成倒圆锥状（莲蓬）。有的植物的花托顶部形成扁平状或垫状的盘状体，可分泌蜜汁，称花盘（disc），如柑橘、卫矛、枣等。

（三）花被（perianth）

花被是花萼和花冠的总称，在花萼和花冠形态相似不易区分时多称花被，如贝母、西红花、麦冬等的花。

1. 花萼　花萼（calyx）位于花的最外层，由绿色叶片状的萼片（sepal）组成。一朵花中萼片的数目随植物科属的不同而异，但以 3－5 片者多见。萼片相互分离的称离萼，如毛茛、油菜；萼片多少合生的称合萼，如地黄、丁香，其中下部连合部分称萼筒，上部分离部分称萼齿或萼裂片。有的萼筒一侧还向外延长成管状或囊状突起称距（spur），距内贮有蜜汁，有招引昆虫传粉的作用，如凤仙花、金莲花、翠雀等。有的植物在花萼之外还有一轮萼状物称副萼，如棉花、木槿等。若花萼大而鲜艳似花冠状的称瓣状萼，如乌头、飞燕草等。菊科植物的花萼变态呈毛状称冠毛（pappus）。另外还有的变成干膜质，如青葙、牛膝等。

花萼通常在花开放后脱落，但有些植物花开过后萼片不脱落，并随果实长大而增大称宿存萼，如番茄、柿、茄等，另有一些植物的花萼在开花前就脱落称早落萼，如白屈菜、虞美人等。

花萼多为绿色，其萼片的结构也和叶相似。萼片的表皮层上分布有气孔，有的还生有表皮毛，表皮层之内含有叶绿体的薄壁组织细胞，但一般没有栅栏组织和海绵组织的分化。

2. 花冠　花冠（corolla）位于花萼的内侧，由颜色鲜艳的花瓣（petal）组成。花瓣多为大于萼片的叶状扁平体型，常呈一轮排列，其数目一般与同一花的萼片数相等，若花瓣呈二至数轮排列则称重瓣花（double flower）。花瓣彼此分离的称离瓣花（choripetalous flower），如桃、油菜等；花瓣全部或部分合生的称合瓣花（synpetalous flower），如牵牛、益母草等，合瓣花下部连合部分称花冠筒，上部不连合部分称花冠裂片，花冠筒与宽展部分的交界处称喉。有些植物在花冠与雄蕊之间生有瓣状附属物，称副花冠（corona），如萝藦、水仙等。还有的花瓣基部延长成管状或囊状也称距，如紫花地丁、延胡索等。

花瓣的构造比较简单，上表皮细胞常向外生出乳头状突起，经光线照射后呈丝绒光泽。下表皮细胞不呈乳头状，有时可见少数气孔和毛茸，细胞壁有时波浪状弯曲。表皮层内由数层排列疏松的薄壁细胞组成，无栅栏组织的分化，有的可见分泌组织和贮藏物质。维管组织不发达，有时只有少数螺纹导管。（图 3－38）

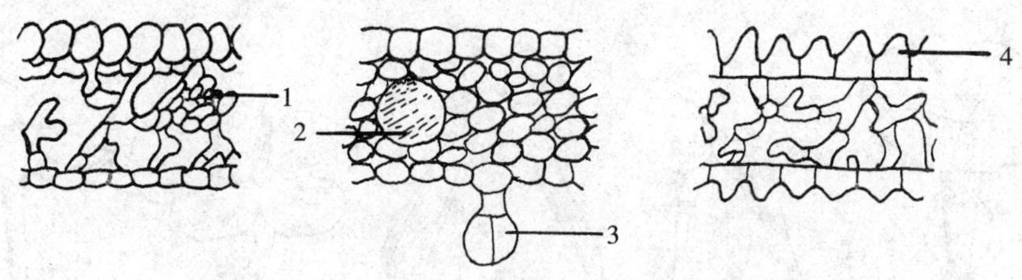

图 3－38　花瓣的横切面构造

1. 维管束　2. 油腺　3. 腺毛　4. 表皮呈乳头状突起

花冠除花瓣彼此分离或合生外，花瓣的形状和大小也有变化而使整个花冠呈现特定的形状，这些花冠形状往往成为不同类别植物所独有的特征。其中常见的有以下几种类型。

（1）十字形花冠（cruciferous corolla）　花瓣 4 片分离，上部外展呈十字形，如油菜、菘蓝、葶苈子等十字花科植物。

（2）蝶形花冠（papilionaceous corolla）　花瓣 5 片，分离，排成蝶形，上面一片最大称旗瓣，侧面两片较小称翼瓣，最下面两片形小且上部稍联合并向上弯曲成龙骨状，称龙骨瓣。如白扁豆、甘草、黄芪等豆科植物。

（3）唇形花冠（labiate corolla）　花冠合生成二唇形，下部筒状，通常上唇 2 裂，下唇 3 裂，如丹参、益母草等唇形科植物。

（4）管状花冠（tubular corolla）　又称筒状花冠，花冠大部分合生，成细长管状，如红花、小蓟等菊科植物。

（5）舌状花冠（ligulate corolla）　花冠基部连合成一短管，上部连合成扁平舌状，向一侧展开，如向日葵、蒲公英等菊科植物。

（6）漏斗状花冠（funnel－shaped corolla）　花冠筒较长，自基部向上逐渐扩大成漏斗状，如牵牛、甘薯等旋花科植物和曼陀罗等部分茄科植物。

（7）钟状花冠（campanulate corolla）　花冠筒宽短，上部扩大成钟状，如桔梗、党参等桔梗科植物。

（8）坛（壶）状花冠（ureolate corolla）　花冠合生，靠下部膨大成圆形或椭圆形，上部收缩成一短颈，顶部裂片向外展，如君迁子、石楠等。

(9) 高脚碟状花冠 (salver-shaped corolla)　花冠下部合生成细长管状，上部水平展开成碟状，如迎春花、长春花、水仙花等。

(10) 辐 (轮) 状花冠 (rotate corolla)　花冠筒很短，裂片呈水平状向四周展开，形似车轮，如茄、枸杞、龙葵等茄科植物。(图 3-39)

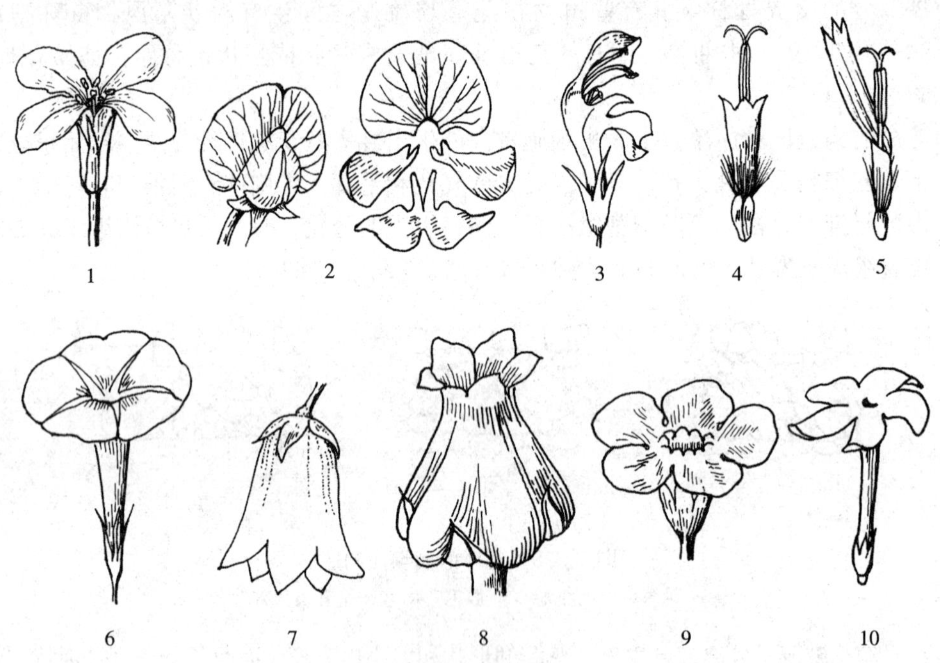

图 3-39　花冠的类型

1. 十字形花冠　2. 蝶形花冠　3. 唇形花冠　4. 管状花冠　5. 舌状花冠
6. 漏斗状花冠　7. 钟状花冠　8. 坛 (壶) 状花冠　9. 辐 (轮) 状花冠　10. 高脚蝶状花冠

花瓣或花被在花芽内有不同的排列方式，其排列形式及关系称花被卷迭式 (aestivation)，不同的植物种类具有不一样的花被卷叠式，常见的有：

①镊合状 (valvate)：花被各片边缘彼此靠近，但互不覆盖，排成一圈，如桔梗、葡萄。若镊合状花被的边缘微向内弯称内向镊合，如沙参；若各片边缘微向外弯称外向镊合，如蜀葵。

②旋转状 (contorted)：花被各片边缘依次相互压覆成回旋状，即花瓣的一边覆盖着相邻花瓣的一边，如夹竹桃、黄栀子。

③覆瓦状 (imbricate)：花被各片边缘彼此覆盖，但有一片完全在外，一片完全在内，如三色堇、山茶。若有两片完全在外，两片完全在内，称重覆瓦状 (quincuncial)，如桃、杏等。(图 3-40)

(四) 雄蕊群

雄蕊群 (androecium) 是一朵花中所有雄蕊 (stamen) 的总称。雄蕊位于花被内侧，常生于花托上，也有基部着生于花冠或花被上的。雄蕊的数目一般与花瓣同数或为其倍数，有时较多 (十枚以上)，称雄蕊多数，最少可到一朵花仅一枚雄蕊，如京大

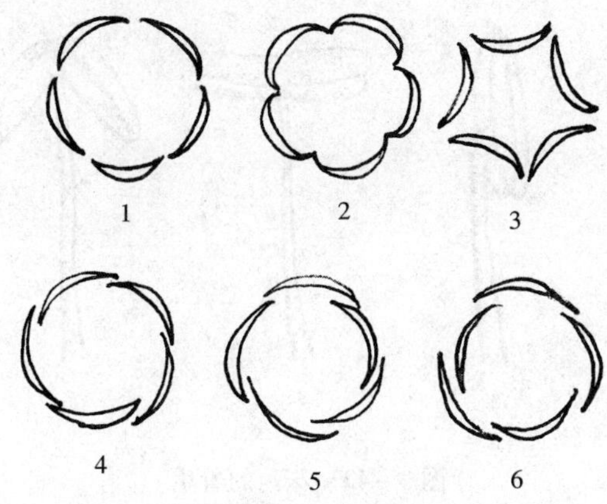

图 3－40　花被卷叠式

1. 镊合状　2. 内向镊合状　3. 外向镊合状　4. 旋转状　5. 覆瓦状　6. 重覆瓦状

戟、白及、姜等。

1. 雄蕊的组成　典型的雄蕊由花丝（filament）和花药（anther）两部分组成。花丝通常细长，下部着生于花托或花被基部，上部支持花药。花丝内部构造简单，表皮内为薄壁组织包围着维管束，维管束一般为周韧型。花药为花丝顶端膨大的囊状物，是雄蕊的主要部分。花药通常由四个或两个花粉囊（pollen sac）组成，分成左右两半，中间由药隔相连。花粉囊中产生花粉（pollen），花粉成熟后，花粉囊自行开裂，花粉粒由裂口处散出。花粉囊开裂的方式各不相同，常见的有：纵裂，花粉囊沿纵轴开裂，如水稻、百合；横裂，花粉囊沿中部横向开裂，如木槿、蜀葵；瓣裂，花粉囊侧壁上裂成几个小瓣，花粉由瓣下的小孔散出，如樟、淫羊藿；孔裂，花粉囊顶部开一小孔，花粉由小孔散出，如杜鹃、茄等。（图 3－41）

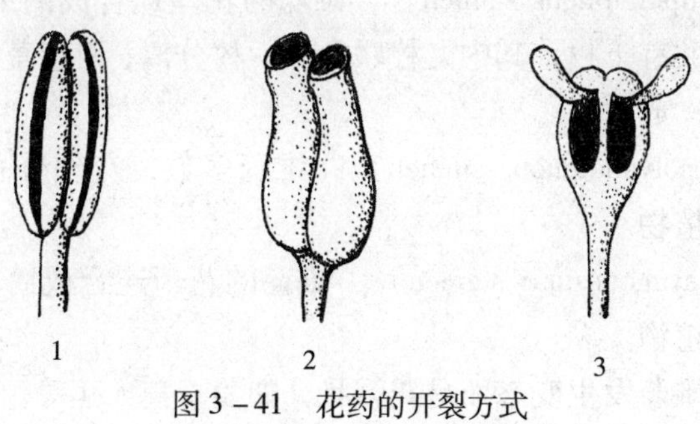

图 3－41　花药的开裂方式

1. 纵裂　2. 孔裂　3. 瓣裂

此外，花药在花丝上的着生方式也有几种不同情况。① 全着药（adnate anther）：花药全部附着在花丝上，如紫玉兰。② 基着药（basifixed anther）：花药基部着生于花丝顶端，如樟、茄。③ 背着药（dorsifixed anther）：花药背部着生于花丝上，如杜鹃。④ 丁字药（versatile anther）：花药横向着生于花丝顶端而与花丝成丁字状，如百合、小麦等。⑤ 个字药（divergent anther）：花药上部连合，着生在花丝上，下部分离，略成个字形，如地黄、泡桐等。⑥ 广歧药（divaricate anther）：花药左右两半完全分离平展，与花丝成垂直状着生，如薄荷、益母草等。（图 3－42）

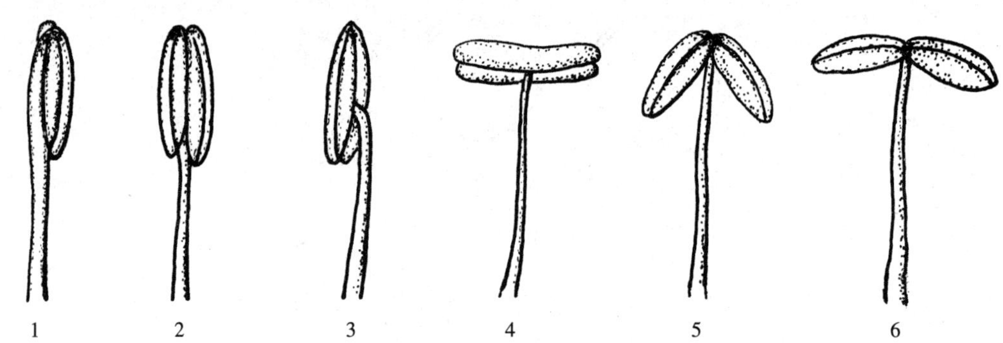

图 3－42　花药的着生

1. 全着药　2. 基着药　3. 背着药　4. 丁字药　5. 个字药　6. 广岐药

2. 雄蕊的类型　雄蕊的数目、长短、排列及离合情况随植物种类的不同而异，常见的有以下几种类型。

（1）离生雄蕊（distinct stamen）　雄蕊彼此分离，长度相似，是大多数植物所具有的雄蕊类型。

（2）二强雄蕊（didynamous stamen）　雄蕊四枚，分离，两长两短，如益母草、地黄等唇形科和玄参科植物。

（3）四强雄蕊（tetradynamous stamen）　雄蕊六枚，分离，四长两短，如油菜、萝卜等十字花科植物。

（4）单体雄蕊（monadelphous stamen）　花药完全分离而花丝连合成一束呈圆筒状，如蜀葵、木槿、棉花等锦葵科植物以及苦楝、远志、山茶等植物。

（5）二体雄蕊（diadelphous stamen）　雄蕊的花丝连合成两束，如扁豆、甘草等，许多豆科植物的雄蕊共有十枚，其中九枚联合，一枚分离；而紫堇、延胡索等植物雄蕊有六枚，每三枚联合，成两束。

（6）多体雄蕊（polyadelphous stamen）　雄蕊多数，花丝分别连成多束，如金丝桃、元宝草、酸橙等植物。

（7）聚药雄蕊（syngenesious stamen）　雄蕊的花药连合成筒状，而花丝分离，如红花、向日葵等菊科植物。

还有少数植物的雄蕊发生变态而呈花瓣状，如姜、美人蕉等。有的植物的花中部分雄蕊不具花药，或仅留痕迹，称不育雄蕊或退化雄蕊，如鸭跖草。（图 3－43）

（五）雌蕊群

雌蕊群（gynoecium）位于花的中央，是一朵花中所有雌蕊（pistil）的总称。

1. 雌蕊的组成　雌蕊由子房（ovary）、花柱（style）和柱头（stigma）三部分组成。子房是雌蕊基部膨大的部分，内含胚珠；花柱是位于子房与花柱之间的细长部分，也是花粉进入子房的通道，花柱的粗细长短随不同植物而异；柱头是雌蕊的顶端，是接受花粉的地方，通常膨大或扩展成各种形状，其表面多不平滑，常有分泌黏液的功能，有利花粉的固着及萌发。

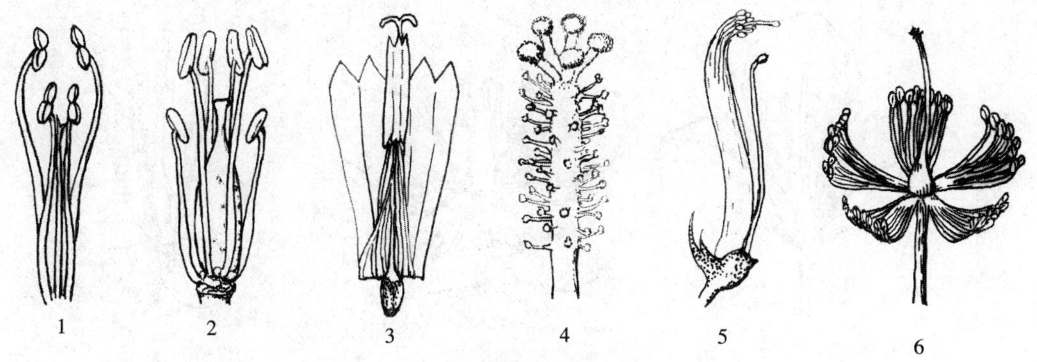

图 3-43 雄蕊的类型

1. 二强雄蕊 2. 四强雄蕊 3. 聚药雄蕊 4. 单体雄蕊 5. 二体雄蕊 6. 多体雄蕊

2. 雌蕊的构造 雌蕊子房壁的构造和叶片相似，表皮上可有表皮毛和一些气孔，内外表皮之间为多层薄壁细胞，无栅栏组织分化，薄壁组织内含有自花托进入的维管束。花柱与子房壁构造相似，外表皮可具毛茸，其内为薄壁组织，中间有实心和具沟的两类，双子叶植物多具有实心的花柱，单子叶植物的花柱多为空心的。柱头的表面常生有表皮毛和乳头状突起，以便于承受和捕捉花粉，有的柱头能够分泌液汁，称湿柱头，无液汁分泌的称干柱头。

3. 雌蕊的类型 雌蕊和花的其他部分一样也是由叶变态而成，我们称这种变态的叶为心皮（carpel），亦即心皮是构成雌蕊的变态叶。当心皮卷合成雌蕊时，其边缘的合缝线称腹缝线，心皮的背部相当于叶的中脉部分称背缝线，一般胚珠着生在腹缝线上。根据构成雌蕊的心皮数目不同，雌蕊可分为两大类型：

（1）单雌蕊（simple pistil） 由一个心皮构成的雌蕊。有的植物在一朵花内仅具一个单雌蕊，如扁豆、甘草、桃、杏等。也有的植物在一朵花内生有多数离生的单雌蕊，又称离心皮雌蕊（apocarpous pistil），如八角茴香、五味子、草莓等。

（2）复雌蕊（compound pistil） 由两个以上的心皮彼此连合构成的雌蕊，又称合生心皮雌蕊，如连翘、百合、苹果、柑橘等。组成复雌蕊的心皮数往往可由花柱或柱头的分裂数目、子房上的主脉数以及子房室数来确定。（图 3-44）

4. 子房着生的位置 子房着生在花托上的位置以及与花的各部分关系往往在不同的植物种类中有所不同。一般常见的有下列几种：

（1）上位子房（superior ovary） 子房仅底部与花托相连。若花托凸起或平坦，花萼、花冠和雄蕊均着生于子房下方的花托上，这种上位子房的花称为下位花（hypogynous flower），如毛茛、百合等。若花托下陷不与子房愈合，花的其他部分着生于花托上端边缘，这种上位子房的花称周位花（perigynous flower），如桃、杏等。

（2）下位子房（inferior ovary） 子房全部与凹下的花托愈合，花的其他部分着生于子房的上方称下位子房，而这种花则称上位花（epigynous flower），如栀子、黄瓜、梨等。

（3）半下位子房（half-inferior ovary） 子房仅下半部与凹陷的花托愈合，而花的其他部分着生于子房四周的花托边缘，具有这种半下位子房的花也称周位花，如桔

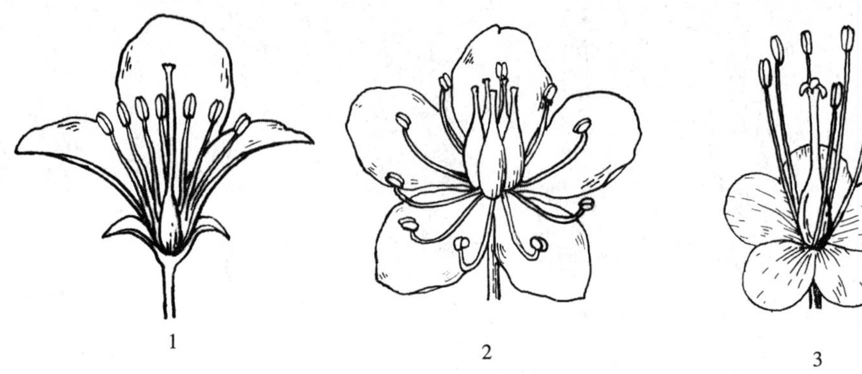

图 3－44　雌蕊的类型

1. 单生单雌蕊　2. 离生单雌蕊　3. 复雌蕊

梗、马齿苋等。(图 3－45)

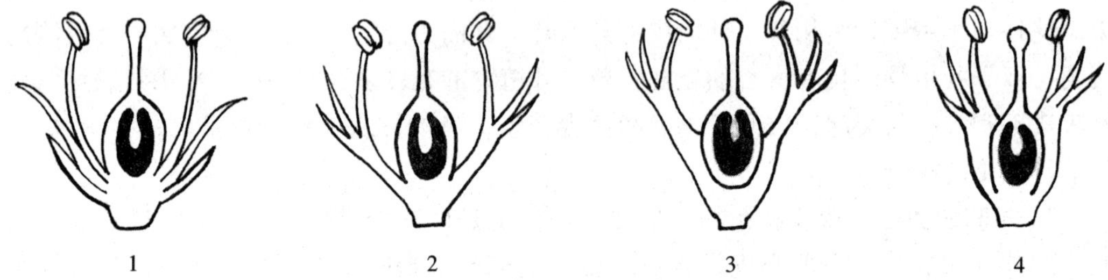

图 3－45　子房与花被的相关位置

1. 上位子房（下位花）　2. 上位子房（周位花）　3. 半下位子房（周位花）　4. 下位子房（上位花）

5. 胎座的类型　胚珠在子房内着生的部位称胎座（placenta）。常见的胎座有以下几种类型：

（1）边缘胎座（marginal placenta）　单心皮雌蕊，子房一室，胚珠沿腹缝线排列成纵行，如大豆、甘草等。

（2）侧膜胎座（parietal placenta）　合生心皮雌蕊，子房一室，胚珠着生于相邻两心皮的腹缝线上，如南瓜、罂粟、紫花地丁等。

（3）中轴胎座（axile placenta）　合生心皮雌蕊，子房多室，胚珠着生于心皮边缘向子房中央愈合的中轴上，如百合、柑橘、桔梗等。

（4）特立中央胎座（free－central placenta）　合生心皮雌蕊，子房一室，子房室底部伸起一游离柱状突起，胚珠着生于柱状突起上（由中轴胎座衍生而来），如石竹、马齿苋、报春花等。

（5）基生胎座（basal placenta）　单心皮或合生心皮雌蕊，子房一室，胚珠一枚着生于子房室底部，如向日葵、大黄等。

（6）顶生胎座（apical placenta）　单心皮或合生心皮雌蕊，子房一室，胚珠一枚着生于子房室顶部，如桑、杜仲等。(图 3－46)

6. 胚珠的构造及类型　胚珠（ovule）是种子的前身，着生于子房的胎座上，其数

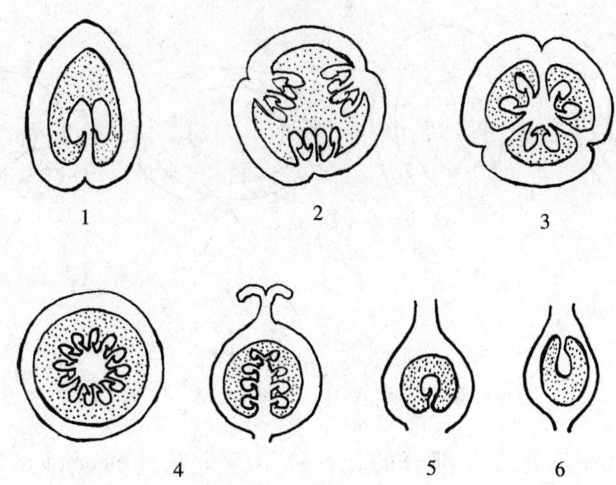

图 3－46　胎座的类型

1. 边缘胎座　2. 侧膜胎座　3. 中轴胎座　4. 特立中央胎座　5. 基生胎座　6. 顶生胎座

目随植物种类不同而异。胚珠由珠心（nucellus）、珠被（integument）、珠孔（micropyle）、珠柄（funicle）组成。珠心是发生在胎座上的一团胚性细胞，其中央发育形成胚囊（embryo sac），成熟胚囊有 8 个细胞：靠近珠孔有 3 个，中间一个较大的为卵细胞（egg cell），两侧为 2 个助细胞（synergid），与珠孔相反的一端有 3 个反足细胞（antipodal cell），胚囊的中央为 2 个极核细胞（polar nucleus cell）。珠心外面由珠被包围，珠被在包围珠心时在顶端留有一孔称珠孔，胚珠基部连接胚珠和胎座的短柄称珠柄。珠被、珠心基部和珠柄汇合处称合点（chalaza）。胚珠在发生时由于各部分的生长速度不同使珠孔、合点与珠柄的位置有所变化而形成胚珠的不同类型：

（1）直生胚珠（orthotropous ovule）　胚珠各部生长均匀，胚珠直立，珠孔、珠心、合点与珠柄在一条直线上，如大黄、胡椒、核桃等。

（2）横生胚珠（hemitropous ovule）　胚珠一侧生长快，另一侧生长慢，整个胚珠横列，珠孔、珠心、合点成一直线与珠柄垂直，如锦葵。

（3）弯生胚珠（campylotropous ovule）　珠被、珠心生长不均匀，胚珠弯曲成肾状，珠孔、珠心、合点与珠柄不在一条直线上，如大豆、石竹、曼陀罗等。

（4）倒生胚珠（anatropous ovule）　胚珠一侧生长迅速，另一侧生长缓慢，胚珠向生长慢的一侧弯转而使胚珠倒置，珠孔靠近珠柄，珠柄很长与珠被愈合，并在珠柄外面形成一条长而明显的纵行隆起称珠脊，珠孔、珠心、合点几乎在一条直线上，如落花生、蓖麻、杏、百合等大多数被子植物。（图 3－47，图 3－48）

二、花的类型

被子植物的花在长期的演化过程中，花的各部发生不同程度的变化，使花多姿多彩，形态多样，归纳起来，可划分为以下几种主要的类型。

（一）完全花和不完全花

凡是花萼、花冠、雄蕊、雌蕊四部分俱全的称完全花（complete flower），如桃、桔

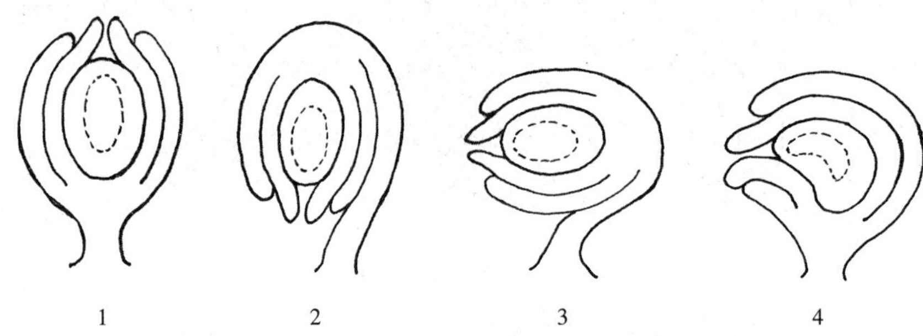

图 3-47　胚珠的类型

1. 直生胚珠　2. 倒生胚珠　3. 横生胚珠　4. 弯生胚珠

梗等。若缺少其中一部分或几部分的花，称不完全花（incomplete flower），如南瓜、桑、柳等。

（二）重被花、单被花和无被花

一朵花具有花萼和花冠的称重被花（double perianth flower），如桃、杏、萝卜等。若只具花萼而无花冠，或花萼与花冠不分化的称单被花（simple flower），单被花的花萼应称花被，这种花被常具鲜艳的颜色而呈花瓣状，如百合、玉兰、白头翁等。不具花被的花称无被花（naked flower），这种花常具苞片，如杨、柳、杜仲等。（图 3-49）

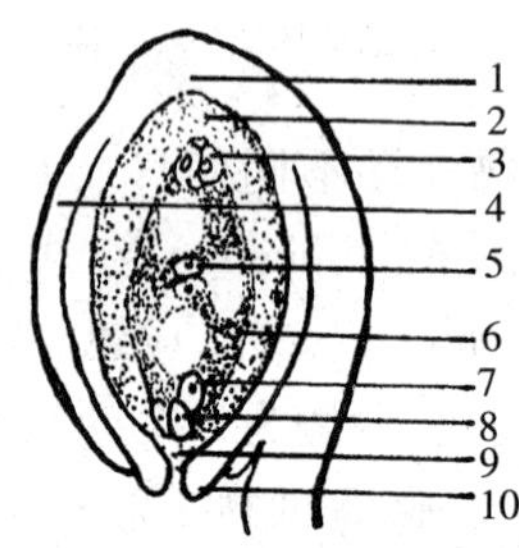

图 3-48　胚珠的构造

1. 合点　2. 珠心　3. 反足细胞　4. 外珠被　5. 极核　6. 胚囊　7. 卵细胞　8. 助细胞　9. 珠孔　10. 内珠被

（三）两性花、单性花和无性花

一朵花中雄蕊与雌蕊都有的称两性花（bisexual flower），如桃、桔梗、牡丹等。若仅具雄蕊或雌蕊的称单性花（unisexual flower），其中只有雄蕊的称雄花（staminate flower），只有雌蕊的称雌花（pistillate flower）；若雄花和雌花在同一珠植物上称单性同株或雌雄同株（monoecism），如南瓜、蓖麻，若雄花和雌花分别生于不同植株上称单性异株或雌雄异株（dioecism），如桑、柳、银杏等；若同一株植物既有单性花又有两性花称杂性同株，如朴，若单性花和两性花分别生于同种异株上称杂性异株，如臭椿、葡萄。一朵花中若雄蕊和雌蕊均退化或发育不全的称无性花（asexual flower），如八仙花花序周围的花、小麦小穗顶端的花等。

（四）辐射对称花、两侧对称花和不对称花

通过花的中心可作两个以上对称面的花称辐射对称花（actinomorphic flower）或整齐花（regular flower），如桃、桔梗、牡丹等。若通过花的中心只能作一个对称面的称两侧对称花（zygomorphic flower）或不整齐花（irregular flower），如扁豆、益母草等。无对称面的花称不对称花，如败酱、缬草、美人蕉等。（图 3-50）

（五）风媒花、虫媒花、鸟媒花和水媒花

借风传粉的花称风媒花（anemophilous flower），风媒花常具有花小、单性、无被或

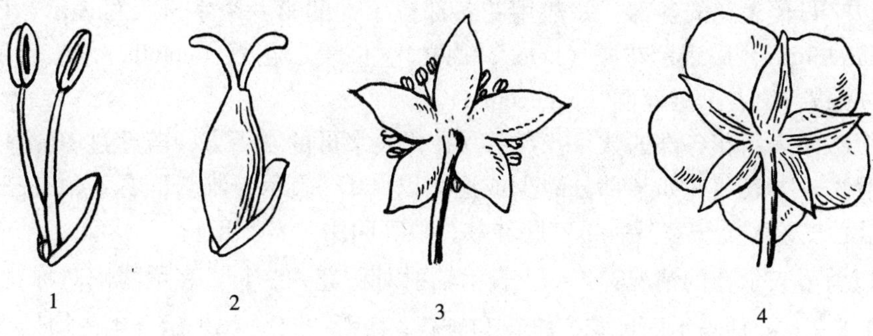

图 3－49　无被花、单被花和重被花

1. 2. 无被花　3. 单被花　4. 重被花

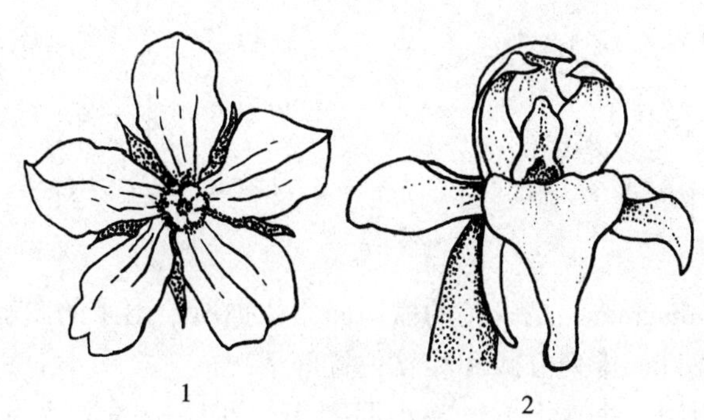

图 3－50　辐射对称花和两侧对称花

1. 辐射对称花　2. 两侧对称花

单被、素色、花粉量多而细小、柱头面大和有黏质等特征，如杨、玉米、大麻、稻等。借昆虫传粉的花称虫媒花（entomophilous flower），虫媒花的特征为：两性花，雌蕊和雄蕊不同期成熟，具有美丽鲜艳的花被及蜜腺和芳香气味，花粉量少而较大，表面多具突起并有黏性，花的形态常和传粉昆虫的特点形成相适应的结构，如丹参、益母草、桃、南瓜等。风媒花和虫媒花是植物长期自然选择的结果，也是自然界最普遍的适应传粉的花的类型。另外，还有少数植物借助小鸟传粉称鸟媒花（ornithophilous flower），如某些凌霄属植物，或借助水流传粉称水媒花（hydrophilous flower），如金鱼藻、黑藻等一些水生植物。

三、花程式与花图式

为了简化对花的文字描述或叙述，一般利用一些符号、数字或标记等，以方程式或图解的形式来记载和表示出各类或某种花的构造和特征，这就是通常采用的花程式及花图式。

（一）花程式

花程式（flower formula）是用字母、数字和符号来表示花各部分的组成、排列、位置和彼此关系的公式。

1. 以字母代表花的各部：一般用花各部拉丁词的第一个字母大写表示，P 表示花被（perianthium），K 表示花萼（kelch，德文），C 表示花冠（corolla），A 表示雄蕊群（androecium），G 表示雌蕊群（gynoecium）。

2. 以数字表示花各部的数目：数字写在代表字母的右下方，若超过 10 个以上或数目不定用"∞"表示，如某部分缺少或退化以"0"表示，雌蕊群右下角有三个数字，分别表示心皮数、子房室数、每室胚珠数，数字间用"："相连。

3. 以符号表示花的情况："＊"表示辐射对称花，"↑"表示两侧对称花；"⚥"、"♂"和"♀"分别表示两性花、雄花和雌花；括弧"（ ）"表示合生，加号"＋"表示花部排列的轮数关系，短横线"－"表示子房的位置，$\underline{G}$、$\overline{G}$ 和 $\overline{\underline{G}}$ 分别表示子房上位、子房下位和子房半下位。

例：油菜花　⚥ $* K_4 C_4 A_{2+4} \underline{G}_{(2:2:\infty)}$　　扁豆花　⚥ $\uparrow K_{(5)} C_5 A_{(9)+1} \underline{G}_{1:1:\infty}$

桑花　♂ $P_4 A_4$；♀ $P_4\ \underline{G}_{(2:1:1)}$　　苹果花　⚥ $* K_{(5)} C_5 A_{\infty} \overline{G}_{(5:5:2)}$

桔梗花　$K_{(5)} C_{(5)} A_5\ \underline{G}_{(5:5:\infty)}$　　百合花　⚥ $* P_{3+3} A_{3+3} \underline{G}_{(3:3:\infty)}$

（二）花图式

花图式（flower diagram）是以花的横切面为依据所绘出来的图解式。它可以直观表明花各部的形状、数目、排列方式和相互位置等情况。

花图式的绘制规则：先在上方绘一小圆圈表示花序轴的位置（如为单生花或顶生花可不绘出），在轴的下面自外向内按苞片、花萼、花冠、雄蕊、雌蕊的顺序依次绘出各部的图解，通常以外侧带棱的新月形符号表示苞片，由斜线组成带棱的新月形符号表示萼片，空白的新月形符号表示花瓣，雄蕊和雌蕊分别用花药和子房的横切面轮廓表示。

花程式和花图式虽均能较简明反映出花的形态、结构等特征，但亦均有不足之处，如花图式不能表明子房与花被的相关位置，花程式不能表明各轮花部的相互关系及花被卷迭情况等，所以两者结合使用才能较全面反映花的特征。（图 3－51）

四、花序及其类型

被子植物的花，有的是单独一朵着生在茎枝顶端或叶腋部位，称单生花，如玉兰、牡丹、木槿等。但大多数植物的花，密集或稀疏地按一定方式有规律地着生在花枝上形成花序（inflorescence）。花序下部的梗称花序梗（总花梗）（peduncle），总花梗向上延伸成为花序轴（rachis），花序轴可以不分枝或再分枝。花序上的花称小花，小花的梗称小花梗。小花梗及总花梗下面常有小型的变态叶分别为小苞片和总苞片。无叶的总花梗称花葶（scape）。

根据花在花序轴上排列的方式和开放的顺序，花序一般分为无限花序和有限花序两大类：

（一）无限花序（总状花序类）

花序轴在开花期内可继续伸长，产生新的花蕾，花的开放顺序是由花序轴下部依次

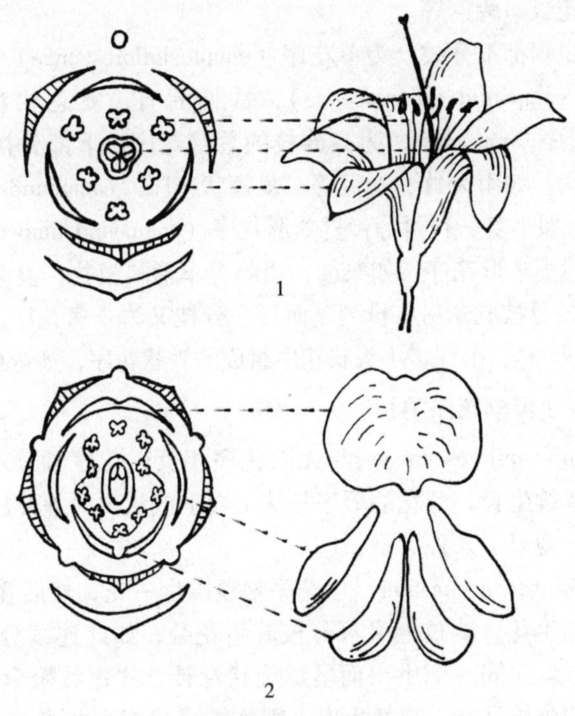

图 3-51　花图式

1. 百合的花图式　2. 蚕豆的花图式

向上开放，或花序轴缩短，花由边缘向中心开放，这种花序称无限花序（indefinite inflorescence）。

1. 总状花序（raceme）　花序轴长而不分枝，其上着生许多花柄近等长且由基部向上依次成熟的小花，如油菜、荠菜、地黄等。

2. 穗状花序（spike）　似总状花序，但小花较密集并具极短的柄或无柄，如车前、牛膝、知母等。

3. 柔荑花序（catkin）　花序轴柔软下垂，其上密集着生许多无柄、无被或单被的单性小花，花后整个花序脱落，如杨、柳、核桃等。

4. 肉穗花序（spadix）　与穗状花序相似，但花序轴肉质粗大呈棒状，其上密生多数无柄的单性小花，花序外常具有一大型苞片称佛焰苞（spathe），故又称佛焰花序，如天南星、半夏等天南星科植物。

5. 伞房花序（corymb）　略似总状花序，但小花梗不等长，下部长，向上逐渐缩短，上部近平顶状，如山楂、绣线菊等。

6. 伞形花序（umbel）　花序轴缩短，在总花梗顶端着生许多伞辐状排列、花柄近等长的小花，如人参、刺五加、葱等。

7. 头状花序（capitulum）　花序轴极度短缩成头状或盘状的花序托，其上密生许多无柄的小花，外围的苞片密集成总苞，如向日葵、红花、菊花、蒲公英等。

8. 隐头花序（hypanthodium）　花序轴肉质膨大而下陷成囊状，其内壁着生多数无柄单性小花，如无花果、薜荔等。

上述花序的花序轴都不分枝，为单花序（simple inflorescence）。但也有的花序轴有分枝，称复花序（compound inflorescence），常见的有：复总状花序（compound raceme），又称圆锥花序（panicle），为具分枝的总状花序，下部分枝较长，上部分枝较短，使整体呈圆锥状，如南天竹、女贞等；复穗状花序（compound spike），花序轴每一分枝为一穗状花序，如小麦、香附等；复伞形花序（compound umbel），在总花梗的顶端有若干呈伞形排列的小伞形花序，如柴胡、当归等伞形科植物；复伞房花序（compound corymb），花序轴上的分枝成伞房状排列，而每一分枝又为伞房花序，如花楸；复头状花序（compound capitulum），由许多小头状花序组成的头状花序，如蓝刺头。

（二）有限花序（聚伞花序类）

有限花序（difinite inflorescence）与无限花序相反，花序轴顶端由于顶花先开放，而限制了花序轴的继续生长，开花的顺序是从上向下或从内向外开放。通常根据花序轴上端的分枝情况又分为以下几种类型：

1. 单歧聚伞花序（monochasium）　花序轴顶端生一花，然后在顶花下面一侧形成一侧枝，同样在枝端生花，侧枝上又可分枝着生花朵，如此连续分枝则为单歧聚伞花序。若花序轴下分枝均向同一侧生出而呈螺旋状弯转，称螺状聚伞花序（bostrix），如紫草、附地菜等。若分枝呈左右交替生出，则称蝎尾状聚伞花序（scorpioid cyme），如射干、唐菖蒲等。

2. 二歧聚伞花序（dichasium）　花序轴顶花先开，后在其下两侧同时产生两个等长的分枝，每分枝以同样方式继续开花和分枝，如石竹、冬青卫矛等。

3. 多歧聚伞花序（pleiochasium）　花序轴顶花先开，其下同时发出数个侧轴，侧轴多比主轴长，各侧轴又形成小的聚伞花序，称多歧聚伞花序。若花序轴下面生有杯状总苞，则称杯状聚伞花序（大戟花序）（cyathium），如京大戟、甘遂、泽漆等大戟科大戟属植物。

4. 轮伞花序（verticillaster）　聚伞花序生于对生叶的叶腋呈轮状排列称轮伞花序，如薄荷、益母草等唇形科植物。

此外，有的植物的花序既有无限花序又有有限花序的特征，称混合花序。如丁香、七叶树的花序轴呈无限式，但生出的每一侧枝为有限的聚伞花序，特称聚伞圆锥花序（thyrse）。（图 3－52）

五、花的生殖

花是植物的繁殖器官，其主要的功能是进行生殖。在花完成生殖的过程中，要经过开花、传粉和受精等阶段。

（一）开花

当花的各部分发育到一定阶段，雄蕊的花粉和雌蕊的胚囊已经成熟，或其中之一已达成熟程度，这时花被内表面的生长速度大于外表面的生长速度，因而使花被向外展开，雄蕊和雌蕊露出，这种现象称为开花（anthesis）。开花是被子植物生活史上的一个

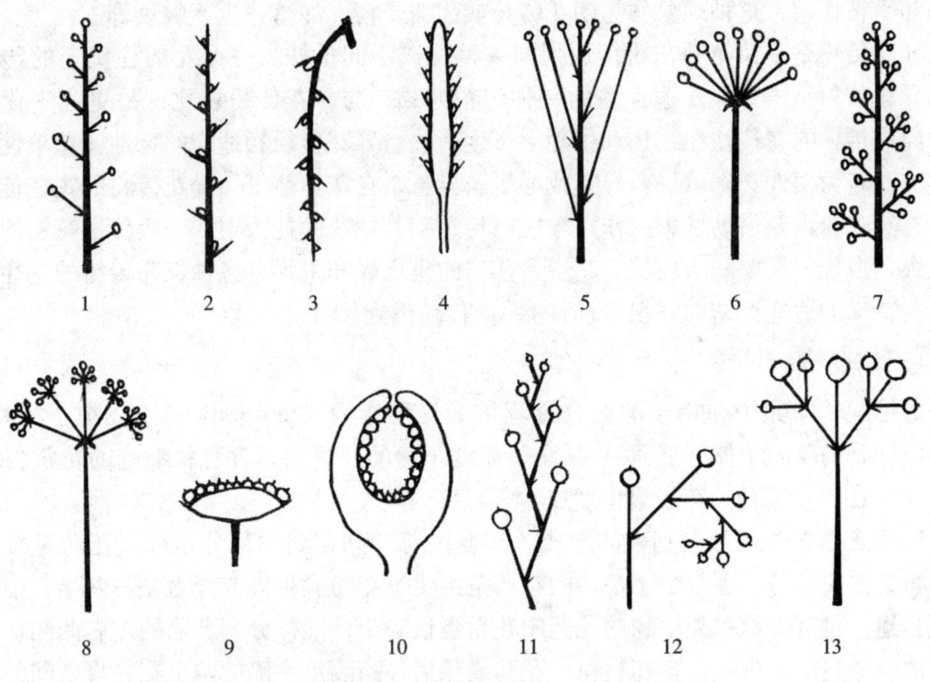

图 3－52　花序的类型

1. 总状花序　2. 穗状花序　3. 柔荑花序　4. 肉穗花序　5. 伞房花序　6. 伞形花序　7. 圆锥花序
8. 复伞形花序　9. 头状花序　10. 隐头花序　11. 蝎尾状聚伞花序　12. 螺状聚伞花序　13. 二歧聚伞花序

重要阶段，除少数闭花受精植物外，是大多数开花植物性成熟的标志。

各种植物的开花习性不尽相同，其开花年龄、开花季节和花期长短很不一致。一、二年生植物，生长数月后就可开花，一生中只开花一次；多年生植物在达到开花年龄后，就能每年到时候开花，延续多年，只有少数植物如竹子，虽为多年生植物，但一生只开花一次，花后即死亡。木本植物都是多年生的，一般需要生长数年后才达到开花年龄。植物的开花季节主要与气候有关，但大多数植物多在早春季节开放，也有一些植物是在冬季开花的。至于花期的长短，不同植物差异较大，有的仅几天，如桃、李、杏等，有的持续一、二个月或更长，如腊梅；有的一次盛开后全部凋落，有的持久陆续开放，如棉花、番茄等，一些热带植物几乎终年开花，如可可、桉树等。植物的开花习性是植物在长期的演化过程中所形成的遗传特性，是植物适应不同环境条件的结果。

（二）传粉

成熟花粉自花粉囊散出，并通过各种途径传送到雌蕊柱头上的过程，称为传粉(pollination)。传粉是有性生殖不可缺少的环节，没有传粉，也就不可能完成受精作用。传粉一般可分为自花传粉（self － pollination）和异花传粉（cross pollination）两种方式。

自花传粉是花粉从花粉囊散出后，落到同一花的柱头上的传粉现象，如棉花、大豆、番茄等。自花传粉的花的特点是：两性花，雄蕊紧靠雌蕊且花药内向，雌、雄蕊常排列等高和同时成熟。有些植物的雌、雄蕊早熟，在花尚未开放或根本不开放就已完成传粉和受精作用，这种现象称为闭花传粉或闭花受精，如落花生、豌豆等。

异花传粉是一朵花的花粉传送到同一植株或不同植株另一朵花的柱头上的传粉方式，异花传粉是植物界普遍存在的一种传粉方式，与自花传粉相比，是更为进化的方式。异花传粉的花往往在结构和生理上产生一些与异花传粉相适应的特性：花单性且雌雄异株，若为两性花则雌雄蕊异熟或雌雄蕊异长，自花不孕等。异花传粉的花在传粉过程中，其花粉需要借助外力的作用才能被传送到其他花的柱头上，一般传送花粉的媒介有风媒、虫媒、鸟媒和水媒等，其中最普遍的是风媒和虫媒，各种媒介传粉的花往往产生一些特殊的适应性结构（已于前述），使传粉得到保证。

（三）受精

雌雄配子即卵子和精子的融合过程称为受精作用（fertilization）。在被子植物中，产生卵细胞的雌配子体（胚囊 ）深藏于雌蕊子房的胚珠内，含有精细胞的花粉粒（雄配子体）在雄蕊花药的花粉囊中形成。

1. 花粉囊的发育和花粉粒的形成 雄蕊由花丝和花药两部分组成。花药是雄蕊产生花粉的主要部分，多数被子植物的花药是由 4 个花粉囊组成，分为左右两半，中间由药隔相连；也有少数种类植物的花药中花粉囊仅 2 个，同样分列药隔的左右两侧。花粉囊外由囊壁包围，内生许多花粉粒。花药成熟后，药隔每一侧的两个花粉囊之间的壁破裂消失，二花粉囊相互沟通，犹如每侧仅含一个花粉囊。裂开的花粉囊散出花粉，为下一步进行传粉作好准备。（图 3 －53）

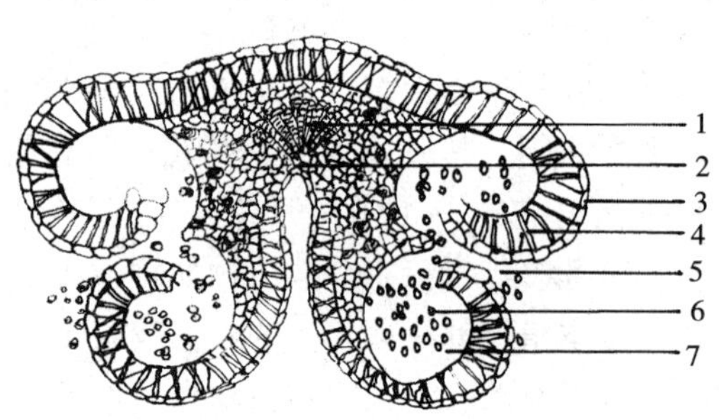

图 3 －53 花药的横切面结构

1. 药隔内的维管束 2. 药隔 3. 表皮 4. 纤维层 5. 花药的裂口 6. 花粉粒 7. 花粉囊

雄蕊在花芽中最初在花托上产生雄蕊原基，从雄蕊原基进而形成雄蕊原始体，雄蕊原始体的大部分将来发育成花药，只有其基部以居间生长的方式发育成花丝。雄蕊原始体的花药部分在结构上十分简单，外面为一层表皮细胞，表皮之内是一群形状相似、分裂活跃的幼嫩细胞。以后由于原始体在四个角隅处的细胞分裂较快，使原始体呈现出四棱的形状，并在每棱的表皮下出现一个或几个体积较大的细胞，这些细胞的核大于周围其他细胞核，质较浓，称为孢原细胞（archesporial cell）。从花药横切面观察可见，孢原细胞先进行平周分裂，形成两层细胞，外层称为周缘细胞（parietal cell），内层称为造孢细胞（sporogenous cell）。其后，周缘细胞又进行垂周和平周分裂，形成从外至内由药室内壁（endothecium）、中间层（middle layer）及绒毡层（tapetum）三层结构组成的花粉囊壁。当花药成熟时，药室内壁层细胞壁常常不均匀加厚，故又称纤维层(ribrous layer)，纤维层有助于花粉囊的开裂。中间层在花药的发育过程中被挤压而破坏，绒毡层有供给花粉粒发育所需营养的作用，此二层在花粉粒成熟时常已消失。花粉囊壁里面的造孢细胞经过几次分裂后，形成花粉母细胞（pollen mother cell），或称小孢子母细胞（microspore mother cell）。也有少数植物的造孢细胞不经分裂直接成为花粉母细胞。随后花粉母细胞通过两次减数分裂，每个母细胞形成 4 个花粉粒，即小孢子(microspore)。(图 3 – 54)

经减数分裂所产生的花粉粒在成熟时通常是互相分离的，称单粒花粉，但有些植物的花粉粒相互粘连在一起，称复合花粉（compound pollen），以组成花粉粒的数目不同，可形成 2 合、4 合、16 合、32 合花粉等，其中以 4 合花粉较为普遍，如杜鹃花科植物。还有些植物整个花药内的花粉集合连成一个花粉块（pollinium），如兰科和萝藦科植物。

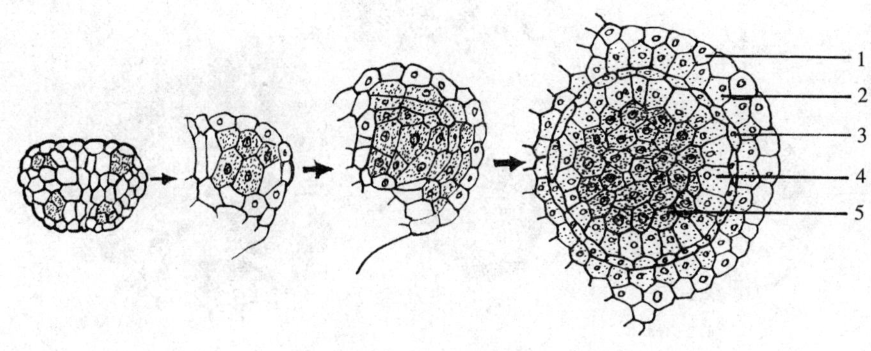

图 3 – 54 花粉囊的发育

1. 表皮 2. 纤维层 3. 中间层 4. 绒毡层 5. 花粉母细胞

花粉粒一般具对称性和极性，其极性取决于花粉粒在经减数分裂形成四分体花粉时所处的位置。由四分体中心经花粉粒中心向外延伸的线称极轴（polar axis），其中靠四分体中心一端为近极（proximal），向外的一端为远极（distal），与极轴垂直的线为赤道轴（equatorial axis）。

花粉粒的形状随植物种类而异，常见有球形、椭圆形、三角形、四角形以及其他形状等。花粉粒的颜色一般为黄色、淡黄色、橙黄色、褐色、暗绿色、红色及青色等。通常花粉粒的直径为 15 ~ 50μm，大的花粉粒，如南瓜花粉粒可达 150 ~ 200μm。

成熟的花粉粒有两层壁。内层壁薄，主要由果胶质和纤维素组成，称内壁（intine）。外层壁厚，含有脂类和色素，称外壁（exine）。花粉的外壁有各种形态，有的是光滑的，有的具有各种式样的花纹，如刺状、颗粒状、瘤状、网状等。外壁上具有萌发孔（germinal aperture）或萌发沟（germinal furrow）。在孔、沟处没有外壁，当花粉萌发时，花粉管由此伸出。(图 3 – 55)

萌发孔在花粉粒上分布的位置有以下 3 种情况：极面分布，指萌发孔的位置在远极面或近极面上；赤道分布，指萌发孔在赤道面上，若是萌发沟，其长轴与赤道垂直；球

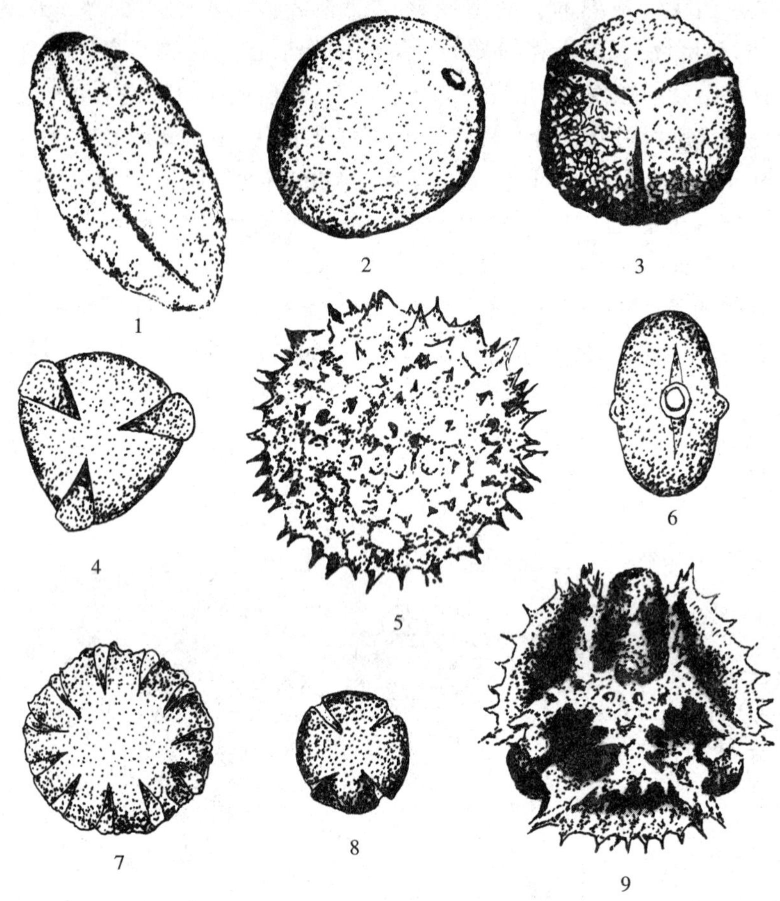

图 3－55　花粉粒的各种形态

1. 美国鹅掌楸　2. 牛尾草　3. 美洲山毛榉　4. 苹果
5. 棉花　6. 茗子　7. 芝麻　8. 柑橘　9. 药用蒲公英

面分布，指萌发孔散布于整个花粉粒上。

一般所称的花粉孔或花粉沟即为赤道面分布的孔或沟的简称，因为赤道面分布是双子叶植物花粉粒的主要类型。而对球面分布的称为散沟（pancolpi）或散孔（panpori），前者见于马齿苋属植物的花粉，后者见于藜科植物的花粉。许多裸子植物和单子叶植物的具沟花粉为远极面分布，称为远极沟（anacolpus）；禾本科植物的具孔花粉，称为远极孔（anaporus）。如花粉的极性不易判明时，也可一律称为孔或沟。此外，在花粉粒的萌发沟内中央部位，具一圆形或椭圆形的内孔，称为具孔沟（colporate）花粉。若萌发孔呈螺旋状，称为螺旋状萌发孔（spiraperturate）；如呈环形，称为环形萌发孔（zonaperturate）。此外，如花粉粒上的萌发孔、沟不明显，则称拟孔、拟沟等。（图 3－56）

花粉中含大量人体所必需的氨基酸、维生素、脂类及多种矿物质与微量元素，此外还有激素、黄酮类、有机酸等成分，对人体有保健作用。有些药用植物即是以花粉入药的，如香蒲、油松等。但有的花粉也有毒，如钩吻、雷公藤、博落回、乌头、

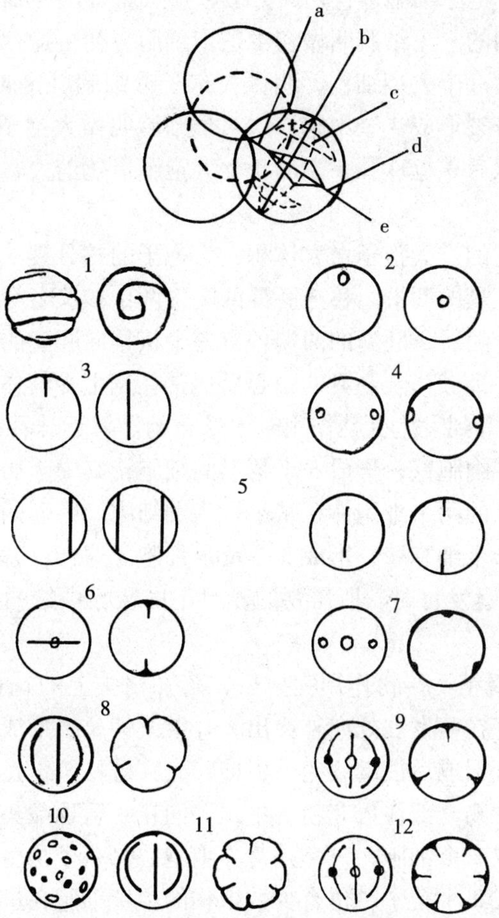

图 3－56 被子植物花粉类型图解

a. 近极 b. 赤道轴 c. 赤道面 d. 远极 e. 极轴

1. 具螺旋状萌发孔 2. 具单孔 3. 具单沟 4. 具二孔壑

5. 具二沟 6. 具二孔沟 7. 具三孔 8. 具三沟 9. 具三孔沟

10. 具散孔 11. 具多沟 12. 具多孔沟

羊踯躅、藜芦等。一些花粉还易引起人体的变态反应，产生花粉病，如气喘、枯草热等。

花粉粒的形状、大小、表面的纹饰以及萌发孔的数目、形态、结构及位置等，常成为植物科、属甚至是种的鉴别特征。因此了解花粉的形态及结构，对于鉴定植物具有重要的意义。

2. 胚珠的发育和胚囊的形成 胚珠发生在胎座上，初出现时是一团很小的珠心组织。珠心增大体积并从珠心的基部生出一种保护珠心的构造，即珠被。珠被通常有两层，先形成的内层叫内珠被，后形成的外层叫外珠。内、外珠被将珠心包被起来，形成胚珠。在胚珠的顶部珠被并未完全愈合，留下一个小孔，即为珠孔。稍后，靠近珠孔一端的表皮层下面通常发育着一个含有浓厚细胞质和显著细胞核的大型细胞，叫做孢原细胞（archesporal cell）。孢原细胞进行切向分裂，形成里外两个细胞。外面的一个细胞叫做初生周缘细胞，里面的一个细胞叫做初生造孢细胞。初生造孢细胞通常并不进行细胞分裂，它直接发育成为一个大型细胞，叫做大孢子母细胞（megaspore mother cell）。大孢子母细胞经过减数分裂形成4个细胞，这4个细胞叫做大孢子（megaspore）。大孢子通常排列成一直行，以后靠近珠孔一端的3个大孢子退化消失，只有最里面的一个大孢子生长发育成胚囊。

胚囊的发育是这样的：大孢子增大体积，大孢子的核分裂一次形成两个核，这两个核移向正在发育着的胚囊的两端。移至胚囊两端的两个核又各分裂两次，每端各形成4个核，共形成8个核。随后，胚囊的两端各有一个核移向胚囊的中心，移至胚囊中心的这两个核即是极核。二极核移至胚囊的中心后通常在发生受精作用之前融合成中央细胞（central cell），但也有等到发生受精作用时才融合的。靠近珠孔一端的3个核都被细胞质包被起来，并各产生细胞壁，形成3个梨形的细胞，其中，居于中间的一个细胞体积稍大，为卵细胞，其余的两个细胞体积稍小，为助细胞。胚囊的另一端的3个核也各被细胞质包被起来，各产生细胞壁，形成3个反足细胞。这样，就形成了含有8个核的胚囊（雌配子体）。当胚囊发育时，所需要的养料是由珠心供给的。成熟的胚囊占据了珠心的大部分体积。

3. 被子植物的双受精　传粉作用完成后，落在柱头上的花粉粒被柱头分泌的黏液所粘住，以后花粉内壁在萌发孔处向外突出，并继续伸长，形成花粉管，这一过程即为花粉粒的萌发。花粉管形成后能继续向下引伸，先穿过柱头，然后经花柱而达子房，同时，花粉粒细胞的内含物全部注入花粉管中，并向花粉管顶端集中，此前，花粉粒的发育由单核细胞分裂形成2个细胞，一个是营养细胞，另一个是生殖细胞，生殖细胞在移入花粉管后再分裂形成2个精子，也有少数植物的生殖细胞在进入花粉管前就已分裂成2个精子。花粉管进入子房后，一般通过珠孔进入胚囊（也有经过合点进入胚囊的），此时花粉管先端破裂，两个精子进入胚囊（这时营养细胞大多已解体消失），其中一个精子与卵细胞结合成合子，将来发育成种子的胚，另一个精子与极核结合而发育成种子的胚乳。卵细胞和极核同时和两个精子分别完成融合的过程，是被子植物有性生殖的特有现象，称为双受精（double fertilization），它在融合双亲遗传性，加强后代个体的生活力和适应性方面具有重要的意义，是植物界有性生殖过程中最进化、最高级的形式。此外，在受精过程中，助细胞和反足细胞均破坏消失。花经过传粉受精后，胚珠发育成种子，子房发育成果实。

第五节　果　　实

果实是被子植物特有的繁殖器官，一般是花受精后由雌蕊的子房发育形成的特殊结构，外面包被果皮，内含种子。果实有保护种子和散布种子的作用。

一、果实的发育与形成

花经过传粉受精后，花的各部分变化显著，除少数植物保留有宿存花萼外，花萼、花冠一般脱落，雄蕊及雌蕊的柱头、花柱先后枯萎，仅子房连同其中的胚珠逐渐生长膨大而发育成果实。这种单纯由子房发育而来的果实称真果（true fruit），如桃、李、杏、柑橘等。有些植物除子房外尚有花的其他部分如花托、花萼以及花序轴等参与果实的形成，这种果实称假果（false fruit），如苹果、梨、南瓜、无花果、凤梨等，凡是由下位子房发育形成的果实一般都是假果。

大多数植物未经受精作用其雌蕊迟早枯萎脱落，不能形成果实，但有的植物只经过传粉而未经受精作用也能发育成果实，称单性结实，其所形成的果实称无子果实。由单性结实所形成的果实一般没有种子，或虽有种子但没有胚。单性结实有自发形成的称自发单性结实，如香蕉、柑橘、柿、瓜类及葡萄的某些品种等。还有的是通过某种诱导作用而引起的称诱导单性结实，例如用马铃薯的花粉刺激番茄的柱头而形成无子番茄，或用化学处理方法如某些生长素涂抹或喷洒在雌蕊柱头上也能得到无子果实。

果实在生长发育过程中，其体积和重量不断增加，最后停止生长，并通过一系列生理生化变化达到成熟。其中，果实的颜色由于表皮细胞中叶绿素分解，胡萝卜素或花青素等积累，由绿色转变为黄、红或橙色等。果实内部因合成醇类、酯类和羧基化合物为主的芳香性物质而散发出香气。同时，果实中原有的单宁、有机酸减少，糖分增多，以致涩、酸减弱，甜味明显增加。此外，果实的另一明显变化则是通过水解酶的作用使胞间层水解，细胞间松散，组织软化。

二、果实的构造

果实由果皮和种子构成，果皮通常可分为三层，由外向内分别由外果皮（exocarp）、中果皮（mesocarp）和内果皮（endocarp）组成。

外果皮通常较薄而坚韧，一般由一层外表皮细胞构成，有时在外表皮细胞层里面还可有一层或几层厚角组织细胞，如桃、杏等，或厚壁组织细胞，如菜豆、大豆等。表皮层上偶有气孔，并常具角质层、毛茸、蜡被、刺、瘤突、翅等，有的在表皮中尚含有色物质或色素，如花椒，或含有油细胞，如北五味子。

中果皮占果皮的大部分，其结构变化较大，肉质果实多肥厚，里面含有大量薄壁组织细胞；干果多为干燥膜质。维管束一般分布在中果皮内。有的中果皮中含有石细胞、纤维，如连翘、马兜铃，有的含油细胞及油管等，如胡椒、花椒、小茴香等。

内果皮为果皮的最内层，多由1层薄壁细胞组成而呈膜质，或由多层石细胞组成而为木质，如桃、李、杏等，少数植物的内果皮能生出充满汁液的肉质囊状毛，如柑橘。（图3－57）

三、果实的类型

果实的特征多种多样，不同的植物具有不同的果实类型。果实的类型一般根据果实的来源、结构和果皮性质的不同分为单果、聚合果和聚花果三大类：

（一）单果

一朵花中只有一个雌蕊（单雌蕊或复雌蕊）以后形成一个果实的称为单果（simple fruit），根据果皮质地不同单果又分为肉果和干果两类。

1. 肉果（fleshy fruit） 果皮肉质多汁，成熟时不开裂。

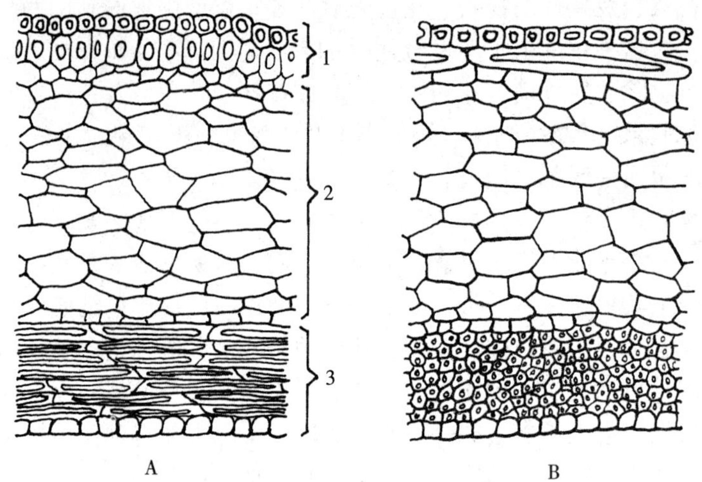

图 3－57　大豆属荚果果皮的构造

A. 斜向横切　B. 斜向纵切　1. 外果皮　2. 中果皮　3. 内果皮

（1）浆果（berry）　由单心皮或合生心皮雌蕊发育而成，外果皮薄，中果皮和内果皮不易区分，肉质多汁，内含一至多粒种子。如葡萄、番茄、枸杞、茄等。

（2）核果（drupe）　多由单心皮雌蕊发育而成，外果皮薄，中果皮肉质肥厚，内果皮形成坚硬木质的果核，每核内含一粒种子。如桃、李、梅、杏等。

（3）梨果（pome）　由 5 心皮合生的下位子房连同花托和萼筒发育而成的一类肉质假果，其肉质可食部分主要来自花托和萼筒，外果皮和中果皮肉质，界线不清，内果皮坚韧，革质或木质，常分隔成 5 室，每室含 2 粒种子。如苹果、梨、山楂、枇杷等。

（4）柑果（hesperidium）　由多心皮合生雌蕊具中轴胎座的上位子房发育而成，外果皮较厚，柔韧如革，内含油室；中果皮疏松海绵状，具多分枝的维管束（橘络），与外果皮结合，界线不清；内果皮膜质，分隔成多室，内壁生有许多肉质多汁的囊状毛。柑果为芸香科柑橘类植物所特有，如橙、柚、橘、柑等。

（5）瓠果（pepo）　由 3 心皮合生具侧膜胎座的下位子房连同花托发育而成的假果，外果皮坚韧，中果皮和内果皮及胎座肉质，为葫芦科植物所特有，如南瓜、冬瓜、西瓜、栝楼等。（图 3－58）

2. 干果（dry fruit）　果实成熟时果皮干燥，根据果皮开裂与否又分为裂果和不裂果两类。

（1）裂果（dehiscent fruit）　果实成熟后自行开裂，根据心皮组成及开裂方式不同分为：

①蓇葖果（follicle）由单心皮或离生心皮单雌蕊发育而成的果实，成熟后沿腹缝线或背缝线一侧开裂，如厚朴、八角茴香、芍药、淫羊藿等。

②荚果（legume）由单心皮发育形成，成熟时沿腹缝线和背缝线同时裂开成两片，为豆科植物所特有，如扁豆、绿豆、豌豆等。但荚果也有成熟时不开裂的，如紫荆、落花生；槐的荚果肉质呈念珠状，亦不裂；含羞草的荚果呈节节断裂，但每节不开裂，内

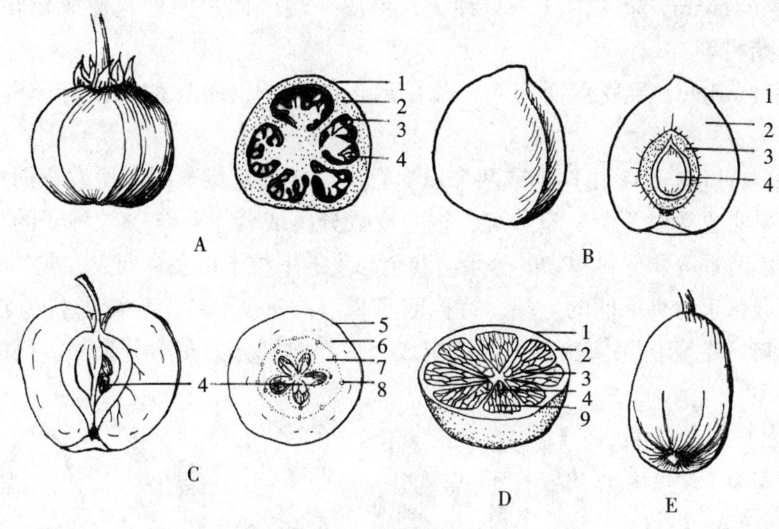

图 3－58 肉果的类型

A. 浆果 B. 核果 C. 梨果 D. 柑果 E. 瓠果

1. 外果皮 2. 中果皮 3. 内果皮 4. 种子 5. 周皮

6. 花托的皮层 7. 花托的髓部 8. 花托的维管束 9. 毛囊

含一种子。

③角果 分为长角果（silique）和短角果（silicle），由两心皮合生具侧膜胎座的上位子房发育而成的果实，中间有由心皮边缘合生的地方生出的假隔膜将子房隔成两室，种子着生在假隔膜两边，成熟时沿两侧腹缝线自下而上开裂成两片，假隔膜仍留在果梗上。角果为十字花科的特征，长角果细长，如油菜、萝卜，短角果宽短，如荠菜、菘蓝、独行菜等。

④蒴果（capsule）由合生心皮的复雌蕊发育而成，子房一至多室，每室含多数种子，是裂果中最普遍的一类果实。蒴果成熟时开裂方式较多，常见的有：① 瓣裂（纵裂）果实开裂时沿纵轴方向裂成数个果瓣。其中，沿腹缝线开裂的称室间开裂，如马兜铃、蓖麻；沿背缝线开裂的称室背开裂，如百合、射干；沿背、腹两缝线开裂，但子房间壁仍与中轴相连的称室轴开裂，如曼陀罗、牵牛。② 孔裂 果实顶端呈小孔状开裂，如罂粟、桔梗等。③ 盖裂 果实中上部环状横裂成盖状脱落，如马齿苋、车前等。④ 齿裂 果实顶端呈齿状开裂，如石竹、王不留行等。

（2）不裂果（闭果）（indehiscent fruit） 果实成熟后，果皮不开裂或分离成几部分，但种子仍包被在果实中。常见的不裂果有以下几种：

①瘦果（achene）果皮较薄而坚韧，内含一粒种子，成熟时果皮与种皮易分离，为闭果中最普通的一种。如向日葵、白头翁、荞麦等。

②颖果（caryopsis）果实内含一粒种子，果皮薄与种皮愈合，不易分离，如稻、麦、玉米、薏苡等，为禾本科植物所特有的果实。农业生产上常把颖果称为种子。

③坚果（nut）果皮坚硬，内含一粒种子，果皮与种皮分离，如板栗、榛子等壳斗科植物的果实，这类果实常有总苞（壳斗）包围。也有的坚果很小，无壳斗包围称小坚果（nutlet），如益母草、紫草等。

④翅果（samara）果实内含一粒种子，果皮一端或周边向外延伸成翅状，如杜仲、榆、槭、白蜡树等。

⑤胞果（utricle）果皮薄而膨胀，疏松地包围种子，而与种子极易分离，如青葙、藜、地肤子等。

⑥分果（schizocarp）由两个或两个以上心皮组成的复雌蕊的子房发育而成，形成两室或数室，果实成熟时，子房室分离，按心皮数分离成若干各含一粒种子的分果瓣。当归、白芷、小茴香等伞形科植物的分果由两个心皮的下位子房发育而成，成熟时分离成两个分果瓣，分悬于中央果柄的上端，特称双悬果（cremocarp），为伞形科植物的主要特征之一；苘麻、锦葵的果实由多个心皮组成，成熟时则分为多个分果瓣。（图 3－59）

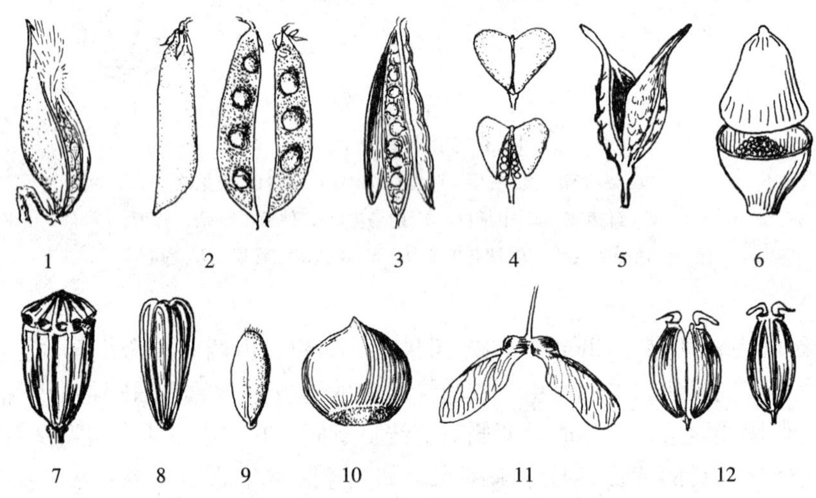

图 3－59　干果的类型

1. 蓇葖果　2. 荚果　3. 长角果　4. 短角果　5. 蒴果（瓣裂）　6. 蒴果（盖裂）
7. 蒴果（孔裂）　8. 瘦果　9. 颖果　10. 坚果 11. 翅果　12. 双悬果

（二）聚合果

由一朵花中的许多离生单雌蕊聚集生长在花托上，并与花托共同发育成的果实（aggregate fruit）。每一离生雌蕊各为一单果（小果），根据小果的种类不同，又可分为聚合蓇葖果（八角茴香、芍药）、聚合瘦果（草莓、毛茛）、聚合核果（悬钩子）、聚合浆果（五味子）、聚合坚果（莲）等。（图 3－60）

（三）聚花果（复果）

聚花果（collective fruit）又称复果（multiple fruit），是由整个花序发育而成的果实。如桑椹，其雌花序花后每朵花的花被肥厚多汁，里面包藏一个瘦果；凤梨（菠萝）是由多数不孕的花着生在肥大肉质的花序轴上所形成的果实；无花果由隐头花序形成，其花序轴肉质化并内陷成囊状，囊的内壁上着生许多小瘦果。（图 3－61）

四、果实的散布

果实成熟后迟早要和母体脱离，然后借助于不同的散布方法传播到较远的地方。果

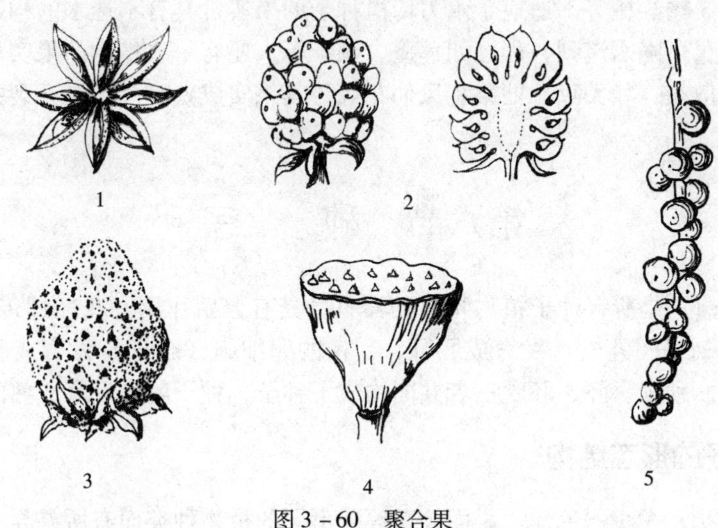

图3-60 聚合果

1. 聚合蓇葖果（八角茴香） 2. 聚合核果（悬钩子） 3. 聚合瘦果（草莓）
4. 聚合坚果（莲） 5. 聚合浆果（五味子）

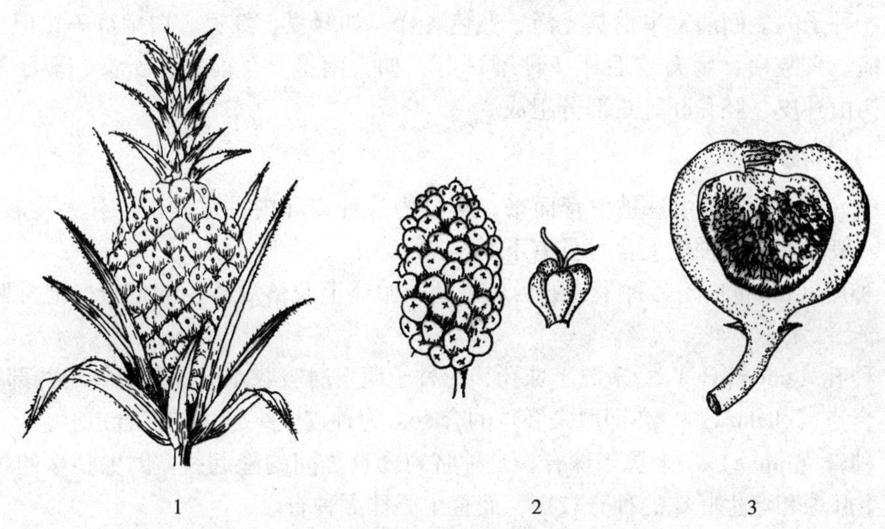

图3-61 聚花果（复果）

1. 凤梨 2. 桑椹 3. 无花果

实的散布方法对于植物的广泛分布、种族的繁殖和繁荣、植物的进化都具有重大的意义。

果实的散布方法是多种多样的，可借助于风力、水流、动物和人类的携带来散布，也可形成某种特殊的弹射机构来散布。适应于动物和人类传播种子的果实，往往为肉质可食的肉质果，如桃、梨、柑橘等，这些果实被食后，由于种子有种皮或木质的内果皮保护不能消化而随粪便排出或被抛弃各地；还有的果实具有特殊的钩刺突起或有黏液分泌，能挂在或粘附于动物的毛、羽或人的衣服上而散布到各地，如苍耳、鬼针草、蒺藜、猪殃殃等。适应于风力传播种子的果实多质轻细小，并常具有毛状、翅状等特殊结构，如蒲公英、榆、槭等。适应于水力传播种子的果实常具有不透水的构造，质地疏松而有一定浮力，可随水流到各处，如莲蓬、椰子等。还有一些植物的果实可靠自身的机械力量使种子散布，如大豆、油菜、凤仙花等，其果实成熟时多干燥开裂并能对种子产生一定的弹力。

第六节　种　　子

种子（seed）是所有种子植物特有的器官，具有繁殖作用。花经过传粉、受精后，受精的极核（初生胚乳核）发育成胚乳，受精的卵细胞（合子）发育成胚，胚珠的珠被发育成种皮。种皮、胚、胚乳三者共同构成了种子，种子就是发育成熟的胚珠。

一、种子的形态结构

种子的形状、大小、色泽、表面纹理等随不同的植物种类而有所差异。种子的形状多样，有球形、类圆形、椭圆形、肾形、卵形、圆锥形、多角形等。大小差异悬殊，大的有椰子、银杏、槟榔等，较小的有葶苈子、菟丝子等，极小的如天麻、白芨等种子呈粉末状。种子的表面通常平滑具光泽，颜色各样，如绿豆、红豆、白扁豆等，但也有的表面粗糙、具皱褶、刺突或毛茸（种缨）等，如天南星、车前、太子参、萝摩等。种子的结构由种皮、胚和胚乳三部分组成。

（一）种皮

种皮（seed coat）由珠被发育而来，常分为外种皮和内种皮两层，外种皮较坚韧，内种皮一般较薄，在种皮上常可见有下列构造：

1. 种脐（hilum）　为种子成熟后从种柄或胎座上脱落后留下的疤痕，通常圆形或椭圆形。

2. 种孔（micropyle）　来源于珠孔，为种子萌发时吸收水分和胚根伸出的部位。

3. 合点（chalaza）　亦即原来胚珠的合点，为种皮上维管束的汇合点。

4. 种脊（raphe）　来源于珠脊，是种脐到合点之间的隆起线。倒生胚珠的种脊较长，横生胚珠和弯生胚珠的种脊较短，而直生胚珠无种脊。

5. 种阜（caruncle）　有些植物的种皮在珠孔处有一个由珠被扩展成的海绵状突起物，有吸水帮助种子萌发的作用，称种阜，如蓖麻、巴豆等。

此外，有些植物的种子在种皮外尚有假种皮（aril），是由珠柄或胎座处的组织延伸而形成的，假种皮有的为肉质，如荔枝、龙眼、苦瓜、卫矛等，也有的呈菲薄的膜质，如豆蔻、砂仁等。(图 3 –62，图 3 –63)

种皮成熟时，其内部结构也发生相应改变。大多数植物的种皮其外层常分化为厚壁组织，内层为薄壁组织，中间各层往往分化为纤维、石细胞或厚壁组织。随着细胞的逐渐缩水，整个种皮成为干燥的包被结构而起到保护作用。有些植物的种皮十分坚实，不易透水、透气，与种子的萌发和休眠有一定的关系。还有一些植物的种子，其种皮上出现毛、刺、腺体、翅等附属物，对于种子的传播具有适应意义。(图 3 –64，图 3 –65)

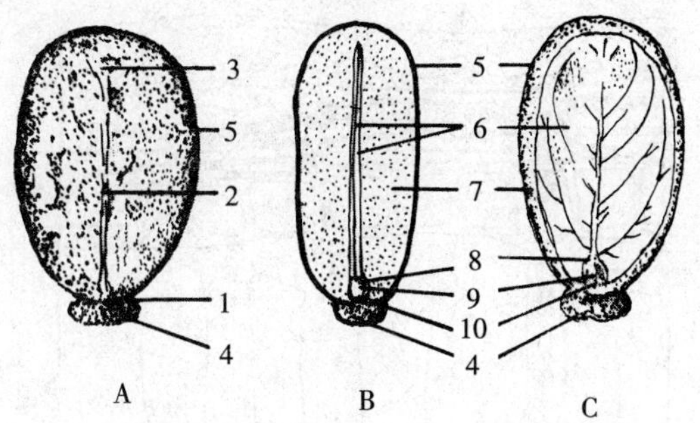

图 3－62　有胚乳种子（蓖麻）

A. 外形　B. 与子叶垂直面纵切　C. 与子叶平行面纵切

1. 种脐　2. 种脊　3. 合点　4. 种阜　5. 种皮　6. 子叶　7. 胚乳　8. 胚芽　9. 胚轴　10. 胚根

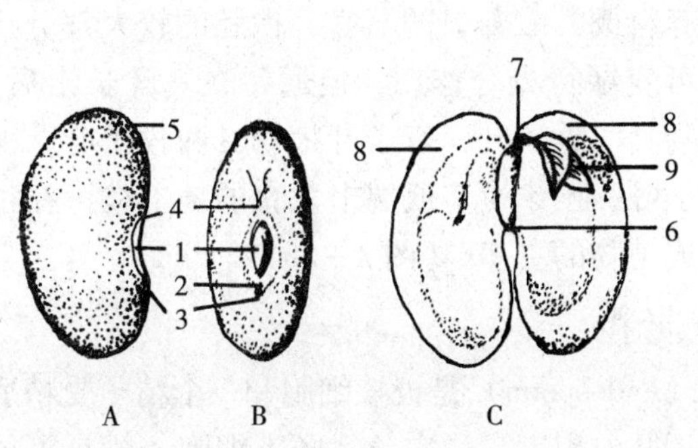

图 3－63　无胚乳种子（菜豆）

A. B. 菜豆外形　C. 菜豆的构造剖面

1. 种脐　2. 种脊　3. 合点　4. 种孔　5. 种皮　6. 胚根　7. 胚轴　8. 子叶　9. 胚芽

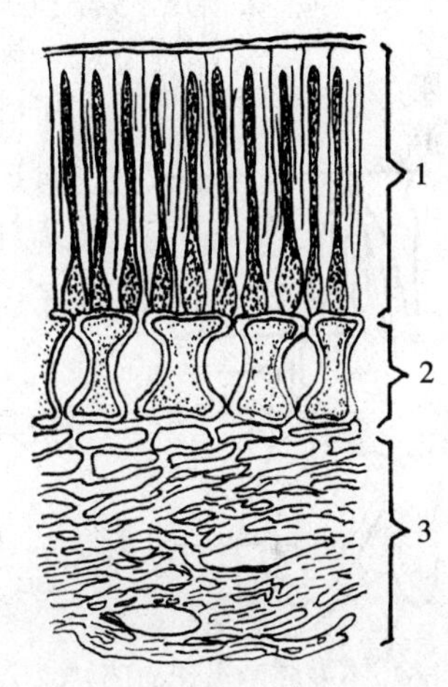

图 3－64　蚕豆种皮的横切面

1. 长柱状厚壁细胞层　2. 骨形厚壁细胞层　3. 薄壁细胞层

有些植物或一些种子类药材的种皮结构常具有特殊的组织构造。如白芥子、牵牛子、菟丝子等在种皮表皮内侧具有栅栏细胞层；白豆蔻、红豆蔻、砂仁、益智等在种皮表皮层下有数列油细胞层，并常与色素细胞相间排列在一起；枳椇子、川楝子等在种皮表皮层下含色素细胞层；亚麻子、芥子、葶苈子等的种皮表皮细胞中含黏液质；大风子、北五味子的种皮表皮全由石细胞组成；马钱子的种子表皮全部分化为单细胞非腺毛，细胞壁木化；石榴的种子具有肉质种皮。

（二）胚

胚（embryo）由卵细胞和一个精子受精后发育而成，是种子中尚没有发育的幼小植物体。胚由胚根（radicle）、胚轴（embryonal axis）（又称胚茎）、胚芽（plumule）和

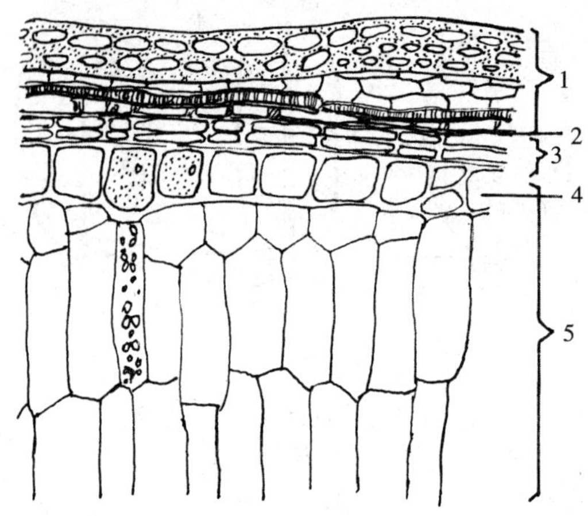

图 3-65 小麦颖果横切面的一部分

1. 果皮 2. 种皮（实际上已萎缩） 3. 珠心的残留部分 4. 胚乳的一部分 5. 糊粉层

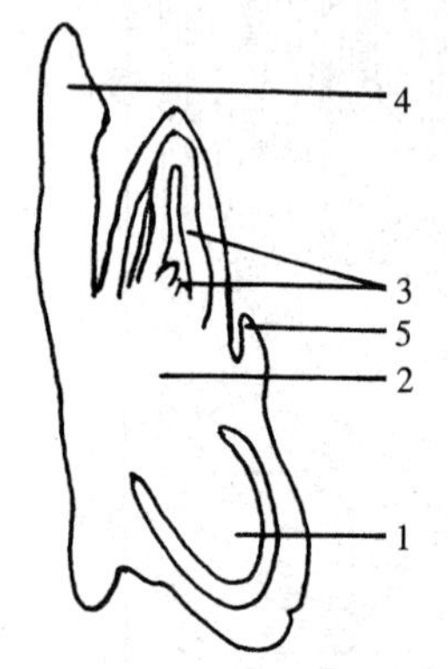

图 3-66 小麦胚的纵切简图

1. 胚根 2. 胚轴 3. 胚芽 4. 子叶 5. 退化子叶

子叶（cotyledon）四部分组成。胚根正对着种孔，将来发育成主根；胚轴向上伸长，成为根与茎的连接部分；子叶为胚吸收养料或贮藏养料的器官，占胚的较大部分，在种子萌发后可变绿行光合作用，但通常在真叶长出后枯萎，单子叶植物具一枚子叶，双子叶植物具两枚子叶，裸子植物具多枚子叶；胚芽为茎顶端未发育的地上枝，在种子萌发后发育成植物的主茎。（图 3-66）

（三）胚乳

胚乳（endosperm）是极核细胞和一个精子受精后发育来的，位于胚的周围，呈白色。胚乳细胞一般是等径的大型薄壁细胞，含淀粉、蛋白质或脂肪等营养物质，供胚发育时所需要的养料。

大多数植物的种子，当胚发育或胚乳形成时，胚囊外面的珠心细胞被胚乳吸收而消失，但也有少数植物种子的珠心，在种子发育过程中未被完全吸收而形成营养组织包围在胚乳和胚的外部，称外胚乳（perisperm），如肉豆蔻、槟榔、姜、胡椒、石竹等。

二、种子的类型

根据种子中胚乳的有无，一般将种子分为两种类型：

（一）有胚乳种子

种子中胚乳的养料经贮存后到种子萌发时才为胚所利用的称有胚乳种子（albuminous seed）。有胚乳种子具有发达的胚乳，胚相对较小，子叶很薄，如蓖麻、大黄、稻、麦等。

（二）无胚乳种子

种子中胚乳的养料在胚发育过程中被胚所吸收并贮藏于子叶中的称无胚乳种子（exalbuminous seed）。这类种子一般胚的子叶肥厚，不存在胚乳或仅残留一薄层，如大豆、杏仁、南瓜子等。

三、种子的寿命与萌发

种子的主要功能是繁殖。种子成熟后，在适宜的外界条件下即可发芽（萌发）而形成幼苗，但大多数植物的种子在萌发前往往需要一定的休眠期才能萌发。此外，种子的萌发还与种子的寿命有关。

（一）种子的寿命

种子的寿命是指种子所能保持发芽能力的年限，通常以达到60% 以上的发芽率的贮藏时间为种子寿命的依据。种子寿命的长短，主要与植物种类有关，如白芷、北沙参等在普通贮藏条件下，一年后就失去发芽率，而青葙子、牛膝等在同样贮藏条件下，可保持两至三年以上；许多植物的种子埋藏在土壤中，经历多年仍能存活，如繁缕和车前的种子在土壤中能存活 10 年左右，马齿苋的种子寿命可长达 20 – 40 年，莲的种子可生存 150 年以上，甚至可上千年。此外，种子寿命亦与贮藏条件有关，一般说来，低温、低湿、黑暗以及降低空气中的含氧量是种子贮藏的理想条件。

（二）种子的萌发

种子的胚从相对静止状态转入生理活跃状态，开始生长，并形成营自养生活的幼苗，这一过程即为种子的萌发。种子萌发的前提是种子成熟、具有生活力。一些植物的种子分化成熟后，在适宜的环境下，能立即萌发，但是有些植物的种子，即使在环境适宜的条件下也不能立即进入萌发阶段，而必须经过一定的时间才能萌发，这种现象称为休眠。种子休眠的原因有多种，有些植物的种子虽已脱离母体落入土中，但实际上种胚等还未发育完全，如人参、银杏等，或是种子体内一些重要生理过程并未完成，如苹果、梨、桃等，必须经过一定时期的后熟过程；有的植物种子由于种皮太坚厚，不易透水通气，或种子内部产生有机酸、植物碱、某种激素等生长抑制剂，使种子萌发受阻，还需通过休眠、后熟，使种皮透性增大，呼吸作用及酶的活性加强，内源激素水平发生变化，促进萌发的物质含量提高，抑制萌发的物质含量减少，才为种子萌发准备了条件。

种子萌发的主要外界条件是充足的水分、适宜的温度和足够的氧气，少数植物的种子萌发还受光照有无的调节。萌发过程从种子吸水膨胀开始，然后种皮变软，透气性增强，呼吸加快，这时如果温度适宜，种子内部各种酶开始活动，经过一系列生理生化变化，将种子本身贮藏的淀粉、蛋白质、脂肪等分解成可溶性的简单物质，供给胚的生长发育。种子萌发时吸收水分的多少和植物种类有关，一般含蛋白质较多的种子吸水多，含淀粉或脂肪为主的种子吸水少。萌发的适宜温度多在 20 ~ 25℃左右，种子中各种酶的最适温度不等，亦随植物种属不同而异，通常北方的种类种子萌发所需温度相对较南方的种类为低，而对高温的耐受性则较差。

一般种子的胚根或胚芽的长度达到一定量时，即为种子萌发的标志。以后，胚根继续发育成根系，使幼苗固定于土壤中，并从土壤中吸取水分和养料，胚芽伸出土面，形成茎叶系统，这样便发育成幼苗。

第二篇 SECTION

药用植物的分类

植物分类概述

第一节 植物分类学的意义

面对自然界极大的多样性，人类自然要进行分类。人们将多样的世界划分为一个个较小而易于掌握的群。在人类文明的早期阶段，人们就能识别出哪些植物可以食用，哪些植物可以作燃料，哪些植物有毒，这就是人们将熟悉的特征与植物的属性来进行简单的分类。植物的某些明显特征给人们以深刻的印象，以致在早期阶段，一些大的植物类群在科学上首次记载之前，就为人们所识别了，例如花序特殊的伞形科植物、具典型花的十字花科植物以及花和果很特别的豆科植物，这是人们对植物进行的分类，没有分类，我们就会面临一堆乱麻。

植物分类学（Plant taxonomy）是一门对植物进行鉴定，命名、分类并研究植物界各类群亲缘关系以及进化发展规律的一门基础学科。

自然界的许多植物类群，具有各自的不同特征，因而就可以将某类群与其他的类群区分开来，这种区分就是鉴定，鉴定的特征包括形态学，解剖学，细胞学，植物化学，数量分类学和地理分布等。以各个类群的相似性所反映它们之间在遗传上的亲缘关系为基础，将各个植物类群纳入某些等级系统，就是分类的工作。也就是将自然界的植物分门别类，鉴定到种，在此基础上，才能进一步深入研究植物其他方面的问题，因此植物分类学不仅是植物学基础，也是其他有关学科，如植物化学、中药鉴定学、中药资源学、生药学、植物地理学、植物生态学等的基础。与中医药、中药开发、农业、林业等也有密切关系。

我们学习植物分类学的目的和意义是：

1. 正确鉴定植物种类，为安全用药和药用植物开发利用提供保证 植物分类对植物种的鉴定是非常重要、细致的工作。有些植物种类在外表形态上很相似，难以区分，但其所含成分却迥然不同，为保证安全用药绝对不能混淆。例如：我们食用的八角茴香，属八角属（*Illicium*）植物，约50种，八角茴香（*Illicium verum* Hook. f.）成熟果实是著名调味香料，俗称大料，具温阳散寒，理气止痛作用；同属植物莽草（*Illicium lan-*

ceolatum A. G. Smith）的果实似八角，却含有莽草毒素等，有剧毒，曾有人因误食莽草果实而丧生。所以两者应准确鉴别，莽草果实具 10 ~ 13 个蓇葖果，先端具有一小钩。而八角茴香果实具 8 ~ 9 个蓇葖果，每果端无钩。种与种之间有本质的差别，只有准确分类，才能正确利用它们。中药品种混杂是由于一个品种由多种原植物所构成，如中药白头翁有 16 种不同的植物，分属于 4 个不同的科，这 16 种中只有一种原植物是真正的白头翁 *Pulsatilla chinensis*（Bge.）Regel. 为毛茛科白头翁属植物。原植物鉴定的正确与否对于其化学成分研究的结果影响甚大，这是有历史教训的，1883 年荷兰人 Eijkmann 研究常山，据说用的植物名叫和常山（*Orixa japonica* Thunb.）属芸香科植物，据其分析，含有小檗碱，后来又有不少人研究常山，但根本提取不出小檗碱来，这使荷兰人的发现成了一个谜，直到 1928 年日本人木村康一研究常山，才知道真正的常山应是虎耳草科的白常山（*Dichroa febrifuga* Lour.），荷兰人研究常山所用的植物并不是常山，也不是和常山，而是日本产的一种小蘖科植物，待搞清这一问题已过去了 45 年，所以植物成分的研究必须准确鉴定原植物，否则将得不到正确结论。

2. 熟悉植物之间的亲缘关系，为寻找新药源提供依据　根据植物亲缘关系，同科同属不同种的植物，往往含有相同或相似的化学成分，例如，1971 年美国 Wani 等从短叶红豆杉（*Taxus brevifolia* Nutt.）中得到紫杉醇（taxol）用于治疗癌症，并发表文章称短叶红豆杉为抗癌树和拯救生命的短叶红豆杉后，引起世界学者的重视，红豆杉为紫杉科紫杉属（*Taxus*）植物。全世界约 8 种 1 变种，分布于北半球温带至亚热带地区，通过对我国紫杉属植物资源调查。我国有 4 种 1 变种，对其成分进行提取分离，得到了具抗癌作用的紫杉醇及其他多种成分，现已用于临床。又如 60 年代我国从印度进口一种降血压药物。其原植物为蛇根木（印度萝芙木）（*Rauvolfia serpetina*（L.）Benth. ex Kurz），该植物为夹竹桃科萝芙木属的一个种，生于热带密林中，产于印度、缅甸等地，其根含利血平和血平定等 28 种以上的生物碱。依据植物的亲缘关系及生长环境，科技人员对我国热带地区资源进行调查寻找，终于在云南南部森林里找到了国产的萝芙木，后来发现云南也有印度萝芙木，经提取分离，从其根中得到利血平，临床证明，其降压效果好而平稳，且毒性较低，作用时间长于印度萝芙木制剂。上述例证生动地说明了研究植物属种亲缘关系对寻找类似化学成分，从而解决新药源问题具有指导意义。

3. 重视药用植物产地及种内变异的研究，对于保证和提高药材质量具有重要意义　药材质量好坏取决于药材品种，气候环境，栽培技术，采收加工储存运输等生产过程的各个环节，而药用植物的形态和药效成分受地理、季节、温度和光照等生态因素的影响。如提取青蒿素的黄花蒿（*Artemisia annua* L.），南北的同一种植物青蒿素含量存在很大差异，海南居群含量明显高于黑龙江省的居群。红花（*Carthamus tinctorius* L.）中所含腺苷具抑制血小板聚集作用，黄色素具延长外源与内源性凝血系统时间的作用，不同产地（新疆吉木萨尔、河南新乡、四川简阳、云南巍山）的红花中黄色素和腺苷含量存在明显差异，黄色素含量在 24.9% ~ 40.31%，其中巍山红花含量最高，简阳红花第二，吉木萨尔和新乡红花第三；腺苷含量吉木萨尔红花含量最高，简阳红花第二，新乡和巍山红花第三。红花的质量评价指标是腺苷和黄色素，只有此二者含量均高的品种才是优良品种。

4. 药用植物资源调查及其开发利用应具备植物分类学的知识　我国的天然药用资源种类繁多，分布广泛，这是中医药事业长期发展的物质基础和优势所在。但长期以来存在一些不可忽视的严重问题：一是许多天然物质资源没有得到充分的开发利用；另一方面却出现了一些常用药材资源的急剧减少，严重影响了市场的供应。正确评价我国药用资源现状，必须进行资源的调查，这就需要植物分类学的知识。经过调查搞清药用资源的种类和分布，对重点种类进行蕴藏量的调查，并进行经济量和年收量的测算，以便充分开发利用这些资源，并做到合理采收，永续利用。

第二节　植物分类方法和分类系统

人类对植物界的认识和研究，经历了漫长的历史，人们在实践中观察了各种植物的形态、构造、生活史和生活习性。根据掌握的大量知识，进行比较研究，找出它们的异同点，并将具有很多共同点的种类归并成一个类群，又根据它们之间的差异分成若干不同的种类。如此分门别类、顺序排列，形成分类系统。

人为分类方法是采取容易辨别的性状和特征（形态、习性、用途）作为分类的依据，只求识别和检索的便利，不考虑亲缘关系和演化关系。瑞典植物学家林奈（Carl Linmaeus）根据雄蕊的有无、数目及着生情况等将植物分成 24 纲，其中 1～23 纲为显花植物（如一雄蕊纲，二雄蕊纲等），第 24 纲为隐花植物。常将亲缘关系疏远的种类放在同一纲中（水稻和甘兰放在 6 雄蕊纲中），这种分类系统被认为是人为分类系统，我国古代也不乏这方面的学者和著作，其中以明代的李时珍和清代的吴其浚最为著称，李时珍的《本草纲目》将千余种植物分成草、谷、菜、果和木等五部，部下又分类，如草部分山草、湿草、毒草、青草、水草、蔓草、芳草、茅草、石草等 11 类，这种分法常切合实用；却误将人参与贯众同列为山草类，这样的分类，无论在解剖学上或系统发生上，都无共同之处，纯属人为分类法，而没有考虑植物亲缘关系和演化关系，上述系统称为人为分类系统（artificial systern）。

为了某种应用上的需要，各种人为分类系统有时仍在使用，如经济植物学中常常以油料、纤维、香料、药用等进行分类。

自然分类法是以植物的发生、形态及结构为依据，并按其相似的程度，决定其亲缘关系的远近，进一步推断植物界的谱系。1859 年英国生物学家达尔文（C. R. Darwin）的《物种起源》（Origin of species）问世以后，促进了自然分类法的研究，不少植物学家力求客观地反映出植物界的亲缘关系和演化发展，各自建立较为科学的自然分类系统（natural system）。现代的自然分类系统比较典型的有两个（当然还有很多的系统）一个是恩格勒（A. Englar）和勃兰特（K. Prant）为代表的系统；一个是哈钦松（J. Hutchinson）为代表的系统。两大系统所依据的理论原则均不相同（详见第十一章第三节）。生物学家在揭示生物的的系统发育方面已取得很大成绩，但离建立一个植物的自然系统还有距离。这就需要多学科配合研究，继续深入探讨植物系统发育的奥秘。

第三节　植物分类学的发展

经典分类学所用的形态学方法，取得了巨大成果，为植物分类打下了坚实的基础，随着科学的不断发展，植物分类学广泛吸收了现代科学技术和方法，出现了许多新的研究方向和新的边缘学科，如实验分类学、细胞分类学、化学分类学、数量分类学等，特别是生物化学、分子生物学的发展以及对核酸、蛋白质的深入研究，这些研究成果推动了经典分类学的进一步发展。

一、形态及结构方面的研究

植物的形态结构是传统的研究内容，由于新技术的引入，又有了新的发展。各分类群的性状是非常重要的，特别是原始与进化的性状，由于植物各部器官的演化不是同步的，因此，植物生殖器官较营养器官的特征更稳定，是植物分类的主要依据，如豆科植物的雄蕊和心皮，十字花科、蔷薇科和伞形科的果实特征、菊科和禾木植物的苞片、花、花序等，花各方面特征的演化趋势如下。

演化过程中被子植物花结构的变化

花的结构	发展方向
花萼	1. 数目减少到3、4或5个，且单轮排列
	2. 在某些科中，其大小和形态向有利于种子传播的方向简化
	3. 在某些科中，相邻的萼片合生为管状，甚至变为二唇形
	4. 花萼弯曲贴附于发育中的果实，提供更进一步的保护
花冠	1. 简化为一轮，具3、4或5个
	2. 相邻花瓣合并成管状，在高度进化的昆虫传粉植物中变为二唇形或其他两侧对称的类型。这不仅为昆虫提供了“登陆台”，而且对花药和柱头来说有防御气候变化的作用
	3. 与蜜腺和距有关的发育
雄蕊	1. 数目减少
	2. 从螺旋排列到轮生
	3. 两个花粉囊合并为一个
	4. 花药从基着发展为背着或丁字着生
	5. 由花药纵裂发展为适于传粉的孔裂或横裂
	6. 药隔发育成花瓣状的附属物，如美人蕉科和杜鹃花科等
	7. 花丝合生（如棉葵科，豆科）或花药合生（如菊科、兰科、苦苣苔科）
雌蕊	1. 由离生多心皮发展为心皮合生

续表

花的结构	发展方向
	2. 中轴胎座和侧膜胎座，而特立中央胎座则源于中轴胎座，基底和顶端胎座起源于前三种胎座
	3. 由多胚珠演化为少或单胚珠
	4. 倒生胚珠发展为直立胚珠或弯生胚珠
	5. 两层珠被经合并或一层消失而发展为一层
	6. 厚珠心类型发展为薄珠心类型。

引自 J. P. Savidge 1976

植物分类不仅研究植物形态特征，同时也对解剖学和发育生物学等特征进行研究。随着电子显微镜技术用于植物分类学研究，产生了超微结构分类学（Ultrastructural taxonomy），用扫描电镜（SEM）对孢粉、叶、种子和果实表面进行研究。

例如紫苏与白苏的学名，长期分合不定，近代分类学者 E. Merrill 认为紫苏与白苏为同一种植物，其变异是因栽培而引起，《中国植物志》中采用了 Merrill 的意见，将紫苏和白苏合为一种，均用白苏的学名 *Perilla frutescens*（L.）Britt.，然而这两种植物自古即是分开的，古书上称叶全绿的为白苏，叶两面紫色或面青背紫的为紫苏。为弄清这个问题，有学者采用多学科进行综合比较的研究，通过对其花粉的扫描电镜观察，紫苏花粉球形、长球形，稍小，萌发沟明显，且较宽。白苏花粉球形或近球形，稍大，萌发沟不明显。再结合花、果实的形态特征，种子的凝胶电泳蛋白谱带及挥发油中的主要化学成分等均具明显差异，因此将两者分开是合适的，白苏学名应为 *Perilla frutescens*（L.）Britt。紫苏学名应为 *P. frutescens*（L.）Britt. var. *arguta*（Benth.）Hand. - Mazz.。又如花椒属（*Zanthoxylum*）植物我国有约 50 种，除 2 种为正品花椒果实入药外，全国各地有约 20 种植物花椒的果实与正品花椒混用或代用，通过扫描电镜对各种花椒果实的表皮、气孔、角质层纹理；果柄毛茸、果柄纹理特征观察，对鉴别花椒果实具有显著意义。

二、细胞分类学

细胞分类学（cytotaxonomy）是利用细胞染色体资料来探讨分类学的问题。从 30 年代初开始，开展了细胞有丝分裂时染色体数目、大小和形态的比较研究，染色体的数目在各类植物中是不同的，约 47% 有花植物已有染色体数目的统计，一般种子植物染色体数为 $n=7\sim12$，蕨类植物染色体数为 $n=25\sim42$，被子植物最原始科的染色体基数是 7 或稍多于 7，个别低于 7，一般较为原始种类的染色体数目在 $2n=28$ 和 $2n=86$ 之间，细胞学资料结合其他特征对科、属、种的分类具有参考意义，例如牡丹属（*Paeonia*）以前放在毛茛科中，但该属的染色体基数为 $X=5$，个体较大，与毛茛科其他各属的基数不同，结合其他特征，将该属从毛茛科中分出，并独立成为芍药科，被广大分类学者普遍接受，最近的一些系统还设立芍药目（Paeoniales）。染色体形态和核型分析及染色体的配对行为，对种群之间关系及其演化也是很有价值的证据。

三、化学分类学

植物化学分类学（chemotaxonomy）是以植物的化学成分为依据，研究各类群间的亲缘关系，探讨植物界演化规律，也可以说是从分子水平上来研究植物分类及其系统演化。植物化学分类学的主要任务是研究植物各类群所含化学成分和生合成途径；研究化学成分在植物系统中的分布规律以及在经典分类学的基础上，从植物化学组成所反映出来的特征，并结合其他有关学科，来进一步研究植物分类与系统发育。近 40 多年研究证明，化学证据有助于解决从种以下分类单位，一直到目一级的分类单位系统发生的问题。用植物化学方法来研究分类，主要是植物的次生代谢产物，如生物碱、苷类、黄酮类、香豆素类、萜类与挥发油等。这些成分在植物体中有规律的分布，成为有价值的分类性状。例如最著名的例子是关于甜菜拉因（betalain）色素的研究，甜菜拉因只分布在中央种子目中，该目包括商陆科、紫茉莉科、粟米草科、马齿苋科、苋科、番杏科、落葵科、仙人掌科、刺戟草科、石竹科、藜科，而该目中的石竹科和粟米草科不含甜草拉因而含有花色苷，因此很多学者认为应将石竹科和粟米草科分出，另立石竹目，得到大家的认同。又如百合科铃兰属（*Convallaria*）植物分布于欧亚大陆，共有 2 种，铃兰（*C. keiskei*）和欧洲铃兰（*C. majalis*），两者是合并还是保持两种一直在争论，通过对其所含黄酮类成分的研究，发现亚洲所产铃兰含有金丝桃苷（hyperin）和铃兰黄酮苷（keioside），而欧铃兰不含有，结合形态特征和地理分布，两者可明显区分。这样，我国所产铃兰学名应为 *Convallaria keiskei*，与欧洲铃兰是不同的种。青冈属（*Cyclobalanpsis*）与栎属（*Quercus*）的分合是栎属系统演化中长期争论的问题。经过化学成分研究，栎属中所含有的化学成分，如粘霉醇，广寄生苷，山奈酚 -3 - *O* - β - D 半乳吡喃糖苷，槲皮素 -3 - *O* - β - D - 木糖吡喃苷等成分与青冈属基本相同，通过薄层分析表明两者关系十分密切。再结合花粉、叶片、总苞等特征，表明青冈属与栎属是一个自然类群，支持将青冈属归入栎属中，作为属下等级青冈亚属的处理。

四、数量分类学

数量分类学（numerical taxonomy）是将数学、统计学原理和电子计算机技术应用于生物学的一门边缘学科，又称数值分类学。是用数量方法评价有机体类群之间的相似性，并根据这些相似值把类群归成更高阶层的分类群。数量分类学以表型特征为基础，利用有机体大量的性状和数据，包括形态学、细胞学、生物化学等各种性状，按照一定的数学程序，用电子计算机作出定量比较，客观反映出各类群的相似关系和进化规律。例如选取黄精属（*Polygonatum*）28 个形态性状、细胞学性状、化学性状，对东北地区黄精属 8 种植物进行数量分类学研究，结果表明：黄精属应分为二类：一类是黄精、热河黄精、狭叶黄精、毛筒玉竹，可作黄精类药材，另一类是玉竹、小玉竹、春水玉竹、二苞黄精，可作玉竹类药材；通过分析热河黄精与黄精的相似程度最大，结合药理学研究，将热河黄精作为中药黄精的原植物之一是合理的；春水玉竹是否做一独立种，一直在争论，经过研究分析，支持春水玉竹做为独立种的观点。有学者选取了人参属 52 个形态性状和细胞学与化学性状，对中国人参属 10 个种和变种进行了数量分类学研究，进一步证明人参属分为两个类群基本上是合理的，达玛烷型皂苷的含量与根、种子和叶的锯齿性状有密切相关性。种子大、根肉质肥壮、叶的锯齿较稀疏，达玛烷型四环三萜含量就高；齐墩果酸型皂苷的含量与果实、根茎节间宽窄、花序梗长（花序梗长与叶柄长之比）有关，节间宽、花序梗远较叶柄长的含量也高。为人参属植物的药用，给予了有益的提示。

五、实验分类学

实验分类学（experimental taxonomy）是用实验方法研究物种起源、形成和演化的学科。种是真实存在的，经典分类对种的划分，常常不能准确反映客观实际，忽视了生态条件对一个物种形态习性的影响，有时将生态类型所产生的形态变化作为分类依据，难以划分，这些问题有待从实验分类学的研究去解决。例如：瑞典植物学家杜尔松（Turesson）注意到一些海岸植物，植物体为匍匐生长，而同一种植物生在平原地区是直立的，他把这两种类型植物种植于平原的实验地内，在同样的生长环境和同样长的时间内，发现海岸来的植株仍匍匐生长，平原来的植株直立生长，保持各自固有形态，经过改变生态条件进行移栽实验，他认为同一种的不同种群（居群）在适应性上有差别，而且比较稳定，可以叫不同的“生态型”。后来较多学者证实和丰富了杜尔松的观点，因此实验分类学与生态学、遗传学是密切相关的。实验分类还进行物种的动态研究，探索一个种在其分布区内，由于气候及土壤等条件的差异，所引起的种群变化，用实验分类学来验证划分种的客观性；实验分类学用种内杂交及种间杂交，来验证自然界种群发展的真实性。这些研究促进了物种生物学和居群生物学的产生和发展。

由于分子生物学的不断发展，实验分类学已由细胞水平深入分子水平方向研究，细胞质及细胞核的移植，是加速物种形成及人工控制物种发展的新途径，而基因移植又使实验分类学迈入更高的阶段。

第四节　植物分类的等级

植物分类等级是表示每一种植物的系统地位和归属，就是表示植物间类似的程度，亲缘的远近。将具有一定共同特征的种组成了遗传组成上相关的属，同样，再把具有一定共同特征的属归成范围更大科，如此类推，将各分类等级按其从属关系排列起来，就是分类的阶层系统（hierarchy）。分类单位的主要等级自下而上依次是种（species）、属（genus）、科（familia）、目（ordo）、纲（classis）、门（divisio）和界（regnum）。这样，每个种隶属于（归入）某个属，每个属隶属于某个科，每个科隶属于某个目，每个目隶属于某个纲，最后是植物界最大的分类单位门。如果植物种类众多，需要有更多的分类等级时，可在各级前添加前缀“亚”（sub），如亚界（Subregnum）、亚门（subdivisio）、亚纲（subclassis）、亚目（subordo）、亚科（subfamilia）、亚属（subgenus）、亚种（subspecies）。有时亚科下还有族（Tribus）、亚族（subtribus）；亚属下有组（sectio）、亚组（subsectio）、系（series）、亚系（subseries）等。

分类单位主要等级排列是：

中文	英文	拉丁文
界	Kingdon	Regnum
门	Division	Divisio (phylum)
纲	Class	Classis
目	Order	Ordo
科	Family	Familia
属	Genus	Genus
种	Species	Species

门的拉丁名词尾一般加 - phyta；纲的拉丁名词尾加 - opsida 或 - eae；目的拉丁名词尾加 - ales；科的拉丁名词尾加 - aceae。科的名称是该科中的一个属的合法名称的词干上添加词尾 - aceae，如松科 Pinaceae 是由该科松属 Pinus 的词干 Pin - 加上词尾 - aceae 而成，虽然有八个科名，不具有 - aceae 词尾，由于长期使用而被认可，做为保留名而应用，按照《国际植物命名法规》的规定与规范科名可以互用，见下表：

科名	保留名（互用名）	规范科名
菊科	Compositae	Asteraceae
十字花科	Cruciferae	Brassicaceae
禾本科	Gramineae	Poaceae
藤黄科	Guttiferae	Hypercaceae
豆科	Leguminosae	Fabaceae
唇形科	Labiatae	Lamiaceae
棕榈科	Palmae	Arecaceae
伞形科	Umbelliferae	Apiaceae

种（species）是生物分类的基本单位，同一种植物具有一定的形态、生理特征，具有一定的自然分布区，种内个体间不仅具有相同的遗传性状，而且彼此可以交配（传粉受精）产生能育的后代，与其他类群存在生殖隔离。不同种的个体之间一般不能进行杂交，即使杂交一般不会产生能育的后代。在自然界中，种是真实存在的。种起源于共同的祖先，是进化过程中的一个阶段。种以下还有亚种、变种、变型 3 个分类单位；栽培植物还有品种。

亚种（subspecies，缩写为 subsp. 或 ssp.）

是指在不同分布区的同一种植物，由于生态环境不同导致两地植物在形态特征或生理功能上产生的差异。

变种（varietas，缩写为 var.）

是指具有相同分布区的同一种植物，由于微生境不同，在形态上产生的变异，且变异比较稳定，分布范围较亚种小。

变型（forma，缩写为 f.）

是指一个种内仅有微小差异，如花、果的颜色，被毛情况等，但其分布没有规律的相同物种的不同个体。

品种：用于栽培植物的分类上，这些植物有可能是人工培育的，但也有可能是野生起源的。无论其起源如何，总之是一群具有特殊性状和明显区别特征的，而且是人工定向培养的栽培植物。品种是人类劳动的产物（野生植物中没有品种），具有一定的形态、大小、气、香、味等，例如药材中的竹根姜和白姜，人参的大马牙、二马牙、长脖等。

居群（population）这是一个应该重视的生物层次，居群是物种的基本结构单元，也是物种存在的具体形式。个体组成居群，居群组成种，每一物种都有一定的空间结构，在其分散的，不连续的居住场所形成大大小小的群体，其中所有成员共有一个基因库，称为居群。同一物种内存在着居群的多样性，例如同一种植物当归（*Angelica sinensis*）产于甘肃、云南、四川，由于生长环境的差异，往往会产生一些不大的变异，如所含挥发油三个产地就有所不同，甘肃产当归挥发油含量最高，药材质量最好。种内居群差异就是构成道地药材的基础。

现以丹参为例表明其分类等级如下：

界：植物界（Regnum Vegetabile）

门：被子植物门（Angiospermae）

纲：双子叶植物纲（Dicotyledoneae）

目：唇形目（Lamiales）

科：唇形科（Labiatae）

属：鼠尾草属（*Salvia*）

种：丹参（*Salvia miltiorrhiza* Bunge）

第五节 植物的命名

植物种类繁多，人们为了区别这些植物，用自己的语言给常见的植物以各种名称，但由于各个国家，各个民族语言和文字不同，对同一种植物常有不同的名称，经常出现同物异名和同名异物现象。例如铃兰，在英国叫 lily of thevally，在法国叫 muguet，在德国叫 Maiblume，前苏联叫 landysh 等。又如中国华西地区称蚕豆为胡豆，苏南又称为寒豆，其学名为 *Vicia faba* L. 这样容易造成名称的混乱，不便于国际交流。所以广大学者认为每个植物应具有一个大家公认的、合法的，世界通用的科学名称，这就是学名（scientific name）

一、植物学名的组成

瑞典的生物学家林奈（Carolus Linnaeus）于 1753 年在《植物种志》中倡用了双名

法（binomial system），在此基础上，经过国际植物学会多次修改和完善制定了国际植物命名法规（International Code of Botanical Nomenclature，简称 ICBN），为世界各国植物学者共同遵守。按照法规，每种植物学名只能有一个正确的名称，即最早的、符合各项规则的名称；植物学名不论其词源如何，均须拉丁化，如中文的荔枝写成 *Litchi*。双名法即每个植物学名由两个单词组成，第一个词为该植物所隶属的属的名称（属名），第二个词是种加词（Specific epithet），最后是命名人名，这三部分共同构成了植物的学名，这种命名法为双名法。属名 + 种加词 + 定名人，如桑的学名是 *Morus alba* L.，*Morus* 是桑的属名，*alba* 是种加词，L. 是定名人 Linnaeus 的缩写。

属名：是一个单数名词或做为单数名词来处理的词，用单数主格，属名的第一个字母用大写，属名可以是任何来源的词，如来源于古拉丁名的 *Rosa*（蔷薇花），来源于人名 *Magnolia*（法国植物学家 Pierre Magnol），来源于形态特征 *Platycodon*（花冠宽钟形），来源于地名、生境、地方俗名等。

种加词：是学名第二个词，以前称“种名”，种加词一律小写，用形容词作种加词时必须与属名同性属，同数同格。例如：黄精 *Polygonatum sibiricum* Red，芍药 *Paeonia lactiflora* Pall. 等的种加词。*sibiricum* 为中性，单数，主格，*lactiflora* 为阴性，单数，主格，均与属名一致；用同位名词作种加词时，应与属名同数，同格，但性属可以不同，如洋葱，*Allim cepa* L.、石榴 *Punica granatum* L.，*Alllium* 为中性、单数、主格，*cepa* 为阴性、单数、主格；*Punica* 为阴性、单数、主格，*granatum* 为中性、单数、主格；用人名作种加词时，将人名形容词化，在原人名后加（i）ana（阴性），（i）anus（阳性），（i）anum（中性），如甘肃黄芩 *Scutellaria rehderiana* Diels 的种加词 *rehderianana* 来自于 Alfred Rehder。

命名人：在种加词后是该植物命名人的人名，命名人的姓氏一律要拉丁化，中国人名用汉语拼音法。命名人的姓放在最后并写全，名可以简化，用大写第一个字母，如：新巴黄芪 *Astragalus hsinbaticus* P. Y. Fu 中 P. Y. Fu 为 Fu - pei - yun（付沛云）的缩写。命名人的姓名如果较长，可缩写，如字首 - 连有两个以上辅音时，可将辅音字母保留，其余省略，如：Blume→Bl.，如为二音节者，取第一音节和第二音节的辅音字母，Thunbeg→Thunb.，如为三音节者，取前二个音节和第三音节的辅音字母，Maximowicz→Maxim.，命名人缩写的习惯写法应予保留，Linnaeus→Linn. 或 L.，De Candolle→DC.。

二、种以下分类单位的名称

是种的名称（属名和种加词）和种下等级加词（infraspecific epithet）的组合，其间用指示等级的术语相连，指示等级的术语有：亚种（subsp.）、变种（var.）、变型（f.），其学名为：属名 + 种加词 + 亚种（变种或变型）加词，又称三名法，例如：

紫花地丁 *Viola philippica* Cav. subsp. *munda* W. Beck.

百合：*Lilium brownii* F. E. Brown. var. *viridulum* Backer

黄花轮叶贝母：*Fritillaria maximowiczii* Freyn f. *flaviflora* Q. S. Sun et H. Ch. Luo

此外，栽培变种的学名，是在种加词之后，加写 cultivarietas 的缩写符号 cv.，再写栽培变种的名称，第一个字母应大写。例如抚芎 *Ligusticum chuanxiong* Hort. cv. Fuxiong。

某些栽培植物的学名后附有 Hort.，Hort. 是 Hortulanorum（园艺家的，花匠的，园丁的）的缩写，表示此栽培植物是园艺家们培育出来的，没有哪个植物学家正式为它命名。例如川芎 *Ligusticum chuanxiong* Hort.，在 cv. 和 Hort. 后均不写命名人。

我们常常看到，一个学名有 2 个命名人，而且其中一个人名用括号括起来，表示这一学名已经重新组合，重新组合有两种可能：新组合（comb. nov.）或改级新组合（stat. nov.）例如：

白头翁：*Pulsatilla chinersis*（Bge.）Regel

Bunge 于 1883 年将白头翁放在银莲花属，定名为 *Anemone chinensis* Bge. 后来经 Regel 研究，认为 Bunge 将白头翁放在银莲花属（*Anemone*）不合适，于 1861 年将白头翁由银莲花属转移到白头翁属，仍留用原来的加词 chinersis，重新组合成 *Pulsatilla chinensis*（Bge.）Regel. 原来的名称 *Anemone chinensis* Bunge（1833）称基原异名（basionym）原命名人加括号以示区别。

朝鲜顶冰花 *Gagea lutea*（L.）Ker - Gawl. var. *nakaiana*（Kitag.）Sun

Kitagawa 于 1939 年将朝鲜顶冰花定为种级，*Gagea nakaiana* Kitag.。后经研究认为，他应是欧洲顶冰花的一个变种，故将其降为变种级，则作改级新组合：*Gagea lutea*（L.）Ker - Gawl. var. *nakaiana*（Kitag.）Sun（1992 年）。原来的 *Gagea nakaiana* Kitag.（1939 年）为基原异名。

有时两命名人中间用 ex（从……，根据……）相连，表示第一作者提出而未曾合格发表，由第二作者作合格发表，若要缩写，则作合格发表的作者较为重要，应予保留，例如：

小玉竹 *Polygonatum humile* Fisch. ex Maxim. 也可写成 Polygonatum humile Maxim.

如果两命名人之间插有 et，表示两个人共同发表该学名。例如：厚朴 *Magnolia officinalis* Rehd. et Wils.

第六节　植物界的分门及分类检索表

一、植物界的分门

现在生存在地球上的植物，大约有 50 万种以上。对数目如此众多，相互间千差万别的植物进行研究，首先要根据它们的性质、特征，进行分门别类，否则无从入手。植物界的分门至今尚无定论，不同的学者具有不同的分门方法，有的分成 16 门，有的分成 15 门，有的分成 18 门等。

本教材根据目前植物分类学常用的分类法，将植物界分为 16 门，即：藻类 8 门、菌类 3 门、地衣 1 门、苔藓 1 门、蕨类 1 门，种子植物 2 门，列表如下：

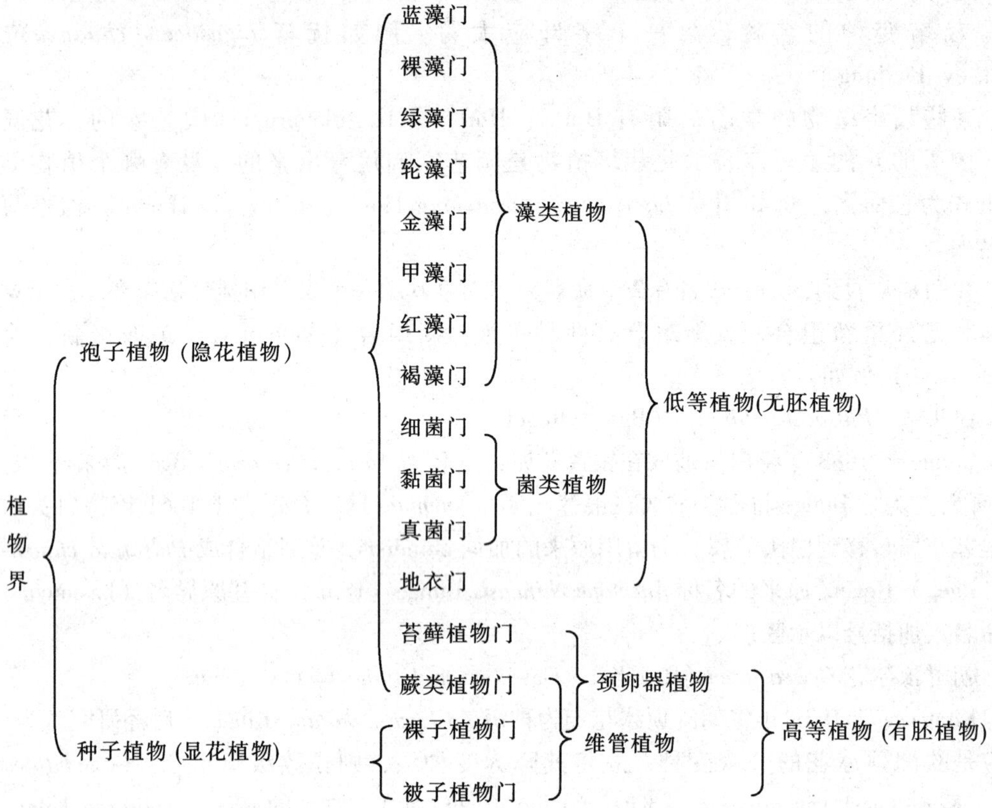

植物界
- 孢子植物（隐花植物）
  - 蓝藻门
  - 裸藻门
  - 绿藻门
  - 轮藻门
  - 金藻门
  - 甲藻门
  - 红藻门
  - 褐藻门
  - 细菌门
  - 黏菌门
  - 真菌门
  - 地衣门
  - 苔藓植物门
  - 蕨类植物门
- 种子植物（显花植物）
  - 裸子植物门
  - 被子植物门

藻类植物
菌类植物
低等植物(无胚植物)
颈卵器植物
维管植物
高等植物（有胚植物）

各门植物之间，具有亲缘远近之分。可根据它们的共同点分成若干类。例如，从蓝藻门到褐藻门，它们大多为水生，具有光合作用的色素，属于自养植物，将这 8 门植物统称为藻类（Algae）。细菌门、黏菌门和真菌门，它们不具光合作用色素，大多营寄生或腐生生活，将这 3 门合称为菌类植物（Fungi）。地衣门是藻类和菌类的共生体。藻类、菌类、地衣合称为低等植物（Lower plant），苔藓、蕨类、种子植物合称为高等植物（Higher plant）。低等植物在形态上无根、茎、叶分化，构造上一般无组织分化，生殖器官单细胞，合子发育时离开母体，不形成胚，故又称无胚植物（non - embryophyte）。高等植物在形态上有根、茎、叶的分化，构造上有组织分化，生殖器官多细胞，合子在母体内发育形成胚，故又称有胚植物（embryophyte）。藻类、菌类、地衣、苔藓、蕨类植物都用孢子进行繁殖，所以叫孢子植物（spore plant）。由于它们不开花、不结实，又称为隐花植物（cryptogamia）。裸子植物和被子植物都用种子进行繁殖，所以叫种子植物（seed plant）。又因种子植物能开花结实，又称显花植物（phanerogamae），其中被子植物又称有花植物（flowering plant）。从蕨类植物起，到种子植物都有维管系统，称维管植物（Vascular plant）。藻类、菌类、地衣、苔藓植物无维管系统，称无维管植物（non - vascular plant）。苔藓植物门与蕨类植物门的雌性生殖器官，都以颈卵器（Archegonium）的形式出现，在裸子植物中，也有颈卵器退化的痕迹，这三类植物又合称为颈卵器植物（Archegoniatae）。

二、植物分类检索表

检索表（Key）是鉴定植物类群的工具，检索表是根据法国植物学家拉马克（Lamarck）的二歧分类原则编制而成。即将每种植物的主要特征进行比较，找出相同点和不同点，分成相对应的两个分支，再把每个分支中显著互相对立的性状特征又分成相对应的两个分支，直到最后，并按各分支的先后顺序给予标号，相对应的两个分支的标号数应是相同的。

使用检索表时，首先应仔细观察植物标本的各部分特征，如根的类型，茎的形状，叶的形状、叶脉、叶缘、叶基等，特别要对花和果实进行解剖观察，掌握有关描述植物形态的术语，与检索表上所记载的特征进行比较，如有两者一致则按项逐次检索，如果特征与检索表记载的某项号内容不符，应查找与该项相对应的一项，如此检索，便可检索到该标本的名称。为达到准确无误，将检索出来的植物名称和标本特征，与各类工具书进一步核对，以保证检索的准确。

常用的检索表有分科、分属和分种检索表。植物分类检索表根据其排列方式的不同，有定距式、平行式、连续平行式三种。以本教材植物界的分门的分类为例，编制三种形式的检索表如下：

1. 定距检索表 是最常用的检索表，将每对相互矛盾的特征间隔在一定的距离处，而注明同样的号数，如1－1，2－2，3－3等，每下一项用后缩一格来排列。如：

1. 植物体无根、茎、叶的分化，没有胚胎 …………………… 低等植物
  2. 植物体不为藻类和菌类所组成的共生体。
    3. 植物体内有叶绿素或其他光合色素，为自养生活方式 …………………… 藻类植物
      3. 植物体内无叶绿素或其他光合色素，为异养生活方式 …………………… 菌类植物
        2. 植物体为藻类和菌类所组成的共生体 …………………… 地衣植物
1. 植物体有根、茎、叶的分化、有胚胎 …………………… 高等植物
  4. 植物体有茎、叶而无真根 …………………… 苔藓植物
    4. 植物体有茎、叶也有真根。
      5. 不产生种子，用孢子繁殖 …………………… 蕨类植物
        5. 产生种子，用种子繁殖 …………………… 种子植物

2. 平行检所表 与定距检索表不同在于每对相互矛盾的特征紧紧相连，在相邻的两行中给予一个号数，如1.1，2.2，3.3等，在一项叙述之后为下一步检索的数字或名称。仍以上例说明：

1. 植物体无根、茎、叶的分化，无胚胎（低等植物） …………………… 2
1. 植物体有根、茎、叶的分化，有胚胎（高等植物） …………………… 4
2. 植物体为菌类和藻类所组成的共生体 …………………… 地衣植物
2. 植物体不为菌类和藻类所组成的共生体 …………………… 3
3. 植物体内含有叶绿素或其他光合色素，为自养生活方式 …………………… 藻类植物
3. 植物体内不含有叶绿素或其他光合色素，为异养生活方式 …………………… 菌类植物
4. 植物体有茎、叶，而无真根 …………………… 苔藓植物
4. 植物体有茎、叶，也有真根 …………………… 5

5. 不产生种子，用孢子繁殖 ………………………………………………………………… 蕨类植物
5. 产生种子 ……………………………………………………………………………………… 种子植物

3. 连续平行检索表　将每对相互矛盾的特征用两个号码表示，如1（6）和6（1），当所检索的植物特征符合1时，就向下检索2，若不符合该植物特征就检索6，一直检索到所要找的特征。以上例说明。

1.（6）植物体无根、茎、叶的分化，无胚胎……………………………………………… 低等植物
2.（5）植物体不为菌类和藻类所组成的共生体。
3.（4）植物体内有叶绿素或其他光合色素，为自养生活方式………………………… 藻类植物
4.（3）植物体内无叶绿素或其他光合色素，为异养生活方式………………………… 菌类植物
5.（2）植物体为藻类和菌类所组成的共生体………………………………………… 地衣植物
6.（1）植物体有根、茎、叶的分化，有胚胎………………………………………… 高等植物
7.（8）植物体有茎、叶，而无真根……………………………………………………… 苔藓植物
8.（7）植物体有茎、叶，有真根。
9.（10）不产生种子，用孢子繁殖 ………………………………………………………… 蕨类植物
10.（9）产生种子……………………………………………………………………………… 种子植物

藻类植物 Algae

第一节 藻类植物概述

藻类植物是植物界中最原始的低等植物类群，具有进行光合作用的色素，能制造养分供本身需要，是能独立生活的自养原植物体植物（thallophytes）。

藻类植物体构造简单，没有真正的根、茎、叶的分化，生殖器官为单细胞，植物体的形状和类型多种多样，大小差异也很大，有单细胞体只有几个微米，必须在显微镜下才能看到，如衣藻、小球藻等；有的多细胞呈丝状、叶状、枝状的，如水绵、海带、昆布、石花菜、海蒿子等；最大的藻体长达 60 米以上，藻体结构也较复杂，分化为多种组织，如生长在太平洋中的巨藻（*Macrocystis*）。

藻类植物绝大多数生活在水中（淡水或海水）；有部分藻类也生活在潮湿的岩石、墙壁、树干、土壤表面上。有些水生藻类能耐低温和高温，如冰雪藻能生长在雪线以上，以及南北两极的冰雪中，因其所含色素类型不同，常使雪面形成红雪、绿雪、黄雪等景观；某些蓝藻、硅藻能生长在高达 50℃ ~85℃温泉中。有的藻类和真菌共生，形成共生的复合体（如地衣）。藻类植物对环境要求不高，适应能力强，有些种类可以在营养贫乏、光照微弱的环境中生长。

藻类植物繁殖方式有三种：营养繁殖、无性生殖和有性生殖。营养繁殖是营养体（藻体）上的一部分由母体分离出来后又能长成一个新个体。如有些蓝藻和有些单细胞藻类。单细胞藻类经过细胞分裂后，分为 2 个子细胞，子细胞各形成一个新个体，此时原藻体不再存在；多细胞藻体断裂部分能长成新个体，均属于营养繁殖。无性生殖的方式是产生孢子（spore），产生孢子的母细胞呈囊状叫孢子囊（sporangium），孢子不需结合，1 个孢子可长成 1 个新个体。孢子主要有具鞭毛能游动的游动孢子（zoospore）、不具鞭毛的不动孢子又称静孢子（aplanospore）和厚壁孢子（akinete）3 种。有性生殖的生殖细胞叫配子（gamete），产生配子的囊状结构细胞叫配子囊（gametangium）。一般情况下，配子必须两两相结合成为合子（zygote），由合子直接萌发长成新个体，或由合子产生孢子长成新个体；极少情况下，配子不经过结合长成新个体的，叫单性生殖。根据结合的两个配子大小、形状、行为不同又分为同配（isogamy）、异配（heterogamy）和卵配（oogamy）。同配指结合的两个配子大小、形状、行为完全一样；异配指相结合的两个配子的形状一样，但大小和行为不同，大而较不活泼的叫雌配子（female gamete）、小而较活泼的叫雄配子（male gamete）；卵配指相结合的两个配子的大小、形状、行为都不相同，大的无鞭毛，不能游动，特称为卵（egg），小的具鞭毛，很活泼，特称为精子（sperm）。卵和精子的结合叫受精（fertilization），受精卵即成为合子。藻类植物的合子不发育成多细胞的胚，而是直接发育成新个体。所以藻类植物是无胚植物。

藻类植物约有3万种，广布全世界。藻类营养价值很高，含有大量的碳水化合物、蛋白质、脂肪、无机盐，多种维生素和有机碘等微量元素，广泛用于药品和食品中。藻类的提取物可用于工业、食品业、医药和科研。我国药用藻类114种。随着对藻类植物的深入研究，海洋的进一步开发，藻类资源将被人类充分利用。

第二节 藻类植物的分类

根据藻类植物光合作用的色素种类、贮存养分的不同、植物体的形态、细胞核的构造、细胞壁的成分、鞭毛的有无、数目、着生位置和类型、生殖方式等差异，一般将藻类植物分为九个门，各门的主要特征见表5-1。现将具有药用价值并且在分类系统上关系较大的蓝藻门、绿藻门、红藻门、褐藻门简介如下。

表5-1 藻类各门主要特征

门	种数	主要色素	光合产物	鞭毛特点	细胞壁成分	习性
蓝藻门	1500	蓝绿色 叶绿素a、藻红素、藻蓝素、类胡萝卜素、叶黄素	蓝藻淀粉 蓝藻颗粒体	无	黏肽 果胶酸 黏多糖	淡水产 海产 亚气生
甲藻门	1100	橙黄或褐色 叶绿素a、多叶绿素c及类胡萝卜素、叶黄素	淀粉 （α-1，4-枝链葡聚糖）	1条侧生 1条后生	纤维素	海产 淡水产
金藻门	1000	金橄榄色 叶绿素a、多叶绿素c及类胡萝卜素、叶黄素	昆布多糖 （β-1，3-葡聚糖）	1条或2条顶生	果胶质 含硅质	主要淡水产
黄藻门	500	金黄色 叶绿素a、β-胡萝卜素 叶绿素c、叶黄素、异黄素	油 金藻昆布糖	2条近顶生略偏向腹部不等长	果胶质为主少 SiO_2 及纤维素	主要淡水产
硅藻门	16000	橄榄褐色 叶绿素a、多叶绿素c及类胡萝卜素、叶黄素	昆布多糖 （β-1，3-葡聚糖）	仅精子具1条	果胶质 硅质 无纤维素	淡水产 海产

续表

门	种数	主要色素	光合产物	鞭毛特点	细胞壁成分	习性
裸藻门	800	绿色 多叶绿素 a 及叶绿素 b、少类胡萝卜素及叶黄素	裸藻淀粉	1~3 条顶生	周质体 无细胞壁	主要淡水产
绿藻门	8000	绿色 多叶绿素 a 及叶绿素 b、少类胡萝卜素	淀粉 （植物淀粉）	2 条或更多顶生或近顶生	纤维素	多淡水产 少海产 少亚气生
褐藻门	1500	橄榄褐色 叶绿素 a、多叶绿素 c 及类胡萝卜素、叶黄素	昆布多糖 （β-1，3-葡聚糖）	仅精子具 2 条侧生	藻胶酸 褐藻糖胶 纤维素	几乎全海产 冷洋区多见
红藻门	4000	红色至黑色 叶绿素 a、类胡萝卜素、多藻胆素、少叶绿素 d	红藻淀粉 （肝多糖，类似于α-1，4-枝链葡聚糖）	无	外层果胶质（琼脂糖、半乳糖），内层纤维素	绝多为海产 少淡水产 很多产热带

（引自叶创兴等，2002 年）

一、蓝藻门 Cyanophyta

蓝藻常分布于温暖而富含有机质的淡水中，呈蓝绿色又称蓝绿藻（blue - gree algae），是一类原始的低等植物，藻体为单细胞个体，多细胞群体或丝状体。细胞为典型的原核结构，细胞壁的化学组成与细菌类似。

蓝藻是一类简单而原始的自养性原核生物，其细胞壁内的原生质体不分成细胞质和细胞核。而分化为中央质（centroplasm）和周质（periplasm），也称色素质（chromoplasm），中央质位于细胞中央，含有遗传物质，由于没有核仁和核膜，但有核物质的功能，故称原始核或拟核。周质中含有光合作用的色素，但无叶绿体。蓝藻的光合色素主要是叶绿素 a、b，胡萝卜素、黄胡萝卜素、蓝藻黄素、蓝藻叶黄素和藻胆素等。但也有些种类的细胞壁外层的角质鞘中含红、紫等非光合色素，使藻体呈红、紫等颜色。细胞贮藏的营养物质主要是蓝藻淀粉和蓝藻颗粒体。

蓝藻的繁殖主要是营养繁殖，在单细胞类型是细胞直接分裂后，产生子细胞并发育成新个体；丝状体种类则先分裂成若干小段，每一小段各长大形成新个体；群体类型则经过反复分裂，使群体长大，较大的群体再分离成若干较小的群体；少数蓝藻通过产生孢子，进行无性生殖。

蓝藻约 150 属，近 1500 种，分布很广，从两极到赤道，从高山到海洋，主要生活在淡水中。不少种类含有丰富的蛋白质，氨基酸等营养物质，可食用、药用或制成保健品，某些蓝藻的提取物有抗炎和抗肿瘤作用。

【药用植物】

螺旋藻*Spirulina platensis*（Nordst.）Geitl. 为颤藻科植物。为淡水热带藻类，是一种

单细胞水生植物，形如钟表发条，呈螺旋状，蓝绿色，随种类不同，藻体大小不一，一般长 300 ~ 500μm。本属植物全世界有 38 种，原产中非和墨西哥，我国已大量人工养殖，藻体含有粗蛋白（67%），粗脂肪（4.2%），粗纤维（4.1%），糖类（15.9%）及维生素、微量元素等。其蛋白质的氨基酸种类齐全，特别是必需氨基酸含量较多，具有益气养血、健脾化痰、散结软坚、抗辐射、提高机体免疫力作用，现已制成各种保健品或食品。（图 5 - 1）

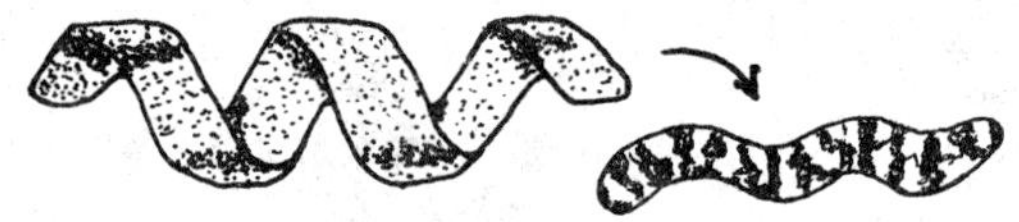

图 5 - 1 螺旋藻属植物体的一部分

葛仙米*Nostoc commune* Vauch 为念珠藻科植物。植物体由多数圆球形细胞组成的单列丝状体，形如念珠，丝状体外有一个胶质鞘包围，形成团块状或片状的胶质体。在丝状体上隔一定距离有一个形状有些差异的细胞，叫异形胞，异形胞壁厚，两个异形胞之间，或由于丝状体中某些细胞的死亡，将丝状体分成许多小段叫藻殖段。异形胞和藻殖段的产生，有利于丝状体的断裂和繁殖。总胶质体呈球状，形如木耳，蓝绿色或橄榄绿色。分布于各地，多生于潮湿土壤和石上。可供食用，习称“地木耳”，能清热、收敛、益气、明目。（图 5 - 2）

同属植物发状念珠藻*N. flagelliforme* Bom. et Flah.，俗称发菜，是我国西北地区食用藻类。

二、绿藻门 Chlorophyta

绿藻门为真核藻类（eukaryotic algae），植物体形态多种多样，有单细胞体（衣藻属 *Chlamydomonas*）、群体（盘藻属 *Gonium*）、丝状体（刚毛藻属 *Ladophora*）和叶状体（石莼属 *Ulva*）等。该门植物在许多特征上与高等植物相同，如营养贮藏物质为淀粉，色素类型包括叶绿素 a、叶绿素 b、叶黄素和胡萝卜素等四种，运动细胞具有 2 或 4 条顶生等长鞭毛，细胞壁两层，内层主要有纤维素组成，外层为果胶质。大多认为高等植物与绿藻具有亲缘关系。

绿藻的繁殖方式有营养繁殖、无性生殖和有性生殖。营养繁殖是某些单细胞绿藻，细胞多次分裂后，每个细胞发育成一新植物体，如衣藻产生的游动孢子，小球藻产生的不动孢子等；大的群体、丝状体由断裂的片段，再形成新个体。无性生殖形成游动孢子或静孢子，由孢子萌发成新个体，游动孢子无细胞壁，结构和衣藻型细胞相似。静孢子无鞭毛，不能游动，有细胞壁，分为两类：静孢子在形态上与母细胞相同，称为似亲孢子（autospore）；静孢子具极厚的细胞壁，称厚壁休眠孢子（hyphospore）。有性生殖为同配或异配，少数为卵配，极少数为两个细胞间形成结合管，其中一个细胞的原生质流向另一个细胞，融合后形成合子的结合生殖，如水绵。不少种类的生活史中有世代交替

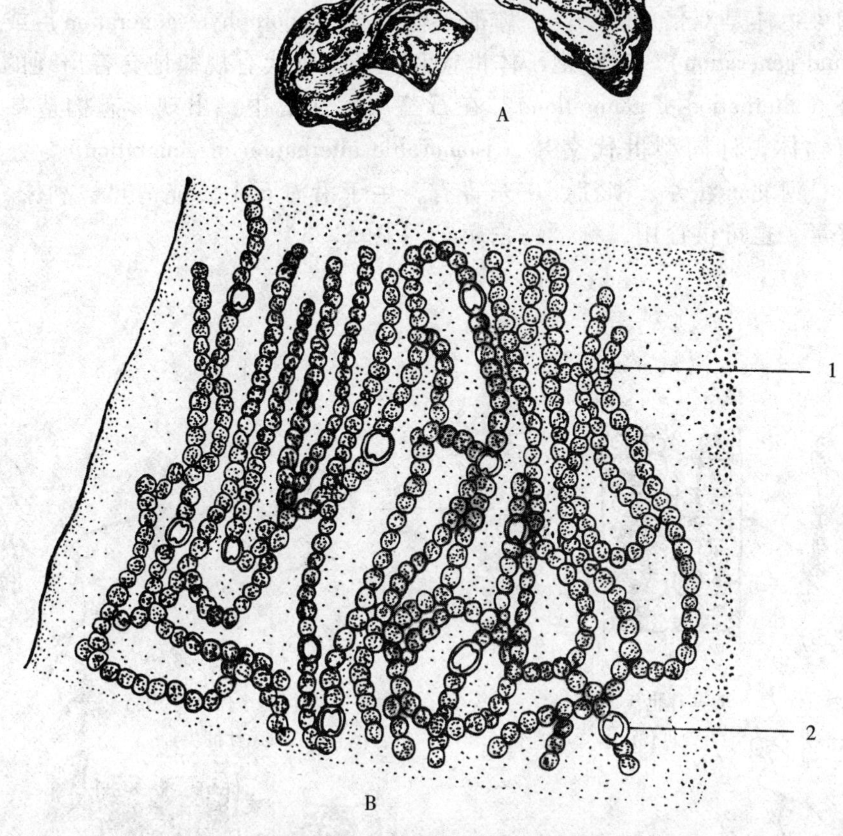

图 5－2　葛仙米（念珠藻属植物）

A. 植物体全形　B. 植物体的一部分

1. 藻丝　2. 异形胞

现象。

绿藻是藻类植物中最大的一门，约 350 属，5000 ~ 8000 种，是最常见的藻类，以淡水中分布最多，各种流动和静止的水体中都有，土壤表面和树干等气生条件也有，生于海水中较少，有的与真菌共生成地衣。藻体较大的绿藻大多可食用、药用或作饲料。绿藻对水体自净起很大作用，在宇宙航行中可利用它们释放氧气。

【药用植物】

石莼*Ulva lactuca L.* 为石莼科植物。藻体为膜状体，由二层细胞组成，基部具有多细胞固着器，石莼有两种植物体，即孢子体（sporophyte）和配子体（gametophyte）。成熟的孢子体可形成孢子囊，孢子母细胞经减数分裂形成具四根鞭毛单倍体的游动孢子，孢子成熟后脱离母体，2 ~ 3 天后萌发形成单倍体的配子体，为无性生殖。成熟的配子体产生具两根鞭毛的配子，配子经结合为合子，合子萌发长成与双倍体同形的孢子体，为有性生殖。从游动孢子开始经配子体到配子结合前，细胞中的染色体是单倍的（n），称配子体世代（gametophyte generation）或有性世代（sexual generation）。从合子起，经过孢子体到孢子母细胞形成而在减数分裂前止，细胞中的染色体是双倍的（2n），称孢子体世代（sporophyte generation）或无性世代（asexual generation）。这种孢子体世代和配子体世代有规律地交替出现的现象称世代交替（alternation of generation）。在石莼属生活史中，出现形态构造基本相同的两种植物体，称同型世代交替（isomorphic alternation of generation）。分布于辽宁、山东、河北、江苏、浙江、广东等省，生于沿海石上。能清热，利尿，祛痰，软坚，解毒，也可供食用，称“海白菜”。（图5－3）

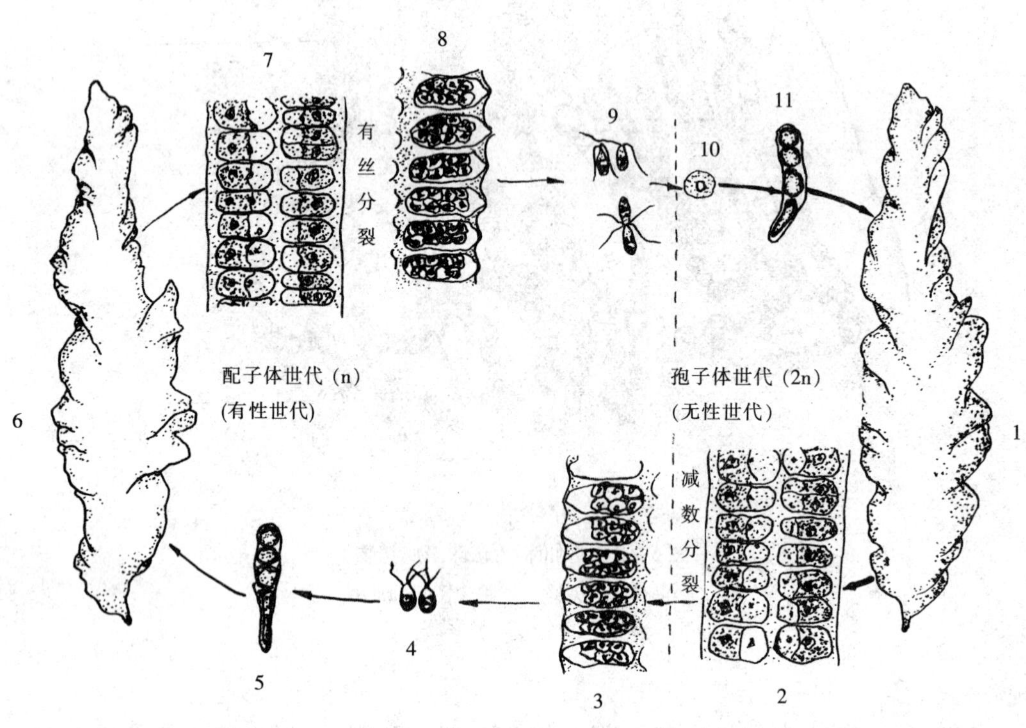

图5－3 石莼的形态构造和生活史

1. 孢子体 2. 孢子体横切面 3. 孢子囊内产生孢子 4. 游动孢子 5. 孢子萌发 6. 配子体 7. 配子体横切面 8. 配子囊内产生配子 9. 配子融合 10. 合子 11. 合子萌发

蛋白核小球藻*Chlorella pyrenoidosa* Chick. 植物体单细胞，浮游水中，细胞微小，圆形或略椭圆形，细胞壁薄，细胞内有一个杯形或曲带形的色素体（载色体）和一个淀粉核。小球藻仅能无性繁殖，繁殖时，原生质体在壁内分裂1～4次，生成2～16个不动孢子，孢子成熟后，母细胞壁破裂，孢子散布水中，逐渐长成与母细胞一样大小的小球藻。分布很广，多生于小河、池塘中。藻体含丰富的蛋白质，维生素及小球藻素。医疗上可用作营养剂，能治疗水肿、贫血等。（图5－4）

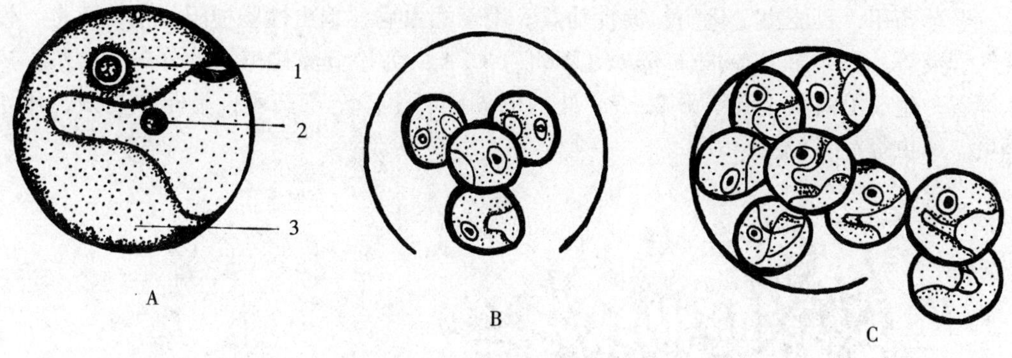

图5-4 蛋白核小球藻
A. 蛋白核小球藻 B-C. 似亲孢子的形成和释放
1. 淀粉核 2. 细胞核 3. 载色体

三、红藻门 Rhodophyta

植物体为多细胞丝状、叶状、壳状或枝状，少数为单细胞或群体。植物体较小，少数可达1至数米。细胞壁由内层的纤维素和外层的果胶质构成。光合作用色素有藻红素、叶绿素a、b和叶黄素、藻蓝素等，由于藻红素占优势，故藻体多呈红色。贮藏营养物质为红藻淀粉（floridean starch），有的为红藻糖（floridoside）。

红藻的繁殖方式为营养繁殖、无性生殖和有性生殖。营养繁殖是单细胞种类以细胞分裂方式进行；无性生殖是产生1或多种无鞭毛的静孢子。在整个生活史中，没有游动细胞。有性生殖是相当复杂的卵式生殖。红藻多具世代交替现象。有性生殖时多数雌雄异株，雄性生殖器官又称精子囊，产生无鞭毛的不动精子；雌性生殖器官又称果胞（carpogonium），只有1个卵，果胞上有受精丝（trichogyne）。

红藻约有558属，4000余种，多分布于海水中，固着于岩石等物体上，少数种类生于淡水中。很多细藻有较大的经济价值，除供食用和药用外，从某些植物中所提制的琼脂（Agar）可作微生物和植物培养基，某些藻胶可作纺织品的染料和建筑涂料。常分为红毛菜纲（Bangiophyceae）和红藻纲（Rhodophyceae）。

【药用植物】

石花菜*Gelidium amansii* Lamx. 为石花菜科植物。藻体紫红色，直立丛生，固着器假根状。羽状分枝4-5次，小枝互生或对生。分布于辽宁、山东、江苏、浙江、福建、台湾等沿海地区，生于海底石上。全草入药，能清热解毒和缓泻，用于肠炎、肾盂炎等。可制琼胶（脂）作缓泻剂；或微生物培养基。石花菜可供食用。

甘紫菜*Porphyra tenera* Kjellm. 为红毛菜科植物。藻体成卵形、竹叶形、不规则的圆形等，高约20~30cm，宽10~18cm，紫色、紫或紫蓝色，基部楔形、圆形或心脏形，边缘具皱褶。分布于辽宁至福建沿海海岸，生于石上，现已大量栽培。药用全藻用于治疗瘿病脚气、高血压、喉炎等病。全藻亦供食用。

本门药用植物还有鹧鸪菜（美舌藻、乌菜）*Caloglossa leprieurii*（Mont.）J. Ag. 为红叶藻科植物。分布于浙江、福建、广东等省，生于沿海地区岩石上，防坡堤及红树根上。全草药用，具驱虫、化痰、消食功效。用于蛔虫病、蛔虫性肠梗阻、消化不良、慢性气管炎等。海人草 *Digenea simplex*（Wulf.）C. Ag. 为松节藻科植物。分布于台湾、广东等省，生于沿海大干潮线下 2～7m 处的珊瑚碎石上。全草药用，具驱虫功效，用于蛔虫、绦虫等症。（图 5－5）。

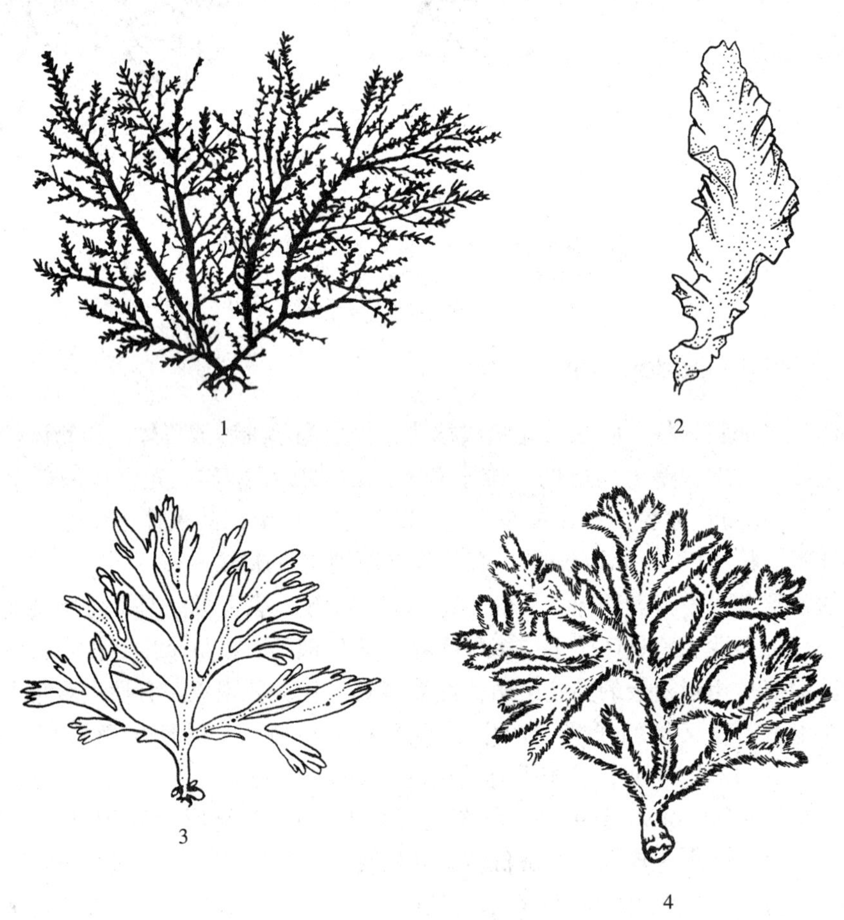

图 5－5 四种药用红藻

1. 石花菜 2. 干紫菜 3. 鹧鸪菜 4. 海人草

四、褐藻门 Phaeophyta

褐藻植物体为多细胞体，无单细胞及群体类型，是藻类植物中形态构造分化最高级的一类。其形态及大小多样化，较进化的藻类已有明显的组织分化，藻体外部形态分化为“叶片”、柄部和固着器，内部组织分化为表皮层、皮层和髓部。褐藻的细胞壁两层，内层是纤维素，外层为藻胶组成，壁内还有褐藻糖胶，能使褐藻形成黏液质，避免藻体干燥。细胞内含有叶绿素 a 和 c，β－胡萝卜素和六种叶黄素。叶黄素中有一种叫墨角藻黄素，这一色素含量最大，掩盖了叶绿素，使藻体呈褐色。贮藏营养物质主要为褐藻淀粉（laminarin）和甘露醇（mannitol）。

褐藻的繁殖方式为营养繁殖、无性生殖和有性生殖。营养繁殖是以断裂方式进行，藻体纵裂成几个部分，每个部分发育成一个新的植物体；也有形成一种特殊繁殖枝，脱离母体发育成植物体。无性生殖是以产生游动孢子和静止孢子为主。有性生殖是在配子体上形成多室的配子囊，配子结合方式有同配、异配、卵式。褐藻大多具有世代交替现象，在异形世代交替中多数是孢子体大形，配子体小形，如海带；少数是孢子体小，配子体大，如萱藻。

褐藻门约有250属，1500种，绝大多数分布于海水中，仅几种生于淡水中。褐藻为冷水藻类，常分布于寒带和两极海水中，可以从潮间线一直分布到低潮线下约30m，是构成海地森林的主要类群。

从褐藻中提取的碘，可治疗和预防甲状腺肿，藻胶酸是牙模的原料。

【药用植物】

海带 *Laminaria japonica* Aresch 为海带科植物。海带（孢子体）为多年生大型褐藻，长可达6m。藻体分成三部分：固着器、柄、带片。固着器呈分枝的根状，固着于岩石上或它物上；柄没有分枝，圆柱形或略侧扁；带片生于柄的顶端，不分裂，没有中脉，带片和柄连接处的细胞具有分生能力，使带片不断延长，带片的构造较复杂，有“表皮”、“皮层”“髓”之分。“表皮”和“皮层”能进行光合作用，髓具输导作用。

海带的生活史具明显的世代交替。孢子体成熟后，在带片的两面产生单室的孢子囊，孢子囊丛生呈棒状，中间夹着长形细胞的隔丝，隔丝尖端具透明的胶质冠，具保护作用，带片上生长孢子囊的区域为深褐色。在孢子囊内，孢子母细胞经过减数分裂和有丝分裂，产生32个单倍侧生不等长双鞭毛的游动孢子。孢子落地后萌发为雌、雄配子体。雄配子体由十至几十个细胞组成分枝的丝状体，其上具精子囊，产生一个侧生的双鞭毛的精子。雌配子体有少数较大细胞组成，顶端细胞膨大形成单细胞的卵囊，内生一卵；成熟时卵排出，附着于卵囊顶端，与游动精子结合成二倍体的合子；合子不离母体，几日后发育成孢子体，逐渐形成新海带。

产生孢子的植物体叫孢子体，属无性世代（孢子体世代），染色体数目为双倍（$2n$）的，产生配子的植物体叫配子体，属有性世代（配子体世代），染色体数目为单倍（n），由于海带的孢子体和配子体是异型的，故称异型世代交替（heteromorphic alternation of generation）。分布于辽宁、山东、浙江等省。生于海边低潮线下2～3m的岩石上。江苏、浙江、福建、广东等省已人工养殖，产量居世界首位。全草入药，作昆布用，能软坚散结，消痰利水，镇咳平喘，祛脂降压。用于治疗甲状腺肿大，淋巴结核、慢性气管炎、高血压、水肿等症，亦能预防甲状腺肿，除大量食用外也是提取碘和褐藻酸钠的原料。（图5－6）

昆布 *Ecklonia kurome* Okam. 为翅藻科植物。藻体深褐色，干后变黑，革质。植物体具固着器、柄和带片三部分：固着器叉状分枝；柄圆柱状或略扁圆形；叶片平坦，1～2回羽状深裂，基部楔形，边缘具疏锯齿。分布于浙江、福建等省。生于沿海石上。药用全藻，能消痰、软坚、润下，用于治疗甲状腺肿、颈淋巴结肿、支气管炎、肺结核等症。亦可食用。同科植物**裙带菜** *Undaria pinnatifida*（Harv.）Sur. 亦作昆布用，本品藻体大型，长1～2m，宽0.5～1m，具固着器、柄、叶片三部分，叶片中央具明显的中肋，

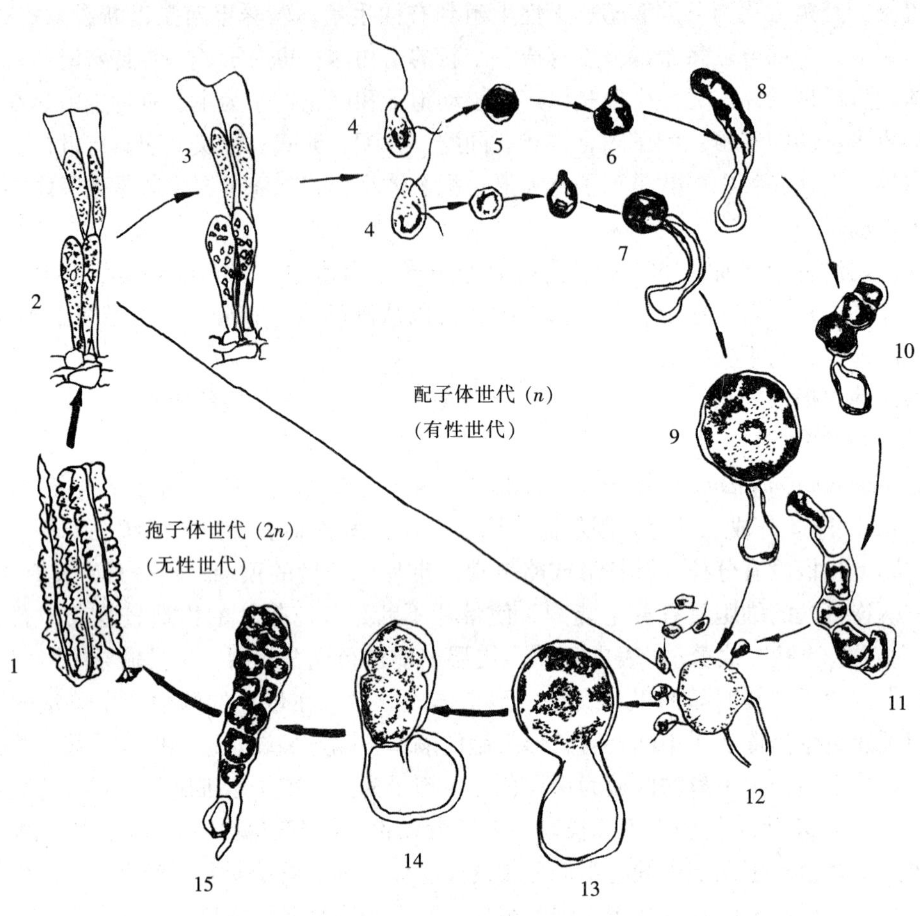

图 5－6　海带生活史

1. 孢子体　2. 孢子母细胞　3. 产生游动孢子　4. 游动孢子　5、6. 游动孢子萌发　7. 幼雌配子体　8. 幼雄配子体　9. 成熟雌配子体　10、11. 成熟雄配子体　12. 停留在卵囊周围的精子　13. 合子　14. 合子萌发　15. 幼孢子体

两侧形成羽状裂片，叶面上散生黑色斑点。分布于辽宁、山东、浙江、福建等省，生于海湾内大干潮线下岩石上。

海蒿子 *Sargassum pallidum*（Turn.）C. Ag. 为马尾藻科植物。藻体暗褐色，高 30～100m。固着器盘状或短圆锥形。主干圆柱形，两侧具羽状分枝，藻叶的形状大小差异很大，披针形、倒披针形、倒卵形和线形，具不明显的中脉。在线形叶的腋部，长出多数丝状突起的小枝，其腋间生出生殖托或生殖枝，生殖托单生或总状排列于生殖枝上，圆柱形，小枝末端有气囊，气囊圆形。分布于辽宁、山东等地，生于沿海低潮线下海水激荡处的岩石上。药用全藻，是中药“海藻”的主要原植物，习称大叶海藻，软坚利水，清热，消炎，用于治疗瘿瘤瘰疬、水肿积聚等症。

同属植物**羊栖菜** *S. fusiforme*（Harv.）Setchell 藻体黄色，干时发黑，肉质。固着器假根状。主轴圆柱状，直立，纵轴具分枝与叶状突起。腋生纺锤形气囊和圆柱形或椭圆形生殖托。分布于辽宁、山东、浙江、福建、广东等省，生于沿海石上。药用全草，作

海藻（小叶海藻）药用。其所含两种多糖具抗癌和增强免疫作用。（图 5－7）

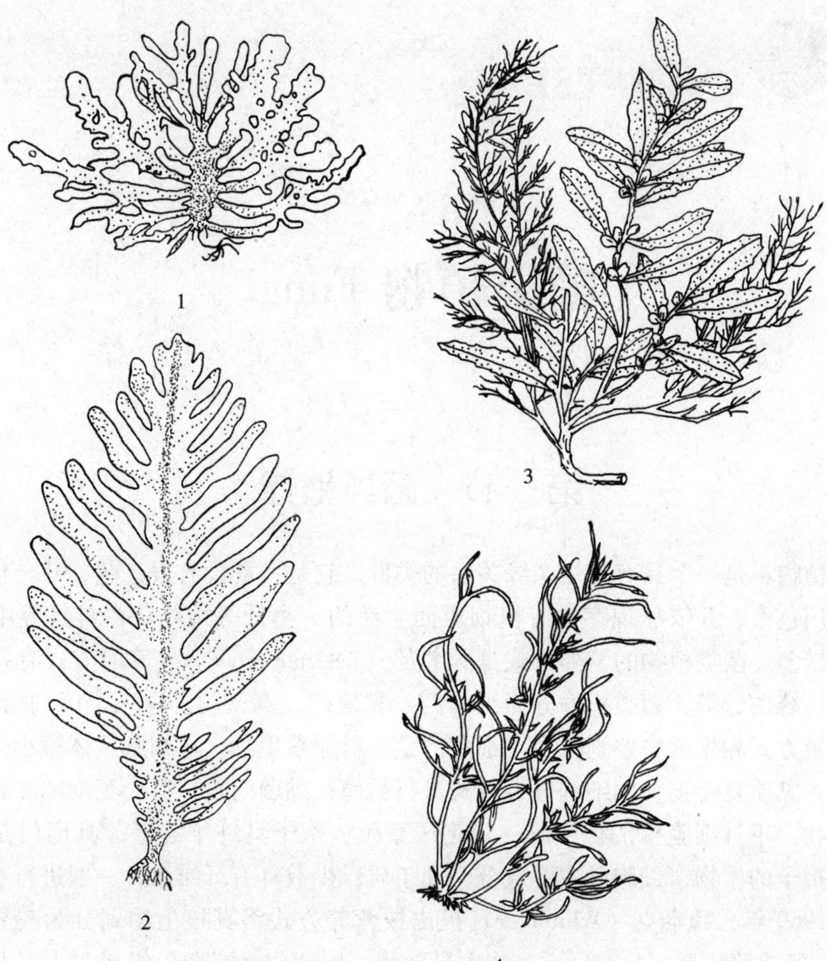

图 5－7　四种药用褐藻

1. 昆布　2. 裙带菜　3. 海蒿子　4. 羊栖菜

第六章 CHAPTER

菌类植物 Fungi

第一节 菌类概述

菌类植物不是一个具有自然亲缘关系的类群，它是一群没有根、茎、叶分化，一般无光合作用色素，并依靠现存的有机物质而生活的一类低等植物。在自然界中分布极广，种类繁多。菌类植物的营养方式是异养的（heterotrophy）。异养的方式有寄生及腐生等。按传统的分类，菌类植物分为细菌门、黏菌门、真菌门。这三个门的植物形态、构造、繁殖方式和生活史差别很大。细菌门是一群原核生物。单细胞，体微小，细胞壁主要成分为黏质复合物，用细胞分裂方式进行繁殖；黏菌门是一群介于动物和植物之间的真菌生物，不具细胞壁的裸细胞，用孢子繁殖，孢子具纤维素壁；真菌门是一群真核，产生孢子的生物，细胞壁主要成分为几丁质，少数具有纤维素，一般进行有性和无性生殖。1969 年，魏泰克（Whittaker）提出按营养方式将真核生物划分为三界，其中“异养的”组成菌物界（Fungi）。菌物由黏菌门、卵菌门、真菌门组成。本书乃采用传统的分类，其中细菌门已在微生物学中讲授。黏菌门因与医药关系较小，本章只介绍真菌门。

第二节 真菌门 Eumycota

一、真菌的特征

真菌为真核生物，不含叶绿素，也没有质体，是典型的异养植物（heterotrophic plant）。异养方式有寄生、腐生、共生等。凡从活的动物、植物吸取养分的叫寄生（parasitism）；从死的动物、植物体或无生命的有机物中吸取养料的叫腐生（saprophytism）；从活的有机体吸取养分，同时又提供该活体有利的生活条件，彼此相互依赖，共同生活的叫共生（symbiosis）。真菌的贮存养分主要是肝糖，少量的蛋白质和脂肪及微量的维生素。它们具有几丁质（chitin）或纤维素的细胞壁。

除典型的单细胞真菌外，绝大多数的真菌是由纤细、管状的菌丝（hyphae）构成的，组成一个菌体的全部菌丝称菌丝体（mycelium）。菌丝分无隔菌丝和有隔菌丝两种：无隔菌丝是一个长管状细胞，大多数是多核的，有分枝或无；有隔菌丝，菌丝具有横隔膜，把菌丝分隔成许多细胞，每个细胞内含 1 或 2 个核。菌丝的横隔上具小孔，原生质及核可以从小孔流通。菌丝细胞内含有原生质、细胞核和液泡及贮存的营养物质蛋白质、油滴和肝糖等。菌丝除顶端生长外，每个细胞都具有生长或分裂的能力。(图 6－1)

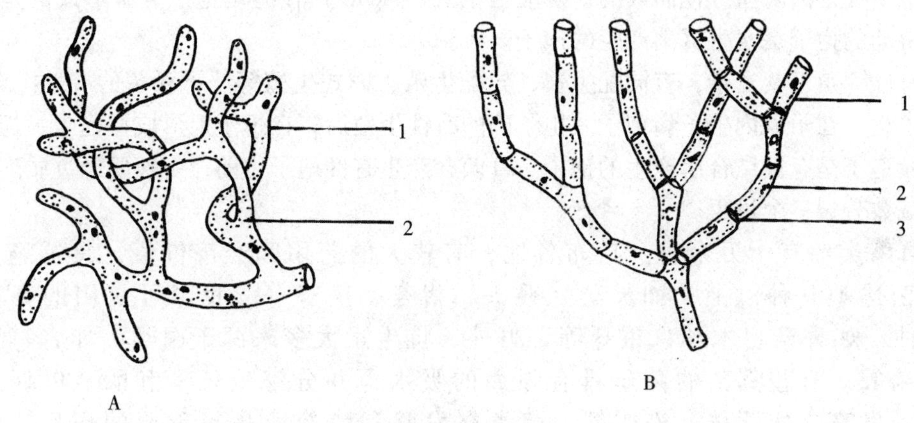

图 6－1　营养菌丝

A. 无隔菌丝　B. 有隔菌丝

1. 细胞壁　2. 原生质　3. 隔膜

某些菌丝在不良环境条件下或繁殖时，菌丝互相密结，形成不同形态的菌丝组织体。常见的有根状菌索（rhizomorph）、子座（stroma）、菌核（sclertium）。根状菌索是菌丝体密结呈绳索状，外形似根，在木材腐朽菌中根状菌索很普遍，如天麻密环菌的菌索。子座是容纳子实体的褥座，是真菌从营养阶段到繁殖阶段的一种过渡形式，是由拟薄壁组织和疏丝组织构成的，如冬虫夏草虫体上长出的棒状物。子座形成后，在上面产生许多子囊壳（子实体），子囊壳内产生子囊和子囊孢子。菌核是由菌丝团组成的一种坚硬核状的休眠体，一般具暗色的外皮，如茯苓。菌核中贮有丰富的养分，具有抵抗干燥和高、低温的能力，在条件适宜时，可以萌发为菌丝体或子实体。子实体（sporophore）是高等真菌在生殖时产生的具有一定形态和结构，能产生孢子的菌丝体。如木耳的子实体耳状。子实体有很多类型，子囊菌的子实体称子囊果（ascocarp），担子菌的子实体称担子果（basidicocarp）。

真菌的繁殖通常有营养繁殖、无性生殖和有性生殖三种。营养繁殖常见的是菌丝断裂后在适宜的条件下长成新个体，人们培养真菌时，利用这一特性来繁殖与扩大菌种。少数单细胞种类经过细胞分裂来产生后代，如裂殖酵母菌属

(*Schizosaccharomyces*)；大部分真菌的菌丝可以形成特殊的繁殖细胞，如芽生孢子、厚壁孢子、节孢子。芽生孢子（blastospore）是从一个营养细胞出芽形成芽孢子，芽孢子离开母体后，长成一个新个体。如酿酒酵母；厚壁孢子（chlamydospore）是菌丝中间个别细胞膨大，原生质浓缩，细胞壁加厚形成一种休眠孢子，当渡过不良环境后，再萌发成菌丝体；节孢子（arthrospore）是由菌丝细胞依次断裂形成的。

真菌的无性生殖是极其发达的，可形成各种孢子，如孢囊孢子，分生孢子，游动孢子。孢囊孢子（sporangiospore）是在孢子囊内产生的不动孢子借气流传播；分生孢子（conidium）是真菌中最常见最重要的无性孢子，是由分生孢子梗末端细胞分化而成的，分生孢子梗是由菌丝分化而成的；游动孢子（zoospore）在游动孢子囊中形成的是具鞭毛能游动的孢子是水生真菌产生的孢子。

有性生殖极其复杂，有同配生殖、异配生殖、卵式生殖等。子囊菌的有性配合后，形成子囊，在子囊内生子囊孢子。担子菌的有性生殖后，在担子上形成担孢子。担孢子和子囊孢子是有性结合后产生的孢子。真菌在产生有性孢子之前，一般要经过质配、核配、减数分裂三个过程。

真菌类约有十万余种、广布各地，有较大的药用和经济价值，具抗癌作用的真菌达100种以上，如灵芝、猴头、猪苓、茯苓等，我国可食用的真菌约300种。如香菇、木耳、银耳等，另外，抗生素大多来源于菌类，如青霉菌和放射菌等。有些真菌的菌丝具有强大的吸水力并分泌生长素和酶，以促进植物生长发育，如荔枝、松树等。菌类在发酵和酿造业具很重要的作用，使用历史悠久。

二、真菌的分类

真菌是生物界中很大的一个类群，通常分为四纲，即藻状菌纲、子囊菌纲、担子菌纲和半知菌纲。新的分类系统将真菌分为5个亚门，鞭毛菌亚门（Mastigomycotina）、接合菌亚门（Zygomycotina）、子囊菌亚门（Ascomycotina）、担子菌亚门（Basidiomycotina）、半知菌亚门（Deuteromycotina）。

药用真菌以子囊菌亚门和担子菌亚门为主。

（一）子囊菌亚门 Ascomycotina

子囊菌亚门是真菌中种类最多的一个亚门。构造和繁殖方法都很复杂，除酵母菌类外，绝大部分都是多细胞有机体，菌丝具有横隔，可以形成疏丝组织和拟薄壁组织而构成子实体、子座和菌核等。无性生殖特别发达，产生各种孢子，如分生孢子、节孢子、厚壁孢子等。有性生殖时形成子囊（ascus），合子在子囊内进行减数分裂，产生子囊孢子（ascospore），是子囊菌最重要特征。（图6-2）有性生殖产生的生殖结构中有两种形式：单细胞的种类，子囊裸露，不形成子实体，如酵母菌；多细胞种类形成子实体，子囊包于子实体内。子囊菌的子实体又称子囊果。子囊果的形态是子囊菌分类的重要依据，通常有三种类型，子囊盘（apothecium）、闭囊壳（cleistothecium）、子囊壳（perithecium）。

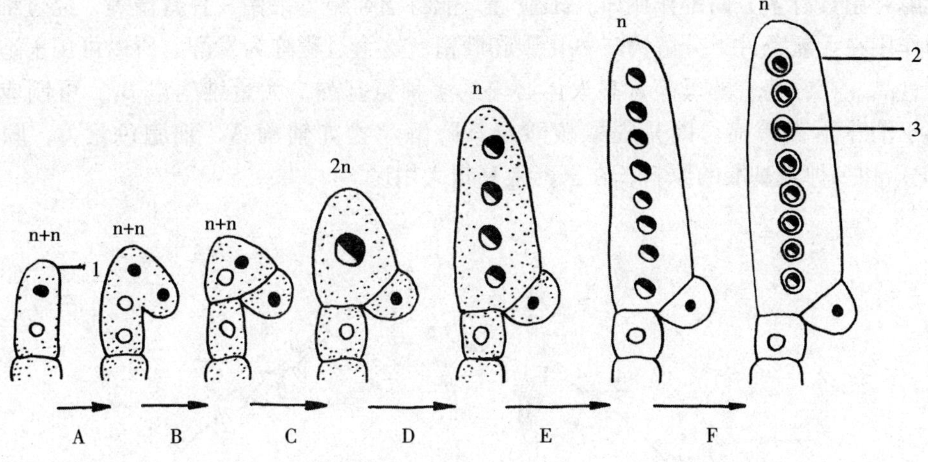

图 6－2　子囊的形成

A. 配对的核进行有丝分裂；菌丝发育成“J”形　B. 形成隔壁，次末级的细胞为 n＋n
C. 在次末级细胞中发生核融合　D. 减数分裂把 2n 的合子分裂为四个单倍体的核
E. 每一个核发生有丝分裂　F. 在单倍体的核外形成壁，因而在子囊内产生了八个子囊孢子
1. 产囊丝　2. 子囊　3. 子囊孢子

【药用植物】

酿酒酵母*Saccharomyces cercvisiae* Han. 为酵母菌科植物。菌体为单细胞，卵形，内有一大液泡，细胞核甚小，细胞质内含油滴、肝糖等。繁殖方法为芽殖，是识别酵母菌的最重要特征。芽殖时，首先，细胞壁与原生质从母细胞的一端突出，形成 1 个小芽（芽孢子），母细胞的核分裂 1 次，1 个子核进入小芽中，长大后脱离母细胞，发育成 1 新酵母菌。繁殖旺盛时，芽体未离开母体又生新芽，许多芽细胞连成丝状，称为假菌丝。有性生殖时，两个营养细胞或两个子囊孢子接合形成子囊。经过减数分裂形成子囊孢子，或再一次分裂产生 8 个孢子。（图 6－3）

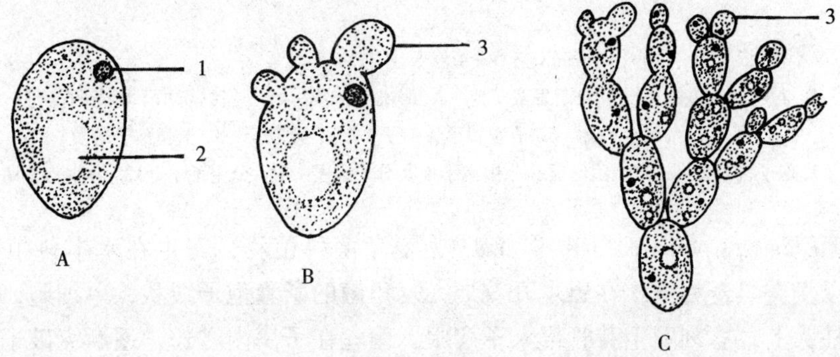

图 6－3　酵母菌

A. 单个细胞　B. 出芽　C. 芽细胞相连，形成假菌丝
1. 核　2. 液泡　3. 芽孢子

酵母菌具有多方面的作用，在工业上，能将葡萄糖、果糖、甘露糖等，经过细胞内酶的作用在无氧条件下分解为二氧化碳和酒精，这个过程称为发酵。所以可用来造酒及制作食品。在医药上酵母菌含有人体必需的多种氨基酸，大量维生素 B_1，可制成酵母片用于消化不良等症。因是提取核酸及其降解产物如辅酶 A，细胞色素 C，腺三磷（ATP）和多种氨基酸的原料，在医药上具很大用途。

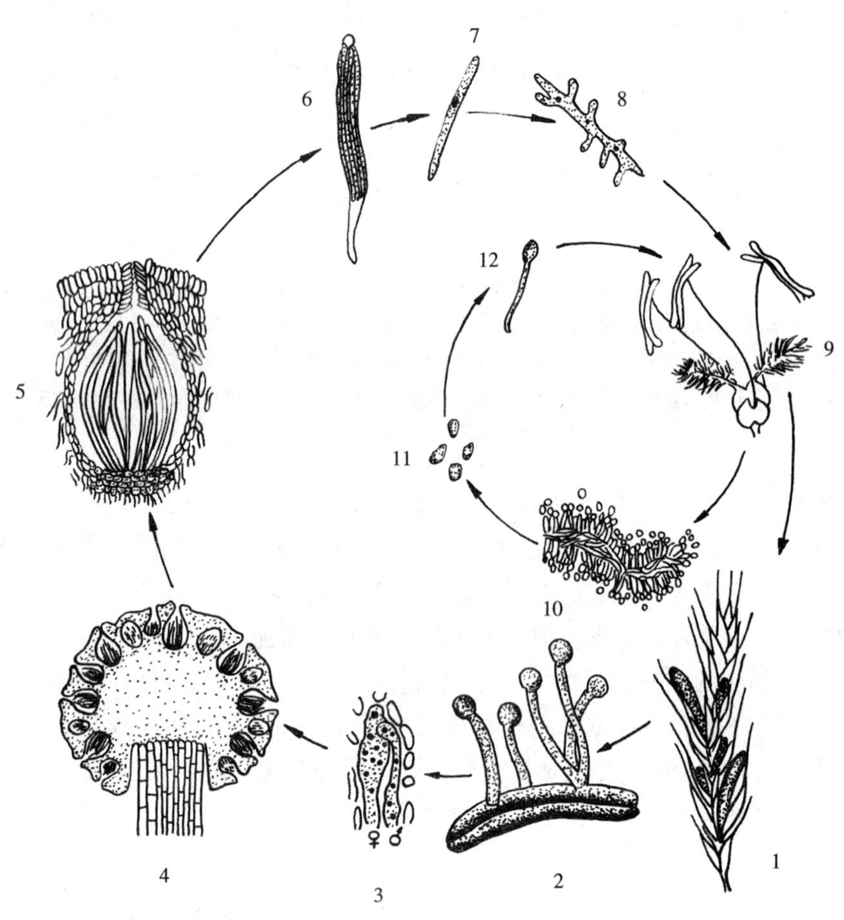

图6-4 麦角生活史

1. 麦穗上的菌核 2. 菌核萌发成子座 3. 雌雄生殖器 4. 子座纵切示子囊壳的排列 5. 子囊壳纵切示子囊 6. 子囊和子囊孢子 7. 子囊孢子 8. 子囊孢子萌发 9. 子囊孢子侵染麦花 10. 菌丝顶端分生孢子梗及分子孢子 11. 分生孢子 12. 分生孢子萌发

麦角菌*Claviceps purpurea*（Fr.）Tul. 为麦角菌科植物，寄生在禾本科植物的子房内。主要以麦类黑麦为主。在黑麦开花期，麦角菌的子囊孢子线状，单细胞，借风力传到雌蕊的柱头上，立刻发生芽管侵入子房中。菌丝在子房内滋长，逐渐突破子房壁，形成大量分生孢子。同时菌丝体分泌黏液，引诱昆虫将分生孢子带到健康花上，麦角病因之传播。当黑麦即成熟时，受害的子房不再产生分生孢子，渐渐收缩成团，变成紫黑色坚硬的菌核，形状象动物的角，称麦角（ergot）。麦角挥落土中越冬或混入种子中，再随种子播入土中，第二年春黑麦开花时，菌核萌发生出许多红头紫柄的子座。每一菌核可生出 20～30 个柄细、多弯曲，暗褐色，头部近球形的子座。子囊壳全部埋生于子座内，孔口稍伸出子座的表面，其内长有许多长圆柱形的子囊，每子囊内有 8 个线形的子囊孢子，孢子散出后，借助于气流雨水或昆虫，传播到麦穗的雌蕊上，萌发成芽管侵入子房。（图 6－4）

产于东北、华北、西北及山东、江苏、浙江等地。麦角的寄生植物多生长在草原、田野、路旁、荒地及山林间。药用菌核，含有生物碱，脂肪油及多种氨基酸等，具收缩子宫，止血作用。用于产后止血或内脏出血，并可治偏头痛。

冬虫夏草 *Cordyceps sinensis*（Berk.）Sacc. 为麦角菌科植物，是寄生在虫草蝙蝠蛾幼虫体上的子囊菌，该菌于夏秋，由子囊中射出子囊孢子并产生芽管，侵入幼虫体内，发育成菌丝体。染病幼虫钻入土中越冬，菌在虫体内发展，破坏虫体内部组织，仅留外皮，最后虫体的菌丝体变成坚硬的菌核，以渡过漫长的冬天。翌年夏季，从菌核上（幼虫头部）长出棒形子座，子座顶端膨大，在表层下埋有一层子囊壳，壳内生有许多长形的子囊，每个子囊生有 2～8 个线形、具多数横隔的子囊孢子，通常 2 个成熟，从子囊壳孔口放射出去，又继续侵染幼虫。（图 6－5）

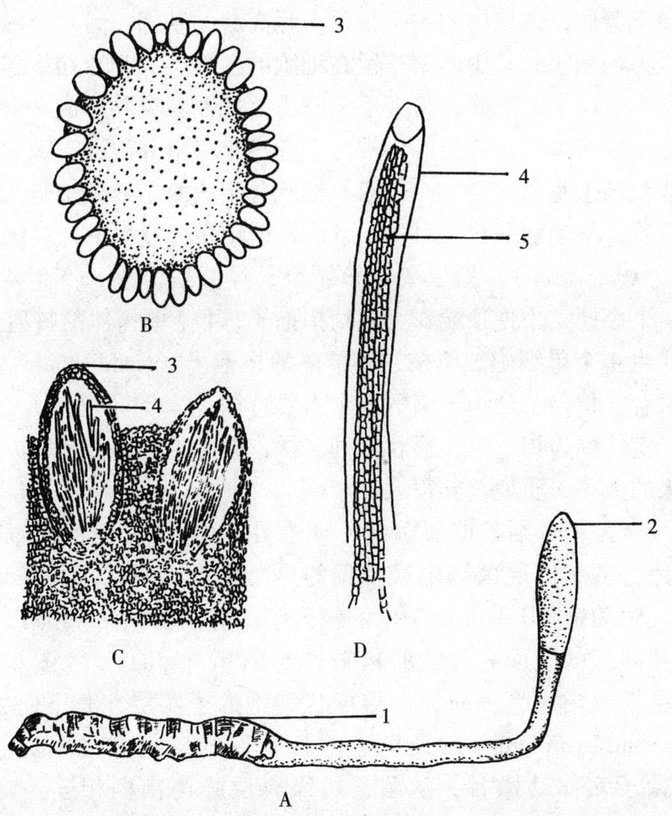

图 6－5　冬虫夏草

A. 菌体全形，上部为子座，下部为已死虫体

B. 子座横切面，示子囊壳　C. 子囊壳　D. 子囊及子囊孢子

1. 菌核　2. 子座　3. 子囊壳　4. 子囊　5. 子囊孢子

产于四川、云南、浙江、甘肃、青海、西藏、贵州等省区。生于鳞翅目的幼虫体上，多在海拔3000～4000米高山排水良好的高寒草地。药用带子座的菌核（僵虫），即名贵药材冬虫夏草，含有虫草酸、多种氨基酸等。具补肺益肾，止咳化痰功效。

虫草属（*Cordyceps*）共130多种，我国产20多种，其中蝉花菌*C. sobolifera*（Hill）Berlk. et Br. 亚香棒菌*C. hawkesii* Gray.，凉山虫草*C. liangshanensis* Zhang Hu et Liu等均供药用。

（二）担子菌亚门 Basidiomycotina

担子菌亚门是一群类型多样的陆生高等真菌，全世界的1100属，20000种左右。本亚门菌类都是多细胞有机体，菌丝均具有横隔膜，在其发育过程中，有两种形式不同的菌丝：一种是由单核的担孢子萌发而产生，初期无隔多核，不久产生横隔，将细胞核分开而成为单核菌丝，称初生菌丝（primary hyphae），为单倍体（n），为期短暂。通过初生菌丝的两个单核细胞结合进行质配，核不及时结合，形成双核细胞，常直接分裂形成双核菌丝，称次生菌丝（secondary hyphae），为双核体（$n+n$），为期较长。担子菌的子实体、菌核、菌索等都是由次生菌丝发生和构成的，因此，担子菌的双核菌丝很重要。在双核菌丝进行分裂时，具有一种特殊的方式，即首先在菌丝细胞壁上生出一个喙状突起，突起向下弯曲，两核中的一个核移入喙突起的基部，另一个核在它的附近；然后两核同时分裂为四个核，其中两个核留在细胞的上部，一个留在下部，另一个进入喙突中；这时细胞中生出2个隔膜，将上下分割为二部及喙突共形成3个细胞。上部细胞双核，下部细胞及喙突单核，喙突的尖端与下部细胞接触并沟通，喙突中的核流入下部细胞内，又形成双核细胞。这样，一个双核细胞分裂成两个双核细胞，在两个细胞间残留一个喙状的痕迹，称锁状联合。（图6-6）在锁状联合过程中，双核菌丝顶端细胞逐渐膨大形成担子（basidium），担子2个核结合，经减数分裂，产生4个单倍体的核，担子顶端生出4个小梗，小梗顶端膨大成幼担孢子，4个单倍体的核通过小梗进入幼担孢子内，最后产生4个单细胞、单核、单倍体的担孢子（basidiospore）。（图6-6）双核菌丝、锁状联合、担孢子是担子菌的三个主要特征。

担子菌的子实体称为担子果，形状多种多样，最常见的如蘑菇、灵芝、银耳、木耳等都是，担子果的大小、质地差异很大。

担子菌亚门分为4个纲、即层菌纲，如木耳、蘑菇、灵芝等；腹菌纲，如马勃等；锈菌纲和黑粉菌纲。层菌纲中最常见的是伞菌类。伞菌类担子果多肉质，上部呈帽状或伞状，叫菌盖（Pileus），在菌盖下有一柄叫菌柄（stipe），多中生、少数侧生或偏生，在菌盖的腹面有片状的构造，叫菌褶（gills）。（图6-7）从菌褶横切面看，由三层组织构成，表面为一层棒状细胞的子实层，其下面为由等径细胞构成的子实层基（subhymenium），最里边由长管形细胞构成的菌髓（trama）。（图6-7）有些真菌子实体幼嫩时，从菌盖边缘有层膜与菌柄相连，将菌褶遮住，该膜叫内菌幕（partial veil），等菌盖张开时，内菌幕破裂残留在菌柄上，叫菌环（annulus）。有些真菌幼嫩的子实体外面有一层膜包着，这层膜叫外菌幕（universal veil），菌柄引长时，外菌幕破裂后残留在菌柄的基部、叫菌托（volva）。菌环、菌托的有无是伞菌分类的特征之一。

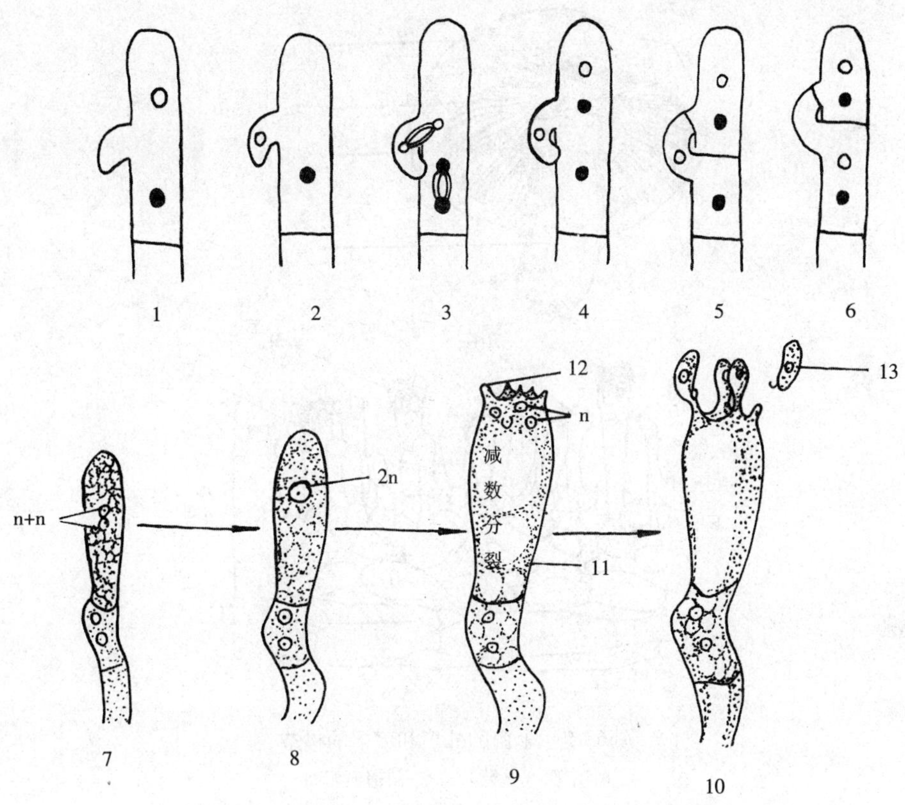

图 6－6　锁状联合，担子、担孢子的形成

1～6. 锁状联合　7～10. 担子、担孢子的形成

11. 担子　12. 担孢子梗　13. 担孢子

【药用植物】

银耳(白木耳) *Tremella fuciformis* Berk.，属银耳科。菌丝体在腐木内生长。子实体纯白色、半透明、胶质，由许多薄而弯曲的瓣片组成，干燥后呈淡黄色。担子卵圆形或近球形，无色；孢子近球形，透明无色。产于华东、中南、西南、及山西、陕西、台湾等省区。生于栎属及多种阔叶树的腐木上，现已人工培育，药用子实体，能润肺生津、滋阴养胃，益气和血，补髓强心，清肺热，济肾燥等。为营养丰富的滋补品，本品含有抗肿瘤多糖 A、B、C 及银耳芽孢酸性异多糖等成分。

木耳(黑木耳) *Auricularia auricula*（L. ex Hook.）Onder.。属木耳科。子实体有弹性，胶质，半透明，耳状、叶状或杯形，薄，边缘波浪状，深褐色近黑色。子实层生于里面，有侧丝及担子，担子为 4 个细胞，长圆柱形，每个担子细胞侧生一个长的小梗，梗端有一担孢子。(图 6－8) 分布于东北、西北、华东、中南、西南及河北、山西等省区。生于榆、柞、赤杨、榕等阔叶树的砍伐段木或树桩上，现大量人工栽培。药用子实体，能补肺活血，强壮。

猴头菌*Hericium erinaceus*（Bull.）Pers.。属齿菌科。子实体肉质，鲜时白色，干后浅褐色，块状，似猴头，基部狭窄，除基部外，均布肉质针状刺，刺直、下垂，长 1～

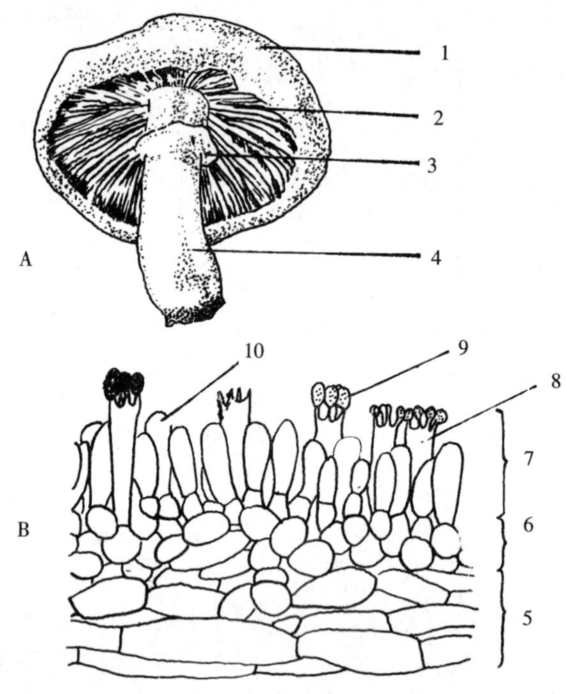

图 6-7 伞菌的外形和菌褶的构造

A. 伞菌（蘑菇） B. 菌褶横切面

1. 菌盖 2. 菌褶 3. 菌环 4. 菌柄 5. 菌髓 6. 子实层基
7. 子实层 8. 担子 9. 担孢子 10. 侧丝细胞

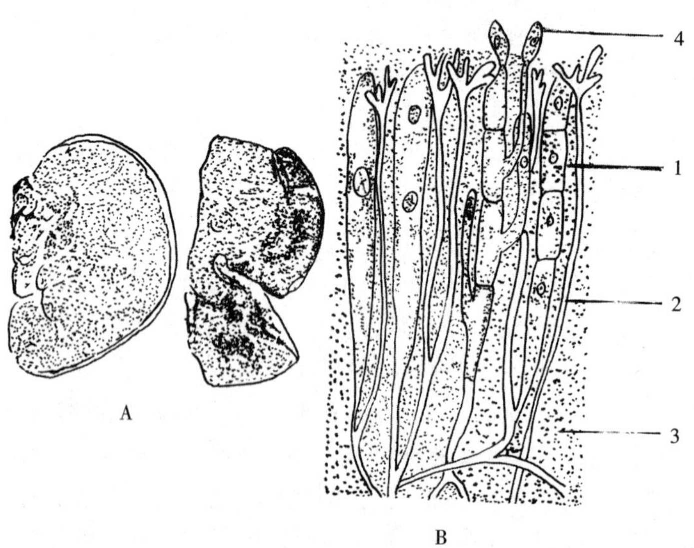

图 6-8 木耳

A. 木耳子实体外形 B. 木耳子实层的横切面

1. 担子 2. 侧丝 3. 胶质 4. 担孢子

6cm，粗 1～2mm。孢子球形至近球形，直径 5～6 微米。（图 6－9）分布于东北、华北、西北、西南等省区。生于栎、胡桃等阔叶树种的立木及朽木上，现也有栽培。猴头为名贵滋补品和美味食用菌，药用子实体具利五脏助消化功效，因含多糖及多种氨基酸具抗肿瘤作用和增强免疫功能。

图 6－9 猴头菌

茯苓*Poria cocos*（Schw.）Wolf.。属多孔菌科。菌核球形至不规则形，新鲜时软、干后硬，具深褐色、多皱的皮壳，内部粉粒状，白色或浅粉红色，由菌丝及贮藏物质组成。子实体生于菌核表面，平伏，厚 3～8mm，白色，成熟后变为浅褐色。孢子长方形至近圆柱形，有一歪尖，7～9 微米。（图 6－10）分布于华东及辽宁、天津、山西、陕西、山东、江苏、河南、湖北、广西、四川、贵州、云南等地。云南是茯苓的主要产区，且质量最佳。生于松属树木的根上，各地区均有人工培育。药用菌核，能益脾胃，宁心神，利水渗湿，菌核含有的萜类，多糖类等成分具抗癌作用。

灵芝*Ganoderma lucidum*（Leyss ex Fr.）Karst.，属多孔菌科。子实体木质或木栓质，菌盖半圆形或肾形，初期黄色，渐变红褐色，有明显的油漆样光泽，有环状棱纹和辐射状皱纹，边缘薄或平截，稍内卷，菌盖下面白色至浅褐色，具很多小孔。菌柄侧生，稀偏生，通常与菌盖呈直角，与菌盖同颜色，亦具漆样光泽。孢子褐色，卵形，中央含 1 个大油滴。（图 6－11）分布于华东、西南及河北、山西、河南、广东、广西、台湾等地。生于栎树及其他阔叶对干基部或根部，现已人工培育。药用子实体，具滋补强壮，安神解毒功效，子实体含有还原糖、多糖、氨基酸、蛋白质、甾类、三萜类、内酯、香豆精苷，生物碱等成分，灵芝孢子粉具有抗癌作用。同属植物紫芝*G. japonicum*（Fr）Lloyd 菌盖及菌柄黑色，表面光亮如漆。分布于河北、山东、浙江、江西、福建、湖南、广东、广西、云南等省区。生于腐木桩上。子实体入药，作灵芝用。

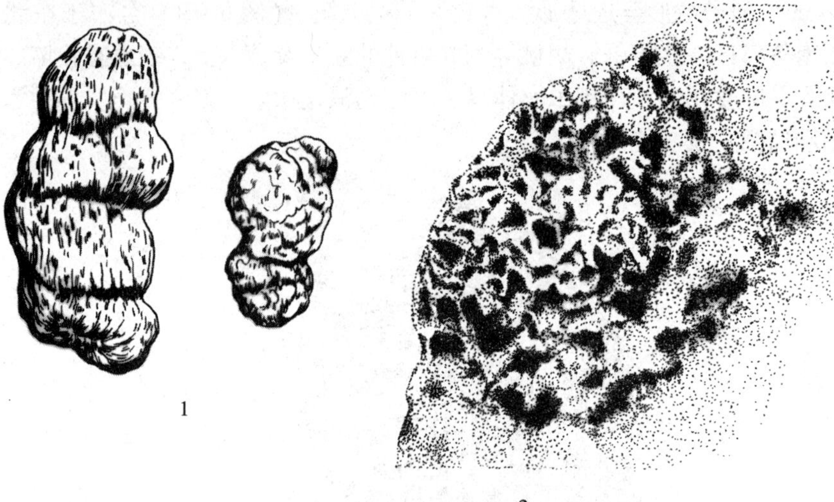

图 6－10　茯苓

1. 菌核外形　2. 子实体放大

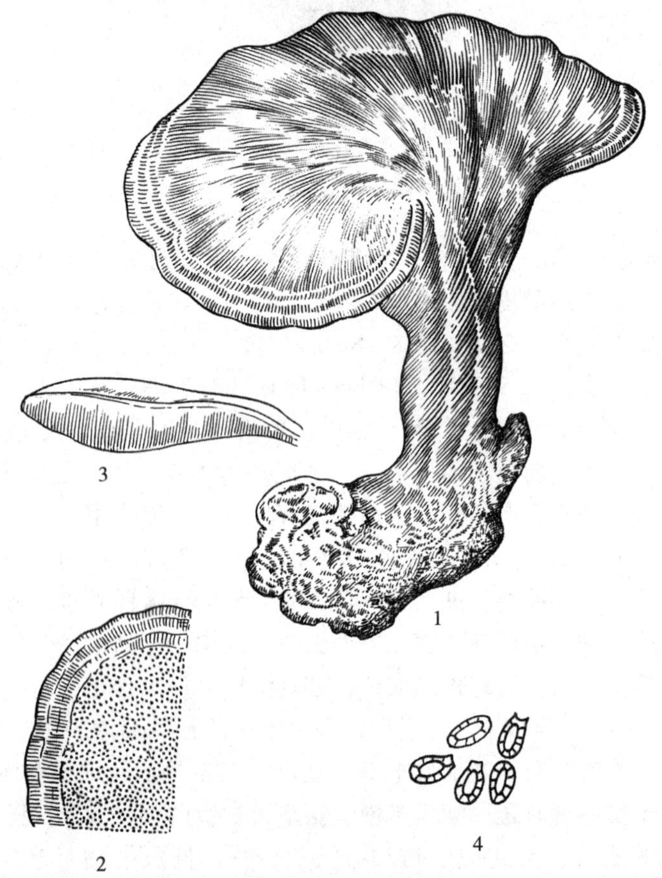

图 6－11　灵芝

1. 子实体　2. 子实体下面　3. 子实体纵剖面　4. 孢子

猪苓*Polyporus umbellatus*（Pers.）Fr. 属多孔菌科。菌核为不规则块状，表面凸凹不平，皱缩，多具瘤状突起，黑褐色；内部白色或淡黄色，半木质化；子实体多数由菌核上生长，有多次分枝的柄，每枝顶端有一菌盖；菌盖肉质，伞形或伞状半圆形，干后硬而脆，中部脐状。孢子卵圆形（图 6－12）。分布于东北及河北、山西、陕西、甘肃、河南、湖北、四川、贵州、云南。生于枫、柞、桦、槭、柳等树旁土壤中。菌核入药能利水、渗湿。菌核含有麦角甾醇、无机成分、生物素及猪苓多糖和粗蛋白。已制成猪苓多糖注射液用于肿瘤和肝炎的治疗。

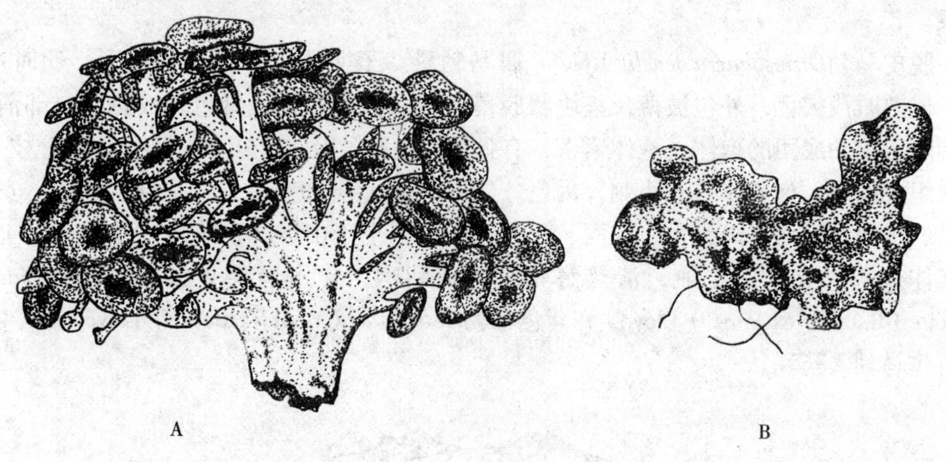

图 6－12　猪苓
A. 子实体　B. 菌核

云芝*Coriolus versicolor*（L. ex Fr.）Quel. 属多孔菌科。子实体无柄，菌盖复瓦状排列，革质，有细长毛或绒毛，颜色多种，有光滑狭窄的同心环带，边缘薄，波状，菌肉白色。孢子圆筒形。（图 6－13）全国大部分地区均有分布。生于柳、杨、白桦、栎、榛、枫杨、李、桃、紫丁香等阔叶树的朽木（树干）上。子实体入药，能清热、消炎。子实体含有多糖，用于治疗肝炎、肿瘤等症。

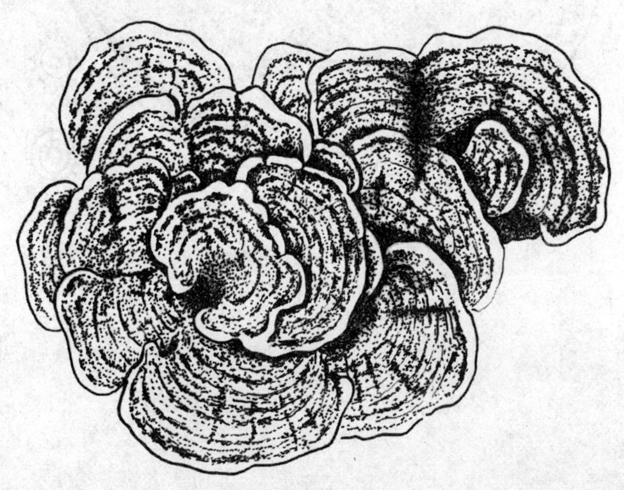

图 6－13　云芝

蜜环菌 *Armellariella mellea*（Vahl. ex Fr.）Kummer 属白蘑科。子实体丛生；菌盖扁圆形至平展，肉质，浅土黄色，复有暗色细毛鳞，中部较多；菌肉白色或近白色，菌柄长5～13cm，圆柱形，内部松软，后中空；菌环生于柄的上部，白色有暗斑。孢子椭圆形，无色，光滑。分布于吉林、内蒙古、河北、山西、甘肃、青海、新疆、浙江、广西、四川、云南等省区。生于针叶树及阔叶树干基部，或生于被火烧过的树根上，其菌丝体在腐木上发光，也生长在活树上，产生根状菌索。子实体入药，能舒风活络，强筋壮骨，明目。又是美味食用菌。蜜环菌与天麻（*Gastrodia elata*）的生长发育有共生关系。

脱皮马勃 *Lasiosphaera fenzlii* Reich. 属马勃科。子实体近球形至长圆形，幼时灰白色，成熟时浅褐色，外包被薄，呈块状脱落；内包被纸质，浅烟色，成熟后全部消失，仅剩随风滚动成团的孢体；孢体紧密，有弹性，由孢丝及孢子组成。孢丝长、分枝、相互交织成团块。孢子球形有小刺，褐色。（图6－14）分布于甘肃、新疆、湖北、安徽、湖南、贵州、河北、内蒙古、陕西、江苏等省区。生于山坡林下草地腐殖质丰富土地。子实体入药，能收敛止血，清热解毒，清肺利咽；外用消炎止血。**大马勃** *Calvatia gigante*（Batasch ex Pers.）Lloyd. 和**紫色马勃** *C. lilacina*（Mont. et Berk.）Lloyd. 的子实体均可作马勃入药。

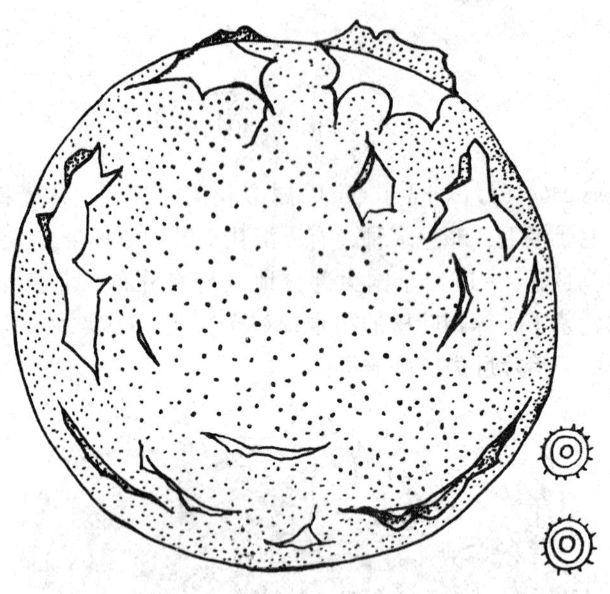

图6－14　脱皮马勃

地衣门 Lichens

第一节　地衣概述

地衣是一种真菌和一种藻类两个有机体高度结合而成的共生复合体，是一类特殊的类群，通常是绿藻门或蓝藻门的藻类与子囊菌或担子菌的菌类共生。

地衣体中的菌丝缠绕藻细胞，并从外面包围藻类，藻细胞进行光合作用为整个地衣体制造有机养分，被菌类夺取。而菌类则吸收水分和无机盐，为藻类光合作用提供原料，并使藻细胞保持一定湿度，不致干死。它们是一种特殊的共生关系。菌类控制藻类，地衣体的形态几乎完全是真菌决定的，但并不是任何真菌都可以同任何藻类共生而形成地衣。只有在生物长期演化过程中与一定的藻类共生而生存下来的地衣型真菌才能与相应的地衣型藻类共生而形成地衣。这些高度结合的菌、藻共生生物在漫长的生物演化过程中所形成的地衣具有高的遗传稳定性。地衣一般生长缓慢，数年内才长几厘米。地衣能耐长期干旱，可生在峭壁、岩石、树皮或沙漠地上；地衣也能耐寒，在高山带、冻土带和南北极都能生长。

全世界地衣约有 500 属，2600 种。它们分布极广，从南北两极到赤道，从高山到平原，从森林到荒漠，到处都有地衣生长。由于地衣是喜光性植物，要求空气清新，对大气污染非常敏感，在工业基地或大城市很难找到，因此，地衣可以作为监测大气污染的灵敏指示植物。地衣所含独特的化学物质在日用香料、医药卫生及生物试剂等方面具有广泛应用价值。地衣对岩石的分化和土壤的形成起着一定的作用，是自然界的先锋植物。

第二节　地衣的形态和结构

从形态上分为：与基物结合紧密的壳状地衣；与基物结合不紧密的叶状地衣和枝状地衣三类。

一、壳状地衣（crustose lichens）

地衣体为多种彩色的壳状物，菌丝与基物紧密连接，有的还生假根伸入基物中，因此很难剥离。壳状地衣占全部地衣的80%，如生于岩石上的茶渍衣属（*Lecanora*）和生于树皮上的文字衣属（*Graphis*）。

二、叶状地衣（foliose lichens）

地衣体呈叶状，有瓣状裂片，叶片下部生出假根或脐，附着于基物上，易与基物剥离。如生在草地上的地卷衣属（*Peltigera*）、脐衣属（*Umbilicaria*）和生在岩石上或树皮上的梅衣属（*Parmelia*）。

三、枝状地衣（fruticose lichens）

地衣体树枝状，直立或下垂，仅基部附着于基物上。如直立地上的石花属（*Ramalina*）、石蕊属（*Cladonia*），悬垂生于树枝上的松萝属（*Usnea*）。（图7－1）

地衣的解剖构造：分为上皮层、藻胞层、髓层和下皮层。上皮层和下皮层由致密交织的菌丝形成类似绿色组织那样的菌丝组织，故称假组织；藻孢层是在上皮层之下由参与地衣共生的藻类细胞聚集成明显的一层；髓层介于藻胞层和下皮层之间，由一些疏松的菌丝和藻细胞构成。依据藻类细胞的分布，通常又分为两类：

同层地衣：藻类细胞在髓层中均匀分布，无藻层与髓层之分，如猫耳衣属（*Leptogium*）。

异层地衣：在上皮层之下，有多数的藻细胞，形成明显的藻胞层，下方为髓层，最下面为皮层。如蜈蚣衣属（*Physcia*）和梅衣属（*Parmelia*）、地茶属（*Thamnolia*）、松萝属（*Usnea*）等。（图7－2）

叶状地衣多为异层地衣。壳状地衣多为同层地衣，壳状地衣多无下皮层，髓层与基物紧密相连。枝状地衣为异层地衣，枝状地衣外层致密，藻胞层很薄，包围中轴型的髓部，成圆环状排列，如松萝属，或髓部中空的，如地茶属和石蕊属。

【药用植物】

松萝 *Usnea diffracta* Vain. 属松萝科。地衣体扫帚形，丝状，分枝稀少，仅中部尤其近端处有繁茂的细分枝，长15～50cm，悬垂，淡绿色或淡黄绿色，表面有很多白色环状裂沟，横断面可见中央有线状强韧性的中轴，具弹性，可拉长，由菌丝组成；其外为藻环。菌层产生少数子囊果，子囊果盘状、褐色，子囊棒状，内生8个椭圆形子囊孢子。分布全国大部分省区，主产于黑龙江、吉林省。生于具有一定海拔高度的潮湿林中树干上或岩壁上。药用全植物，能清热解毒，止咳化痰，强心利尿，生肌止血，清肝明目，含有地衣酸钠盐、松萝酸，具抗菌，消炎作用。同属植物红皮松萝 *U. rubescens*，红髓松萝 *U. zoseola*，长松萝 *U. longissima*，粗皮松萝 *U. mortifuji* 均可药用。

雪茶 *Thamnolia vermicularis* (Sw.) Ach. ex Schaer. 属地茶科。地衣体树枝状，常聚集成丛，高3～7cm，白色，略带灰色，长期保存后变肤红色。多分叉，二至三叉或单

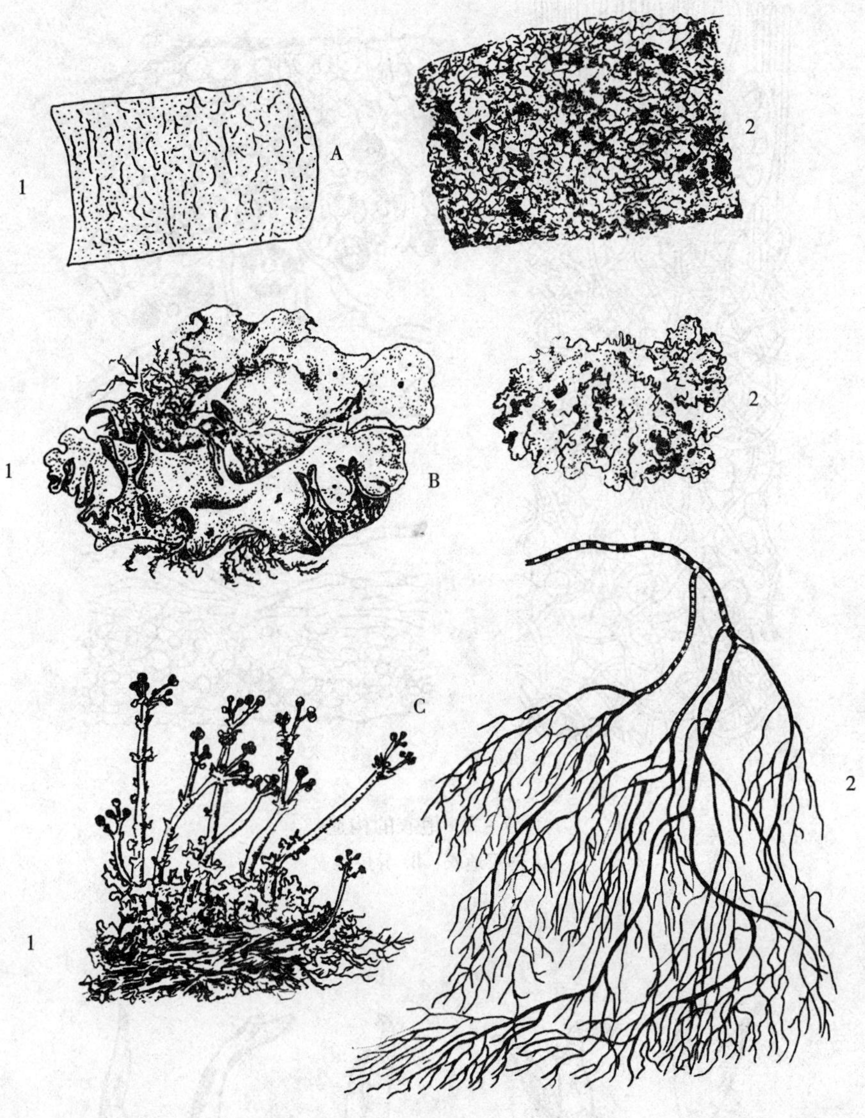

图 7－1　地衣的形态

A. 壳状地衣　1. 文字衣属　2. 茶渍衣属

B. 叶状地衣　1. 地卷衣属　2. 梅衣属

C. 枝状地衣　1. 石蕊属　2. 松萝属

枝上具小刺状分叉，长圆条形或扁带形，粗 1～2mm，渐尖，表面具皱纹凹点，中空。（图 7－3）分布于陕西、四川、云南等省。生于高寒山地草甸及冻原地藓类群丛中。药用全植物，能清热解毒，养心明目，醒脑安神等。

地衣入药的还有石耳*Umbilicaria esculenta*（Miyoshi）Minks，石蕊*Cladonia rangiferina*（L.）Web. 冰岛衣*Cetraria islandica*（L.）Ach. 等，我国共有 9 科，17 属 71 种地衣供药用，因地衣体内含有多种独特的化学物质而引起广大科技人员的极大兴趣，正在进行深入研究。

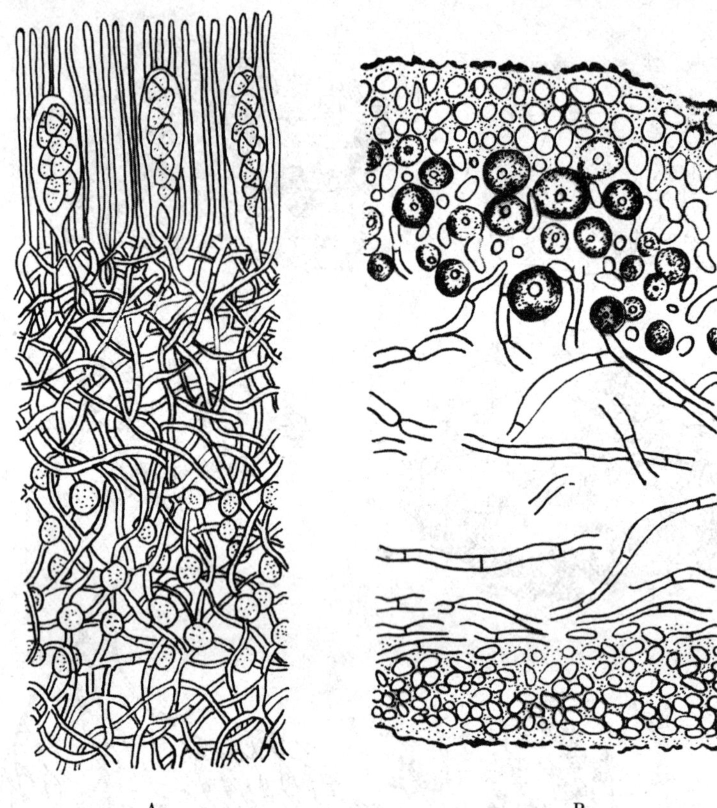

图 7-2 地衣的构造

A. 同层地衣 B. 异层地衣

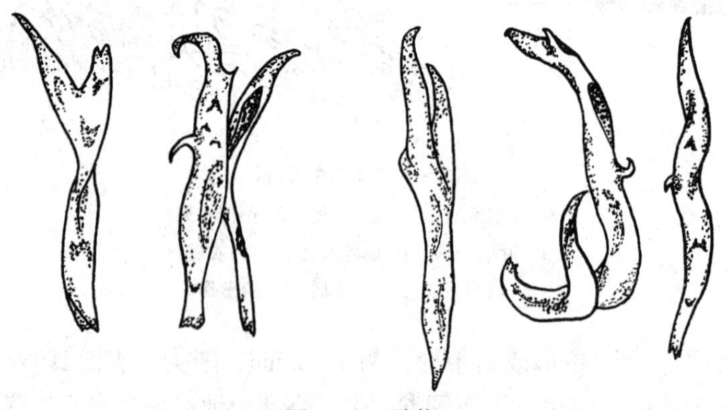

图 7-3 雪茶

苔藓植物门 Bryophyta

第一节 苔藓植物的特征

苔藓植物是绿色自养性的陆生植物，是高等植物中唯一没有维管束的一类，因此植物体都很矮小，一般不超过10厘米。平常看到的绿色苔藓植物体是其配子体，有两种类型：一种是苔类，分化程度比较浅，保持叶状体的形状；另一种是藓类，植物体已有假根和类似茎、叶的分化。苔藓植物的假根是表皮突起的单细胞或一列细胞组成的丝状体。植物体内部构造简单，组织分化水平不高，仅有皮部和中轴的分化，没有真正的维管束构造。叶多数由一层细胞组成，表面无角质层，内部有叶绿粒，所以能进行光合作用，也能直接吸收水分和养料。

苔藓植物具有明显的世代交替，我们常见的绿色苔藓植物体，就是单倍体的配子体，是由孢子萌发成原丝体，再由原丝体发育而成的，配子体在世代交替中占优势，能独立生活。孢子体则不能独立生活，须寄生在配子体上，这一点是与其他陆生高等植物的最大区别。

苔藓植物的配子体上具有雌雄两性生殖器官：雄性的称为精子器（antheridium），雌性的称为颈卵器（archegonium），都由多细胞构成。雌性器官的颈卵器，外形像长颈烧瓶，上面细长的部分称为颈部，中间有1条沟称颈沟，下部膨大部分称为腹部，中间有一个大形的细胞，称卵细胞（egg cell）。雄性器官的精子器一般呈棒状、卵状或球状，内具有多数的精子。精子长而卷曲，先端有二根鞭毛。精子借水游到颈卵器内与卵结合，卵细胞受精后形成合子（$2n$），合子不需经过休眠即开始分裂而形成胚，植物界从苔藓植物开始才有胚的构造，胚即在颈卵器内吸收配子体的营养，发育成孢子体（$2n$），孢子体通常分为三部分，上端为孢子囊（sporangium），又称孢蒴（capsule），其下有柄，称蒴柄（seta），蒴柄最下部有基足（foot），基足伸入配子体的组织中吸收养料，以供孢子体的生长，故孢子体寄生于配子体上，孢蒴内的孢原组织细胞经多次分裂再经减数分裂，形成孢子（n），孢子散出后，在适宜条件下，萌发成原丝体（protonema），经过一段时期生长后，在原丝体上再生成新配子体。（图8－1）

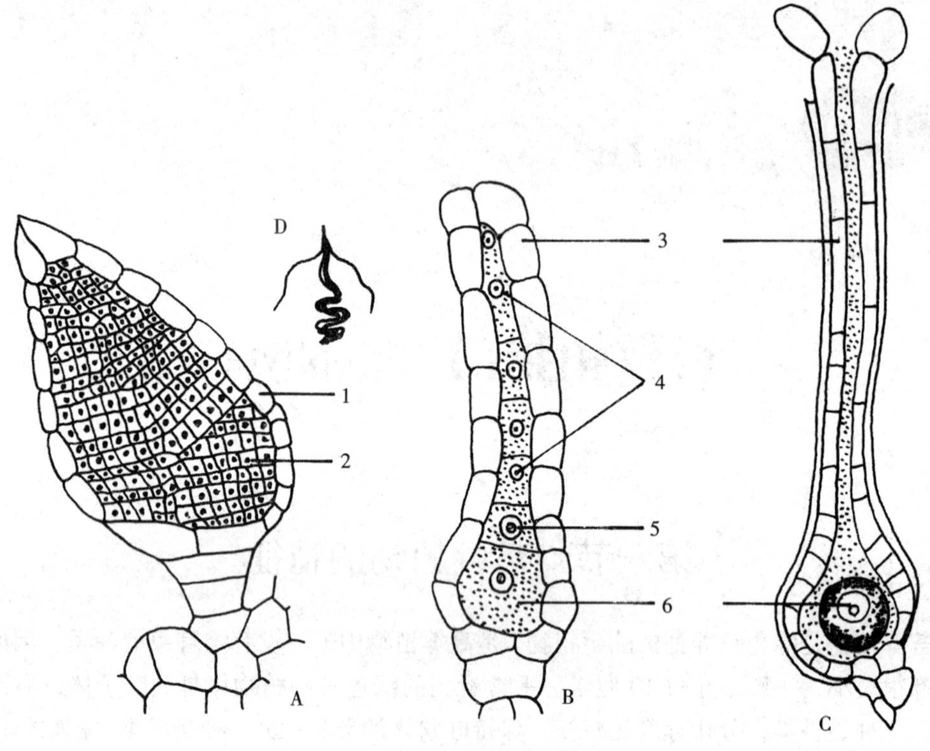

图 8 – 1　钱苔属的精子器、颈卵器和精子

A. 精子器　B – C. 不同时期的颈卵器　D. 精子

1. 精子器壁　2. 产生精子的细胞　3. 颈卵器壁　4. 颈沟细胞　5. 腹沟细胞　6. 卵

在苔藓植物生活史中，从孢子萌发到形成配子体，配子体产生雌雄配子，这一阶段为有性世代，细胞核染色体数目为 n，从受精卵发育成胚，再由胚发育形成孢子体的阶段为无性世代，细胞核染色体数目均为 $2n$。苔藓植物的有性世代和无性世代互相交替，形成了世代交替。(图 8 – 2)

苔藓植物一般生于潮湿和阴暗的环境中。尤以多云雾的山区林地内生长更为繁茂，它是植物界由水生到陆生的中间过渡代表类型。苔藓植物生长密集，能够含蓄大量的水分，对水土、养分的保持，森林及某些附生植物的生长发育均有重要作用。此外，苔藓植物可以作为监测大气污染的指示植物。因为苔藓植物的叶片一般只有单层细胞，没有保护层，外界气体可以轻易侵入叶片。如遇到二氧化硫等有害气体，叶片会立即变黄，变褐。苔藓植物含有多种活性化合物：如脂类、萜类、脂肪酸和黄酮类等。

第二节　苔藓植物的分类

本门植物约有 23000 种左右，遍布世界各地，我国有苔藓植物 108 科、494 属、约 2800 种，其中药用的有 21 科 43 种。根据营养体的形态构造分为苔纲（Hepaticae）和藓纲（Musci）。也有人把苔藓植物分成三纲：苔纲、角苔纲（Anthocer-

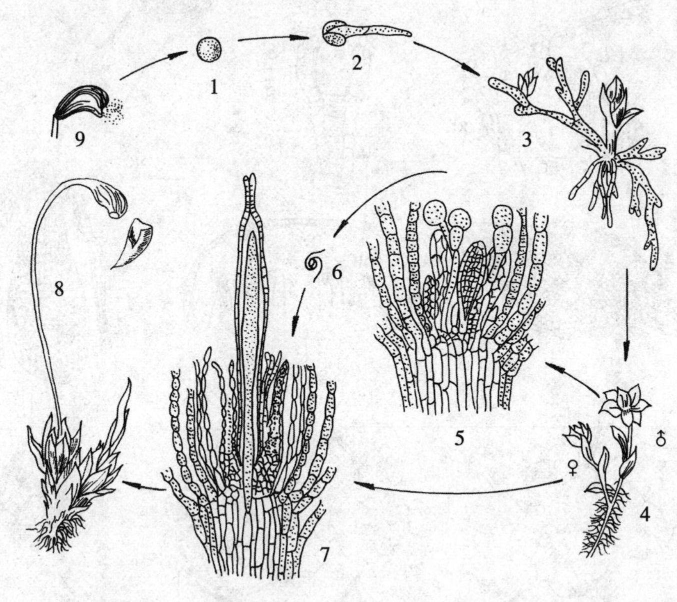

图8－2 藓的生活史

1. 孢子 2. 孢子萌发 3. 原丝体上有芽及假根 4. 配子体上的雌雄生殖枝
5. 雄器苞纵切面示精子器和隔丝 6. 精子 7. 雌器苞纵切面示颈卵器和正在发育的孢子体 8. 成熟的孢子体仍生于配子体上 9. 散发孢子

otae）和藓纲。

一、苔纲 Hepaticae

植物体（配子体）有的种类是有背腹之分的叶状体。有的种类则有茎、叶的分化。假根由单细胞构成。茎通常没有中轴的分化，常由同形细胞构成。叶多数只有一层细胞，无中肋。孢子体的构造比藓类简单，孢蒴的发育在蒴柄延伸生长之前，蒴柄柔弱，孢蒴成熟后多呈四瓣纵裂，其内多无蒴轴，除形成孢子外，还形成弹丝，以助孢子的散放。原丝体不发达，每一原丝体通常只产生一个植物体（配子体）。多生于阴湿的土地，岩石和树干上，有的飘浮于水面，或完全沉生于水中。化学特征是含有芪类、单萜及倍半萜类。

【药用植物】

地钱*Marchantia polymorpha* L. 属地钱科。雌雄异株，植物体为绿色扁平的叶状体，阔带状，多回二歧分叉，边缘呈波曲状，贴地生长，有背腹之分。内部组织略有分化，分成表皮，绿色组织和贮藏组织。背面表皮有气孔和气室，气孔是由一般细胞围成的烟囱状构造。腹面常有能保持水分的鳞片及假根。地钱的生活史如下图所示。（图8－3）

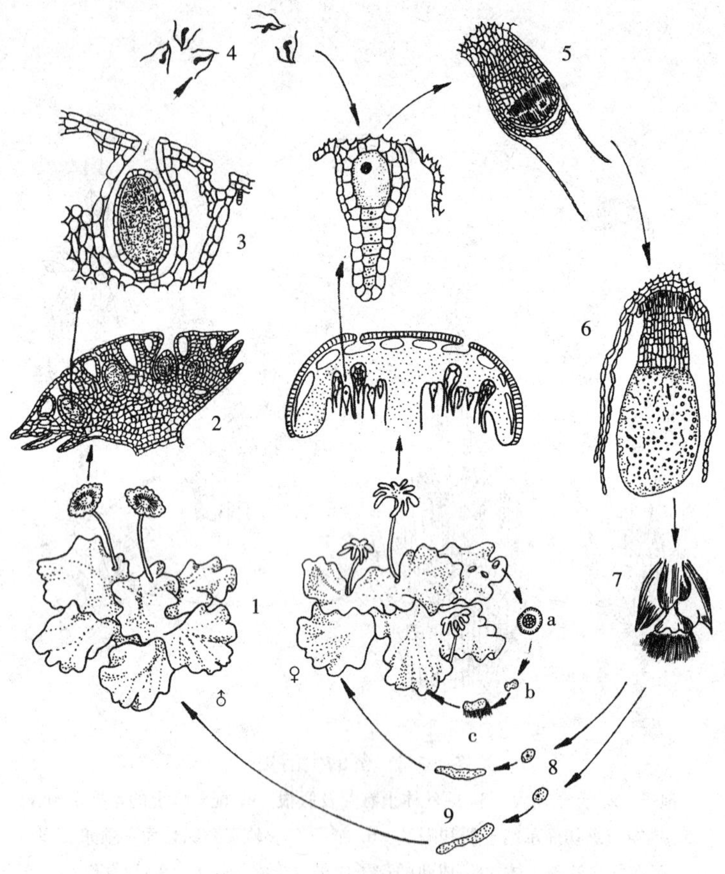

图 8-3 地钱的生活史

1. 雌雄配子体 2. 雌器托和雄器托 3. 颈卵器及精子器 4. 精子
5. 受精卵发育成胚 6. 孢子体 7. 孢子体成熟后散发孢子 8. 孢子
9. 原丝体 a. 胞芽杯内胞芽成熟 b. 胞芽脱离母体 c. 胞芽发育成新植物体

地钱有两种营养繁殖方式：一种是以形成胞芽（gemma）的方式进行营养繁殖，胞芽形如凸透镜，通过一细柄生于叶状体背面的胞芽杯（cupule）中。胞芽两侧具缺口，其中各有一个生长点，成熟后从柄处脱落离开母体，发育成新的植物体。另一种方式是，地钱的叶状体，在成长的过程中，前端凹陷处的顶端细胞不断分裂，使叶状体不断加长和分叉。后面的部分，逐渐衰老，死亡并腐烂。当死亡部分到达分叉处，一个植物体即变成两个新植物体。分布于全国各地。多生于林内，阴湿的土坡及岩石上，亦常见于井边，墙隅等阴湿处。全草能解毒，祛瘀，生肌。可治黄疸性肝炎。

苔纲药用植物还有蛇地钱（蛇苔）*Conocephalum conicum*（L.）Dum. 全草能清热解毒，消肿止痛。外用治烧伤，烫伤，毒蛇咬伤，疮痈肿毒等。

二、藓纲 Musci

藓类植物体（配子体）为有茎、叶分化的拟茎叶体，无背腹之分。有的种类的茎常有中轴的分化。叶在茎上的排列多为螺旋式，叶常具有中肋。孢子体的构造也比苔类复杂，成熟时孢蒴，蒴柄伸出颈卵器外，蒴内有蒴轴，无弹丝，成熟时多为盖裂。原丝体发达，每一原丝体常形成多个植株。分布世界各地，常能形成大片群落。化学特征是不含有芪类化合物。

【药用植物】

大金发藓（土马骔）*Polytrichum commune* L. 属金发藓科。小型草本，高 10 ~ 30cm，深绿色，老时呈黄褐色，常丛集成大片群落。茎直立，单一，常扭曲。叶多数密集在茎的中上部，渐下渐稀疏而小，至茎基部呈鳞片状。雌雄异株，颈卵器和精子器分别生于二株植物体茎顶。早春，成熟的精子在水中游动，与颈卵器中的卵细胞结合，成为合子，合子萌发而形成孢子体，孢子体的基足伸入颈卵器中，吸收营养。蒴柄长，棕红色。孢蒴四棱柱形，蒴内具大量孢子，孢子萌发成原丝体，原丝体上的芽长成配子体（植物体）。蒴帽有棕红色毛，覆盖全蒴。（图 8 - 4）分布于全国各省区。生于山野阴湿土坡，森林沼泽，酸性土壤上。全草入药，有清热解毒，凉血止血作用。古代有关本草记载及《植物名实图考》所指“土马骔”的基原系泛指此种藓。

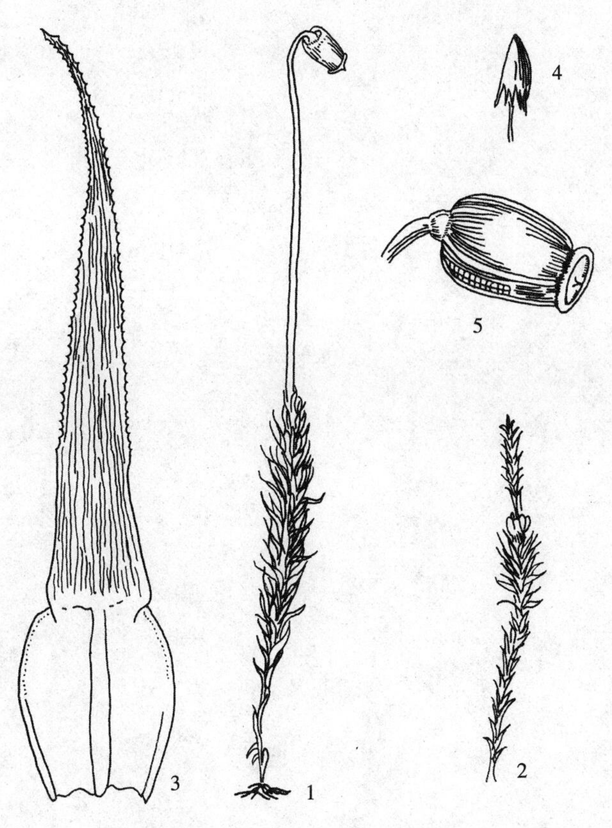

图 8 - 4 大金发藓

1. 雌株，其上具孢子体 2. 雄株，其上生有新枝

3. 叶腹面观 4. 具蒴帽的孢蒴 5. 孢蒴

暖地大叶藓（回心草）*Rhodobryum giganteum*（Sch.）Par. 属真藓科。根状茎横生，

地上茎直立，叶丛生茎顶，茎下部叶小，鳞片状，紫红色，紧密贴茎。雌雄异株。蒴柄紫红色，孢蒴长筒形，下垂，褐色。孢子球形。分布于华南、西南。生于溪边岩石上或湿林地。全草含生物碱、高度不饱和的长链脂肪酸，如廿二碳五烯酸，能清心明目安神，对冠心病有一定疗效。

此外大叶藓属（*Rhodobryum*）的一些种对治疗心血管病有较好的疗效。从仙鹤藓属（*Atrichum*）及金发藓属（*Polytrichum*）等一些种中提取的活性成分，对金黄色葡萄球菌有较强的抑制作用，对革兰阳性和阴性菌有抑制作用。

苔藓植物中的提灯藓属（Mnium）的一些种类是中药五倍子蚜虫的越冬宿主（它的夏寄主是漆树科的盐肤木、青麸杨、红鼓杨），所以提灯藓科植物与五倍子蚜虫的繁殖，有着十分密切的关系。五倍子内含单宁酸，没食子酸及焦性没食子酸，通称倍酸，含量高达70%以上。倍酸是石油、冶金、医药及轻工业上以及国防工业上的原料和化学试剂。由五倍子中提取的倍酸可用于在医药上配制避孕药膏，烫伤油膏，治疗顽癣的外用药。

蕨类植物门 Pteridophyta

第一节　蕨类植物的主要特征

蕨类植物是植物界中介于苔藓植物和种子植物之间的一个大的自然类群，过去又叫羊齿植物，维管隐花植物，是高等植物中具有维管组织，但比较低级的一类植物。就进化水平看，蕨类植物是进化水平最高的孢子植物，又是最原始的维管植物。在高等植物中除苔藓植物外，蕨类植物、裸子植物及被子植物在植物体内均具有维管系统（vascular system），所以这三类植物也总称维管植物（vascular plants），有的分类系统把这三类植物合称维管植物门（Tracheophyta）。

蕨类植物和苔藓植物一样生活史中具明显的世代交替现象，无性生殖产生孢子，有性生殖器官为精子器和颈卵器。但是蕨类植物的孢子体远比配子体发达，并有根、茎、叶的分化，内中有维管组织，这些又是异于苔藓植物的特点。蕨类植物只产生孢子，不产生种子，则有别于种子植物。蕨类的孢子体和配子体都能独立生活，此点和苔藓植物（配子体占优势，孢子体寄生在配子体上）及种子植物（孢子体占优势，配子体寄生在孢子体上）均不相同。

蕨类植物的生活史中，有两个独立生活的植物体，即孢子体和配子体。

1. 孢子体　蕨类植物的孢子体即蕨类通常的植物体，其孢子体发达，通常具有根、茎、叶的分化，多为多年生草本，仅少数一年生，大多为土生、石生或附生，少数为水生或亚水生，一般表现为喜阴湿和温暖的特性。

（1）根　除极少数原始种类仅具假根外，其余均具有吸收力较强的真根，其主根都不发育，通常为不定根，着生在根状茎上，少数种类其不定根着生在叶轴或叶肉上。

（2）茎　蕨类植物的茎可以分为三大类，即根状茎、直立茎和气生茎。最常见的为根状茎，少数为直立的树干状或其他形式的地上茎，如桫椤 *Cyathea spinulosa* Wall. ex Hook.。有些原始的种类还兼具气生茎和根状茎。蕨类植物的茎在进化过程中特化了具有保护作用的毛茸和鳞片，随着系统进化，毛茸和鳞片的类型和结构也越来越复杂，毛

茸有单细胞毛、腺毛、节状毛、星状毛等，鳞片膜质，形态多种，鳞片上常有粗或细的筛孔。(图9－1)

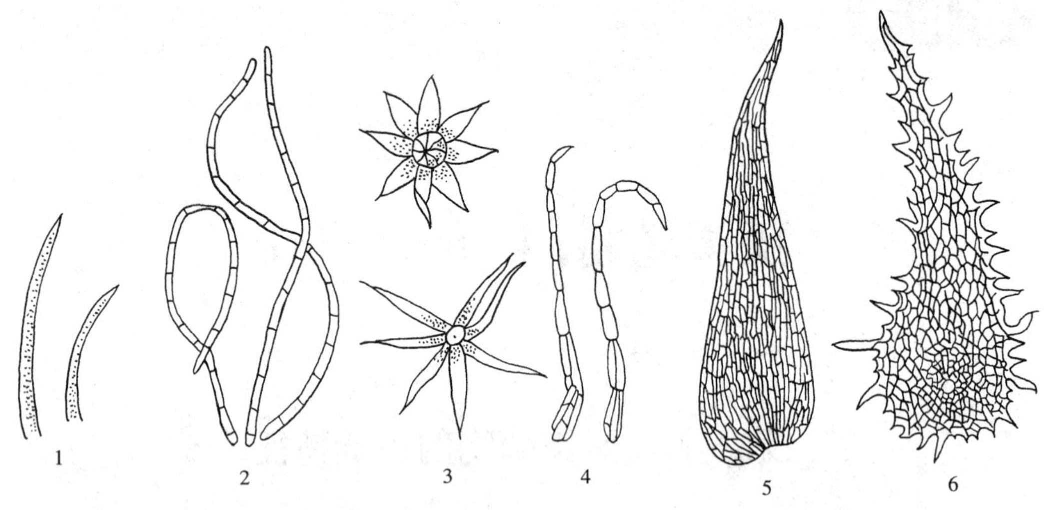

图9－1 蕨类植物的毛和鳞片

1. 单细胞毛 2. 节状毛 3. 星状毛 4. 鳞毛 5. 细筛孔鳞片 6. 粗筛孔鳞片

(3) 叶 根据叶的起源及形态特征，分为小型叶（microphyll）和大型叶（macrophyll）两类。小型叶是原始类型的叶，存在于拟蕨类植物中，属于延生起源或顶枝起源，由茎的表皮细胞突出而形成，如松叶蕨（Psilotum nudum）、石松（Lycopodium）等的叶，它没有叶隙（leafgap）和叶柄（stipe），叶无叶脉或仅具单一不分枝的叶脉（vein）。大型叶有叶柄，有或无叶隙，叶片常多分裂，少为不分裂，叶脉多分枝，属于较进化的类型，是顶枝起源的，由多数顶枝连合并经过扁化而形成，如真蕨类植物的叶。大型叶多由根茎上长出，幼时大多数呈拳曲状，以后生长分化为叶柄和叶片两部分。

蕨类植物的叶根据功能又分孢子叶和营养叶两类。孢子叶（sporophyll）是能产生孢子囊和孢子进行繁殖的叶，又称能育叶（fertile frond）；营养叶（foliage leaf）是主要进行光合作用，无生殖功能的叶，又称不育叶（sterile froud）。在蕨类植物中，有些植物的孢子叶和营养叶是不分的，既能进行光合作用，又能产生孢子囊和孢子，叶的形状也相同，称为同型叶（homomorphic leaf），如石韦、粗茎鳞毛蕨等；也有孢子叶和营养叶，形状和功能完全不相同，称为异型叶（heteromorphic leaf），如荚果蕨、紫萁等。在系统演化过程中，同型叶是朝着异型叶的方向发展的。

(4) 孢子囊 蕨类植物的孢子体生长发育到一定阶段就要进行无性繁殖，在叶片上产生的无性生殖器官，叫做孢子囊，孢子囊内产生无性生殖细胞，称之为孢子。蕨类植物的孢子囊，在原始的小型叶蕨类中单生于孢子叶的近轴面叶腋或叶子基部，许多孢子叶常集生在枝的顶端，形成球状或穗状，称孢子叶球（strobilus）或孢子叶穗（sporophyll spike），如石松和木贼等。较进化的真蕨类，其孢子囊常生于孢子叶的背面、边缘或集生在一特化的孢子叶上，常常由多数孢子囊聚集成群，称为孢子囊群或孢子囊堆（sorus），孢子囊群有圆形、肾形、长圆形、线形等形状，原始的类型其孢子囊群裸露，进化的类型常有膜质的囊群盖（indusium）覆盖（图 14－2）。水生蕨类的孢子囊群生于特化的孢子果内（或称孢子荚 sporocape）。孢子囊壁由单层或多层细胞构成，在细胞壁上有一行不均匀增厚的细胞形成的环带（annulus），环带着生的位置有多种形式，如顶生环带（海金沙属）、横行中部环带（芒萁属）、斜行环带（金毛狗脊属）、纵行环带，不完整，具裂口及唇细胞（水龙骨属）等，这些环带对孢子的散布和种类的鉴别有重要作用。（图 9－2）

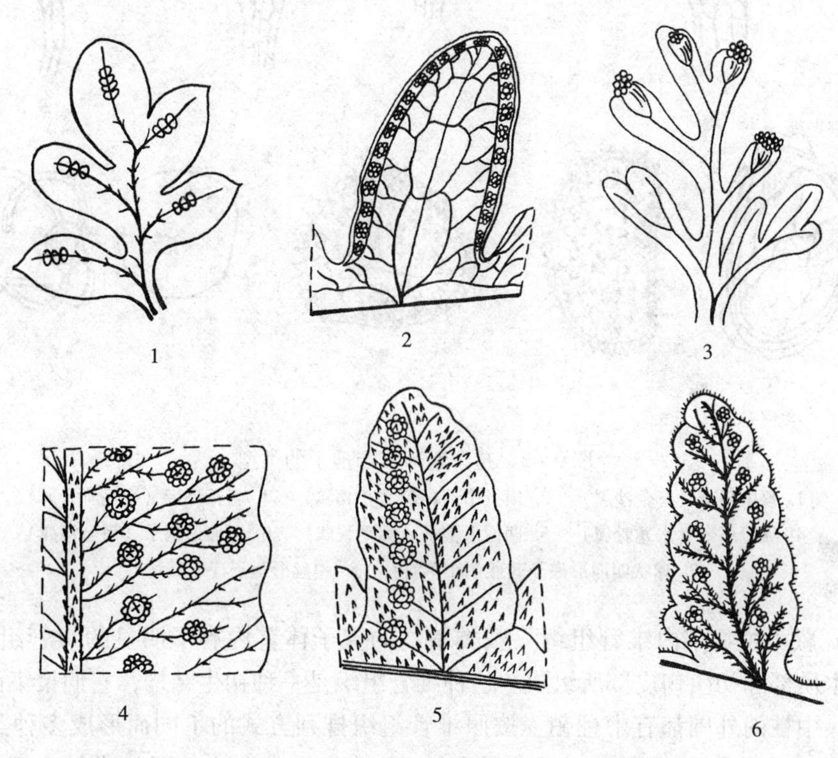

图 9－2 蕨类植物孢子囊群的类型

1. 无盖孢子囊群 2. 边生孢子囊群 3. 顶生孢子囊群

4. 有盖孢子囊群 5. 脉背生孢子囊群 6. 脉端生孢子囊群

（5）孢子 产生于孢子囊内，是蕨类植物无性生殖的产物，它是由孢子母细胞经过减数分裂而形成的，是单倍体的生活细胞。多数蕨类产生的孢子大小相同，称孢子同型（isospory），而卷柏和少数水生真蕨类植物的孢子有大、小之分，即有大孢子（macrospore）和小孢子（microspore）的区别，称为孢子异型（heterospore）。产生大孢子的囊状结构称大孢子囊（megasporangium），大孢子萌发后形成雌配子体；产生小孢子的囊状结构称小孢子囊（mirosporangium），小孢子萌发后形成雄配子体。

无论是同型还是异型孢子，在形态上可分为二类：一类是肾状的两面型，另一类是三角锥状的四面型。孢子的周围光滑或常具不同的突起或纹饰，或分化出四条弹丝。（图 9－3）

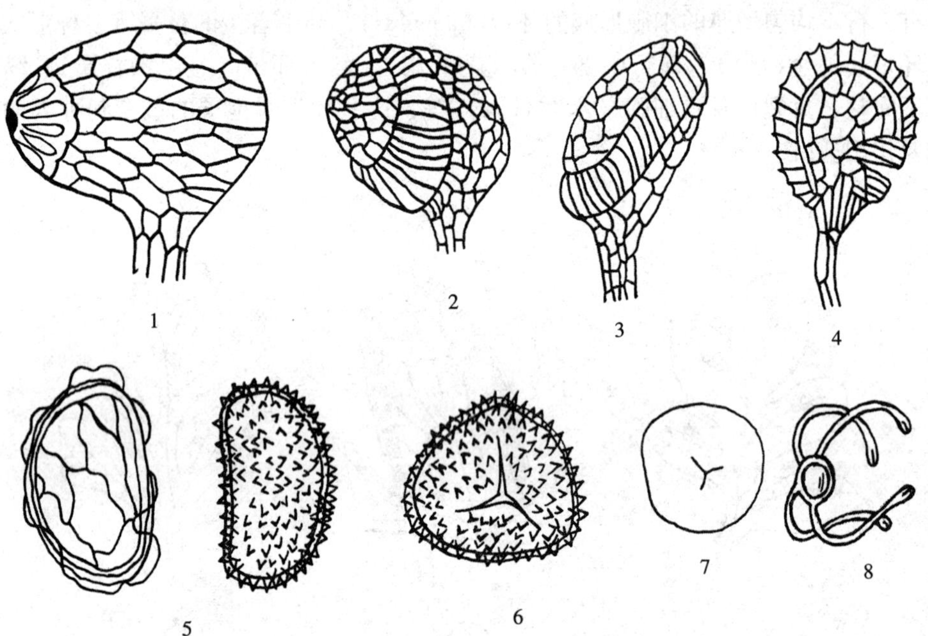

图 9－3　孢子囊环带和孢子的类型

1. 顶生环带（海金沙属）　2. 横行中部环带（芒萁属）　3. 斜行环带（金毛狗脊属）
4. 纵行环带（水龙骨属）　5. 两面形孢子（鳞毛蕨属）　6. 四面形孢子（海金沙属）
7. 球状四面形孢子（瓶尔小草科）　8. 弹丝形孢子（木贼科）

（6）蕨类植物茎内维管组织　蕨类植物的孢子体茎内有了明显的维管组织分化，由初生木质部和初生韧皮部所组成。这种维管组织是一种初生结构，它们聚集而成中柱（stele）。中柱的外围都有中柱鞘。按照维管组织排列方式的不同而形成多种类型的中柱。主要有原生中柱（protostele）、管状中柱（siphonostele）、网状中柱（dictyostele）和散状中柱（atactostele）等。这些不同的中柱类型与植物演化有关，它是由实心的原生中柱向散状中柱的趋向发展的，原生中柱仅由木质部和韧皮部组成，无髓部，无叶隙。原生中柱包括单中柱、星状中柱、编织中柱。管状中柱包括外韧管状中柱、双韧管状中柱。网状中柱、真中柱和散状中柱是演化到最进化的类型。在种子植物中常见。（图 9－4）

中柱的类型常是蕨类植物鉴别的依据之一。很多蕨类植物根状茎上常有叶柄残基，而叶柄中的维管束数目、类型及排列方式均有明显的区别，亦可作为药材的鉴别依据之一。如贯众类药材中，东北贯众 *Dryopteris crassirhizoma* Nakai 叶柄的横切面有维管束 5～13个，大小相似，排成环状；荚果蕨贯众 *Matteuccia struthiopteris*（L.）Todaro 叶柄的横切面有维管束 2 个，呈条形，排成八字形；狗脊蕨贯众 *Woodwardia japonicum*（L. f.）

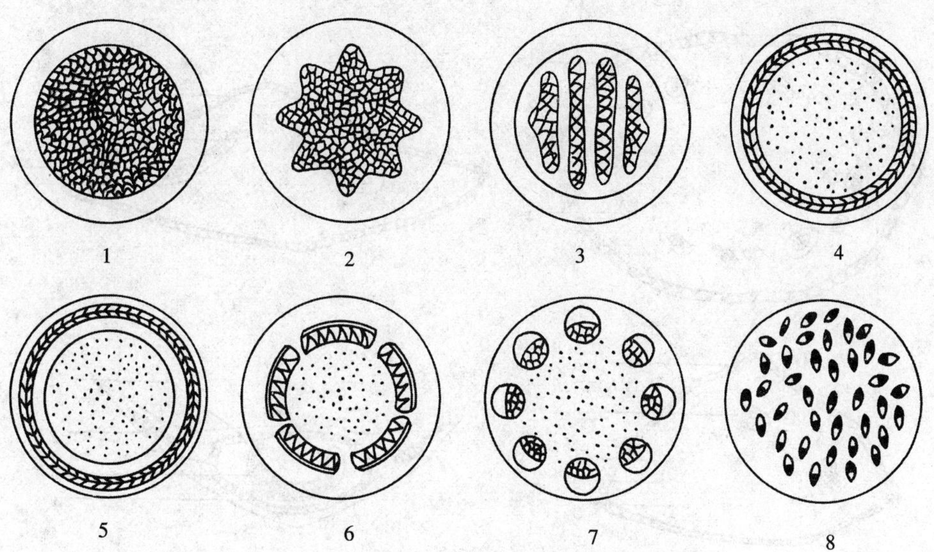

图9-4　蕨类植物中柱类型横剖面图

1. 单中柱　2. 星状中柱　3. 编织中柱　4. 外韧管状中柱
5. 双韧管状中柱　6. 网状中柱　7. 真中柱　8. 散状中粒

Sm. 叶柄的横切面有维管束2～4个，呈肾形，排列成半圆形；紫萁贯众 *Osmunda japonica Thunb*. 叶柄的横切面有维管束1个，呈U字形。(图9-5)

2. 蕨类植物的配子体　蕨类植物的孢子成熟后，孢子囊裂开，孢子弹出后散落在适宜的环境里萌发形成配子体，进化的大多数蕨类的配子体为绿色叶状体，称原叶体（prothallus），这种配子体体形小，结构简单，无根、茎、叶的分化，仅具单细胞的假根，生活期短，能独立生活，有背腹的分化。当配子体成熟时大多数在同一配子体的腹面生有球形的精子器和瓶状的颈卵器。精子器内产生有多数鞭毛的精子，颈卵器内有一个卵细胞，精卵成熟后，精子由精子器逸出，借水为媒介进入颈卵器内与卵结合，受精卵发育成胚，幼胚暂时寄生在配子体上，长大后配子体死去，孢子体进行独立生活。

3. 蕨类植物的生活史　蕨类植物具有明显的世代交替，其生活史中有两个独立生活的植物体，孢子体和配子体。从受精卵萌发到孢子体上孢子母细胞进行减数分裂前，这一阶段称为孢子体世代（无性世代），其细胞染色体数目为双倍的（$2n$）。从单倍体的孢子萌发到精子与卵结合前，这一阶段为配子体世代（有性世代），细胞染色体数目为单倍的（n）。蕨类植物和苔藓植物生活史主要不同点在于：蕨类的孢子体和配子体都能独立生活；蕨类的孢子体发达，配子体弱小，孢子体世代占优势。(图9-6)

4. 蕨类植物的化学成分

黄酮类：黄酮类化合物在蕨类植物中广泛分布，多具生理活性，小型叶蕨类多含有双黄酮成分。如松叶蕨属（*Psilotum*）、卷柏属（*Sellaginella*）含穗花杉双黄酮（amentoflavone）和扁柏双黄酮（hinokiflavone）。小型叶和真蕨类中普遍含有黄酮类成分，最常见的有芹菜素（apigenin）、芫花素（genkwanin）、木犀草素（luteolin）和牡荆素

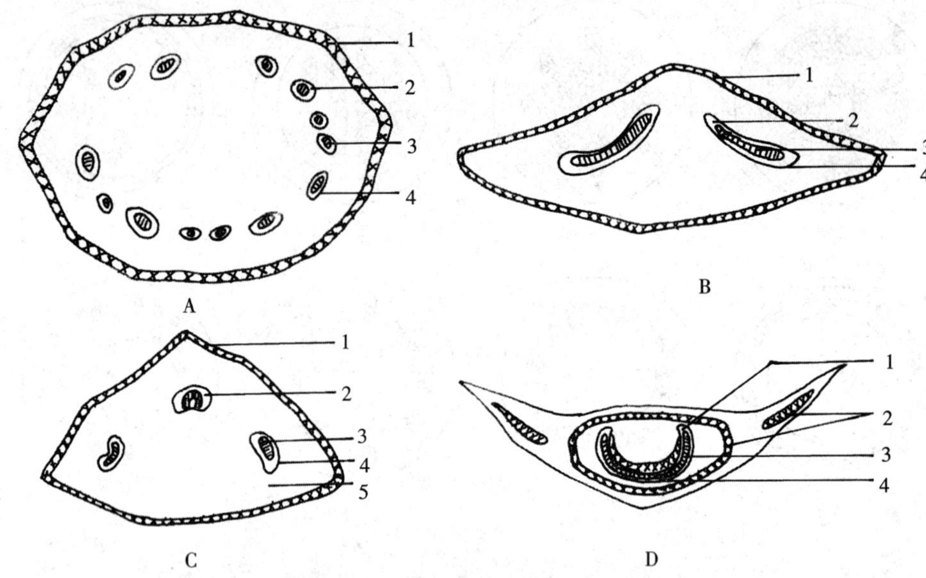

图 9－5　贯众类叶柄基部横切面简图

A. 东北贯众　1. 厚壁组织　2. 韧皮部　3. 木质部　4. 内皮层

B. 荚果蕨贯众　1. 厚壁组织　2. 韧皮部　3. 木质部　4. 内皮层

C. 狗脊蕨贯众　1. 厚壁组织　2. 韧皮部　3. 木质部　4. 内皮层　5. 薄壁组织

D. 紫萁贯众　1. 韧皮部　2. 厚壁组织　3. 木质部　4. 内皮层

（vitexin）等。黄酮醇类在真蕨类植物中广泛存在，常见的有：高良姜素（galangin）、山萘酚（kaempferol）、槲皮素（quercetin）等。

生物碱类：石松属（*Lycopodium*）中含有石松碱（lycopodine）、石松洛宁（clavolonine）、石松毒碱（clavatoxine）、垂石松碱（lycocernuine）等。卷柏属（*Sellaginella*）、木贼属（*Hippochaete*）、问荆属（*Equisetum*）均含有生物碱。从石杉科植物中分得的石杉碱甲（huperrzine A）能防治早老性痴呆症。

酚类化合物：二元酚类及其衍生物在大型叶的真蕨中普遍存在，如咖啡酸（caffeic acid）、阿魏酸（ferulic acid）及绿原酸（chlorogenic acid）等，它们具有抗菌、止痢、止血和升高白细胞的作用，咖啡酸具有止咳、祛痰作用。多元酚类，特别是间苯三酚衍生物在鳞毛蕨属（*Dryopteris*）植物中常有存在，如绵马酚（aspidinol）、绵马酸类（filicic acids）、东北贯众素（dryocrassin）等，这类化合物具较强的驱虫作用，但毒性较大。

萜类及甾体化合物：蕨类植物中普遍含有三萜类化合物，具代表性的是何伯烷型和羊齿烷型五环三萜。从石松（*Lycopodium* Sp.）中分离得到锯齿石松型五环三萜类化合物，石松素（lycoclavanin）和石松醇（lycoclavanol）等。近年来在紫萁、乌毛蕨、多足蕨（*Polypodium vulgare* L.）等蕨类植物中发现有昆虫蜕皮激素（insect moulting hormones），这类成分有促进蛋白合成，排除体内胆固醇、降血脂及抑制血糖上升等生物活性。

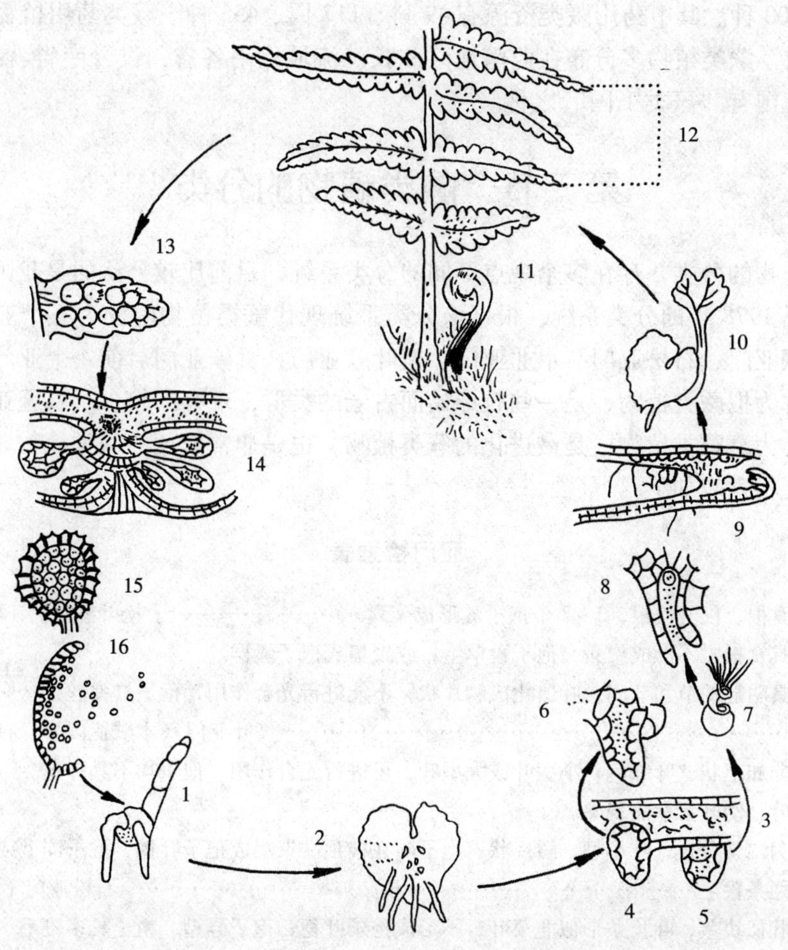

图 9-6 蕨类植物的生活史

1. 孢子萌发 2. 配子体 3. 配子体切面 4. 颈卵器 5. 精子器 6. 雌配子（卵） 7. 雄配子（精子） 8. 受精作用 9. 合子发育成幼孢子体 10. 新孢子体 11. 孢子体 12. 蕨叶一部分 13. 蕨叶上孢子囊群 14. 孢子囊群切面 15. 孢子囊 16. 孢子囊开裂及孢子散出

其他成分 很多蕨类植物含有鞣质；一些植物的孢子中含大量脂肪油，如石松、海金沙。金鸡脚蕨 *Phymatopsis hastata*（Thunb.）Kitag. 叶中含有香豆素等。

蕨类植物是一类古老原始的植物，现存蕨类大多为草本。在几亿年前的古生代和中生代，木本树蕨曾遍及世界，高大而繁茂。由于地质变迁，绝大多数已经绝灭，埋在地下成了煤炭，只有极少数幸存下来。如：桫椤，苏铁蕨为现今存在的少数几种木本蕨类。桫椤被国家列为一类保护植物，其茎富含淀粉，可供食用，也可用来制做器物。入药称为“龙骨风”，可驱风湿、强筋骨、清热止咳。

现在地球上生存的蕨类植物约有 12000 多种，其中绝大多数为草本植物。蕨类植物分布广泛，除了海洋和沙漠外，无论在平原、森林、草地、岩缝、溪沟、沼泽、高山和水域中都有它们的踪迹，尤以热带和亚热带地区为其分布中心。我国有蕨类植物 52 科、204 属、2600 种。其中药用蕨类资源有 49 科、117 属、455 种。蕨类药用植物资源居孢子植物之首。蕨类植物多分布在西南地区和长江流域以南各省，仅云南省就有 1500 种左右，在我国有“蕨类王国”之称。

第二节　蕨类植物的分类

蕨类植物的分类，存在多个观点不同的分类系统，目前比较公认的是我国蕨类植物学家秦仁昌 1978 年的分类系统，根据该分类系统现代蕨类植物门分为五个亚门。分别为：松叶蕨亚门、石松亚门、水韭亚门、楔叶蕨亚门、真蕨亚门。前 4 个亚门都是小叶型蕨类，称为拟蕨类植物，是一些较原始而古老的类群，现存的较少。真蕨亚门是大型叶蕨类，称为真蕨类植物，是最进化的蕨类植物，也是非常繁茂的蕨类植物。五个亚门的主要特征检索表如下：

亚门检索表

1. 植物体无真根，仅具假根，2~3 个孢子囊形成聚囊 …………………… 松叶蕨亚门（Psilophytina）
1. 植物体均具真根，不形成聚囊，孢子囊单生，或聚集成孢子囊群。
  2. 植物体具明显的节和节间，叶退化成鳞片状，不能进行光合作用，孢子具弹丝 ………………………………………………………… 楔叶亚门（木贼亚门）（Sphenophytina）
  2. 植物体非如上状，叶绿色，小型叶或大型叶，可进行光合作用，孢子均不具弹丝。
    3. 小型叶，幼叶无拳曲现象。
      4. 茎多为二叉分枝，叶小型，鳞片状，孢子叶在枝顶端聚集成孢子叶穗，孢子同型或异型，精子具两条鞭毛 ………………………………………… 石松亚门（Lycophytina）
      4. 茎粗壮似块茎，叶长条形似韭菜叶，不形成孢子叶穗，孢子异型，精子具多鞭毛 ………………………………………… 水韭亚门（Isoephytina）
    3. 大型叶，幼叶有拳曲现象，孢子囊在孢子叶的背面或边缘聚集成孢子囊群 ………………………………………… 真蕨亚门（Filicophytina）

一、松叶蕨亚门 Subdivision Psilophytina

松叶蕨亚门植物为原始陆生植物类群，植物体无真根，有匍匐根状茎和直立的二叉分支的气生枝。根状茎上有毛状假根，内有原生中柱，单叶小型，无叶脉或仅有一叶脉。孢子囊 2~3 枚聚生，孢子圆形。本亚门植物多已绝迹，现存者仅有 2 科 2 属 10 余种。产热带及亚热带。我国产 1 种。染色体：X=13。

1. 松叶蕨科（松叶兰科）**Psilotaceae**

【药用植物】

松叶蕨 *Psilotum nudum*（L.）Beauv. 多年生常绿草本，地下具匍匐茎，二叉分枝，仅有毛状吸收构造和假根。地上茎高 15~80cm，上部多二回分枝。叶退化、极小，厚革质，三角形或针形，尖头。孢子囊球形，蒴果状，生于叶腋，三室，纵裂。分布于我国东南、西南、江苏、浙江等地区。附生在树干或长在石缝中。全草浸酒服，治跌打损伤，内伤出血，风湿麻木。

二、石松亚门 Subdivision Lycophytina

孢子体有根、茎、叶的分化。茎多数二叉分枝，具有原生中柱。叶为小型叶，作螺旋状或对生排列，仅有一条叶脉，无叶隙。孢子叶集生于分枝顶端，形成孢子叶穗。孢子囊单生于叶腋，或位于近叶腋处。有同型或异型孢子，配子体为两性或单性。

石松亚门也是原始蕨类植物。石炭纪时，石松植物最为繁盛，有大乔木和草本。到二叠纪时，绝大多数已绝迹。现在仅遗留少数草本类型，如石松、卷柏等。

2. 石杉科 Huperziaceae

常绿草本。主茎短，直立或上升，有规律地等位二歧分叉成等长分枝。叶螺旋排列，能育叶与不育叶同形或多少异形，内含叶绿素，呈龙骨状。孢子囊横肾形，腋生。染色体：X＝11，17。原叶体地下生，圆柱状椭圆形或线形，有菌根，与真菌营共生作用。

本科有2属，约300种，广布全球，美洲热带最多。我国有2属，40余种，药用2属17种。多数植物体内含有多种生物碱和三萜类化合物。

【药用植物】

石杉*Huperzia selago*（L.）Bernh. ex Shrank et Mart. 植株高12～17厘米，黄绿色。匍匐枝短，茎直立或斜上，二歧式分枝。叶线状披针形，具小齿或全缘；中脉较明显。孢子囊肾形，生于上部叶腋，黄褐色（图9－7）。分布于东北地区及陕西、四川、云南、新疆等省。生于高山草原与针阔混交林下。全草及孢子入药，能祛风除湿、止血、续筋、消肿止痛。植物体内含有石杉碱甲（Huperzine A）、尖石杉碱（acritoline）等成分，石杉碱甲是高选择性的，强烈的乙酰胆碱酯酶抑制剂，具有防治早老性痴呆的作用，还可用于重症肌无力。同属植物蛇足石杉 *H. serrata*（Thunb.）Trev. 的全草亦含石杉碱甲等多种生物碱（图9－8），全国多数省区有分布，已受到广泛重视。

华南马尾杉*Phlegmariurus fordii*（Baker）Ching ex Chun－yu Yang 附生，茎短而簇生，初直立，后伸长下垂，多回2歧分枝。叶全缘，螺旋状排列，由于基部扭曲常呈2列。孢子囊穗长线形，下垂，常多回二歧分枝。孢子三角形而各边突起。分布于福建、浙江、广东、广西、贵州、云南等省。生于山沟阴湿处及岩石旁。全草清热解毒、消肿止痛。亦含石杉碱甲，可改善老年性记忆减退，日益受到重视。同属9种供药用，有闽浙马尾杉、柄叶马尾杉、美丽马尾杉等。

3. 石松科 Lycopodiaceae

土生蕨类植物。多年生草本。茎直立或匍匐，具根茎及不定根，小枝密生。叶小，螺旋状互生，鳞片状或呈针状。孢子叶穗集生于茎的顶端。孢子同型。染色体：X＝11，13，17，23。

本科有9属，60余种，分布甚广，多产于热带，亚热带及温带地区。我国有5属，14种，药用4属，9种。本科植物常含有多种生物碱和三萜类化合物。

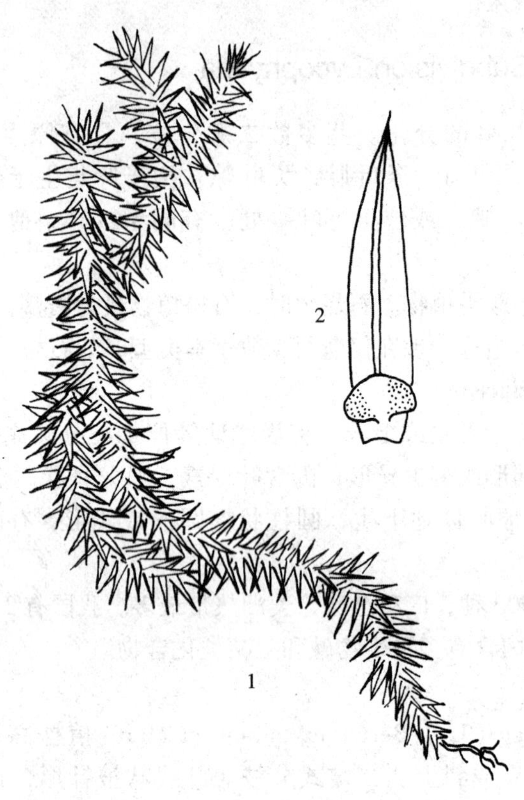

图 9-7　石杉

1. 植株一部分　2. 孢子叶放大

【药用植物】

石松（伸筋草）*Lycopodium clavatum* L. 多年生草本，高 15 ~ 30cm，具匍匐茎及直立茎。茎二叉分枝。叶小形，生于匍匐茎者疏生；生于直立茎者密生。孢子枝生于直立茎的顶端。孢子叶穗 2 ~ 6 个生于孢子枝的上部。孢子叶卵状三角形，边缘具不整齐的疏齿。孢子囊肾形，孢子淡黄色，四面体，呈三棱状锥体图（9 - 9）。分布于东北、内蒙古、河南和长江以南各地区。生于疏林下或灌木丛酸性土壤上。全草含石松碱（Lycopodine）、石松宁碱（Clavolonine）、石松毒碱（Clavatoxin）、去氢石松碱（Dehydrolycopodine）、法西亭碱（Fawcettine）、石松定碱（Lycodine）等。入药能祛风散寒，舒筋活血，利尿通经。同属植物玉柏*L. obscurum* L. 垂穗石松*L. cernuum* L. 高山扁枝石松*L. alpinum* L. 等的全草亦供药用。

4. 卷柏科 Selaginellaceae

多年生小型草本。茎腹背扁平。叶小型，鳞片状，同型或异型、交互排列成四行，腹面基部有一叶舌。孢子叶穗呈四棱形，生于枝的顶端。孢子囊异型，单生于叶腋基部，大孢子囊内生 1 ~ 4 个大孢子，小孢子囊内生有多数小孢子。孢子异型。染色体：X = 7 ~ 10。

本科有 1 属，约 700 种，分布于热带、亚热带。我国约 50 余种，药用 25 种，全国

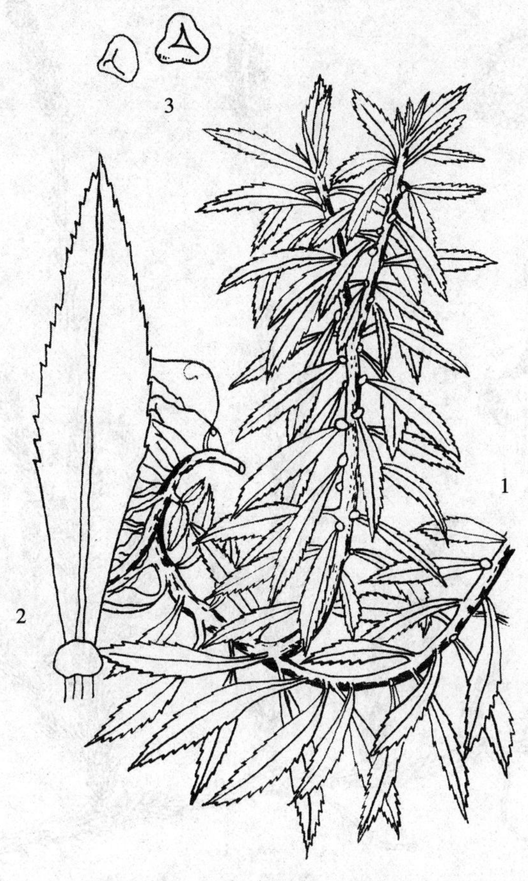

图9－8　蛇足石杉（千层塔）
1. 植株　2. 叶片（腹面，放大）　3. 孢子（放大）

各地均有分布。

【药用植物】

卷柏*Selaginella tamariscina*（Beauv.）Spring 多年生草本，高5～15cm。主茎短，分枝多数丛生，呈放射状排列。枝扁平，各枝常为二歧式或扇状分枝，干旱时向内缩卷成球状。叶鳞片状，通常排成四行，左右两行较大，称侧叶（背叶），中央二行较小，称中叶（腹叶）。孢子叶穗生于枝顶，四棱形。孢子叶卵状三角形，先端锐尖。孢子囊圆肾形。孢子异型（图9－10）。分布于全国各地。生于干旱的岩石上及缝隙中。全草药用，含海藻糖（Trehalose，mycose）及黄酮苷类，苷元为芹菜素（Apigenin）。叶含双黄酮类化合物：穗花杉双黄酮（Amentoflavone）、苏铁双黄酮（Sotetsuflavone）等。生用破血，治闭经腹痛，跌打损伤；炒炭用止血，治吐血，便血，尿血，脱肛。

同属药用植物还有：翠云草*S. uncinata*（Desv.）Spring，深绿卷柏*S. doederleinii* Hieron. 江南卷柏*S. moellendorffii* Hieron. 垫状卷柏*S. pulvinata*（Hook. et Grev.）Maxim. 兖州卷柏*S. involvens*（Sw.）Spring 等。

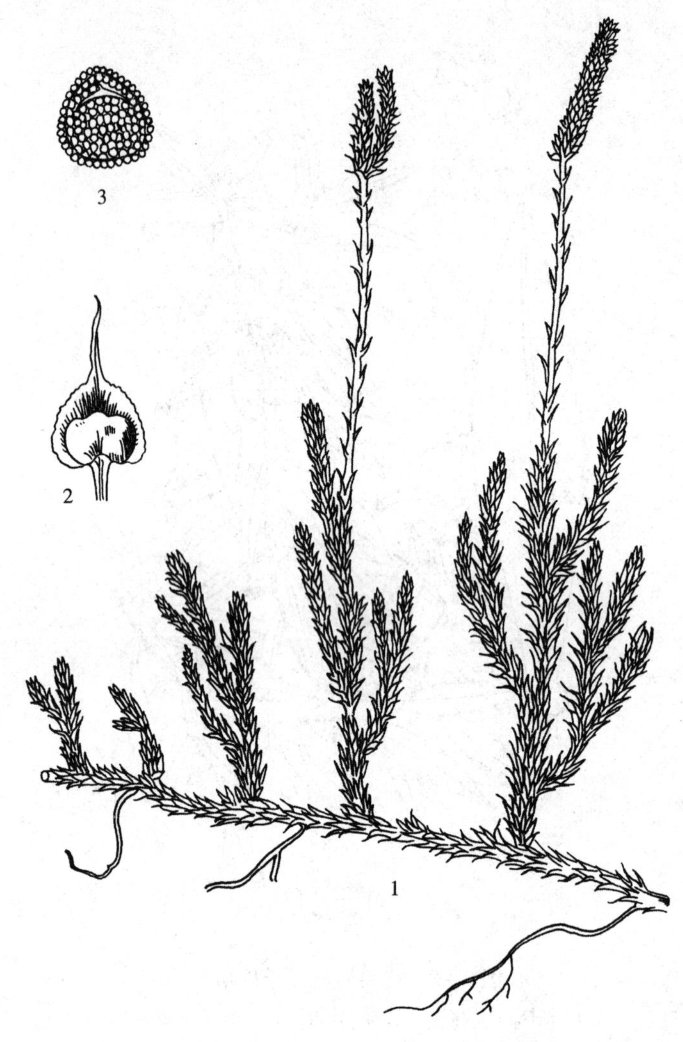

图9－9　石松

1. 植株一部分　2. 孢子叶和孢子囊　3. 孢子（放大）

三、楔叶蕨亚门 Subdivision Sphenophytina

孢子体发达，有根、茎、叶的分化。茎二叉分枝，具明显的节与节间，中空，节间表面有纵棱，表皮细胞多矿质化，含有硅质，由管状中柱转化为真中柱，木质部为内始式。小型叶不发达，轮状排列于节上。孢子囊在枝顶端聚生成孢子叶球（穗）。孢子同型或异型，周壁具弹丝（elater）。

本亚门有1科2属约30余种。

5. 木贼科 Equisetaceae

多年生草本。具根状茎及地上茎。根茎棕色，生有不定根。地上茎直立。具明显的节及节间，有纵棱，表面粗糙，多含硅质。叶小型，鳞片状，轮生于节部，基部连合成

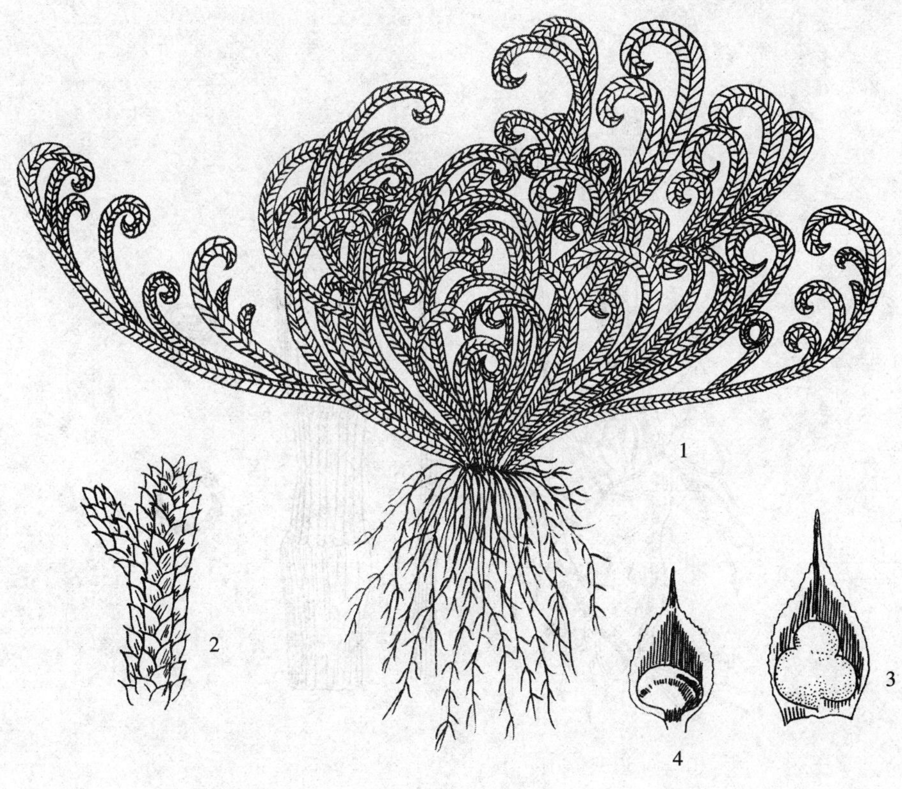

图9-10　卷柏

1. 植株　2. 分枝一段，示中叶及侧叶　3. 大孢子叶和大孢子囊

4. 小孢子叶和小孢子囊

鞘状，边缘齿状。孢子囊生于盾状的孢子叶下的孢囊柄端上。并聚集于枝端成孢子叶穗。染色体：X=9。我国有2属，约10余种，药用2属8种。

【药用植物】

木贼*Hippochaete hiemale*（L.）Boerner. 多年生草本。茎直立，单一不分枝，中空，有纵棱脊20~30条，在棱脊上有疣状突起2行，粗糙，叶鞘基部和鞘齿成黑色两圈。孢子叶球椭圆形具钝尖头，生于茎的顶端。孢子同型（图9-11）。分布于东北、河北、西北、四川等省区。生于山坡湿地或疏林下阴湿处。全草含黄酮类及生物碱类化合物：入药能收敛止血，利尿，明目退翳。

问荆*Equisetum arvense* L. 多年生草本。具匍匐的根茎。根黑色或棕褐色。地上茎直立，二型。孢子茎紫褐色，肉质，不分支。叶膜质，连合成鞘状，具较粗大的鞘齿。孢子叶穗顶生，孢子叶六角形、盾状，下生6个长形的孢子囊。孢子同型，具4枚弹丝，孢子茎枯萎后，生出营养茎，高约15~60cm，表面具棱脊，分支多数，在节部轮生。叶鞘状，下部联合，鞘齿披针形，黑色，边缘灰白色，膜质（图9-12）。分布于东北、华北、西北、西南各省区。生田边、沟旁。全草含黄酮类化合物。可利尿，止血，清热、止咳。

本科入药植物还有：节节草*Hippochaete ramosissima*（Desf.）Boerner. 分布于

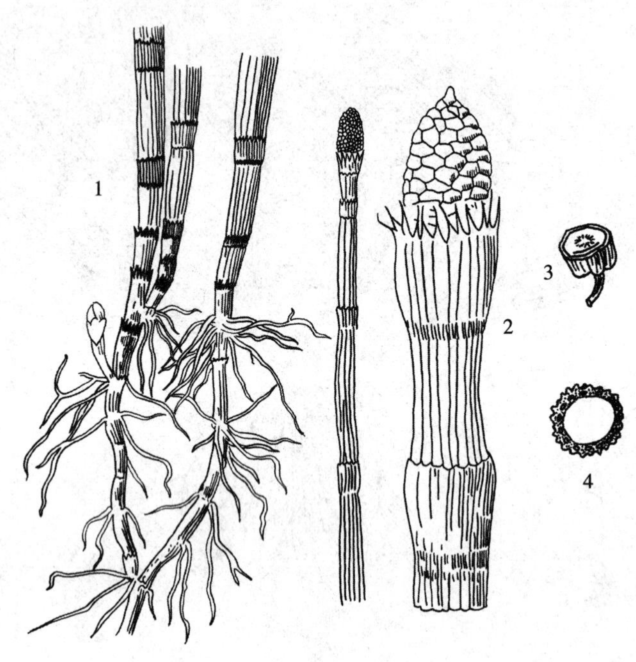

图 9-11　木贼

1. 植株全形　2. 孢子叶穗　3. 孢子囊与孢子叶的正面观　4. 茎的横切面

全国大部分地区。全草具有清热利湿，平肝散结，祛痰止咳作用。用于尿路感染，肾炎、肝炎、祛痰等。笔管草 *H. debile*（Roxb.）Milde 分布于华南、西南和长江中上游各省。全草具有疏表利湿、退翳作用。用于治疗感冒、肝炎、结膜炎、目翳等。

四、真蕨亚门 Subdivision Filicophytina

本亚门植物是现代最繁茂的一群蕨类植物，约 1 万种以上，广泛分布于全世界，我国有 56 科，2500 种，广布于全国，根据孢子囊的发育不同，而分为三个纲：厚囊蕨纲（Eusporangiopsida），原始薄囊蕨纲（Protoleptosporangiopsida）和薄囊蕨纲（Leptosporangiopsida）。厚囊蕨纲植物的孢子囊是由几个细胞发育而来的，孢子囊壁厚，由几层细胞组成，孢子囊大。原始薄囊蕨纲植物的孢子囊由一个原始细胞发育而来，孢子囊壁由单层细胞构成，环带为盾形或短而宽。薄囊蕨纲植物的孢子囊起源于单个细胞，孢子囊壁薄，由一层细胞构成，有各式环带。

6. 瓶尔小草科 Ophioglossaceae

植物体为小草本。根状茎短而直立。叶二型，出自总柄，营养叶单一，全缘，叶脉网状，中脉不明显；孢子叶有柄，自总柄或营养叶基部生出。孢子囊大，无柄，沿囊托

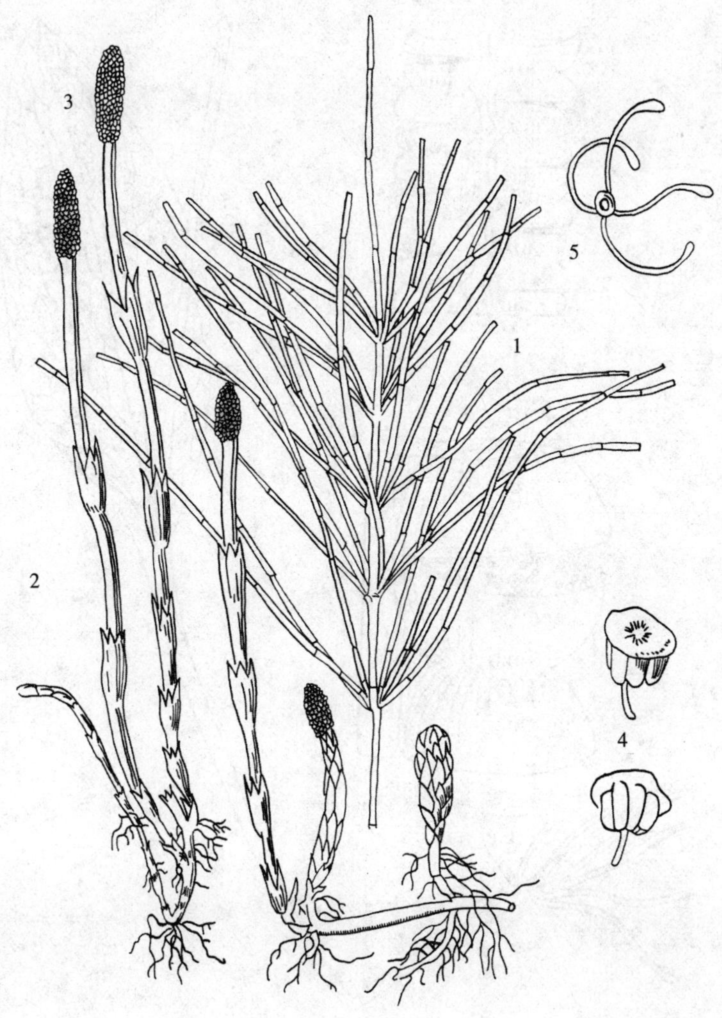

图9－12　问荆

1. 营养茎　2. 孢子茎　3. 孢子叶穗　4. 孢子叶及孢子囊　5. 孢子，示弹丝松展

两侧排列，成狭穗状，横裂。孢子球状四面形。染色体：X＝15（45）

本科有4属30种，分布于温带、热带、我国有2属约7种，药用1属5种。

【药用植物】

瓶尔小草*Ophioglossum vulgatum* L. 多年生草本。植株高12～26cm。根状茎短，具一簇肉质粗根。叶单生，总柄深埋土中；营养叶从总柄基部以上6～9cm处生出，无柄，叶脉网状。孢子叶穗自总柄顶端生出，远超出营养叶，狭条形，顶端具小突起（图9－13）。分布于东北、西北、西南、台湾等地。生于湿润的森林草地和灌丛。全草入药，具清热解毒，消肿止痛作用。

尖头瓶尔小草（一支箭） *O. pedunculosum* Desv. 与上种区别；叶卵圆形；孢子囊条形。分布于我国西南地区及福建、广东、台湾、安徽、江西等省。全草具清热解毒，活

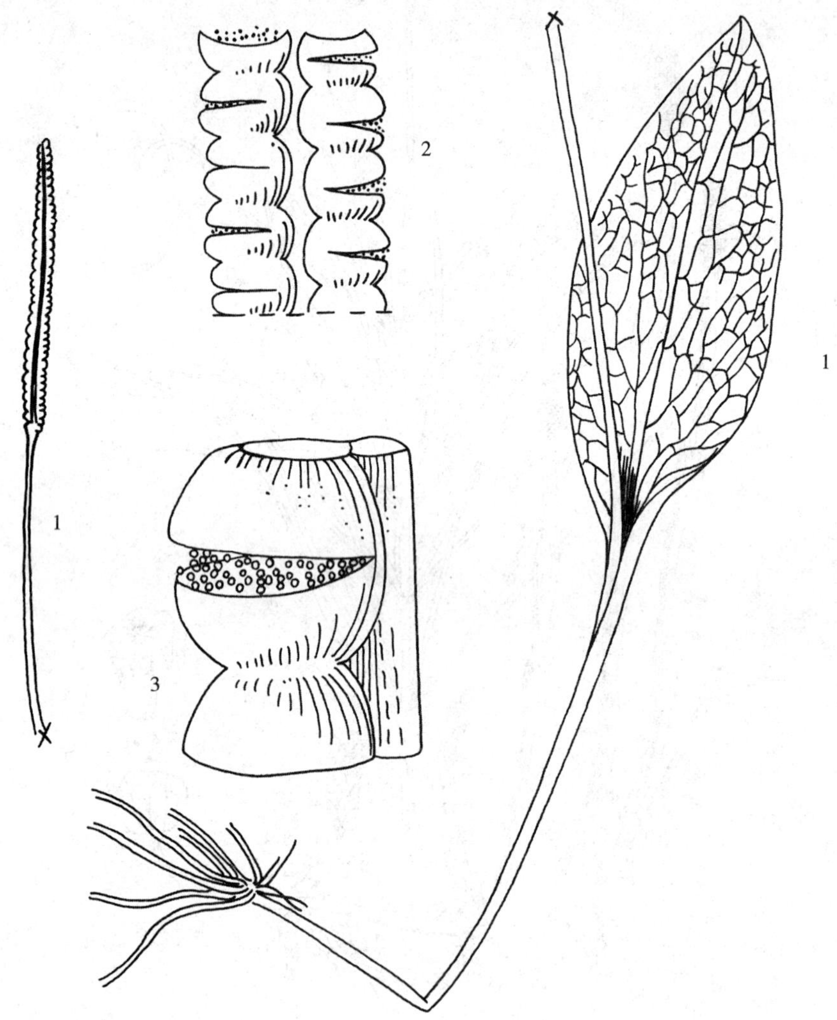

图 9－13 瓶尔小草

1 植株全形 2. 孢子叶穗一段 3. 孢子囊

血散瘀作用。

7. 紫萁科 Osmundaceae

根状茎直立，不具鳞片，幼时叶片被有棕色腺状绒毛，老时脱落，叶簇生，羽状复叶，叶脉分离，二叉分支。孢子囊生于极度收缩变形的孢子叶羽片边缘，孢子囊顶端有几个增厚的细胞，为未发育的环带，纵裂，无囊群盖。孢子圆球状四面形。染色体：X = 11。

本科有 5 属 22 种，分布于温带、热带，我国有 1 属，约 9 种，药用 1 属 6 种。

【药用植物】

紫萁*Osmunda japonica* Thunb. 多年生草本。植株高 50 ~ 100cm。根茎短，块状，有残存叶柄，无鳞片。叶簇生，二型，幼时密被绒毛，营养叶三角状阔卵形，顶部以下二回羽状，小羽片披针形至三角状披针形，先端稍钝，基部圆楔形，边缘具细锯齿，叶脉叉状分离。孢子叶的小羽片极狭，卷缩成线形，沿主脉两侧密生孢子囊，成熟后枯死。有时在同一叶上生有营养羽片和孢子羽片。

分布于我国秦岭以南广大地区。生于林下或溪边酸性土壤上。根茎含尖叶土杉甾酮A（ponasterone A）、脱皮甾酮（ecdysterone）及脱皮酮（ecdysone）。入药作“贯众”用，具清热解毒、祛瘀杀虫，止血作用。

8. 海金沙科 Lygodiaceae

多年生攀援植物。根茎匍匐或上升，有毛，无鳞片，内具原生中柱。叶轴细长，缠绕攀援，羽片1~2回二叉状或1~2回羽状复叶，不育叶羽片通常生于叶轴下部，能育羽片生于上部。孢子囊生于能育羽片边缘的小脉顶端，孢子囊有纵向开裂的顶生环带。孢子四面形。为薄囊蕨类中最古老的一科。染色体：X=7，8，15，29。

本科1属45种。分布于热带，少数分布于亚热带及温带，我国1属，10种，药用5种。

【药用植物】

海金沙*Lygodium japonicum*（Thunb.）Sw. 多年生攀援草质藤本。根茎细长，横走，黑褐色，密生有节的毛。叶对生于茎上的短枝两侧，二型，纸质，连同叶轴和羽轴均有疏短毛；不育叶羽片三角形，2~3回羽状，小羽片2~3对，边缘有不整齐的浅锯齿；孢子叶羽片卵状三角形。孢子囊穗生于孢子叶羽片的边缘，呈流苏状，暗褐色，孢子囊梨形，环带位于小头。孢子表面有疣状突起（图9－14）。分布于长江流域及南方各省区，主产广东、浙江。生于灌木丛、林边。全草药用，清热解毒，利湿热，通淋；孢子含海金沙素、棕榈酸、油酸、亚油酸、（十）－8－羟基十六酸［（十）－8－hydroxy-hexadecanoic acid］和脂肪油，为利尿药。

同属植物还有：海南海金沙*L. conforme* C. Chr. 及小叶海金沙*L. scandens*（L.）Sw. 亦供药用。

9. 蚌壳蕨科 Dicksoniaceae

大型树状蕨类。主干粗大，直立或平卧，密被金黄色柔毛，无鳞片。叶柄粗而长，叶片大，3~4回羽状复叶，革质。孢子囊群生于叶背边缘，囊群盖两瓣开裂形如蚌壳，革质；孢子囊梨形，有柄，环带稍斜生。孢子四面形。染色体：X=13，17。

本科有5属，40种，分布于热带及南半球，我国仅1属2种。

【药用植物】

金毛狗脊*Cibotium barometz*（L.）J. Sm. 植株树状，高达3m。根状茎粗大，顶端连同叶柄基部，密被金黄色长柔毛。叶簇生，叶柄长，叶片三回羽裂，末回小羽片狭披针形，革质。孢子囊群生于小脉顶端，每裂片1~5对，囊群盖两瓣，成熟时似蚌壳（图9－15）。分布于我国南方及西南省区，主产福建、四川、云南、贵州。生于山脚沟边及林下阴湿处酸性土壤上。根茎入药，含绵马酚（aspidinol）；具补肝肾，强腰脊，祛风湿等作用。

10. 鳞毛蕨科 Dryopteridaceae

多年生草本。根茎多粗短，直立或斜生，密被鳞片，网状中柱，叶柄多被鳞片或鳞

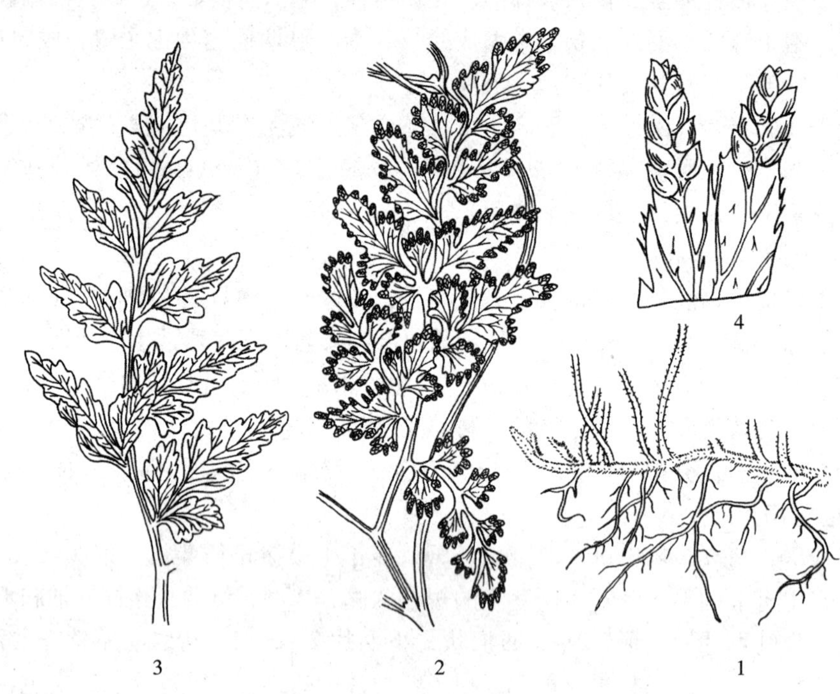

图 9－14 海金沙

1. 地下茎 2. 地上茎及孢子叶 3. 不育叶（营养叶） 4. 孢子囊穗放大

毛；叶轴上有纵沟；叶片 1 至多回羽状。孢子囊群背生或顶生于小脉，囊群盖圆肾形稀无盖。孢子囊扁圆形，具细长的柄，环带垂直。孢子呈两面形，表面具疣状突起或有翅。配子体心脏形，腹面具假根，精子器位于下端，颈卵器位于上端近凹陷处。为薄囊蕨类中较进化的类群。染色体：X＝41。

本科约 14 属，约 1000 余种、主要分布于温带、亚热带。我国有 13 属，700 余种，药用 5 属，59 种。本科植物常含有间苯三酚衍生物.

【药用植物】

粗茎鳞毛蕨(绵马鳞毛蕨，东北贯众) *Dryopteris crassirhizoma* Nakai 多年生草本。高可达 1 米，根茎粗壮。叶簇生，叶柄、叶轴连同根茎密生棕色大形鳞片，叶片 2 回羽裂，裂片紧密，叶轴被黄褐色扭曲鳞片。孢子囊群着生于叶片背面上部 1/3 ~ 1/2 处，生于小脉中下部，每裂片 1 ~ 4 对。囊群盖肾圆形，棕色（图 9－16）。分布于东北、河北的东北部。生于林下湿地。根茎连同叶柄残基药用，中药称绵马贯众，含绵马精(filmarone)，分解产生：绵马酸（filicicacid）BBB、PBB、PBP、黄绵马酸（flavaspidic acid）BB、PB、AB；白绵马素（albaspidin）AA、BB、PB 等。可驱绦虫和十二指肠虫，清热解毒。

贯众 *Cyrtomium fortunei* J. Sm. 多年生草本，高 30 ~ 70cm。根茎短。叶簇生，叶柄基部密生阔卵状披针形黑褐色大形鳞片；叶一回羽状，羽片镰状披针形，基部上侧稍呈耳状突起，下部圆楔形，叶脉网状，有内藏小脉 1 ~ 2 条，沿叶轴及羽轴有少数纤维状鳞

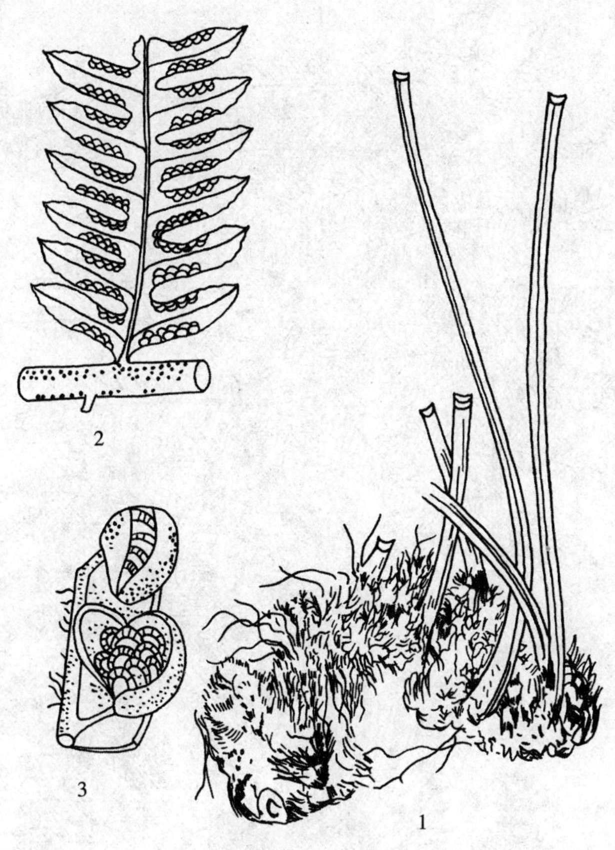

图 9－15 金毛狗脊

1. 根茎及叶柄的一部分 2. 羽片的一部分，示孢子囊堆着生部位 3. 孢子囊群及盖

片。孢子囊群生于羽片下面，位于主脉两侧，各排成不整齐的 3～4 行，囊群盖大，圆盾形（图 9－17）。分布于华北、西北及长江以南各省区。生于石灰岩缝、路边、墙脚等阴湿处。根茎药用，中药称贯众，含黄绵马酸（flavaspidic acid）。可驱虫，清热解毒，治感冒。

11. 水龙骨科 Polypodiaceae

附生或陆生。根茎横走，被鳞片，常具粗筛孔，网状中柱。叶同型或 2 型，叶柄具关节，单叶全缘或羽状分裂，叶脉网状。孢子囊群圆形、长圆形至线形，有时布满叶背；无囊群盖，孢子囊梨形或球状梨形，浅褐色，孢子囊柄比孢子囊长或等长。孢子两面形，平滑或具小突起。染色体：X＝7，12，13，23，25，26，35，37。

本科有 40 余属约 600 种，主要分布于热带，亚热带，我国有 27 属，约 150 种，药用 18 属 86 种。

【药用植物】

石韦*Pyrrosia lingua*（Thunb.）Farwell 多年生常绿草本，高 10～30cm。根茎细长，横走，密生褐色披针形鳞片。叶远生，披针形，革质，上面绿色，有凹点，下面密被灰棕色星状毛；不育叶和能育叶同形或略较短而阔；叶柄基部均具关节。孢子囊群在侧脉

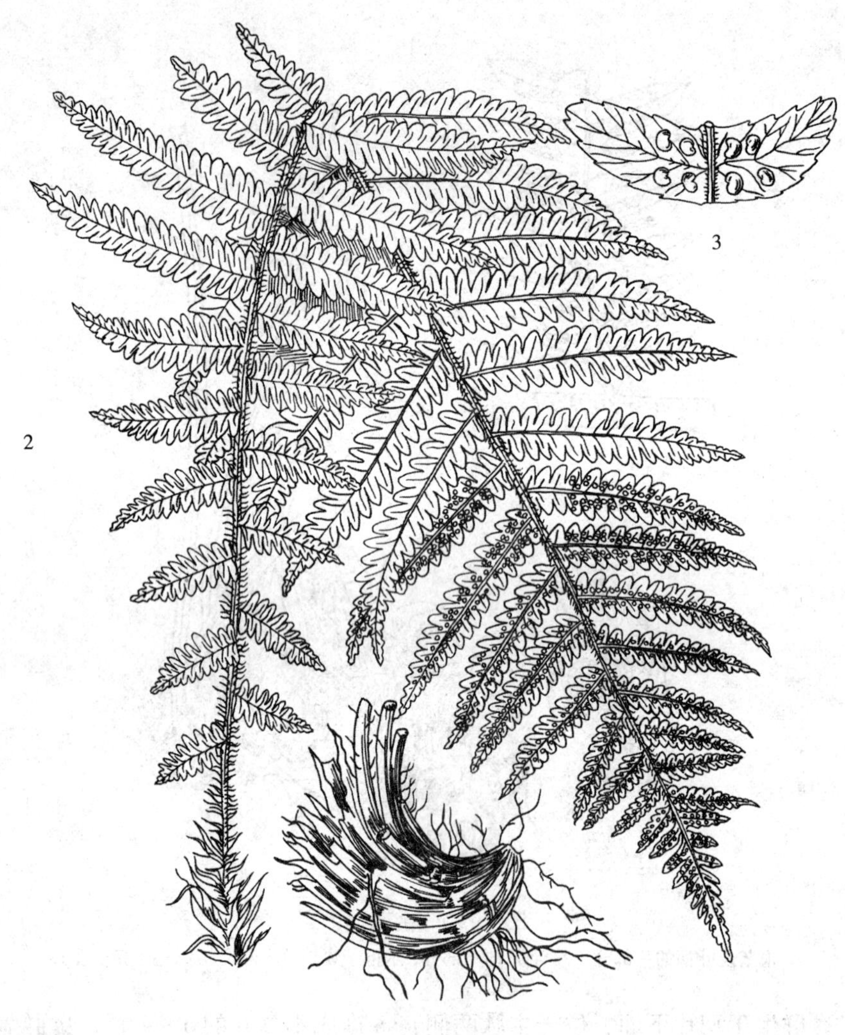

图 9－16 粗茎鳞毛蕨

1. 根状茎 2. 叶 3. 羽片的一部分，示孢子囊群

间排列紧密而整齐，初被星状毛包被，成熟时露出，无盖。分布于长江以南各省区及台湾省。附生于树干或岩石上。全草药用，含芒果苷（Mangiferin），异芒果苷（Isomengiferin），延胡索酸（Fumaric acid），咖啡酸（Caffeic acid）等；能清热，利尿、通淋。治刀伤，烫伤，虚劳（图 9－18）。

本属供药用的植物还有：庐山石韦*P. sheareri*（Bak.）Ching，有柄石韦*P. petiolosa*（Christ）Ching，毡毛石韦*P. drakeana*（Franch.）Ching，北京石韦*P. davidii*（Gies.）Ching，西南石韦*P. gralla*（Gies.）Ching 等。

水龙骨*Polypodium nipponicum* Mett. 多年生草本，高 15～40cm。根茎长而横走，黑褐色，通常光秃而有白粉，顶部有卵圆状披针形的鳞片，其边缘具细锯齿，以基部盾状着生。叶远生，薄纸质、两面密生白色短柔毛，叶片长圆状披针形，羽状深裂几达叶

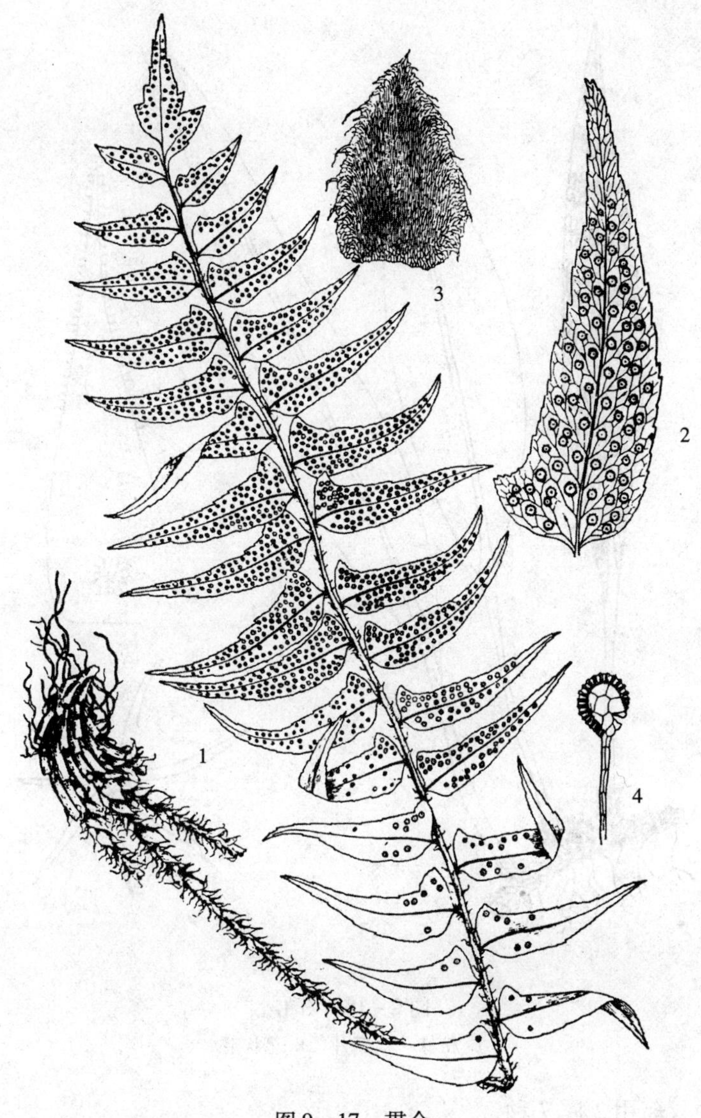

图 9－17　贯众

1. 植株　2. 小叶　3. 叶柄基部鳞片　4. 孢子囊

轴，全缘；叶脉网状；叶柄长，有关节和根状茎相连。孢子囊群生于内藏小脉顶端，在主脉两侧各排成整齐的 1 行，无盖。分布于长江以南各省。生于林下阴湿的岩石上，偶尔附生于树干，常成片生长。根茎入药，具清热解毒，平肝明目，祛风利湿，止咳止痛作用。

12. 槲蕨科 Drynariaceae

根茎横生，粗大，肉质，具穿孔的网状中柱，密被褐色鳞片，鳞片大，狭长，腹部盾状着生，边缘具睫毛。叶二型，无柄或有短柄，叶片大，深羽裂或羽状，叶脉粗而隆起，具四方型网眼。孢子囊群或大或小，不具囊群盖。孢子两侧对称，椭圆形，具单裂缝。染色体：X＝36，37。

8 属。除槲蕨属 20 种外，其余大多为单种属。分布于亚洲热带至澳大利亚。我国

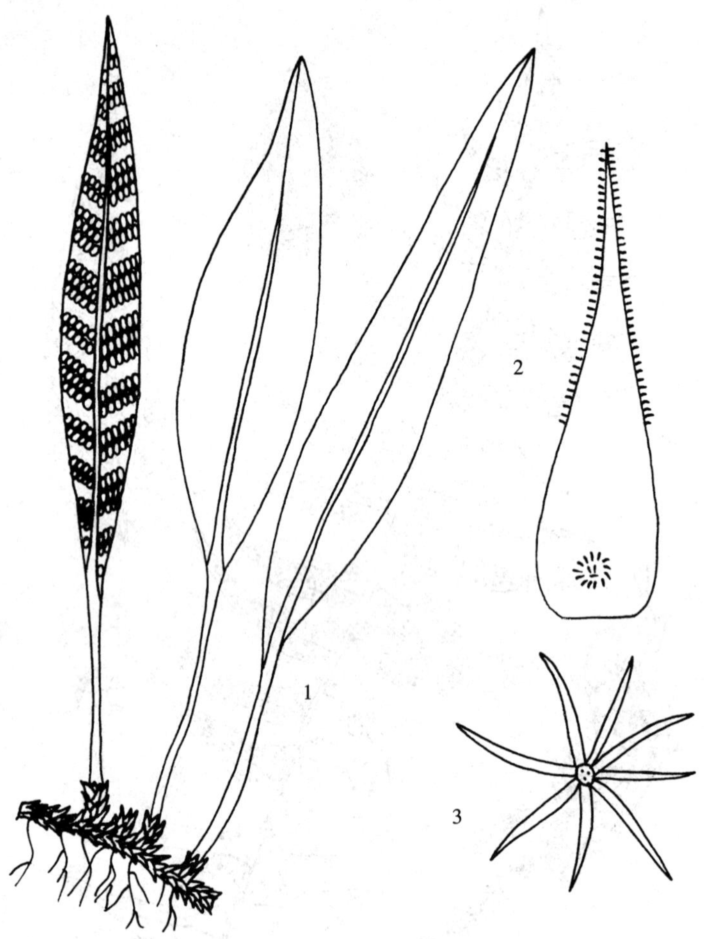

图 9－18　石韦
1. 植株　2. 鳞片　3. 星状毛

有 3 属约 14 种，药用 2 属 7 种。

【药用植物】

槲蕨（骨碎补、猴姜、石岩姜）*Drynaria fortunei*（Kunze ex Mett.）J. Sm. 附生植物。高 20～40cm，根茎粗壮，肉质，长而横走，密生钻状披针形鳞片，边缘流苏状。叶二型；营养叶枯黄色，革质，卵圆形，先端急尖，基部心形，上部羽状浅裂，裂片三角形，似槲树叶，叶脉粗；孢子叶绿色，长圆形，羽状深裂，裂片披针形，7～13 对，基部各羽片缩成耳状，厚纸质，两面均绿色无毛，叶脉明显，呈长方形网眼；叶柄短。有狭翅。孢子囊群圆形，黄褐色，生于叶背，沿中肋两旁各 2～4 行，每长方形网眼内 1 枚；无囊群盖。（图 9－19）分布于西南、中南地区及江西、浙江、福建、台湾等省。附生于树干或山林石壁上。根茎药用称骨碎补，具有补肾，接骨、祛风湿，活血止痛作用。

作为中药骨碎补的原植物还有：**中华槲蕨** *D. baronii*（Christ）Diels.

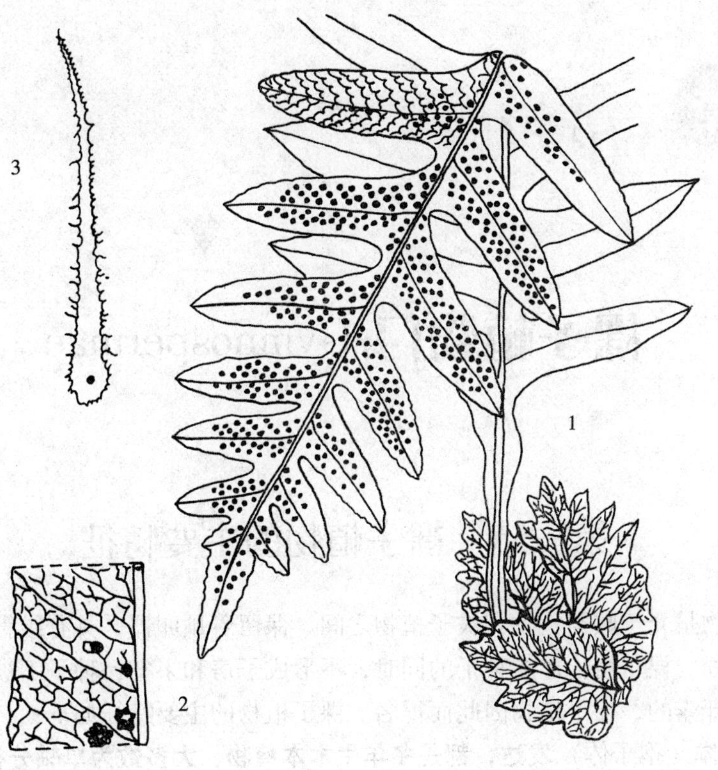

图 9－19　槲蕨

1. 植株全形　2. 叶片的一部分，示叶脉及孢子囊群位置　3. 地上茎的鳞片

裸子植物门 Gymnospermae

第一节 裸子植物的主要特征

裸子植物是介于蕨类植物和被子植物之间，保留着颈卵器，具有维管束，能产生种子的一类植物。裸子植物形成种子的同时，不形成子房和果实，种子不被子房包被，胚珠和种子是裸露的，裸子植物因此而得名。裸子植物的主要特征如下：

1. 植物体（孢子体）**发达，都是多年生木本植物，大多数为单轴分枝的高大乔木，枝条常有长枝和短枝之分** 少为亚灌木（如麻黄）或藤本（倪藤），多为常绿植物，少为落叶性（如银杏）；茎内维管束环状排列，有形成层和次生生长；木质部大多为管胞，极少有导管（麻黄科，买麻藤科），韧皮部中有筛细胞而无伴胞。叶针形、条形或鳞形，极少为扁平的阔叶，叶在长枝上螺旋状排列，在短枝上簇生枝顶；叶常有明显的、多条排列成浅色的气孔带（stomatalband）根具强大的主根。

2. 胚珠裸露 产生种子，花被常缺少，仅麻黄科、买麻藤科有类似花被的盖被（假花被）；孢子叶大多聚生成球果状，称为孢子叶球（strobilus），单性，同株或异株；小孢子叶（雄蕊）聚生成小孢子叶球（雄球花 staminate strobilus），每个小孢子叶下面生有贮满小孢子（花粉）的小孢子囊（花粉囊）；大孢子叶（心皮）丛生或聚生成大孢子叶球（雌球花 female cone），每个大孢子叶上或边缘生有裸露的胚珠，胚珠不为大孢子叶所形成的心皮包被，而被子植物的胚珠则被心皮所包被，这是被子植物与裸子植物的重要区别。大孢子叶常变态为珠鳞（松柏类）、珠领或珠座（银杏）、珠托（红豆杉）、套被（罗汉松）和羽状大孢子叶（苏铁）。

3. 裸子植物的孢子体占优势，配子体微小，非常退化，完全寄生于孢子体上 雌配子体由胚囊及胚乳组成，顶端（近珠孔处）产生 2 个或多个颈卵器，颈卵器结构简单，埋藏于胚囊中，仅 2～4 个颈壁细胞露在外面，颈卵器内有 1 个腹沟细胞和 1 个卵细胞，无颈沟细胞，比蕨类植物的颈卵器更为退化。雄配子体是萌发后的花粉粒，内有两个游动或不游动的精子，精子通过花粉管到达胚囊与卵结合，不必以水为媒介。

4. 大多数裸子植物都具有多胚现象（polyembryony） 这是由于 1 个雌配子体上的

几个或多个颈卵器的卵细胞同时受精，形成多胚，称为简单多胚现象；或者由于1个受精卵，在发育过程中，胚原组织分裂为几个胚，这是裂生多胚现象（cleavage polyembryony）。

此外，花粉粒为单沟型，具气囊或缺如，无3沟、3孔沟或多孔的花粉粒等也是裸子植物的特征。

5. 裸子植物的化学成分

裸子植物的化学成分类型较多，主要有：

黄酮类 裸子植物中含丰富的黄酮类及双黄酮类化合物，双黄酮类是裸子植物的特征性成分。常见的黄酮类有槲皮素、山奈酚、杨梅素、芸香苷等。双黄酮类分布在银杏科、柏科、杉科。如柏科植物含柏双黄酮（cupressuflavone），杉科及柏科植物含扁柏双黄酮、桧黄素（hinokiflavone），银杏叶中含银杏双黄酮（ginkgetin）、异银杏双黄酮（isoginkgetin）等，特别是穗花杉双黄酮（amentoflavone）在裸子植物中分布最普遍。这些黄酮类和双黄酮类化合物大部分具有扩张动脉血管作用，如由银杏叶中提取的总黄酮已制成新药，用于治疗冠心病。

生物碱类 生物碱的分布在裸子植物中不普遍，仅存于三尖杉科、红豆杉科、罗汉松科、麻黄科及买麻藤科。三尖杉属（*Cephalotaxus*）植物含多种生物碱，实验表明，三尖杉酯碱（harringtonine）、高三尖杉酯碱（homoharrgtonine）具抗癌活性，临床用于治疗白血病。红豆杉属（*Taxus*）植物中含有的紫杉醇（taxol）不仅对白血病有效，对卵巢癌、黑色素瘤、肺癌等均有明显疗效，紫杉醇作为治疗卵巢癌药已正式上市，应用于临床。麻黄属（*Ephedra*）植物中含有多种生物碱，如左旋麻黄碱（l-ephedrine）、右旋伪麻黄碱（d-pseudoephedrine）。麻黄碱用于治疗支气管哮喘等症。

萜类及挥发油 萜类及挥发油在裸子植物较普遍，挥发油中含有蒎烯、烯、小茴香酮（fenchone）、樟脑等。松科、柏科等多种植物含丰富的挥发油及树脂，是工业、医药原料。

其他成分 树脂、有机酸、木脂体类、昆虫蜕皮激素等成分在裸子植物中也有存在。

裸子植物大多数是林业生产的重要用材树种，也是纤维、树脂、单宁等原料树种，在国民经济中起重要作用。

在裸子植物这一章中，有两套名词时常并用或混用：一套是在种子植物中习用的，如"花"、"雄蕊"、"心皮"等；一套是在蕨类植物中习用的，如"孢子叶球"、"小孢子叶"、"大孢子叶"等。但实际上裸子植物的生殖器官与蕨类植物在发生上基本是同源的，只是形态术语上各有不同，为便于理解，现将它们之间的名词对照如下：

表10-1

裸子植物	蕨类植物
雌（雄）球花	大（小）孢子叶球
雄蕊	小孢子叶
花粉囊	小孢子囊
花粉粒（单核期）	小孢子

续表

裸子植物	蕨类植物
花粉管和精核等	雄配子体
心皮（或雌蕊）	大孢子叶
珠心	大孢子囊
胚囊（单细胞期）	大孢子
胚囊（成熟期）	雌配子体

第二节 裸子植物的分类

裸子植物发生发展的历史久远，最初的裸子植物约出现在34500万年前至39500万年之间的古生代的泥盆纪。从裸子植物发生到现在，经过多次重大变化，种类也随之演变更替，老的种类相继灭绝，新的种类陆续演化出来，繁衍至今。现代生存的裸子植物分属于5纲，9目，12科，71属，近800种。我国是裸子植物种类最多、资源最丰富的国家，有5纲，8目，11科，41属，近300种。药用有10科25属100余种。其中不少是第三纪的孑遗植物，或称“活化石”植物，如银杏，水杉、银杉等。裸子植物门的5个纲分别为苏铁纲、银杏纲、松柏纲、红豆杉纲（紫杉纲）和买麻藤纲。分纲检索表如下：

分纲检索表

1 叶大型，羽状复叶，聚生于茎的顶端。茎不分枝或稀在顶端呈二叉分枝 ……… 苏铁纲 Cycadopsida

1 叶为单叶，不聚生于茎的顶端。茎有分枝。

　2 叶扇形，先端二裂或为波状缺刻，具2叉分歧的叶脉 ………………………… 银杏纲 Ginkgopsida

　2 叶不为扇形，全缘，不具分叉的叶脉。

　　3 高大的乔木或灌木，叶针形，条形或鳞片状。

　　　4 果为球果，大孢子叶鳞片状（珠鳞）。种子有翅或无，
　　　不具假种皮。 ……………………………………………………… 松柏纲 Coniferopsida

　　　4 果不为球果，大孢子叶特化为囊状或杯状。
　　　种子无翅。具假种皮 ………………………………………… 红豆杉纲（紫杉纲）Taxopsida

　　3 草本状小灌木或灌木、木质藤本，稀乔木。叶片常有细小膜质鞘，
　　或绿色扁平似双子叶植物，或肉质而极长大呈带状。
　　茎次生木质部中具导管。（“花”具假花被） ……………………… 买麻藤纲 Gnetopsida

一、苏铁纲 Cycadopsida

常绿木本。茎干粗壮、不分枝。羽状复叶，集生于茎干顶部。雌雄异株，孢子叶球亦生于茎顶。游动精子有多数纤毛。

本纲现存1目1科9属约110余种，分布于南北半球的热带及亚热带地区。

1. 苏铁科 Cycadaceae

常绿木本植物，茎单一，粗壮，几不分枝。叶大，多为一回状复叶，革质，集生于

树干上部，呈棕榈状。雌雄异株。小孢子叶球（雄球花）为一木质化的长形球花，由无数小孢子叶（雄蕊）组成。小孢子叶鳞片状或盾状，下面生无数小孢子囊（花药），小孢子（花粉粒）发育而产生先端具多数纤毛的精子。大孢子叶球由许多大孢子叶组成，丛生茎顶。大孢子叶中上部扁平羽状，中下部柄状，边缘生 2 ~ 8 个胚珠，或大孢子叶呈盾状而下面生一对向下的胚珠。种子核果状，有三层种皮：外层肉质甚厚，中层木质，内层薄纸质。种子“胚乳”丰富，胚具子叶 2 枚。染色体：X = 11。

本科现有 9 属约 110 余种，分布于热带及亚热带地区。我国有 1 属 8 种，药用 4 种，分布于西南、东南、华东等地区。

【药用植物】

苏铁*Cycas revoluta* Thunb. 常绿乔木。树干圆柱形，密被叶柄残痕，羽状复叶螺旋状排列聚生于茎顶，小叶片 100 对左右，条形，边缘向下反卷，革质。雌雄异株。雄球花圆柱形，由多数扁平，楔形的小孢子叶组成，每个小孢子叶下面有多数球形的花药，花药通常 3 ~ 5 个聚生；大孢子叶密被淡黄色绒毛，丛生于茎顶，上部羽状分裂，下部呈柄状，两侧各生 1 ~ 5 枚近球形的胚珠。种子核果状，成熟时橙红色。（图 10 - 1）产台湾、福建、广东、广西、云南及四川等省区。俗称铁树，为观赏树种，各地广泛栽培。种子能理气止痛，益肾固精；叶收敛止痛，止痢；根祛风，活络，补肾。

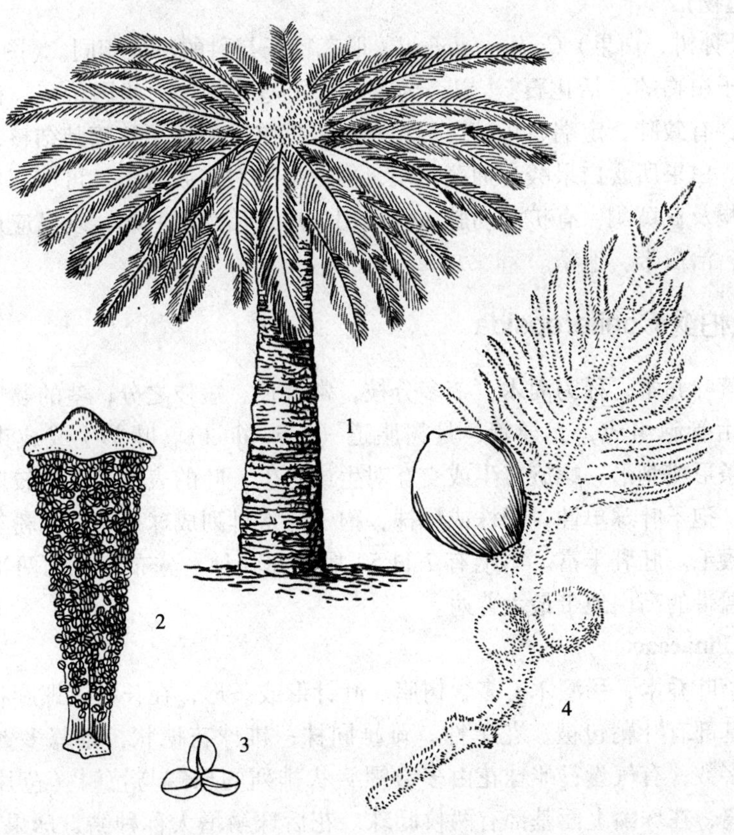

图 10 - 1 苏铁

1. 植株 2. 小孢子叶 3. 花药 4. 大孢子叶

二、银杏纲 Ginkgopsida

落叶乔木，枝条有长、短枝之分。单叶扇形，先端2裂或波状缺刻，具分叉的脉序，在长枝上螺旋状散生，在短枝上簇生。球花单性，雌雄异株，精子具多纤毛。种子核果状，具3层种皮，胚乳丰富。

本纲现仅残存1目，1科，1属，1种，为我国特产，国内外栽培很广。染色体：X = 12。

2. 银杏科 Ginkgoaceae

落叶大乔木。树干端直，具长枝及短枝。单叶，扇形，有长柄，顶端2浅裂或3深裂；叶脉二叉状分枝；长枝上的叶螺旋状排列，短枝上的叶簇生。球花单性，异株，分别生于短枝上；雄球花葇荑花序状，雄蕊多数，具短柄，花药2室；雌球花具长梗，顶端二叉状，大孢叶特化成一环状突起，称珠领（collar）也叫珠座，在珠领上生一对裸露的直立胚珠，常只1个发育。种子核果状，椭圆形或近球形，外种皮肉质，成熟时橙黄色，外被白粉，味臭；中种皮木质，白色；内种皮膜质，淡红色。“胚乳”丰富，胚具子叶2枚。染色体：X = 12。仅1属1种。我国特产，现普遍栽培，主产于四川、河南、湖北、山东，辽宁等省。

【药用植物】

银杏（公孙树、白果）*Ginkgo biloba* L. 形态特征与科的特征相同。（图10－2）银杏和苏铁是裸子植物的“活化石”。银杏为著名的孑遗植物，为我国特产。种子药用，中药称为白果，有敛肺，定喘、止带、涩精功能。据临床报道可治疗肺结核，对改善症状有一定作用。白果所含白果酸有抑菌作用，但白果酸对皮肤有毒，可引起皮炎。银杏叶中含多种黄酮及双黄酮，有扩张动脉血管作用，用于治疗冠心病，现已应用于临床。根能益气补虚，治白带，遗精。

三、松柏纲 Coniferopsida

常绿或落叶乔木，稀为灌木，茎多分枝，常有长、短枝之分；茎的髓部小，次生木质部发达，由管胞组成，无导管，具树脂道（resin duct）。叶单生或成束，针形、鳞形、钻形、条形或刺形，螺旋着生或交互对生或轮生，叶的表皮通常具较厚的角质层及下陷的气孔。孢子叶球单性，同株或异株，孢子叶常排列成球果状。花粉有气囊或无气囊，精子无鞭毛。胚乳丰富。本纲有7科57属约600种。分布于南北两半球，以北半球温带，寒温带的高山地带最为普遍。

3. 松科 Pinaceae

常绿或落叶乔木，稀灌木，多含树脂。叶针形或条形，在长枝上螺旋状散生，在短枝上簇生，基部有叶鞘包被。花单性，雌雄同株；雄球花穗状，雄蕊多数，各具2药室，花粉粒多数，有气囊；雌球花由多数螺旋状排列的珠鳞与苞鳞（苞片）组成，珠鳞与苞鳞分离，在珠鳞上面基部有两枚胚珠。花后珠鳞增大称种鳞，球果直立或下垂，成熟时种鳞成木质或革质，每个种鳞上有种子2粒。种子多具单翅，稀无翅，有胚乳，胚具子叶2～16枚。染色体：X = 12，13，22。

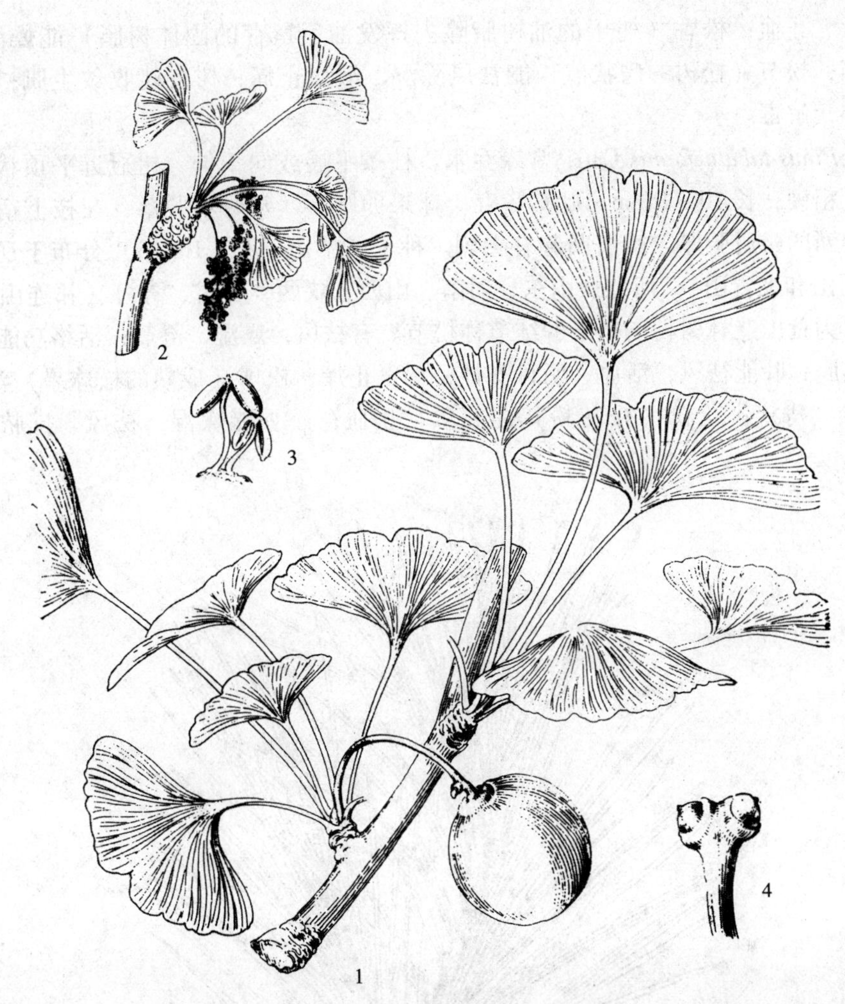

图 10－2　银杏

1. 枝叶及种子　2. 雄球花枝　3. 雄蕊　4. 雌球花，亦裸露的胚珠

本科是松柏纲中最大而且在经济上又是极为重要的一科。有 10 属，230 多种，广泛分布于世界各地，多产于北半球。我国有 10 属 113 种，药用 8 属 48 种。分布全国各地。绝大多数种类是森林树种和用材树种。

本科植物化学成分复杂，但共同特点是多含树脂及挥发油，唯缺少双黄酮及生物碱类。

【药用植物】

马尾松*Pinus massoniana* Lamb. 常绿乔木。树皮红褐色，下部灰褐色，一年生小枝淡黄褐色，无毛。叶二针一束，细柔，长 12 ~20cm，先端锐利，树脂道 4 ~8 个，边生，叶鞘宿存。花单性同株。雄球花淡红褐色，聚生于新枝下部；雌球花淡紫红色，常 2 个生于新枝顶端。球果卵圆形或圆锥状卵形，种鳞的鳞盾（种鳞顶端加厚膨大呈盾状的部分）平或微肥厚，鳞脐（鳞盾的中心凸出部分）微凹，无刺尖。种子具单翅。子叶 5 ~8 枚。分布于长江流域各省区。生于阳光充足的丘陵山地酸性土壤上。松花粉能燥湿收敛、止血；松香（树干的油树脂除去挥发油后留存的固体树脂）能燥湿祛风，生肌止痛；松节（松树的瘤状节）能祛风除湿，活血止痛；树皮能收敛生肌；松叶能明目安神，解毒。

油松*Pinus tabulaeformis* Carr. 常绿乔木，枝条平展或向下伸，树冠近平顶状。叶二针一束，粗硬，长10～15cm，叶鞘宿存。球果卵圆形，熟时不脱落，在枝上宿存，暗褐色，种鳞的鳞盾肥厚，鳞脐凸起有尖刺。种子具单翅。（图10－3）分布于辽宁、内蒙古（阴山和大青山），河北、山东、河南、山西、陕西、甘肃、青海（祁连山）和四川北部，为荒山造林树种。枝干的结节称松节。有祛风，燥湿，舒筋，活络功能：树皮能收敛生肌；叶能祛风，活血，明目安神，解毒止痒；松球（成熟的松球果）治风痹，肠燥便难，痔疾；花粉（松花粉）能收敛、止血；松香能燥湿，祛风、排脓，生肌止痛。

图10－3 油松

1. 球果枝 2～3. 种鳞背腹面

马尾松、油松的节木主要含纤维素、木质素（lignin）、少量挥发油（松节油）和树脂。树脂中含松香酸酐（abietic anhydride）及松香酸（abietic acid）约80%；挥发油中含 α－蒎烯（α－pinene）及 β－蒎烯（β－pinene）等。

同属植物入药的还有：红松*P. koraiensis* Sieb. et Zucc. 叶5针一束，树脂道3个，中生。球果很大，种鳞先端反卷。种子（松子）可食用。分布于我国东北小兴安岭及长白山地区。云南松*P. yunnanensis* Franch. 叶3针一束，柔软下垂，树脂道4~6个，中生或边生。分布于我国西南地区。

金钱松*Pseudolarix kaempferi* Gord. 落叶乔木。叶条形，柔软。在长枝上螺旋状散生，短枝上簇生，秋后叶金黄色。雌雄同株，球花生于短枝顶端，苞鳞较珠鳞大，球果当年成熟，熟时种子与种鳞一同脱落，种子具宽翅。我国特有种。分布于长江中下游各省温暖地带。生于温暖、土层深厚的酸性土山区。树皮或根皮入药，称土槿皮，治顽癣和食积等症。

4. 柏科 Cupressaceae

常绿乔木或灌木。叶交互对生或3~4片轮生，鳞片状或针形或同一树上兼有两型叶。球花小，单性，同株或异株；雄球花单生于枝顶，椭圆状卵形，有3~8对交互对生的雄蕊，每雄蕊有2~6花药；雌球花球形，由3~16枚交互对生或3~4枚轮生的珠鳞。珠鳞与下面的苞鳞合生，每珠鳞有1至数枚胚珠。球果圆球形，卵圆形或长圆形，熟时种鳞木质或革质，开展或有时为浆果状不开展，每个种鳞内面基部有种子1至多粒。种子有翅或无翅，具“胚乳”。胚有子叶2枚。稀为多枚。染色体：X=11。

本科有22属，约150种。分布南北两半球。我国有8属近29种，分布全国，药用6属20种。多为优良材用树种，庭园观赏树木。本科植物含有挥发油、树脂，也含有双黄酮类化合物。

【药用植物】

侧柏*Platycladus orientalis*（L.）Franco 常绿乔木，小枝扁平，排成一平面，直展。叶鳞形，交互对生，贴伏于小枝上。球花单性，同株。雄球花黄绿色，具6对交互对生雄蕊；雌球花近球形，蓝绿色，有白粉，具4对交互对生的珠鳞，仅中间2对各生1~2枚胚珠。球果成熟时开裂；种鳞木质、红褐色、扁平，背部近顶端具反曲的钩状尖头。种子无翅或有极窄翅。（图10－4）我国特产，除新疆、青海外，分布遍及全国，为常见的园林，造林树种，枝叶药用，中药称侧柏叶，含挥发油，油中主要为茴香酮（fenchone）、樟脑；并含桧酸（juniperic acid）槲皮素、扁柏双黄酮（hinokiflavone），还含鞣质、树脂、维生素C等。能收敛，止血，利尿，健胃，解毒、散瘀；种仁入药称柏子仁有滋补、强壮、安神、润肠之效。

四、红豆杉纲（紫杉纲）Taxopsida

常绿乔木或灌木，多分枝。叶为条形、披针形、鳞形、钻形或退化成叶状枝。孢子叶球单性异株，稀同株。胚珠生于盘状或漏斗状的珠托上，或由囊状或杯状的套被所包围。种子具肉质的假种皮或外种皮。

在传统的分类中，本纲植物通常被放在松柏纲（目）中，但根据它们的大孢子叶

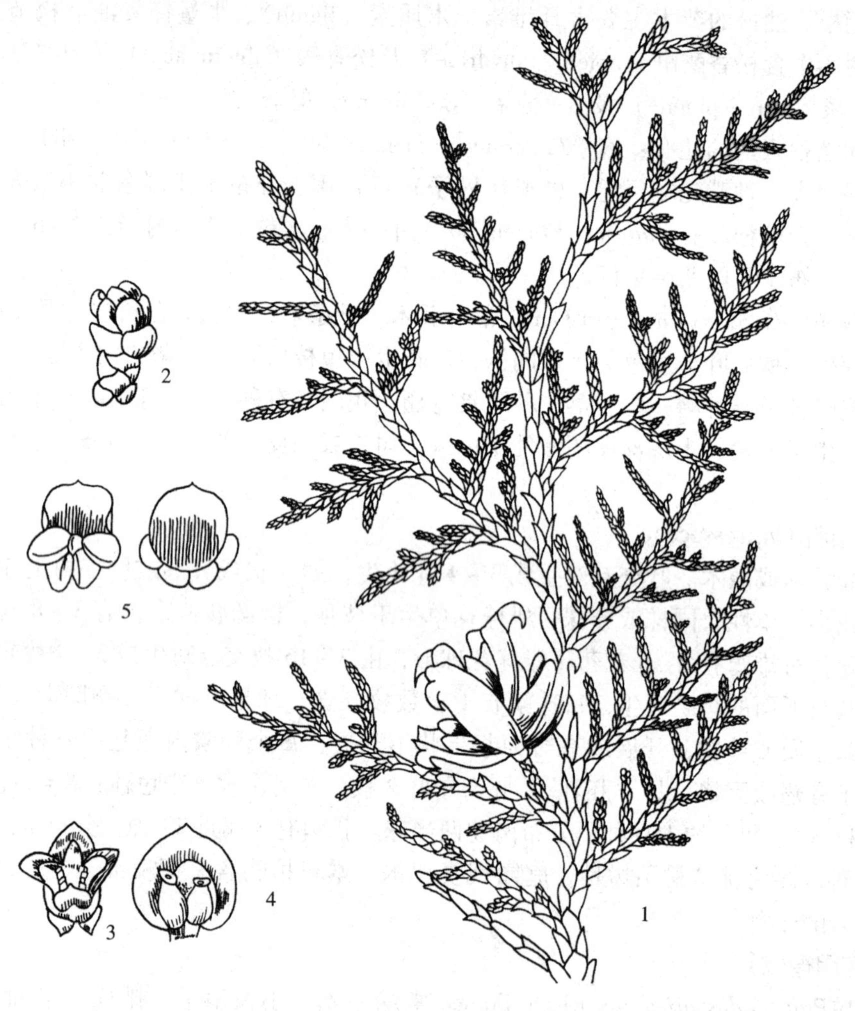

图 10－4　侧柏

1. 着果的枝　2. 雄球花　3. 雌球花　4. 雌蕊的内面　5. 雄蕊的内面及外面

特化为鳞片状的珠托或套被，不形成球果以及种子具肉质的假种皮或外种皮等特点，从松柏纲中分出而单列 1 纲。

红豆杉纲植物有 14 属，约 162 种，隶属于 3 科，即罗汉松科、三尖杉科和红豆杉科。我国有 3 科，7 属，33 种。

5. 三尖杉科（粗榧科）Cephalotaxaceae

常绿乔木或灌木，髓心中部具树脂道。小枝对生，基部有宿存的芽鳞。叶条形或披针状条形，交互对生或近对生，在侧枝上基部扭转排成 2 列，上面中脉隆起，下面有两条宽气孔带。球花单性，雌雄异株，少同株。雄球花有雄花 6～11，聚成头状，单生叶腋，基部有多数苞片，每 1 雄球花基部有 1 卵圆形或三角形的苞片；雄蕊 4～16，花丝短，花粉粒无气囊；雌球花有长柄，生于小枝基部苞片的腋部，花轴上有数对交互对生的苞片，每苞片腋生胚珠 2 枚，仅 1 枚发育，胚珠生于珠托上。种子核果状，全部包于由珠托发育成的肉质假种皮中，基部具宿存的苞片。外种皮坚硬，内种皮薄膜质，有“胚乳”，子叶2枚。染色体：X＝12。

本科有1属9种。分布于亚洲东部与南部。我国产7种3变种，主要分布于秦岭以南及海南岛，药用5种。为庭园观赏树，种子油可供工业用，自其枝叶提取的粗榧碱有抗癌作用，已用于临床治疗淋巴系统恶性肿瘤。

【药用植物】

三尖杉*Cephalotaxus fortunei* Hook. f. 为我国特有树种，常绿乔木，树皮褐色或红褐色，片状脱落。叶长4～13厘米，宽3.5～4.4毫米，先端渐尖成长尖头，螺旋状着生，排成2行，线形，常弯曲上面中脉隆起，深绿色，叶背中脉两侧各有1条白色气孔带。小孢子叶球有明显的总梗，长约6～8毫米。种子核果状，椭圆状卵形，长约2.5cm。假种皮成熟时紫色或红紫色。（图10－5）分布于华中、华南及西南地区。生于山坡疏林、溪谷湿润而排水良好的地方。种子能驱虫、润肺，止咳、消食。从本科提取的三尖杉酯碱与高三尖杉酯碱的混合物治疗白血病有一定疗效。

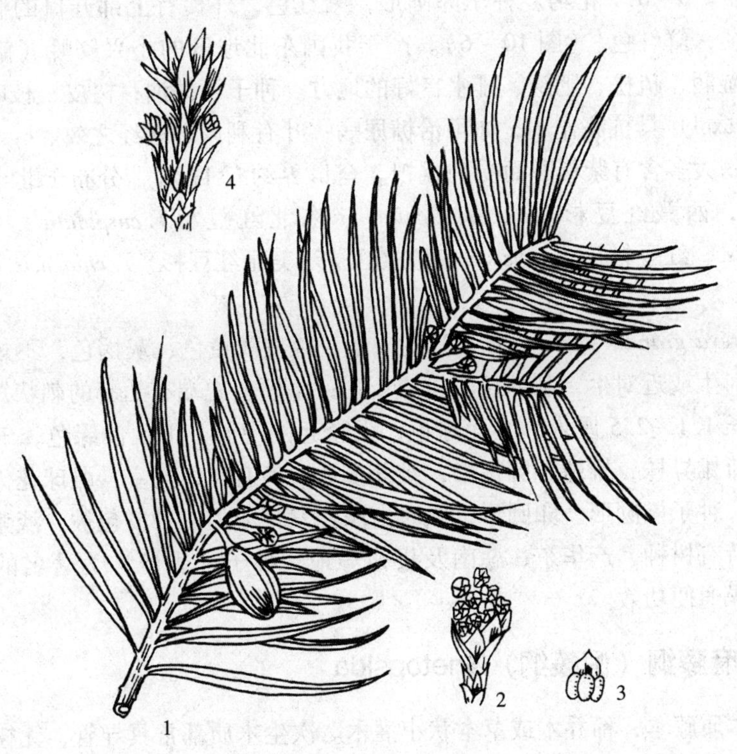

图10－5　三尖杉

1. 着生种子的枝　2. 雄球花　3. 雄蕊　4. 幼枝及雌球花

三尖杉属具有抗癌作用的植物尚有：海南粗榧 *C. hainanensis* Li.，粗榧 *C. sinensis* (Rehd. et Wils.) Li. 及篦子三尖杉 *C. oliveri* Mast. 等。

6. 红豆杉科（紫杉科）Taxaceae

常绿乔木或灌木。叶披针形或条形，螺旋状排列或交互对生，上面中脉明显，下面沿中脉两侧各具1条气孔带。无气囊；染色体：X = 11，12。

常绿乔木或灌木。管胞具大型螺纹增厚，木射线单列，无树脂道。叶条形或披针形，螺旋状排列或交互对生，叶腹面中脉凹陷，叶背沿凸起的中脉两侧各有1条气孔带。球花单性异株，稀同株；雄球花单生叶腋或苞腋，或组成穗状花序状集生于枝顶，雄蕊多数，各具3～9个花药，花粉粒球形。雌球花单生或成对，胚珠1枚，生于苞腋，基部具盘状或漏斗状珠托。种子浆果状或核果状，包于杯状肉质假种皮中。染色体：X = 11、12。

本科有5属，约23种，主要分布于北半球。我国有4属，12种及1栽培种，药用3属10种。

【药用植物】

东北红豆杉*Taxus cuspidata* Sieb. et Zucc. 乔木，高可达20米，树皮红褐色。叶排成不规则的2列，常呈“V”字形开展，条形，通常直，下面有两条气孔带。雄球花有雄花9～14，各具5～8个花药。种子卵圆形，紫红色，外覆有上部开口的假种皮，假种皮成熟时肉质，鲜红色。（图10－6）。产于我国东北地区的小兴安岭（南部）和长白山区。生于湿润、疏松、肥沃、排水良好的地方。种子可榨油；树皮、枝叶、根皮可提取紫杉醇（taxol）具抗癌作用，亦可治糖尿病；叶有利尿、通经之效。

该属植物大多含有紫杉醇而受到重视。全世界约有11种，分布于北半球，我国有4种1变种，西藏红豆杉*Taxus wallichian*、东北红豆杉*T. cuspidata*、云南红豆杉*T. yunnanensis*、红豆杉*T. chinensis*、南方红豆杉(美丽红豆杉) *T. chinensis* var. *mairei* 均供药用。

榧树*Torreya grandis* Fort. 乔木，高达2米，树皮浅黄色、灰褐色，不规则纵裂。叶条形，交互对生或近对生，基部扭转排成2列；坚硬，先端有凸起的刺状短尖头，基部圆或微圆，长1.1～2.5厘米，上面绿色，无隆起的中脉，下面浅绿色，气孔带常与中脉带等宽。雌雄异株，雄球花圆柱形，雄蕊多数，各有4个药室；雌球花无柄，两个成对生于叶腋。种子椭圆形、卵圆形，熟时由珠托发育成的假种皮包被，淡紫褐色，有白粉。为我国特有树种，产华东、湖南及贵州等地。种子（香榧）为著名的干果，具杀虫消积，润燥通便功效。

五、买麻藤纲（倪藤纲）Gnetopsida

灌木或木质藤本，稀乔木或草本状小灌木。次生木质部常具导管，无树脂道。叶对生或轮生，叶片有各种类型；有细小膜质鞘状，或绿色扁平似双子叶植物。球花单性，异株或同株，或有两性的痕迹，有类似于花被的盖被，也称假花被，盖被膜质、革质或肉质；胚珠1枚，珠被1～2层，具珠孔管（micropylar tube）；精子无纤毛；颈卵器极其退化或无；成熟雌球花球果状、浆果状或细长穗状。种子包于由盖被发育而成的假种皮中，种皮1～2层，胚乳丰富，子叶2枚。

买麻藤纲植物共有3目，3科，3属，约80种。我国有2目，2科，2属，19种，

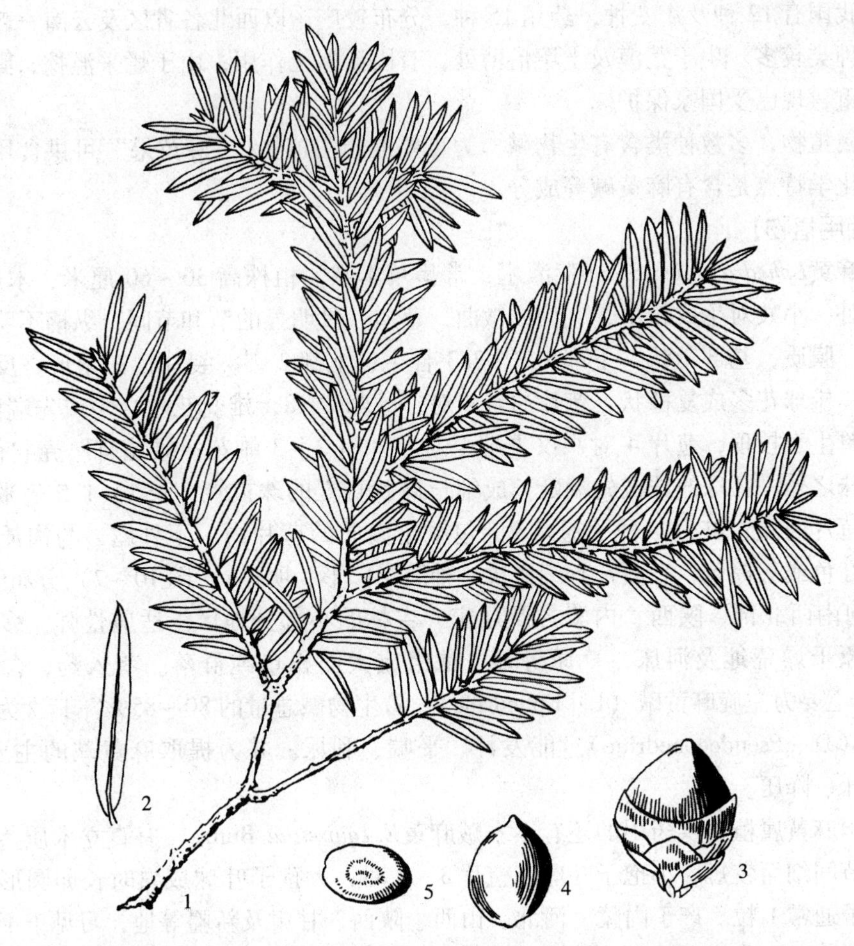

图 10-6　东北红豆杉

1. 部分枝条　2. 叶　3. 种子及假种皮　4. 种子　5. 种子基部

分布几遍全国。这类植物起源于新生代。茎内次生木质部有导管，孢子叶球有盖被，胚珠包裹于盖被内，许多种类有多核胚囊而无颈卵器，这些特征是裸子植物中最进化类群的性状。

7. 麻黄科 Ephedraceae

小灌木或亚灌木。小枝对生或轮生，节明显，节间具纵沟，茎内次生木质部具导管。叶呈鳞片状，于节部对生或轮生，基部多少连合，常退化成膜质鞘。雌雄异株，少数同株。雄球花由数对苞片组合而成，每苞有 1 雄花，每花有 2～8 雄蕊，花丝合成一束，雄花外包有膜质假花被，2～4 裂；雌球花由多数苞片组成，仅顶端 1～3 片苞片生有雌花，雌花具有顶端开口的囊状假花被，包于胚珠外，胚珠 1，具一层珠被，珠被上部延长成珠被（孔）管，自假花被开口处伸出。种子浆果状，成熟时，假花被发育成革质假种皮，外层苞片发育而增厚成肉质、红色，富含黏液和糖质，俗称“麻黄果”，可以食用。“胚乳”丰富，胚具子叶 2 枚。染色体：X = 7。

本科 1 属约 40 种。主要分布于亚洲、美洲、欧洲东南部及非洲北部等干旱、荒漠地区。我国有 12 种及 4 变种，药用 15 种，分布较广，以西北各省区及云南、四川、内蒙等地种类较多。生于荒漠及土壤瘠薄处，有固沙保土作用；由于烂采滥挖，野生资源破坏严重，现已受国家保护。

本属植物，多数种类含有生物碱，为重要的药用植物；“麻黄果”可供食用。本科植物的化学特点是含有麻黄碱等成分。

【药用植物】

草麻黄*Ephedra sinica* Stapf 亚灌木，常呈草本状。植株高 30 ~ 60 厘米，木质茎短，有时横卧，小枝对生或轮生，直伸或微曲，草质，具明显的节和节间，纵槽不明显。叶鳞片状，膜质，基部鞘状，下部 1/3 ~ 2/3 合生，上部 2 裂，裂片锐三角形，反曲。雌雄异株，雄球花多成复穗状，苞片通常 4 对，雄蕊 7 ~ 8，雄蕊花丝合生或先端微分离；雌球花单生于枝顶，苞片 4 对，仅先端 1 对苞片有 2 ~ 3 雌花；雌花有厚壳状假花被，包围胚珠之外，胚珠的珠被先端延长成细长筒状直立的珠被管，长 1 ~ 1.5 毫米。雌球花熟时苞片肉质，红色。种子通常 2，包藏于肉质的苞片内，不外露，与肉质苞片等长，黑红色或灰棕色，表面常有细皱纹，种脐半圆形，明显。(图 10 – 7) 分布于河北、山西、河南西北部、陕西、内蒙古及辽宁、吉林的小部分地区。适应性强，多见于山坡，平原干燥荒地及河床，草原等地，常组成大面积单纯群落。茎入药，含生物碱 1.3%，主要为左旋麻黄碱（L – Ephedrine），占生物碱总量的 80 ~ 85%。其次为右旋伪麻黄碱（D – Pseudoephedrine）。能发汗、平喘、利尿。并为提取麻黄碱的主要原料。根能止汗、降压。

我国麻黄属植物供药用的还有：木贼麻黄*E. equisetina* Bunge，有直立木质茎，呈灌木状，节间细而较短，小孢子叶球有苞片 3 ~ 4 对；大孢子叶球成熟时长卵圆形或卵圆形。种子通常 1 粒。产于内蒙、河北、山西、陕西、甘肃及新疆等地，习见于干旱地区的山脊山顶或石壁等处。其麻黄碱含量最高，约 1.02 ~ 3.33%。中麻黄*E. intermedia* Schr. et Mey. 小枝多分枝，直径 1.5 ~ 3mm，棱线 18 ~ 28 条，节间长 2 ~ 6cm；膜质鳞叶 3，稀 2，长 2 ~ 3mm，上部约三分之一分离，先端锐尖。断面髓部呈三角状圆形。其麻黄碱含量较前两种低，约 1.1%。分布于东北、华北、西北大部分地区。此外，尚有：丽江麻黄*E. likiangensis* Florin. 也供药用，多自产自销。分布于云南、贵州、四川、西藏等地；膜果麻黄*E. przewalskii* Stapf 分布较广，甘肃部分地区作麻黄入药，质量较次。本属植物体内含有麻黄碱的还有：双穗麻黄*E. distachya* L.，藏麻黄*E. saxatilis* Royle. ex Florin.，山岭麻黄*E. gerardiana* Wall.，单子麻黄*E. monosperma* Gmel. ex Mey.，矮麻黄*E. minuta* Florin. 等。

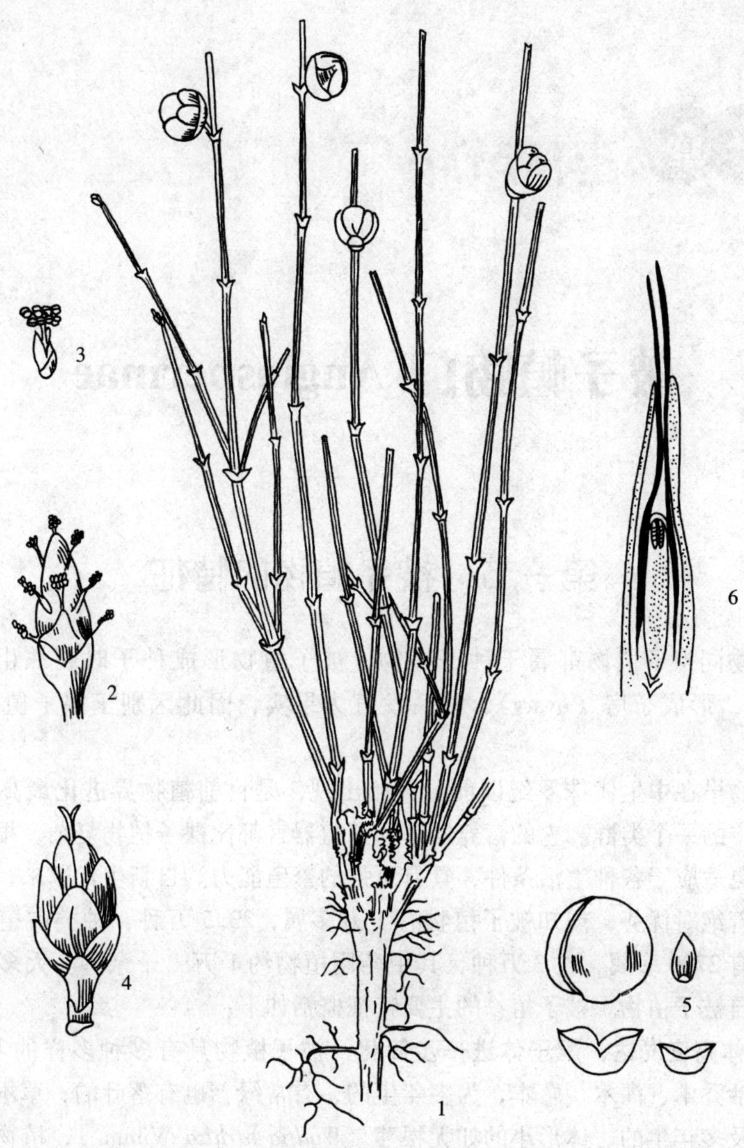

图 10－7　草麻黄

1. 雌株　2. 雄球花　3. 雄花　4. 雌球花　5. 种子及苞片　6. 胚珠纵切

被子植物门 Angiospermae

第一节　被子植物的特征

被子植物同裸子植物都属于种子植物，被子植物形成种子时胚珠由心皮（carpel）所包裹，形成子房（ovary），最后发育为果实，因此区别于裸子植物而得名被子植物。

被子植物早在中生代侏罗纪以前已开始出现，是目前植物界进化最高级，种类最多，分布最广的一个类群。它的营养器官和繁殖器官都比裸子植物复杂，根、茎、叶内部组织结构更适应于各种生活条件，具有更强的繁殖能力。自新生代以来，被子植物在地球上占据着绝对优势，现知被子植物有1万多属，23.5万种，种类占植物界的一半以上。我国有2700多属，约3万种，其中药用植物约1万1千余种。大多数中药和民间药物都来自被子植物。被子植物的主要特征概括如下：

1. 孢子体高度发达，配子体进一步简化　被子植物具有多种多样的习性和类型。木本植物包括乔木、灌木、藤本，为多年生的，有常绿，也有落叶的；草本植物有一年生、二年生及多年生的。体形小的如无根萍（*Wollfia arrhiza* Wimm.），植物体无根也无叶，呈卵球形，长仅1～2mm，是世界上最小的被子植物；但它的体内仍然具有维管束，而且能开花、结果、形成种子。体形大的如杏仁桉（*Eucalyptus amygdalina* Libill.），高达150米。被子植物的配子体随着孢子体的不断发展和分化而趋于简化，雌雄配子体不但是寄生的，而且进一步简化，雄配子体成熟时由1个粉管细胞，2个精子等3个细胞组成；雌配子体发育成熟时，通常只有8个细胞，即1个卵，2个助细胞，2个极核和3个反足细胞，颈卵器不再出现。雌雄配子体结构上的简化是适应寄生生活的结果，丝毫未减低其生殖机能，反而可以合理的分配养料，是进化的结果。

2. 具有高度特化的真正的花　开花过程是被子植物的一个显著特征，故又称有花植物（flowering plants）。被子植物的花由花被（花萼、花冠），雄蕊群和雌蕊群等部分组成。花被的出现，一方面加强了保护作用，另一方面增强了传粉效率，以适应虫媒、鸟媒、风媒、水媒等传粉条件。

3. 具有独特的双受精现象　双受精现象是在被子植物中才出现的，在受精过程中1个精子与卵细胞结合形成合子（受精卵），另1个精子与2个极核结合，发育成三倍体的胚乳，这种胚乳为幼胚发育提供营养，具有双亲的特性，和裸子植物预先由大孢子经过大量游离核分裂形成的胚乳形成鲜明的对照。被子植物的双受精是推动其种类的繁衍，并最终取代裸子植物的真正原因。

4. 胚珠包被在心皮形成的子房内　雌蕊受精后发育成果实时，胚珠包被在由心皮闭合的子房内，子房受精后发育成果实，包被于由胚珠形成的种子之外，故称被子植物。果实对保护种子成熟，帮助种子传播起着重要作用。

5. 具有更高度的组织分化，生理机能效率高　在形态结构上，被子植物组织分化细致，表现在有70余种细胞类型。输导组织的木质部中一般都有导管，薄壁组织和纤维。导管和纤维都是由管胞发展和分化而来，这种机能上的分工需要促进了专司输导水的导管和专司支持作用的纤维等的产生。在裸子植物里，未发展分化出纤维，管胞兼具水分输导和支持的功能。输导组织的完善使体内物质的运输效率大大提高。

被子植物具有的上述特征，表明它比其他各类植物所拥有的器官和功能要完善的多，代表了植物界最高的演化水平，它的内部结构和外部形态高度地适应地球上极悬殊的气候环境，因而不论在种数和构成被子植物的重要性方面都超过了裸子植物和蕨类植物，在植物界树立了无与伦比的地位。在化学成分方面几乎包含了所有天然化合物的各种类型，并随着植物的演化在不断的发展和复杂化。

第二节　被子植物的分类原则

形态学特征是被子植物分类的主要标准，尤其是花、果实的形态特征更为重要，由于近代科学的迅速发展，植物解剖学、细胞学、分子生物学、植物化学，特别是近年发展起来的植物分子系统学方法，通过植物遗传系统的核基因组及叶绿体基因组的研究，对研究某些植物类群的亲缘关系和进化，以及探讨某些在系统分类上有争议的类群，提供了新的证据或佐证。

植物器官形态演化的过程，通常是由简单到复杂，由低级到高级的，但在器官分化及特化的同时，常伴随着简化的现象。例如茎、根器官的组织由简单逐渐复杂，但在草本类型中又趋于简化。一般虫媒花植物是有花被的，但某些类型却失去了花被。这种由简单到复杂，最后由复杂趋于简化的变化过程，是植物有机体适应环境的结果。要判断某一类群或某一植物是进化的还是原始的不能独立片面的根据某一性状，因为同一植物的各形态器官的演化不是同步的，且同一性状在不同植物中的进化意义也非绝对的。因此只有综合分析植物体各部分的演化，才能确定它在分类学中的地位。下面是一般公认的被子植物形态构造的演化规律和分类依据，以外部形态为主，也涉及到一些解剖特征（见表11－1）：

表 11 -1 被子植物形态构造的主要演化规律

	初生的、原始的性状	次生的、进化的性状
根	主根发达（直根系）	主根不发达（须根系）
茎	木本，不分枝或二叉分枝	草本，合轴分枝
	直立	藤本
	无导管，有管胞	有导管
叶	单叶、全缘	复叶、叶形复杂化
	互生或螺旋排列	对生或轮生
	常绿	落叶
	有叶绿素，自养	无叶绿素，腐生，寄生
花	花单生	形成花序
	两性花	单性花
	辐射对称	两侧对称或不对称
	虫媒花	风媒花
	双被花	单被花或无被花
	花的各部离生	花的各部合生
	花的各部螺旋排列	花的各部轮状排列
	花的各部多数而不固定	花的各部有定数（3、4 或 5）
	子房上位	子房下位
	心皮离生	心皮合生
	胚珠多数	胚珠少数
	边缘胎座，中轴胎座	侧膜胎座，特立中央胎座及基底胎座
	花粉粒具单沟	花粉粒具 3 沟或多孔
果实	单果、聚合果	聚花果
	真果	假果
种子	胚小、直伸、有发达胚乳	胚大、弯曲或卷曲、无胚乳
	子叶二片	子叶一片
生活型	多年生	一年生
	自养	寄生、腐生

第三节 被子植物的分类系统

一、两大学说

被子植物的起源是一个不容易解决的问题，半个多世纪以来，植物分类学家为此做了许多探讨研究。最古老被子植物的形态特征，原始类群和进化类群各自具有的形态特征等问题，是植物分类学家研究的中心，争论的焦点，尤其是在被子植物的花的起源问题上意见分歧最大，形成了两个学派，即当前流行的“假花学说”和“真花学说”

1. 真花学说（Euanthium Theory） 亦称“毛茛学说”，以美国植物学家柏施及哈利尔，英国植物学家哈钦松为代表，认为被子植物起源于原始的已灭绝了的裸子植物，这种裸子植物具有两性的孢子叶球（strobil），特别是拟苏铁（*Cycadeoidea dacoten-*

sis）及其相近种，其孢子叶球上的苞片演变为花被，小孢子叶演变为雄蕊，大孢子叶演变为雌蕊（心皮），其孢子叶球轴则缩短为花轴；据此认为现代被子植物的多心皮类，尤其是木兰目植物被认为是被子植物较原始类群。

2. 假花学说（Pseudanthium Theory） 亦称“柔荑学说”，以德国植物学家恩格勒为代表，认为被子植物的一朵花是由裸子植物花序内数个花相结合而成，每个雄蕊和心皮，分别相当于1个极端退化的雄花和雌花，因而设想被子植物是来源于裸子植物麻黄类的弯柄麻黄 *Ephedra campylopoda*；在这个设想里，雄花的苞片变为花被，雌花的苞片变为心皮，每个雄花的小苞片消失后，只剩下一个雄蕊，雌花小苞片消失后只剩下胚珠，着生于子房基部。由于裸子植物，尤其是麻黄和买麻藤等都是以单性花为主，因而设想原始被子植物具单性花。据此认为现代被子植物的原始类群，应该具有单性花、无被花、风媒花和木本的柔荑花序类植物，如木麻黄目、胡椒目、杨柳目等。假花学说的依据是现存的裸子植物全为单性花，同株或异株，风媒传粉，被子植物的柔荑花序也是风媒的，具有一层珠被等等，但这一学说为现代多数系统学家所反对，根据解剖学、孢粉学等研究资料证明柔荑花序类应为次生类群。

二、被子植物的分类系统

19世纪以来，许多植物分类工作者为建立一个“自然”的分类系统作出了巨大努力。他们根据各自的系统发育理论，提出了许多不同的被子植物分类系统。但由于有关被子植物起源、演化的知识和化石证据不足，直到现在还没有一个比较完善而公认的分类系统。目前世界上运用比较广泛较为流行的主要有恩格勒系统、哈钦松系统、克朗奎斯特系统和塔赫他间系统。

1. 恩格勒系统 这是德国植物分类学家恩格勒（A. Engler）和勃兰特（K. Prantl）于1897年在《植物自然分科志》（Die natuelichen pflanzenfamilien）巨著中所发表的系统，它是植物分类史上第一个比较完整的系统。它将植物界分为13门，第13门为种子植物门，种子植物门再分为裸子植物和被子植物两个亚门，被子植物亚门再分为单子叶植物和双子叶植物两个纲，并将双子叶植物纲分为离瓣花亚纲（古生花被亚纲）和合瓣花亚纲（后生花被亚纲）共计45目，280科。

恩格勒系统以假花学说为理论基础，将单子叶植物放在双子叶植物之前，将柔荑花序植物作为双子叶植物中最原始的类群，而把木兰目、毛茛目等认为是较为进化的类群，这些观点已不被现代许多分类学家所赞同。

恩格勒系统几经修订，在1964年出版的《植物分科志要》第十二版中，已把被子植物独立为门，并把双子叶植物放在单子叶植物之前。被子植物共有62目，344科，其中双子叶植物48目，290科，单子叶植物14目，54科。由于这一系统范围较广，包括了全世界植物的纲、目、科、属，而且各国沿用已久，为许多植物学家所熟悉，所以在世界许多地区仍较广泛使用。本教材被子植物分类部分采用修订的恩格勒系统，部分内容有变动。

2. 哈钦松系统 这是英国植物学家哈钦松（J. Hutchinson）于1926年和1934年在其《有花植物科志》（The Families of Flowering plants）中所提出的系统。在1973年修订的第三版中，共有 111 目，411 科，其中双子叶植物 82 目，342 科，单子叶植物 29 目，69 科。

哈钦松系统以真花学说为理论基础，认为多心皮的木兰目、毛茛目是被子植物的原始类群，强调了木本和草本两个来源，认为木本植物均由木兰目演化而来，草本植物均由毛茛目演化而来，这两支是平行发展的，由于哈钦松系统过分强调木本和草本两个来源，结果使得亲缘关系很近的一些科在系统位置上都相隔很远，如将草本的伞形科和木本的山茱萸科、五加科分开；草本的唇形科和木本的马鞭草科分开等，这种观点人为性很大，亦受到多数分类学家所反对，但这个系统为多心皮学派奠定了基础，塔赫他间系统和克朗奎斯特系统即在此系统上发展起来的，我国华南、西南、华中的一些植物研究所和大学标本馆多采用该系统。

3. 塔赫他间系统　这是前苏联植物学家塔赫他间（A. Takhtajan）于 1954 年在《被子植物起源》（Orgins of the Angiospermous Plants）一书中公布的系统，该系统亦主张真花学说，认为木兰目为最原始的被子植物类群，他首先打破了传统上把双子叶植物分为离瓣花亚纲和合瓣花亚纲的分类，在分类等级上增设了“超目”一级分类单元。他将原属毛茛科的芍药属独立成芍药科等，都和当今植物解剖学、孢粉学、植物细胞分类学和化学分类学的发展相吻合，在国际上得到共识。

塔赫他间系统经过多次修订（1966，1968，1980 年），在 1980 年修订版中，他把被子植物分为两个纲：木兰纲（即双子叶植物纲）和百合纲（即单子叶植物纲），共有 28 超目，92 目，416 科，其中双子叶植物（木兰纲）20 超目，71 目 333 科，单子叶植物（百合纲）8 超目，21 目，77 科。

4. 克朗奎斯特系统　这是美国植物学家克朗奎斯特（A. Cronquist）于 1968 年在其《有花植物的分类和演化》（The Evolution and classification of Flowering Plants）一书中发表的系统。克朗奎斯特系统接近塔赫他间系统，把被子植物门（称木兰植物门）分成木兰纲和百合纲，但取消了“超目”一级分类单元，科的划分也少于塔赫他间系统。在 1981 年修订版中，共有 83 目，383 科，其中木兰纲包括 6 个亚纲，318 科，百合纲包括 5 亚纲，19 目，65 科。我国有的植物园及教科书已采用这一系统。

第四节　被子植物的分类

被子植物门分为双子叶植物纲和单子叶植物纲，两纲植物的基本区别如表 11－2。

表 11－2　双子叶植物纲和单子叶植物纲植物的基本区别

	双子叶植物纲	单子叶植物纲
根	主根发达，多为直根系	主根不发达，多为须根系
茎	维管束成环状排列，有形成层	维管束成星散排列，无形成层
叶	具网状叶脉	具平行叶脉或弧形叶脉
花	各部分基数为 5 或 4，极少 3	各部分基数为 3，极少 4
	花粉粒具 3 个萌发孔	花粉粒具单个萌发孔
胚	具 2 片子叶（极少 1、3 或 4）	具 1 片子叶（或不分化）

上述区别点不是绝对的，而是相对的，综合的，实际上有交错现象，一些双子叶植物纲中的一些科有一片子叶的现象，如睡莲科、毛茛科、小檗科、罂粟科、伞形科等；毛茛科、车前科、菊科等有须根系植物；胡椒科、睡莲科、毛茛科、石竹科等有维管束星散排列的植物；樟科、木兰科、小檗科、毛茛科有3基数的花。单子叶植物纲中的天南星科、百合科、薯蓣科等有网状脉；眼子菜科、百合科、百部科等有4基数的花。

双子叶植物与单子叶植物具有性状交错的现象，说明两者具有密切的亲缘关系；从进化角度来看，单子叶植物的须根系、无形成层、平行脉等性状，都是次生的，它的单萌发孔却保留了比大多数双子叶植物还要原始的特征。在原始的双子叶植物中，也具有单萌发孔的花粉粒，这也给单子叶植物起源于双子叶植物提供了依据。

一、双子叶植物纲 Dicotyledoneae

双子叶植物纲分为离瓣花亚纲（原始花被亚纲）和合瓣花亚纲（后生花被亚纲）。

（一）离瓣花亚纲 Choripetalae

离瓣花亚纲又称古生花被亚纲或原始花被亚纲（Archichlamydeae），是被子植物较原始的类型。包括无被花，单被花或有花萼和花冠区别，而花瓣通常分离的类型。雄蕊和花冠离生。胚珠一般有一层珠被。

1. 三白草科 Saururaceae

⚥ $P_0A_{3\sim8}\underline{G}_{3\sim4:1:2\sim4,(3\sim4:1:2\sim6)}$

多年生草本。茎常具明显的节。单叶互生，托叶与叶柄常合生或缺。花小，两性，无花被；穗状花序或总状花序，花序基部常有总苞片；雄蕊3~8；子房上位，心皮3~4，离生或合生，若为合生，则子房1室而成侧膜胎座。胚珠多数。蒴果或浆果。种子胚乳丰富，染色体：X=11、12、28。

本科5属，10种，分布于东亚和北美。我国有4属，5种，分布于长江以南各省及台湾。药用3属4种。

本科植物含挥发油，黄酮类化合物，挥发油中主要成分为甲基正壬酮，癸酰乙醛，月桂醛等。多具清热解毒，利水消肿功效。

【药用植物】

蕺菜(鱼腥草) *Houttuynia cordata* Thunb. 多年生草本。植物体有鱼腥气，茎下部伏地。叶互生，心形，有细腺点，下面带紫色；托叶膜质条形，下部与叶柄合生成鞘。穗状花序顶生，总苞片4，白色，花瓣状；花小，两性，无花被；雄蕊3，花丝下部与子房合生；雌蕊由3枚下部合生的心皮组成，子房上位。蒴果卵形，顶端开裂。分布于长江以南地区。生于阴山地、沟边、塘边或林下湿地。全草含挥发油0.022%~0.025%，能清热解毒，利尿通淋。（图11-1）

三白草(塘边藕) *Saururus chinensis*（Lour.）Baill. 多年生草本。根状茎较粗，白色。茎直立，下部匍匐状。叶互生，长卵形，基部心形或耳形。总状花序顶生，花序下具2~3片乳白色叶状总苞；雄蕊6，花丝与花药等长；雌蕊有4枚心皮合生，子房上位。果实分裂为3~4个分果瓣。分布于长江以南地区。生于沟旁、溪边及沼泽湿地。根状茎或全草能清热利尿，解毒消肿。（图11-2）

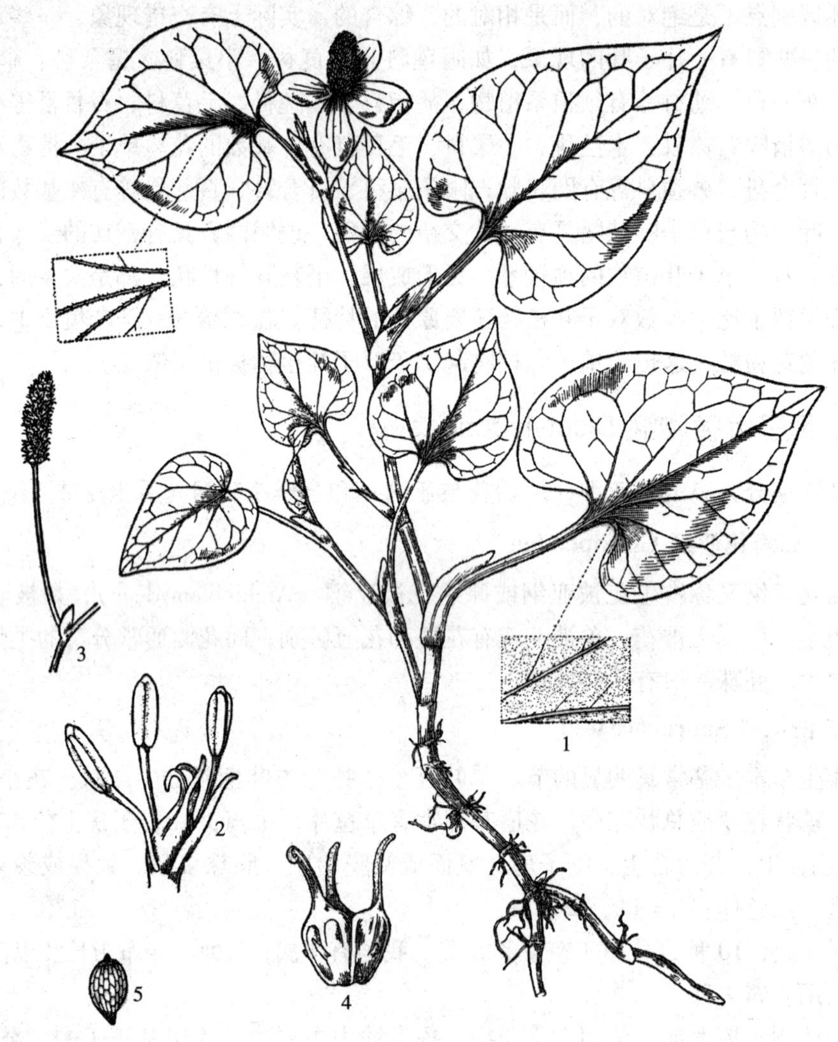

图 11－1　鱼腥草

1. 植株　2. 花　3. 花序　4. 果实　5. 种子

2. 胡椒科 Piperaceae　　$♂ P_0A_{1\sim10}$；$♀ P_0\underline{G}_{(2\sim5:1)}$；$⚥ P_0A_{1\sim10}\underline{G}_{(2\sim5:1:2)}$

灌木或藤本，或肉质草本，常具香气或辛辣气。茎中维管束常散生，与单子叶植物类似。藤本种类的节部常膨大。单叶，通常互生，叶片全缘，基部两侧常不对称；托叶与叶柄合生或无托叶。花极小，密集成穗状花序，两性，或单性异株；苞片盾状或杯状；无花被；雄蕊 1～10；子房上位，心皮 2～5，合生 1 室，有基生或直生胚珠 1 枚。浆果球形；种子 1 枚，有少量的内胚乳和丰富的外胚乳，胚小。染色体：X＝11～14。

本科 8 属，3 000 多种，分布于热带、亚热带地区。我国有 4 属，约 70 种，分布于台湾省东南部至西南部地区。药用 25 种，集中于胡椒属（*Piper*）和草胡椒属（*Peperomia*），均做温中散寒、活血止痛药。

本科植物主要含有挥发油、生物碱，如胡椒碱（piperine）、胡椒新碱（piperanine）等。为胡椒辛辣刺激成分，也是主要的生理活性物质。

图 11－2　三白草

1. 植株　2. 花

【药用植物】

胡椒*Piper nigrum* L. 攀援木质藤木。常生不定根。叶互生，近革质，叶片卵状椭圆形，具托叶。花单性异株，无花被；穗状花序与叶对生，常下垂，苞片匙状长圆形；雄蕊2，花药肾形，花丝粗短；子房上位，1 室，1 胚珠。浆果球形，无柄，未成熟时干后果皮皱缩，黑色，称“黑胡椒”，成熟时红色，除去果皮后呈白色，称“白胡椒”。原产东南亚，我国海南、广西、台湾、云南等省区有栽培。果中主要含酰胺类化合物及挥发油。能温中散寒，健胃止痛。(图 11－3)

筚茇*Piper longum* L. 攀援状灌木。茎下部匍匐，枝有粗纵棱及沟槽，幼时密被粉状短柔毛。叶互生，纸质，卵圆形，两面脉上被粉状短柔毛。花单性，雌雄异株，无花被；雄花序被粉状短绒毛，花小，花丝粗短；雌花序常于果期延长，苞片较小，子房上

图 11－3　胡椒

1. 果枝　2. 花序　3. 苞片　4. 雄蕊　5. 果实

位，倒卵形，下部与花序轴合生，无花柱，柱头 3。浆果卵形，基部嵌生于花序轴内。分布于东南亚。我国云南有野生，广东、广西、福建有栽培。果穗入药，主含酰胺类化合物、木脂素及挥发油。能温中散寒，下气，止痛。

细叶青蒌藤*Piper kadura*（Choisy）Ohwi 木质藤本。茎扁圆柱形或圆柱形，有香气，幼枝密被白色柔毛。单叶互生，叶片近革质，卵形或卵状披针形，上面主脉附近有白色斑纹，下面幼时被疏毛。花单性，雌雄异株，穗状花序；雄蕊 3，花丝短；雌花序短于叶片，子房球形，离生。浆果卵球形，褐黄色。分布于台湾、福建、海南等地。全株入药，为中药海风藤主流品种，主含木脂素。能驱风湿，通经络，止痹痛。

3. 金粟兰科 Chloranthaceae　　⚥ $P_0A_{(1\sim3)}G_{(1:1:1)}$

草本或灌木，节部常膨大。常具油细胞，有香气。单叶对生，叶柄基部通常合生成鞘；托叶小。花序穗状，顶生。花小，两性或单性；**无花被**，雄蕊 1～3，**合生成一体**，花丝极短，常贴生在子房的一侧，**药隔发达**；子房下位，单心皮，1 室，胚珠 1 枚，悬垂于子房室顶部。核果，种子具丰富胚乳。染色体：X＝8、14、15。

本科有 5 属，约 70 种，分布于热带和亚热带。我国有 3 属 21 种，全国各地均有分布。药用 2 属 15 种。

本科植物主要含挥发油、黄酮苷、香豆素、内酯等成分。

【药用植物】

草珊瑚（肿节风）*Sarcandra glabra*（Thunb.）Nakai 常绿草本或半灌木，茎节膨大。叶对生，近革质，长椭圆形或卵状披针形，边缘有粗锯齿，齿尖有 1 腺体。穗状花序顶生，常分枝；花两性，无花被；雄蕊 1，花药 2 室；雌蕊 1，由 1 心皮组成，子房下位，无花柱，柱头近头状。核果球形，熟时红色。分布于长江以南各省区。生于山沟溪谷旁、常绿阔叶林下阴湿处。根状茎及全草主含香豆素、内酯、黄酮苷及挥发油。能清热解毒，活血祛瘀，驱风止痛。（图 11 -4）

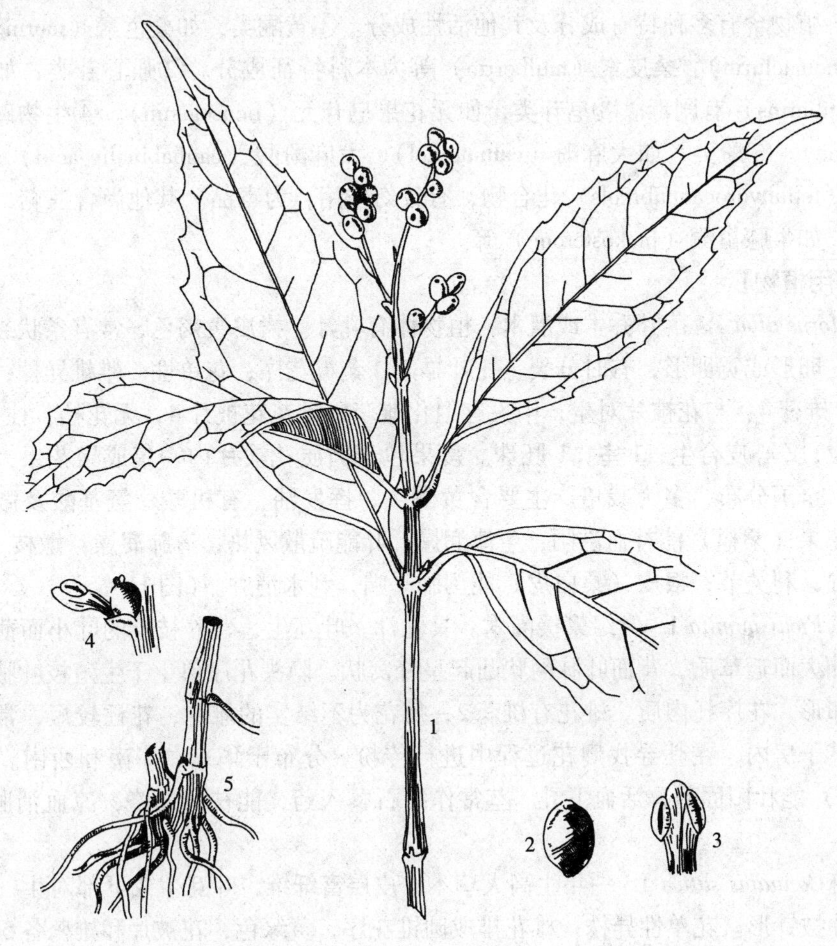

图 11 -4　草珊瑚

1. 果枝　2. 果　3. 雄蕊　4. 花序一段　5. 根茎及根

及已（四块瓦）*Chloranthus serratus*（Thunb.）Roem. et Schult. 常绿草本。叶对生，常 4 片生于茎上部，卵形。穗状花序单个或 2 ~3 分枝；花两性，无被；苞片近半圆形；雄蕊 3，下部合生，花药 2 室。核果近球形，绿色。分布于长江流域及南部各省区。根状茎及全草药用，功效同草珊瑚。有毒，内服慎用。

4. 桑科 Moraceae　$♂P_{4\sim5}A_{4\sim5}$；$♀P_{4\sim5}\underline{G}_{(2:1:1)}$

木本，稀草本和藤本。木本常有乳汁。叶常互生，稀对生，托叶早落。花小，单性，雌雄异株或同株，常集成葇荑，穗状，头状或隐头花序；单被花，花被片 4 ~ 5；雄蕊与花被片同数且对生；雌蕊子房上位，2 心皮，合生，1 室，1 胚珠。果多为聚花果。染色体：X = 7、8、10、13、14。

本科 60 属，3 000 余种，主要分布于热带和亚热带。我国有 12 属，163 种，全国各地均有分布，以长江以南地区较多。药用 12 属，约 55 种。

本科中植物体为草本、无乳汁的大麻属（*Cannabis*）和葎草属（*Humulus*）在哈钦松系统中常被独立为大麻科（Cannabidaceae 或 Cannabinaceae）。

本科植物含有多种特有成分及其他活性成分。①黄酮类，如桑色素（morin）、氰桑酮（cyanomaclurin）、桑皮素（mulberrin）等为本科特征成分。②强心苷类，如见血封喉苷（antiarins）有剧毒。③皂苷类，如无花果皂苷元（ficusogenin）。④生物碱，如榕碱（ficine）。⑤酚类，如大麻酚（cannabinol）、大麻酚酸（cannabinolic acid）、四氢大麻酚类（tetrahydrocannabinols）化合物，有致幻作用，为毒品。其他尚含三萜，昆虫变态激素，如牛膝甾酮（inokosterone）等。

【药用植物】

桑*Morus alba* L. 落叶乔木或灌木，植物体有乳汁。树皮黄褐色，常有条状裂隙。单叶互生，卵形或宽卵形，有时分裂，托叶早落。葇荑花序；花单性，雌雄异株；雄花花被片 4，雄蕊 4，与花被片对生，中央有退化雌蕊；雌花花被片 4，无花柱，柱头 2 裂，子房上位，2 心皮合生，1 室，1 胚珠。瘦果包于肉质花被片内密集成聚花果，成熟时紫黑色。全国分布，多为栽培。主要含黄酮类、挥发油、有机酸、氨基酸及微量元素等。聚花果（桑椹）能补血滋阴，生津润燥；叶能疏散风热，清肺润燥；嫩枝（桑枝）能祛风湿，利关节；根皮（桑白皮）能泻肺平喘，利水消肿。（图 11 - 5）

薜荔*Ficus pumila* L. 常绿攀援灌木。具乳汁。叶互生，营养枝上的叶小而薄，生殖枝上的叶大而近革质，背面叶脉网状凸起呈蜂窝状。隐头花序单生于生殖枝叶腋，呈梨形或倒卵形，花序托肉质。雄花有雄蕊 2；瘿花为不结实的雌花，花柱较短，常有瘿蜂产卵于其子房内，在其寻找瘿花过程中进行传粉。分布于华东、华南和西南。隐花果（鬼馒头）能壮阳固精，活血下乳。茎常作络石藤入药，能祛风通络，凉血消肿。（图 11 - 6）

大麻*Cannabis sativa* L. 一年生高大草本。皮层富纤维，叶互生或下部对生，掌状全裂，裂片披针形。花单性异株；雄花排成圆锥花序，黄绿色，花被片和雄蕊各 5 枚；雌花丛生叶腋，每朵花有 1 卵形苞片，花被退化为 1 片，膜质。雌蕊 1，花柱 2。瘦果扁卵形，为宿存苞片所包被。原产亚洲西部，现我国各地有栽培。果实（火麻仁）能润燥通便；雌花能止咳定喘，解痉止痛；叶能定喘。雌株的幼嫩果穗含多种大麻酚类成分，有致幻作用，为毒品。

本科药用植物还有：构树*Broussonetia papyrifera*（L.）Vent. 果实（楮实子）能补肾清肝，明目、利尿；根皮能利尿止泻；叶能祛风湿，降血压；乳汁能灭癣。无花果*Ficus carica* L. 隐花果能润肺止咳，清热润肠。啤酒花（忽布）*Humulus lupulus* L. 未熟果穗能健脾消食，安神，止咳化痰。为制啤酒原料之一。葎草*H. scandens*（Lour.）Merr. 全草能清热解毒，利尿消肿。

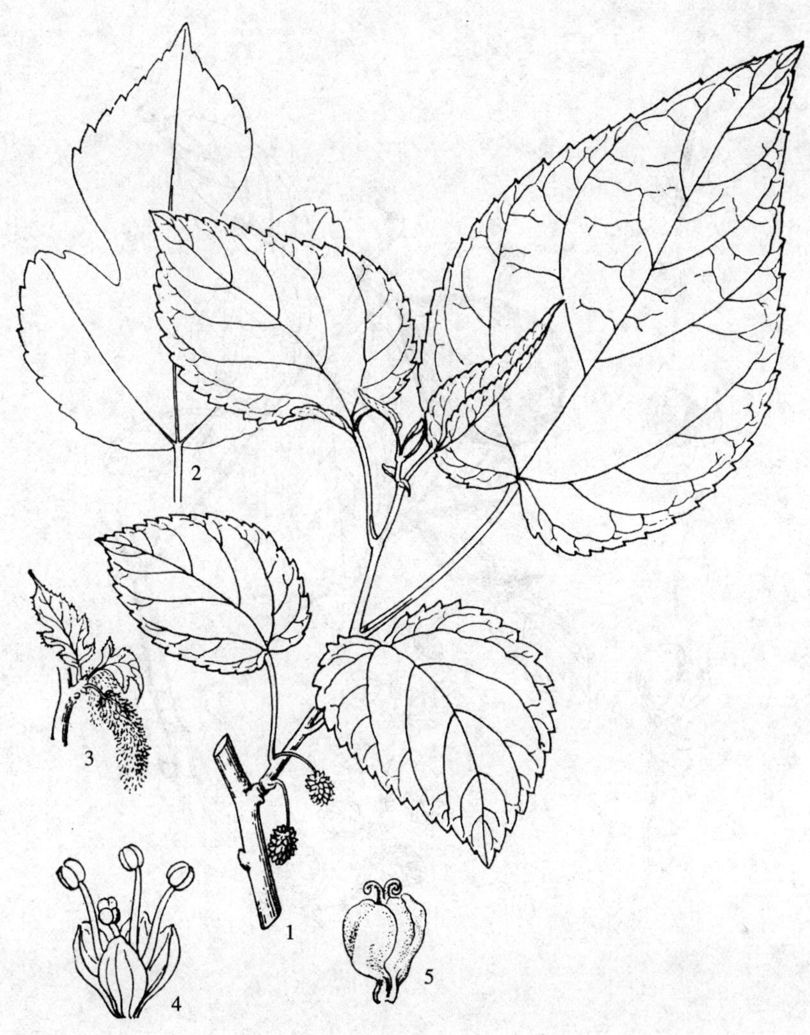

图 11－5　桑

1. 果枝　2. 叶形　3. 雄花序　4. 雄花　5. 雌花

5. 桑寄生科 Loranthaceae　　$* 或 ♂ P_{3\sim8} A_{3\sim8} \overline{G}_{(3\sim4\sim1:3\sim4\sim1:1\sim2\sim3)}$

寄生灌木，叶对生或轮生，少数互生，革质或退化成鳞片，无托叶。花两性或单性，辐射对称；异被，或因萼片退化而成单被状；花萼与子房合生，环状或不明显；花瓣5～6，镊合状排列，分离或连合成管而单侧裂开；雄蕊与花被片同数对生；子房下位，常1室。花柱单生或不存在，胚珠1，着生于子房内壁，多不明显。果实浆果状或核果状。种子不具种皮，外果皮多肉质；花托常有一层黏稠物质，胚乳丰富。染色体：X＝8～10，12。

本科约36属，1300种，主产于热带和亚热带。我国有11属59种，分布于各省区，其中药用2属，30余种。主要属有槲寄生属（*Viscum*）和桑寄生属（*Loranthus*）。

本科主要含有黄酮类、三萜类、有机酸及鞣质等化学成分，如广寄生苷（avicularin)、槲皮苷（quercitrin）及其苷元、槲寄生新苷（viscumneoside)、高圣草素（homo-

图 11－6 薜荔

1. 不育幼枝 2. 果枝 3. 雄花 4. 雌花 5. 瘿花

eriodictyol）及其苷、齐墩果酸、棕榈酸等；同时也吸收寄主所含的成分，如寄主有毒，寄生也往往含有毒成分。

【药用植物】

槲寄生*Viscum coloratum*（Kom.）Nakai 常绿寄生小灌木，高 30～60cm，茎黄绿色或绿色，稍肉质，常 2～5 叉分枝，节部膨大，节间圆柱形。叶对生于枝端，稍肉质，黄绿色或绿色，长圆状披针形或倒披针形，顶部钝或圆，基部楔形。花小，单性，雌雄异株，生于枝端两叶之间，无梗，黄绿色。雄花序聚伞状，通常有 3 朵花，苞片杯形，花被钟形，顶端 4 裂，雄蕊 4 枚，贴生于裂片上，无花丝，花药多室。雌蕊 1～3 朵簇生，花被钟形，顶端 4 裂；子房下位，1 室 1 胚珠，与子房壁分生，柱头头状。球形浆果，成熟时淡黄色或橙红色，具黏液质。寄生于槲、梨、榆、柳、杨、桦、枫香等树上，分布于东北、华北、陕西、甘肃、河南、湖北、四川等地。带叶茎枝入药，主要含黄槲寄生苷（flavoyadorinin）、槲寄生新苷、高圣草素等，有祛风湿、补肝肾、强筋骨、安胎之功效。同属植物国产11种。（图11－7）

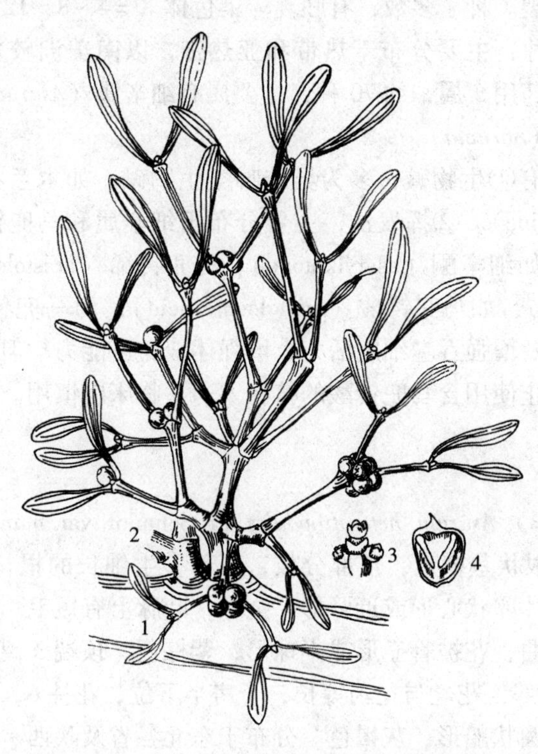

图11－7　槲寄生

1. 寄主　2. 带果的植株　3. 雌花　4. 种子纵剖，示双胚

桑寄生*Taxillus chinensis*（DC.）Danser常绿寄生小灌木，高达1 m，老枝无毛，具灰黄色皮孔。嫩枝叶密布锈色或褐色星状毛，成长叶两面无毛；叶薄革质，对生或近对生，卵形或长卵形，顶部钝或圆，基部圆形或阔楔形，全缘，主脉两面明显突起。花1～3朵排成聚伞花序，通常1～2个生于叶腋，披红褐色星状毛；苞片小，鳞片状，花萼环状，花冠狭管状，稍弯曲，紫红色，顶端卵圆形4裂，外折；雄蕊4枚，生于裂片上，子房下位，1室1胚珠，花柱4棱，柱头球状。果椭圆形，具小瘤体及疏毛。常寄生于桑科、山茶科、山毛榉科等枝物体上，分布于福建、台湾、广东、广西、云南等省区。带叶茎枝入药，主要含广寄生苷、槲皮素及其苷等，有补肝肾、强筋骨、祛风湿、安胎之功效。同属植物国产15种。

6. 马兜铃科 Aristolochiaceae　　　　$* \uparrow P_{(3)} A_{6\sim12} \overline{G}_{(4\sim6:4\sim6)}\ \overline{G}_{(4\sim6:4\sim6)}$

多年生草本或藤本。根味苦、辣，有香气；单叶互生，叶片常心形或盾形，全缘，稀3~5裂；无托叶。花两性，辐射对称或两侧对称，单生、簇生或排成总状花序；花多单被，常为花瓣状，下部常合生成各式花被管，顶端3裂或向一侧扩大，暗紫色或紫色，有臭气；雄蕊6~12，花丝短，分离或与花柱合生；雌蕊4~6，心皮合生，子房下位或半下位，4~6室，柱头4~6裂，中轴胎座，胚珠多数。蒴果，背缝开裂或腹缝开裂，少数浆果状不开裂。种子多数，有胚乳。染色体X=4~8，12，13。

本科8属，600种，主要分布于热带和亚热带，以南美洲较多。我国4属70种，全国各地均有分布，药用3属，约70种，主要属有细辛属（*Asarum*）、马兜铃属（*Aristolochia*）、马蹄香属（*Saruma*）。

本科植物主要含有①生物碱，多为异喹啉类生物碱，如木兰花碱（magnoflorine）、轮环藤酚碱（cyclanoline）。②挥发油，主要分布于细辛属和马兜铃属，油中主要成分为单萜和倍半萜类，如细辛酮（asarylketone）、马兜铃烯（arastolene）。③硝基菲类化合物（nitropenathrene），如马兜铃酸（aristolochic acid），为马兜铃科植物的特征性成分，能抗癌、抗感染及增强吞噬细胞活力、增强体液免疫能力，但动物实验发现有致癌作用，许多国家已禁止使用含马兜铃酸的植物入药，临床应慎用。④黄酮类化合物及尿囊素等。

【药用植物】

北细辛（辽细辛）*Asarum heterotropoides* Fr. Schmidt var. *mandshuricum*（Maxim.）Kitag. 多年生草本。根状茎横走，顶部分枝，下部多生细长的根，有辛香气。叶基生，常2片，有长柄，叶片卵状心形或近肾形，全缘，叶脉上有短毛。花单生叶腋，开花时花梗在近花被管处弯曲，花被管壶形或半球形，紫棕色，顶端3裂，裂片向外反折；雄蕊12，着生子房中下部，花丝与花药等长；子房半下位，花柱6，顶端2裂。蒴果浆果状，半球形。种子椭圆状船形，灰褐色。分布于东北各省及陕西、山西、河南等地。生于林下，东北地区有栽培。全草含挥发油2.5%，主要为甲基丁香酚（methyl eugenol）、黄樟醚（safrole）等。全草入药，能祛风散寒，通窍止痛，温肺化饮。（图11-8）

同属多种植物均供药用，如华细辛*A. sieboldii* Miq. 与北细辛的区别是根茎较长，节间距离均匀；叶端渐尖，背面仅脉上有毛；花被裂片直立或平展，不反折。分布于河南、山东、陕西、湖北、四川等地。全草与北细辛同等药用。汉城细辛*A. sieboldii* Miq. var. *seoulense* Nakai 本变种与华细辛相似，区别为叶柄有毛，叶下面通常密生较长的毛。分布于辽宁和吉林两省东南部。全草与北细辛及华细辛均为药典细辛原植物。此外，同属单叶细辛*A. himalaicum* Hook. f. et Thoms.，小叶马蹄香*A. ichangense* C. Y. Cheng et C. S. Yang 两种在有些地区亦做细辛使用。

马兜铃*Aristolochia debilis* Sieb. et Zucc. 多年生缠绕或匍匐状草本。叶互生，柄细长，叶片三角状长圆形，基部心形。花单生叶腋，花被基部膨大呈球状，淡黄绿色，中部管状，上部逐渐扩大成斜喇叭状，先端渐尖；雄蕊6，几无花丝，贴生于肉质花柱顶端；子房下位，圆球形，柱头短。蒴果近球形，成熟时沿室间开裂。种子呈偏三角形，有宽翅。分布于长江以南和山东、河南等地。生于山坡灌丛中。主含马兜铃酸。根（青木香）能平肝止痛，行气消肿；茎（天仙藤）能行气活血，利水消肿；果（马兜铃）能清肺降气，止咳平喘，清肠消痔。（图11-9）

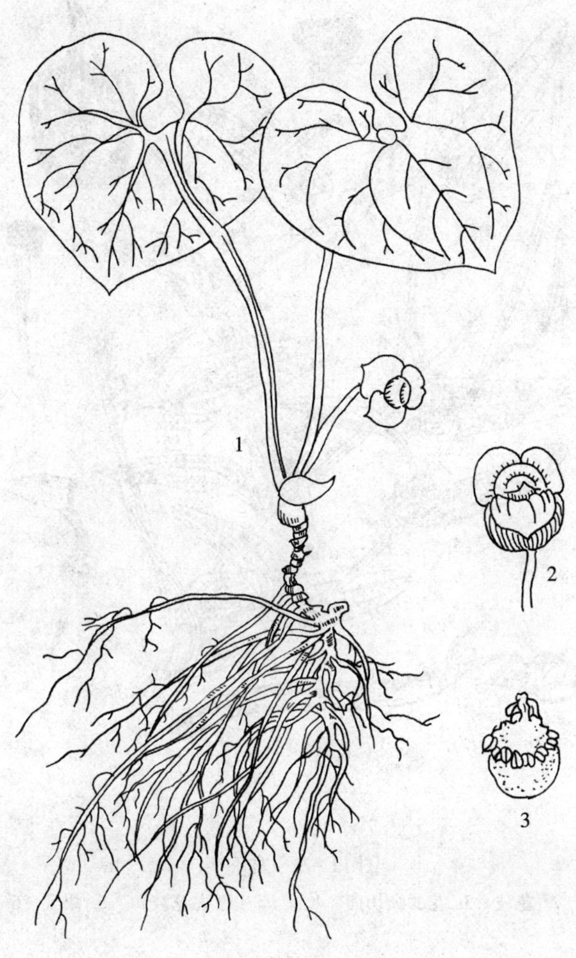

图 11－8 北细辛

1. 植株 2. 花 3. 去花被示雄蕊及雄蕊

同属东北马兜铃(木通马兜铃) *A. manshuriensis* Kom. 与前种相似，但花被筒成马蹄形弯曲，里面有紫色斑点。叶片圆状心形。分布于东北各省及陕西、甘肃等省。茎(关木通)能消心火，利小便，通经下乳。

广防己*A. fangchi* Wu ex L. D. Chou et S. M. 木质大藤本。茎上部分枝较少，叶互生，具长柄，叶片纸质或薄革质，卵状长圆形，上面无毛，下面密被褐色或灰色短柔毛。总状花序，有花 1～3 朵；雄蕊 6 枚，成 3 组贴生于雌蕊柱体基部；子房下位，外面密被褐色茸毛，6 室。蒴果长圆形，具 6 棱。分布于华南和贵州、云南等省。主含马兜铃

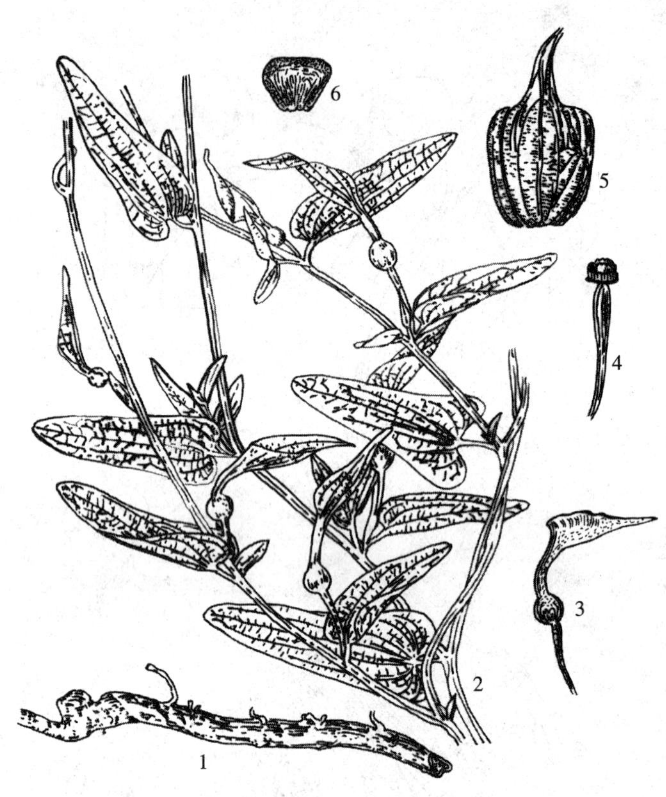

图 11－9　马兜铃

1. 根　2. 花枝　3. 花的纵切面　4. 雌蕊（已去花被）　5. 果实　6. 种子

酸。根能祛风止痛，清热利水。（图 11－10）

本属药用植物还有北马兜铃*A. contorta* Bge.，木香马兜铃*A. moupinensis* Miq.，绵毛马兜铃（寻骨风）*A. mollissima* Hance，杜衡*Asarum forbesi* Maxim. 等。

7. 蓼科 Polygonaceae　$⚥ P_{3\sim6,(3\sim6)} A_{3\sim9} \underline{G}_{(2\sim4:1:1)}$

多为草本。茎节常膨大。单叶互生，托叶膜质，包围茎节基部成托叶鞘。花多两性，辐射对称，排成穗状、圆锥状或头状花序，花被片 3～6，常花瓣状，分离或基部合生，宿存；雄蕊多 3～9；子房上位，心皮 2～3，合生成 1 室，1 胚珠，基生胎座。瘦果或小坚果，椭圆形、三棱形或近圆形，包于宿存花被内，常具翅。种子有胚乳。根状茎的髓部及根中有异型维管束。染色体：X＝7～20。

本科约 30 属，800 余种，主要分布于北温带。我国 15 属，200 多种，全国均有分布。药用 8 属，约 123 种。

本科化学成分主要含有①蒽醌类：主要分布在大黄属和酸模属，如大黄素（emod-

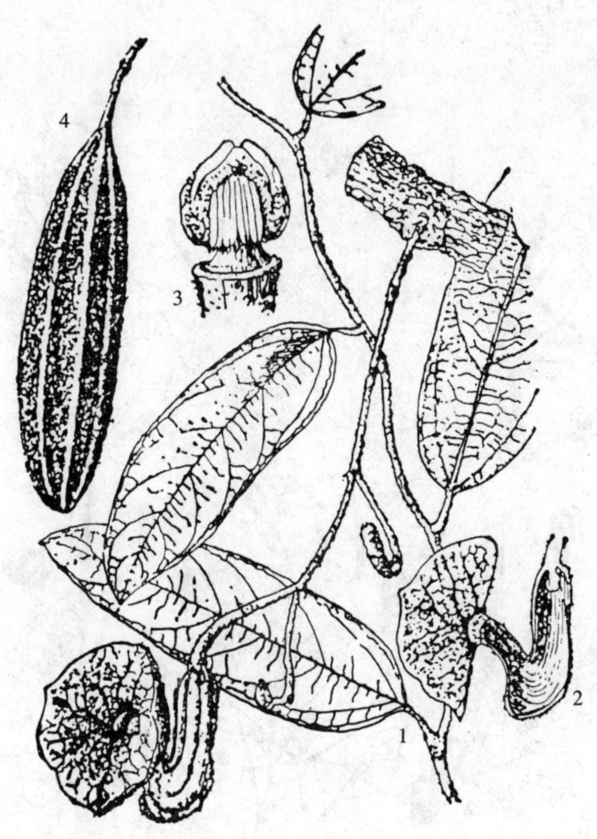

图 11－10　广防己
1. 部分植株　2. 花纵切　3. 雄蕊及花柱　4. 果实

in)、大黄素甲醚（physcion）及大黄酚（chrysophanol）。番泻苷 A、B、C、D（sennoside A、B、C、D）是泻下有效成分，现仅知在大黄属掌叶组植物有分布，可作为评价正品大黄的重要化学指标之一。1、8－二羟基萘类的酸模素（nepodin），是抗真菌的有效成分。②黄酮类：如芦丁（rutin）、槲皮素（quercetin）、萹蓄苷（avicularin）。③鞣质：在本科中普遍存在，具有收敛、止血、抗菌作用。④芪类：如土大黄苷（rapontiein）存在于大黄属非正品大黄中，芪三酚苷（polydatin）存在于虎杖中，均有降血脂活性。⑤吲哚苷：如靛苷（indican）存在于蓼属植物中，水解产生的靛蓝（indigotin）为中药青黛的主要成分。

【主要属及药用植物】

大黄属*Rheum*

多年生草本。根及根状茎肥厚。叶较大，基生叶有长柄，托叶鞘长筒状。多为圆锥

花序；花被6，淡绿色；雄蕊9，花柱3，柱头头状。瘦果具3棱。本属国产约30种，药用15种。（图11－11）

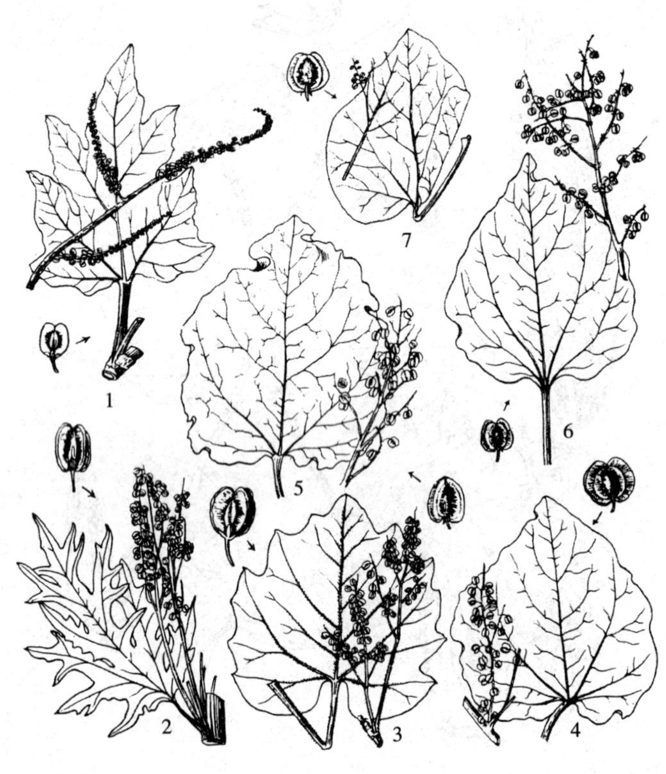

图11－11　大黄原植物

1. 掌叶大黄　2. 唐古特大黄　3. 药用大黄　4. 天山大黄　5. 藏边大黄　6. 华北大黄　7. 河套大黄

药用大黄*Rheum officinalis* Bill. 多年生草本。根及根茎肥厚，断面黄色，叶片近圆形掌状浅裂，浅裂片呈大齿形或宽三角形；花较大，主要分布于陕西，四川西部，湖北，云南等地。生于林缘或草坡，有栽培。

掌叶大黄*R. palmatum* L. 与药用大黄不同点为叶片宽卵形或近圆形，掌状半裂，花小，紫红色。分布于甘肃、陕西、青海、四川西部和西藏东部等地。生于山地林缘或草坡，亦有栽培。

唐古特大黄*R. tanguticum* Maxim. ex Balf. 与上种相似，主要区别是本种叶片常羽状深裂，裂片通常窄长，呈三角状披针形或窄条形。分布于甘肃、青海、四川西部、西藏等地。

上述三种大黄属植物为中国药典收载的正品大黄的原植物，它们的根和根状茎均为中药正品大黄。根茎中含总蒽醌1.14%～5.19%，其中以结合状态为主。能泻火通便，破积滞，行淤血。

同属多种植物，叶缘具不同程度的皱波，叶片不裂，其根和根状茎称山大黄或土大黄，因不含番泻苷，一般外用止血、消炎或作兽药或作工业染料的原料，如华北大黄*R. franzenbachii* Münt.，河套大黄*R. hotaoense* C. Y. Cheng et C. T. Kao，藏边大黄*R. emodi* Wall.，天山大黄*R. wittrochii* Lundstr. 等。

蓼属*Polygonum*

草本或藤本。节常膨大。单叶互生，托叶鞘多筒状。花被常5裂，花瓣状；雄蕊3～9，通常8枚；花柱2～3。瘦果三棱形或两面凸起。本属300余种，我国120余种，药用80种。

何首乌*Polygonum multiflorum* Thunb. 多年生缠绕草本。块根表面红褐色至暗褐色。叶互生，有长柄，卵状心形，托叶鞘膜质，抱茎。圆锥花序，分枝极多；花小，白色；花被5裂，外侧3片背部有翅。瘦果椭圆形，具3棱。全国各地多有分布。生于灌丛，山脚阴湿处或石隙中。主要含蒽醌类化合物。块根能润肠通便，解毒消痈；制首乌能补肝肾，益精血，乌须发，强筋骨。茎藤（首乌藤、夜交藤）能养血安神，祛风通络。（图11－12）

虎杖*Polygonum cuspidatum* Sieb. et Zucc. 多年生粗壮草本，根状茎粗大。地上茎中空，散生红色或紫红色斑点，节间明显，上有膜质托叶鞘。叶阔卵形。圆锥花序；花单性异株，花被5裂，外轮3片在果时增大，背部生翅；雄花雄蕊8；雌花花柱3，柱头扩展，呈鸡冠状。瘦果卵状三棱形。主要含蒽醌类化合物，以游离型为主。根状茎和根能祛风利湿，散瘀定通，止咳化痰。（图11－13）

本属药用植物还有红蓼*P. orientale* L. 分布于全国各地。果实（水红花子）能散血消症，消积止痛。拳参*P. bistorta* L. 分布于吉林、华北、西北、华东等地。根状茎能清热解毒，消肿，止血。蓼蓝*P. tinctorium* Ait. 分布于辽宁、黄河流域及以南地区。多为栽培。叶（大青叶）能清热解毒，凉血消斑。叶可加工制青黛。萹蓄*P. aviculare* L. 分布于全国各地。地上部分能利尿通淋，杀虫，止痒。水蓼*P. hydropiper* L. 分布于全国各地。全草能清热解毒，利尿，止痢。

金荞麦（野荞麦）*Fagopyrum cymosum*（Trev.）Meisn. 多年生草本。主根粗大，横走，红棕色。叶互生，具长柄，叶片戟状三角形，膜质。聚伞花序，花小，花被片5，白色；雄蕊8，花药带红色；雌蕊花柱3，稍向下弯曲。小坚果卵状三角棱形。全国各地均有分布。生于荒地、路旁、河边阴湿地，有栽培。主含缩合原花色苷元（dimeric proanthocyanidin）。根能清热解毒、清肺排脓、祛风化湿。

羊蹄（土大黄）*Rumex japonicus* Houtt. 多年生草本。根粗大，断面黄色。基生叶长椭圆形，基部微心形，边缘有波状皱折。茎生叶较小；托叶鞘筒状。花序圆锥状；花被片6，内轮在果时增大，边缘有不整齐的锯齿；雄蕊6；柱头3。瘦果有3棱。分布于长江以南各省区。生于山野湿地。根能清热解毒，凉血止血，通便。

巴天酸模（土大黄）*R. patientia* L. 基生叶卵状披针形。结果时内轮花被全缘。分布于东北、华北、西北各省区。根入药，功效同羊蹄。

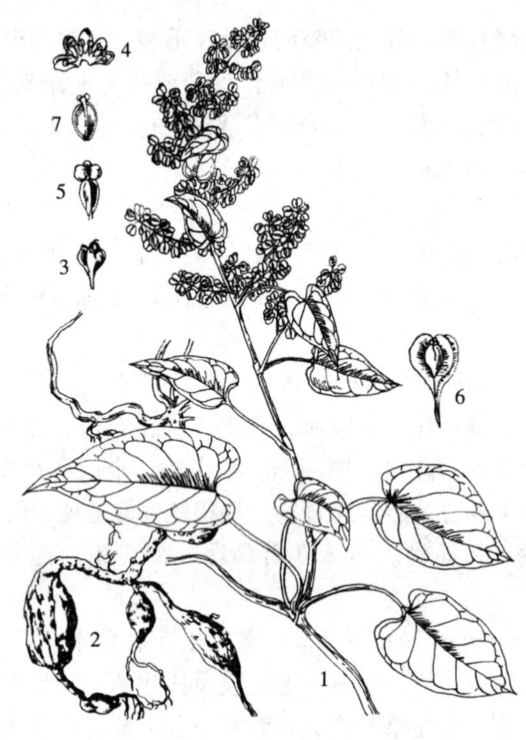

图 11－12　何首乌

1. 果枝　2. 块根　3. 花　4. 花被剖开示雄蕊　5. 雌蕊
6. 成熟果实附有具翅的花被　7. 瘦果

8. 苋科 Amaranthaceae　　⚥ $P_{3\sim5}A_{1\sim5}\underline{G}_{(2\sim3:1:1\sim\infty)}$

多为草本。单叶对生或互生，无托叶。花小，两性，稀单性，辐射对称，聚伞花序排成穗状、头状或圆锥状；花单被，花被片 3～5，每花下常有 1 枚干膜质苞片和 2 枚小苞片；雄蕊 1～5 与花被片对生，花丝分离或基部连合成杯状；子房上位，由 2～3 心皮组成，1 室，胚珠 1 枚，稀多数。胞果，稀浆果或坚果，种子具胚乳。染色体：X＝6～13、16、17、18、24。

本科约 65 属，900 种，分布于热带和亚热带。我国有 13 属，50 种，分布于全国各地。药用 9 属，28 种。

本科植物多含皂苷，花色素，昆虫蜕皮激素，如蜕皮甾酮（ecdysterone）、牛膝甾酮（inokosterone）、杯苋甾酮（cyasterone）。另含生物碱如甜菜碱（betaine）等。

【药用植物】

牛膝*Achyranthes bidentata* L. 多年生草本。根长圆柱形。茎四棱，节膨大。叶对生，椭圆形至椭圆状披针形，全缘，长 5～10cm，两面具柔毛。穗状花序腋生或顶

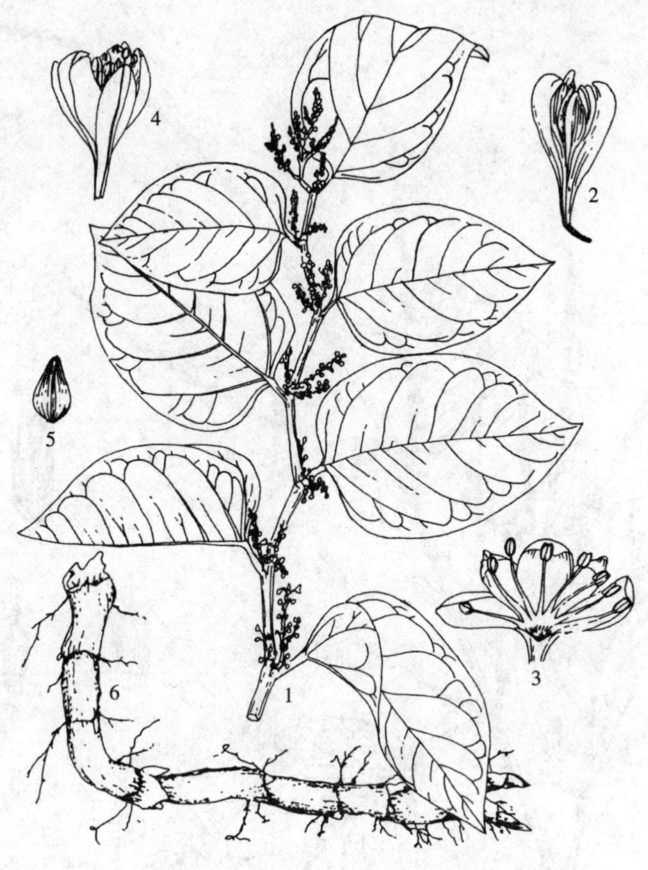

图 11－13　虎杖

1. 花枝　2. 花的侧面　3. 花被展开示雄蕊

4. 包在花被内的果实　5. 果实　6. 根状茎

生，苞片 1，膜质，小苞片硬刺状；花被片 5，膜质；雄蕊 5，花丝下部合生，退化雄蕊顶端平圆，稍有锯齿。胞果长圆形，包于宿萼内。全国均有分布，主要栽培于河南，称怀牛膝。根生用能活血散瘀，消肿止痛；酒制后能补肝肾，强筋骨。（图 11－14）

川牛膝*Cyathula officinalis* Kuan 多年生草本。根圆柱形。茎中部以上近四棱形疏被糙毛。花小，绿白色，由多数聚伞花序密集成头状；苞片干膜质，顶端刺状；两性花居中，不育花居两侧，不育花的花被片为钩状芒刺；雄蕊 5，与花被对生，退化雄蕊 5，顶端齿状或浅裂；子房 1 室，胚珠 1 枚。胞果。分布于云南、贵州、四川等省区。生于林缘或山坡草丛中，多为栽培。根能祛风湿，破血通经，利尿通淋。（图 11－15）

土牛膝*Achyranthes aspera* L. 为 1～2 年生草本。叶倒卵形或长椭圆形。退化雄蕊顶端呈截平或细圆齿状。分布于西南、华南等省。根入药称“土牛膝”，能清热解毒，利尿。

青葙*Celosia argentea* L. 一年生草本。全体无毛，叶互生，叶片椭圆状披针形，长

图 11－14 牛膝

1. 花枝 2. 根 3. 花及苞片 4. 去花被示雄蕊及雌蕊 5. 雌蕊

5～8cm。穗状花序圆柱状或塔状；苞片、小苞片及花被片均干膜质，淡红色。各地野生或栽培。种子入药为青葙子，能清肝，明目，降压，退翳。

同属鸡冠花*C. cristata* L. 与上种区别为穗状花序扁平肉质，鸡冠状。全国各地有栽培。花序能收涩止血，止痢。

9. 石竹科 Caryophyllaceae ⚥ $K_{4\sim5,(4\sim5)}C_{4\sim5}A_{8\sim10}\underline{G}_{(2\sim5:1:1\sim\infty)}$

草本，茎节常膨大。单叶对生，全缘，常于基部联合。花两性，辐射对称，多成聚伞花序；萼片4～5，分离或连合；花瓣4～5，分离，常具爪；雄蕊8～10；子房上位，2～5心皮组成1室，特立中央胎座，胚珠多数。蒴果齿裂或瓣裂，稀浆果。种子多数，具胚乳。染色体：X＝7～15、16、17。

本科约80属，2 000种，广布全球。我国有31属，372种，全国均产。药用21属，

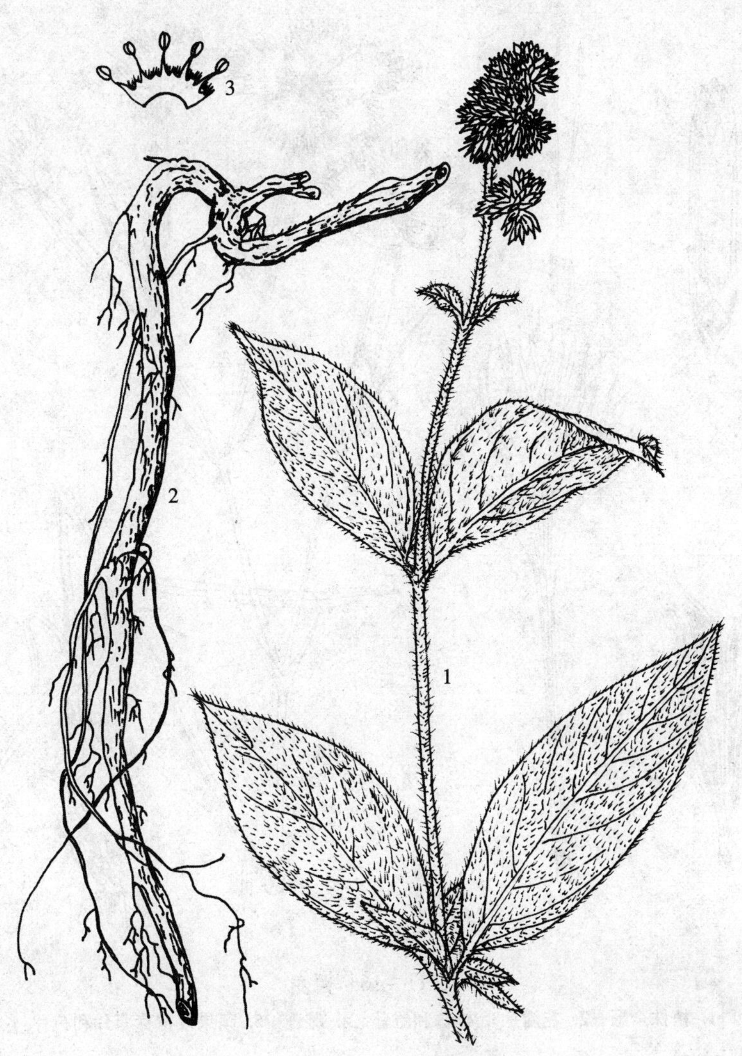

图 11－15　川牛膝

1. 花枝　2. 根　3. 雄蕊

106 种。

本科植物主要含①皂苷：如丝石竹皂苷元（gypsogenin）、肥皂草苷（saporubin）。②黄酮类：如木犀草素（luteolin）、牡荆素（vitexin）。③花色苷（anthocyanins）。

【药用植物】

瞿麦*Dianthus superbus* L. 多年生草本。茎丛生。叶对生，披针形。顶生聚伞花序；花萼下有宽卵形小苞片 4～6 个；萼筒先端 5 裂；花瓣 5，粉紫色，有长爪，顶端深裂成丝状；雄蕊 10，子房上位，1 室，花柱 2。蒴果长筒形，顶端齿裂。分布全国各地。生于山野、草丛或岩石缝中。全草能清热利尿，破血通经。（图 11－16）

同属石竹*D. chinensis* L. 与上种相似，但本种花瓣顶端为不整齐浅齿裂。广布全国各地。生于山地、田边或路旁，亦有栽培。全草亦作瞿麦药用。功效同瞿麦。

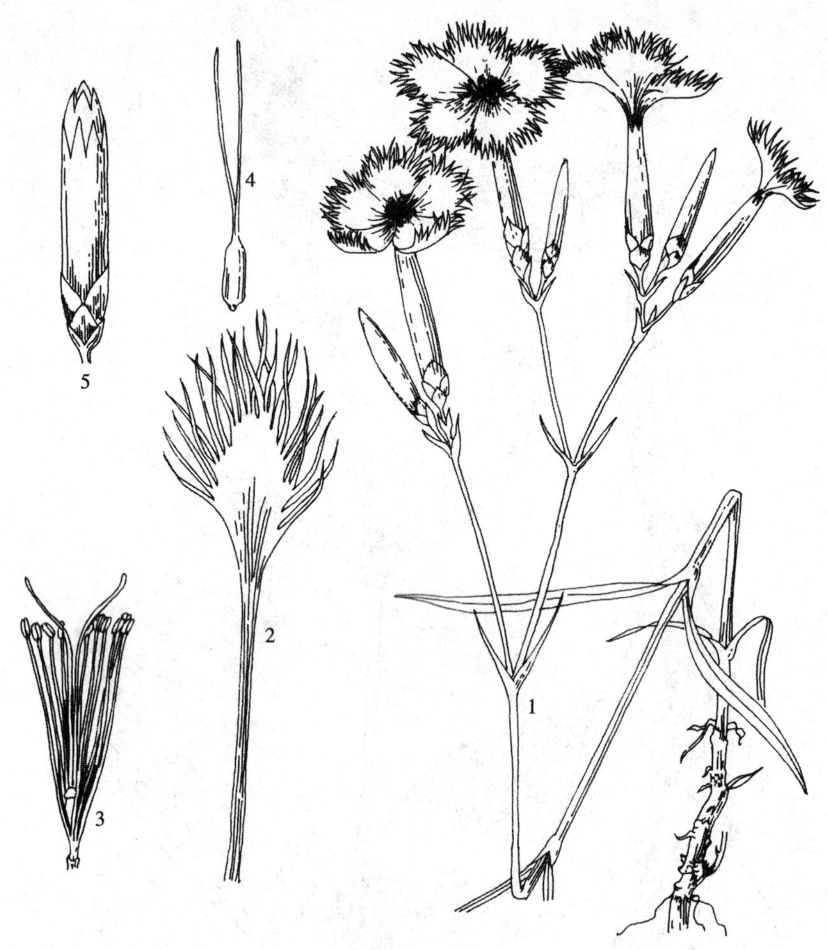

图 11-16 瞿麦

1. 植株全形 2. 花瓣 3. 雄蕊和雌蕊 4. 雌蕊 5. 蒴果及宿存萼片和苞片

孩儿参(太子参) *Pseudostellaria heterophylla*（Miq.）Pax ex Pax et Hoffm. 多年生草本。块根肉质，纺锤形。叶对生，下部叶匙形，顶端两对叶片较大，排成十字形。花二型：普通花 1~3 朵着生茎端总苞内，白色，萼片 5，雄蕊 10，花柱 3；闭锁花（闭花受精花）着生茎下部叶腋，花梗细，萼片 4，无花瓣。蒴果卵形，熟时下垂。分布于长江以北和华中地区。生于山坡阴湿地。根能益气健脾，生津润肺。(图 11-17)

本科药用植物还有：银柴胡 *Stellaria dichotoma* L. var. *lanceolata* Bge. 根能清虚热，除疳热。王不留行(麦蓝菜) Vaccaria segetalis（Neck.）Garcke 种子能活血通经，下乳消肿。

10. 睡莲科 Nymphaeaceae $⚥ * K_{3\sim\infty} C_{3\sim\infty} A_{\infty} \underline{G} \sim \overline{G}_{3\sim\infty,(3\sim\infty)}$

多年生水生草本。根状茎横走，粗大肥厚。叶基生，常盾状，近圆形，常飘浮水面。花单生，大而美丽，两性，辐射对称；萼片 3 至多数；花瓣 3 至多数；雄蕊多数；子房上位或下位；雌蕊由 3 至多数离生或合生心皮组成，胚珠多数。坚果埋于膨大的海绵质的花托内或为浆果状。染色体：X=8、10、12、14、17、29。

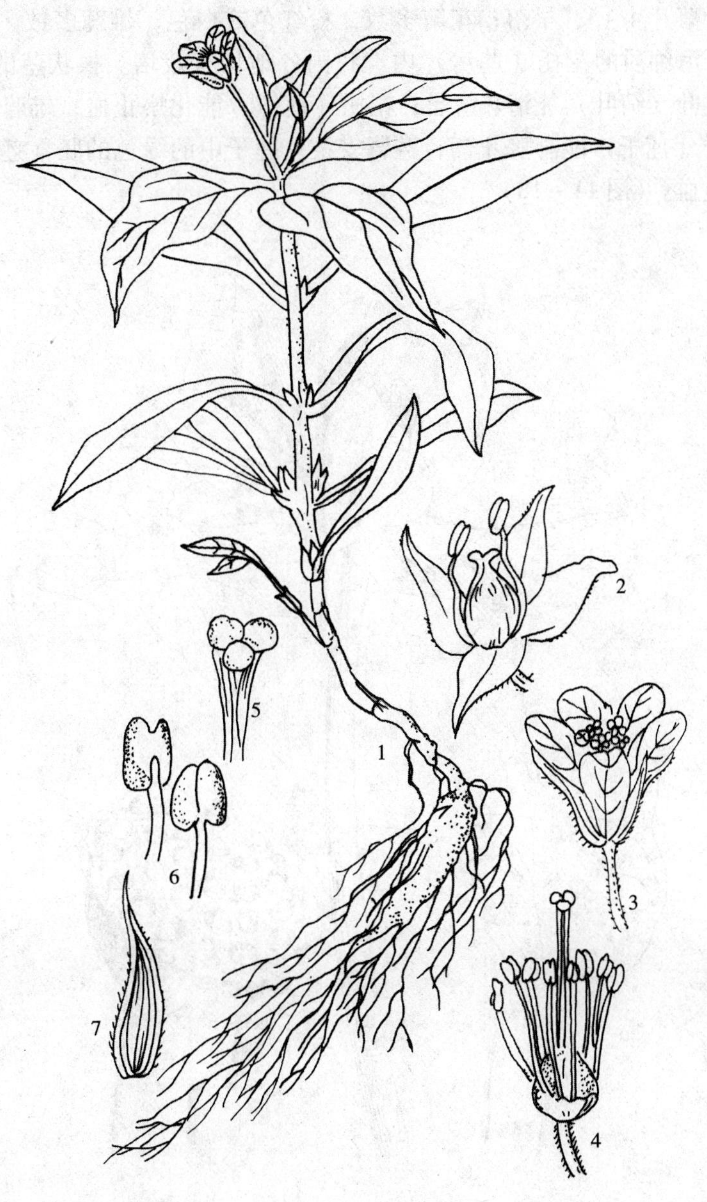

图 11－17　孩儿参

1. 植株全形　2. 茎下部的花　3. 茎顶的花　4. 萼片

5. 雄蕊和雌蕊　6. 花药　7. 柱头

本科 8 属，约 100 种，广布世界各地。我国有 5 属，13 种，药用 5 属，8 种，全国各地均有分布。

本科植物含①生物碱，如莲碱（roemerine）、莲心碱（liensinine）、荷叶碱（nuciferine）等；②黄酮类化合物，如金丝桃苷（hyperin）、芦丁（rutin）等。

【药用植物】

莲*Nelumbo nucifera* Gaetn. 多年生水生草本。根状茎（藕）肥大。叶片圆盾形，柄长。花单生，萼片4～5，早落；花瓣多数，粉红色或白色；雄蕊多数，离生。坚果椭圆形，嵌生于海绵质的花托（莲房）内。我国各地均有栽培。根状茎的节部（藕节）能消瘀止血；叶（荷叶）能清热解暑；花托（莲房）能化瘀止血；雄蕊（莲须）能固肾涩精；种子（莲子）能补脾止泻，益肾安神；莲子中的绿色的胚（莲子心）能清心安神，涩精止血。（图11－18）

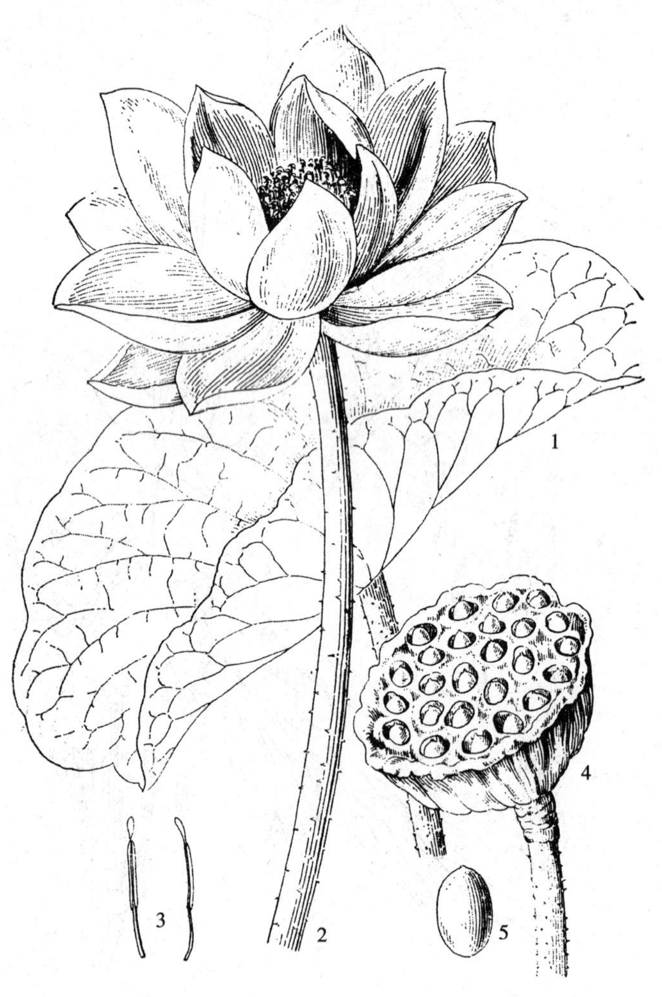

图11－18　莲

1. 叶　2. 花 3. 雄蕊 4. 花托　5. 果实

芡实（鸡头米） *Euryale ferox* Salisb. 水生草本。全株具刺，根状茎短。叶盾圆形或盾状心形，上面多皱折，脉上有刺。花萼宿存，外密生钩状刺；花瓣多数，紫红色；雄蕊多数；子房下位，8室。果实浆果状，海绵质，紫红色，形如鸡头，密被硬刺。种子球形，黑色。我国南北各地均有分布。种子（芡实）能益肾固精，补脾止泻。

11. 毛茛科 Ranunculaceae　　$⚥ * \uparrow K_{3\sim\infty} C_{3\sim(,0} A_{\infty} \underline{G}_{1\sim\infty:1\sim\infty}$

草本，稀木质藤本。单叶或复叶，叶互生或基生，少对生，叶片多缺刻或分裂，稀全缘，常无托叶。花多两性，辐射对称或两侧对称，花单生或排列成聚伞花序、总状花序或圆锥花序；重被或单被；萼片3至多数，有时花瓣状；花瓣3至多数或缺，雄蕊和心皮多数，离生，常螺旋状排列，稀定数，子房上位，1室，每心皮含1至多数胚珠。聚合蓇葖果或聚合瘦果，稀浆果。染色体：X=6~10、13。

本科约50属，2000种，广布世界各地，多见于北温带及寒温带。我国有41属，约740余种，全国各地均有分布，药用34属，420余种。

本科植物化学成分较复杂，主要含①生物碱：主要为异喹啉类生物碱，为本科的特征性成分之一，包括苄基异喹啉生物碱，主要存在于黄连属、唐松草属，如具抗菌作用的小檗碱（berberine）；双苄基异喹啉生物碱，主要存在于唐松草属，如具有抗癌作用的海兰地嗪（hernandezine）；二萜类生物碱，主要存在于乌头属、翠雀属，如毒性很强的乌头碱（aconitine）。②毛茛苷（ranunculine）：为毛茛科特征成分之一。普遍存在于银莲花属、毛茛属和铁线莲属；为一辛辣的油性物质，具引赤发泡和抗炎作用，酶解后可产生具显著抗菌活性的白头翁素（anemonin）。③强心苷：主要分布于侧金盏花属、铁筷子属，如福寿草毒苷（adonitoxin），对哺乳动物及脊椎动物有毒性。④三萜皂苷：主要分布于升麻属、类叶升麻属、黄三七属等，如升麻醇（cimigenol）。⑤黄酮及氰苷：主要存在于唐松草属。

部分属检索表

1. 叶互生或基生。
　2. 花辐射对称。
　　3. 果为瘦果，每心皮各有一胚珠。
　　4. 花序有由2枚对生或3枚以上轮生苞片形成的总苞；叶均基生。
　　　5. 花柱在果期不延长 ……………………………… 银莲花属 *Anemone*
　　　5. 花柱在果期强烈伸长成羽毛状 ……………………… 白头翁属 *Pulsatilla*
　　4. 花序无总苞；叶通常基生或茎生。
　　　　6. 花无花瓣 ……………………………………… 唐松草属 *Thalictrum*
　　　　6. 花有花瓣
　　　　　7. 花瓣无蜜槽 ………………………………… 侧金盏花属 *Adonis*
　　　　　7. 花瓣有蜜槽 ………………………………… 毛茛属 *Ranunculus*
　　3. 果为蓇葖果，每心皮各有2枚以上胚珠。
　　　　　8. 退化雄蕊存在。
　　　　　　9. 花多数组成总状或复总状花序；退化雄蕊位于雄蕊外侧；
　　　　　　无花瓣 ……………………………………… 升麻属 *Cimicifuga*
　　　　　　9. 花1朵或数朵组成单歧聚伞花序；退化雄蕊位于雄蕊内侧；花瓣存在，下部筒状，
　　　　　　有蜜腺，上部近二唇形 ………………………… 天葵属 *Semiaquilagia*
　　　　　8. 退化雄蕊不存在，花序无总苞。
　　　　　　　10. 心皮有细柄；花小，黄绿色或白色 ……………… 黄连属 *Coptis*
　　　　　　　10. 心皮无细柄；花大，黄色，近白色或淡紫色 ………… 金莲花属 *Trollius*
　2. 花两侧对称。
　　　　　　　11. 后面萼片船形或盔形，无距；花瓣有长爪，无退化雄蕊…… 乌头属 *Aconitum*
　　　　　　　11. 后面萼片平或船形，不呈盔状，有距；花瓣无爪，

花有 2 枚具爪的侧生雄蕊 ………………………………… 翠雀属 *Delphinium*

1. 叶对生，常为藤本；花辐射对称；聚合瘦果，宿存花柱羽毛状 ……………… 铁线莲属 *Clematis*

【主要属及药用植物】

乌头属*Aconitum*

直立或匍匐多年生草本。通常每株有一个母根和一个旁生的子根，稀数个子根，稀为一年生直根。叶多掌状分裂。总状花序；花大、两性，两侧对称，常呈蓝紫色或黄色；萼片 5，花瓣状，最上一片呈盔状或圆筒形，花瓣小，2～5 枚，特化为蜜腺叶；后面 2 枚包于兜状萼片中，有爪，其余 3 枚小或退化；雄蕊 3～5 枚或多数；心皮 3～5。聚合蓇葖果。

本属约 350 种，分布于北温带，我国有 165 种，常见于东北和西南。本属植物多含毒性生物碱。

乌头(川乌) *Aconitum carmichaeli* Debx. 多年生草本。母根圆锥形，常有数个肥大侧根（子根）。叶常 3 全裂，中央裂片菱状楔形，侧生裂片 2 深裂。总状花序被贴伏反曲的柔毛；萼片 5，蓝紫色，上萼片盔状；花瓣 2，有长爪；雄蕊多数；心皮 3～5。聚合蓇葖果长圆形。分布于长江中、下游各省。生于山地草坡、灌丛中。四川、陕西、湖南、湖北等地有栽培。主含乌头碱。栽培品的主根称川乌，能祛风除湿，温经止痛，有大毒，一般炮制后用。子根称“附子”能回阳救逆，温中散寒，止痛。(图 11－19)

黄花乌头(关白附) *A. coreanum* (Levl.) Raipaics 多年生草本。块根倒卵球形，叶掌状 3 全裂，小裂片线形或线状披针形。顶生总状花序短；萼片淡黄色，被短卷毛，上萼片船状盔形，侧萼片斜宽倒卵形，下萼片斜椭圆状卵形；雄蕊多数；心皮 3。蓇葖果。分布于东北及河北北部。块根称关白附，能祛寒湿，止痛。

同属北乌头*A. kusnezoffii* Reichb. 亦作乌头入药，主要区别是总状花序光滑无毛，分布于东北、华北。块根作草乌入药，叶能清热，解毒，止痛。短柄乌头*A. brachypodium* Diels 分布于四川、云南。块根称“雪上一支蒿”，有大毒。能祛风止痛。

黄连属*Coptis*

多年生草本。根状茎黄色，生多数须根。叶全部基生，有长柄，叶片 3 裂或 5 裂。聚伞花序；花小，白色；萼片 5，花瓣状，雄蕊多数，花药宽卵圆形，黄色；心皮 5～15，基部有柄。蓇葖果。

黄连(味连) *Coptis chinensis* Franch. 多年生草本。根状茎黄色，分枝成簇。叶基生，叶片 3 全裂。中央裂片具细柄，卵状菱形，羽状深裂，侧裂片不等 2 裂。聚伞花序，小花黄绿色；萼片 5，狭卵形；花瓣条状披针形，中央有蜜腺；雄蕊多数；心皮 8～12，有柄。聚合蓇葖果。分布于西南、华南、华中地区，主产于四川、湖北、湖南、陕西南部等地。生于海拔 1000～2000m 间山地林下阴湿处，多为栽培。主含小檗碱 5.20～7.69%。根状茎入药，能清热燥湿，泻火解毒。

同属植物还有三角叶黄连(雅连) *C. deltoidea* C. Y. Cheng et Hsiao 与前种相似，但本种的根状茎不分枝或少分枝。叶的一回裂片的深裂片彼此邻接。特产于四川峨眉、洪雅一带。云南黄连(云连) *C. teeta* Wall. 根状茎分枝少而细。叶的羽状深裂片彼此疏离。花瓣匙形，先端钝圆。分布于云南西北部，西藏东南部。以上三种均为药典收载正品黄

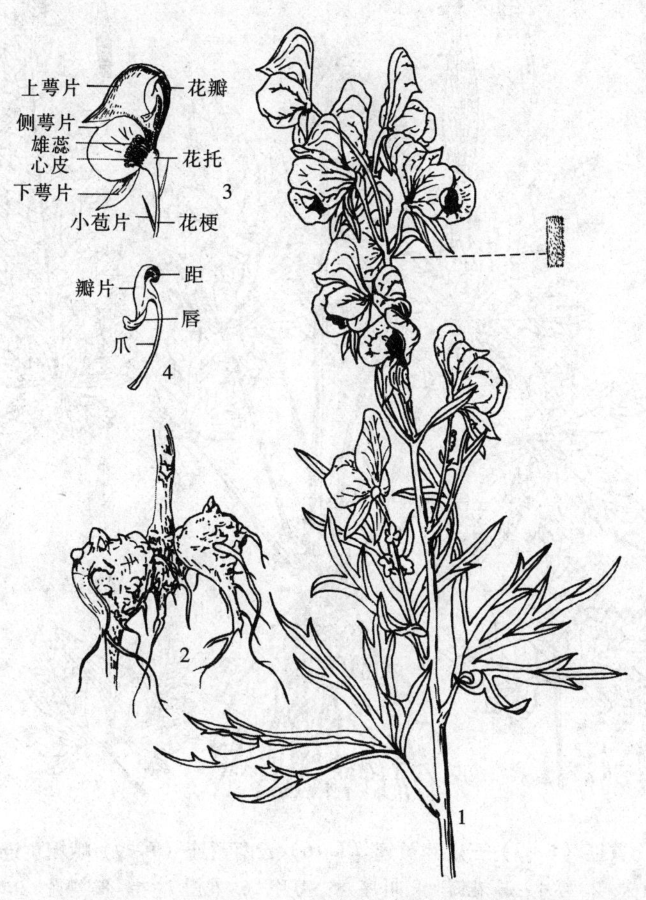

图 11－19　乌头

1. 花枝　2. 子根　3. 花的纵切面　4. 花瓣

连的原植物。（图 11－20）

铁线莲属*Clematis*

木质藤本。羽状复叶对生。无托叶。花序顶生或腋生，花单被，萼片 4～5，镊合状排列，常白色，花瓣缺，雄蕊和雌蕊多数。瘦果具宿存的羽毛状花柱。

威灵仙*Clematis chinensis* Osbeck 木质藤本。叶对生，羽状复叶，小叶 5 片，狭卵形。圆锥花序；花萼片 4，白色，矩圆形，外面边缘密生短柔毛；无花瓣；雄蕊及心皮均多数，子房及花柱上密生白毛。瘦果扁平，花柱宿存，延长成白色羽毛状。分布于我国南北各地。生于山谷、山坡林缘及灌丛中。主含三萜皂苷。根及根状茎入药，能祛风活络，活血止痛。（图 11－21）

同属尚有多种植物作威灵仙入药，如：东北铁线莲*C. mandshurica* Rupr. 藤本，一

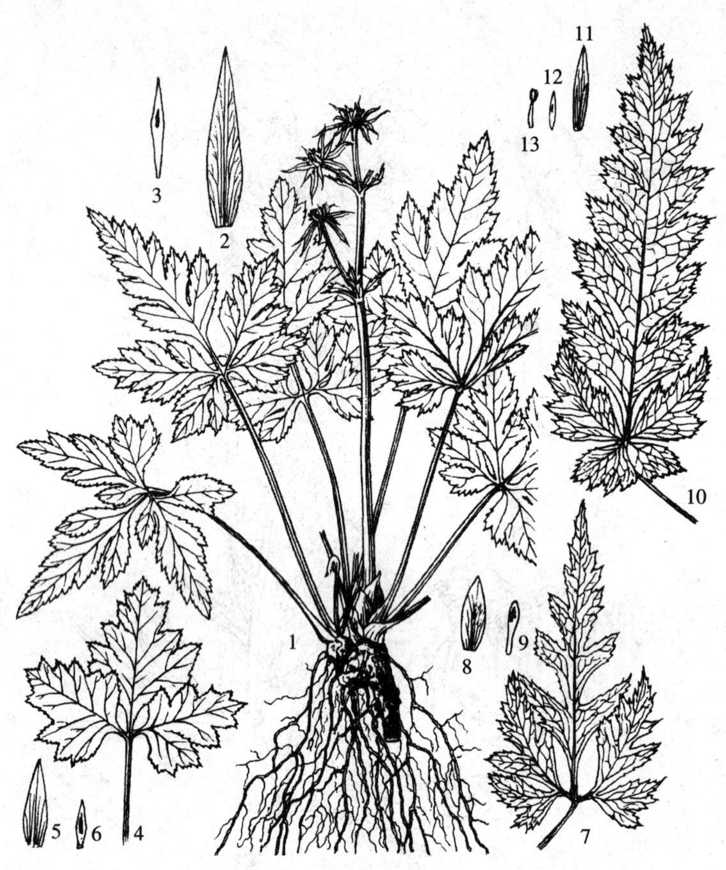

图 11-20 黄连（1~3）三角叶黄连（1~6）云南黄连（7~9）峨嵋黄连（10~13）
1. 植株 2. 萼片 3. 花瓣 4. 叶序 5. 萼片 6. 花瓣 7. 叶 8. 萼片 9. 花瓣
10. 叶 11. 萼片 12. 花瓣 13. 雄蕊

回羽状复叶，小叶卵状披针形。分布于东北。**棉团铁线莲** *C. hexapetala* Pall. 茎直立，叶对生，羽状复叶，小叶条状披针形。分布于东北、华北。**铁皮威灵仙** *C. finetiana* Levl. et Vant. 藤本。小叶3片；聚伞花序通常只有1~3花，宿存花柱有黄褐色羽状柔毛。分布于长江中下游及以南地区。此外，该属多种植物的藤茎又常作“川木通”入药，如：**小木通** *C. armandii* Franch. 分布于华中、华南、西南等地区。**绣球藤** *C. Montana* Buch. Ham. 分布于华东、西南和河南、陕西、甘肃等地。**钝齿铁线莲** *C. obtusidentata* (Rehd. et Wils.) Hj. Erichler 分布于湖北、河南、江西和西南地区。能清热利尿，通经下乳。

白头翁 *Pulsatilla chinensis* (Bge.) Regel 多年生草本。全体密生白色长柔毛。叶基生，三出复叶，小叶2~3裂。花单一，总苞片3；萼片6，紫色；无花瓣，雄蕊和心皮多数，离生。瘦果多数聚合成头状，宿存花柱羽毛状，下垂如白发。分布于东北、华北、华东和河南、陕西、四川等地。生于山野、山坡及田野间。主含白头翁素。根入药，能清热解毒，凉血止痢。（图 11-22）

升麻 *Cimicifuga foetida* L. 多年生草本。根状茎粗壮，黑色，具多数内陷的圆洞状老

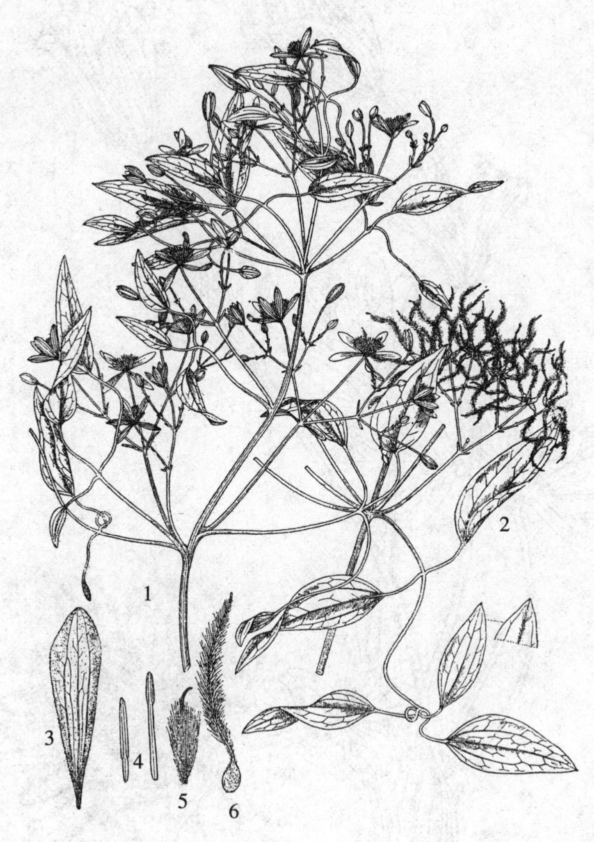

图 11－21 威灵仙

1. 花枝 2. 果枝 3. 花被 4. 雄蕊 5. 雌蕊 6. 瘦果

茎残迹。基生叶和下部茎生叶为 2～3 回羽状复叶；小叶菱形或卵形。圆锥花序顶生，密被腺毛和柔毛；萼片白色；无花瓣；雄蕊多数，另有退化雄蕊宽椭圆形，先端二浅裂，基部具蜜腺；心皮 2～5。蓇葖果长圆形，有柔毛。分布于云南、四川、青海、甘肃、陕西、河南等省。含有三萜类化合物、香豆素及酚酸类化合物。根状茎入药，能升阳透疹，清热解毒。

金莲花*Trollius chinensis* Bge. 多年生草本。无毛，不分枝。基生叶有长柄，叶片五角形，三裂，中央裂片菱形，侧裂片斜扇形；茎生叶上部较小，具短柄或无柄。花单生或成稀疏的聚伞花序；花大，萼片金黄色，椭圆状卵形，花瓣狭线形；雄蕊多数；心皮 20～30。蓇葖果具明显的脉网。含黄酮类化合物。花入药，能清热解毒。

本科药用植物还有侧金盏花（福寿草、冰凉花）*Adonis amurensis* Regel *et* Radde 全草含强心苷，能强心利尿。多被银莲花（两头尖、竹节香附）*Anemone raddeana* Regel 根状茎能祛风湿，消痛肿。高原唐松草（马尾莲）*Thalictrum cultratum* Wall. 根和根状茎能清

图 11－22 白头翁

1. 植株 2. 聚合瘦果

热燥湿，解毒。天葵(紫背天葵) *Semiaquilegia adoxoides* (DC.) Makino 块根称天葵子，能清热解毒，消肿散结。毛茛 *Ranunculus japonicus* Thunb. 全草外用治跌打损伤，又作发泡药。

12. 芍药科 Paeoniaceae $⚥ * K_5 C_{5\sim10} A_\infty \underline{G}_{2\sim5:2\sim5}$

多年生草本或灌木，根肥大。叶互生，常为二回羽状复叶。花大型，单生枝顶或数朵顶生或腋生；萼片通常 5 片，宿存；花瓣 5～10（栽培者多为重瓣），呈红、黄、白、紫各色；雄蕊多数，离心发育；花盘杯状或盘状，包裹心皮；心皮 2～5，离生。蓇葖果。染色体 X＝5。

本科 1 属，约 35 种，分布于欧亚大陆、北美西部温带地区。我国有 20 种，几乎全部药用，主要分布于西南、西北地区。

本科在外部形态和内部构造特征上均和毛茛科有显著区别，如：花大；雄蕊离心发育，花粉粒大，外壁具网状纹饰而无小刺状或颗粒状雕纹；有花盘；胚在发育早期像裸子植物的银杏，有1个游离核阶段；染色体基数：X=5；维管束周韧型等特征。芍药属不含毛茛科特有的毛茛苷和木兰花碱，而含有本科特有的芍药苷（paeoniflorin）和牡丹酚苷（paeonoside）和没食子鞣质。根据上述区别，多数学者把芍药属升为芍药科。

【药用植物】

芍药*Paeonia lactiflora* Pall. 多年生草本。根粗壮。下部叶多二回三出复叶，小叶窄卵形或窄椭圆形。花大，白色、粉红色或红色，顶生和腋生；萼片4~5；花瓣5~10；雄蕊多数，花盘肉质，仅包裹心皮基部。蓇葖果卵形。分布于我国北方。生于山坡草丛。各地有栽培。栽培品多为重瓣，根供药用。栽培品刮去栓皮并经水煮干燥后称白

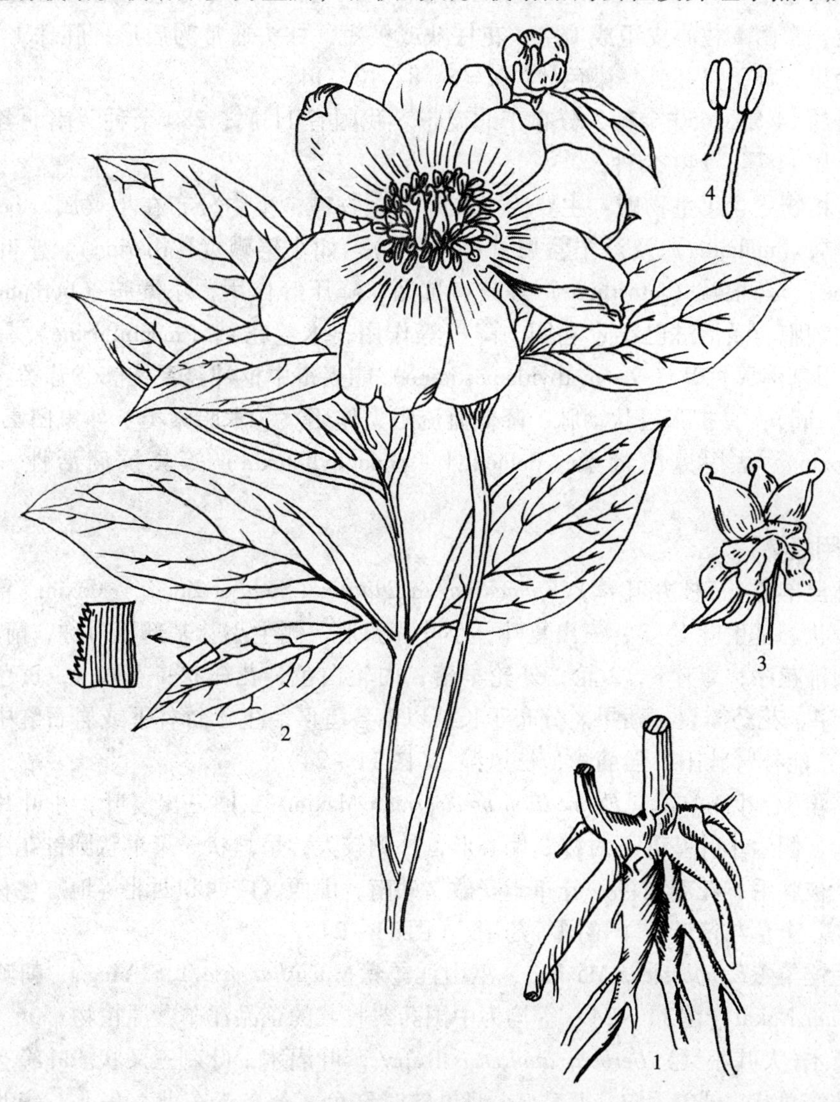

图11-23　芍药

1. 根　2. 花枝　3. 雄蕊　4. 蓇葖果

芍，能柔肝止痛，养血调经，敛阴止汗。野生品不去外皮的根称赤芍，能散瘀、活血、止痛、泻肝火。(图 11－23)

川赤芍*Paeonia veitchii* Lynch.，草赤芍*P. obovata* Maxim. 的根亦做赤芍入药。

牡丹*Paeonia suffruticosa* Andr. 落叶灌木。根皮厚，常二回三出复叶，顶生小叶 3 裂，侧生小叶不等 2 浅裂。花单生枝顶，白色、红紫色或黄色；萼片 5，宿存；花瓣 5 或为重瓣；花盘杯状，包住心皮。蓇葖果，密生褐黄色毛。原产我国，各地栽培。根皮（牡丹皮）能清热凉血，散瘀通经。

13. 小檗科 Berberidaceae

$⚥ * \uparrow K_{3+3,\infty} C_{3+3,\infty} A_{3\sim9} \underline{G}_{1:1:1\sim\infty}$

草本或小灌木，草本植物常具根状茎或块茎。单叶或复叶，互生，常无托叶。花两性，辐射对称，单生、簇生或排成总状花序，穗状或圆锥花序；萼片与花瓣相似，各二至多轮，每轮常 3 片，花瓣常具蜜腺；雄蕊 3～9，常与花瓣对生，花药瓣裂或纵裂；子房上位，常由 1 枚心皮组成 1 室；花柱缺或极短，柱头通常为盾形；胚珠 1 至多数。浆果或蒴果，种子具胚乳。染色体：X＝6～8、10、14。

本科约 14 属，650 余种，分布于北温带。我国有 11 属，280 余种，南北各地均有分布。药用 11 属，140 余种。

本科植物主含①生物碱：主要为异喹啉类生物碱，集中分布在小檗属（berberis）、十大功劳属（mahonia）及淫羊藿属（epimedia），如小檗碱（berberine）、掌叶防己碱（palmatine）、药根碱（jatorrhine）等具有抗菌、降压等作用；小檗胺（berbamine）具有升高白细胞、激活淋巴结、利胆、降压等作用；木兰花碱（magniflorine）具降压作用；*O*－甲基南天竹碱（*O*－methyldomesticine）能兴奋中枢神经系统。②苷类：如淫羊藿苷（icariin）：具扩张冠状动脉、降低血流阻力作用。③木脂素类：如鬼臼毒素（podophyllotoxin）、去甲鬼臼毒素（demethyl－podophyllotoxin）等具抗癌活性，但毒性较大。

【药用植物】

箭叶淫羊藿（三枝九叶草）*Epimedium sagittatum*（Sieb. et Zucc.）Maxim. 草本。根状茎结节状。基生叶 1～3，三出复叶；小叶片卵形，侧生小叶基部不对称，箭状心形。总状或圆锥花序；萼片 8，2 轮，外轮早落，内轮白色，花瓣状；花瓣 4，黄色，有短距；雄蕊 4，花药瓣裂。蒴果。分布于长江以南各省区。生于竹林下或岩石缝中。全草（淫羊藿）能补肾壮阳，强筋骨，祛风湿。(图 11－24)

淫羊藿（心叶淫羊藿）*Epimedium brevicornum* Maxim. 二回三出复叶，小叶片宽卵形或近圆形，侧生小叶基部不对称，偏心形，外侧较大，呈耳状。聚伞状圆锥花序，花序轴及花梗被腺毛；花瓣白色。分布于安徽、湖南、山西、广西和西北等地。生林下、灌丛阴湿地。全草与箭叶淫羊藿同等药用。(图 11－24)

柔毛淫羊藿*E. pubescens* Maxim.、巫山淫羊藿*E. wushanense* T. S. Ying.、朝鲜淫羊藿*E. koreanum* Nakai（图 11－24）等均为中国药典收载的正品淫羊藿原植物。

黄芦木（大叶小檗）*Berberis amurensis* Rupr. 落叶灌木，叶刺三叉状。叶缘有刺状细锯齿。花序总状；小苞片 2；胚珠 2。浆果熟时红色，分布于东北、华北、华北、陕西等地。根和茎能清热燥湿，泻火解毒，止痢，并可提取小檗碱。(图 11－25)

图 11－24　淫羊藿（1）箭叶淫羊藿（2～4）朝鲜淫羊藿（5～8）

1. 植株　2. 具花植株　3. 花　4. 果实　5. 根茎及根　6. 花枝　7. 叶　8. 果实

阔叶十大功劳*Mahonia bealei*（Fort.）Carr. 常绿灌木。单数羽状复叶，互生，小叶卵形，边缘有刺状锯齿。总状花序丛生茎顶；花黄褐色，萼片 9，3 轮，花瓣状；花瓣 6；雄蕊 6，花药瓣裂。浆果，暗蓝色，有白粉。分布于长江流域及陕西、河南、四川、福建、湖南、湖北、甘肃等地区。生于山坡灌丛，有栽培。根、茎（功劳木）和叶能清热解毒。亦可作提取小檗碱的原料。（图 11－26）

同属细叶十大功劳*M. fortunei*（Lindl.）Fedde、华南十大功劳*M. japonica*（Thunb.）DC.，亦药用，功效与阔叶十大功劳相同。

本科药用植物还有豪猪刺（三棵针）*Berberis julianae* Schneid. 根、茎能清热燥湿，泻火解毒。亦可作提取小檗碱的原料。六角莲*Dysosma pleiantha*（Hance）Woodson 根状茎含鬼臼毒素，能清热解毒，祛瘀消肿。鲜黄连*Jeffersonia dubia*（Maxim.）Benth. et Hook. f. 根状茎和根能清热燥湿，凉血止血。南天竹*Nandina domestica* Thunb. 根状茎、叶能清热解毒，祛风止痛；果（天竹子）能止咳平喘。

14. 防己科 Menispermaceae　$♂ * K_{3+3}C_{3+3}A_{3\sim6,\infty}$ $♀ K_{3+3}C_{3+3}\underline{G}_{3\sim6:1:1}$

多年生草质或木质藤本。单叶互生，有时盾状。花小，单性异株，聚伞花序或圆锥花序；萼片、花瓣各 6 枚，2 轮，每轮 3 片；花瓣常小于萼片；雄蕊通常 6 枚，稀 3 或

图 11－25　黄芦木

1. 果枝　2. 外轮萼片　3. 内轮萼片　4. 花瓣与蜜腺　5～6. 雄蕊　7. 花柱

多数；子房上位，心皮 3～6，离生，1 室，胚珠仅 1 枚发育。核果，核多呈马蹄形或肾形。染色体：X＝11～13、19、25。

本科约 70 属，400 种，分布于热带和亚热带。我国有 20 属，近 70 种，南北均有分布。药用 15 属，近 70 种。

本科植物主含①生物碱，如双苄基异喹啉型中的粉防己碱（tetrandrine）、防己诺林碱（fangchinoline）、轮环藤宁碱（cycleanine）、小檗胺（berbamine）、头花千金藤碱（cepharanthine），小檗胺和头花千金藤碱具有升高白细胞作用；原小檗碱型中的 1－四氢掌叶防己碱（1－tetrahydropalmaline）具有镇痛、解痉和扩张冠状血管作用，它和轮环藤酚碱（cyclenoline）等的碘甲烷衍生物具有肌肉松弛作用；阿朴啡型中的千金藤碱

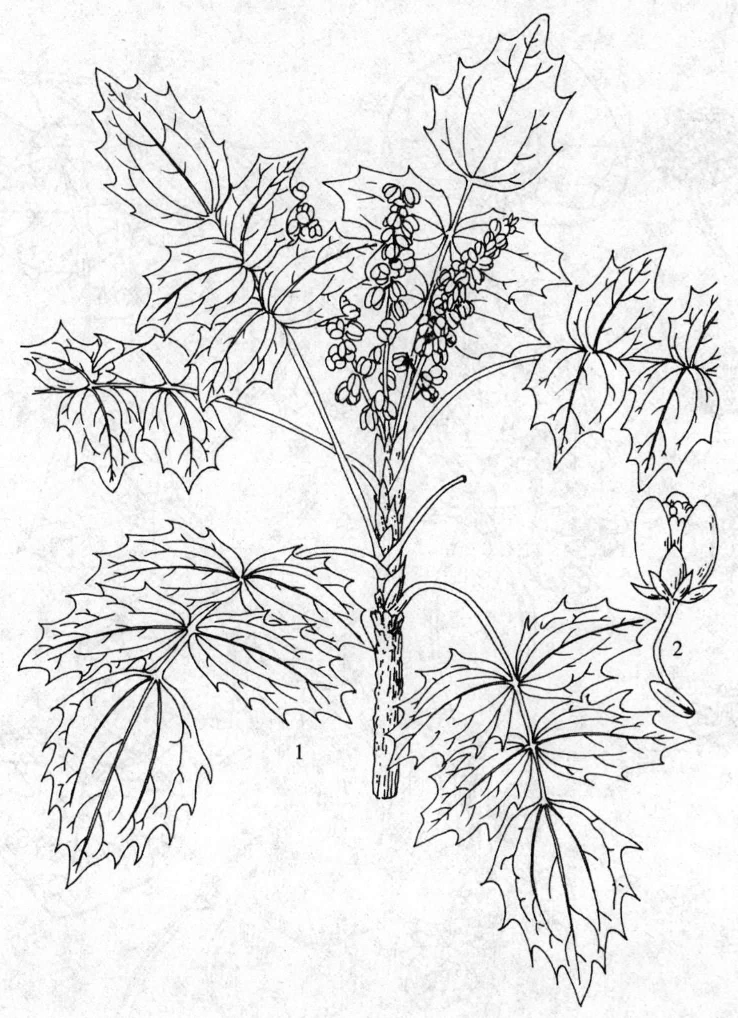

图 11－26　阔叶十大功劳

1. 花枝　2. 花

(stephanine) 具有降压和抑制肿瘤细胞生长的作用。②其他：某些植物中尚含有皂苷、苦味素等。

【药用植物】

粉防己(石蟾蜍、汉防己) *Stephania tetrandra* S. Moore 多年生缠绕性藤本。块根圆柱形。叶三角状阔卵形，全缘，掌状脉 5 条，两面均被短柔毛；叶柄盾状着生。花单性异株；聚伞花序集成头状；雄花萼片常 4 枚，花瓣 4，淡绿色；雄蕊 4 枚，花丝愈合成柱状；雌花的萼片和花瓣与雄花同数；1 心皮，花柱 3。核果球形，核呈马蹄形，有小瘤状突起及横槽纹。分布于我国华东及华南地区。生于山坡、丘陵地带的草丛及灌木林缘。根（防己、粉防己）能利水消肿，行气止痛。(图 11－27)

蝙蝠葛(北豆根) *Menispermum dauricum* DC. 多年生缠绕藤本。根状茎细长。叶圆肾形或卵圆形，全缘或 5 ~7 浅裂；掌状脉 5 ~7 条；叶柄盾状着生。花单性异株，圆锥

图 11－27 粉防己

1. 根 2. 雄花枝 3. 果枝 4. 雄花序 5. 雄花 6. 果核

花序；雄花雄蕊 10～20；雌花具 3 心皮，分离。核果黑紫色。分布于东北、华北和华东地区。生于沟谷、灌丛中。根茎（北豆根）能清热解毒，祛风止痛，利水消肿。（图 11－28）

金果榄*Tinospera capilipes* Gagnep. 多年生缠绕藤本。块根球形，常数个相连成串。叶卵状箭形，叶基耳状。花单性异株，圆锥花序；雄花有雄蕊 6 枚；雌花有 3 离生心皮。核果红色。分布于华中、华南、西南等地区。生于山谷溪边，林下。根能清热解毒，利咽，止痛。

本科还有青藤*Sinomenium acutum*（Thunb.）Rehd. et Wils. 茎藤（青风藤）能祛风湿，通经络，利小便。木防己*Cocculus trilobus*（Thunb.）DC. 根能祛风止痛，利尿消肿，清热解毒。

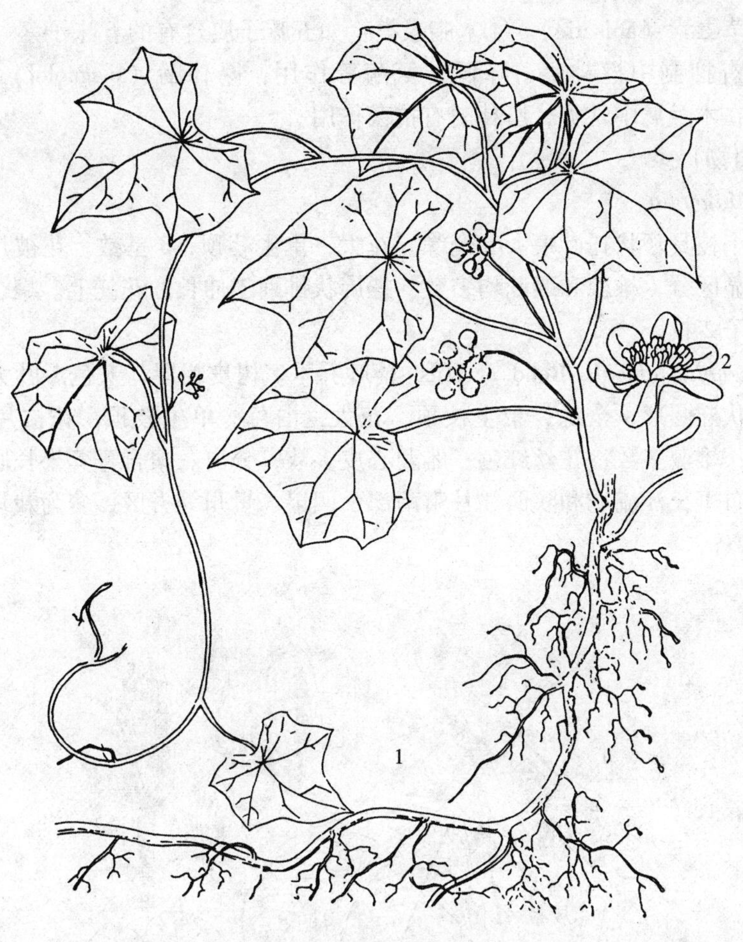

图 11－28　蝙蝠葛

1. 植株　2. 雄花

15. 木兰科 Magnoliaceae $☿ P_{6\sim12} A_{\infty} \underline{G}_{\infty:1:1\sim2}$

木本，稀藤本。体内常具油细胞。单叶互生，常全缘，多具托叶，稀无，托叶大，包被幼芽，早落，具明显环状托叶痕。花单生，两性，稀单性，辐射对称；花被片常多数，有时分化为萼片和花瓣，每轮 3 片；雄蕊多数，分离，螺旋状排列在伸长花托的下半部；雌蕊多数，分离，螺旋状排列在伸长花托的上半部，稀轮列，每心皮含胚珠 1 ~ 2。聚合蓇葖果或聚合浆果。种子具胚乳。染色体 X = 19。

本科 20 属，300 余种，分布于亚洲和美洲的热带和亚热带地区。我国约 14 属，160 余种，药用 8 属，约 90 种。

本科植物主含①挥发油：如大茴香脑（anethol）、大茴香醛（anisaldehyde）、木兰酚（magnolol）等，是区别于毛茛科的化学特征之一。②生物碱：多为异喹啉类生物碱，是木兰科的又一化学特征。如木兰箭毒碱（magnocurarine）、木兰花碱（magnoflorine）等。多具抗菌消炎、利尿降压、松弛肌肉以及阻断中枢神经节的作用。③倍半萜内酯：从含笑属分离出多种倍半萜内酯，有的具抗癌活性；八角属中的倍半萜内酯常有毒性，如莽草毒素（anisatin）。④木脂素类：如五味子属含有的五味子素（schizandrin）及其类似物有抑制中枢神经、降低转氨酶等作用；厚朴酚（magnolol）及和厚朴酚（honokiol）在木兰属中常见，厚朴酚有抗菌作用。

【药用植物】

木兰属*Magnolia*

木本。小枝具环状托叶痕。叶全缘。花大，单生茎顶，3 基数，花被片多轮，萼片与花瓣无明显区分，雄蕊和雌蕊均多数，螺旋状排列于伸长的花托上。聚合蓇葖果，每蓇葖果有种子 2 枚。

厚朴*Magnolia officialis* Rehd. et Wils. 落叶乔木。树皮粗厚，灰色。叶大，革质，倒卵形或倒卵状椭圆形，全缘，集生枝顶。花大，白色，单生枝顶，花被片 9 ~ 12 或更多，厚肉质；雄蕊多数，花丝红色；雌蕊心皮多数，分离。聚合蓇葖果长圆状卵形，果皮木质。分布于长江流域和陕西、甘肃南部、四川、贵州等省区，多为栽培。含挥发油

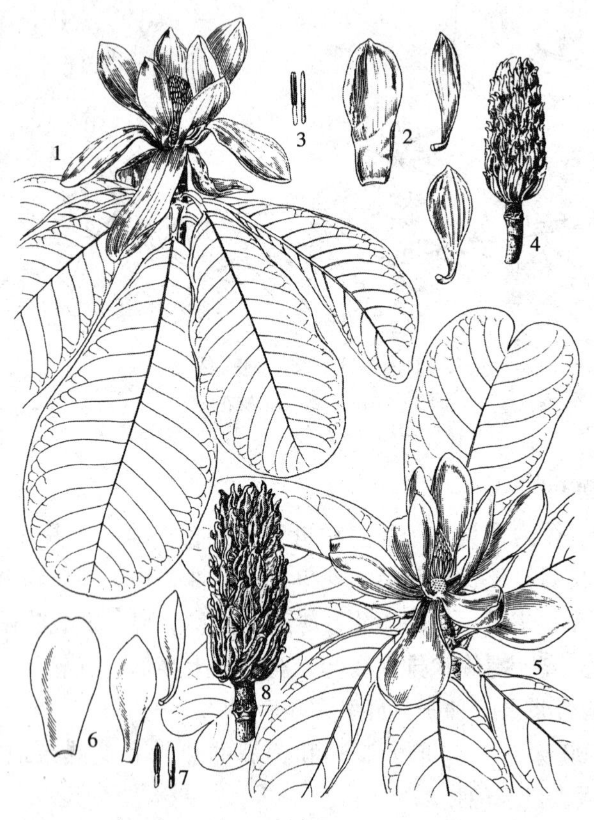

图 11 – 29　厚朴（1 ~ 4）凹叶厚朴（5 ~ 8）

1. 花枝　2. 外、中、内轮花被　3. 雄蕊　4. 聚合果　5. 花枝
6. 外、中、内轮花被　7. 雄蕊　8. 聚合果

和酚性成分。枝皮和根皮入药，能温中燥湿、下气散结，化食消积。(图 11－29)

凹叶厚朴(庐山厚朴) *M. biloba* (Rehd. et Wils.) Cheng. 与厚朴的区别在于叶先端凹缺，成 2 钝圆的浅裂片。聚合果基部较窄。分布于湖南、湖北、广西、福建、浙江、江苏、安徽、江西等省，有栽培。功效同厚朴。(图 11－29)

望春玉兰(辛夷) *M. biondii* Pamp. 落叶乔木。树皮淡灰色，光滑。小枝无毛或近梢处有毛。叶长圆状披针形，先端急尖，基部楔形。花先叶开放，芳香；花被 9 片，白色，外面基部带紫色，排成 3 轮；雄蕊及心皮均多数，花丝肥厚；花柱顶端弯曲。聚合果圆柱形，稍扭曲，种子深红色。分布于陕西、甘肃、河南、湖北、四川等省。常生于山坡路旁。花蕾（辛夷）能散风寒，通鼻窍。

五味子属*Schisandra*

木质藤本。叶缘常具锯齿，无托叶。花单性，同株或异株；花被片 5～20，花瓣状；雄蕊 4～60，雌蕊心皮 12～120。结果时花托延长，浆果排成长穗状。

北五味子*Schisandra chinensis* (Turcz.) Baill. 落叶木质藤本。叶阔椭圆形或倒卵形，边缘具腺状锯齿。花单性异株；花被片乳白色至粉红色，6～9 片；雄蕊 5；雌蕊心皮 17～40。聚合浆果排成穗状，熟时红色。分布于东北、华北等地。生于山坡、沟谷、溪旁。果实（五味子）为著名中药，含有五味子素（schisandrin）及维生素 C、树脂、鞣质及少量糖类。能收敛固涩，益气生津，补肾宁心；并用于降低谷丙转氨酶。其叶、果实可提取芳香油；种仁榨油可作工业原料、润滑油。(图 11－30)

华中五味子*S. sphenanthera* Rehd. et Wils. 与前种相似，本种的花被片 5～9，橙黄色；雄蕊 10～15；雌蕊心皮 35～50。果肉薄。分布于山西、陕西、甘肃、华中和西南。果实功效同北五味子。

南五味子属*Kadsura*

特征似五味子属，本属在结果时花托不延长，聚合浆果集成球形。

南五味子*Kadsura longipedunculata* Finet et Gagnep. 木质藤本。老枝灰褐色，皮孔明显。叶近革质，椭圆形，叶缘具疏锯齿。花单性异株，单生，橙黄色；花被片 5～8，排成 2～3 轮；雄蕊、雌蕊多数，果期花托不伸长。聚合浆果熟时深红色。分布于华中、华南和西南。果实入药，含挥发油、木脂素等成分，功能同北五味子。根茎亦入药，能祛风活血，理气止痛。叶能消肿镇痛，去腐生新。(图 11－31)

八角茴香*Illicium verum* Hook. f. 常绿乔木，树皮灰绿色，有不规则裂纹。叶互生，厚革质，宽倒披针形或倒披针椭圆形。花单生叶腋；花被片 7～12；雄蕊 10～12 枚，排成 1～2 轮；心皮 8～9，轮状排列。聚合蓇葖果扁平。分布于华南、西南、福建等地。果实入药，含挥发油 5%。能温阳散寒，理气止痛，其挥发油为芳香调味药及健胃药。油中茴香醚为制造食品香料和化妆品原料。(图 11－32)

16. 樟科 Lauraceae ⚥ $P_{(6 \sim 9)} A_{3 \sim 12} \underline{G}_{(3:1:1)}$

木本，仅无根藤属（*Cassytha*）为无叶寄生藤本，多具油细胞，有香气。单叶，多互生，多革质全缘，无托叶。花常两性，少单性，辐射对称，圆锥花序或总状花序；花 3 基数，单被，2 轮排列，基部合生；雄蕊 3～12，通常 9，排成 3～4 轮，外面两轮内向，第三轮外向，花丝基部常具腺体，第四轮雄蕊常退化，花药 2～4 室，瓣裂；子房

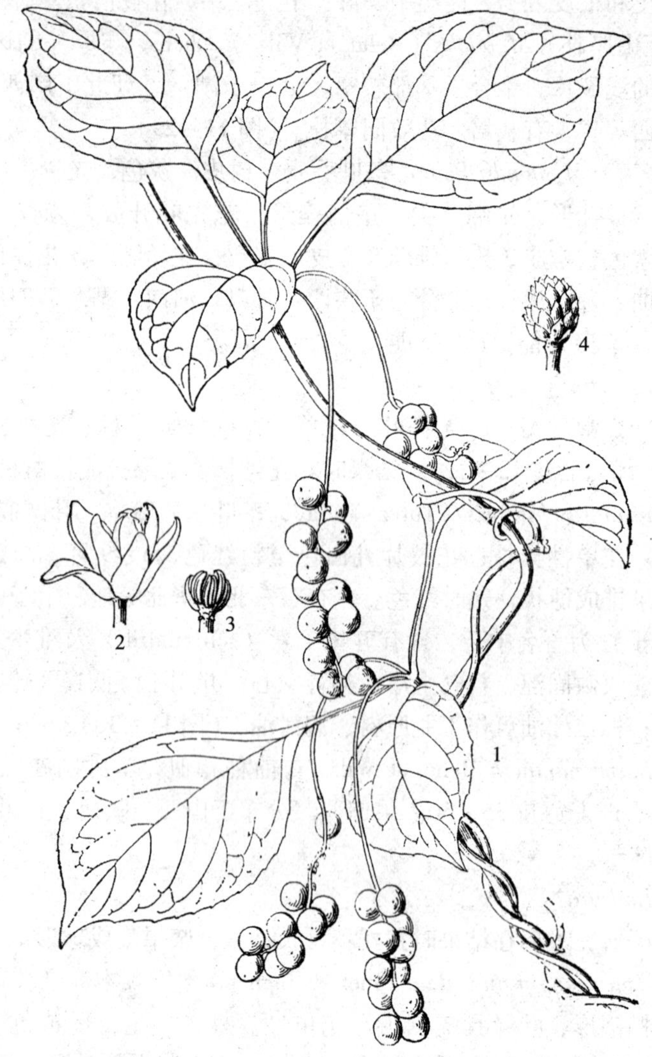

图 11－30 北五味子

1. 果枝 2. 花 3. 雄花 4. 雌花示心皮多数

上位，3 心皮合生，1 室，具一顶生胚珠。核果或呈浆果状，有时具宿存花被形成的果托包围果实基部。种子 1 粒，无胚乳。染色体：X＝7、12。

本科 45 属，2000 多种，分布于热带及亚热带地区。我国有 20 属，1400 多种，主要分布于长江以南各省区。药用 13 属，113 种。

本科植物主含①挥发油：集中于樟属（*Cinnamomum*）、山胡椒属（*Lindera*）和木姜子属（*Litsea*），如桂皮醛（cinnamyl aldehyde）、樟脑（camphor）、桉叶素（cineole）都有重要药用价值。②生物碱：主要为异喹啉类生物碱，如无根藤碱（cassyfiline）有利尿作用。

【药用植物】

肉桂*Cinnamomum cassia* Presl 常绿乔木。具香气。树皮厚，灰褐色，内皮红棕色，

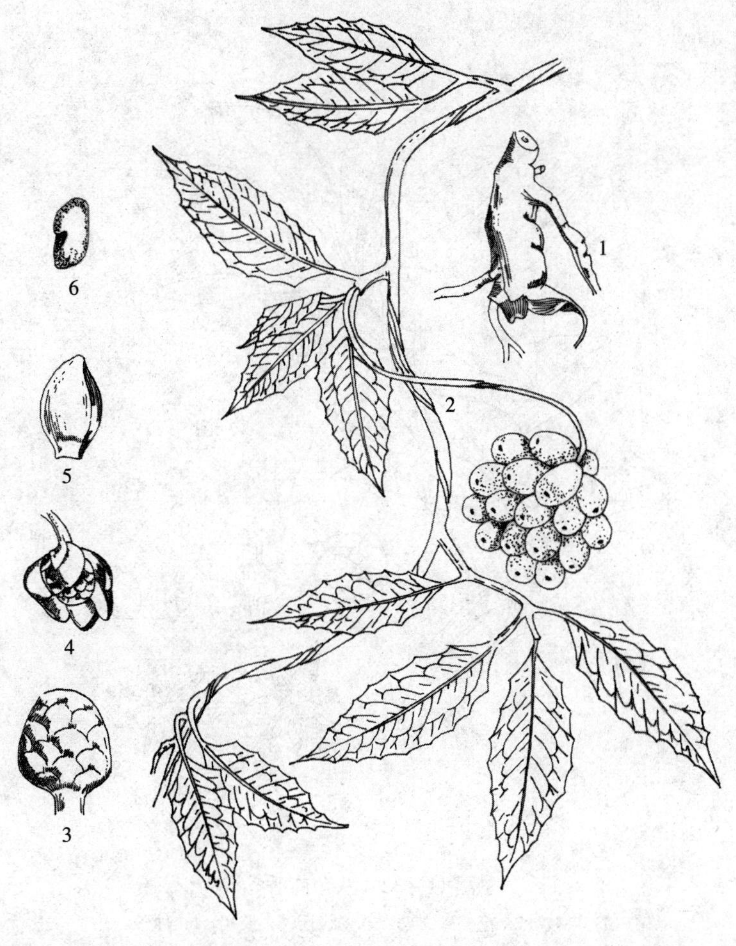

图 11－31　南五味子

1. 根　2. 果枝　3. 雌蕊柱　4. 雄花　5. 浆果　6. 种子

芳香，幼枝、芽、花序及叶柄均被褐色柔毛。叶互生，长椭圆形，具离基三出脉。圆锥花序腋生或近顶生；花小，花被片 6，雄蕊 9，排成 3 轮，第三轮外向，花丝基部有 2 腺体，最内有 1 轮退化，花药 4 室，瓣裂；子房上位，1 室，1 胚珠。核果浆果状，果托浅杯状。分布于华南及西南地区。多为栽培。茎皮（肉桂）能补火助阳，散寒止痛，活血通经。嫩枝（桂枝）能解表散寒，温经通脉。果实（肉桂子）能温中散寒。挥发油（肉桂油）为驱风，健胃药。（图 11－33）

乌药*Lindera aggregata*（Sims）Kosterm. 常绿灌木或小乔木。根膨大呈纺锤形或结节状。叶互生，革质，叶片椭圆形，背面密生灰白色柔毛，离基三出脉。雌雄异株，花较小，黄绿色，集成伞形花序，腋生。核果球形，熟时黑色。分布于长江以南及西南各省区。生于向阳山坡灌丛中。根能顺气止痛，温肾散寒。

樟*Cinnamomum camphora*（L.）Presl 常绿乔木。全株具樟脑气味。叶互生，卵状椭圆形，离基三出脉，脉腋有腺体。腋生圆锥花序；花被片 6；能育雄蕊 9。核果球形，紫黑色，果托杯状。分布于长江以南及西南。药用全株，能祛风散寒，消肿止痛，强心

图 11－32 八角茴香

1. 果枝 2. 花 3. 雌蕊 4. 雄蕊 5. 果实 6. 种子

镇痉，杀虫。其根、木材、叶的挥发油含樟脑。樟脑和樟脑油可作中枢神经兴奋剂。

17. 罂粟科 Papaveraceae $* \uparrow K_{2\sim3}C_{4\sim6}A_{(,4\sim6}\underline{G}_{(2\sim\infty:1:\infty}$

草本。常含有有色乳汁和水样汁液。叶基生或互生，无托叶。花两性，辐射对称或两侧对称，单生或排成总状花序，聚伞花序，圆锥花序；萼片 2，早落，花瓣 4～6，覆瓦状排列；雄蕊多数，稀 4，离生，或 6 枚，合生成二束；子房上位，2 至多心皮合生，1 室，侧膜胎座，胚珠多数。蒴果孔裂或瓣裂。种子细小。染色体：X＝5～7、9～11、14、17、19。

本科 42 属，约 700 种，主要分布于北温带。我国有 20 属，约 300 种。广布各地。药用 15 属，135 种。

本科植物主含①生物碱：主要为苄基异喹啉类生物碱，如罂粟中的罂粟碱（papaverne）、吗啡（morphine）和白屈菜碱（chelidonine）等有镇痛和解痉作用。可待因（codeine）和阿朴啡型生物碱，如海罂粟碱（glaucine）有很好的镇咳作用，但多具成瘾的副作用。紫堇属植物中的延胡索乙素（d，l－tetrahydropalmatine）有镇痛、镇静作用。②黄酮类：如山萘酚（kaempferol）、槲皮素（quercetin）等。③有机酸：如白屈菜酸等。

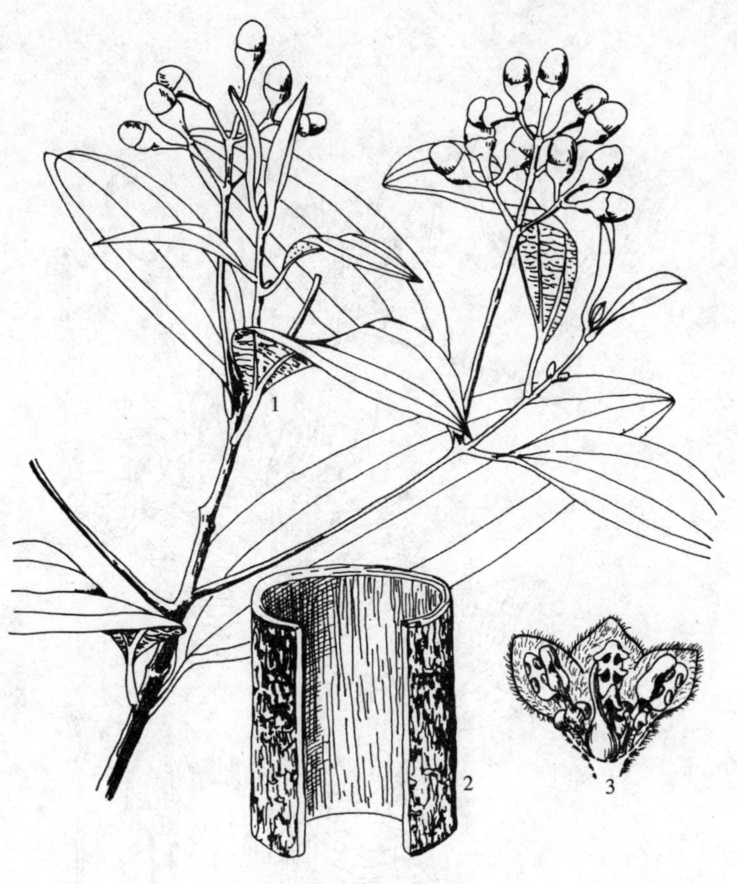

图 11－33　肉桂
1. 果枝　2. 树皮　3. 花纵剖面

【药用植物】

罂粟 *Parpaver somniferum* L. 二年生草本，全株具白色乳汁。叶互生，长椭圆形，基部抱茎。花大，单生；萼片 2，早落；花瓣 4，白色、粉红色、淡紫色等；雄蕊多数，离生；子房由多心皮组成，1 室，侧膜胎座；无花柱，柱头具 8～12 辐射状分枝。蒴果近球形，于柱头分枝下孔裂。原产西亚、印度、伊朗。从未熟果实取乳汁，可制鸦片，含吗啡等生物碱，具镇痛、止咳、止泻之功效。成熟果壳（罂粟壳）能敛肺、涩肠、止痛。(图 11－34)

延胡索 *Corydalis yanhusuo* W. T. Wang 多年生草本。块茎扁球形。叶二回三出全裂，末回裂片披针形。总状花序顶生；萼片 2，早落；花两侧对称，花瓣 4，紫红色，上面一瓣基部有长距；雄蕊 6，花丝联合成 2 束；2 心皮组成侧膜胎座。蒴果条形。分布于浙江、江苏、安徽、河北、陕西、四川等地。生于丘陵草地砂质土中，多栽培。块茎入药，能活血散瘀，理气止痛。(图 11－35)

东北延胡索 *C. ambigua* Cham. et Schlecht var. *amurensis* Maxim. 和**齿瓣延胡索** *C. remota* Fisch ex Maxim. 均分布东北地区，两种植物的块茎在某些地区作延胡索药用。

伏生紫堇(夏天无) *C. decumbens*（Thunb.）Pers. 多年生草本，全株无毛。块茎近

图 11－34　罂　粟

1. 植株上部　2. 雌蕊　3. 雌蕊纵切　4. 雄蕊　5. 子房横切　6. 种子

球形。基生叶有长柄，二回三出全裂。总状花序顶生；花瓣紫色，有距。分布于江西、河南、安徽及湖南等地。生于丘陵及低山坡草地。块茎入药，含生物碱。能行气活血，通络止痛。

白屈菜*Chelidonium majus* L. 草本，有黄色乳汁。叶互生，羽状全裂，被白粉。花瓣 4，黄色；雄蕊多数。蒴果条状圆筒形。分布于东北、华北及新疆、四川等地。全草有毒，能镇痛，止咳，抗肿瘤。（图 11－36）

本科药用植物还有博落回 *Macleaya cordata*（Willd.）R. Br. 全草有毒，能消肿，止痛，杀虫。布氏紫堇（苦地丁）*C. bungeana* Turcz. 分布于东北、西北、华北等地。全草能清热解毒。

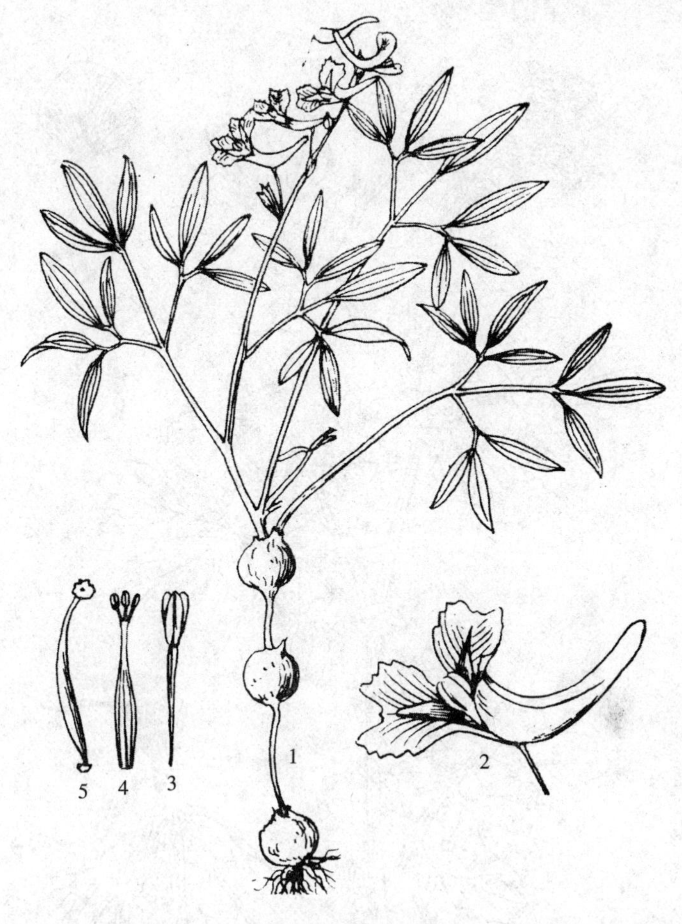

图 11－35　延胡索

1. 植株　2. 花　3. 内花瓣　4. 雄蕊　5. 雌蕊

18. 十字花科 Cruciferae　　$* K_{2+2} C_{4,0} A_{2+4,} \underline{G}_{(2:2:1\sim\infty}$

草本，植物体有的含辛辣液汁。单叶互生，无托叶。花两性，辐射对称，多成总状花序；萼片 4，分离，2 轮；花瓣 4，排成十字形；雄蕊 6，4 长 2 短，为四强雄蕊，雄蕊基部常有 4 个蜜腺；子房上位，2 心皮合生，侧膜胎座，胚珠 1 至多数，中央具由心皮边缘延伸的隔膜（假隔膜）分成 2 室。长角果或短角果。染色体：X＝4～15。

本科 350 属，3 200 种，广布世界各地，主要分布于北温带。我国约 96 属，430 余种，全国各地均有分布。药用 26 属，77 种。

本科化学成分多样，主要含①硫苷（包括含硫化合物）及吲哚苷，是本科的特征成分。如白芥子苷（sinalbin）、菘蓝苷（isatin），这些苷类的水解产物具有挥发性，可引起皮肤充血，发泡，内服有祛痰理气等作用。②强心苷，多存在于糖芥属（*Erysimum*）、桂竹香属（*Cheiranthus*）中，如糖芥毒苷（erysimotoxin A）、糖芥素（erysimoside）、③含氰基（－CN）、异硫氰基（－NCS）及巯基（－SH）的化合物：存在于独行菜属（*Lepidium*），如氰苷（benzylcyanide）。④其他：尚含脂肪油、生物碱，四萜类化合物，如胡萝卜素（carotene）等。

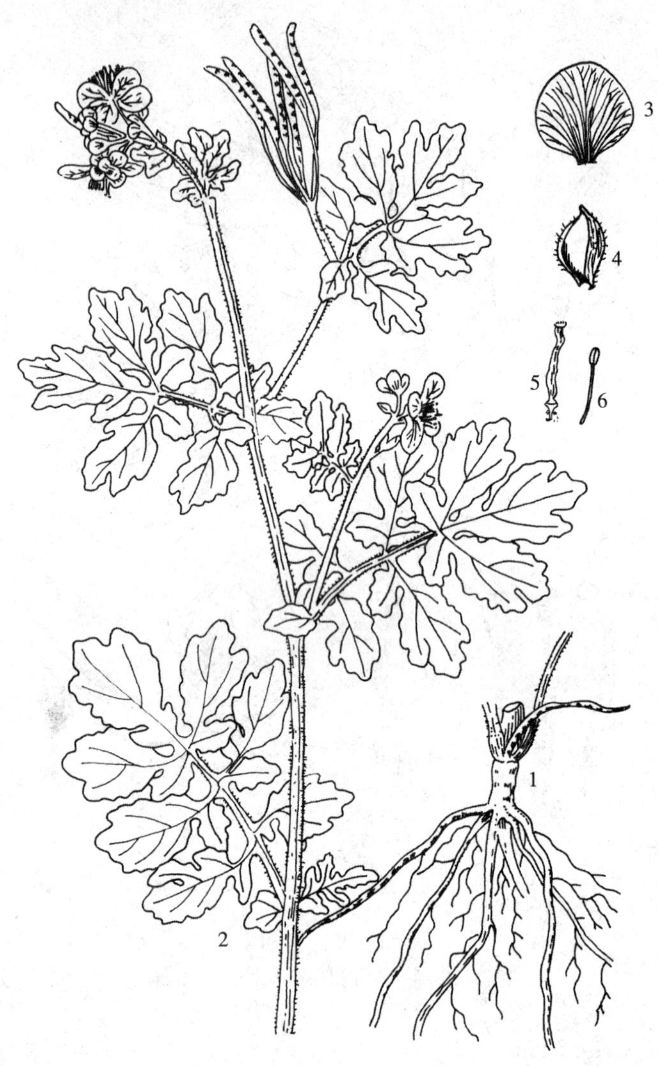

图 11－36　白屈菜

1. 根　2. 果枝　3. 花瓣　4. 萼片　5. 雌蕊　6. 雄蕊

【药用植物】

菘蓝*Isatis indigotica* Fort. 二年生草本。主根圆柱形，外皮浅黄棕色。茎上部多分枝，光滑无毛。叶互生，基生叶有柄，叶片长圆状椭圆形，全缘或波状；茎生叶长圆状披针形，基部半抱茎。圆锥花序；花小，黄色；花萼 4，绿色；花瓣 4，黄色，倒卵形；雄蕊 6，四强，雌蕊 1，子房上位。短角果长圆形扁平，边缘有翅，紫色。全国各地有栽培。根作板蓝根，叶作大青叶入药，均能清热解毒，凉血利咽，消斑。叶尚可加工制青黛，功用与大青叶同。（图 11－37）

白芥*Sinapis alba* L. 草本，全株被白色粗毛。茎基部的叶具长柄。总状花序顶生或腋生；花黄色。长角果圆柱形，密被白色长毛，顶端具扁长的喙。原产欧亚大陆，我国有栽培。种子（白芥子）能利气祛痰，散结、通络、止痛。

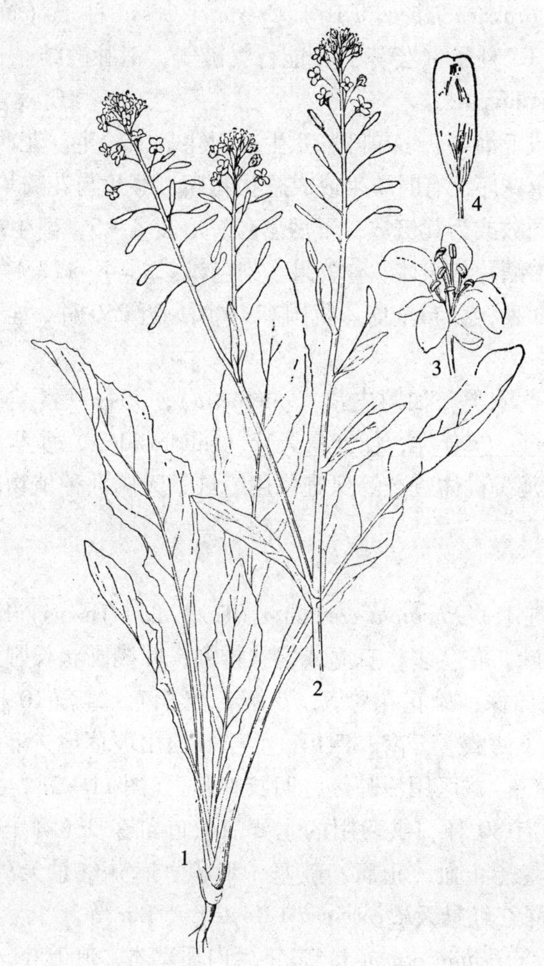

图 11－37　菘蓝

1. 一年生幼苗　2. 花序（二年生）　3. 花　4. 果实

独行菜*Lepidium apetalum* Willd. 草本，茎多分枝，有腺毛。基生叶狭匙形，上部叶条形。总状花序；花小，白色；花瓣退化成条形；雄蕊通常 2。短角果近圆形，具窄翅，分布东北、华北、西南及西北地区。生于田野路旁。种子（北葶苈子）能祛痰定喘，行水消肿。

播娘蒿 *Descurainia Sophia*（L.）Webb ex Prantl 本草。叶狭卵形，二至三回羽状深裂。总状花序；花小，黄色。长角果细圆柱形。分布全国各地。种子（南葶苈子）。能泻肺平喘，行水消肿。

本科药用植物还有萝卜*Raphanus sativus* L. 种子（莱菔子）能消食除胀，降气化痰。荠菜*Capsella bursa - pastoris*（L.）Medic. 全草能止血。菥蓂*Thlaspi arvense* L. 全草能清湿热，消肿排脓。芥菜*Brassica juncea*（L.）Czern. et Coss. 种子（黄芥子）功效同白芥子。油菜*B. campestris* L. 种子（芸苔子）能行气破气，消肿散结。

19. 景天科 Crassulaceae $* K_{4\sim5} C_{4\sim5,(4\sim5)} A_{4\sim5, 8\sim10} G_{4\sim5:1:\infty}$

多年生肉质草本或亚灌木。多单叶，互生或对生，少轮生。花两性，少数单性异株，辐射对称，多排成聚伞花序，有时单生或成总状花序；萼片与花瓣均4~5，分离或仅基部合生；雄蕊与花瓣同数或为其倍数；子房上位，心皮4~5，离生或仅基部联合，胚珠多数，每心皮基部有1鳞片状腺体。蓇葖果。染色体：X=4~12、14~16、17。

本科35属，1600种，分布全球。我国有10属，近250种，全国均有分布。药用8属，68种。

本科植物主含①黄酮类：如槲皮素（quercetin）；②香豆素类：如7-羟基香豆素（7-hydroxycaumarone）；③苷类，如红景天苷（salidroside）、垂盆草苷（sarmemtosin）。红景天苷及其苷元具延缓机体衰老等保健作用。红景天属数种植物国内外学者已作了较多研究，我国资源丰富。

【药用植物】

大花红景天（大红七）*Rhodiola crenulata*（Hook. f. et Thoms）H. Ohba 多年生草本。根状茎，被基生鳞片叶。花茎多，直立或扇状排列，叶椭圆状长圆形至近圆形。伞房花序；花多而大，单性异株；雄花花萼5，花瓣5，红色，雄蕊10枚，鳞片5；心皮5，不育；蓇葖果。分布于西藏、云南、四川。生于高山山坡草地、灌丛、石缝中。根状茎能养肺清热，滋补元气。藏医用治肺热，四肢肿胀。（图11-38）

同属植物我国约有80种，供药用的主要有狭叶红景天（狮子七）*R. kirilowii*（Regel）Regel 根及根状茎能止血，止痛，破坚，消积。库叶红景天*R. sachalinensis* A. Bor；红景天*R. rosea* L. 及深红红景天*R. coccinea*（Royle）A. Bor 等。

土三七（景天三七）*Sedum aizoon* L. 多年生肉质草本。叶互生。聚伞花序；花黄色；萼片5；花瓣5，椭圆状披针形；雄蕊10；心皮5，基部合生。蓇葖果。分布于东北、西北、华北至长江流域。生于山地阴湿岩石上或草丛中。全草能散瘀，止血。（图11-39）

垂盆草*S. sarmentosum* Bunge 多年生肉质匍匐草本。三叶轮生，倒披针形至长圆形，顶端急尖。聚伞花序；花无梗，黄色。蓇葖果。分布于我国大部分地区。生于低山阴湿岩石上。全草能清利湿热，解毒。用于治肝炎，具有降低谷丙转氨酶的作用。（图11-40）

20. 虎耳草科 Saxifragaceae $* \uparrow K_{4\sim5} C_{4\sim5} A_{4\sim5,8\sim10} \underline{G}_{(2\sim5:2\sim5:\infty} \overline{G}_{(2\sim5:2\sim5:\infty}$

草本或木本。单叶，互生或对生，无托叶。花常两性，辐射对称或略不对称，排成聚伞花序或总状花序；萼片、花瓣均为4~5，稀无瓣；雄蕊与花瓣同数或为其倍数，常着生于花瓣上；子房上位至下位，心皮2~5，全部或基部合生，2~5室，侧膜胎座、中轴胎座或边缘胎座，胚珠多数。蒴果、浆果或蓇葖果，种子常有翅。染色体X=6~9、12、13。

本科80属，约1 250种，分布于北温带。我国有28属，约500种，分布南北各地。

图 11－38　大花红景天

1. 植株全形　2. 花瓣及雄蕊　3. 心皮

药用 24 属，155 种。

本科植物化学成分主含①香豆素类：如岩白菜素（bergenin），存在于落新妇属（*Astibe*），岩白菜属（*Bergenia*）和鬼灯檠属（*Rodgersia*）中。②黄酮类：主要存在于虎耳草属（*Saxifraga*）、金腰属（*Chrysosplenium*）、梅花草属（*Parnassia*）。③生物碱：少见，如常山中含抗疟成分常山碱甲、乙、丙（α－，β－，γ－dichroine），④其他：尚含环烯醚萜类，如车叶草苷（asperuloside）、番木鳖苷（loganin）、芪类、鞣质等。

【药用植物】

虎耳草*Saxifrage stolonifera* Meerb. 多年生常绿草本。叶基生，心形，两面被长柔毛，叶柄长。圆锥花序；萼片 5；花瓣 5，白色，上方 3 瓣较小，有红色斑点；雄蕊 10；雌蕊由 2 心皮组成，2 室。蒴果。分布于河南南部，陕西南部至长江以南地区。生于山地阴湿处。全草能清热解毒。（图 11－41）

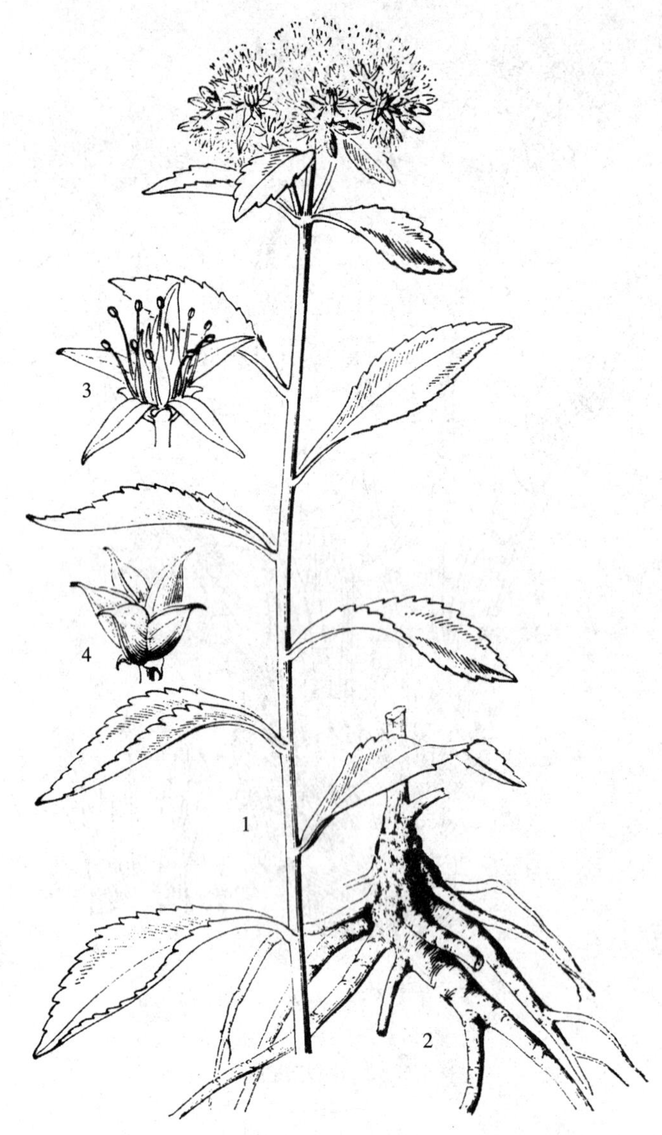

图 11－39 土三七

1. 植株一部分 2. 根 3. 花 4. 果实

落新妇*Astilbe chinensis*（Maxim.）Fr. et Sav. 多年生草本。根状茎粗大。基生叶二至三回三出复叶，小叶边缘有重锯齿。圆锥花序，密生褐色卷曲柔毛；花密集，几无梗；花萼5深裂；花瓣5，红紫色；雄蕊10；心皮2，离生。蓇葖果。分布于东北地区及山东至长江中、下游。生于山谷、溪边及林缘。全草和根茎能祛痰止咳，祛风除湿，散瘀止痛。（图 11－42）

岩白菜*Bergenia purpurascens*（Hook. f. et Thoms.）Engl. 多年生草本。根状茎粗壮。叶基生，长圆形或椭圆形。总状花序，顶部常下垂；花紫红色。蒴果。分布于四川、云南、西藏。生于3000～4300m 杂木林下阴湿地。全草能清热解毒，止血调经。（图 11－43）

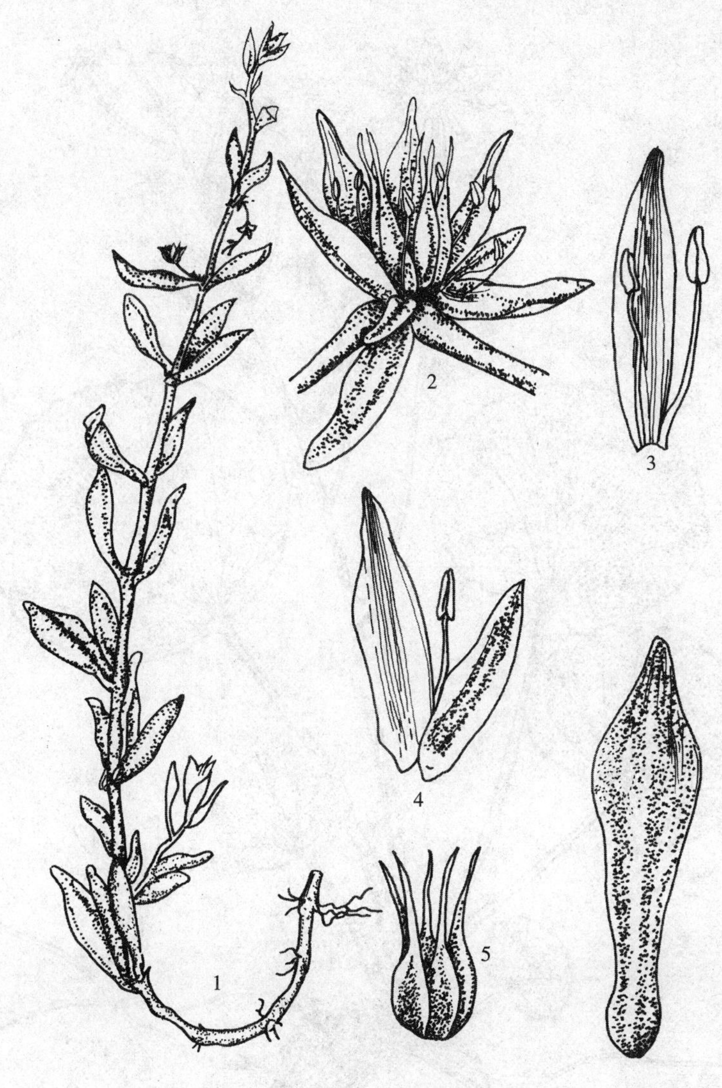

图 11－40　垂盆草

1. 植株全形　2. 花　3. 花瓣与雄蕊　4. 花瓣、萼片及雄蕊　5. 雌蕊示 5 个离生心皮

21. 杜仲科 Eucommiaceae　　$♂ P_0A_{4\sim10,8}$；$♀ P_0\underline{G}_{(2:1:2)}$

落叶乔木，枝、叶折断后有银白色胶丝。树皮灰色，小枝淡褐色。**单叶互生，**叶片椭圆形或椭圆状卵形，边缘有锯齿，无托叶。**花单性，雌雄异株；无花被，**常先叶开放或与叶同时开放；雄花具短梗，苞片倒卵状匙形，雄蕊 4～10，常为 8 枚，花药条形，花丝极短；雌花单生，有短梗，子房上位，由 2 心皮合生，扁平狭长，顶端具 2 叉状花柱，1 室。**翅果扁平，**长椭圆形，含种子 1 粒。染色体：X＝17。

本科仅杜仲属 1 属 1 种，是我国特产植物。分布于我国中部及西南各省区，各地有栽培。

本科植物树皮含有杜仲胶（gutta－percha）。叶含桃叶珊瑚苷（aucubin）。此外尚含杜仲苷（eucommioide）、杜仲醇（ulmoprenol）等。

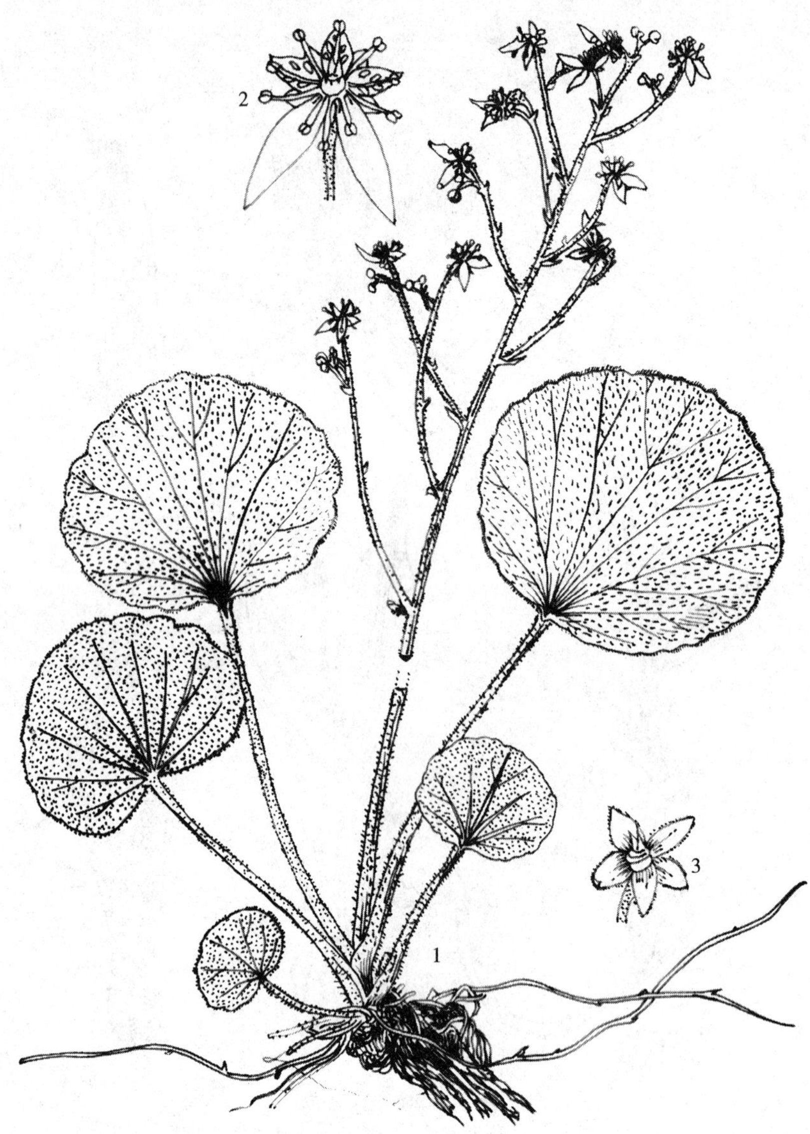

图 11－41　虎耳草

1. 植株全形　2. 花　3. 雌蕊及花萼

【药用植物】

杜仲*Eucommia ulmoides* Oliv. 特征与科同。树皮，叶药用，能补肝肾，强筋骨，安胎，降压。(图 11－44)

22. 蔷薇科 Rosaceae　　$* K_{4\sim5} C_{0\sim5} A_{\infty} \underline{G}_{(1\sim\infty:1:1)} \overline{G}_{(2\sim5:2\sim5:2)}$

草本，灌木或乔木。常具刺。单叶或复叶，多互生，通常有托叶。**花两性**，辐射对称；单生或排成伞房或圆锥花序；花托呈各种类型凸起或凹陷，**花萼下部与花托愈合成盘状、杯状、坛状或壶状的花筒**(hypanthium)，萼片、花瓣和雄蕊均着生花筒的边缘；萼片，**花瓣各为 5**，分离，稀无瓣；**雄蕊常多数**；子房上位至下位；心皮 1 至多数，分

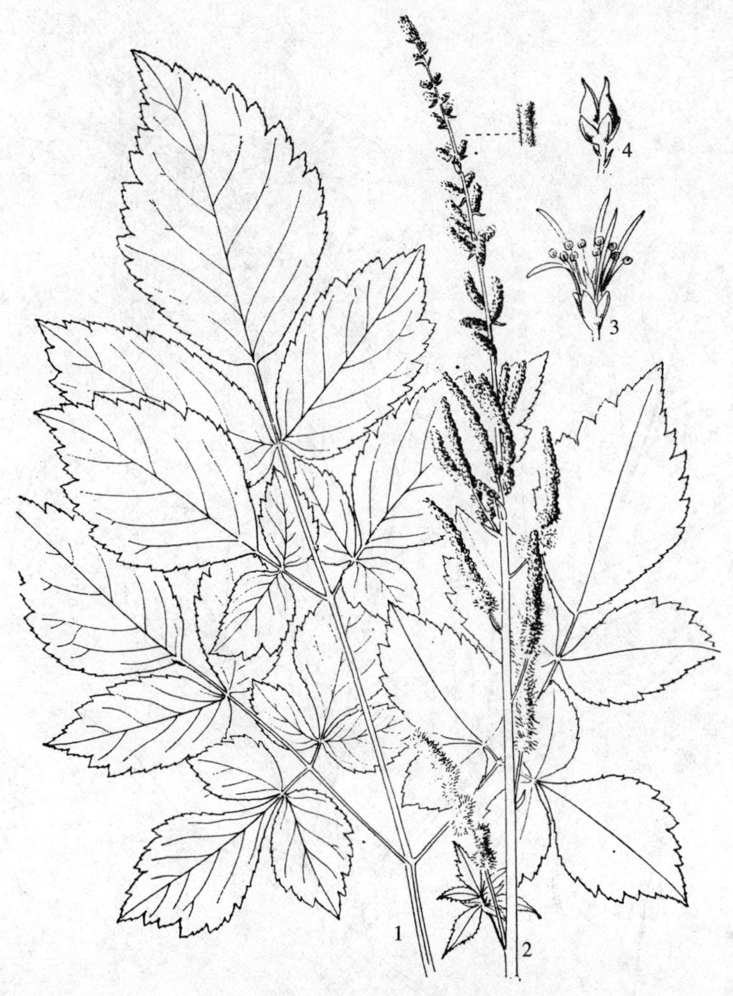

图 11－42 落新妇

1. 叶片 2. 花序 3. 花 4. 果实

离或结合，每室胚珠 1～2。蓇葖果、瘦果、核果或梨果。种子无胚乳。染色体：X＝7、8、9、17。

本科约 124 属，3300 余种，分布于全世界。以北温带为多，我国约 51 属，1100 余种，广布全国各地。药用约 39 属，360 种。

本科植物化学成分主含①含氰化合物及其苷类：如苦杏仁苷（amygdalin）有止咳祛痰作用，存在于枇杷属（*Eriobotry*）、梅属（*Prunus*）、梨属（*Pyrus*）等中。②多元酚及鞣质类：如鹤草酚（agrimophol）能驱绦虫，分布于龙牙草属（*Agrimonia*）中；熊果苷（arbutin）有尿道消毒作用。③三萜及三萜皂苷：如地榆皂苷（sanguisorbins）、委陵菜苷（tormentoside），存在于龙牙草属（*Agrimonia*）、山楂属（*Crataegus*）、委陵菜属（*potentilla*）、草莓属（*Fragaria*）、地榆属（*Sangusorba*）和蔷薇属（*Rosa*）中。④糖及糖醇类：如蔗糖、果糖、绵子糖、山梨糖醇等。⑤有机酸及挥发油：如枸橼酸、酒石酸、桂皮酸、绿原酸、山楂酸；牦牛儿醇（geraniol）、香草醇（citronellol）等。绿原酸

图 11－43 岩白菜

1. 植株 2. 花瓣 3. 雄蕊 4. 雌蕊

有抗菌作用，山楂酸有强心，降压作用。⑥黄酮类：如木犀草素（lutedin）、槲皮素（quecetin）等，山楂属植物含多种黄酮，是很好的治疗心血管疾病药物。⑦二萜生物碱，如绣线菊碱（spiradine）。

本科根据花托，花筒，雌蕊心皮数目，子房位置和果实类型分为 4 个亚科。（图 11－45）

四亚科及部分属检索表

1. 果开裂，蓇葖果，稀浆果；心皮常为 5，离生；多无托叶（绣线菊亚科）。

  2. 单叶，多无托叶；伞形、伞房状或圆锥状花序 ………………………………………… 绣线菊属 *Spiraea*

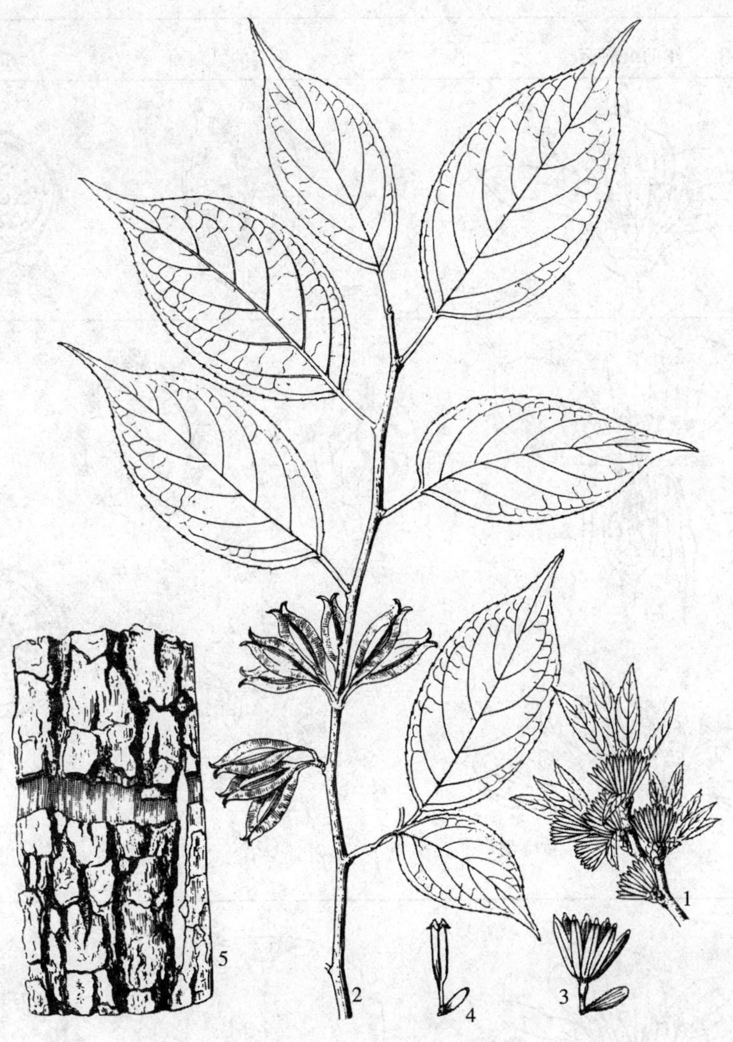

图11－44 杜仲

1. 花枝 2. 果枝 3. 雄花 4. 雌花 5. 树皮

2. 羽状复叶，有托叶；大形圆锥花序 ………………………………………………… 珍珠梅属 *Sorbaria*

1. 果不开裂；全具托叶。

3. 子房上位。

4. 心皮通常多数，分离；聚合瘦果或蔷薇果，聚合小核果；多为复叶（蔷薇亚科）。

5. 雌蕊由杯状或坛状的花托包围。

6. 雌蕊多数，成聚合瘦果；灌木 ………………………………………………………… 蔷薇属 *Rosa*

6. 雌蕊1～3，花托成熟时干燥坚硬；草本。

7. 有花瓣；萼裂片5；花筒上部有钩状刺毛 ……………………………… 龙牙草属 *Agrimonia*

7. 无花瓣；萼裂片4；花筒无钩状刺毛……………………………………… 地榆属 *Sangusorba*

5. 雌蕊生于平坦或隆起的花托上。

8. 心皮各含1胚珠；瘦果。分离；植株无刺；花柱在结果时延长…… 水杨梅属 *Geum*

8. 心皮各含2胚珠；小核果成聚合果；植株有刺；花柱不延长 …… 悬钩子属 *Rubus*

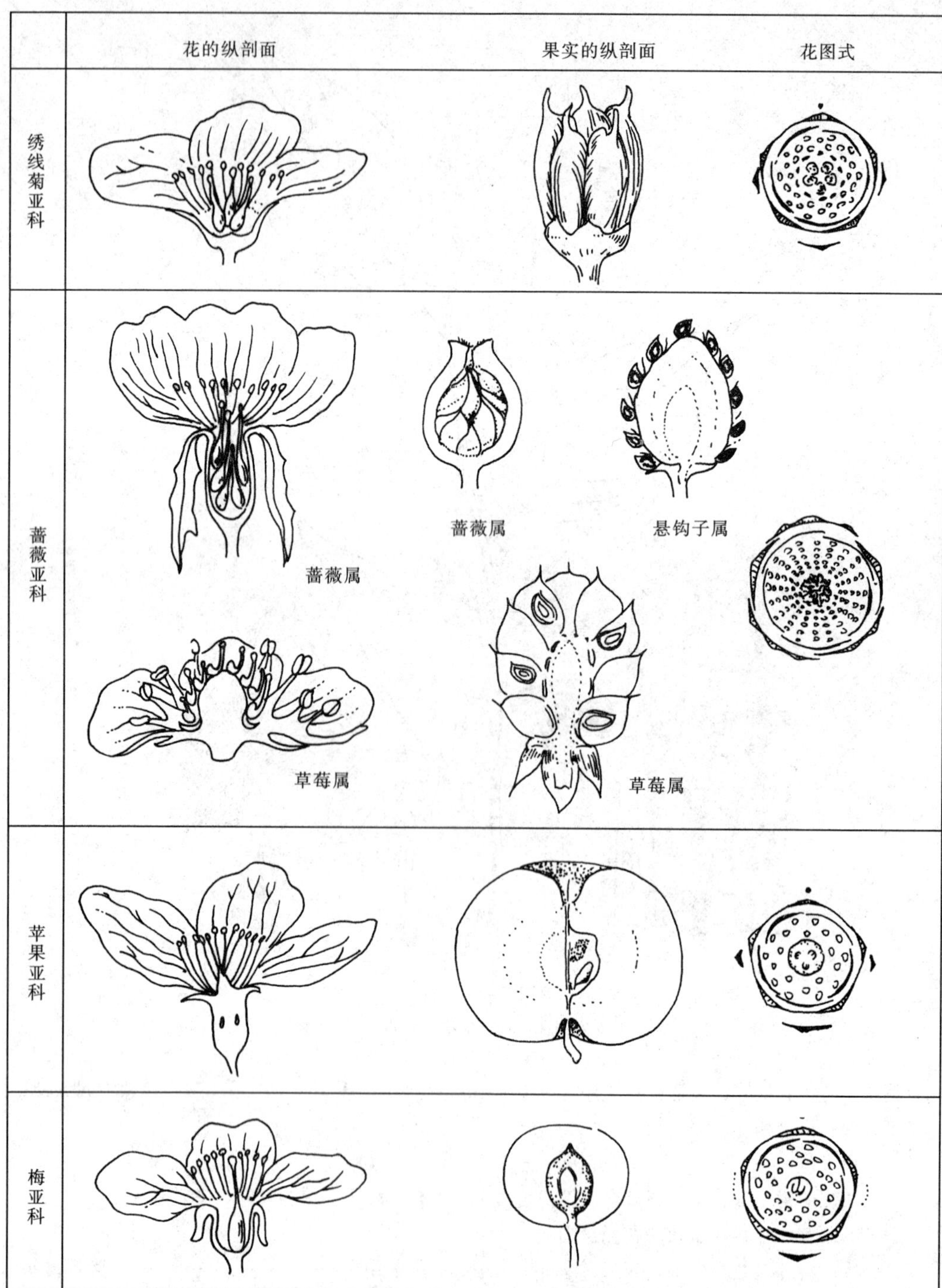

图 11－45 蔷薇科四亚科花、果比较

4. 心皮常各 1 个，稀 2 或 5 个；核果；单叶（梅亚科） ································ 梅属 *Prunus*

3. 子房下位或半下位；心皮 2～5，合生；梨果，稀小核果状（苹果亚科）。

9. 内果皮成熟时革质或纸质，每室含 1 至多数种子。

10. 花为伞形或总状花序，有时单生。
11. 心皮含 1 ~2 种子。
12. 花柱离生；果实梨形 ………………………………………………… 梨属 *Pyrus*
12. 花柱基部合生；果实苹果形 ……………………………………… 苹果属 *Malus*
11. 心皮各含 3 至多数种子，花柱基部合生。
13. 花筒外被密毛，萼片宿存；花序伞形 ………………… 多依属 *Docynia*
13. 花筒外面无毛，萼片脱落；花单生或簇生………… 木瓜属 *Chaenomeles*
10. 花为复伞房或圆锥花序。
14. 心皮全部合生，子房下位；叶常绿 ……………… 枇杷属 *Briobotrya*
14. 心皮一部分合生，子房半下位；常绿或落叶 ……… 石楠属 *Photinia*
9. 内果皮成熟时骨质，果实含 1 ~5 小核；枝有刺 …………… 山楂属 *Crataegus*

绣线菊亚科 Spiraeoideae

灌木。无托叶。花托微凹成盘状；伞形、伞房或圆锥花序；心皮通常 5 个，分离，子房上位，周位花。蓇葖果。

【药用植物】

绣线菊(柳叶绣线菊) *Spiraea salicifolia* L. 灌木。叶互生，长圆状披针形，边缘有锯齿。花序为圆锥花序；花粉红色。蓇葖果直立，常具反折萼片。分布于东北、华北。生于河流沿岸、湿草原或山沟。全株能通经活血，通便利水。

蔷薇亚科Rosoideae

草本或灌木。羽状复叶或单叶，托叶发达。花托壶状或凸起；子房上位，周位花，心皮多数，分离，每个子房含胚珠 1 ~2。聚合瘦果或聚合小核果。

【药用植物】

龙牙草(仙鹤草) *Agrimonia pilosa* Ledeb. 多年生草本，全株密生长柔毛。奇数羽状复叶，5 ~7 片，小叶大小不等相间；小叶椭圆状卵形或倒卵形。顶生总状花序；花黄色，萼筒顶端有一圈钩状刚毛；心皮 2。瘦果倒圆锥形。分布于全国各地。生于山坡、路旁、草地。全草能收敛止血，止痢，解毒。根芽能驱绦虫。(图 11 –46)

掌叶覆盆子*Rubus chingii* Hu 落叶灌木，有倒刺。单叶互生，掌状 5 深裂，边缘有重锯齿，托叶条形。花单生于短枝顶端，白色。聚合小核果，球形，红色。分布于江西、安徽、江苏、浙江、福建各省。生于山坡林边或溪旁。果实（覆盆子）能补肾，益精。根能止咳、活血消肿。

金樱子*Rosa laevigata* Michx. 常绿攀援有刺灌木。三出羽状复叶，叶片椭圆状卵形。花大，白色，单生于侧枝顶部。蔷薇果倒卵形，有直刺，顶端具宿存萼片。分布于华中、华东、华南及陕西等地区。生于向阳山坡。果、根能收敛涩精，固肠止泻。（图 11 –47）

同属国产植物约 80 种，已知药用 43 种，其中月季*R. chinensis* Jacq. 花能活血调经。玫瑰*R. rugosa* Thunb. 花能行气解郁，活血，止痛。

地榆*Sangusorba officinalis* L. 多年生草本。根粗壮。奇数羽状复叶，小叶 5 ~15 片，长圆状卵形。花小，密集成顶生的近球形或短圆柱形的穗状花序；萼裂片 4，紫红色；无花瓣；雄蕊 4。瘦果褐色，有细毛。分布于全国大部分地区。生于山坡草地。根能清

图 11－46　龙牙草

1. 植株全形　2. 花　3. 果实纵切面

热凉血，收敛止血。(图 11－48)

本亚科药用植物还有委陵菜*Potentilla chinensis* Ser. 全草能清热解毒，凉血止痢。翻白草*P. discolor* Bge. 功效同委陵菜。水杨梅*Geum aleppicum* Jacq. 全草能祛风除湿，活血消肿。

梅亚科 Prunoideae

木本。单叶，有托叶，叶基常有腺体。花托杯状，子房上位，周位花，心皮常 1。核果。萼片常脱落。

【药用植物】

杏*Prunus armeniaca* L. 乔木，小枝浅红棕色。叶卵形至近圆形，叶柄近顶端有 2 腺体。花单生，先叶开放，白色或带红色。核果球形，黄白色或黄红色。分布于我国北部，多系栽培。种子（苦杏仁）能祛痰止咳平喘，润肠通便。(图 11－49)

另有野生的山杏*P. armeniaca* L. var. *ansu* Maxim.，西伯利亚杏*P. sibirica* L.，东北杏

图 11－47　金樱子

1. 花枝　2. 果枝　3. 花纵切　4. 雄蕊　5. 雌蕊

P. mandshurica（Maxim.）Koehne 的种子亦做苦杏仁入药。

同属植物梅*P. mume*（Sieb.）Sieb. et Zucc. 小枝绿色，叶先端长尾尖。核果黄绿色，有短柔毛。分布全国，多系栽培。近成熟果实（乌梅）能敛肺，涩肠，生津。花能开郁和中，化痰，解毒。桃*P. persica*（L.）Batsh. 种仁能活血祛瘀，润肠通便。郁李*P. japonica* Thunb. 种子（郁李仁）能润燥滑肠。

苹果亚科（梨亚科）Maloideae

木本。单叶，有托叶。花托杯状，子房下位或半下位，上位花，心皮 2 ~ 5，合生。梨果。

【药用植物】

山楂*Crataegus pinnatifida* Bge. 落叶乔木，小枝通常有刺。叶宽卵形至菱状卵形，两侧各有 3 ~ 5 羽状深裂片，托叶较大。伞房花序；花白色。梨果近球形，直径 1 ~

图 11－48　地榆

1. 植株的一部分　2. 花枝　3. 苞片　4. 花　5. 雄蕊和雌蕊　6. 果实　7. 根

1.5cm，深红色，有灰白色斑点。分布于东北、华北及河南、陕西、江苏。山里红 *C. pinnatifida Bge*. var. *major* N. E. Br. 果较大，直径 2.5cm，深亮红色。华北各地栽培。这两种果实称北山楂，能消食健胃，行气散瘀。（图 11－50）

野山楂*C. cuneata* Sieb. et Zucc. 落叶灌木，具细刺。叶宽倒卵形，顶端常 3 裂，基部楔形，果较小，直径 1～1.2cm，熟时红色或黄色。分布于长江流域地区，果实入药，称南山楂。

贴梗海棠*Chaenomeles speciosa*（Sweet）Nakai 落叶灌木，枝有刺。叶倒卵形，托叶大。花先叶开放，稀淡红色或白色，3～5 朵簇生，花筒钟状。梨果球形或卵形，木质，有芳香气味。分布于华东、华中、西北和西南地区。各地有栽培。果实干后外皮皱缩，称皱皮木瓜，能平肝舒筋活络，和胃祛湿。（图 11－51）

木瓜（榠楂） *Chaenomeles sinensis*（Touin）Koehne 落叶小乔木，枝无刺。花单生，

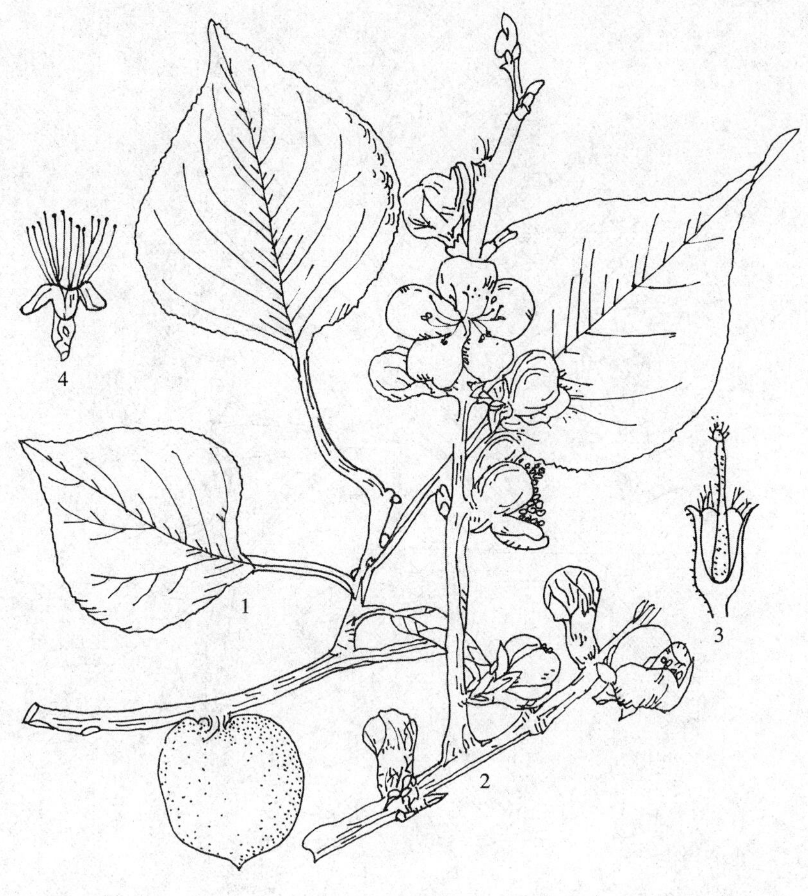

图 11 - 49 杏

1. 果枝 2. 花枝 3. 花部纵切示杯状花托 4. 花

后于叶开放。果长椭圆形。分布于长江流域以南，至陕西等地，多有栽培。果实干后外皮不皱缩，称光皮木瓜，不少地区亦作木瓜入药。

本亚科药用植物还有**枇杷** *Eriobotrya japonica*（Thunb.）Lindl. 叶能清肺止咳，降逆止呕。

23. 豆科 Leguminosae ⚥ $* \uparrow K_{5,(5)} C_5 A_{(9)+1,10} \underline{G}_{(1:1:1\sim\infty)}$

乔木、灌木或草本。茎直立或攀援。根部常有能固氮的根瘤，叶枕发达。多为复叶少数单叶，互生，稀对生，有托叶，有时每小叶基部具小托叶。花两性，两侧对称或辐射对称，花须通常呈总状、头状、聚伞状、圆锥状或穗状，少数单生；具苞片和小苞片；花萼 5，离生或合生；花瓣 5，离生，少数部分或基部合生，多为蝶形花；雄蕊 10 枚，往往成两体；子房上位，单心皮，单室，边缘胎座，胚珠 1 至多数。荚果。种子无胚乳。染色体：x = 5 ~ 16、18、20、21。

本科为种子植物第三大科，仅次于菊科和兰科，广布于世界各地。约 650 属，18000 余种。我国有 172 属，1485 种，全国各地均有分布。本科在恩格勒系统中，分为三个亚科：含羞草亚科、云实亚科和蝶形花亚科。

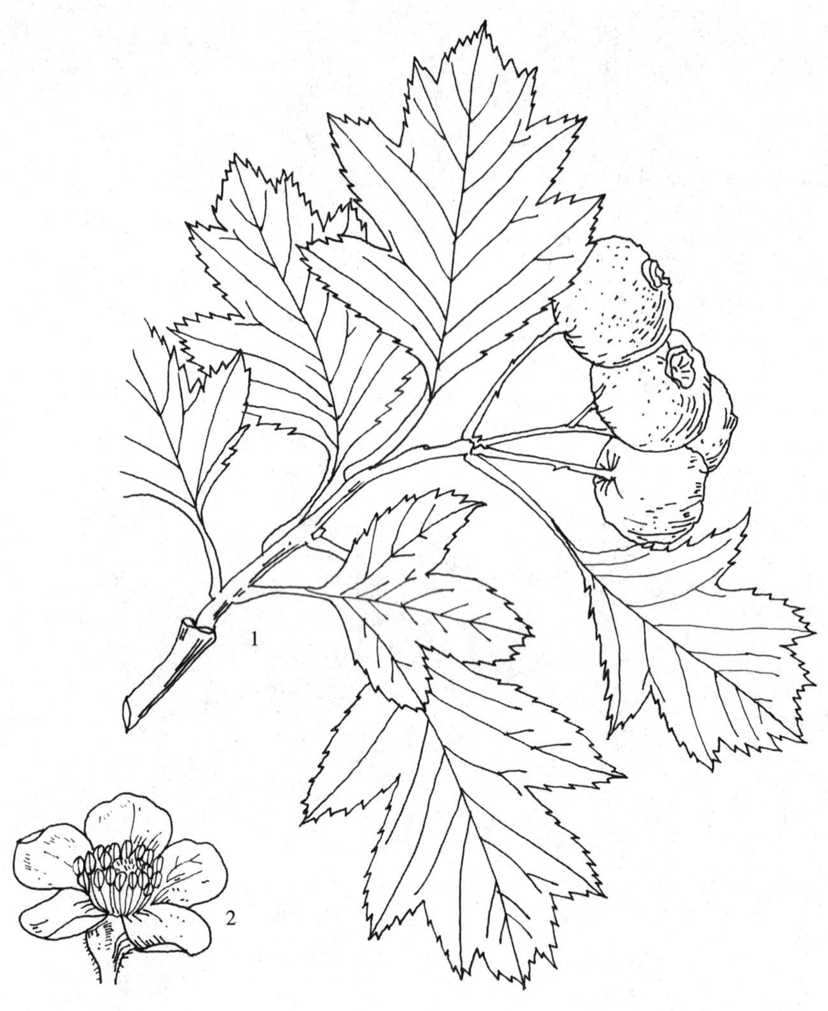

图 11－50 山里红

1. 果枝 2. 花

豆科植物种类繁多，所含化学成分也十分复杂，其中以黄酮类、生物碱和鞣质类居多。①黄酮类：苜蓿属、菜豆属等所含的飞燕草苷（delphin）为花色素类；补骨脂属所含的杜荆素（vitexin）为黄酮类；甘草属中所含的甘草苷（liquiritin）及其苷元为二氢黄酮类，大豆属、补骨脂属等所含的大豆黄苷（daidzein）为异黄酮类；金合欢属所含的紫铆酮（butein）为查耳酮类，大豆属所含的大豆噢呀（hispidol）为橙酮类等。②生物碱类：主要分布于蝶形花亚科。如苦参中的苦参碱和氧化苦参碱，蚕豆属中所含的毒扁豆碱。此外野百合 *Crotalaria sessiliflora* L. 中尚含野百合碱（monocrotaline）。③鞣质：云实亚科普遍含有五倍子鞣质，含羞草亚科普遍含有儿茶鞣质。

亚科检索表

1. 花辐射对称；花瓣镊合状排列，中下部合生 ………………………………… 含羞草亚科 Mimosoideae

1. 花两侧对称；花瓣覆瓦状排列

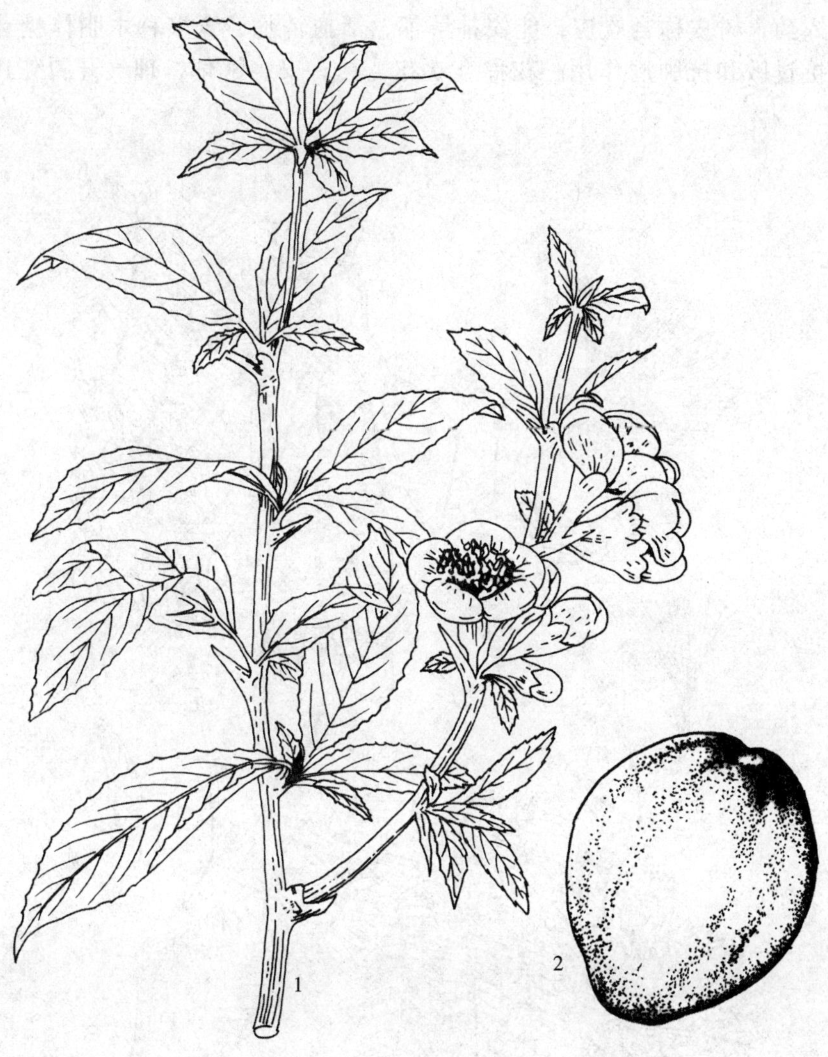

图 11－51　贴梗海棠

1. 花枝　2. 果实

2. 花冠不为蝶形；最上一枚花瓣位于最内方；雄蕊通常离生 …………… 云实亚科 Caesalpinioideae

2. 花冠为蝶形；最上一枚花瓣位于最外方；雄蕊通常两体 …………… 蝶形花亚科 Papilionoideae

含羞草亚科 Mimosoideae

木本，稀为草本。二回羽状复叶，互生，叶枕显著。花辐射对称，多为5基数，花萼管状，5裂，花瓣与花萼同数，分离或合生，均镊合状排列；雄蕊与花冠裂片同数，或为其倍数，或多数，花药顶端常具一脱落性腺体。

【药用植物】

合欢*Albizia julibrissin* Durazz. 落叶乔木。二回偶数羽状复叶，小叶镰刀状，两侧不对称。头状花序排成伞房状；花萼、花瓣均合生，先端5裂；雄蕊多数，花丝细长而显著，基部合生，上部粉红色，高出于花冠之外。荚果扁平条形。南北各地均有分布，主产于湖北、江苏、浙江、安徽等地。多庭院栽培，供观赏，或用作行道树。

树皮及花入药，树皮称合欢皮，能安神解郁，活血消痈，含多种木脂体糖苷，具有抗生育、抗过敏和抗肿瘤作用。花称合欢花，具有安神解郁，理气开胃作用。（图 11－52）

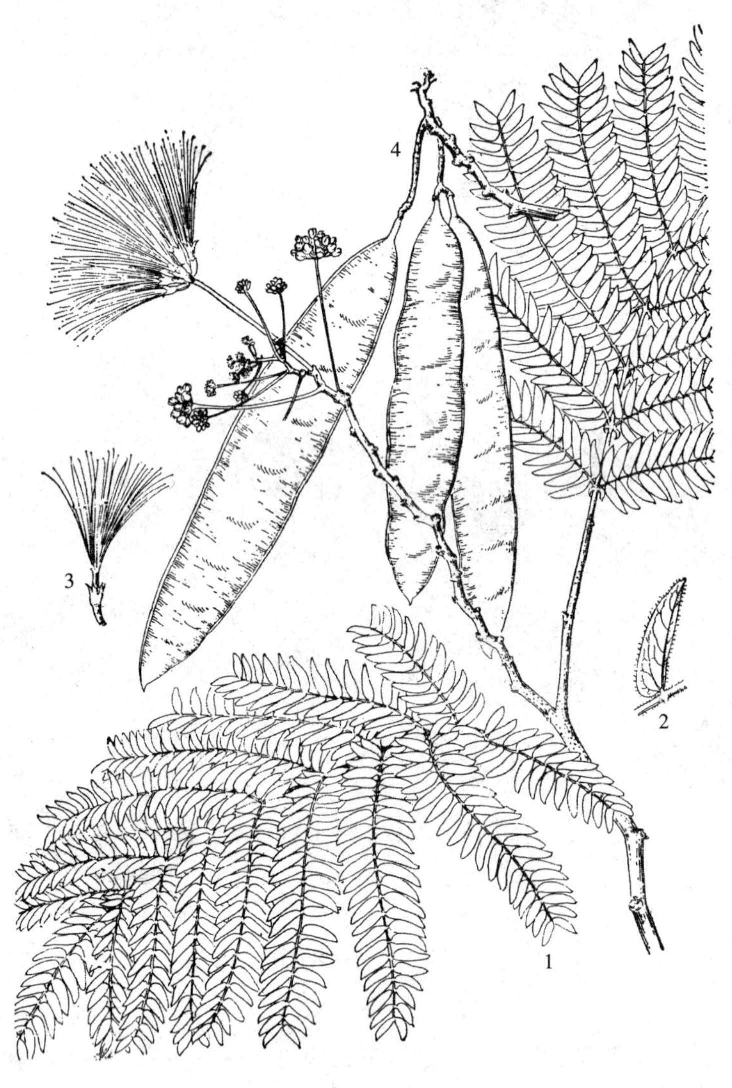

图 11－52　合欢

1. 植株一部分　2. 小叶　3. 花　4. 果实

云实亚科 Caesalpinioideae

木本，稀草本。羽状复叶，托叶多早落。花两侧对称；萼片 5（4），分离或下部合生；花瓣 5，假蝶形花冠；雄蕊 10，有时较少或多数，花丝分离或合生。

【药用植物】

决明 *Cassia tora* L. 一年生半灌木状草本。偶数羽状复叶，小叶 3 对，倒卵形或长圆状倒卵形；每对小叶间的叶轴上有一棒状腺体；托叶线状，被柔毛，早落。花通常成对腋生；萼片 5，分离；花瓣 5，黄色；能育雄蕊 7，花药四方形，顶孔开裂；子房被柔毛。荚果细长，近四棱形。种子多数，菱形，具光泽。主产于江苏、安徽、四川等省，其他省区多有栽培。生于山坡、河边。种子称决明子，能清肝益肾明目、利水通便、降压、降血脂等。含有大黄酚（chrysophanol）、大黄素甲醚（physcion）、决明素（obtusin）等多种蒽醌类化合物。（图 11-53）

本属植物望江南*C. occidentalis* L. 小叶 4~5 对，卵形至椭圆状披针形，具臭气。荚果带状镰刀形。种子卵圆形而扁。其茎叶和种子含多种蒽醌类化合物，能清热解毒。（图 11-53）

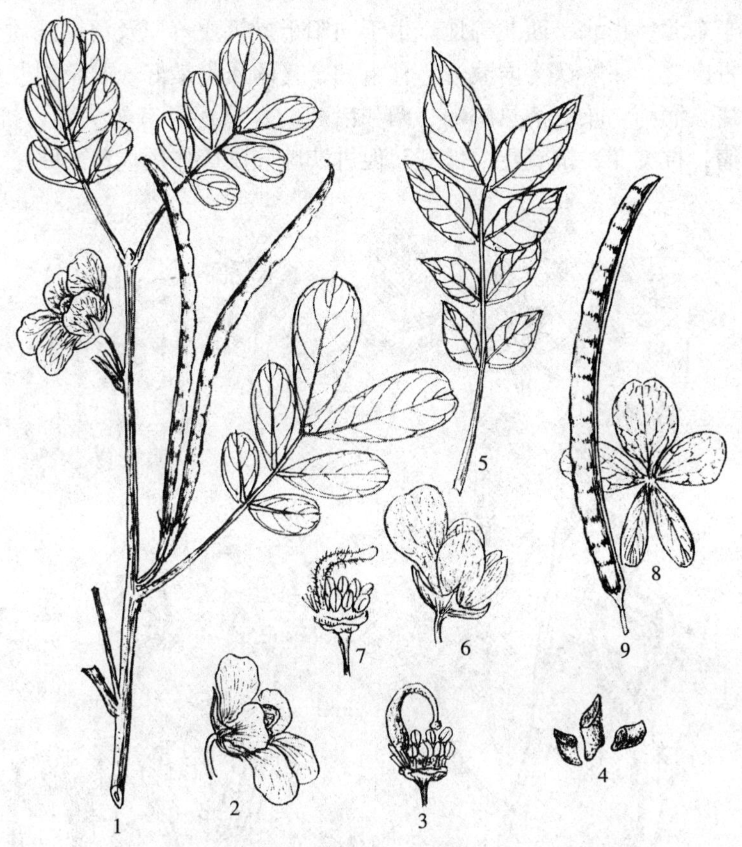

图 11-53　决明（1~4）；望江南（5~9）

1. 植株上部　2. 花　3. 雌蕊和雄蕊　4. 种子　5. 复叶
6. 花　7. 雌蕊和雄蕊　8. 展开花冠　9. 荚果

皂荚 *Gleditsia sinensis* Lam. 落叶乔木，主干上部和枝条上常具圆柱形分枝棘刺。一回偶数羽状复叶，小叶长卵形；总状花序，腋生或顶生；花杂性，雄花花萼 4 裂；花瓣 4，白色或淡黄色；雄蕊 8；雌蕊退化；两性花较大，雄蕊 8；雌蕊能育。荚果扁长条状，成熟后黑棕色，被白色粉霜。南北各地均有分布，多栽培。棘刺能活血消肿，排脓通乳。果实能祛痰开窍，消肿。部分皂荚树因衰老等原因形成不育畸形小荚果，称猪牙皂，能开窍，祛痰，杀虫。

蝶形花亚科 Papilionoideae

草本、木本或藤本。叶为单叶、三出复叶或羽状复叶，常具托叶和小托叶，叶枕发达。花两侧对称；花萼5裂，具萼管；蝶形花冠，花瓣下降覆瓦状排列；雄蕊10，常为二体（9）+1或单体，稀全部分离。

【药用植物】

甘草*Glycyrrhiza uralensis* Fisch. 多年生草本，全株被有白色短毛和腺毛。根和根状茎粗壮，外皮红褐色至暗褐色。地上茎直立或近匍匐，基部稍带木质。奇数羽状复叶，小叶5~17片，卵形或宽卵形，两面均具短毛和腺体，托叶阔披针形，被白色纤毛。总状花序腋生；花冠蓝紫色；雄蕊10，二体。荚果镰刀状或环状弯曲，密被刺状腺毛及短毛。分布于东北、华北、西北等地。生于向阳干燥钙质草原及河岸沙质土，新疆产量最大，内蒙古次之，一般认为内蒙古、甘肃和宁夏的质量最好。甘草根及根茎能益气补中，缓急止痛，润肺止咳、清热解毒、调和诸药。甘草还具有抗病毒，抗菌，抗溃疡，抗炎，抗肿瘤，抗突变，抗氧化，保肝，促进胰腺分泌等作用。（图11-54）

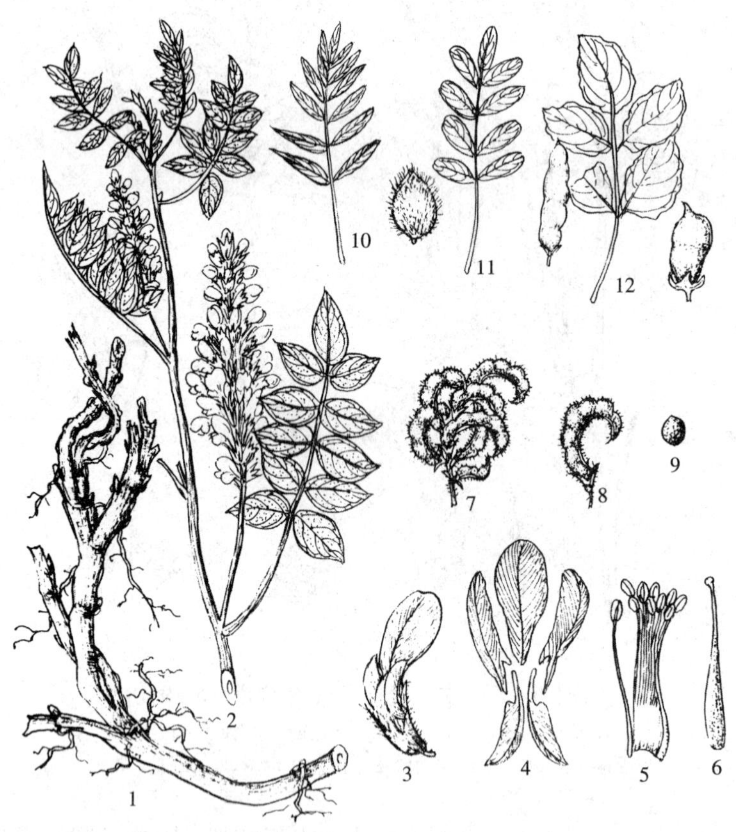

图11-54 甘草（1~9） 刺果甘草（10） 光果甘草（11） 胀果甘草（12）

1. 根茎 2. 枝条 3. 花 4. 展开花冠 5. 雄蕊 6. 雌蕊

7. 果序 8. 荚果 9. 种子 10~12. 叶及荚果

同属植物光果甘草*G. glabra* L. 和胀果甘草*G. inflata* Batal. 的根和根茎同作甘草药用。前者小叶多为椭圆形，花较短。荚果略弯曲，表面近光滑，或被短毛，但无刺状腺毛。主产新疆。后者茎无腺毛，小叶卵形至椭圆形，叶缘常波卷状；花紫红色。荚果长圆形，短小，膨胀，无或略有凹窝，具微柔毛和少许不明显的腺瘤。产于新疆和甘肃。

（图 11－54）

膜荚黄芪*Astragalus membranaceus*（Fisch.）Bge. 多年生直立草本。主根粗壮，圆柱形，稍带木质，外皮土黄色或棕红色。茎上部多分枝，奇数羽状复叶，小叶 6～13 对，卵状披针形或近椭圆形，连同托叶均有白色长柔毛。总状花序腋生；花萼合生，5 齿裂；花冠蝶形，淡黄色，有时近白色，雄蕊 10，二体。子房有长柄，被疏毛。荚果卵状长圆形，膜质，膨胀，被黑色短毛。分布于东北、华北、西北、西南以及西藏等地。生于向阳山坡、河滩砂地和林缘灌丛。东北、内蒙古、河北、山东、山西等地有栽培。根能补气固表，托毒生肌，利水。黄芪中主要成分为皂苷、黄酮和多糖。皂苷类有黄芪苷（astragaloside）Ⅰ～Ⅷ等多种，黄芪对免疫系统和心血管系统具有广泛的药理作用，另具抗衰老、抗氧化、抗病毒、抗癌等多种生物活性。（图 11－55）

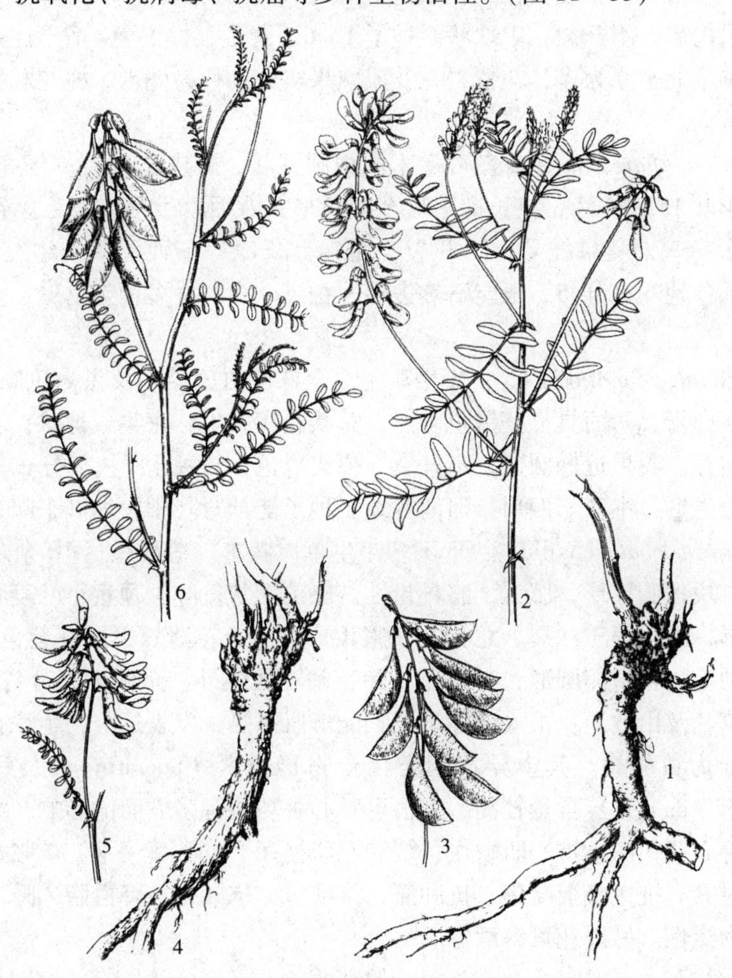

图 11－55　黄芪（1～3）　蒙古黄芪（4～6）

1. 根　2. 花枝　3. 果枝　4. 根　5. 花枝　6. 果枝

蒙古黄芪*A. membranaceus*（Fisch.）Bunge var. *mongholicus*（Bge.）Hsiao 小叶 12～18 对，宽椭圆形或矩圆形，子房及荚果光滑无毛。分布于黑龙江、吉林、辽宁、内蒙古、河北、山西、新疆和西藏等省区。主产于内蒙古、吉林、河北和山西等地。根入

药，同膜荚黄芪。(见图 11－55)

黄芪属部分种类植物的根同作黄芪药用，如金翼黄芪*A. chrysopterus* Bunge 分布于河北、陕西、山西、甘肃、宁夏、青海和四川；多花黄芪*A. floridus* Benth 分布于青海、四川和西藏；梭果黄芪*A. ernestii* Comb. 分布于四川、云南和甘肃；东俄洛黄芪*A. tongolensis* Ulbr. 分布于四川西部。

多序岩黄芪*Hedysarum polybotrys* Hand. －Mazz. 的根入药称红芪，功效与黄芪相近，分布于甘肃、四川等省。

槐*Sophora japonica* L. 落叶乔木，树皮灰褐色。羽状复叶，小叶 7～15 片，卵形或卵状长圆形，先端渐尖而具细突尖，下面疏生短柔毛，基部膨大成叶枕。圆锥花序顶生；萼钟状，花冠蝶形，乳白色或淡黄色；雄蕊 10，分离，不等长；子房有细毛，花柱弯曲。荚果肉质，不开裂，串珠状。种子 1～6，肾形，棕黑色。全国各地普遍栽培，以黄土高原和华北平原为多，花蕾、花及成熟果实分别称为槐米、槐花和槐角，能凉血止血，清肝泻火。

苦参*Sophora flavescens* Ait. 落叶灌木。根圆柱状，外皮黄白色。茎直立，多分枝。羽状复叶，小叶 15～29 片，狭长椭圆形至披针形，背面密生平贴柔毛。花淡黄色，蝶形；雄蕊 10，分离。荚果线形，不开裂，先端具长喙，于种子间微缢缩。种子黑色，近球形。全国各地均有分布，根能清热去湿，祛风杀虫。含多种生物碱、黄酮和三萜类成分。

补骨脂*Psoralea corylifolia* L. 一年生草本。全株被白色柔毛及黑褐色腺点。茎直立，单叶，叶片阔卵形，两面具显著黑色腺点。总状花序腋生，密集成穗状；花淡紫色或黄白色；花萼宿存。荚果近椭圆形，不开裂，果皮黑色，含种子 1 枚。分布于西北、西南和华南等部分省区，主产于四川、河南等地。种子能补肾壮阳，纳气平喘，温脾止泻。

野葛*Pueraria lobata*（Willd.）Ohwi 多年生草质藤本。茎蔓长达 10 余米，全株被有黄褐色粗毛。块根圆柱形，肥大，略具粉性。三出羽状复叶，顶生小叶菱状矩圆形，侧生小叶斜卵形，常不等三浅裂。总状花序腋生或顶生；花冠蝶形，蓝紫色。荚果条形，密生黄色长硬毛。种子卵圆形，有光泽。除新疆、西藏外，全国大部分省区均有分布。生长于路边草丛及山坡。块根入药称葛根，能解肌退热，发表透疹，生津止渴，升阳止泻。主要成分为黄酮类。其中异黄酮类化合物葛根素（puerarin），大豆苷元（daidzein），大豆苷（daidzin）含量较高，葛根可对心脏功能有多方面的影响，如提高心肌工作效率、改善心肌代谢、抗心肌缺血、缓和心肌梗死、抗心率失常、扩张冠状动脉、降血压等；同时具有抗血小板凝集，抗肿瘤，抗缺氧，抗氧化，降血脂，降血糖，益智解毒等多种生物活性。另外花可解酒毒。

同属植物甘葛藤*P. thomsonnii* Benth. 的块根一同作为葛根入药，药材上称为“粉葛”，分布于广东、广西、四川、云南等地。此外同属的三裂叶葛藤*P. phaseoloides*（Roxb.）Benth.、食用葛藤*P. edulis* Pamp.、峨眉葛藤*P. omeiensis* Wang et Tang 的根在部分地区也作葛根入药。

密花豆*Spatholobus suberectus* Dunn 木质藤本，长达数十米。老茎扁圆柱形，砍断可见数圈偏心环，有鲜红色汁液从断口处流出。三出复叶，小叶阔椭圆形，两面被疏毛。

圆锥花序腋生，被黄色柔毛；花白色肉质，雄蕊 10，二体。荚果扁平舌状，被黄色柔毛，种子 1 颗，生于荚果顶部。分布于广东、广西、云南和福建等地。茎藤称鸡血藤，能补血、活血、通络。含甘草查尔酮（licochalcone）A、刺芒柄花素（formononetin）、芒柄花苷（ononin）等。具扩张血管、抗血小板凝集等作用。

广金钱草*Desmodium styracifolium*（Osbeck）Merr. 草本，半灌木状。枝条密生黄色长柔毛。小叶 3 或 1，近圆形或长圆形，密生金黄色平匐绒毛。总状花序腋生或顶生；花小，紫色，有香气。荚果具短柔毛和钩状毛。分布于华南和西南部分省区。全草能清热利湿，通淋排石。

24. 蒺藜科 Zygophyllaceae $⚥\ * K_{5\sim4}C_{5\sim4}A_{5,10,15}\underline{G}_{(5:5:1\sim\infty)}$

草本，小灌木。叶对生或互生，托叶 2，宿存，常成刺状。花辐射对称，单生于叶腋，或成总状或圆锥状花序，顶生。花 5 或 4 基数，萼片覆瓦状排列，常有发达的花盘；雄蕊与花瓣同数或为其 2～3 倍，外轮与花瓣对生，花丝离生，常于基部或中部具鳞片状附属物；子房上位，4～5（2～12）室。蒴果、分果或浆果状核果。

本科约 30 属，240 余种，主要分布于两半球的干旱地区。我国有 5 属，33 种，药用 4 属 11 种。主要有骆驼蓬属 *Peganum*、白刺属 *Nitraria*、蒺藜属 *Tribulus*、四合木属 *Tetraena* 等。

本科主要含有：①生物碱类，以 β－咔波林和喹唑林衍生物为主；②黄酮类，主要为槲皮素、山萘酚、异鼠李素的衍生物；③皂苷类，包括甾体皂苷和三萜皂苷。

【药用植物】

蒺藜*Tribulus terrestris* L. 一年生匍匐草本。基部多分枝，全株被绢丝状柔毛。偶数羽状复叶对生，一长一短；小叶 6～8 对（短者 3～5 对），长椭圆形。花淡黄色，整齐，单生于短叶的叶腋；花萼 5，卵状披针形，宿存；花瓣 5，倒卵形；雄蕊 10，着生于花盘基部，花丝基部具鳞状腺体。果实由 5 个呈星状排列的分果组成，每分果具长短棘刺各一对，以及短硬毛和瘤状突起。分布于全国各地。主产于华东，以及陕西、四川等地。生于田边路旁，果实入药，能平肝解郁，活血祛风，明目止痒。含刺蒺藜苷（tribuloside），以及黄酮类化合物和薯蓣皂苷元（diosgenin）等，具降压、增强心肌收缩、抗心肌缺血、抗动脉粥样硬化、抗血小板凝集、强壮、抗衰老、增强性功能等作用。（图 11－56）

同属大花蒺藜*T. cistoides* L. 分布于海南及云南等地，为多年生草本，每分果仅具 1 对针刺，也作蒺藜药用。

25. 芸香科 Rutaceae $* K_{3\sim5}C_{3\sim5}A_{3\sim\infty}\underline{G}_{(2\sim\infty:2\sim\infty:1\sim2),\,2\sim\infty:2\sim\infty:1\sim2}$

乔木，灌木，稀草本。叶或果实上常有透明腺点，含挥发油。叶互生，多为复叶。叶柄多具翅，无托叶。花辐射对称，两性，稀单性；单生或簇生，或排成总状、聚伞或圆锥花序；萼片 3～5，离生，基部合生；花瓣 3～5，离生，镊合状或覆瓦状排列；雄蕊 8～10，稀多数，着生于环状或杯状的花盘基部；子房上位，心皮 2 至多数，合生，少数离生，每室胚珠 1～2，柑果、蒴果、蓇葖果或核果，染色体：x＝7、8、9、11、13。

本科植物约 150 属，1700 种，分布于热带和温带。我国有 29 属，约 154 种，药用

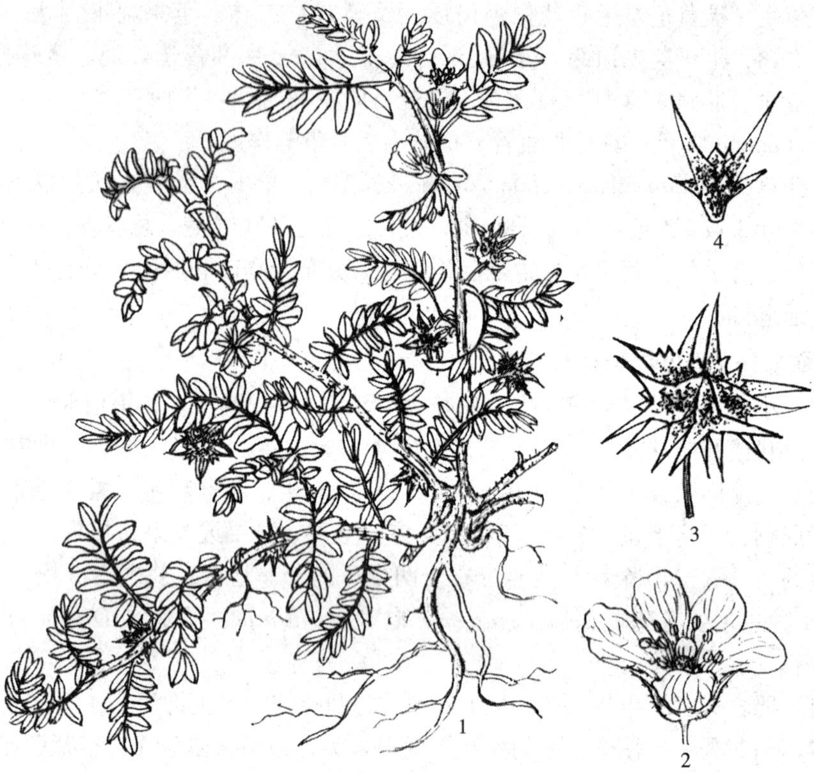

图 11-56 蒺藜

1. 植株 2. 花 3. 果实 4. 分果

100 余种，南北均有分布，长江以南为多。

本科化学成分多种多样，主要为生物碱类、挥发油类、香豆素类、黄酮类和木脂素类。生物碱类型众多，其中吖啶型、呋喃喹啉型和吡喃喹啉型生物碱几乎仅存于本科，具有重要的分类学意义。油腺中的挥发油成分复杂，主要为各种萜类，如 *d*-苧烯、枸橼醛、芳樟醇等。黄酮类化合物类型多样，其中双氢黄酮和黄酮醇较多，如橙皮苷、川陈皮素等。

【药用植物】

橘 *Citrus reticulata* Blanco 常绿小乔木或灌木，常有枝刺。单身复叶，小叶披针形至卵状披针形，翅不明显，互生，革质，具透明油室。花单生或簇生于叶腋，黄白色；雄蕊多数，花丝常 3~5 枚合生；子房多室。柑果，外果皮密布油点，具香气。长江以南广泛栽培，为我国著名果品之一，栽培变种众多，中果皮与内果皮之间的维管束群称橘络，能宣通经络，顺气活血。种子称橘核，幼果或未成熟果实的果皮称青皮，能疏肝破气，消积化痰。橘叶入药同橘核。

酸橙 *Citrus aurantium* L. 常绿小乔木，小枝三棱形，具刺。单身复叶，互生，革质，具透明油点；叶柄上的翅呈倒心形或狭长形。花白色，芳香；单生或数朵簇生于叶腋或新技顶端；雄蕊多于 20；心皮 7~12 个。柑果近球形。5~6 月间采摘或自然脱落的幼小果实称枳实，能破气消积，化痰散痞。长江流域及其以南省区均有栽培，主产四川江津、湖南沅江和江西新干，分别称川枳实、湘枳实和江枳实。7 月下旬至 8 月上旬采摘的未成熟果实，横切两半称枳壳，可理气宽中、行滞消胀。

甜橙*C. sinensis*（L.）Osbeck 的干燥幼果也作枳实入药。

香圆*C. wilsonii* Tanaka 也作枳实或枳壳入药，能舒肝理气，宽心，化痰。

黄檗(关黄柏）*Phellodendron amurense* Rupr. 乔木。树皮具不规则网状纵沟，木栓层厚而软，内皮鲜黄色。奇数羽状复叶，对生，小叶 5～13 片，卵形或卵状披针形，叶缘具细锯，齿间具腺点，主脉基部两侧密被柔毛。圆锥状聚伞花序，雌雄异株；花小，黄绿色；雄花具雄蕊 5；雌花子房有短柄，5 室，雄蕊退化呈鳞片状。浆果状核果呈球形，熟时紫黑色。分布于东北和华北。生于山地混杂林中或山谷溪边，除去栓皮的树皮称关黄柏，能清热燥湿、泻火除蒸、解毒疗疮。（图 11－57）

同属植物黄皮树*P. chinense* Schneid. 小叶 7～15 片，下面密生长柔毛；木栓层薄。分布于四川、湖北、云南等省。其树皮称川黄柏，作用同关黄柏。（图 11－57）

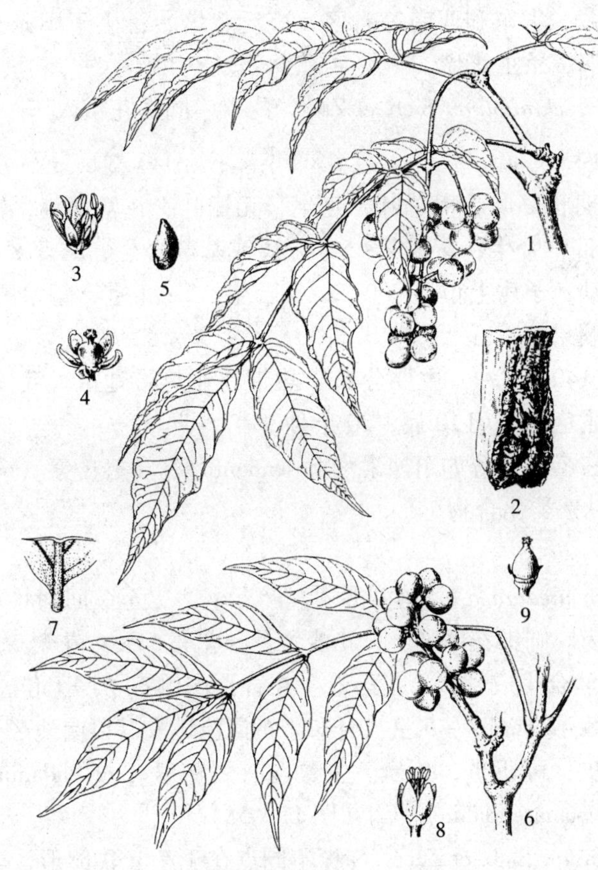

图 11－57　黄檗（1～5）　黄皮树（6～9）

1. 果枝　2. 树皮　3. 雄花　4. 雄花　5. 种子　6. 果枝　7. 叶背面具毛茸　8. 雄花　9. 除去花被后的雌花

吴茱萸*Evodia rutaecarpa*（Juss.）Benth. 落叶灌木或小乔木，幼枝紫褐色，连同叶轴及花序轴均被锈色长柔毛。奇数羽状复叶，对生，小叶 5～9，椭圆形，下面密被长柔毛，具透明油点。雌雄异株，聚伞圆锥花序顶生，花白色；雄花具雄蕊5，花药基着；雌花退化雄蕊鳞片状，子房5心皮。蓇果扁球形，成熟时开裂成5瓣，呈蓇葖果状，紫红色，有腺点。每分果含种子1粒，黑色，具光泽。分布于陕西、甘肃、贵州、广西、湖南、云南、浙江、四川等地。以贵州、广西产量较大，湖南常德所产质量最好。生于低海拔向阳林下或林缘旷地。果实能散寒止痛，降逆止呕，助阳止泻。

石虎 *E. rutaecarpa*（Juss.）Benth. var. *officinalis*（Dode）Huang 和疏毛吴茱萸 *E. rutaecarpa*（Juss.）Benth. var. *bodinieri*（Dode）Huang 为吴茱萸的两个变种，其果实也作吴茱萸入药。

花椒 *Zanthoxylum bungeanum* Maxim. 落叶灌木或小乔木。茎干通常具皮刺。奇数羽状复叶，互生，叶轴两侧具一对皮刺；小叶5~11片，卵形或卵状长圆形，主脉背面具刺。聚伞状圆锥花序顶生；花单性，花被片4~8；雄花雄蕊4~8；雌花心皮4~6，仅2~3个成熟。蓇葖果球形，密生疣状突起的腺体。种子卵圆形，黑色，具光泽。分布于华北、西北、西藏、华东和西南等省区，广泛栽培。喜生于阳光充足，温暖肥沃之处。果实可温中止痛，杀虫止痒。

本属植物青椒 *Z. schinifolium* Sieb. et Zucc. 的果实同作花椒入药。

26. 楝科 Meliaceae $⚥ * K_{(4\sim5),(6)} C_{4\sim5,3\sim10,(3\sim10)} A_{(8\sim10)} \underline{G}_{(2\sim5:2\sim5:1\sim2)}$

乔木或灌木。羽状复叶，稀单叶，互生，无托叶。花常两性，辐射对称，圆锥花序；花萼4~5，基部常合生；花瓣4~5，分离或基部合生；雄蕊8~10，**花丝合生成管状**；具花盘，或缺；子房上位，心皮2~5合生，2~5室，每室具胚珠1~2，稀更多。蒴果、浆果或核果。

本科约50属，1400余种，主要分布于热带和亚热带地区。我国有15属，59种，分布于长江以南各省区。药用10属，20余种。

本科植物含有三萜类成分如川楝素（toosendanin）、洋椿苦素（cedrolone）、米仔兰醇（aglaiol）及香豆素类化合物。

【药用植物】

楝（苦楝）*Melia azedarach* L. 落叶乔木。叶互生，二至三回羽状复叶，小叶卵形至椭圆形，边缘有钝齿。圆锥花序腋生；花淡紫色，花萼5裂；花瓣5，倒披针形，被短柔毛；雄蕊10，花丝合生成管状，花药着生在管顶内侧；子房上位，4~5室。核果近球形，黄色直径1.5~2 cm，4~5室。分布于黄河流域及其以南地区。多为栽培。树皮和根皮入药称苦楝皮，可驱虫，疗癣。主要含有川楝素（toosendanin）、苦楝酮（kulinone）、异川楝素（isotoosendanin）等。（图11-58）

川楝 *Melia toosendan* Sieb. et Zucc. 与楝不同点在于小叶狭卵形，全缘或具不明显的疏锯齿。核果直径约3cm，6~8室。分布于四川、云南、贵州、湖南、湖北、河南、甘肃等省。除作苦楝皮入药外，果实称川楝子，能舒肝行气，止痛驱虫。（图11-58）

27. 远志科 Polygalaceae $⚥ \uparrow K_5 C_{3,5} A_{(4\sim8)} \underline{G}_{(1\sim3:1\sim3:1\sim\infty)}$

草本，灌木，稀小乔木。单叶，互生，全缘，无托叶。**花两性，两侧对称**；排成总状或穗状花序；萼片5，不等大，最内2片显著，常呈花瓣状；花瓣5或3，不等大，

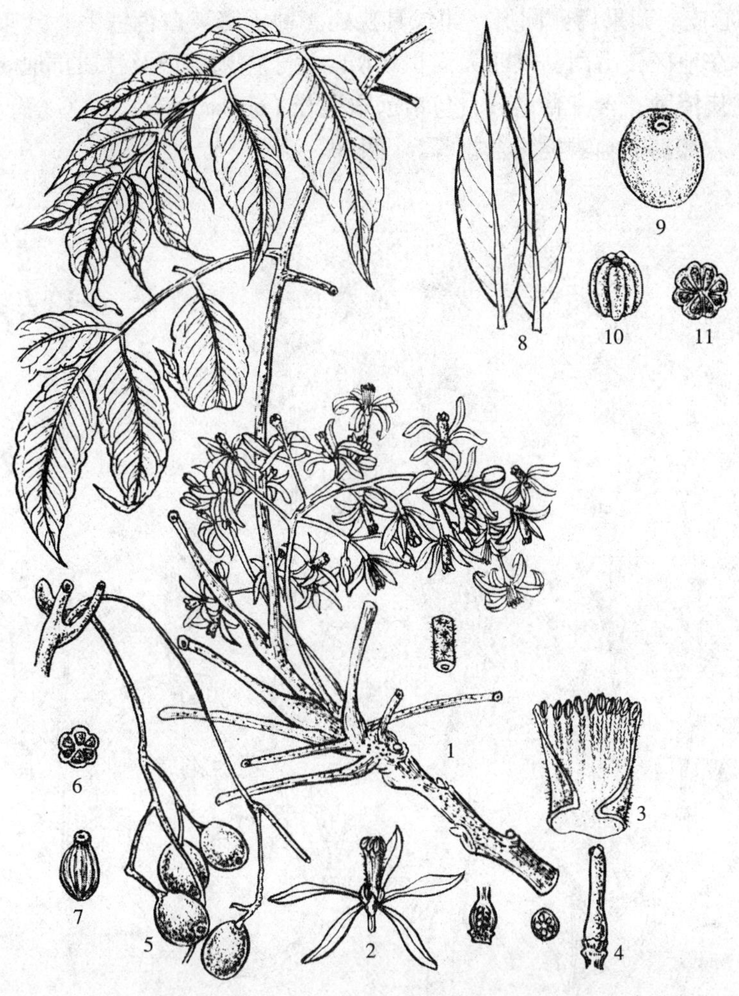

图11－58　楝（1～7）　川楝（8～11）

1. 花枝　2. 花　3. 展开雄蕊　4. 雌蕊　5. 果枝　6. 果核横切面
7. 果核　8. 小叶　9. 核果　10. 果核　11. 果核横切面

最下面1枚呈龙骨状，顶部具鸡冠状附属物；雄蕊8，稀4～5，花丝合生成鞘状，且多少与花瓣基部合生，花药顶孔开裂；子房上位，1～3心皮合生，通常2室，每室具1胚珠。蒴果、核果或坚果。种子常有毛或假种皮。染色体：x＝5、8、12、14、15、17。

本科约16属，1000种，分布于热带和温带地区。我国有5属，近50种，全国均有分布。药用约3属，30种。

本科植物含三萜皂苷，如远志皂苷（tenuigenin）；此外还含有生物碱，如远志碱（tenuidine）、屾酮类化合物、甾类化合物等。

【药用植物】

远志*Polygala tenuifolia* Willd. 多年生小草本，高25～40cm。茎丛生，纤细。单叶互生，线形，侧脉不明显。总状花序顶生，花梗纤细，稍下垂；萼片5，其中2片呈花瓣状，绿白色；花瓣3，龙骨瓣顶部有鸡冠状附属物，紫色；雄蕊8，花丝合生成鞘状；

子房上位，2 心皮。蒴果扁卵圆形，边缘具狭翅。种子密被白色绒毛。分布于东北、华北、西北和华东地区，山西、陕西大面积栽培。生于向阳山坡及沙质草地。根皮或根能安神益智、祛痰消肿。含三萜皂苷，包括远志皂苷（onjisaponin）A ~ G 等，此外还有多种生物碱、远志寡糖、呫酮类化合物等。（图 11 – 59）

图 11 – 59　远志（1 ~ 4）　卵叶远志（5）　瓜子金（6）

1. 根　2. 花枝　3. 花　4. 果实

卵叶远志（西伯利亚远志）*P. sibirica* L. 与远志不同点在于：叶椭圆形至矩圆状披针形。花蓝紫色。蒴果近倒心形，周围疏生短睫毛。分布于各地。根药用同远志。（图 11 – 59）

瓜子金*P. japonica* Houtt. 叶披针形或狭椭圆形。蒴果边缘有宽翅。分布于东北、华北、华中、华东和西南各地。全草或根能活血化瘀、化痰止咳、解毒、消肿。（图 11 – 59）

28. 大戟科 Euphorbiaceae　　$♂ * K_{0\sim5}C_{0\sim5}A_{1\sim\infty}$；$♀ * K_{0\sim5}C_{0\sim5}\underline{G}_{(3:3:1\sim2)}$

木本或草本，常含乳汁。多单叶、互生，间有对生；叶基部常具腺体；托叶早落或缺。花单性，雌雄同株或异株；花序穗状、总状、聚伞状，或为杯状聚伞花序（cyathium)；萼片多5~2，稀1或缺；无花瓣或稀有花瓣，具花盘或腺体；雄蕊1至多数，花丝分离或连合，或仅1枚；雌蕊3心皮，子房上位，3室，中轴胎座，每室具1~2胚珠。蒴果，少数为浆果或核果；种子具胚乳。染色体：x=4~11、12。

本科约300属，8000余种，广布全世界各地，主产于热带。我国约66属，364种。主要分布长江以南各省。药用39属，160余种。

根据植物是否具乳汁、子房室中胚珠的数目等特征分为多个亚科：如大戟亚科 Euphorbioideae，具乳汁，每室1胚珠，主要为大戟属 *Euphorbia*；巴豆亚科 Crotonoideae，具乳汁，每室含1胚珠，本亚科经济价值较大，包括巴豆属 *Croton*、橡胶树属 *Hevea*、乌桕属 *Sapium*、木薯属 *Manihot*、野桐属 *Mallotus*、蓖麻属 *Ricinus*、油桐属 *Vernicia*、麻疯树属 *Jatropha* 等；铁苋菜亚科 Acalyphoideae，无乳汁，每室含1胚珠，包括铁苋菜属 *Acalypha*；叶下珠亚科 Phyllanthoideae，无乳汁，每室含2胚珠，包括叶下珠属 *Phyllanthus*、一叶楸属 *Securinega* 等。

本科植物化学成分十分复杂，主要有生物碱、萜类、氰苷、硫苷等，种子中富含脂肪油和蛋白质，多具毒性，如毒性球蛋白、巴豆毒素（crotin）、蓖麻毒素（ricin）等。生物碱分布在巴豆属、一叶楸属、蓖麻属、铁苋菜属等，如一叶楸碱（securinine）、N－甲基散花巴豆碱（N－methy lcrotoparinine）等；二萜类生物活性较强，主要分布于大戟属、巴豆属、麻疯树属和乌桕属；大戟属植物乳汁中含有大量的三萜类化合物。

【药用植物】

大戟*Euphorbia pekinensis* Rupr. 多年生草本，具白色乳汁。单叶，互生，披针形至长椭圆形。多歧聚伞花序，总伞梗基部具5~8个卵形或卵状披针形的叶状总苞片，每伞梗常具2级分枝3~4个，其基部着生卵圆形叶状苞片3~4，末级分枝顶端着生杯状聚伞花序，其外面围以黄绿色杯状总苞，总苞顶端具相间排列的萼状裂片和肥厚肉质腺体，内部着生多数雄花和1枚雌花。雄花仅具1雄蕊，花丝和花柄间有关节是花被退化的痕迹；雌花位于花序中央，仅具1雌蕊，子房具长柄，突出且下垂于总苞之外，子房上位，3心皮合生，3室，每室具1胚珠，花柱3，上部常2叉。蒴果三棱状球形，表面具疣状突起。除新疆、西藏、海南、云南、广东、广西外均有分布，主产山东、江苏等地。根有毒，能致泻、利尿和降压。（图11－60）

同属药用植物还有：月腺大戟*E. ebracteolata* Hayata，狼毒大戟*E. fischeriana* Steud.，甘遂*E. kansui* Liou，续随子*E. 1athyris* L.，地锦草*E. humifusa* Willd.，泽漆*E. helioscopia* L. 等。

巴豆*Croton tiglium* L. 常绿小乔木或灌木。幼枝绿色，疏被星状毛。单叶互生，卵形至长圆状卵形，两面疏生星状毛，基部近叶柄处具2枚无柄杯状腺体。花单性，雌雄同株；总状花序顶生，雄花在上，萼片5，花瓣5，反卷，雄蕊多数，分离；雌花在下，萼片5，宿存，无花瓣，上房上位，3室。蒴果卵形，具3钝棱，密被星状毛。分布于长江以南地区，野生或栽培。种子有大毒，能泻下祛积，逐疾行水。外用可蚀疮。根可治风湿性腰腿疼和跌打损伤。

蓖麻*Ricinus communis* L. 北方为一年生草本，在南方常成灌木。叶互生，叶片掌状7~9深裂，叶柄盾状着生，有腺体。花单性，雌雄同株；花序总状或圆锥状；雄花在

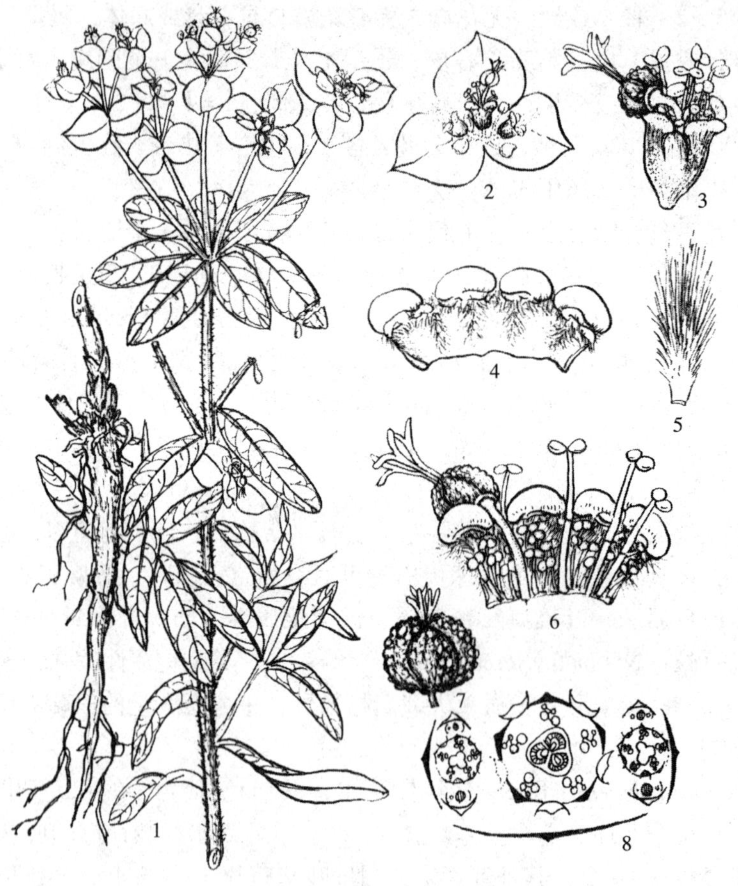

图 11-60 大戟

1. 植株 2. 小聚伞花序 3. 杯状聚伞花序 4. 展开的杯状总苞 5. 总苞中的鳞片 6. 展开的杯状聚伞花序示腺体、雄蕊及雌蕊 7. 蒴果 8. 花图式

下，花被 3～5 裂，雄蕊多数，花丝多分枝；雌花在上，花被 3～5 裂，子房上位，3 室，花柱 3，各 2 裂。蒴果长圆形，密被刺状突起。种子具斑状花纹，具种阜。我国各地均有栽培。种子经冷榨所得的蓖麻油，具泻下通便作用。种子含蛋白质 18%～26%，包括多种蓖麻毒蛋白（ricin），捣烂外用，能提毒拔脓，泻下通滞。

余甘子*Phyllanthus emblica* L. 落叶小乔木或灌木。树皮灰白色，易片状脱落，露出赤红色内皮。单叶互生，线状长圆形，呈羽状复叶状。花单性同株，簇生于叶腋，每簇具雌花 1 朵和雄花多数；萼片 5～6，黄色，无花瓣；雄花具腺体，雄蕊 3，花丝合生呈柱状；雌花花盘杯状。蒴果球形。分布于西南，华南等省区。生于疏林，向阳山坡地。果实能清热凉血、消食健胃、生津止咳。含多种鞣质，如没食子酸（gallic acid）等，具抑菌等活性。

叶下珠*Phyllanthus urinaria* L. 本种与余甘子主要区别在于：一年生直立草本。花几无梗，雄花 2～3，簇生叶腋；雌花单生。分布于长江以南地区。全草入药可平肝清热，利水解毒。

本科除上述常用药用植物外，尚有多种重要经济植物。如：油桐*Aleurites fordii* Hemsl. 种仁含油量达40%以上，称桐油，为优良的干性油，是我国著名特产之一。乌桕*Sapium sebiferum*（L.）Roxb. 根皮、叶能清热解毒，止血止痢，有小毒。种子表皮蜡质是生产蜡烛和肥皂的原料；种子油为干性油，可作油漆的生产原料。橡胶树*Hevea brasiliensis* Muell. – Arg. 为优良的橡胶植物。一叶萩*Securinega suffruticosa*（Pall.）Rehd. 枝条、叶能活血通络，是提取一叶萩碱的原料。

29. 漆树科 Anacardiaceae　⚥ $* K_{(3\sim5)} C_{3\sim5,(3\sim5)} A_{5\sim10} \underline{G}_{(1\sim5:1\sim5:1)}$

木本，韧皮部具离生性树脂道。复叶或单叶，互生，稀对生，掌状三小叶或奇数羽状复叶。无托叶。花多辐射对称，两性、单性或杂性；圆锥花序顶生或腋生，花萼多少合生，3~5裂；花瓣3~5，离生或基部合生，稀缺；花盘环状或杯状；雄蕊通常5或10；子房上位，心皮1~5，合生，1室，稀2~5室，每室具1倒生胚珠。核果，种子无胚乳或少量胚乳。染色体：x=10、12、14、15、20、21、30。

本科61属，600余种，主要分布于热带、亚热带地区，少数分布于北温带。我国有16属，56种，主要分布于长江以南各省。药用14属35种。

本科化学成分多含鞣质、黄酮类、树脂类和三萜类化合物。

【药用植物】

盐肤木*Rhus chinensis* Mill. 小乔木或灌木，树皮具白色汁液。奇数羽状复叶，叶轴及叶柄具狭翅，小叶7~13，卵形或椭圆形，具粗齿。大型圆锥花序顶生，密被灰褐色毛；雄花萼裂片长卵形，边缘具睫毛；花瓣外卷；雄蕊伸出；雌花萼裂片短；雄蕊极短，花盘无毛；子房卵形，密被白色柔毛，花柱3，柱头头状。核果扁圆形，熟时红色。分布很广，除青海、新疆等地外，几遍全国。盐肤木是角倍蚜 *Melaphis chinensis*（Bell.）BaRer 的寄主植物之一。其春季迁移蚜（有翅，雌虫）在盐肤木幼叶上产生无翅雌雄蚜虫，经交配产生无翅单性雌虫（干母），侵入幼叶，刺激组织膨大形成虫瘿，干母营单性生殖形成大量幼虫，虫瘿长大后呈菱形、卵圆形、或纺锤形，具角状突起，故称“角倍”。秋季虫瘿中逐渐形成有翅成虫，角倍裂开后迁飞到第二寄主提灯藓属（*Mnium*）植物上越冬。角倍称五倍子，五倍子含有大量鞣质，可敛肺降火，涩肠止泻，敛汗止血，收湿敛疮。(图11–61)

肚倍蚜寄生在青肤杨*R. potaninii* Maxim. 及红肤杨*R. punjabensis* Stew. var. *sinica*（Diels）Rehd. et Wils. 形成的虫瘿呈长圆形或纺锤形，无角状突起，称肚倍，同作五倍子入药。

南酸枣(五眼睛果) *Choerospondias axillaris*（Roxb.）Burtt et Hill 落叶大乔木，枝紫黑色。奇数羽状复叶互生，小叶7~15，卵状披针形，基部偏斜。花杂性，异株，雄花和假两性花成聚伞状圆锥花序；雄花序疏被微柔毛或无；花萼裂片三角状卵形，里面被毛，边缘具腺毛；花瓣开花时外卷；花盘盘状，雄蕊10；雌花单生上部叶腋，较大；子房卵球形，5室。核果椭圆形或卵形，熟时黄色，中果皮肉质，果核骨质坚硬，顶端有5小孔，有膜质盖。分布于湖南、湖北、广东、广西、云南、贵州、福建、浙江等地。生于山坡或沟谷林中。果实入药称广枣，可行气活血，养心安神。含黄酮类化合物具保护心肌的作用。树皮能收敛，止血，止痛。

图 11－61　盐肤木

1. 枝条　2. 部分复叶（示角倍）　3. 雌花　4. 雄花　5. 核果

漆树*Toxicodendron verniciflum*（Stokes）F. A. Barkl. 特产于我国，广泛栽培。割伤树皮，流出的乳汁干涸后称干漆，药用能破瘀血，杀虫。

30. 冬青科 Aquifoliaceae

♂ $* K_{(3\sim6)} C_{4\sim5,(4\sim5)} A_{4\sim5}$；♀ $* K_{(3\sim6)} C_{4\sim5,(4\sim5)} \underline{G}_{(3\sim\infty:3\sim\infty)}$

乔木或灌木，多常绿。单叶互生；托叶早落。花腋生，或成聚伞花序，单性异株，或杂性；花小，辐射对称，花萼 4（3～6）裂，基部多少连合常宿存；花瓣 4～5，多基部合生；雄蕊与花瓣同数而互生；子房上位，2 至多数心皮，合生成 2 至多室，每室具胚珠 1～2。浆果状核果，由 2 至多个分核组成，每分核含 1 种子。染色体：x＝18、20。

本科 3 属，400 余种，广布热带和亚热带地区。我国仅有冬青属（*Ilex*）1 属，160 余种，药用 44 种，主要分布于长江流域及以南地区。

本科冬青属植物可用于清热解毒、消炎、镇咳、祛痰及治疗心血管疾病，主要活性成分为三萜类及其皂苷，目前已经发现 100 余种，苷元主要为五环三萜类，大致可分为乌苏烷型、齐墩果烷型和羽扇烷型；黄酮类是另一类主要化合物，如山萘酚、槲皮素、异鼠李素等；另外还有生物碱、鞣质及香豆素等。

【药用植物】

枸骨*Ilex cornuta* Lindl. ex. Paxt. 常绿灌木或小乔木。叶互生，硬革质，叶片长圆状，两侧各具棘刺1～2个。花单性异株。簇生于二年生枝上。花瓣4，黄绿色；雄蕊4，与花瓣互生；子房上位，4室。核果球形，熟时红色，具分核4枚。分布于长江中下游地区，主产于江苏、河南等地。生于杂木林和灌丛中。叶称功劳叶，能清热养阴，平肝益肾。果实称枸骨子，能补肝肾，强筋活络，固涩下焦。（图11－62）

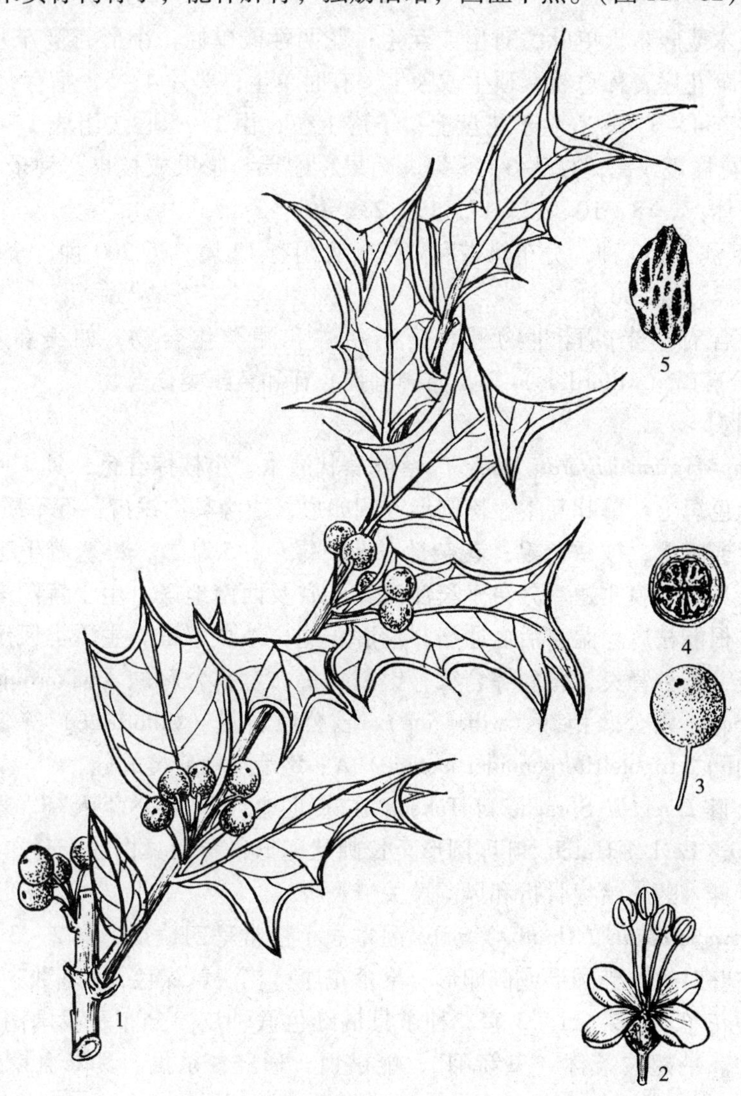

图11－62　枸骨

1. 果枝　2. 花　3. 果实　4. 果实横切面　5. 分核

大叶冬青*Ilex latifolia* Thunb. 常绿乔木。叶厚革质，螺旋状着生，长椭圆形或卵状椭圆形。聚伞花序，密集叶腋；花杂性，4基数，花被片基部合生。核果球形，分核长4mm。分布于广东、广西、福建、浙江、安徽、江苏等地。嫩叶为我国南部及西南部传统用药，民间使用历史悠久，称“苦丁茶”。能散风热、清头目、除烦渴。

目前有5科16种1变种在不同地区作为苦丁茶饮用。其中来自大叶冬青和扣树 *I. kaushue* H. Y. Hu（*I. kingdingcha* C. J. Tseng）的苦丁茶为主流产品。扣树叶薄革质，果实分核长约7 mm。

此外，本属植物冬青*I. purpurea* Hassk. 的叶片作四季青入药，能清热解毒，活血止血，生肌敛疮。

31. 卫矛科 Celastraceae $⚥ * K_{(4\sim5)} C_{4\sim5} A_{4\sim5} \underline{G}_{(1\sim5:1\sim5:1\sim2)}$

乔木、灌木或藤木。单叶，对生或互生；花两性或单性，小形，整齐，常带绿色，辐射对称；聚伞花序，稀总状，顶生或腋生，有时单生；萼片4~5，宿存；花瓣4~5；花盘发达；雄蕊4~5，常着生于花盘上；子房上位，由1~5心皮组成1~5室，通常每室胚珠2；花柱短或无，柱头3~5裂。蒴果、翅果、浆果或核果；种子常具鲜艳的假种皮。染色体：x=8、10、12、17、19、23、40。

本科约55属，850种，分布热带和温带。我国有12属，近200种，全国各地均有分布，药用9属，近100种。

本科主要含有倍半萜酯生物碱和倍半萜醇和酯类化合物，如美登木碱（maytansine），雷公藤碱（wilfordine）等，尚含有强心苷和黄酮类化合物。

【药用植物】

雷公藤*Tripterygium wilfordii* Hook. f. 落叶藤状灌木。小枝棕红色，具4~6棱，密生瘤状皮孔和锈色短毛。单叶互生，椭圆形或阔卵形，边缘具细锯齿，近革质。圆锥状聚伞花序，顶生或腋生，被锈色毛；花杂性，花白绿色，5基数；雄蕊着生于花盘边缘。蒴果长圆形，具3片膜质翅。分布于长江流域各省及西南地区。生于背阴多湿的山坡、山谷或溪边。根能祛风除湿，活血通络，消肿止痛，杀虫解毒。主治类风湿性关节炎，风湿性关节炎，各种肾炎，肾病综合征，银屑病等。含雷公藤碱（wilfordine）、雷公藤次碱（wilforine）、雷公藤精碱（wilforgine）、雷公藤春碱（wilfortrine）等多种生物碱，以及雷公藤内酯（tripototriterpenoidal lactone）A、B等多种萜类成分。

东北雷公藤*T. regelli* Sprague et Takeda 在东北地区作雷公藤入药。昆明山海棠 *T. hypoglaucum*（Levl.）Hutch. 叶卵圆形至长圆状卵形，背面具白粉。分布于湖南以及西南地区。全株入药，治疗骨折和风湿性关节炎等。

卫矛*Euonymus alatus*（Thunb.）Sieb. 灌木。小枝常呈四棱形，具2~3列宽达1cm的木栓质翅。叶对生，椭圆形或倒卵形。聚伞花序；花淡黄绿色，4基数；花盘肥厚方形；雄蕊具短花丝。蒴果，1~3室。种子具橘红色假种皮。分布于我国南北各地。生于山坡丛林中。带翅枝条称“鬼箭羽”，能破血，通经，杀虫。具降血糖作用。（图11-63）

南蛇藤*Celastrus orbiculatus* Thunb. 落叶攀缘灌木。单叶互生，叶变化较大，近圆形至倒卵形，具钝齿。雌雄异株；聚伞花序腋生；花黄绿色，5基数。蒴果球形。分布于全国大部分地区。其茎藤入药可祛风湿，活血脉。果实在部分地区作“合欢”入药，能安神养心，理气解郁。美登木*Maytenus hookeri* Loes. 产于云南，植株含美登木碱，具抗癌作用。

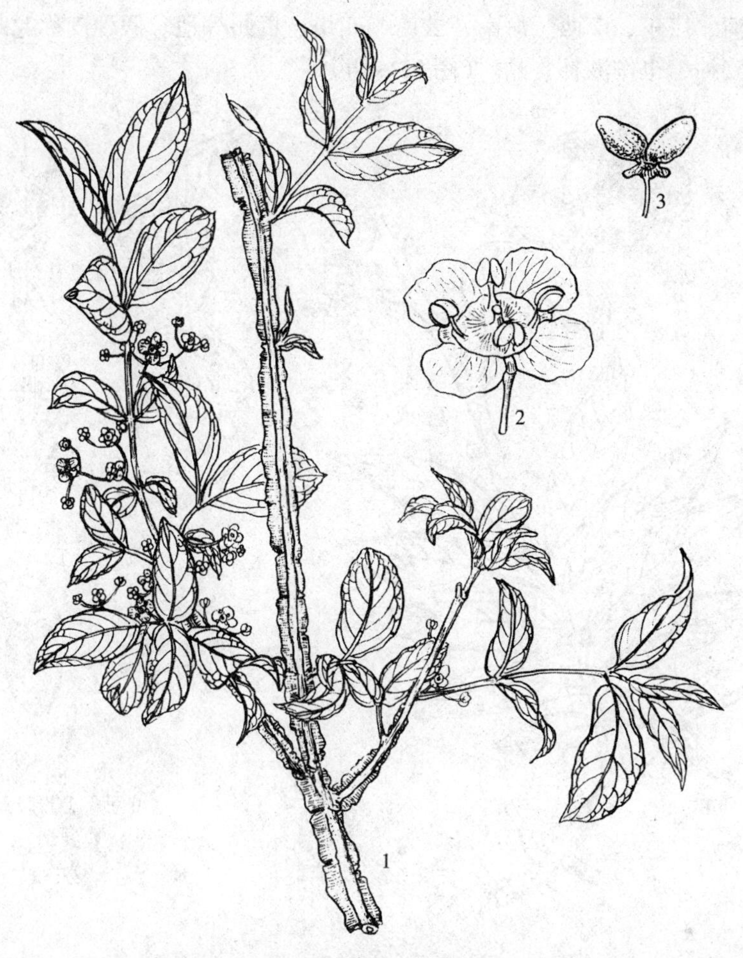

图 11－63 卫矛

1. 花枝 2. 花 3. 果实

32. 无患子科 Sapindaceae $⚥ * \uparrow K_{(4\sim5)}C_{4\sim5,0}A_{5\sim10}\underline{G}_{(2\sim4:2\sim4:1\sim2)}$

木本，少藤本。叶互生，羽状或掌状复叶，多无托叶。花两性，单性或杂性，辐射对称或两侧对称，聚伞或圆锥花序，顶生或腋生；花小，萼片4～5；花瓣4～5；花盘肉质；雄蕊5～10，生于花盘内侧或花盘上；子房上位，2～4心皮，组成2～4室，每室胚珠1～2。蒴果、核果。种子常被假种皮，无胚乳。染色体：x＝11～16。

本科约150属，2000余种，广布于热带和亚热带。我国有25属，50余种，主要分布于长江以南地区。药用11属，20余种。

本科植物常含豆甾醇类化合物，三萜类等，如无患子皂苷（sapindosides）等。

【药用植物】

龙眼（桂圆） *Dimocarpus longan* Lour. 常绿乔木。幼枝具锈色柔毛。偶数羽状复叶，互生，小叶2～6对，椭圆形或卵状披针形，革质。圆锥花序顶生或腋生，被锈色星状柔毛；花杂性，黄白色，花萼5深裂；花瓣5深裂；雄蕊8枚；子房2～3室，仅1室发育。果实核果状，外果皮具扁平瘤点，鲜假种皮白色肉质。种子黑色，有光泽。栽培于福建、台湾、广东、广西、海南、云南、四川、贵州等地。假种皮称龙眼肉，能补益心脾，养心安神，也作滋补食品。（图 11 - 64）

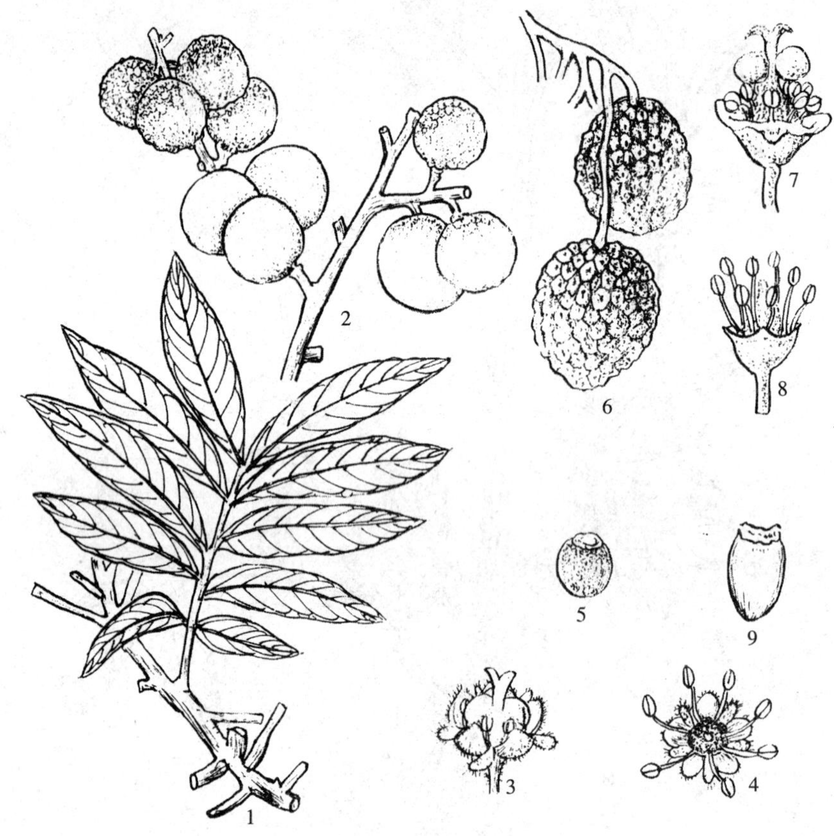

图 11 - 64 龙眼（1 ~ 5） 荔枝（6 ~ 9）

1. 枝条 2. 果枝 3. 雌花 4. 雄花 5. 种子 6. 果枝 7. 雌花 8. 雄花 9. 种子

荔枝*Litchi chinensis* Sonn. 常绿乔木。偶数羽状复叶，互生，小叶 2 ~ 4 对，长圆形或长椭圆形。圆锥花序顶生；花杂性，绿白色或淡黄色；花萼杯状，4 裂；无花冠，雄蕊 6 ~ 10；花盘环状肉质；子房 2 ~ 3 室，仅 1 室发育。核果近球形，外果皮有瘤状突起，熟时暗红色。种子具白色肉质的假种皮。栽培于我国东南部、南部、西南部，尤以广东、福建南部为多。福建、广东、广西、云南有野生。种子称荔枝核，能行气散结，祛寒止痛。（图 11 - 64）

本科药用植物尚有文冠果*Xanthoceras sorbifolia* Bunge，分布于东北、华北及陕西、甘肃、宁夏。木材能祛风除湿，消肿止痛。无患子*Sapindus mukorossi* Gaertn.，分布于陕西及长江流域以南各省区。

33. 鼠李科 Rhamnaceae $⚥ * K_{(4\sim5)} C_{(4\sim5)} A_{4\sim5} \underline{G}_{(2\sim4:2\sim4:1)}$

乔木或灌木，直立或蔓生，常具枝刺或托叶刺。单叶互生，稀对生，叶脉显著，羽状脉或 3 ~ 5 基出脉，常具托叶。花小，稀单性，辐射对称，聚伞花序或圆锥花序；花萼 4 ~ 5 裂，镊合状排列；花瓣 4 ~ 5 或缺；雄蕊 4 ~ 5，与花瓣对生，花盘发达；花粉近球形至扁球形；子房上位，或部分埋藏于花盘中，2～4心皮合生，2～4室，每室1胚珠。核果或蒴果，种子常具胚乳，染色体：x=10，11，12，13。

本科58属，900余种，分布于温带至热带地区。我国产15属，130余种，南北均有分布。药用12属，76种。

本科植物化学成分主要有：蒽醌类，如鼠李属 *Rhamnus* 植物含大黄素（emodin），大黄酚（chrysophanol）；三萜皂苷和生物碱，如枣属 *Zizyphus* 含酸枣仁皂苷（jujubosides），枣碱（ziziphin），枣宁碱（ziziphinin）等。

【药用植物】

枣*Ziziphus jujuba* Mill. 乔木。小枝红褐色，光滑，具刺，长刺粗壮，短刺钩状。单叶互生，长圆状卵形或披针形，基生三出脉。聚伞花序腋生；花黄绿色，萼片、花瓣、雄蕊，均5枚；花盘肉质圆形，子房下部与花盘合生。核果熟时深红色，果核两端尖。全国各地栽培，主产黄河流域。果实（大枣）能补中益气，养血安神。（图11－65）

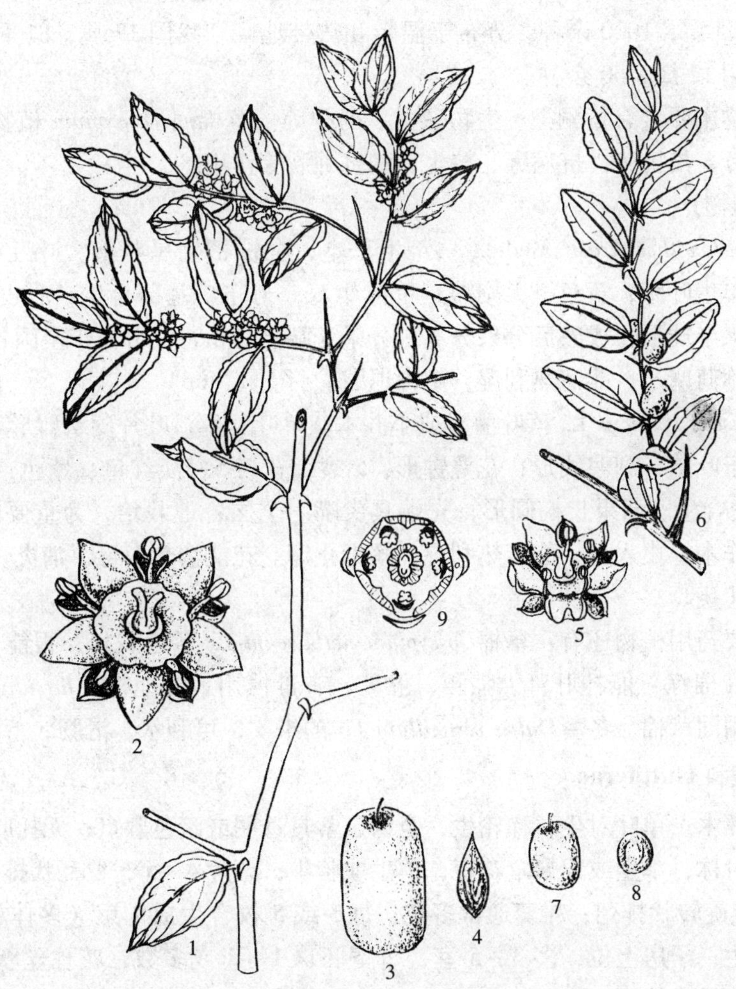

图11－65　枣（1～4）　酸枣（5～9）

1. 花枝　2. 花　3. 核果　4. 果核　5. 花　6. 果枝　7. 核果　8. 果核　9. 花图式

酸枣*Ziziphus jujuba* Mill. var. *spinosa*（Bunge）Hu ex H. F. Chow 与原种主要区别为：灌木，枝刺细长，叶较小。果小，短长圆形，果皮薄；果核两端钝。分布于华北、西北、华东等地。生于干旱向阳山坡丘陵、平原。种子称酸枣仁，能补肝宁心，敛汗生津。含生物碱，三萜类，以及黄酮类化合物，具镇静催眠、镇痛抗惊、降压、降血脂、抗心率失常、抗心肌缺血、增强免疫等作用。（图 11－65）

本科植物枳椇*Hovenia dulcis* Thunb. 种子能止渴除烦，清温热、解酒毒。

34. 锦葵科 Malvaceae $⚥ * K_{(5),5}C_5A_{(\infty)}\underline{G}_{(3\sim\infty:3\sim\infty)}$

草本或木本，常具丰富的韧皮纤维，有的含黏液质。单叶互生，多具掌状脉，托叶早落。花两性，辐射对称，单生或成聚伞花序；花萼 5～3，常基部合生，镊合状排列，其下常有由苞片变成的副萼，萼宿存；花瓣 5，旋转状排列，近基部与雄蕊管联生；雄蕊多数，单体（花丝下部合生成管状），花药 1 室，肾形；子房上位，心皮 3 至多数合生，3～多室，中轴胎座。蒴果或分果，种子有胚乳。染色体 x＝5、2、11～20。

本科约 75 属，1000 余种，分布于温带和热带地区。我国 17 属，81 种，分布于南北各地。药用 12 属，60 余种。

本科植物主要含有黄酮类、生物碱类、酚类等。草棉属 *Gossypium* 植物的种子含棉酚（gossypol），具抗菌、抗病毒、抗生育和抗肿瘤等作用。

【药用植物】

苘麻*Abutilon theophrasti* Medic. 一年生草本，全株密生星状毛。叶互生，心脏形，具长尖。花单生叶腋，黄色，无副萼；单体雄蕊，与花瓣基部合生；心皮 15～20，排成一轮。蒴果半球形，成熟后分果分离，分果先端具 2 长芒。分布于全国各地，野生或栽培。种子称苘麻子，能清热利湿，解毒退翳。（图 11－66）

木槿*Hibiscus syriacus* L. 落叶灌木或小乔木。单叶互生，叶片菱状卵形或卵形，常 3 裂。花单生于叶腋，副萼线形；花萼钟形，5 裂；花瓣 5，淡红色、紫色或白色；单体雄蕊；5 心皮合生。蒴果长椭圆形，先端具尖嘴。全国各地栽培，为重要的园林树种。根皮和茎皮作木槿皮入药，能清热利湿，解毒止痒。花能清热解毒，消炎。果实能解毒止痛，清肝化痰。

本科重要药用植物还有：草棉*Gossypium herbaceum* L. 各地栽培，根能补气，止咳、平喘；种子（棉籽）能补肝肾、强腰、催乳，有毒慎用。陆地棉*G. hirsutum* L. 我国广泛栽培。功用同草棉。冬葵*Malva verticillata* L. 的果实，可利水、滑肠、下乳。

35. 藤黄科 Guttiferae $⚥ * K_{4\sim5}C_{4\sim5}A_{(\infty),8}\underline{G}_{(3\sim5:1\sim5:1\sim\infty)}$

草木或灌木。单叶对生，稀轮生，全缘，常具透明或暗色腺点；无托叶。花两性或单性，辐射对称，单生或成聚伞花序，顶生或腋生；萼片 4～5，覆瓦状排列；花瓣4～5，覆瓦状或旋转状排列；雄蕊通常多数，每 3 或 5 枚合生成 1 束（多体雄蕊），稀离生或全部合生；子房上位，多 3～5 室，每室胚珠 1～2 或多数，花柱丝状，离生或合生。蒴果、浆果或核果。染色体：x＝7～10。

本科约 45 属，1000 余种，广布于热带及温带地区。我国有 8 属，70 余种，分布于全国各地。药用 5 属 40 余种。

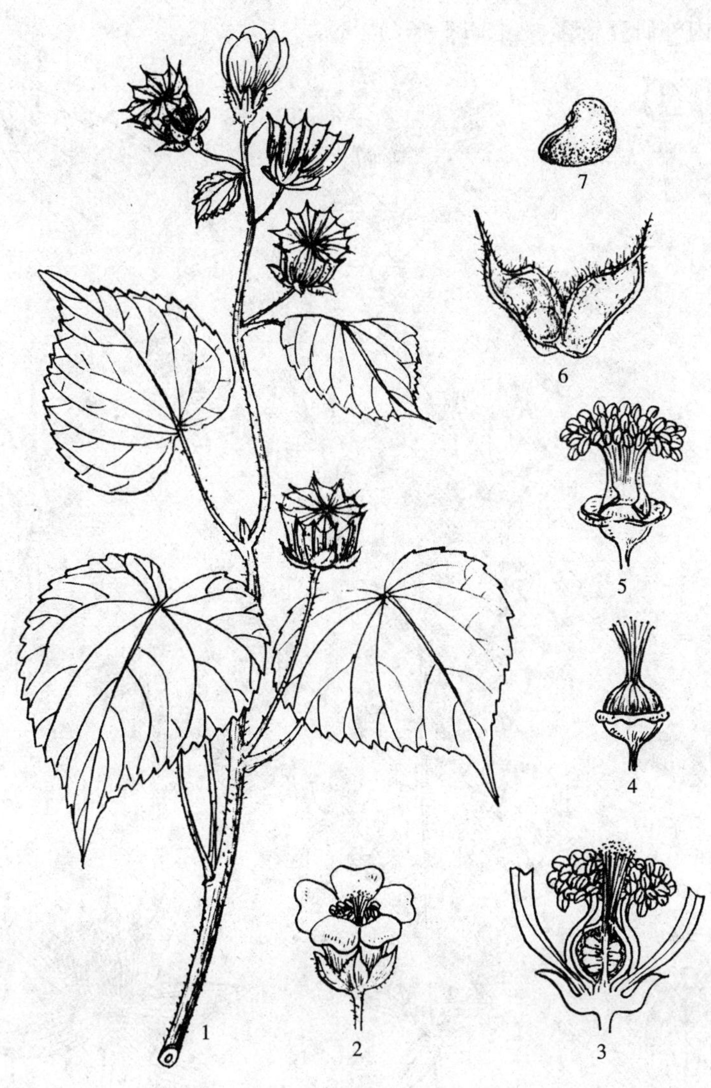

图 11－66　苘麻

1. 植株上部　2. 花　3. 花纵剖面　4. 雌蕊　5. 雄蕊剖开　6. 展开分果　7. 种子

本科植物多含二蒽酮类、黄酮类、生物碱类、间苯三酚类以及挥发油和鞣质等。

【药用植物】

贯叶金丝桃(贯叶连翘) *Hypericum perforatum* L. 多年生草本，茎多分枝，两侧各具凸起纵棱 1 条。单叶对生，椭圆形至线形，基部包茎，密布透明腺点。花黄色，成聚伞花序；萼片和花瓣边缘以及花药上均被黑色腺点。蒴果矩圆形，具泡状突起。分布于华东、华北、西北、西南等地。全草入药可清热解毒，收敛止血，利湿。全草含萘骈二蒽酮类化合物，如金丝桃素（hyperforin）、伪金丝桃素（pseudohypericin）等，以花中含量最高；多种黄酮类化合物，如槲皮素、金丝桃苷（hyperin）等；间苯三酚化合物，如贯叶金丝桃素（hyperforin）等；以及挥发油和咕酞酮类化合物。研究表明具有抗菌、抗抑郁、抗肿瘤、抗病毒、镇痛等作用。由于其在抗癌、治疗艾滋病等方面所显示出的应用

前景，近年国内外研究较多。（图 11－67）

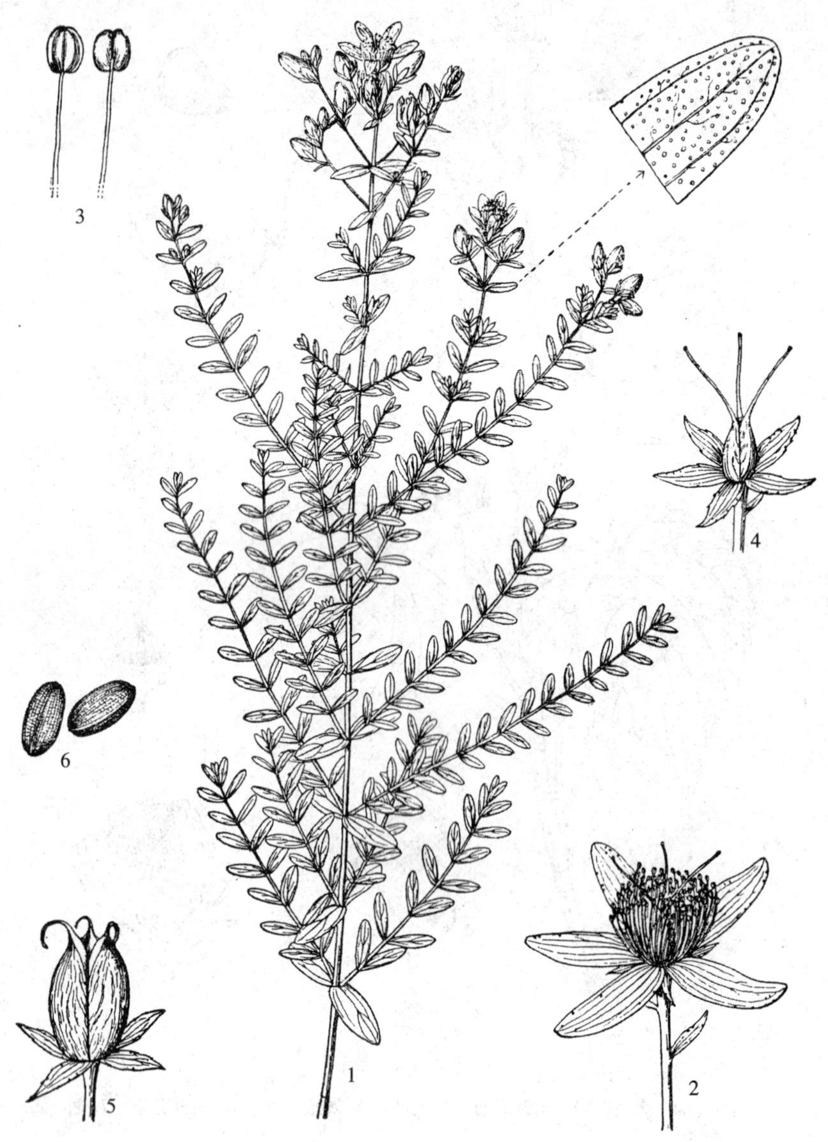

图 11－67　贯叶金丝桃

1. 植株一部分　2. 花　3. 雄蕊　4. 雌蕊和萼片　5. 果实　6. 种子

本属国产近 50 种，重要的药用植物有：黄海棠（湖南连翘）*H. ascyron* L. 分布于黄河流域和长江流域等地。地上部分入药，能凉血止血，泻火解毒。还有地耳草 *H. japonicum* Thunb.，金丝桃 *H. chinense* L.，小连翘 *H. erectum* Thunb.，元宝草 *H. sampsonii* Hance 等。

36. 瑞香科 Thymelaeaceae　$* K_{(4\sim5)} C_0 A_{4\sim5,\ 8\sim10} \underline{G}_{(2:1\sim2:1)}$

灌木，稀乔木或草本。茎韧皮纤维发达。单叶，对生或互生，全缘，无托叶。花两性或单性，辐射对称，集成头状、总状或伞形花序，稀单生；花萼管状，4～5 裂，呈花瓣状；花瓣缺或退化成鳞片状；雄蕊常与花萼裂片同数或为其2倍，通常着生于萼管的喉部；花盘环形或杯形；子房上位，常生于雌蕊柄上，1～2室，每室1倒生胚珠。浆果、核果或坚果，稀蒴果。染色体：x＝9

本科约50属，500种，主要分布于温带及热带地区。我国有9属，90余种，主要分布于长江以南地区。药用7属，近40种。

本科植物主要含二萜酯类、香豆素类、木脂素类、黄酮类和挥发油等多种化合物。如瑞香素（daphnetin）及瑞香苷、羟基芫花素（hydroxygenkwanin）、荛花醇（wikstromol）、沉香醇（agarol）等。

【药用植物】

白木香*Aquilaria sinensis*（Lour.）Gilg 常绿乔木。叶互生，革质，长卵形、倒卵形或椭圆形。伞形花序顶生或腋生；花钟形，黄绿色，被柔毛；花瓣10，退化成鳞片状，着生于花被管喉部；雄蕊10；子房2室。蒴果木质。种子黑棕色，基部有红棕色角状附属物。分布于福建、海南、广东、广西和台湾。其树干含树脂的心材入药为沉香，能行气止痛、温中止呕，纳气平喘。含挥发油，主要为倍半萜类成分，如沉香螺醇（agarospirol）、白木香酸（baimuxinic acid）等；此外，尚含2－（2－苯乙基）色酮类化合物等。同属植物沉香*A. agallocha*（Lour.）Roxb. 的含树脂心材，主产于南亚地区，我国热带地区有引种，药用主要依赖进口。过去，在药材经销中称来自白木香的为“土沉香”，由于成分和作用相近，现已作沉香入药，进口沉香已较少。

芫花*Daphne genkwa* Sieb. et Zucc. 灌木。叶对生，椭圆形。花先叶开放，淡紫色，数朵簇生于叶腋的短枝上；花萼管状，被绢毛，花冠状，先端4裂；雄蕊8，2轮着生于花萼管上，几无花丝；花盘上部全缘。核果白色。种子1枚，黑色。分布于华北、华东以及四川等省区。花蕾称芫花，能泻水逐饮，解毒杀虫。含二萜原酸酯类化合物：如芫花酯甲（yuanhuacin）等；黄酮类：芫花素（genkwanin）等。具终止妊娠、抗肿瘤、利尿、镇咳、祛痰、镇痛、抗惊厥、杀虫等作用。（图11－68） 301

同属药用的还有：黄瑞香*D. giraldii* Nitsche 其茎皮和根皮药用称祖师麻；滇瑞香*D. feddei* Levl.；瑞香*D. odora* Thunb. 等。多具祛风，除湿，止痛的功效。

南岭芫花*Wikstroemia indica*（L.）C. A. Mey 小灌木，光滑无毛，多分枝，幼枝红褐色。叶对生，倒卵形或长椭圆形。花数朵成伞状或近头状。花被管4裂；雄蕊8，2轮，浆果，熟时鲜红色。分布于长江以南各地。茎叶入药称了哥王，能清热解毒，消肿止痛，化痰散结。

37. 胡颓子科 Elaeagnaceae　　⚥ $* K_{(4\sim2)}C_0A_{4\sim8}\underline{G}_{(1:1:1)}$

木本，常具刺，全株被银色、锈色或褐色盾状鳞片或星状毛。单叶，多互生，全缘，无托叶。花两性或单性，稀杂性，花单生、簇生或再集成总状；花萼常合生成管状，4裂，稀2裂，镊合状排列，常在子房上部明显收缩；无花瓣；雄蕊与萼片同数而互生，少为其倍数，着生于萼筒喉部；子房上位，1心皮，1室，胚珠1。坚果或瘦果，常被肉质宿存的花萼管所包被，呈核果状或浆果状。种子坚硬，无胚乳。染色体：x＝11、12、14。

本科有3属，约80种，分布于亚洲东南部地区。我国有2属，约60种，南北各地

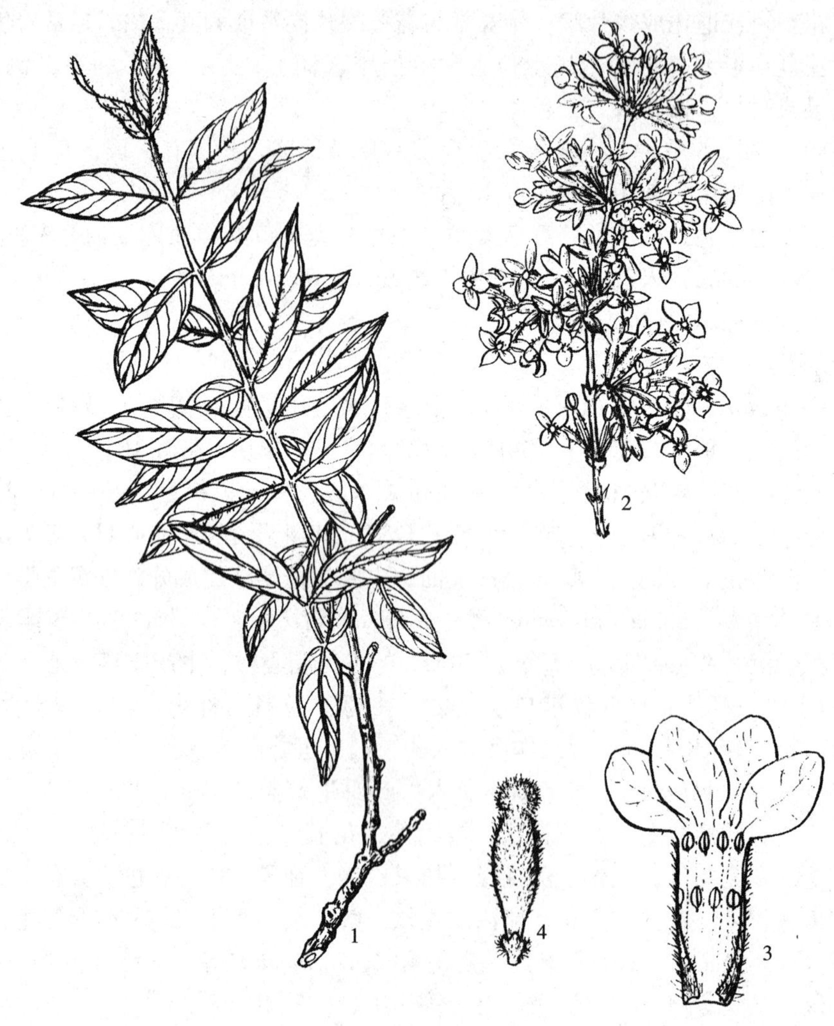

图 11－68　芫花

1. 枝条　2. 花枝　3. 花萼管剖开，示雄蕊　4. 雌蕊

均有分布。药用 2 属，30 余种。

本科化学成分主要含吲哚类生物碱，如胡颓子碱（elaeagnine）、哈尔明碱（harmine）、哈尔满碱（harman）等；黄酮类，如鼠李素（isorhamnetin）及其糖苷、槲皮素、山萘酚和芦丁等；还有丰富的维生素 A、C、P 以及有机酸、糖类及鞣质。

【药用植物】

沙棘*Hippophae rhamnoides* L. 落叶灌木或小乔木，多分枝，枝刺粗壮，幼枝密被淡褐色盾状鳞片。单叶互生或近对生，条形或条状披针形，被银白色鳞片。花单性，先叶开放，雌雄异株；花小，淡黄色，花萼 2 裂；雄花较先开放，淡黄色，花盘 4 裂与雄蕊互生；雌花比雄花后开放，具短梗；花萼筒囊状，顶端 2 裂。坚果核果状，近球形或卵圆形，熟时橙黄色至橘红色，多汁液。分布于华北、西北温带地区。生于高原山地，河滩，岸边。本属 4 种，我国均有分布。果实为藏医和蒙医习惯用药，能止咳祛痰，消食

化滞，活血散瘀。（图 11－69）

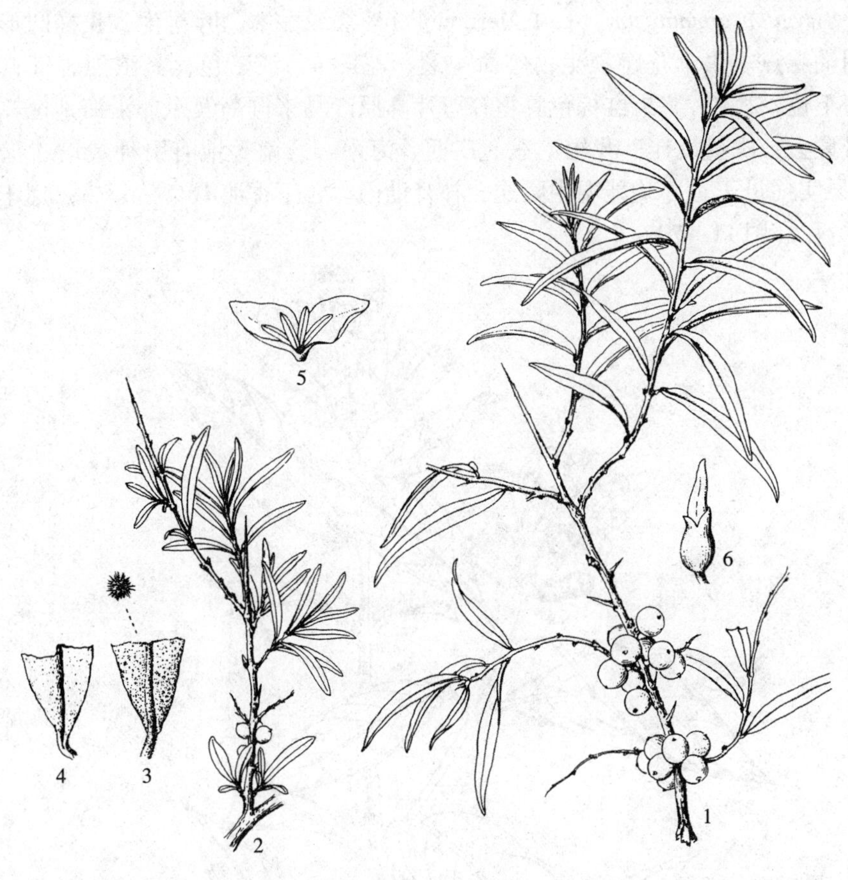

图 11－69　沙棘

1～2. 果枝　3～4. 叶腹背面放大　5. 雄花　6. 雌花

胡颓子属 *Elaeagnus* 花两性或杂性，花萼 4 裂。约 80 种，我国约 55 种，如沙枣（桂香柳）*E. angustifolia* L.、牛奶子 *E. umbellate* Thunb.、木半夏 *E. multiflora* Thunb. 等，可用作药用、蜜源、水土保持树种等。

38. 桃金娘科 Myrtaceae　　$⚥ * K_{(3\sim\infty)} C_{4\sim5} A_{\infty,(\infty)} \bar{G}_{(2\sim\infty:1\sim\infty:1\sim\infty)}$

常绿木本，多具挥发油。单叶对生，具透明腺点，无托叶。花两性，辐射对称，单生或集成穗状、伞房状、总状或头状花序；花萼 4～5 裂，宿存；花瓣 4～5，着生于花盘边缘，或与萼片连成一帽状体；雄蕊多数，花丝分离或合生成 1～多体，药隔顶端常有 1 腺体；心皮 2～5，合生，子房下位，1 至多室，每室多数胚珠，花柱单生。浆果、核果或蒴果。种子无胚乳。染色体：x＝6～9、11。

本科约 75 属，3000 余种，分布于热带和亚热带地区。我国原产 8 属，89 种，分布于长江以南地区，另引种 8 属，73 种。药用 10 属，30 余种。

本科植物主要含挥发油，如甲基丁香酚（methyleugenol）、香橙烯（aromadandrene）、1.8－桉油素（cineol）、柠檬烯（limonene）、对聚伞花素（p－cymene），此外尚含有黄酮类，如槲皮素、桉树素（eucalyptin）、酚类、鞣质等。

【药用植物】

丁香*Syzygium aromaticum*（L.）Merr. et Perry 常绿乔木。叶对生，长椭圆形，羽状脉具透明油腺点。聚伞花序顶生；萼筒 4 裂，花瓣 4，淡紫色，具浓烈香气；雄蕊多数；子房下位，2 室。浆果红棕色具宿存萼片。原产马来群岛及东非沿海地区，以桑给巴尔产量最大，质量最佳；我国广东、广西、海南、云南等地有引种栽培。花蕾（公丁香），果实（母丁香）均能温中降逆，补肾助阳。含丁香油 16%～18%，用于治疗牙痛和作香料。（图 11－70）

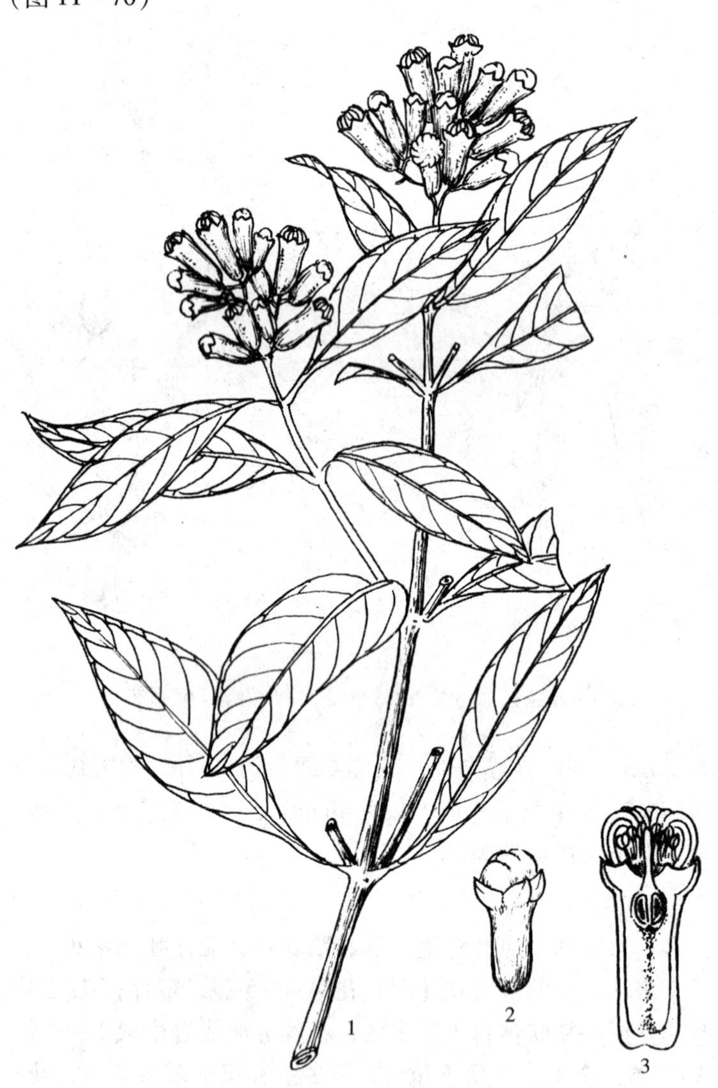

图 11－70　丁香

1. 枝条　2. 花蕾　3. 花蕾纵剖面

桃金娘*Rhodomyrtus tomentosa*（Ait.）Hassk. 常绿灌木。叶对生，近革质，椭圆形或倒卵形。聚伞花序，有花 1～3 朵；花萼 5 裂，不等长；花瓣 5，玫瑰红色；雄蕊多数，分离；子房下位，2～6 室。浆果熟时暗紫色。分布于华南和西南地区。果实入药称山稔子，能养血止血，涩肠固精。根能祛风活络，收敛止泻。叶、花能止血。

蓝桉*Eucalyptus globulus* Labill. 常绿乔木，树皮成薄片状剥落，幼枝呈方形。叶蓝绿色，被白粉，披针形，常一侧弯曲，具腺点，侧脉末端于叶缘处合生。花白色；花萼与花瓣合生呈帽状。蒴果杯形。我国西南部和南部有栽培。叶中含挥发油 0.92～2.89%，入药称桉油，可祛风止痛。同属其他植物的挥发油亦作桉油入药，如大叶桉*E. robusta* Smith.、细叶桉*E. tereticornis* Smith.、柠檬桉*E. citriodora* Hook. f. 等。

39. 五加科 Araliaceae $⚥ * K_{(5)} C_{5\sim10} \overline{A}_{5\sim10} G_{(2\sim15:2\sim15:1)}$

木本，稀多年生草本，茎有时具刺。叶多为掌状复叶或羽状复叶，少单叶，多互生。托叶常与叶柄基部合生成鞘状，稀无托叶。花两性或杂性，稀单性异株，花小，辐射对称；花序伞形、头状、总状或穗状，或有时再集成圆锥状；花萼 5，通常不显著；花瓣 5～10，稀顶部连合成帽状；雄蕊多与花瓣同数而互生，生于花盘边缘，花盘肉质生于子房顶部；心皮 2～15，合生，花盘位于子房顶部，子房下位，2～5 室，每室有 1 倒生胚珠。浆果或核果；种子具胚乳。染色体：x = 11，12，13。

本科约 80 属，900 多种，多分布于热带和温带地区。我国有 22 属，160 余种，除新疆外，各地均有分布。种类较多的属有鹅掌柴属 *Schefflera*、树参属 *Dendropanax*、五加属 *Acanthopanax*、楤木 *Aralia* 等。药用 18 属，100 余种。

本科植物大多含三萜皂苷、黄酮类、香豆精和挥发油等。皂苷为主要活性成分，其中达玛烷型四环三萜皂苷主要存在于人参、西洋参和三七中，齐墩果烷型五环三萜皂苷主要分布于楤木属、刺楸属 *Kalopanax*、五加属和人参属 *Panax*。

【药用植物】

人参*Panax ginseng* C. A. Meyer 多年生草本。主根粗壮，肉质，顶端具根茎，习称"芦头"。掌状复叶轮生茎端，通常第一年生者生一片三出复叶，二年生者生一片掌状五出复叶，三年生者生二片掌状五出复叶，以后每年递增一复叶，最多可达 6 片复叶；复叶有长柄，中央小叶最大，卵圆形，上面脉上疏生刚毛，下面无毛，叶缘有细锯齿。伞形花序顶生，总花梗比叶长；花萼 5 齿裂；花瓣 5，淡黄绿色；雄蕊 5；花盘杯状；2 心皮合生。核果浆果状，熟时鲜红色。野生于阔叶林或针阔混交林下，分布于东北地区。现河北、北京、山西、山东等地有引种。其肉质根为著名滋补强壮药，能大补元气，复脉固脱，补脾益肺，生津安神。(图 11－71)

西洋参*Panax quinquefolium* L. 本种与人参很相似，主要区别是西洋参的总花梗与叶柄近等长，小叶片椭圆形，上面脉上几无刚毛，先端突尖。原产北美，现我国吉林、辽宁、河北、陕西、山东等地已引种成功。根能补肺降火，养胃生津。(图 11－71)

三七(田七) *Panax notoginseng* (Burk.) F. H. Chen 多年生草本。主根粗壮，肉质，倒圆锥形或圆柱形，具疣状突起的分枝。掌状复叶，小叶片上下脉上均密生刚毛。伞形花序顶生，具 80 朵以上小花。主产于云南、广西、多系栽培。此外四川、贵州、江西等地亦有栽培。野生于山坡丛林下。栽培于海拔 800～1000m 的山脚斜坡或土丘缓坡上。根能止血散瘀，消肿定痛；花能清热、降压、平肝。(图 11－72)

同属植物竹节参*P. jnponicum* C. A. Mey. 多年生草本。根茎横卧，节结膨大，节间短，每节具一浅环形的茎痕，呈竹鞭状。中央小叶椭圆形或长圆形，基部钝。分布于云

图 11－71　人参（1～3）　西洋参（4～8）

1. 植株　2. 花　3. 果实　4. 地上部分　5. 花　6. 去雄蕊花（示雌蕊）　7. 根　8. 西洋参药材

南、四川、贵州等省，根状茎能散瘀止痛、止血、祛痰，滋补强壮。**珠子参** *P. japonicum* C. A. Mey var. *major*（Burk.）C. Y. Wu et K. M. Fang 根茎细，节间长，节膨大成珠状或纺锤状，形似钮扣，故名“钮子七”。主产于云南、甘肃、陕西、四川、湖北、贵州亦产。根状茎能舒筋活血络，补血止血。

刺五加 *Acanthopanax senticosus*（Rupr. et Maxim.）Harms 灌木，茎枝密生细长倒刺。掌状复叶互生，具 5 小叶，稀 3 或 4，叶下面脉密生黄褐色毛。伞形花序顶生，单个或 2～4 聚生，花多而密；花萼绿色与子房合生，萼齿 5；花瓣 5，黄色；雄蕊 5；子房 5 室，花柱全部合生成柱状。浆果状核果，紫黑色，干后有 5 棱。先端具宿存花柱。分布于黑龙江、吉林、辽宁、河北、山西等省。生于山地林下及林缘等地。根、根茎及茎入药，能益气健脾，补肾安神，叶及果实亦可药用。（图 11－73）

本属多种植物亦可作刺五加药用，如五加 *A. gracilistylus* W. W. Smith，无梗五加 *A. sessiliflorus*（Rupr. et Maxim.）Seem.（图 11－73），糙叶五加 *A. henryi*（Oliv.）Harms 等。

本科重要药用植物还有楤木 *Aralia chinensis* L. **通脱木** *Tetrapanax papyrifera*（Hook.）K. Koch 分布于长江以南各省区。茎髓（通草）能清热利尿，通气下乳。**刺楸** *Kalopanax septeml. Bus*（Thunb.）koidz. 树皮（川桐皮）能通络、除湿。树参（半枫荷）*Dendropanax dentiger*（Harms）Merr. 根、茎、叶能活血，祛风。土当归 *Aralia cordata* Thunb. 和**短序楤木** *A. henryi* Harms 两种的根茎称“九眼独活”，能散寒止痛，除湿祛风。

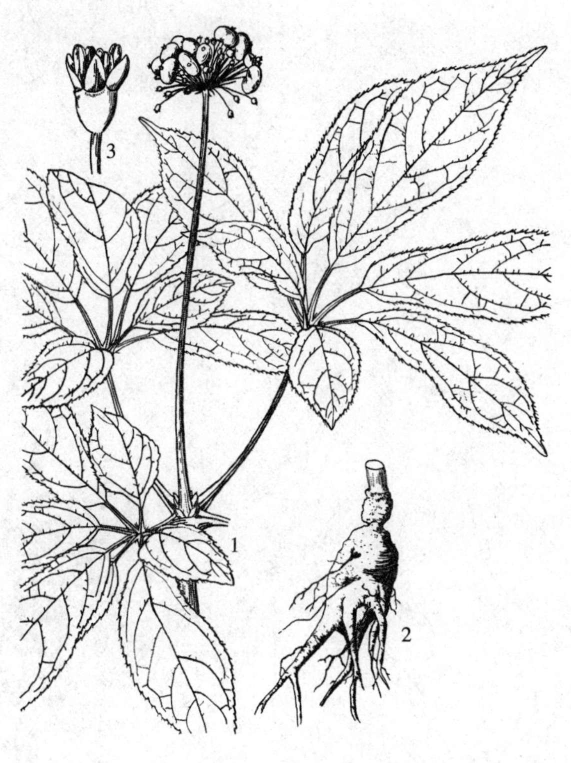

图 11－72　三七

1. 果株　2. 根　3. 花

40. 伞形科 Umbelliferae　　$* K_{5,0}C_5A_5\overline{G}_{(2:2:1)}$

草本，多含挥发油而具香气。茎中空或有髓，具分泌管。叶互生，一至多回三出复叶或羽状分裂，叶柄基部扩大成鞘状。花两性或杂性，辐射对称，花序复伞形或单伞形，基部具总苞片，稀头状，小伞形花序的柄称伞辐，基部常有小总苞片；萼齿 5 或不明显；花瓣 5，顶端圆或具内折的小舌片；雄蕊 5，与花瓣互生，着生于花盘的周围；子房下位，2 心皮合生，2 室，每室 1 胚珠，子房顶部具盘状或短圆锥状的花柱基（上位花盘），花柱 2。双悬果，成熟时沿 2 心皮合生面裂成二分果瓣，分果瓣通过纤细的心皮柄与果柄相连。每个分果具 5 条主棱（背棱 1 条，中棱 2 条，侧棱 2 条），有时在主棱之间还有次棱，棱与棱之间称棱槽；外果皮中具纵向油管 1 至多条。种子有胚乳，胚细小。染色体：$x = 4 \sim 12$。

本科约 270 余属，2900 种，广布于热带、亚热带和温带地区。我国约 95 属，600 余种，广布全国各地。药用 55 属，230 种。

本科植物化学成分比较复杂，主要有萜类和挥发油、香豆素及黄酮等。具分类意义

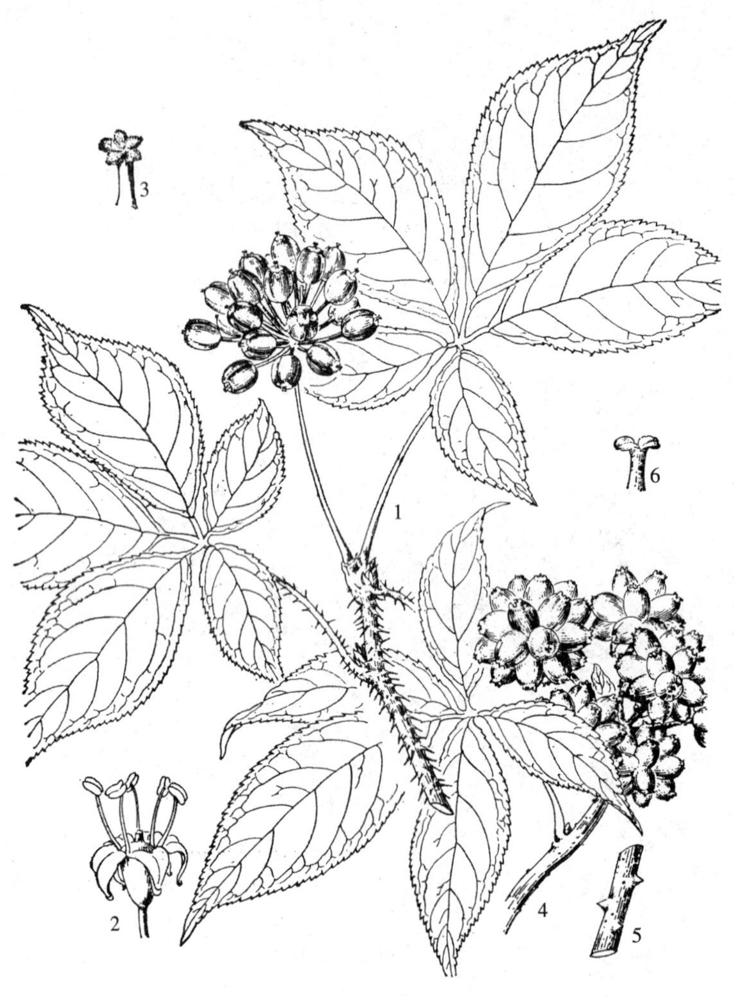

图 11－73 刺五加（1～3） 无梗五加（4～6）

1. 植株一部分 2. 花 3. 柱头 4. 植株一部分 5. 枝一部分，具刺 6. 柱头

的还有聚炔类（polyacetylenic compounds）及脂肪酸等。挥发油带与树脂伴生，贮于油管中。主要是 α－榄香烯及大茴香醚等，苯酞类藁本内酯存在于芹属（*Apium*）、蛇床属（*Cnidium*）、藁本属（*Ligusticum*）、当归属（*Angelica*）、欧当归属（*Levisticum*）。香豆素类是本科主要成分之一，以呋喃香豆素和二甲基吡喃香豆素最普遍。呋喃香豆素常见的有：欧前胡内酯（imperatorin）、珊瑚菜素（phellopterin）、白当归素等。存在于当归属，独活属（*Heracleum*）、藁本属，前胡属等。色满香豆素（chromano－coumarins）存在于阿米属，当归属等中。聚炔类化合物存在于毒芹属、水芹属、柴胡属中，大叶柴胡中所含有的柴胡毒素（buplewiotoxin）和乙酰柴胡毒素（acetylbuplewiotoxin）有毒。三萜类化合物存在于积雪草属（*Centella*）中的积雪草苷（asiaticoside），柴胡中的柴胡皂苷等。黄酮类化合物有芹菜素、木犀草素、洋芫荽黄素等。生物碱如四甲基吡嗪存在于川芎中，毒参碱（coniine）存在于毒参属（conium）中。

本科植物的特征非常明显：芳香草本，叶柄基部扩大成鞘状，花5基数，子房下位，具上位花盘，双悬果等，容易掌握。但属和种的鉴别较困难。应注意掌握；花序是伞形或复伞形，少数头状；伞辐数目；总苞及小苞片的数目，形状；花瓣的大小，花柱基的形状；果实表面是否具附属物（如刺毛、瘤状突出等）；分类的形状，主棱和次棱的情况，棱槽中轴管的分布和数量等。（图11－74）

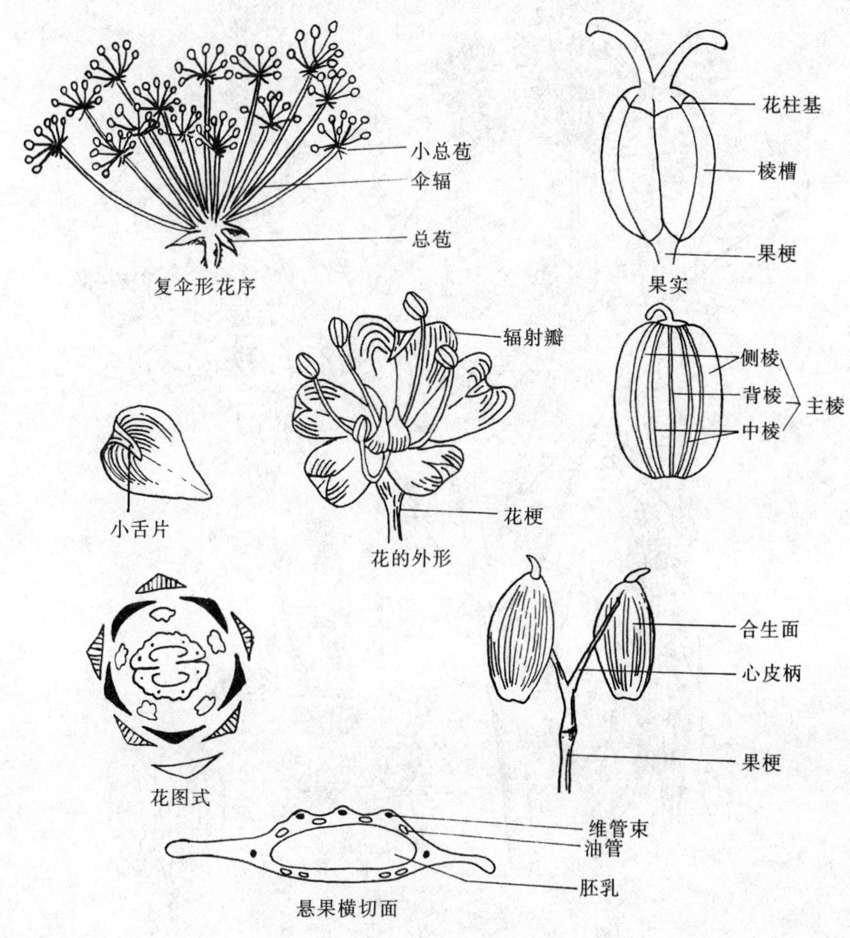

图11－74　伞形科花果模式结构图

【药用植物】

当归*Angelica sinensis*（Oliv.）Diels 多年生草本。根圆柱状，分支，有多数肉质须根，黄棕色，具浓郁香气。茎直立，绿色或带紫色，有纵深沟纹，光滑无毛。叶三出式，二至三回三出羽状全裂，末回裂片卵形或卵状披针形，下面具乳头状细毛，边缘具锯齿，叶柄基部膨大成鞘状。复伞形花序顶生，总苞片线形，2或无，伞梗10～14条，花白色或紫色，花瓣先端内折；雄蕊5；子房下位，花柱基圆锥形。双悬果背腹压扁，侧棱发育成薄翅，每棱槽内有油管1个，合生面2个。分布于陕西、甘肃、湖北、四川、云南、贵州等地，甘肃岷县产量大，质量佳。根能补血活血，调经止痛，润肠通便。其挥发油成分复杂，其中酚性油主要为香荆芥酚（carvacrol）；中性油主含藁本内酯（ligustilide）；酸性油主要为樟脑酸（camphoric acid）、茴香酸（anisic acid）等。补血活血，调经止痛，润燥滑肠。具降低血小板凝集、抗血栓形成、促进血红蛋白和红细胞的形成、扩张冠状动脉流量、抗心率失常、降低血脂、抗氧化、抗辐射、清除自由基、提高免疫力、抗炎镇痛等多种生理活性。（图 11－75）

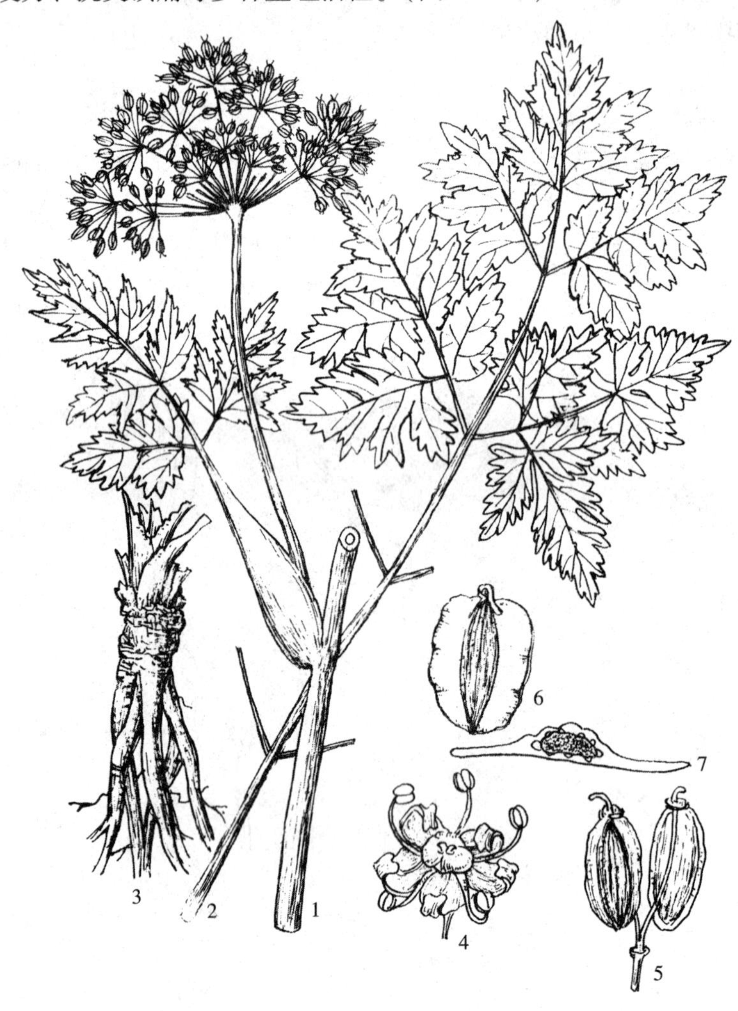

图 11－75 当归

1. 植株上部 2. 部分基生叶 3. 根 4. 花 5. 双悬果 6. 分果 7. 分果横切面

白芷（兴安白芷）*Angelica dahurica*（Fisch. ex Hoffm.）Benth et Hook. f. 多年生草本。根圆柱形，具分枝。茎粗 2～5cm，紫色，有纵沟纹。叶二至三回羽状分裂，叶柄基部成囊状膜质鞘。复伞形花序，伞辐 17～40～70，总苞片缺或 1～2，膨大成鞘状；小总苞片 5～10 或更多；花小，花瓣白色，先端内凹。双悬果长圆形，背棱扁，侧棱翅状，棱槽中有油管 1 个，合生面有 2 个。分布于黑龙江、吉林、辽宁、河北、山西、内蒙古等省，生于湿草甸子，灌木丛，河旁沙土或石砾土中，根能通窍止痛，散风祛寒，燥湿，排脓，止痛。

杭白芷 *Angelica dahurica*（Fisch.）Bentt. et Kook. f. var. *formosana*（Boiss.）Shan at

Yuan 本种植株较矮。茎及叶鞘多为黄绿色。根上部近方形或类方形，灰棕色，皮孔突起明显，大而突出。分布于浙江，福建和台湾，四川、浙江省有栽培。根药用同白芷。

我国本属植物 38 种，川白芷*A. anomala* Lallem. 根作白芷入药，含白芷素，白芷素醚和白芷毒素。还有重齿毛当归*A. biserrata* Yuan at Shan 根入药称“川独活”，能散寒止痛，祛风除湿。

柴胡*Bupleurum chinense* DC. 多年生草本。主根黑褐色，质硬，根头膨大，下部多分枝。茎单生或丛生，上部分枝稍成“之”字形弯曲。叶互生，基生叶线状披针形或倒披针形，茎生叶长圆状披针形或倒披针形，全缘，平行脉 5 ~ 9 条。复伞形花序；伞辐 3 ~ 8；总苞片 2 ~ 3，狭披针形；花黄色。双悬果长圆形，棱槽中具 3 条油管，合生面有 4 条。分布于东北、华北、西北、华东及华中地区。生于向阳干旱山坡、草丛及路边。根能解表退热，疏肝解郁，升举阳气。含挥发油约 0. 15%，以及柴胡皂苷（Saikosaponin）a，c，d 等。(图 11 – 76)

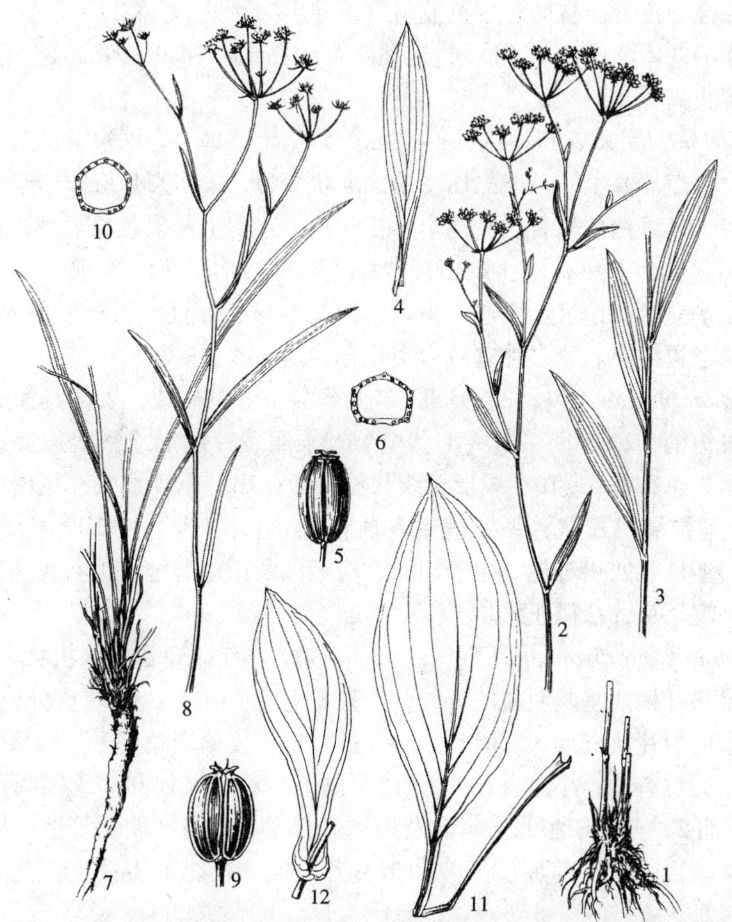

图 11 – 76　柴胡（1 ~ 6）　狭叶柴胡（7 ~ 10）　大叶柴胡（11 ~ 12）

1 ~ 3. 植株　4. 叶　5. 果实　6. 果实横切面　7 ~ 8. 植株　9. 果实

10. 果实横切面　11. 植株基生叶　12. 植株中上部叶

同属植物狭叶柴胡*B. scorzonerifolium* Willd. 根较细，质柔，不具纤维性，表面红棕色或黑棕色，顶端具多数细毛状枯叶纤维，下部分枝少。叶线形或狭线形，具白色骨质边缘。分布于东北、华北、西北及华东地区。根入药同柴胡。（图 11－76）

柴胡属约 100 余种，我国有 36 种，17 变种，7 变型。其中近 20 种在不同地区作柴胡入药，但大叶柴胡*B. longiradiatum* Turcz. 的根有毒，不能药用。（图 11－76）

川芎*Ligusticum chuanxiong* Hort. 多年生草本。全草具浓郁香气。根茎呈不规则的结节状拳形团块，具多数须根。茎直立，下部的节膨大呈盘状（俗称苓子）。叶互生，二至三回羽状复叶；小叶 3～5 对，羽状全裂。复伞形花序，伞辐 10～24，总苞片 3～6，小总苞片 2～7，线形；花白色，萼齿不明显。双悬果卵形，分果背棱棱槽中有油管 3，侧棱槽中有 2～5，合生面 4～6。主要栽培于四川，现甘肃、陕西、湖南、湖北、云南、贵州、江西等地有引种。根茎入药能活血祛瘀，行气开郁，祛风止痛。含川芎嗪（chuanxiongzine）、阿魏酸（felulic acid）等。具强心、降压、增加心脑血管流量、抗血栓、利尿、提高免疫力、抗肿瘤、抗放射等多种生物活性。（图 11－77）

同属植物的藁本*L. sinensis* Oliv.，辽藁本*L. jeholense* Nakai et Kitag.，根及根茎能驱风散寒，除湿止痛。

珊瑚菜*Glehnia littoralis* Fr. Schmidt et Miq. 多年生草本。全株被柔毛，主根肉质，细长，分枝少。茎短。基生叶一至二回三出式羽状深裂，末回裂片倒卵形至卵圆形，叶缘具缺刻状锯齿，齿缘白色软骨质。复伞形花序顶生，密生灰褐色长柔毛；花白色。双悬果圆球形或椭圆形，果棱有木栓质翅，被棕色粗毛。生于海岸沙滩或沙地，分布于辽宁、河北以及华东沿海地区。主产于山东、河北秦皇岛和辽宁大连。根入药称北沙参，能养阴清肺，益胃生津。含多种香豆素类化合物及北沙参多糖。

蛇床*Cnidium monnieri*（L.）Cuss. 一年生草本。茎多分枝，表面具深纵棱，上具短毛。基生叶具短柄，2～3 回三出式羽状全裂，末回裂片线形或线状披针形。复伞形花序顶生或侧生；总苞片 6～10，线形至线状披针形；小总苞片多数；花白色。分果长圆形，主棱 5，均扩展成翅状，每棱槽中有油管 1，合生面 2。遍布全国，主产于河北、山东、江苏、浙江、四川等地。生于河滩、沟旁以及田边湿地。果实入药称蛇床子。能温肾壮阳，燥湿杀虫，祛风止痒。

防风*Saposhnikovia divaricata*（Turcz.）Schischk. 多年生草本。根粗壮，有特异香气，上部密生纤维状叶柄残基及明显的环纹，淡黄棕色。茎单一，二歧状分枝。叶 2～3 回羽状分裂，末回裂片狭楔形，三深裂，裂片披针形。复伞形花序多数，顶生，形成聚伞状圆锥花序；无总苞片；小总苞片 4～6；花白色。双悬果狭圆形或椭圆形，每棱槽具油管 1，合生面 2。分布于东北、华北及山东、甘肃、宁夏和陕西等地，黑龙江省产量最大，习称关防风。生于草原、丘陵和多石砾山坡。根能解表祛风，胜湿止痉。（图 11－78）

羌活*Notopterygium incisum* Ting ex. H. T. Chang 多年生草本。根茎粗壮，圆柱形或不规则块状，顶端具枯萎叶鞘，有特异香气。茎直立，表面淡紫色。叶柄由基部向两侧扩展成膜叶鞘。叶片 3 出 3 回羽状复叶，末回裂片卵状披针形至长圆形。复伞形花序顶生或腋生，伞辐 7～18；总苞片 3～6；花白色。分果长圆形，5 个主棱扩展成翅，每棱槽

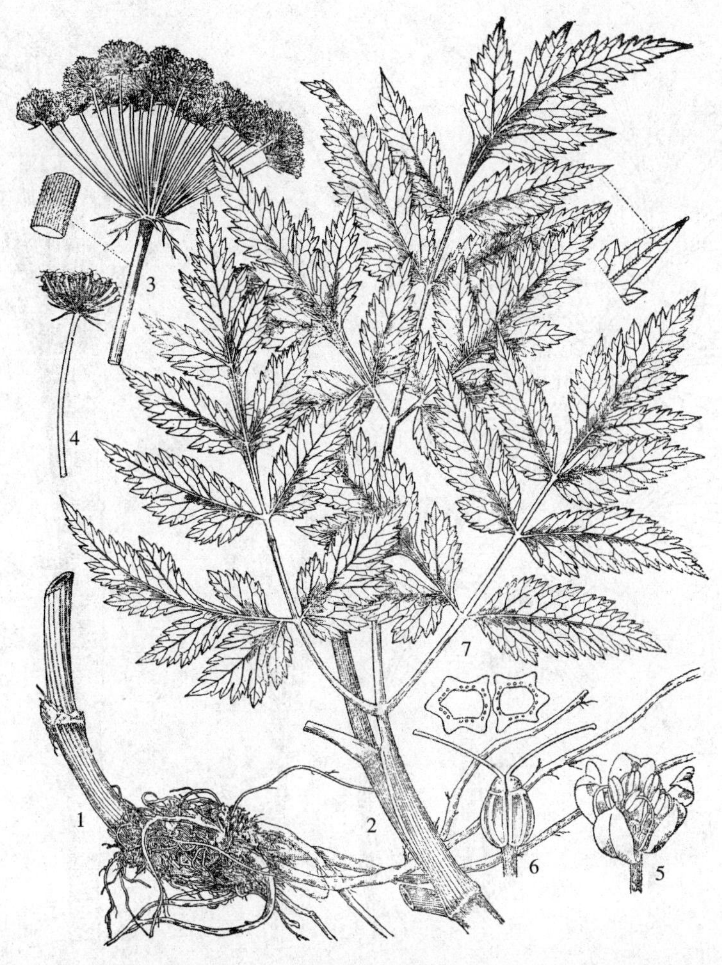

图 11-77 川芎

1. 根 2. 叶枝 3. 复伞形花序 4. 伞形花序 5. 花 6. 果实 7. 果实横切面

有油管 3~4，合生面 5~6。分布于陕西、甘肃、青海、四川和西藏等地。生于海拔 2000m~4000m 的林缘，灌丛下，沟谷草丛中。根茎和根入药能散寒除湿，祛风止痛，含挥发油约 2.8%，香豆素类如异欧前胡内酯、香柑内酯、8-甲氧基异欧前胡内酯（cnidilin）等；以及多种甾醇类、酚类、脂肪酸类、糖类化合物。具解热、镇痛、抗炎、抗过敏、抗心肌缺血，抗心律不齐、抗血栓、抗氧化、抗癫痫等多种生物活性。

宽叶羌活*N. forbesii* Boiss. 叶片大，末回裂片长圆状卵形至卵状披针形，边缘具粗锯齿。伞辐 10~17；花浅黄色，双悬果近球形，每棱槽内有油管 3~4，合生面 4。分布于西北和西南地区。根茎和根同作羌活入药。

积雪草*Centella asiatica*（L.）Urb. 多年生匍匐草本。茎节生根。单叶互生，圆肾形，具钝齿。伞形花序腋生；花红紫色，花柱基不明显。双悬果扁圆形，主棱和次棱同样明显。分布于华东、华中和华南一带。生于路旁、田埂、沟边及低湿的草地上。全草入药可清热利湿，解毒消肿。含多种 β-香树脂醇型三萜，如积雪草苷（asiaticoside）、参枯尼苷（thankuniside）、异参枯尼苷（isothankuniside）等；此外还含积雪草糖（centellose）

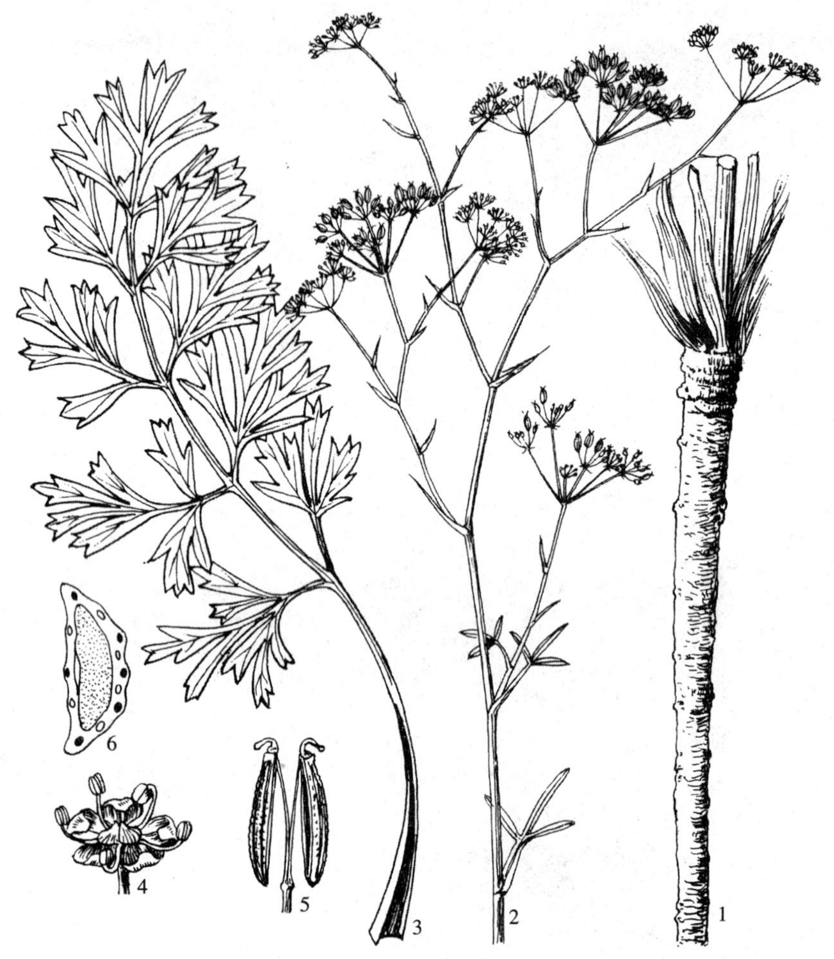

图 11－78 防风

1. 根 2. 果枝 3. 基生叶 4. 花 5. 果实 6. 分生果横切面

以及黄酮类及其糖苷。具镇静、抗菌、治疗皮肤溃疡等作用。

紫花前胡 *Peucedanum decursivum*（Miq.）Maxim. 多年生草本。根粗大，圆锥形，有分枝。茎具浅纵沟，紫色，叶一至二回羽状分裂。复伞形花序顶生或侧生，伞辐 10～20，紫色，有柔毛；总苞片 1～2；小总苞片数枚；花瓣深紫色。双悬果椭圆形，背部扁平，背棱和中棱突起，侧棱具狭翅，棱槽内油管 1～3，合生面 4～6。分布于河南、山东、江苏、安徽、浙江、江西、湖北、湖南、广东、广西、四川、台湾等省。生于山坡，林缘或灌丛。根能化痰止咳，散风热。（图 11－79）

同属**白花前胡** *P. praeruptorum* Dunn 叶二至三回羽状分裂。花白色。分布于江苏、安徽、江西、福建、湖北、湖南、四川、台湾等省。生于山坡林下及向阳的荒坡草丛中，与紫花前胡同称前胡入药。

本科还有多种药用植物，如**明党参** *Changium smyrnioides* Wolff 分布于江苏、安徽、浙江、江西等地。根能润肺化痰，养阴和胃。**小茴香** *Foeniculum vulgare* Mill. 原产地中海地区，现各地栽培。果实能散寒止痛，理气和胃。**天胡荽** *Hydrocotyle sibthorpioides*

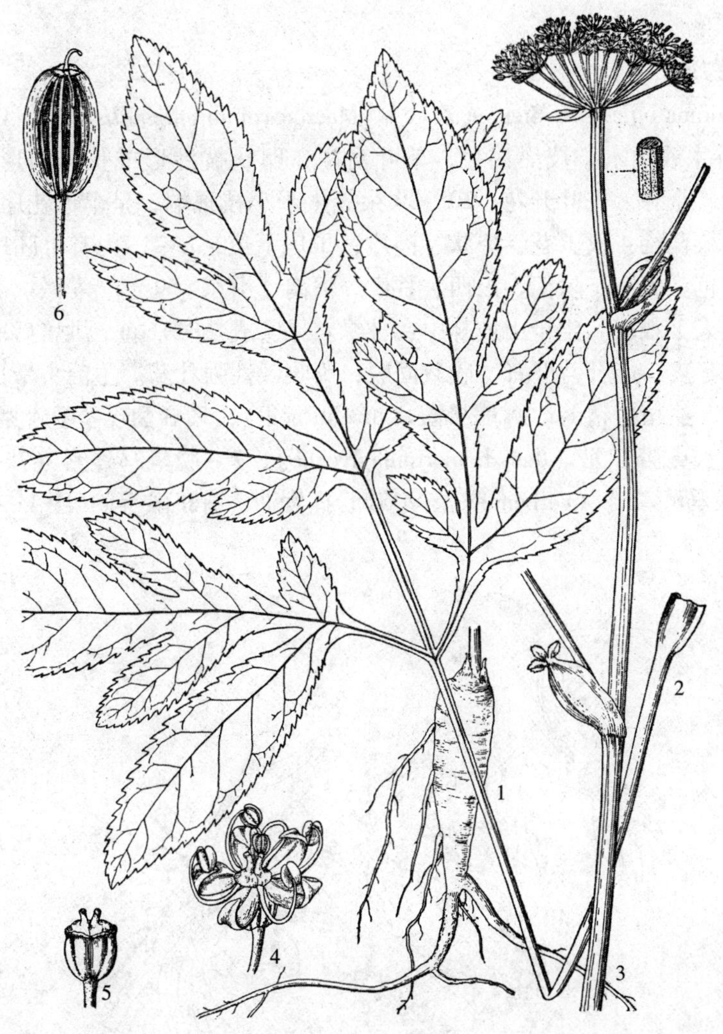

图 11－79　紫花前胡

1. 根　2. 基生叶　3. 果枝　4. 花　5. 雌蕊　6. 果实

Lam. 分布于华东、中南、西南及陕西。全草能清热，利尿，能解毒消肿。峨参*Anthriscus sylvestris*（L.）Hoffm.、胡萝卜*Daucus carota* L. var. *sativa* Hoffm.、芫荽*Coriandrum sativum* L.、芹菜*Apium graveolens* L. var. *dulce* DC. 等为重要的蔬菜。

41. 山茱萸科 Cornaceae　　$⚥ * K_{(4 \sim 5,0)} C_{4 \sim 5,0} A_{4 \sim 5} \overline{G}_{(2:1 \sim 4:1)}$

乔木或灌木，稀草本。叶常对生或轮生，少互生，无托叶。花两性或单性，辐射对称，聚成圆锥、聚伞、伞形或头状花序，常具大形苞片；花萼通常 4～5 裂或缺；花瓣 4～5，镊合状或覆瓦状排列；雄蕊与花瓣同数而互生，生于花盘基部；子房下位，2 心皮合生，1～4 室，每室具倒生胚珠 1 枚。核果或浆果，核骨质，稀木质。种子具胚乳。

本科有 15 属，约 119 种，分布于热带和温带，东亚地区最多。我国 9 属约 60 种，除新疆外，其他省区均有分布。药用 7 属 45 种。

本科化学成分主要有三萜类化合物，如熊果酸。还有环烯醚萜苷、黄酮类、有机酸类和鞣质等。

【药用植物】

山茱萸 Cornus *officinalis* Sieb. et Zucc. ［Macrocarpium *officinalis*（Sieb. Et Zucc.）Nakai］落叶小乔木或灌木。枝黑褐色，单叶对生，卵状披针形或长椭圆形，侧脉 6～8 对，弓形内弯，全缘。先叶开花，20～30 朵簇生于小枝顶端，呈伞形花序状；花黄色，花萼、花瓣、雄蕊均 4 枚，花盘环状、肉质；子房下位，1 室，内有 1 胚珠。核果长椭圆形，熟时红色。分布于陕西、山西、甘肃、河南、山东、江苏、安徽、浙江、湖南等地，目前已经人工栽培。生于山坡林中或林缘。果实成熟时采摘，烘焙后取下果肉。果肉入药，俗称枣皮，能补益肝肾，收敛固脱，为收敛性强壮药。主治头晕目眩，耳聋耳鸣，腰膝酸软，遗精滑精等。含熊果酸（ursolic acid），环烯醚萜类衍生物，如马钱素（loganin）、脱水莫诺苷元（dehydromorroniaglycone）、7－脱氢马钱素（7－dehydrologanin）等；以及马鞭草苷（verbenalin）、皂苷、挥发油、有机酸等。（图 11－80）

图 11－80　山茱萸

1. 果枝　2. 花枝　3. 花

青荚叶 *Helwingia japonica*（Thunb.）Dietr. 落叶灌木。叶互生，卵圆形至阔椭圆形，边缘具锐齿，托叶 2，早落。雌雄异株；花淡绿色，3～5 基数；雄花 4～12 朵成密伞状花序；雌花 1～3，均着生于叶腹面中脉 1/2～1/3 处，雌花子房下位。核果浆果状，熟时黑色。广布于我国长江流域以南各地。生于林下阴湿处。茎髓作小通草药用，能清热、利尿、下乳。其带果叶片作叶上珠入药，用于痢疾、便血、痈疖疮毒的治疗。

本属约 5 种，我国均有分布。其中作为叶上珠入药的还有西藏青荚叶 *H. himalaica* Clarke、中华青荚叶 *H. chinensis* Batal. 等。

（二）合瓣花亚纲 Sympetalae

合瓣花亚纲又称后生花被亚纲（Metachlamydeae），主要特征是花瓣多少连合成合瓣花冠。花冠有漏斗状、唇形、钟状、管状、舌状等多种类型，花冠的连合增加了对虫媒传粉的适应及对雄蕊和雌蕊的保护，是较离瓣花类进化的类群。

42. 杜鹃花科 Ericaceae　　⚥ $* K_{(5\sim4)} C_{(5\sim4)} A_{(10\sim8,5\sim4)} \underline{G}_{(5\sim4:5\sim4:\infty)}$

灌木或小乔木。单叶互生，常革质，多全缘，无托叶。花两性，辐射对称，或略呈两侧对称。花单生或集成总状、圆锥状、伞房状花序；花萼 4～5 裂，宿存；花冠合生成钟状、漏斗状或坛状，5 裂，稀 4、6、8 裂；雄蕊多为花冠裂片的 2 倍，花药 2 室，顶孔开裂，常具芒状附属物；花盘有或无；子房上位，稀下位，4～5 心皮合生，4～5 室，中轴胎座，每室胚珠多数。蒴果、浆果或核果。种子小，有直伸的胚和肉质的胚乳。染色体：x＝8、11、12、13。

本科约 50 属，1300 种；分布于全世界各地。我国有 15 属，约 757 种，南北均产，但以西南山区的种类最多。药用 12 属，126 种。

本科植物含多种化学成分，主要有黄酮类、挥发油类、香豆素类、酚类化合物以及二萜类成分。黄酮类和香豆素类化合物具平喘和消炎的功效。其中杜鹃素和荚果蕨素为杜鹃属所特有。另外杜鹃花属和马醉木属的部分植物中常含杜鹃花毒素，能引起呼吸困难、心跳减慢、肝功能异常。

【药用植物】

兴安杜鹃（满山红）*Rhododendron dahuricum* L. 半常绿灌木。多分枝，具鳞片和柔毛。单叶互生，椭圆形，近革质，上面深绿色，疏生鳞片，下面淡绿色，密生腺鳞，冬季卷成筒状。先花后叶，花 1～4 朵生枝端，粉红色至紫红色；雄蕊 10，花丝下部有毛；子房上位，1 室，花柱伸出花外，宿存。蒴果矩圆形，室间开裂。分布于东北、西北、内蒙古等地。生于干燥山坡，灌丛中。叶能祛痰止咳。含多种黄酮类化合物，如金丝桃苷（hyperoside）、异金丝桃苷（isohyperoside）、杜鹃素（farrerol）；香豆素类化合物，如东莨菪素（scopoletin）等；酚酸类，如香草酸（vanillic acid）、没食子酸（gallic acid）等；挥发油，如大牻牛儿酮（germacrone）、薄荷醇（menthol）等。具镇咳、祛痰、平喘等作用。其中微量的梫木毒素（andromedotoxin）为主要毒性成分。（图 11－81）

本属约 960 种，我国约 542 种，主要分布在西南山区。

本属植物羊踯躅 *R. mo11e*（Bl.）G. Don. 也称闹羊花、三钱三、八厘麻等。落叶灌木。单叶互生，长椭圆形或倒披针形，下角密生柔毛。花冠宽钟状，黄色。根、叶、花等含多种闹羊花素（rhodojaponin），具大毒（图 11－81）。花入药具祛风除湿、定痛杀

图 11－81　兴安杜鹃（1～4）羊踯躅（5～9）

1. 花枝　2. 雌蕊　3. 雄蕊　4. 果实　5. 蒴果　6. 叶片　7. 雌蕊　8. 花　9. 雄蕊

虫之功效。照山白*R. micranthum* Turcz.，烈香杜鹃*R. anthopogonoides* Maxim.，岭南杜鹃*R. mariae Hance*. 等多为民间草药，叶、枝能祛痰，止咳，平喘，祛风通络。

南烛(乌饭树) *Vaccinium bracteatum* Thunb. 常绿灌木或小乔木。叶椭圆形至披针形，革质，具细锯齿。花冠钟形，白色，排成总状花序，腋生。浆果熟时紫黑色，分布于华东、华南、华中和西南地区。果实称南烛子，能益肾固精，强筋明目。叶治疗支气管炎，根能消肿止痛。

越桔属（*Vaccinium*）约450种，我国91种，主产于华南和西南一带。越桔*V. vitis-idaea* L.，为常绿小灌木。具地下根茎。叶革质，椭圆形，全缘。花4基数。浆果熟时橘红色。叶中含熊果酚苷（arbutin）、熊果酸等，能解毒利尿，果实可作保健品。

本科植物马醉木(梫木) *Pieris japonica*（Thunb.）D. Don ex G. Don叶有毒，可作杀虫剂。滇白珠*Gaultheria yunnanensis* Rehd. 枝叶含芳香油，供工业和药用。

43. 紫金牛科 Myrsinaceae $⚥ * K_{(4\sim5)} C_{(4\sim5)} A_{4\sim5} \underline{G}_{(4\sim5:1:1\sim\infty)}$

灌木或乔木，稀藤本。单叶互生，常具腺点或脉状腺条纹，无托叶。花两性，稀单性，辐射对称，4~5基数，排成总状、伞房状、伞形、聚伞状或再组成圆锥状花序；花萼连合或近于分离，宿存常具腺点；花瓣合生，常具腺点；雄蕊着生在花冠管上，且与花冠裂片同数而对生；心皮4~5合生，通常子房上位，少半下位或下位，1室，具中轴或特立中央胎座，胚珠多数，多仅1枚发育成种子。核果或浆果。染色体：X=10、12。

本科约35属1000余种，分布于热带和亚热带地区。我国6属，129种，主要分布于长江流域及其以南各省。药用5属，72种。

本科植物含苯醌类成分，如朱砂根醌（vilangin）、恩贝素等；香豆素类化合物，如具止咳作用的岩白菜素（bergenin）；黄酮类，如树皮苷等；以及三萜类和生物碱类成分。

【药用植物】

紫金牛(平地木) *Ardisia japonica*（Thunb.）Bl. 常绿小灌木。根状茎匍匐，地上茎单一，表面带紫色。单叶对生或3~4叶集生于茎顶，椭圆形，近革质，具细锯齿，下面淡紫色。花2~6朵顶生或腋生，排成伞形；花萼5裂，花冠淡红色或白色，5深裂。核果球形，熟时红色。分布于陕西及长江以南地区。生于低山林下阴湿处。全株能化痰止咳，利湿活血。含挥发油，岩白菜素（berbenin）、紫金牛酚（ardisinol）Ⅰ和Ⅱ、恩贝素（embelin）等。

同属植物两色紫金牛*A. bicolor* Walker. 也可作紫金牛入药。

朱砂根*Ardisia crenata* Sims. 直立灌木。根肉质。单叶互生，椭圆状披针形至倒披针形，叶缘背卷，具波状齿或圆齿，有黑色腺体，叶两面具突起腺点。伞形花序顶生或腋生；花萼5裂；花冠白色或淡红色，5裂，具腺点。核果球形，熟时黑色，有黑色斑点。分布于长江以南地区。生于林下及沟谷阴湿处。全株能清热解毒、散瘀止痛。（图11-82）

紫金牛属*Ardisia*约300种，我国产68种，药用植物还有：百两金*A. crispa*（Thunb.）A. DC. 全株能消炎利咽，祛痰止咳，舒筋活血。走马胎*A. gigantifolia* Stapf. 根茎可治疗跌打损伤。本科药用还有杜茎山属*Maesa*由于子房半下位或下位，种子多数，有棱角，花下有1对小苞片而独特，常见药用植物有杜茎山*M. japonica*（Thunb.）Moritzi ex Zoll. 全珠能消肿、祛风。当归藤*Embelia parviflora* Wall. 根能活血通络，接骨止痛。

44. 报春花科 Primulaceae $⚥ * K_{(5),5} C_{(5)} A_5 \underline{G}_{(5:1:\infty)}$

草本，或亚灌木，多具腺点或被白粉。单叶互生，对生、轮生或基生。花两性，辐

图 11-82 朱砂根

1. 枝条 2. 根 3. 花 4. 花萼及雌蕊 5. 展开花冠 6. 雄蕊

射对称，单生或集成伞形，有时为总状、圆锥状、或穗状花序；花萼多5裂，宿存，花冠5裂；雄蕊与花冠裂片同数而对生，着生在花冠筒上；子房上位，稀半下位，5心皮，1室，特立中央胎座。蒴果。染色体：x=5、9、10、11、19、22、31。

本科约28属，近1000种，分布于世界各地。我国12属，500多种，全国各地均有分布，但以西南地区为多。药用7属，100余种。

本科植物主要含三萜皂苷及苷元，如报春花皂苷元 A（primulagenin A）等；黄酮及其苷元，如槲皮素、山萘酚及其苷等。

【药用植物】

过路黄*Lysimachia christinae* Hance 多年生蔓生草本。茎柔弱，匍匐，节上生根。单叶对生，叶片卵圆形、近圆形或圆肾形，透光可见条形腺点，干时变黑色。花腋生，两朵相对；花萼5深裂；花冠5深裂，黄色，具黑色长腺条；雄蕊5，花丝下部合生成筒；子房上位，1室，特立中央胎座。蒴果球形，具稀疏黑色腺条，瓣裂。分布于西北、西南、中南以及华东的部分地区。生于较湿润的山坡路旁及林缘。全草能清利湿

热，通淋消肿。含多种黄酮类化合物。（图 11－83）

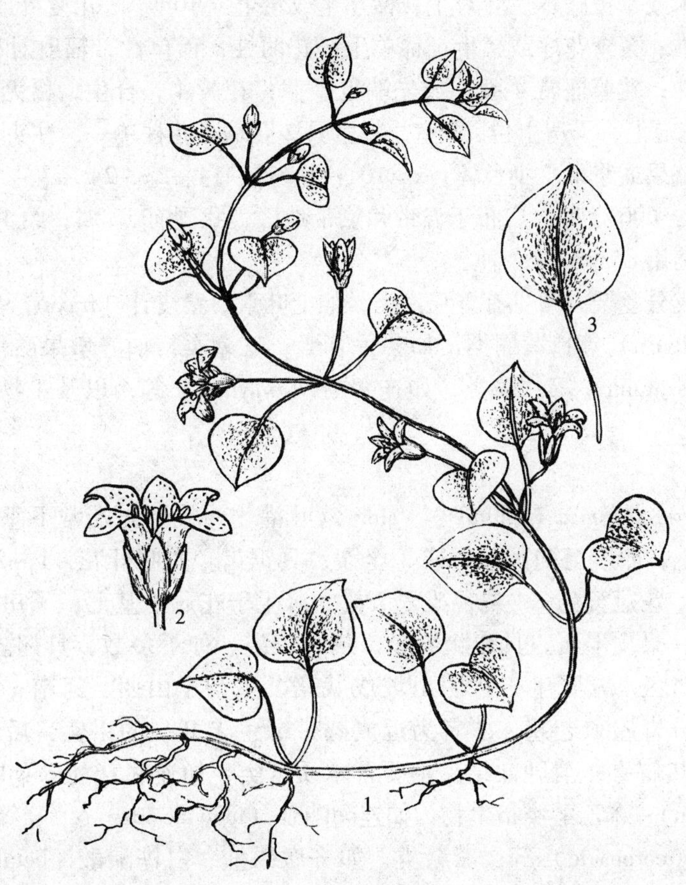

图 11－83　过路黄
1. 植株　2. 花　3. 叶片

灵香草*Lysimachia foenum－graecum* Hance 多年生草本，具浓烈香气。茎上部直立，下部匍匐。单叶互生，叶片卵形至椭圆形，基部下延，至茎上成棱或薄翅，边缘皱波状。花单生叶腋，下垂；花冠黄色；雄蕊分离。蒴果球形，灰白色。分布于四川、云南、贵州、广东、广西、湖北等地。生于林下及山谷阴湿地。全草能祛风寒、止咳、调经。

珍珠菜属（*Lysimachia*）植物具地上茎，花冠 5 深裂，蒴果球形。我国有 120 种，多具清热解毒之功效。如珍珠梅*L. clethroides* Duby、星宿菜*L. fortunei* Maxim. 等。

本科常见药用植物还有点地梅*Androsace umbellata*（Lour.）Merr. 叶圆肾形，呈莲座状。伞形花序顶生；花白色。分布于全国各地。生于草地，林下。全草入药治疗喉炎，故称“喉咙草”。

45. 木犀科 Oleaceae $⚥ * K_{(4)} C_{(4)} A_2 \underline{G}_{(2:2:2)}$

灌木、乔木或攀援藤本。叶对生，稀互生或轮生，单叶、三出复叶或羽状复叶，无托叶。花为圆锥、聚伞花序或簇生，稀单生；花两性，稀单性，辐射对称，雌雄同株、异株或杂性异株；花萼通常4裂，或先端近平截；花瓣4，合生，稀无花瓣；雄蕊2，稀4；着生于花冠上，子房上位，2室，每室具2胚珠。花柱单一，柱头单一或2尖裂。翅果、蒴果、核果或浆果。染色体：x=10、11、13、14、23、24。

本科29属，600余种，广布于温带和热带地区，我国有12属，约178种，南北各地均有分布。药用8属，80余种。

本科植物成分复杂，常见有香豆素类，如七叶素、秦皮苷（fraxin）等；木脂素类，如连翘苷（phillyrin）等；黄酮类，如芸香苷等；三萜类，如齐墩果酸等；苦味素类，如素馨苦苷（jasminin）等；酚类，如连翘酚（forsythol）等；以及生物碱类、鞣质和醌类化合物等。

【药用植物】

连翘*Forsythia suspensa*（Thunb.）Vahl. 落叶灌木。枝条先端常下垂，节间髓部中空。单叶，对生，卵形至椭圆形，或3全裂，具锯齿。先叶开花，1~3朵簇生叶腋；花萼上部4裂；花冠黄色，4裂；雄蕊2枚，着生于花冠筒基部；子房上位。蒴果卵形至长椭圆形，果皮木质，具瘤状突起，熟时2裂。种子多数，具翅。分布于华北、西北、华东等省区。常野生于背阴山坡或栽培，主产于山西、河南、陕西、山东等地。果实入药分青翘和老翘，前者为近成熟带绿色未开裂的果实，后者为熟透干裂的果实。能清热解毒，消肿散结。主要含木质素类，如连翘苷（forsythin）；黄酮类，如芸香苷（rutin）；苯乙醇类衍生物，如连翘酯苷（forsythoside）A~E等；乙基环乙醇类，如梾木苷（cornoside）等；三萜类，如齐墩果酸、白桦酯酸（betulinic acid）等。（图11-84）

女贞*Ligustrum lucidum* Ait. 常绿乔木。单叶对生，长卵形至阔椭圆形，革质。圆锥花序顶生；花小，花冠漏斗状，4裂，白色；雄蕊2，着生于花冠喉部，花丝伸出花冠外；雌蕊1，子房上位，2室。核果长圆形，微弯，熟时深蓝黑色，被白粉。分布于长江流域及其以南各省区，主产于浙江、江苏和湖南等地。生于温暖湿地或向阳山坡，果实称女贞子，能滋补肝肾，明目乌发。

梣（白蜡树）*Fraxinus chinensis* Roxb. 落叶乔木。叶对生，奇数羽状复叶，小叶5~7枚，卵状披针形至倒卵状椭圆形，具锯齿。雌雄异株；圆锥花序顶生；雄花密集，花萼钟状，无花瓣；雌花疏离，花萼大，筒状。翅果倒披针形。分布于我国大部分地区。生于山间向阳坡地湿润处。南北均有栽培。西南地区常放养白蜡虫 *Ericerus pela*（Chavannes）Guerin，其雄虫可分泌虫白蜡作药用或工业用。茎皮称秦皮，能清热燥湿，收涩明目。含香豆素类，如七叶苷（aesculin）、秦皮素（fraxetin）等。

同属植物苦枥白蜡树*F. rhynchophylla* Hance、尖叶白蜡树*F. szaboana* Lingelsh. 和宿柱白蜡树*F. stylosa* Lingelsh. 的树皮均可作秦皮入药。

本科植物木犀*Osmanthus fragrans* Lour. 俗称桂花，为名贵香料。各地栽培。

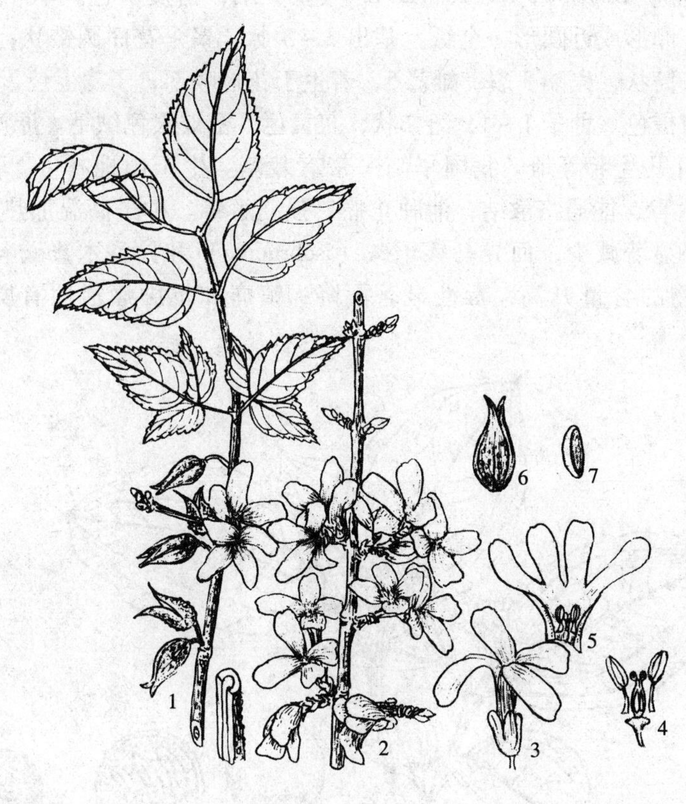

图 11－84　连翘

1. 果枝及其茎剖面　2. 花枝　3. 花　4. 雌、雄蕊　5. 展开花冠　6. 果实　7. 种子

46. 马钱科 Loganiaceae　　$⚥ * K_{(4\sim5)} C_{(4\sim5)} A_{4\sim5} \underline{G}_{(2:2:2\sim\infty)}$

乔木、灌木、藤本或草本。单叶对生，少互生或轮生，托叶极度退化。花两性，辐射对称，稀左右对称；聚伞、头状、总状或穗状花序，稀单生；花萼 4～5 裂；花瓣合生，4～5 裂；雄蕊与花冠裂片同数而互生，着生在花冠管上或喉部；子房上位，2 室，每室胚珠 2 至多数。蒴果、浆果或核果。种子有时具翅。染色体 x＝8、10、11。

本科约 35 属，750 种，分布于热带、亚热带地区。我国有 9 属，63 种，分布于西南部至东南地区。药用 7 属，近 30 种。

本科植物含生物碱类：马钱属（*Strychnos*）、钩吻属（*Gelsemium*）和醉鱼草属（*Buddleja*）的植物多有毒，其主要毒性成分为马钱子碱（brucine）、番木鳖碱（strychnine）、钩吻碱（gelsemine）等吲哚类生物碱。此外还有密蒙萜苷、醉鱼草苷、番木鳖苷、梓醇等三萜类；黄酮类如刺槐素（acacetin）、蒙花苷（linarin），环烯醚萜苷类如桃叶珊瑚苷（aucubin）、番木鳖苷（loganin）等成分。

【药用植物】

马钱(番木鳖) *Strychnos nux-vomica* L. 大型乔木，树皮灰色。单叶对生，叶片革质，具光泽，广卵形或近圆形，全缘，基出 3～5 脉。聚伞花序圆锥状；花小，花萼 5 裂；花冠白色，筒状，先端 5 裂；雄蕊 5，着生于花冠喉部；子房上位、柱头 2 裂。浆果球形，成熟时橙色。种子 1～4，纽扣状，灰黄色，密被银色绒毛。原产缅甸、泰国、越南、印度、斯里兰卡等地。我国华南一带有栽培。生于山地林中。种子称马钱子(番木鳖)，有大毒，能通络散结，消肿止痛，强筋解毒。种子高温加热后，马钱子碱和番木鳖碱含量显著减少，而异马钱子碱（isobrucine）和异番木鳖碱（isostrychnine）及其 N－氧化物的含量升高，毒性显著下降，镇痛和抗肿瘤活性有所增强。（图 11－85）

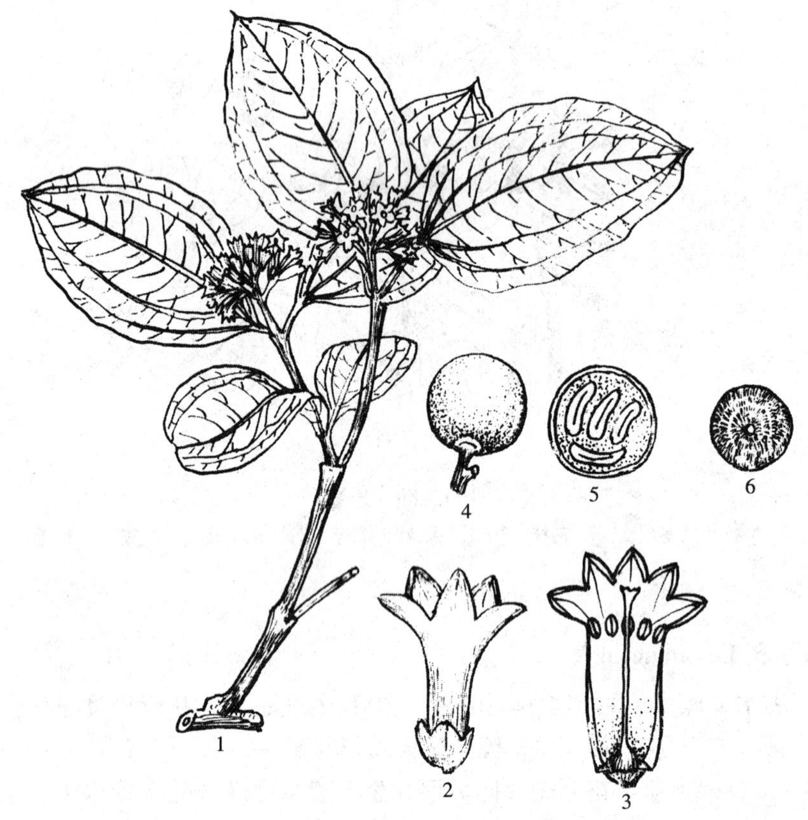

图 11－85　马钱

1. 枝条　2. 花　3. 展开花冠，示雄蕊和雌蕊　4. 浆果　5. 浆果横切面　6. 种子

本属约 190 种，我国产 10 种，2 变种。长籽马钱 *S. wallichiana* Steud. ex DC. 等植物的种子也可作马钱子入药。分布于我国云南东南南部以及印度、孟加拉、越南。生于山坡凹地、山谷、树丛中。

密蒙花 *Buddleia officinalis* Maxim. 落叶灌木。小枝略具四棱，密被灰白色星状毛和绒毛。单叶对生，长卵形至长披针形，全缘或有小锯齿，被星状毛。聚伞圆锥花序顶生，密被星状短柔毛；花 4 基数，花冠紫堇色，后变白色或淡黄色，花瓣合生成管状，内部黄色；雄蕊 4，着生在花冠管中部；子房上位，2 室。蒴果椭圆形，两瓣裂。种子多数，两端具翅。分布于西北、西南和中南等地，主产湖北、四川等省区。生于山坡、河边灌木丛中。花能祛风清热、润肝明目、退翳。

本科重要的药用植物还有钩吻（断肠草）*Gelsemium elegans*（Gardn. et Champ.）Benth. 缠绕藤本。单叶对生。分布于浙江、福建、江西、湖南、广东、广西、贵州、云南。全株有大毒，外用能散瘀止痛，杀虫止痒。醉鱼草 *Buddleja lindleyana* Fort. ex Lindl. 分布于华东及陕西、湖南、广东、广西、四川、贵州、云南。根、枝、叶、花入药，有小毒，能活血化瘀，祛风杀虫。

47. 龙胆科 Gentianaceae $⚥ * K_{(4\sim5)} C_{(4\sim5)} A_{4\sim5} \underline{G}_{(2:1:\infty)}$

草本，偶灌木。茎直立，有时缠绕。叶对生，全缘，无托叶。基部合生，筒状抱茎或为 1 横线所连接。聚伞花序，稀单生；花常两性，辐射对称，稀两侧对称，4～5 基数；萼筒管状、钟状或辐状；花冠漏斗状、辐状或管状；雄蕊着生于花冠管上，与花冠裂片同数而互生；子房上位，心皮 2，合生 1 室，侧膜胎座，胚珠多数。蒴果多 2 瓣裂。种子多数，具胚乳。染色体：x＝9～13。

约 85 属，1100 种，广布世界各地，但以北半球温带和寒温带较集中。我国有 22 属，427 种，各省均产，西南山区分布最为集中。种类较多的属有：龙胆属 *Gentiana*、樟牙菜属 *Swertia*、肋柱花属 *Lomatogonium*。药用 15 属，100 余种。

本科植物含有：裂环烯醚萜类和山酮类成分是主要特征性成分，如龙胆苦苷（gentiopicroside）、獐牙菜苦苷（swertiamarin）、獐牙菜苷（sweroside）等，是该科苦味成分和活性成分；富含黄酮类化合物，其中山酮及碳键黄酮苷为特征性成分。如龙胆山酮（gentisin）、当药山酮（swertianin）等具有抗肝炎、利胆作用。黄酮类还有当药黄素（swertisin）、红草素（orientin）等。生物碱类如龙胆碱（gentianine）、龙胆次碱（gentianidine）等。

【药用植物】

龙胆 *Gentiana scabra* Bunge 多年生草木。根细长，簇生，黄白色。茎直立，多带紫褐色。叶对生，卵形，有主脉 3～5 条，全缘，无柄。花簇生茎端或叶腋，蓝紫色，花冠管筒状钟形，5 浅裂，裂片间具副裂片；雄蕊 5，花丝基部具宽翅；子房上位，1 室。蒴果矩圆形。种子两端有翅。分布于东北、华北等地区。生于草甸，灌丛中。根和根茎能清热燥湿，泻肝定惊。（图 11－86）

本属约 400 种，我国有 247 种，集中分布在西南山区。药材分关龙胆，包括龙胆、条叶龙胆 *G. manshurica* Kitag. 全株绿色，不带紫色；叶披针形或线状披针形；冠裂片三角形，先端尖。生于山坡路旁，草丛间。（图 11－86）三花龙胆 *G. triflora* Pall. 叶缘不反卷；腋生花多为 1～3 朵，花冠裂片先端钝或圆。生于湿草甸和灌丛中。主产内蒙古和东北地区；硬龙胆，主要为滇龙胆 *G. rigescens* Franch. 本种花紫红色。主产云南、四川和贵州。

秦艽 *Gentiana macrophylla* Pall. 多年生草本。主根粗大，扭曲不直，上部具多数残存的叶基。基生叶丛生，无柄，披针形或矩圆状披针形，主脉 5 条；茎生叶对生，稍小。花于茎顶或上部叶腋集成轮伞花序；花萼管一侧开裂；花冠筒状，蓝紫色，先端 5

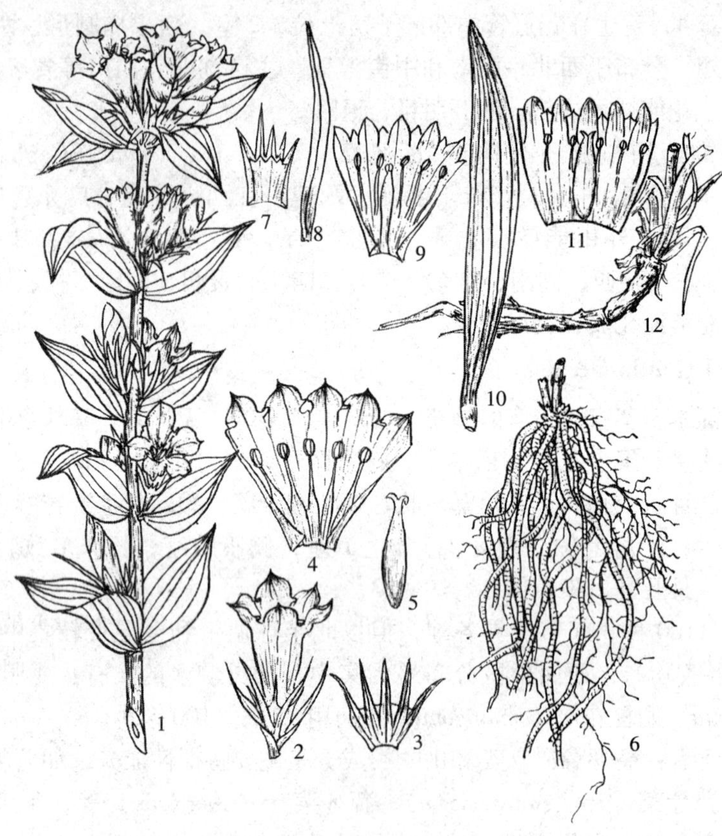

图 11-86　龙胆（1~6）　条叶龙胆（7~9）　秦艽（10~12）

1. 花枝　2. 花　3. 展开花萼　4. 展开花冠　5. 雌蕊　6. 根　7. 展开花萼　8. 叶　9. 展开花冠　10. 叶　11. 展开花冠　12. 根

裂。蒴果矩圆形。种子无翅。分布于东北、华北、西北以及四川。生于山区草地、溪旁、灌丛中。根能祛风湿，舒筋络，清虚热，利湿退黄。含龙胆碱、龙胆次碱（gentianidine）、秦艽碱丙（gentianal）、龙胆苦苷等。（图 11-86）

本属粗茎秦艽*G. crassicaulis* Duthie ex Burk.、麻秦艽*G. straminea* Maxim.、达乌里秦艽 *G. dahurica* Fisch.、天山秦艽 *G. tianshanica* Rupr.、西藏秦艽 *G. tibetica* King ex Hook. f.、管花龙胆*G. siphonantha* Maxim. ex Kusnez. 等在不同地区也作秦艽入药。

青叶胆*Swertia mileensis* T. N. He et W. L. Shi 一年生草木。茎多分枝，四棱形，具狭翅。单叶对生，狭披针形。圆锥状聚伞花序；花萼叶状，4 裂；花冠淡蓝色，先端 4 裂，基部具 2 个杯状蜜腺；雄蕊 4，花药蓝色。蒴果长圆形。分布于云南。全草能清热解毒，利湿退黄。

獐牙菜属常见的药用植物还有当药*S. pseudochinensis* Hara 等。

48. 夹竹桃科 Apocynaceae　　$⚥$ 单 $* K_{(5)} C_{(5)} A_5 \underline{G}_{(2:1\sim2:1\sim\infty)}$

乔木、灌木、藤本或草本。具白色乳汁或水液。单叶对生或轮生，稀互生，全缘，通常无托叶。花单生，或成聚伞花序及圆锥花序；花两性，辐射对称；萼 5 裂，稀 4 裂。基部内面常具腺体；花瓣合生，上部 5 裂，覆瓦状排列，花冠喉部常具副花冠，或鳞片状、毛状附属物；雄蕊5，着生于花冠筒上，花药长圆形或箭头形，分离或互相粘连并与柱头贴生，通常具花盘；子房上位，中轴胎座或侧膜胎座。2心皮，离生或合生，1~2室。蓇葖果，偶呈浆果状或核果状。种子有翅或有长丝毛。染色体：x=8，10，11，12。

本科250属，2000余种，分布于热带或亚热带地区；多有毒，如羊角拗属、海芒果属 *Cerbera*、黄花夹竹桃属 *Thevetia*、夹竹桃属 *Nerium* 等。我国约有46属，176种，主要分布于长江以南各省区。药用35属，95种。

本科植物普遍含有强心苷，常见的有黄夹苷（thevetin）、羊角拗苷（divaricoside）、毒毛旋花子苷（strophanthin）等；吲哚类生物碱只存在于鸡蛋花亚科（Plumerioideae），如利血平（reserpine）、蛇根碱（serpentine）、长春花碱（vinblastine）等。甾体生物碱主要存在于夹竹桃亚科（Apocynoideae）。

【药用植物】

萝芙木 *Rauvolfia verticillata*（Lour.）Baill. 直立灌木，多分枝，全体无毛，具乳汁。单叶对生或轮生，长椭圆形或披针形。顶生聚伞花序；花冠白色，高脚碟状，先端5裂，向左旋转；雄蕊5，着生于花冠筒中部膨大处；心皮2，离生。核果椭圆形，熟时由红变紫黑色。分布于西南、华南以及台湾一带。生于潮湿的疏林或灌丛中。全株含利血平（reserpine）、利血胺（rescinnamine）等28种生物碱，能镇静，降压，活血止痛，是提取利血平的原料，同属其他多种植物如蛇根木 *R. serpentine*（L.）Benth. ex Kurz 等也有同样作用。

长春花 *Catharanthus roseus*（L.）G. Don 多年生草本或半灌木，光滑无毛，具水液。单叶对生，倒卵状矩圆形。聚伞花序，具花1~3朵；花冠淡红色或白色，高脚碟状，先端5裂；雄蕊5；花盘为2枚舌状腺体组成，与心皮互生。蓇葖果2个，种子具颗粒状小瘤突起。原产非洲东部，我国各省有栽培，全株植物含长春花碱等多种生物碱，能抗癌，抗病毒，利尿，降血糖等，是提取长春碱和长春新碱的原料。（图11-87）

罗布麻 *Apocynum venetum* L. 半灌木，枝带紫红色或淡红色，无毛，具乳汁。单叶对生，叶片披针形或矩圆形，叶缘具细齿。花冠紫红或粉红色，具柔毛；雄蕊5；子房由2离生心皮组成。蓇葖果双生，下垂。种子一端具白色种毛。分布东北、西北、华北、华东各省区。生于盐碱荒地和沙漠边缘。全草能清热平肝，强心，利尿，安神，降压和平喘。其茎皮纤维品质优良，是纺织、造纸和国防工业的重要原料。

本科药用的还有：**黄花夹竹桃** *Thevetia peruviana*（Pers.）K. Schum. 全株有毒，具强心，利尿和消肿作用；**羊角拗** *Strophanthus divaricatus*（Lour.）Hook. et Arn. 全株有毒，可作杀虫药，民间用治蛇咬伤；**络石** *Trachelospermum jasminoides*（Lindl.）Lem. 茎叶能祛风通络，活血止痛；**杜仲藤** *Parabarium micranthum*（DC.）Pierre 树皮入药称红杜仲，能祛风活络，强筋壮骨。

49. 萝藦科 Asclepiadaceae

$⚥ * K_{(5)} C_{(5)} A_5 \underline{G}_{2:1:\infty}$

多年生草质藤本或灌木，具乳汁。根常成木质或肉质块状。单叶对生，稀轮生，全缘；叶柄顶端常具丛生腺体；常无托叶。聚伞花序常成伞形、伞房状或总状；花两性，辐射对称；花萼筒短，5裂，内面基部常具腺体；花冠辐状或坛状，稀高脚碟状，5裂，

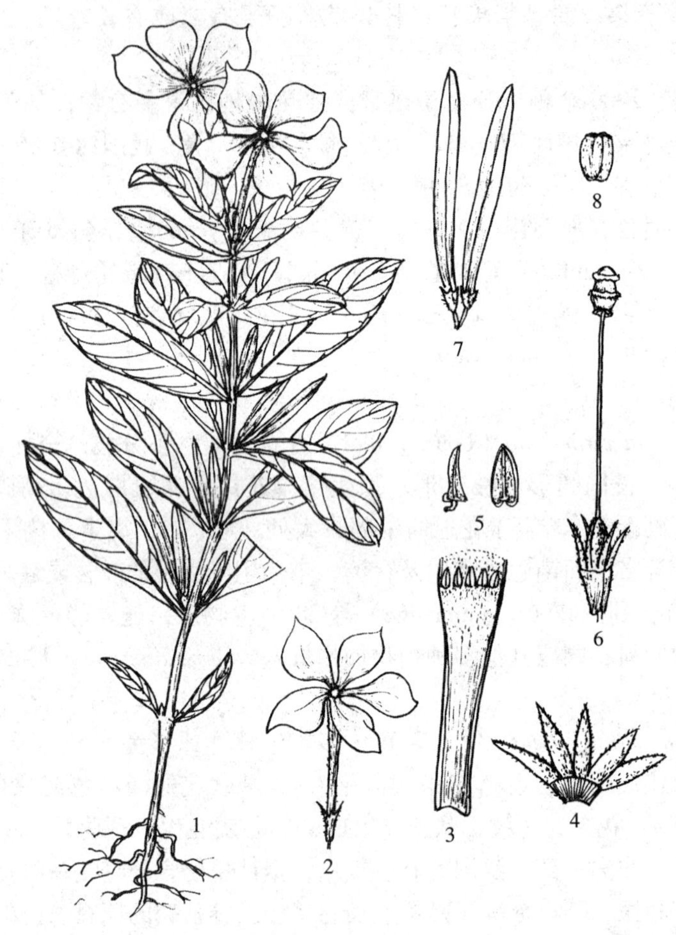

图 11－87 长春花

1. 植株 2. 花 3. 部分展开花冠，示雄蕊着生状态 4. 花萼

5. 雄蕊 6. 雌蕊 7. 果实 8. 种子

常具 5 枚离生或基部合生的副花冠，呈裂片或鳞片状，生在花冠筒上或雄蕊背部或合蕊冠上；雄蕊 5，与雌蕊粘生成合蕊柱；花药连生而与柱头基部的膨大处相贴，花丝合生成筒状，称合蕊冠，或花丝离生；在原始的类群中，花粉成四合花粉，承载于匙形的载粉器中，而在较进化的类群中，花粉连合成花粉块，通过花粉块柄与着粉腺相连，每花药具花粉块 2～4 个；子房上位，心皮 2，离生，胚珠多数。蓇葖果双生或仅 1 个发育。种子顶端具白色丝状毛。染色体：x＝9～12。

本科约 180 属，2000 余种，分布于世界各地。我国有 44 属，245 种，我国西南部和东南部地区最多，药用 32 属，112 种。

本科植物含多种类型的化合物，主要包括 C_{21} 甾体苷，如白前苷、白首乌苷、杠柳苷等；酚类，如丹皮酚等；以及强心苷类如马利筋苷（asclepin）、牛角瓜苷（calotropin）。生物碱如娃儿藤碱（tylocrebrine）、娃儿藤次碱（tylophorine）等。

【药用植物】

白薇*Cynanchum atratum* Bunge 多年生草本，具乳汁，根须状，长达20cm以上，土黄色，具香气。单叶对生，卵状矩圆形，被白色绒毛。聚伞花序；花萼5裂，内面基部具5个小腺体，花冠深紫色，具缘毛，副花冠5裂，裂片盾状，圆形；花药顶端具1圆形的膜片，花粉块每室1枚。蓇葖果单生。种子一端有长毛。分布于全国各地。生于荒山草丛，林下草地。根及根茎入药，能清热凉血，利尿通淋，解毒疗疮。含直立白薇苷（cynatratoside）A～E、白前苷（glaucoside）等。

本属植物蔓生白薇*C. versicolor* Bge，不具乳汁，茎上部缠绕。同作白薇入药。

柳叶白前（鹅管白前）*Cynanchum stauntonii*（Decne.）Schltr. ex Levl. 直立半灌木，全体无毛。根茎横生或斜生，中空，根系发达，须根纤细，黄白色或带红棕色，无香气。单叶对生，披针形。伞状聚伞花序腋生；花冠紫红色，内面具长柔毛；副花冠裂片盾状，肥厚；雄蕊5，花粉块每室1个。蓇葖果单生，狭长纺锤形。分布于长江流域中下游以及广东、广西等地。生于山谷、溪边。根茎和根入药能降气，消痰，止咳。含华北白前醇（hancockinol）等，具有镇咳、祛痰、平喘、抗炎等作用。

同属芫花叶白前*C. glaucescens*（Decne）Hand. - Mazz. 叶长椭圆形，花黄白色。同作白前入药。

徐长卿*Cynanchum paniculatum*（Bunge）Kitag. 多年生直立草本，具白色乳汁，具特异香气。茎直立，常不分枝。单叶对生，线状披针形，叶缘稍反卷，聚伞花序圆锥状，生于叶腋内；花冠黄绿色；副花冠5，黄色，肉质；雄蕊5，花药2室，每室具2个花粉块；2心皮离生，柱头五角形。蓇葖果单生，长纺锤形。全国大部分地区均有分布，多生于向阳山坡草丛中。根和根茎入药能祛风化湿，止痛止痒。含丹皮酚（paeonol）、异丹皮酚（isopaeonol）、徐长卿苷（cynatratoside）B 等。（图11－88）

杠柳*Periploca sepium* Bunge 蔓生灌木，具白色乳汁。单叶对生，披针形，光滑无毛。聚伞花序腋生；花萼5深裂，内面基部腺体10个；花冠5，暗紫色，反折；副花冠环状，顶端10裂，其中5裂片，丝状伸长；花粉颗粒状，藏于直立匙形的载粉器内。蓇葖果双生，圆柱状。种子顶部有白色长柔毛。分布于东北、西北、华北、华东以及西南各省。生于路旁及低山丘林缘。根皮称北五加皮或香加皮，能祛风湿，强筋骨。含多种甾类糖苷，如杠柳毒苷（periplocin）、北五加皮苷（periplocoside）A～H、J～O、杠柳苷（periploside）A～C 等；北五加皮寡糖（periplocae oligosacharide）C_1、D_2、F_1、F_2 等；以及多种孕烯醇类化合物。

白首乌（牛皮消）*Cynanchum auriculatum* Royle ex Wight. 攀缘性半灌木，具乳汁。块根肥厚，类圆柱形，表面黑色，断面白色。单叶对生，卵状心形。聚伞花序伞房状，腋生；花萼5深裂，反折；花瓣白色，5深裂，反折，副花冠浅杯状，裂片长于合蕊柱。蓇葖果双生，狭纺锤形。分布于西北、西南、华东以及河北等地。生于林下灌丛及沟边。块根入药称白首乌，能补肝肾、强筋骨，益精血，健脾消食，解毒疗疮。（图11－89）

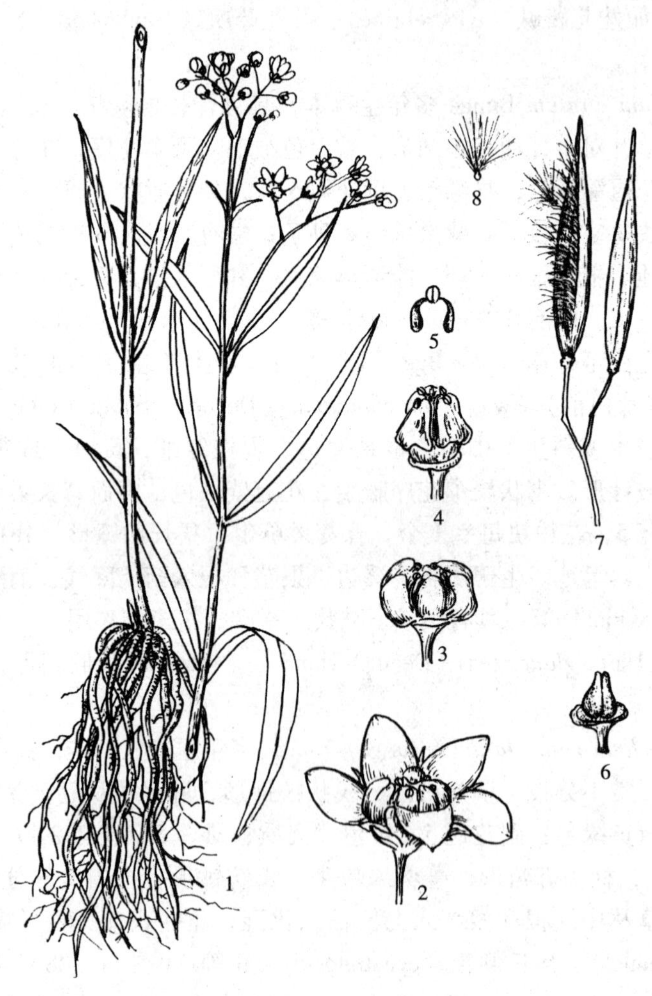

图 11－88　徐长卿

1. 植株　2. 花　3. 花（去掉花萼和花冠，示副花冠）　4. 合蕊冠　5. 花粉块　6. 雌蕊　7. 果实　8. 种子

同属植物戟叶牛皮消*C. bungei* Decne. 块根呈块状，常数个相连。叶片呈三角状卵形。分布于内蒙古、辽宁、河北、河南、山西、陕西、甘肃、山东等地。同作白首乌入药，也称泰山何首乌。（图 11－89）

本科常见的药用植物还有萝藦*Metaplexis japonica*（Thunb.）Makino 分布于东北、华北、西北及河南、湖北、湖南、广西、四川、贵州。全草能补肾强壮，行气活血，消肿解毒。马利筋*Asclepias curassavica* L. 原产美洲。现全国各地栽培。全草能清热解毒，活血止血。匙羹藤*Gymnena sylvestre*（Retz.）Schlt. 分布于浙江、福建、广东、广西、海

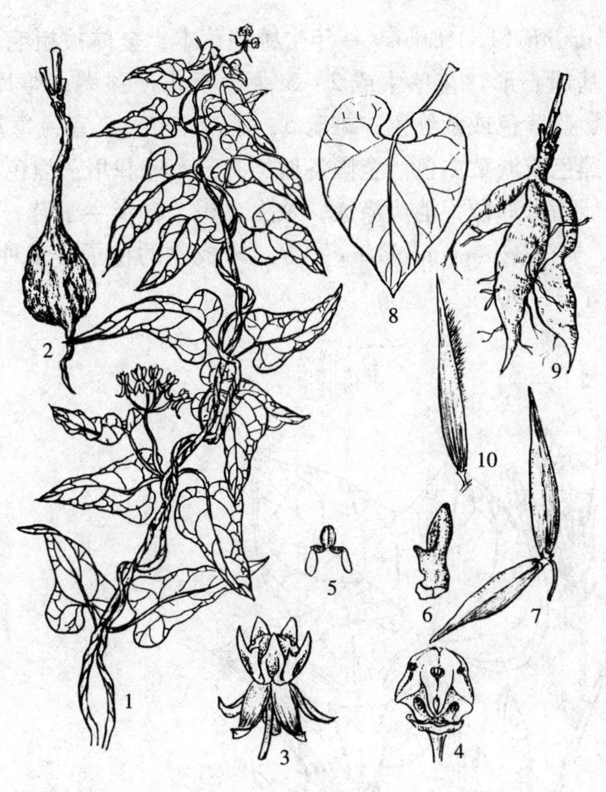

图 11－89　戟叶牛皮消（1～7）　白首乌（8～10）

1. 植株　2. 块根　3. 花　4. 合蕊柱　5. 花粉块　6. 副花冠

7. 果实　8. 叶片　9. 块根　10. 果实

南、四川、云南。根能消肿解毒，清热凉血。

50. 旋花科 Convolvulaceae　　⚥ $* K_5 C_{(5)} A_5 \underline{G}_{(2\sim3:2\sim3:1\sim2)}$

多为缠绕草质藤本，常具乳汁，茎具双韧维管束。单叶互生，偶复叶，无托叶，寄生种类无叶或退化成小鳞片状。花两性，辐射对称，单生或为聚伞花序；萼片 5 枚，分离或近基部连合，常宿存；花冠通常漏斗状、钟状、坛状等，全缘或微 5 裂，蕾期旋转折扇状或镊合状至向内镊合状排列；雄蕊 5 枚，着生在花冠管上；子房上位，中轴胎座。常由花盘包围，2 心皮合生，1～2 室，有时因假隔膜而成 4 室，每室具胚珠 1 枚。蒴果或浆果。种子胚乳少，肉质至软骨质。染色体：x＝7～15。

本科 56 属，1800 多种，分布于热带至温带地区。我国有 22 属，约 128 种，南北均有分布。药用 16 属，54 种。

本科植物含多种化合物，主要有生物碱类，如丁公藤甲素，裸麦角碱等；黄酮类，如槲皮素等；以及香豆素类，如莨菪亭（scopoletin）、东莨菪苷（scopolin）等。某些种子还含有赤霉素。

【药用植物】

裂叶牵牛*Pharbitis nil*（L.）Choisy 一年生缠绕草本，全体被粗毛。单叶互生，阔卵形，先端3浅裂，基部心形。花单生或2~3朵生于花梗顶端；萼片5，条状披针形；花冠漏斗形，白色、蓝紫色或紫红色；雄蕊5；子房上位，3室，每室具胚珠2枚。蒴果。种子卵圆形，黑色或淡黄白色。全国各地均有分布或栽培。黑色种子称黑丑，淡黄白色种子称白丑，能泻水通便，消痰涤饮，杀虫攻积。含牵牛子苷（pharbitin）裸麦角碱（chanoclavine）、野麦碱（elymoclavine）等。未成熟的种子含多种赤霉素（gibberellin）及其苷类。（图11－90）

图11－90 裂叶牵牛

1. 花枝 2. 果序 3. 花萼及雌蕊 4. 展开花冠（示雄蕊） 5. 种子

同属植物圆叶牵牛*P. purpurea*（L.）Voit. 的种子同作牵牛子入药。

菟丝子*Cuscuta chinensis* Lam. 一年生寄生草本，茎纤细，缠绕，黄色，多分枝。叶退化成鳞片状。花簇生成球形，花梗粗壮；花萼杯形，中部以下连合；花冠白色，壶状，裂片5，内面基部有5枚鳞片，边缘流苏状；雄蕊5，着生于花冠喉部；子房上位，2心皮合生，柱头2，分离。蒴果近球形，熟时被宿存的花冠所包围，盖裂。种子黄褐色，卵形，表面粗糙。多寄生于豆科、菊科、黎科植物上。全国大部分地区均有分布，主产北方地区。种子入药能滋补肝肾，固精缩尿，安胎，明目，止泻。含多种黄酮类化合物。(图 11－91)

同属植物日本菟丝子*C. japonica* Choisy（柱头单一，先端两裂）和南方菟丝子*C. australis* R. Br. 的种子亦可作菟丝子入药。(图 11－91)

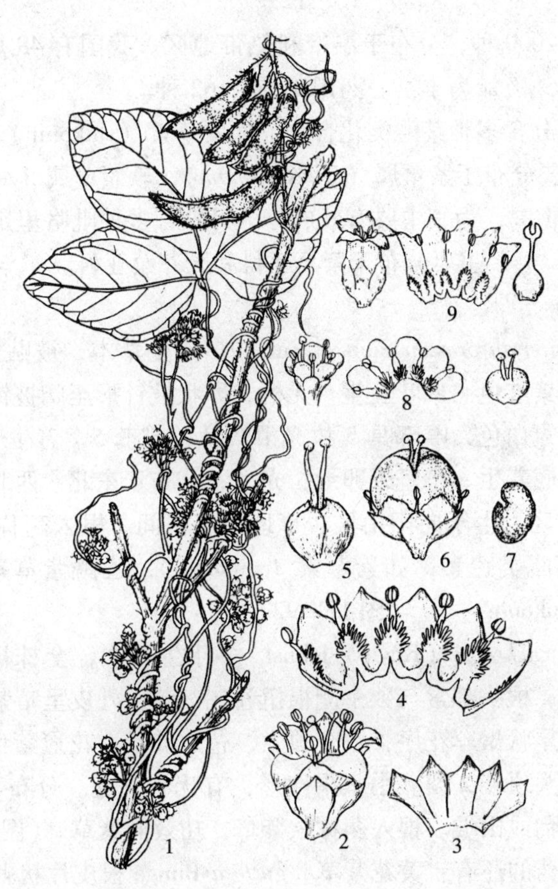

图 11－91　菟丝子（1～7）　南方菟丝子（8）　日本菟丝子（9）

1. 植株（寄生在大豆上）　2. 花　3. 展开花萼　4. 展开花冠

5. 雌蕊　6. 蒴果　7. 种子　8. 花及其展开花冠及雌蕊　9. 花及其展开花冠及雌蕊

本科药用植物还有丁公藤*Erycibe obtusifolia* Benth. 和光叶丁公藤*E. schmidtii* Craib. 茎藤可祛风除湿，消肿止痛；马蹄金*Dichondra repens* Forst. 全草用于消炎解毒和接骨。甘薯*Ipomoea batatas*（L.）Lam. 为重要的粮食作物；蕹菜*I. aquatica* Forsk. 亦称空心菜，为常见蔬菜，亦可药用。

51. 紫草科 Boraginaceae $\text{⚥} * K_{(5)} C_{(5)} A_5 \underline{G}_{(2:2\sim4:2\sim1)}$

多数为草本，常密被粗硬毛。单叶互生，稀对生。常全缘，无托叶。花两性，辐射对称，稀两侧对称，多成单歧聚伞花序或镰状聚伞花序；萼片5，多合生，常宿存；花冠管状，5裂，喉部常具附属物，花冠筒基部常具蜜腺；雄蕊5，着生于花冠管上；子房上位，2心皮，2室，每室2胚珠，亦或因子房4深裂而成4室，每室具胚珠1枚，花柱顶生或生于4裂子房之间，柱头2～4。核果，具种子1～4，果常为4小坚果。种子常无胚乳。染色体：X=7、8、9、10、12。

本科约100属，2000种，分布于温带和热带地区。我国有48属，210种，全国均有分布，但以西南部地区最为丰富。药用21属，62种。

本科植物化学成分含多种萘醌类化合物，如紫草素（shikonin），乙酰紫草素（acetyl shikonin）等，主要分布于紫草属（*Lithospermum*），软紫草属（*Arnebia*）和滇紫草属（*Onosma*）等草本植物中，为其主要有效成分。另外含多种吡咯里定类生物碱，如天芥菜春碱（heliotridine）等，主要分布于紫草亚科和天芥菜亚科。

【药用植物】

紫草*Lithospermum erythrorhizon* Sieb. et Zucc. 多年生草本，被贴伏的糙毛。根粗大，肥厚，圆锥形，外皮紫红色。单叶互生，无柄，卵状披针形至阔披针形。聚伞花序集生茎顶，苞片叶状；花冠白色，喉部具5枚光滑鳞片；雄蕊5，着生于花冠筒中部稍上；子房4深裂，花柱基底着生。小坚果卵形，光滑，分布于东北、西北、华北、华东、中南以及西南的部分省区。生于向阳山坡、草地、灌丛间。根入药称硬紫草，能凉血活血，解毒透疹。含萘醌类色素，如紫草素（shikonin）、乙酰紫草素（acetylshikonin）、去氧紫草素（deoxyshikonin）等。（图11－92）

新疆紫草*Arnebia euchroma*（Royle）Johnst. 多年生草本，全株被白或黄色粗硬毛。根粗壮，略呈圆锥形，根头部常与数个侧根扭卷在一起，外皮呈暗紫红色。基生叶披针形或条形，无柄。蝎尾状聚伞花序，数个顶生，苞片叶状；花冠紫色，5裂，喉部无附属物；子房4裂，柱头顶端2裂。小坚果卵形，有疣状突起。分布新疆、甘肃和西藏。生于高海拔草地、草甸或山坡。根入药称软紫草，功效同紫草。（图11－93）

本科可作紫草入药的还有：黄花紫草*A. guttata* Bunge根皮片状剥离，花鲜黄色，裂片具紫黑色斑点，无附属物。滇紫草*Onosma paniculatum* Bur. et Franch. 等。本科其他药用植物还有：鹤虱*Lappula echinata* Gilib. 等。

52. 马鞭草科 Verbenaceae $\text{⚥} \uparrow K_{(45)} C_{(4\sim5)} A_4 \underline{G}_{(2:2\sim4:1\sim2)}$

木本，稀草本。单叶，有时为复叶，常对生，无托叶。穗状或聚伞花序，或聚伞花序再排成头状、圆锥状或伞房状；花两性，常两侧对称，花萼4～5裂，宿存，常在果实成熟时增大；花冠基部成筒形，上部2唇形，或4～5不等分裂；雄蕊4，常2强，着生于花冠管上部或基部；子房上位，2心皮合生，全缘或4裂，每室具胚珠1～2；花柱顶生，柱头2裂或不裂。核果或蒴果状而裂为2～4果瓣。常无胚乳。染色体：x=7、8、12、16、17、18。

本科约80属，3000余种，多分布于热带和亚热带地区。我国有21属，175种，主

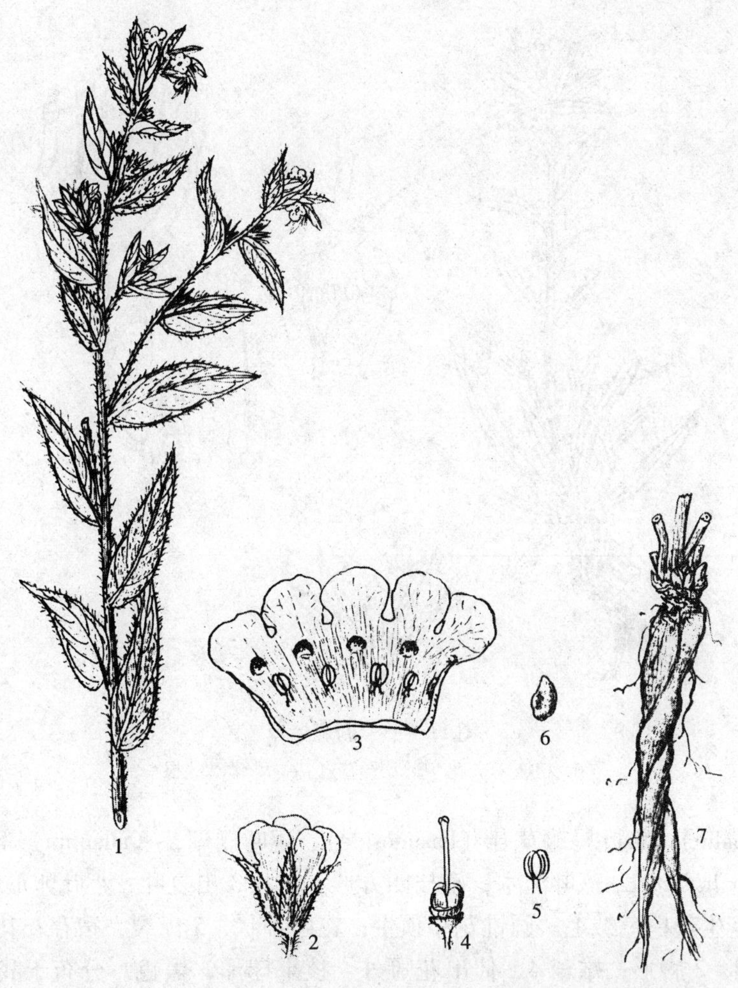

图 11－92　紫草

1. 植株　2. 花　3. 展开花冠　4. 雌蕊　5. 雄蕊　6. 种子　7. 根

要分布于长江以南各省。药用 15 属，100 余种。

本科植物所含成分类型较多。包括多种萜类成分。环烯醚萜苷类：如马鞭草苷（verbenatin）、桃叶珊瑚苷（aucubin）等；二萜类：如海洲常山苦素 A、B（clerodendron A，B）；三萜类：熊果酸、赪桐醇（clerodolome）等；黄酮类：如 3，4'，5，7－四甲氧基黄酮等；生物碱类：如蔓荆子碱（vitricin）、臭梧桐碱（trichotomine）等；以及挥发油等。

【药用植物】

马鞭草 *Verbena officinalis* L. 多年生草本。茎四棱形。叶对生，卵圆形、倒卵形至矩圆形，基生叶具粗锯齿及缺刻；茎生叶多 3 深裂，裂片边缘具不整齐锯齿，被粗毛。穗状花序细长，顶生或腋生；花萼管状，先端 5 裂；花冠淡紫色或蓝色，5 裂，略二唇形；雄蕊 4，2 强。子房 4 室，每室具 1 胚珠。果为蒴果状，藏于萼内，成熟时 4 瓣裂。分布于全国各地。生于山坡路旁。全草入药能活血散瘀，截疟解毒，利水消肿。含马鞭

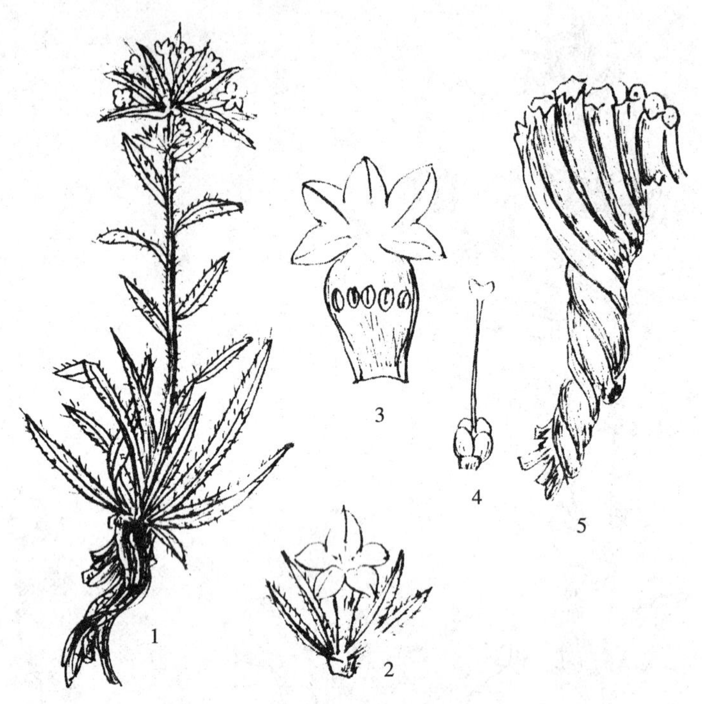

图 11－93 新疆紫草
1. 植株 2. 花 3. 展开花冠 4. 雌蕊 5. 根

草苷（verbenalin）、戟叶马鞭草苷（hastatoside）、桃叶珊瑚苷（aucubin）等。

蔓荆*Vitex trifolia* L. 落叶灌木，嫩枝四方形。掌状 3 出复叶，小叶卵形或长倒卵形，全缘，叶背密生灰白色绒毛。圆锥花序顶生；花萼钟状，5 齿裂，宿存；花冠淡紫色或蓝紫色，5 裂，2 唇形；雄蕊 4，伸出花冠外。核果球形，黑色。分布于我国南部沿海及云南。生于海边沙滩及河边，主产于海南、广西和云南。果实入药能疏散风热，清利头目。叶可提取芳香油等。（图 11－94）

单叶蔓荆*V. trifolia* L. var *simplicifolia* Cham. 主茎匍匐，单叶。分布于我国沿海各省，用途同蔓荆，主产于山东、江西、浙江、福建等地。（图 11－95）

本属的**牡荆***V. negundo* L. var. *cannabifolia*（Sieb. et Zucc.）Hand. － Mazz. 为掌状复叶，小叶 5 枚。新鲜叶片或从中提取的牡荆油入药可祛痰、止咳、平喘。

路边青*Clerodendrum cyrtophyllum* Turcz. 灌木或小乔木。单叶对生，卵形至椭圆形，全缘，背面常具腺点。聚伞花序伞房状；花萼钟形，宿存，果时增大呈紫红色；花冠管状，白色，5 裂；雄蕊 4，着生花冠喉部，伸出花冠外。核果浆果状，熟时紫色。分布于长江以南各省区。生于林边、灌丛中。叶片入药具清热解毒，凉血止血的作用。在部分地区作为"大青叶"用。

本属植物**臭梧桐***C. trichotomum* Thunb.、**臭牡丹***C. bungei* Steud. 等的茎、叶可用于风湿症、高血压等疾病的治疗。

杜虹花（紫珠）*Callicarpa formosana* Rolfe. 灌木。被灰黄色星状毛和分枝毛。单叶对生，叶片卵状椭圆形至椭圆状，叶缘具细锯齿，下面具黄色腺点。聚伞花序腋生；花

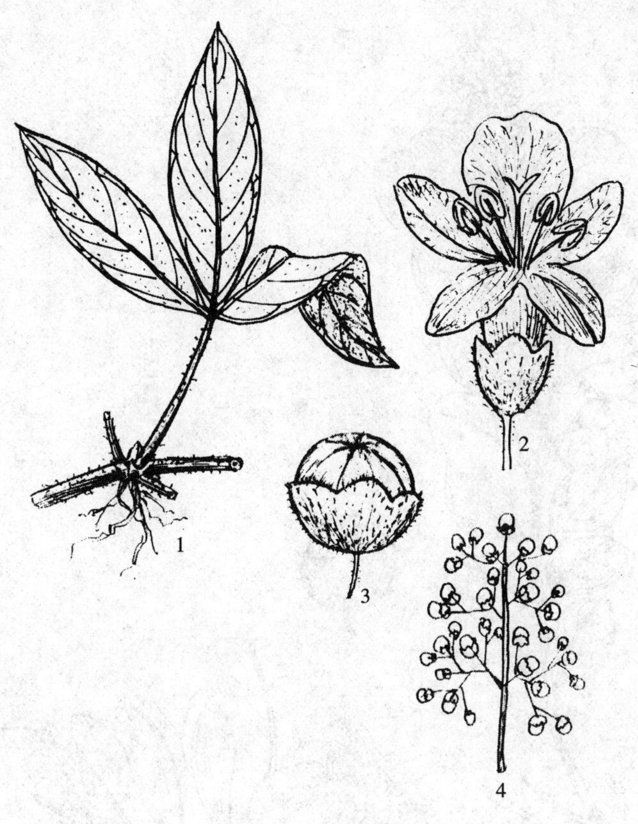

图 11－94 蔓荆

1. 枝条 2. 花 3. 核果及宿花萼 4. 果序

小，花萼先端4裂，有毛和腺点；花冠紫色至淡紫色，4裂，无毛；雄蕊4，伸出花冠外。子房无毛。浆果状核果近球形，紫红色。分布于广东、广西、云南、浙江、江西、福建和台湾。生于林缘及溪旁。叶入药称紫珠，能收敛止血，清热解毒。含多种黄酮类、甾醇类及其苷类、缩合鞣质、中性树脂等。

本属多种植物可作紫珠入药，如：**细亚锡饭** *C. dichotoma*（Lour.）K. Koch、**华紫珠** *C. cathayana* H. T. Chang、**老鸦糊** *C. giraldii* Hesse ex Rehd.、**全缘叶紫珠** *C. integerrima* Champ.、**日本紫珠** *C. japonica* Thunb.、**裸花紫珠** *C. nudiflora* Hook. et Arn. 等

本科常见的药用植物还有：兰香草 *Caryopteris incana*（Thunb.）Miq.，全株能散瘀止痛，祛痰止咳等。马缨丹 *Lantana camara* L. 根能解毒，散结止痛，枝、叶亦药用。柚木属 *Tectona* 和石梓属 *Gmelina* 植物多为贵重木材。

53. 唇形科 Labiatae $⚥ \uparrow K_{(5)} C_{(5)} A_{4,2} \underline{G}_{(2:4:1)}$

多为草本，稀木本，常含挥发油而具香气。茎四棱。叶对生，单叶，稀复叶。**腋生聚伞花序排成轮伞状**，常再集成穗状、总状、圆锥状或头状花序；**花两性，两侧对称**；花萼5裂，宿存，果时常不同程度增大；**花冠5裂，二唇形**（上唇2裂，下唇3裂），少为单唇形（无上唇，5个裂片全在下唇。）或假单唇形（上唇很短，2裂，下唇3裂），花冠筒常有毛环，花冠筒基部常具蜜腺；**雄蕊4枚，2强**，或上面2枚不育，着生于花

图 11-95 单叶蔓荆

1. 枝条 2. 花 3. 雌蕊 4. 展开花冠 5. 核果及宿存花萼

冠筒上，花药 2 室，常呈分叉状，或药隔叉开后下延，1 药室退化成杠杆的头，常具花盘；子房上位，2 心皮，通常 4 深裂而成 4 室，每室具胚珠 1 枚，花柱常着生于子房裂隙基部。果实由 4 枚小坚果组成。染色体：x = 8、9、10、12、16、17、18。（图 11-96）

本科约 220 属，3500 种，广布全球。我国约 99 属，808 种，全国各地均有分布。药用 75 属，436 种。

本科植物以含挥发油而著称。萜类化合物在野芝麻亚科 Lamioideae（本亚科包括几个较大的属，如鼠尾草属、百里香属、水苏属、荆芥属）和罗勒亚科 Ocimoideae 分布集中。鼠尾草属以二萜醌类化合物为特征，并以邻醌型为主，如丹参酮 Ⅱ-A，为主要有效成分。黄酮类主要集中在黄芩亚科 Scutellarioideae，尤其是黄芩属，如重要的抗菌成分黄芩素。生物碱分布在益母草属 *Leonurus* 和水苏属等少数类群中。

【药用植物】

益母草 *Leonurus heterophyllus* Sweet 草本。一或二年生，茎四棱，被倒向糙伏毛。基

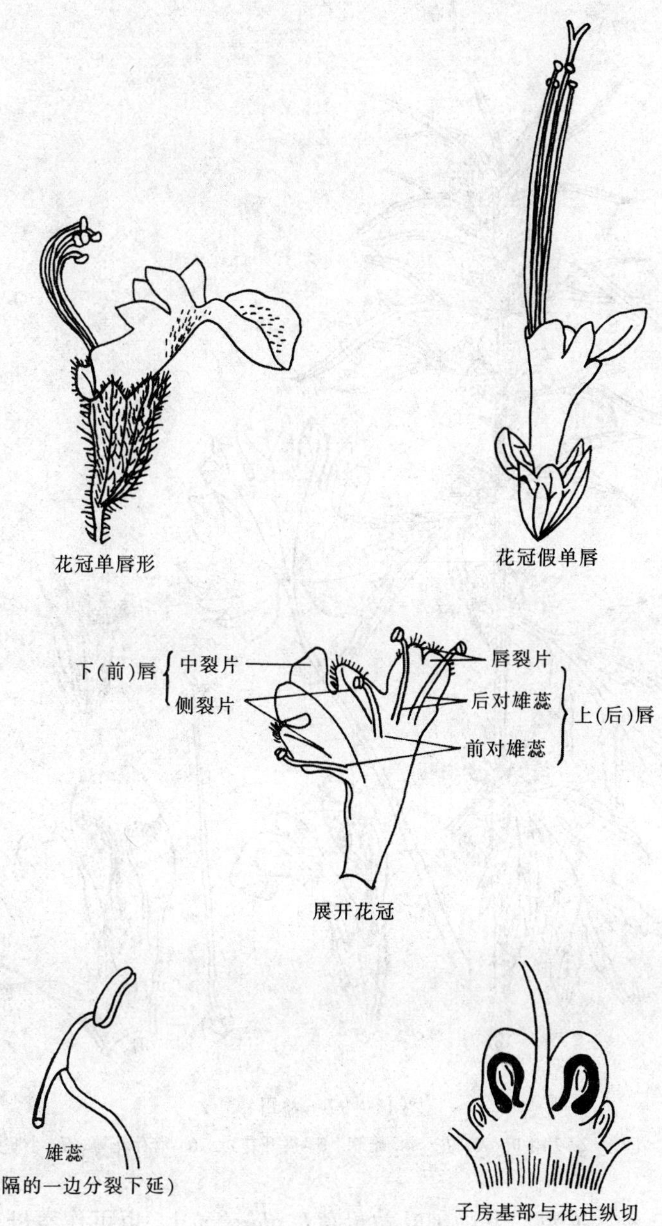

图 11－96　唇形科花的构造

生叶近圆形，5～9 浅裂，基部心形，具长柄；茎下部叶掌状 3 深裂，裂片通常再分裂，上部叶常裂成狭条形。轮伞花序腋生，小苞片针刺状；花萼具 5 齿裂，裂片刺芒状，宿存；花冠唇形，粉红至淡紫红色，上唇全缘，下唇 3 裂，中裂片倒心形；雄蕊 4，2 强；子房深 4 裂。小坚果矩圆状，褐色。分布于全国各地。通常生长于山坡草地、路旁、溪边等地。全草入药能活血调经，利尿消肿，清热解毒。主产河南、安徽、四川、江苏、浙江等地。全草含益母草碱（leonurine）、水苏碱（stachydrine）、益母草二萜（leoheterin）等。具兴奋子宫、抗血小板凝集、抗血栓、保护心脏、兴奋呼吸等作用。其果实入药称茺蔚子，可活血调经，清肝明目，含益母草宁碱（leonurinine）、水苏碱以及脂

肪油等。(图 11－97)

图 11－97　益母草

1. 花枝　2. 基生叶　3. 花　4. 雌蕊　5. 展开花冠　6. 宿存花萼　7. 小坚果

本属国产 12 种 2 变型。其中细叶益母草 *L. sibiricum* L. 也可作益母草入药，主产西北和内蒙古等地；錾菜 *L. pseudo－macranthus* Kitag. 在局部地区作益母草入药；突厥益母草 *L. turkestanicus* V. Krecz. et Kupr. 在新疆作益母草入药。

丹参 *Salvia miltiorrhiza* Bunge 多年生草本。全株密被淡黄色柔毛及腺毛。根粗大，肉质，表面砖红色。茎 4 棱。羽状复叶对生；小叶 5～7，卵圆形，具粗齿。轮伞花序再排成假总状；花萼近钟形，紫色；花冠二唇形，紫蓝色，管内有毛环，上唇近盔状，下唇 3 裂，中裂片较大，先端 2 浅裂；雄蕊 2，着生于下唇的中部，药隔伸长呈杠杆状，上端药室发育，下端药室退化；子房 4 深裂，花柱着生子房基底。小坚果长圆形。分布于全国大部分地区。主产于河北、山西、山东、安徽、江苏、四川等省区。生于山坡、林下草地或沟边。根入药能活血化瘀，调经止痛，养心安神，凉血消痈。含脂溶性二萜类成分，如丹参酮（tanshinone）Ⅱ、ⅡA、ⅡB、Ⅴ、Ⅵ，阴丹参酮（cryptotanshinone）等；水溶性酚酸类成分，如丹参酸（salvianic acid）A、B、C，丹参酚酸（salvianolic acid）A～E、G，迷迭香酸（rosmarinic acid），熊果酸，黄芩苷（baicalin）等。能显著增加冠流量、降压、对抗心肌缺血和心肌坏死、促进微循环、抑制心脑组织中 Na^+、K^+ -ATP 酶活性、抗凝血、抗血栓、增强耐缺氧能力、提高免疫力、抗炎、抗过敏、保护肝损伤、抗肝纤维化、抗胃溃疡、抗肿瘤、镇静、镇痛、改善肾功能、抗氧化、抗菌、促进骨折和伤口愈合等多种生物活性。（图 11－98）

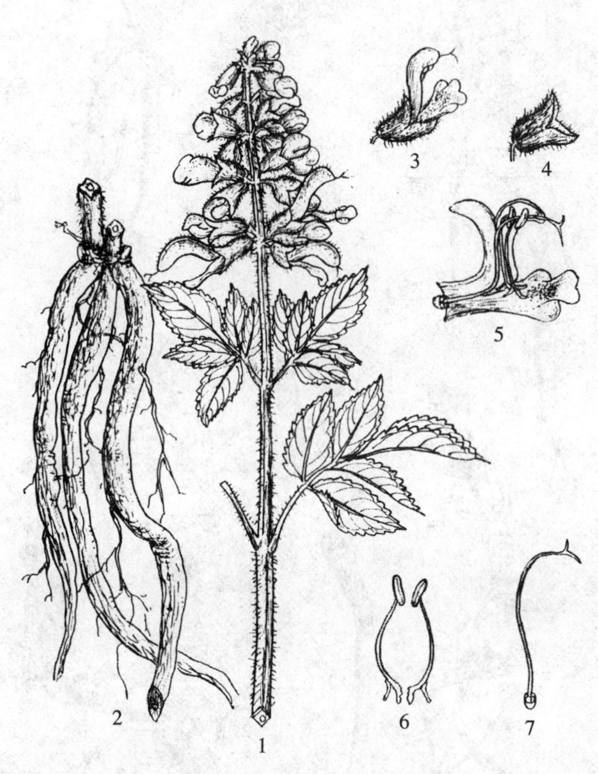

图 11－98　丹参

1. 植株上部　2. 根　3. 花　4. 花萼　5. 花纵剖面　6. 雄蕊　7. 雌蕊

本属多种植物的根，在一些地区也作丹参入药，如白花丹参 *S. miltiorrhiza* Bunge f. *alba* C. Y. Wu 分布于山东、安徽、河南、湖北。甘肃丹参 *S. przewalskii* Maxim. 分布于甘肃、宁夏、青海、新疆、四川、云南、西藏。南丹参 *S. bowleyana* Dunn 分布于浙江、江西、福建、湖南、广东、广西。拟丹参 *S. paramiltiorrhiza* H. W. Li et X. L. Huang 分布于安徽、湖北。

黄芩 *Scutellaria baicalensis* Georgi 多年生草本，主根粗状。茎多分枝，基部伏地，四棱形。单叶对生，披针形，全缘，背面密被黑色下陷的腺点。总状花序顶生；花偏向一侧；花萼两唇形，上唇背部具盾状物；花冠紫色至白色，两唇形，上唇盔形，筒部细长，基部膝曲；雄蕊4，2强。小坚果4枚，近球形，包于宿存萼中。分布于黄河流域，及内蒙古和东北地区。生于向阳干燥山坡或荒地，目前多栽培，主产山西、河北、山东等省区。根入药可清热燥湿，泻火解毒，止血安胎。含有黄芩素（baicalein）、黄芩苷（baicalin）、汉黄芩苷（wogonoside）、白杨素（chrysin）等40余种黄酮类化合物，具抗菌、抗炎、降压、利尿、抗凝血、抗氧化、镇静等生物活性。（图11－99）

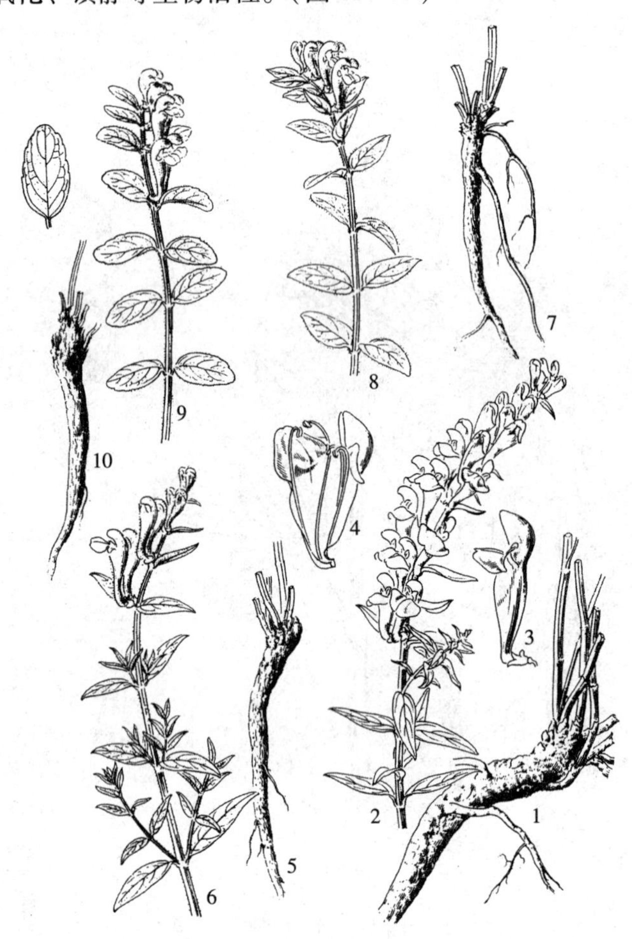

图11－99　黄芩（1～4）　粘毛黄芩（5～6）　甘肃黄芩（7～8）　丽江黄芩（9～10）

1. 根　2. 植株上部　3. 花　4. 花冠剖开，示雄蕊　5. 根　6. 植株上部　7. 根　8. 植株上部　9. 植株上部　10. 根

同属多种植物在不同地区作黄芩入药，如滇黄芩*S. amoena* C. H. Wrignt，根细小。节间具白柔毛及腺毛。主产云南、贵州、四川等地；粘毛黄芩*S. viscidula* Bunge，植株密被柔毛及腺毛，花淡黄色（图11－99）。主产山西、山东、河北等地；丽江黄芩*S. likiangensis* Diels 叶卵形或椭圆形，花淡黄色，具紫斑（图11－99）。主产云南等地。另外还有甘肃黄芩*S. rehderiana* Diels（图11－99）、川黄芩*S. hypericifolia* Levl. 等。

本属植物多达300余种，我国已知102种，多具药用价值。其中比较重要的还有半枝莲*S. barbata* D. Don，全草入药，能清热解毒，散瘀止血，利尿消肿，临床上用于多种癌症的治疗。

薄荷*Mentha haplocalyx* Briq. 多年生芳香草本。茎四棱，具匍匐根状茎。单叶对生，

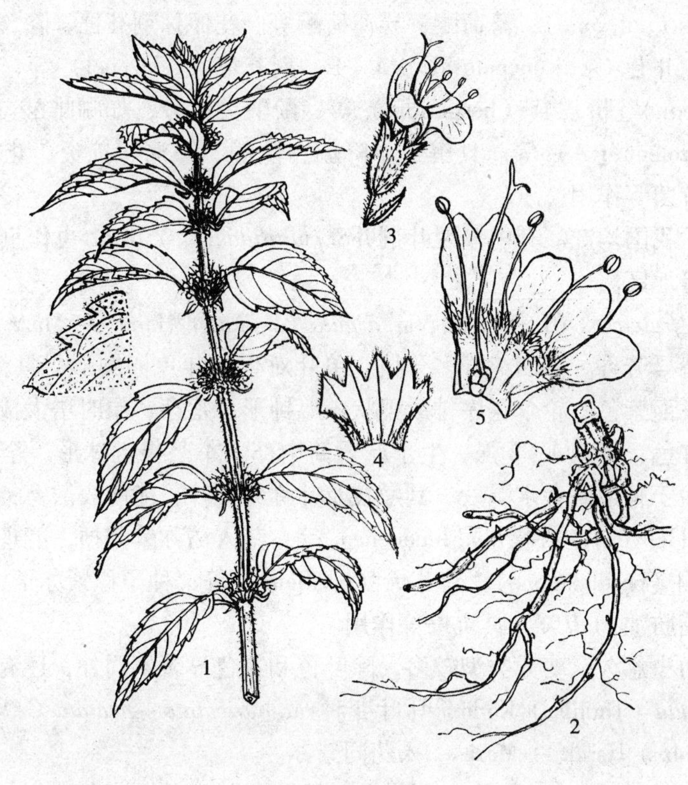

图11－100　薄荷

1. 花枝　2. 根茎和根　3. 花　4. 花萼展开　5. 花剖开，示雄蕊和雌蕊

叶片披针形至长圆形，两面具腺鳞及柔毛。边缘具细锯齿。轮伞花序腋生；花萼钟形，5裂；花冠淡紫色或白色，4裂，上唇裂片较大，先端2浅裂，下唇3裂，裂片近等大；雄蕊2强。小坚果卵球形。分布全国各地。主要栽培于江苏和安徽，称苏薄荷，江西、河南、云南、四川等地亦产。生于水湿处。全草能宣散风热，清头目，透疹。主要成分为左旋薄荷醇（menthol）、薄荷酮（menthone）、异薄荷酮（isomenthone）等；另外还含黄酮类成分、有机酸类以及多种具抗炎作用的二羟基－1，2－二氢萘二羧酸的衍生物。能兴奋中枢，增加汗液分泌，解痉，保肝利胆，抗早孕，抗炎，促进透皮吸收，局部外用可止痛、止痒、产生清凉感。（图11－100）

薄荷属我国有12种，其中兴安薄荷*M. dahurica* Fisch. ex Benth.、东北薄荷

M. sachalinsnsis (Briq.) Kudo 等也可作薄荷入药。

荆芥*Schizonepeta tenuifolia* (Benth.) Briq. 一年生草本，具强烈香气，全体具柔毛。茎直立，四棱，上部多分枝，基部带紫色。单叶对生，常指状3裂，或羽状深裂，裂片披针形。轮伞花序，于顶部密集成穗状；花冠淡紫红色，唇形；雄蕊4，2强。小坚果长圆状三棱形。分布于东北、华北、西北以及西南部分省区。产于河北、江苏、浙江、江西、湖南、湖北等地。生于山坡路旁或林缘草地。茎叶和花穗入药能解表散风，透疹。含胡薄荷酮(pulegone)、薄荷酮、异薄荷酮等。花序称荆芥穗，除含挥发油外，还具单萜类，如荆芥苷(schizonepetoside) A~E、荆芥醇(schizonol)等；黄酮类，如香叶木素(diosmetin)、橙皮苷(hesperidin)等；酚酸类成分，如咖啡酸(caffeic acid)、荆芥素A(schizotenuin A)等。具解热、降温、镇静、镇痛、抗炎、止血、祛痰、平喘、抗氧化、抗菌等作用。

同属3种，我国均产。其中多裂叶荆芥*S. multifida* (L.) Briq. 也作荆芥入药，主产东北以及河北等地区。

紫苏*Perilla frutescens* (L.) Britt. Var. *arguta* (Benth.) Hand. - Mazz. 一年生草本，被长柔毛，具特异芳香。茎四棱，多分枝。单叶对生，叶片卵圆形，具粗圆齿，绿色、两面紫色或仅下面紫色。轮伞花序排成穗状；萼钟形，宿存；果时增大成囊状；花冠唇形，白色或紫红色；雄蕊4，2强，生于花冠筒中部。小坚果近球形。全国各地广泛栽培。野生或逸生于林边路旁水湿处。其嫩枝及叶称紫苏叶，能解表散寒，行气和胃。含紫苏醛(perillaldehyde)、柠檬烯(limonene)等。茎入药称紫苏梗，能理气宽中、止痛安胎；含紫苏酮(perillaketone)、紫苏烯(perillene)等；种子称紫苏子，能降气消痰、平喘润肠；含脂肪油51.7%，具抗癌等作用。

本种栽培历史悠久，变异类型较多，除叶色和花色显著不同外，还有数个变种，如野生紫苏var. *acuta* (Thunb.) Kudo、耳叶变种var. *auriculato - dentata* C. Y. Wu、回回苏var. *crispa* (Thunb.) Hand. - Mazz.。入药同紫苏。

夏枯草*Prunella vulgaris* L. 多年生草本，具匍匐的根状茎。地上茎多分枝，四棱，紫红色。单叶对生，卵状矩圆形。轮伞花序每轮6朵花集成顶生穗状花序，呈假穗状；花萼二唇形，上唇顶端平截，具3齿，下唇具2齿；花冠唇形，红紫色，下唇中裂片宽大，边缘呈流苏状。小坚果矩圆状卵形。全国大部分地区均有分布。生于草地、林缘湿润处。果穗入药能清火明目，散结消肿。含抗HIV的夏枯草多糖(prunellin)，以及多种黄酮类、香豆素类、鞣质、生物碱等。本属长冠夏枯草*P. asiatica* Nakai、硬毛夏枯草*P. hispida* Benth. 等在部分地区也作夏枯草入药。

广藿香*Pogostemon cablin* (Blanco) Benth. 多年生草本，老茎外皮木栓化，全株密被短柔毛。叶对生，叶片卵圆形或长椭圆形，具粗锯齿。轮伞花序密集呈穗状，顶生或腋生；花冠紫色，外被长毛；雄蕊外伸，具髯毛。我国栽培者很少开花结果，主要应用扦插繁殖。原产菲律宾等亚洲热带地区，我国广东、海南、广西等地有栽培。全草入药可芳香化浊，开胃止呕，发表解暑。含挥发油，主要为广藿香醇(patchoulialcohol)、西车烯(seychellene)、α-愈创木烯(α-guaiene)等；黄酮类化合物，如藿香黄酮醇(pachypodol)、商陆黄素(ombuin)、芹菜素(apigenin)等。具抑菌和钙拮抗等作用。

本科植物藿香*Agastache rugosa*（Fisch. et Meyer）O. Ktze. 广布全国各地。茎叶能祛暑解表，化湿和胃。其挥发油主要成分为甲基胡椒酚（methylchavicol）；黄酮类包括刺槐素（acacetin）、椴树素（tilianin）、藿香苷（agastachoside）等。

冬凌草(碎米桠) *Rabdosia rubescens*（Hemsl.）Hara 小灌木，常带紫红色。根茎木质。茎直立，基部近圆形，上部多分枝，四棱形。单叶对生，卵圆形或菱状卵圆形。聚伞花序具花3～5朵，再排成圆锥状。花萼稍呈二唇形；花冠二唇形，上唇外卷，先端具4圆裂。小坚果倒卵状三棱形。广泛分布于黄河流域及其以南各地。全草称冬凌草，能清热解毒，消炎止痛。其主要活性化合物为贝壳杉烯类二萜，如冬凌草甲素(rubescencin A)、冬凌草乙素（rubescencin B）等；三萜类包括齐墩果酸、熊果酸等。具抗肿瘤、镇痛、催眠、抗炎、抗菌等活性。

本科药用植物众多，常见的还有连钱草(活血丹) *G1ecoma longituba*（Nakai）Rupr. 白毛夏枯草*Ajuga decumbens* Thunb. 等。

54. 茄科 Solanaceae　　　$⚥ * K_{(5)} C_{(5)} A_5 \underline{G}_{(2:2:\infty)}$

草本或木本，具双韧维管束。单叶互生，或在近开花枝上大小叶双生，无托叶。花两性，辐射对称，稀两侧对称，单生或为各式聚伞花序，常由于花轴与茎合生而使花序生于叶腋之外；花萼通常5裂（稀4或6），宿存，常花后增大；花冠合瓣成辐状、漏斗状、高脚碟状或钟状，5裂；雄蕊5，着生花冠筒上，与花冠裂片同数而互生；子房上位，2心皮合生，2室，有时由于假隔膜而形成不完全4室，或胎座延伸成假多室，中轴胎座，胚珠多数。蒴果或浆果。种子圆盘形或肾形，具胚乳。染色体：x＝7～12、7、18、20～24。

本科约80属3000种，广布于温带及热带地区，我国产24属，115种，药用25属，84种。

本科植物含多种类型的生物碱。其中莨菪烷型生物碱：如东莨菪碱（scopolamine）、天仙子碱等集中分布在天仙子亚族 *Hyoscyaminae* 和曼陀罗族。吡啶型生物碱：如葫芦巴碱（rigonelline）存在于茄属 *Solanum*。甾体生物碱：如蜀羊泉次碱（soladulcidine）等，主要存在于茄属、辣椒属、赛莨菪属 *Scopolia* 等。甜菜碱（btaine）存在于枸杞属中。此外还含吡咯啶型、喹诺里西啶型、吲哚型和嘌呤型生物碱。

【药用植物】

白花曼陀罗*Datura metal* L. 一年生草本，有毒。茎直立，基部木质化，上部多分枝。单叶互生，卵形或宽卵形，基部偏斜，边缘具波状齿或全缘。花单生叶腋；花萼筒状，先端5裂，花后于近基部周裂而脱落，基部宿存，果期增大成盘状；花冠漏斗状，白色，5裂，裂片三角状，栽培者有重瓣类型且增大；雄蕊5；子房不完全4室。蒴果近球形，表面疏生粗短刺，成熟后4瓣开裂。种子扁平，多数。

分布于江苏、浙江、广东、广西、福建、湖北、四川、贵州、云南等省，多系栽培。花称洋金花能止咳平喘，镇痛解痉。含多种莨菪烷型生物碱，为提取东莨菪碱的重要原料。是中药麻醉药的主要药物，对中枢神经系统、循环系统、呼吸系统等具有多方面的影响。(图11－101)

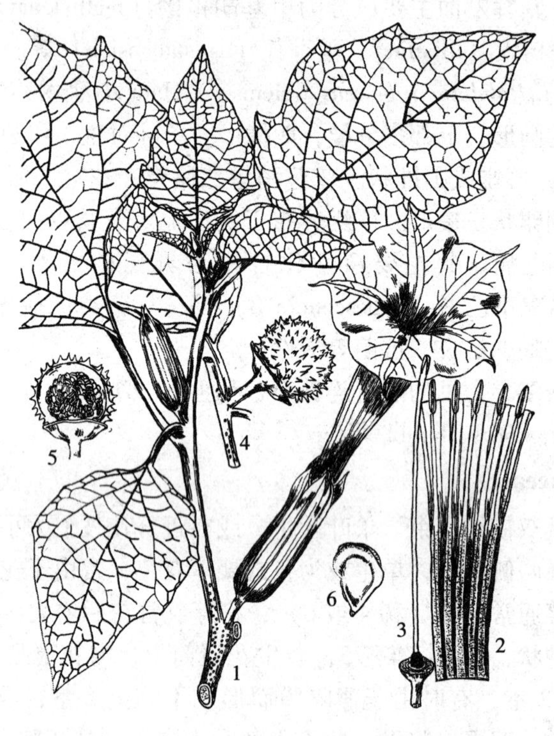

图 11-101 白花曼陀罗

1. 花枝 2. 部分花冠，示雄蕊着生情况 3. 雌蕊 4. 果枝 5. 果实纵切面 6. 种子

同属的多种植物均可作洋金花入药。常见的如下：

1. 果实直立，成熟时由顶端向下 4 裂，种子黑色
  2. 花白色
    3. 蒴果具长短不等的硬刺 ……………………………………………… 曼陀罗 *D. stramomium*
    3. 蒴果光滑无 …………………………………………………………… 无刺曼陀罗 *D. inermis*
  2. 花紫色；蒴果具近等长的针刺 ………………………………………… 紫花曼陀罗 *D. tatula*
1. 果实非直立，成熟时由顶端作不规则开裂，种子淡褐色
    4. 叶近于无毛；蒴果斜上着生，扁圆形，表面疏生短硬刺………………… 白花曼陀罗 *D. metel*
    4. 叶密生白色腺毛和短毛；蒴果下垂，近圆形或卵形，表面密生长刺 …… 毛曼陀罗 *D. innoxia*

宁夏枸杞*Lycium barbarum* L. 灌木或呈小乔木状，具枝刺，果枝常下垂。单叶互生或丛生，披针形或长圆状披针形。花单生叶腋，或数朵簇生于短枝上；花萼杯状，先端 2~3 裂；花冠漏斗状，5 裂，粉红色或紫红色，具暗紫色脉纹，花冠管长于裂片。雄蕊 5，着生处上部具 1 圈柔毛。浆果宽椭圆形，红色。分布于西北、华北等地。主产于宁夏、甘肃，亦有栽培。生于山坡、田埂、沟边，或栽培。果实能滋补肝肾，益精明目。含甜菜碱（betaine）、阿托品、天仙子碱、酸浆果红素（physalien）、枸杞多糖以及多种

维生素、氨基酸等。其根皮称地骨皮，能凉血除蒸，清肺降火。（图 11－102）

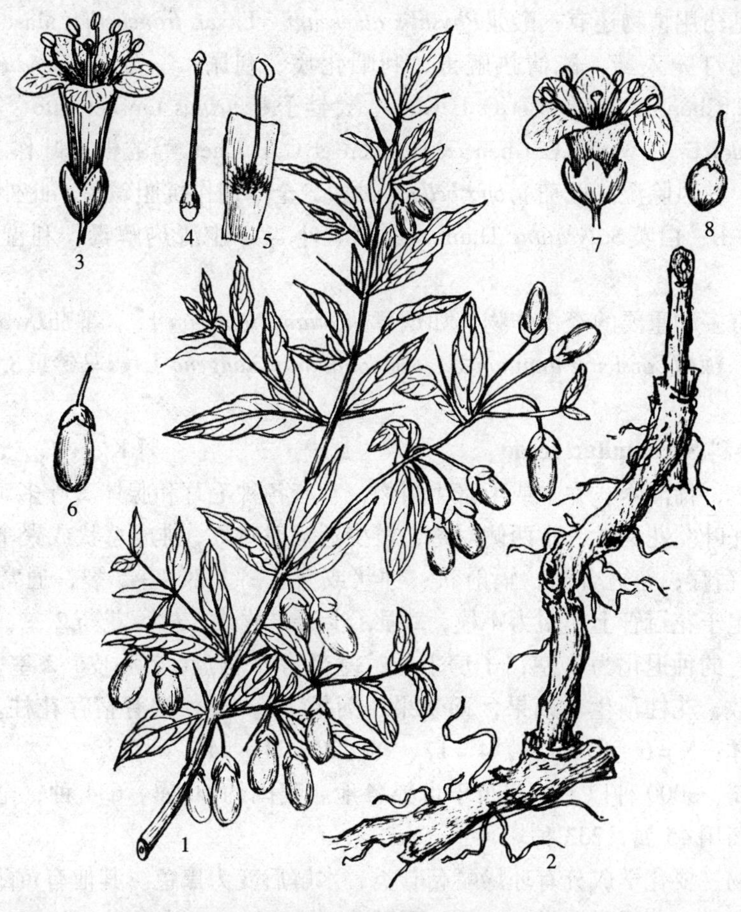

图 11－102　宁夏枸杞（1～6）枸杞（7～8）

1. 果枝　2. 根　3. 花　4. 雌蕊　5. 雄蕊（示着生于花冠上）

6. 果实　7. 花　8. 果实

同属植物枸杞*L. chinense* Mill. 枝条柔弱。花冠管短或等于花冠裂片。果小，长椭圆形。全国各地普遍分布（图 11－102）。新疆枸杞*L. dasystemum* Pojark. 分布于甘肃、青海、新疆。北方枸杞*L. chinense* Mill. var. *potaninii*（Pojark.）A. M. Lu 分布于华北、西北及四川，也作枸杞入药。

莨菪*Hyoscyamus niger* L. 二年生草本，全株被黏性腺毛和柔毛，具特殊气味。根粗壮，肉质。基生叶丛生；茎生叶互生，叶片长圆形，叶缘羽状浅裂或深裂，或成波状粗齿。花单生叶腋，常于茎端密集；花萼筒状钟形，5 浅裂，果时增大成坛状；花冠漏斗形，黄色，具紫堇色脉纹，先端 5 浅裂；雄蕊 5。蒴果顶端盖裂，藏于宿萼内。种子圆肾形，有网纹。分布我国东北、西南、华北和华东，以及四川、西藏等地；亦有栽培。生于山坡、河沿沙地。种子称天仙子，能解痉止痛、安神定喘。含天仙子碱、东莨菪碱、阿托品以及多种脂肪酸。

同属植物小天仙子*H. bohemicus* F. W. Schmidt、矮莨菪*H. pusillus* L. 等的种子在不同

地区亦作天仙子入药。

本科常见药用植物还有：酸浆*Physalis alkekengi* L. var. *franchetii*（Mast.）Makino 的干燥宿萼作锦灯笼入药，能清热解毒、利咽化痰、利尿。三分三*Anisodus acutangulus* C. Y. Wu et C. Chen ex C. Chen et C. L. Chen、铃铛子*A. luridus* Link et Otto、赛莨菪*Scopolia carniolicoides* C. Y. Wu et C. Chen ex C. Chen et C. L. Chen 等的根或叶作三分三入药，可解痉镇痛，祛风除湿。颠茄*Atropa belladonna* L. 全草用作抗胆碱药。此外还有龙葵*Solanum nigrum* L、白英*S. lyratum* Thunb. 全草有小毒，能清热解毒，利湿，亦可用于抗癌。

本科还有多种重要的经济作物，如烟草*Nicotiana tabacum* L.、番茄*Lycopersicon esculentum* Mill.、辣椒*Capsicum annuum* L.、茄*Solanum melongena* L.、马铃薯*S. tuberosum* L. 等。

55. 玄参科 Scrophulariaceae $\uparrow K_{(4\sim5)}C_{(4\sim5)}A_{4,2}\underline{G}_{(2:2:\infty)}$

常为草本，稀灌木、乔木或半寄生植物，常有各种毛茸和腺体。叶多对生，少互生或轮生，无托叶。花两性，常两侧对称，较少近辐射对称，排成总状或聚伞花序；花萼常4～5裂，宿存；花冠合瓣，辐射状、钟状或筒状，上部4～5裂，通常多少呈二唇形；雄蕊着生于花冠管上，多为4枚，2强，少为2枚或5枚，花药2室，药室分离或顶端相连，有的种退化为1室；子房上位，基部常有花盘，2心皮，2室，中轴胎座，每室胚珠多数，花柱顶生。蒴果，稀浆果，蒴果2～4裂，常有宿存花柱。种子多数，细小。染色体：X＝6～10、12、14、17、18、20、21、24。

约200属，3000种以上，遍布于世界各地。我国约60属，634种，全国均产，西南部最盛。药用45属，233种。

本科植物主要化学成分有环烯醚萜苷类，水解后变为黑色。其他有黄酮类，少数含强心苷及生物碱。环烯醚萜类，如桃叶珊瑚苷（aucubin）、玄参苷（hapagoside）、胡黄连苷（kurroside）、胡黄连苦苷（picroside）。强心苷，如洋地黄毒苷（digitoxin），地高辛（digoxin），毛花洋地黄苷丙（lanatoxide C）等，为临床常用的强心药。黄酮类，如黄芩素（baicalein）、蒙花苷（linarin）等。蒽醌类：如洋地黄蒽醌（digitoquinone）。生物碱类：如槐定碱（sophoridine）、骆驼蓬碱（peganine）等。

【药用植物】

地黄（怀地黄）*Rehmannia glutinosa*（Gaertn.）Libosch. 多年生草本，全株密被灰白色长柔毛及腺毛。块根肉质肥厚，呈块状，圆锥形或纺锤形，淡黄色。叶基生成丛，叶片倒卵形或长椭圆形；先端钝，基部渐窄下延成长叶柄；茎生叶互生，叶面有泡状隆起与皱纹，边缘有钝的锯齿。总状花序顶生；花萼钟状，浅裂；花冠近二唇形稍弯曲，外面紫红色或淡紫红色，内面黄色有紫斑；雄蕊4，二强；子房上位，2室。蒴果球形或卵圆形；种子细小多数，淡棕色。分布于辽宁和华北、西北、华中、华东等地，各省多栽培。主产于河南省新乡地区。故有怀地黄之称。（图11－103）

地黄又名生地，加工后叫熟地，为常用中药。生地能滋阴清热、凉血止血；熟地有滋阴补血、补益精髓等功效。地黄尚有抗放射、保肝、降低血糖、强心、止血、利尿、抗炎、抗真菌等作用。地黄含多种苷类成分，其中以环烯醚萜苷类为主，如梓醇

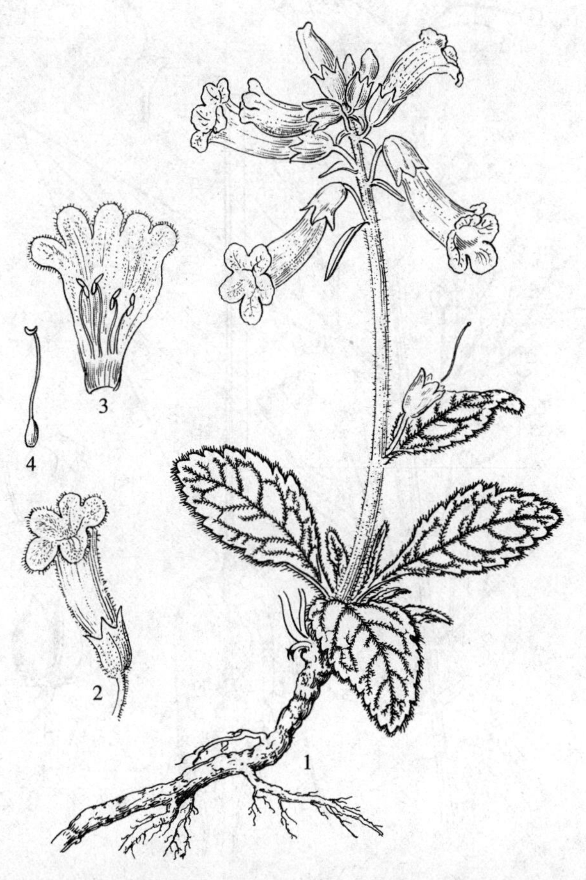

图 11－103 地黄

1. 着花植株 2. 花 3. 花冠展开示雄蕊 4. 雌蕊

(catalpol)、二氢梓醇（dihydrocatalpol)、桃叶珊瑚苷、地黄苷 A、B、C、D 等；环烯醚萜苷类成分为主要活性成分，也是使地黄变黑的成分。此外，地黄中含有糖类，具免疫与抑瘤活性的有效成分。尚含甘露醇、豆甾醇、地黄素（rehmannin)、有机酸，多种无机离子及微量元素，卵磷脂及维生素 A 类。

玄参(浙玄参) *Scrophularia ningpoensis* Hemsl，多年生大草本。根数条，肥大，纺锤形，黄褐色干后变黑色。茎方形，下部的叶对生，上部的叶有时互生；叶片卵形至披针形，边缘具细锯齿。聚伞花序合成大而疏散的圆锥花序；花萼 5 裂；花冠褐紫色，管部多少壶状，上部 5 裂，二唇形，上唇长于下唇；雄蕊 4，二强，退化雄蕊近于圆形。蒴果卵形。分布于长江流域及四川、贵州、福建等省。生于溪边、丛林、高草丛中。各省区多有栽培。根能滋阴降火，生津，消肿散结，解毒。(图 11－104)

图 11－104 玄参

1. 植株 2. 花冠展开示雄蕊 3. 去花冠示雌花 4. 果实

北玄参*S. buergeriana* Miq. 与上种的主要不同点是聚伞花序缩成穗状；花冠黄绿色。分布于辽宁、吉林、黑龙江、河北、山东、江苏，生于低山坡草丛中。

胡黄连*Picrorhiza scrophulariiflora* Pennell 多年生矮小草本。根状茎粗长，节密集，支根粗长，有老叶残基。叶全部基生呈莲座状，匙形或近圆形，基部下延成宽柄状。花葶上部生棕色腺毛，总状花序顶生，花序轴及花梗有棕色腺毛；花冠浅蓝紫色，裂片略呈二唇形；雄蕊 4 枚，2 强。蒴果卵圆形，4 瓣裂。分布于四川西部、西藏及云南西北部。生于高山岩石上及石堆中。根茎味极苦，能清虚热燥湿，消疳解毒。

紫花洋地黄(洋地黄) *Digitalis purpurea* L. 多年生草本。全株密被灰白色短柔毛和腺毛。茎单生或多数枝丛生，基生叶多数呈莲座状，长卵形，茎生叶下部与基生叶同形，上部渐小。总状花序顶生，花向一侧偏斜；花萼钟状，5 裂深至基部；花冠唇形，花冠筒钟状，表面紫红色，内面白色，具紫色斑点；2 强雄蕊；子房上位，柱头 2 裂。蒴果卵形，顶端尖，密被腺毛。原产欧洲西部，我国有栽培。叶含强心苷，有兴奋心肌，增强心肌收缩力，改善血液循环，对心脏水肿患者有利尿作用。

同属植物毛花洋地黄(狭叶洋地黄) *D. lanata* Ehrh. 叶狭长而小，全缘，仅叶缘中部以下有白毛。花淡黄色；萼、花梗、花轴均密被柔毛。产地、功效同上种，有效成分含量较上种为高。

阴行草*Siphonostegia chinensis* Benth. 一年生草本。全体被粗毛。叶对生，二回羽状深裂至全裂，裂片条形或条状披针形。花生于茎枝上部；花萼管状，有明显的10条主脉，先端5裂；花冠上唇红紫色，下唇带黄色；2强雄蕊。蒴果狭长椭圆形，包于宿萼内。分布于我国各地。生于山坡、草地。全草（北刘寄奴）能清热利湿，凉血止血，祛瘀止痛。又称“土茵陈”、“铃茵陈”，作茵陈用，能清湿热、利肝胆。

56. 列当科 Orobanchaceae $\text{⚥} \uparrow K_{(4\sim5)}C_{(4\sim5)}A_{4,2}\underline{G}_{(2\sim3:1:\infty)}$

一年生或多年生肉质草本。寄生于蒿属及赤杨属等植物根上，无叶绿素。茎单一或丛生，基部被鳞片状叶。穗状或总状花序顶生；花两性，两侧对称，单生于苞腋；花萼合生，4~5裂；花冠2唇形，5裂，花冠筒弯曲；雄蕊4，2强，着生于花冠下部；子房上位，心皮2~3，合生。侧膜胎座。蒴果，2瓣裂，有胚乳。染色体：X=12，18，19，20。

本科约13属180种，广泛分布。我国有10属约49种，药用8属24种。

【药用植物】

肉苁蓉*Cistanche deserticola* Ma 多年生寄生草本植物。茎肉质，淡黄色，圆柱形或下部稍扁并较粗，高40~160厘米。鳞片状叶多数，螺旋状排列，下部的宽且短，向上逐渐变狭长，宽卵形至狭披针形。穗状花序具多数花；苞片1，披针形，小苞片2，与萼近等长；花萼钟状，5浅裂，裂片近圆形；花冠管状钟形，管内面离轴方向有2条纵向的鲜黄色凸起，裂片5，近半圆形，花冠管淡黄白色；雄蕊4，二强，花丝上部稍弯曲，基部被皱曲长柔毛，花药被皱曲长柔毛；子房基部具黄色蜜腺。蒴果卵形，褐色，2瓣裂，种子多数，微小，近椭圆形。分布于内蒙古，甘肃和新疆等省区。生于梭梭荒漠中。寄主是梭梭。全草入药能补肾益精，润肠通便。(图11－105)

肉苁蓉含有D－甘露醇、胡萝卜素、有机酸、咖啡酸糖酯、甜菜碱及多糖。

锁阳*Cynomorium songaricum* 一年生草本。肉质，无叶绿素，呈紫红色。根寄生在白刺属（*Nitraria*）植物根上。茎直立，圆柱形，基部略增粗或膨大，埋于沙中。叶鳞片状，卵状三角形，先端尖，呈螺旋状排列，下部较密集，向上渐稀。穗状花序生于茎顶，暗紫红色，生有多数小花，散生有鳞片状叶；雄花长3~6毫米，蜜腺近倒圆锥状，半抱花丝，花丝粗，花药紫红色；雌花花柱长约2毫米，子房下位，胚珠1，顶生，下垂；两性花较少，雄蕊1，着生于下位子房上方。花丝极短。小坚果卵状球形。种子近球形，种皮坚硬。分布于内蒙古西北部，甘肃、宁夏、青海北部、新疆等省区。药用全草，能壮阳、益精血、润肠通便。

锁阳含有没食子酸、原儿茶酸、儿茶素和以柑橘素为苷元的黄酮类配糖体、吡嗪类、棕榈酸、油酸等挥发性成分，还含有多种甾体类、三萜类、糖苷等化学物质，以及以天门冬氨酸、脯氨酸为主的15种氨基酸，较丰富的锌、锰、铜、镁、锶、氟等具有抗衰老作用的微量元素。

列当属（*Drobanche*）我国有25种，列当 *O. coerulescens* Steph. 和黄花列当

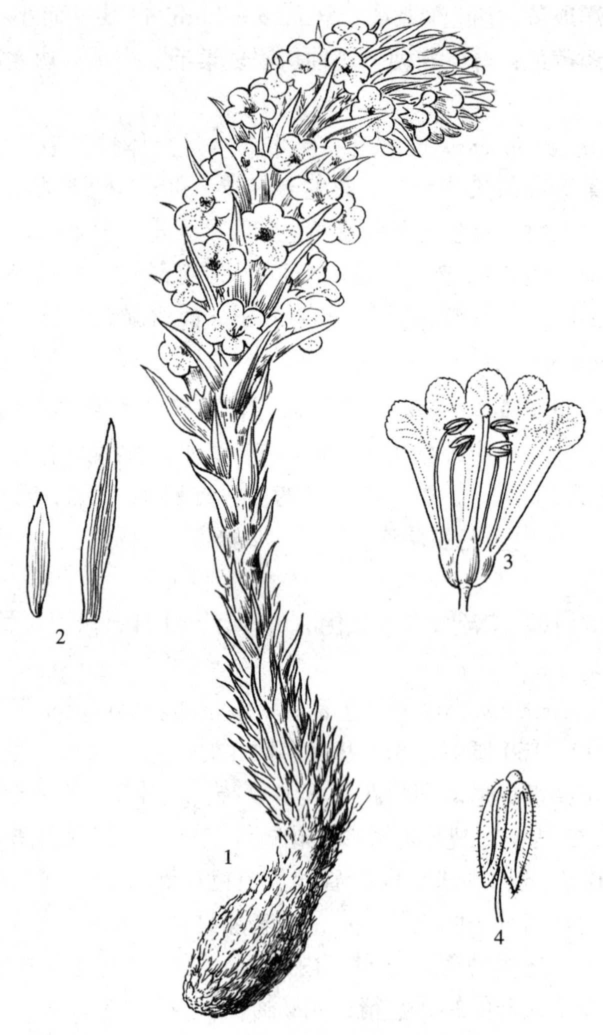

图 11－105　肉苁蓉

1. 植株　2. 苞片　3. 花冠剖开（示雄蕊和雌蕊）　4. 雄蕊

O. pycrostachya Hance，分布于大部分地区。全草入药，能补肾壮阳，强筋骨。

57. 爵床科 Acanthaceae　　$⚥ \uparrow K_{(4\sim5)} C_{(4\sim5)} A_{4,2} \underline{G}_{(2:2:1)}$

草本或灌木。茎节常膨大。单叶对生，无托叶；叶、茎的表皮细胞内常含钟乳体。花两性，左右对称，通常组成总状花序，穗状花序，聚伞花序，有时单生或簇生而不组成花序；苞片通常大；花萼 5～4 裂；花冠 5～4 裂，常为 2 唇形，上唇 2 裂，有时全缘，下唇 3 裂；雄蕊 2 或 4 枚（稀 5 枚），通常为 2 强；子房上位，下部常有花盘，2 心皮构成 2 室，中轴胎座，每室有胚珠 2 至多数；花柱单一，柱头通常 2 裂。蒴果室背开裂，种子通常着生于胎座的钩状物上（由珠柄生出，称为种钩）。种子成熟后弹出。染色体：X＝7，8，9，10，13～22，25，26，28，30，31，34，40 和 66。

本科约 250 属，2500 种以上，广布于热带及亚热带地区。我国有 61 属，178 种，产于长江流域以南各省区。药用 32 属，71 种。

本科植物主要活性成分有二萜类内酯化合物，如：穿心莲内酯（andrographolide）、去氧穿心莲内酯（deoxyandrographolide）、新莲内酯（neoandrographolide）具抗菌消炎作用。酚类和黄酮：如芹菜素（apigenin）、木犀草素（luteolin）、穿心莲黄酮（andrographin）；某些种尚含有木脂素及苷类。

【药用植物】

马蓝*Strobilanthes cusia*（Nees）O. Kuntzens 草本。具根茎。茎多分枝，节膨大。单叶对生，叶片卵形至披针形，边缘有粗齿，两面无毛。穗状花序，2～3 节，每节具 2 朵对生的花；花萼裂片 5；花冠淡紫色，5 裂，裂片近相等，先端微凹，花冠筒内具二行短柔毛；雄蕊 4，2 强。蒴果。分布于西南及华南等地区，为商品药材“大青叶”的来源之一，根作为药材板蓝根（南板蓝根）。叶可加工制成青黛，为中药青黛的原料来源之一，能清热解毒，凉血消斑。（图 11－106）

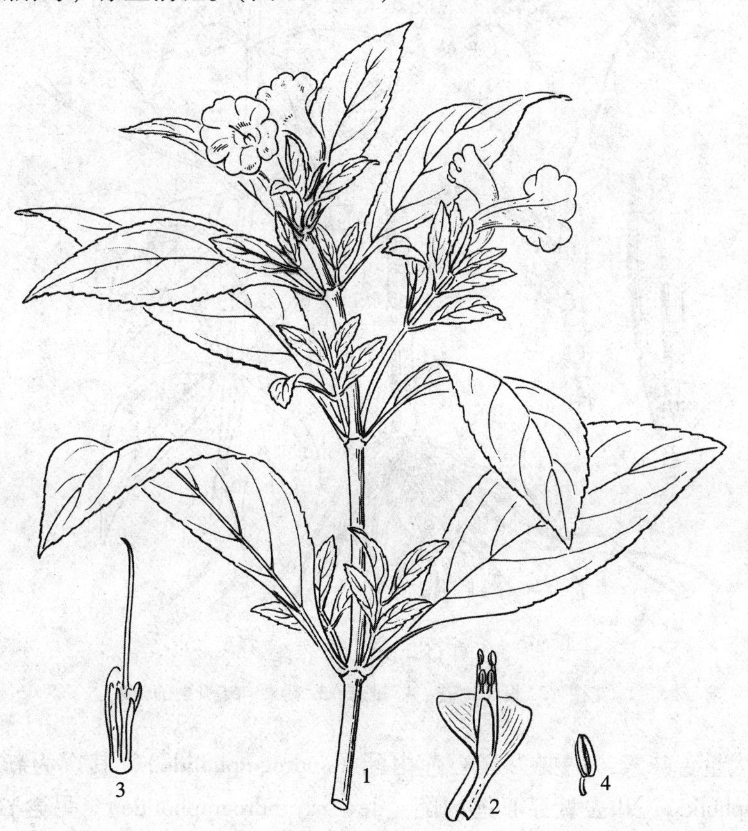

图 11－106 马蓝

1. 花枝 2. 花冠及雄蕊 3. 花萼及花柱 4. 雄蕊

穿心莲*Andrographis paniculata*（Burm. f.）Nees 一年生草本。茎直立，四棱形，下部多分枝，节呈膝状膨大。单叶对生，近于无柄；叶长卵形或披针形，先端渐尖。总状花序，顶生或腋生；花小，白色或淡紫色，二唇形，下唇内面有紫红色花斑；雄蕊 2 枚；子房上位，2 室。蒴果扁状长椭圆形，表面中间有一浅沟，疏生腺毛。种子多数。原产热带地区，现我国主要栽培于广东、广西、福建等省区。全草能清热解毒，消炎，消肿

止痛。(图 11－107)

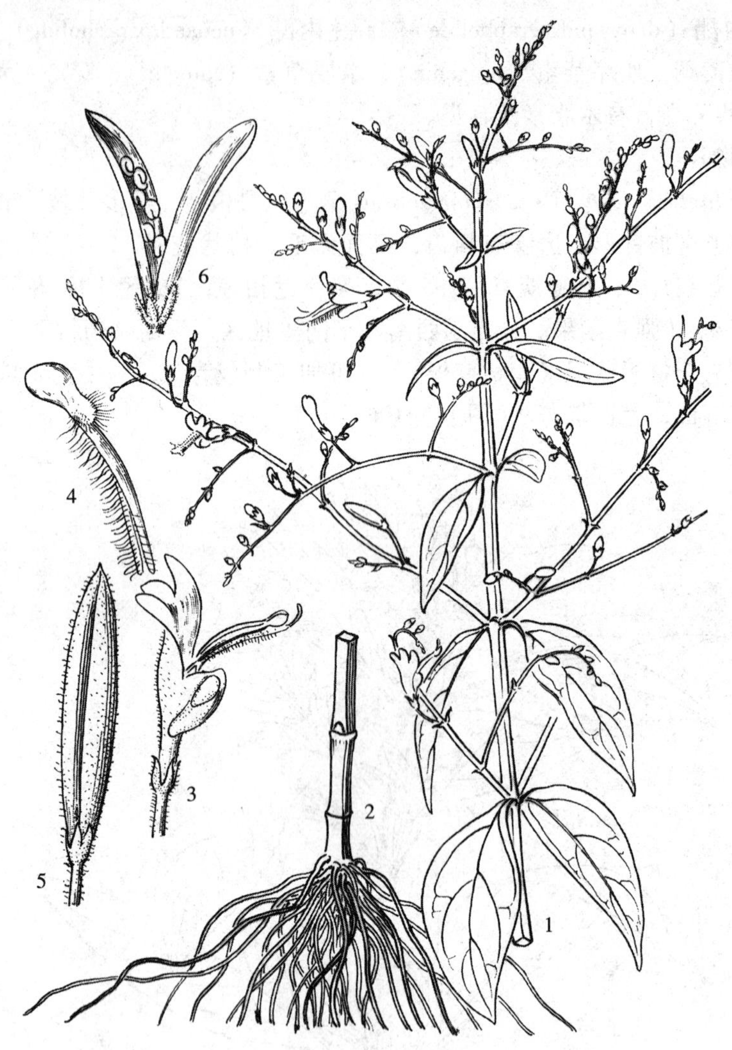

图 11－107 穿心莲

1. 花枝 2. 根 3. 花 4. 雄蕊 5. 蒴果 6. 开裂的蒴果

全草含大量苦味素，主要为穿心莲内酯（andrographolide），其次为新穿心莲内酯（neoandrographolide）和去氧穿心莲内酯（de－oxyandrographolide）。另含 β－谷甾醇－D－葡萄糖苷、缩合性鞣质、蜡及氯化钾、氯化钠等。

爵床*Rostellularia procumbens*（L.）Nees 一年生小草本。茎常簇生，多分枝，节部膨大成膝状。叶对生，椭圆形或卵形。穗状花序；苞片 1，小苞片 2；花萼 4 裂；花冠粉红色，二唇形；雄蕊 2；子房 2 室。蒴果线形。分布于我国西南部和南部各省。生于沟边、草地、林下。全草入药，能清热解毒，利尿消肿，活血止痛，治小儿疳积。

白接骨*Asystasiella chinensis*（S. Moore）E. Hossain 多年生草本，富含白色黏液。茎方形，节膨大。叶片卵形或披针形。穗状花序；花偏于一侧，花冠淡紫红色，5 裂；雄蕊 4，2 强；子房 2 室。蒴果 2 瓣裂。分布于长江以南各省。生于林下、溪边。叶及根茎主治外伤出血。

本科常见的药用植物尚有：九头狮子草*Peristrophe japonica*（Thunb.）Bremek 全草能清热解毒，发汗解表，降压。狗肝菜*Dicliptera chinensis*（L.）Nees 全草能清热解毒，凉血利尿。

58. 茜草科 Rubiaceae $⚥ * K_{(4\sim5)}C_{(4\sim5)}A_{4\sim5}\overline{G}_{(2:2:1\sim\infty)}$

木本或草本，有时攀援状。单叶对生或轮生，常全缘或有锯齿；具各式托叶，位于叶柄间或叶柄内或变为叶状、连合成鞘，宿存或脱落。二歧聚伞花序排成圆锥状或头状，有时单生；花通常两性，辐射对称；花萼筒与子房合生，先端平截或4~5裂；花冠合瓣，4裂或5裂，稀6裂；雄蕊与花冠裂片同数，且互生，均着生于花冠筒内；花盘形状各式；子房下位，通常2心皮，合生常为2室，每室1至多数胚珠。蒴果、浆果或核果。染色体：X=6~17。

约500属，6 000种，广布于热带和亚热带地区，少数分布到温带或北极地区，是合瓣花第二大科。我国75属，477种，分布于西南至东南部。药用59属，219种。

本科植物的主要活性成分有生物碱、环烯醚萜类、蒽醌类等。含多种生物碱：喹啉类，如奎宁（quinine）、奎尼丁（quinidine），有抗疟活性。苯并喹诺里西啶类，如吐根碱（emetine）可治疗阿米巴痢疾。吲哚类，如钩藤碱（rhynchophylline）、异钩藤碱（isorhynchophylline），有安神降压作用。嘌呤类，如咖啡碱（coffeine）能强心利尿。环烯醚萜类：如栀子苷（geniposide）、车叶草苷（asperuloside）、羟异栀子苷（gardenoside）能促进胆汁分泌。蒽醌类：如茜草素（alizarin）、羟基茜草素（purpurin）。尚含甾醇及其苷类，如豆甾醇（stigmasterol）、谷甾醇（sitosterol）。

【药用植物】

钩藤*Uncaria rhynchophylla*（Miq.）Jacks. 常绿木质大藤本。小枝四棱形，单叶对生，纸质，椭圆形；托叶2深裂，叶腋有钩状变态枝成对或单生。头状花序单生叶腋或顶生呈总状花序；花5数，花冠黄色，漏斗状，裂片外面被粉末状柔毛；子房下位。蒴果，被疏柔毛。分布于福建、江西、湖南、广东、广西及西南地区。生于山谷、溪边、湿润灌丛中。带钩的茎枝（钩藤）及叶能清热平肝，息风定惊。同属植物华钩藤 *U. sinensis*（Oliv.）Havil. 托叶近圆形，全缘。头状花序单个腋生。分布于湖北、湖南、广东、广西、贵州、云南。此外同属植物我国15种，亦以带钩的茎入药。（图11－108）

巴戟天*Morinda officinalis* How　缠绕性草质藤本。根有不规则的连续膨大部分。小枝及嫩叶有短粗毛，后变粗糙。单叶对生；矩圆形，托叶鞘状。花序头状或由3至多个头状花序再排成伞形；花4数，花冠白色；子房下位，柱头2深裂。核果红色。分布于广东、广西。生于疏林下或林缘。根能补肾壮阳，强筋骨，祛风湿。

栀子*Gardenia jasminoides* Ellis. 常绿灌木，小枝圆柱形，嫩部被短柔毛。叶对生或三叶轮生，有短柄，革质，椭圆状倒卵形至倒阔披针形；上面光亮，下面脉腑内簇生短毛；托叶在叶柄内合成鞘状，膜质。花硕大，白色，芳香，单生枝顶；花部常5~7数，萼筒有翅状直棱，花冠高脚碟状；雄蕊与花冠裂片同数，生喉部，花丝极短或无毛，花药线形；子房下位，1室，胚珠多数，侧膜胎座。蒴果，外果皮略带革质，熟时黄色，有翅状棱5~8条，顶冠以5~8片增大的宿存萼裂片。分布于河南、安徽、江苏、浙江、

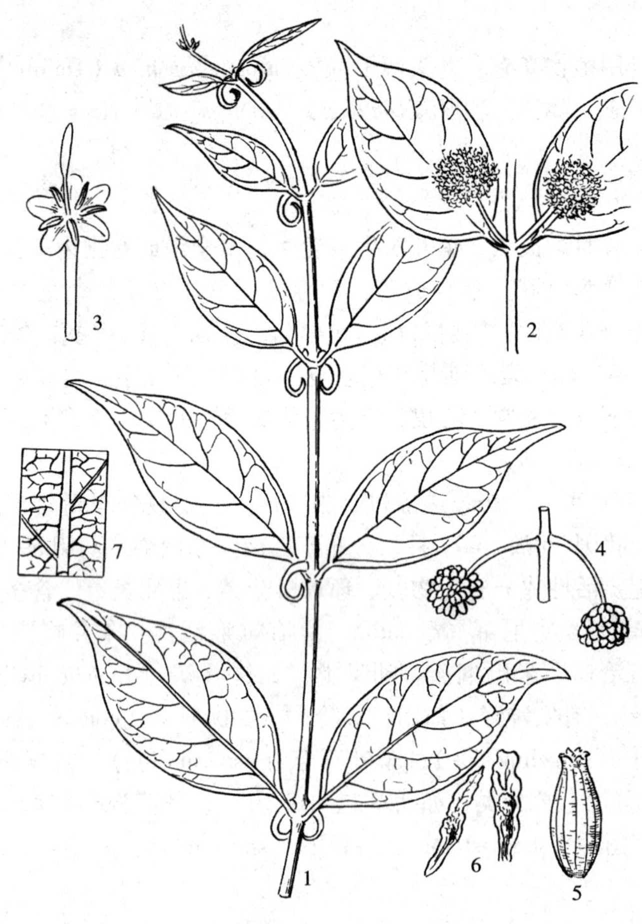

图 11－108 钩藤

1. 具钩的枝 2. 具花序的枝 3. 花（去花萼和部分花冠管）
4. 节上着生的果序 5. 蒴果 6. 种子 7. 叶背一部分，示叶脉

江西、福建、台湾、广东、广西、湖南、湖北、四川、贵州等省区，以湖南产量最大。生于山坡杂木林中，各地有栽培。果能泻火解毒，清利湿热，凉血散瘀。（图 11－109）同属植物我国有 4 种和多个变种。

其果实主要成分含栀子苷（jasminoidin）、根尼泊苷（geniposide）、山栀子苷（shanzhisde）等，尚含栀子素、挥发油、果胶和鞣质。栀子果实内含丰富的黄色素，可用于提制栀子黄色素。

茜草 *Rubia cordifolia* L. 多年生攀援草本。根丛生，橙红色。茎 4 棱，棱上具倒生刺。叶 4 片轮生，有长柄；卵形至卵状披针形，下面中脉及叶柄上有倒刺，弧形脉 3～5 条。聚伞花序呈疏松的圆锥状，腋生或顶生；花小，5 数，黄白色；子房下位，2 室。浆果熟时黑色，近球形。全国大部分地区有分布。生于灌丛中。根药用，能凉血，止血，祛瘀，通经，镇痛。茜草属我国产 16 种和多个变种，均可入药。（图 11－110）

白花蛇舌草 *Hedyotis diffusa* Willd. 一年生小草本，基部多分枝。单叶对生，叶片线形，无柄。花小，单生叶腋；花冠漏斗状，先端 4 深裂，白色。蒴果扁球形，内含多数

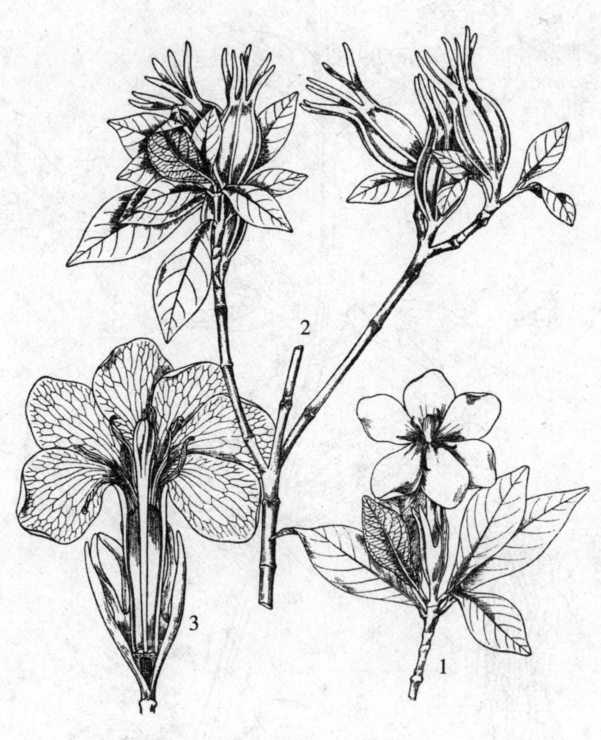

图 11-109　栀子

1. 花枝　2. 果枝　3. 花

种子。分布于东南至西南地区。生于山坡路边杂草丛中。全草能清热解毒，活血散瘀，对阑尾炎有效，并用于治疗癌症和毒蛇咬伤。

本科常见的药用植物尚有金鸡纳树*Cinchona ledgeriana* Moens 树皮具抗疟，解毒镇痛作用，为提取奎宁的原料。鸡矢藤*Paederia scandens*（Lour.）Meer. 全草能清热解毒，镇痛，止咳。

59. 忍冬科 Caprifoliaceae　　$⚥ * \uparrow K_{(4\sim5)} C_{(4\sim5)} A_{4\sim5} \overline{G}_{(2\sim5:1\sim5:1)}$

木本，稀草本。叶对生，单叶，少为羽状复叶；常无托叶。聚伞花序，也有数朵簇生或单生；花两性，辐射对称或两侧对称；花萼 4~5 裂；花冠管状，通常 5 裂，有的成二唇形；雄蕊和花冠裂片同数而互生，着生花冠管上；子房下位，2~5 心皮，形成 1~5 室，通常为 3 室，每室 1-多数胚珠，有时仅 1 室发育。浆果、核果或蒴果。种子内含肉质胚乳。染色体：X=8、9、18。

本科植物 15 属，约 450 种，分布于温带地区。我国 12 属，259 种，广布全国。药用 9 属，106 种。

本科的主要活性成分是酚性成分，如绿原酸（chlorogenic acid）、异绿原酸（isoch-

图 11－110　茜草

1. 根　2. 花序枝　3. 花　4. 浆果

lorogenic acid)；酚性杂苷如忍冬苷（loni－cein），七叶树苷（aesculin）。还广泛含有皂苷、氰苷。

【药用植物】

忍冬*Lonicera japonica* Thunb. 多年生半常绿缠绕灌木；幼枝密生柔毛和腺毛。单叶对生；卵形至卵状椭圆形，全缘，叶柄短，幼时两面被短毛。总花梗单生叶腋，花成对，苞片叶状；花萼 5 裂，无毛；花冠唇形，上唇 4 裂，下唇反卷不裂，白色，3～4 天后转黄色，黄白相间，故称“金银花”，外面有柔毛和腺毛；雄蕊 5；子房下位。浆果球形，熟时黑色。除新疆外，全国大部分地区有野生。生于山坡灌丛中。主产山东及河南。花蕾（金银花）和茎枝（忍冬藤）能清热解毒；茎还有通络作用，另有报道藤叶可治肝炎、高脂血症。(图 11－111)

忍冬属植物约 200 种，我国有 98 种，广泛分布于全国各省区，以西南部种类最多。

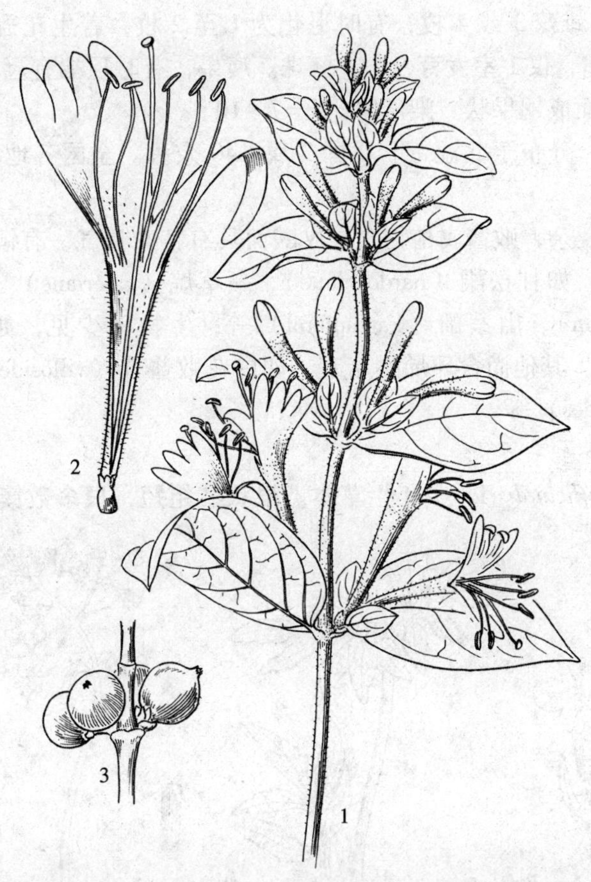

图 11－111　忍冬

1. 花枝　2. 花　3. 果实

可供药用的品种有 47 种，形态、功效与忍冬近似，已发现的化学成分主要有黄酮类、三萜类及有机酸等，且富含挥发油。山银花*L. confusa* DC. 萼筒密生小硬毛；苞片不成叶状。产于广东。红腺忍冬*L. hypoglauca* Miq. 叶下面密生微毛和橘红色腺毛。叶腋中总花梗单生或多个集生。分布于除东北、西北以外的各地区。生于疏灌丛或疏林中。毛花柱忍冬*L. dasystyla* Rehd.，为花柱被疏柔毛。分布于广西。

本科还有：接骨草（陆英）*Sambucus chinensis* Lindl. 多年生草本，奇数羽状复叶。全草能散瘀消肿，祛风活络，跌打损伤，并用治传染性肝炎。同属植物接骨木 *S. williamsii* Hance 茎和叶用治跌打损伤，骨折，风湿痛。

60. 败酱科 Valerianaceae　　$⚥ \uparrow K_{5\sim15,0}C_{(3\sim5)}A_{3\sim4}\overline{G}_{(3:3:1)}$

多年生草本，稀灌木，全体通常具强烈臭气或香气。叶对生或基生，多羽状分裂，无托叶。聚伞花序排成头状、圆锥状或伞房状；苞片缺或细小。花小，多为两性，也有杂性或单性，稍不整齐；萼各式，有的裂片呈羽毛状；花冠筒状，基部常有偏突的囊或距，上部 3～5 裂；雄蕊 3 或 4 枚，有时退化为 1 至 2 枚，着生花冠筒上；子房下位，由 3 心皮合成，3 室，仅 1 室发育，含 1 胚珠。瘦果，有时顶端有冠毛状宿存花萼，或与增大的苞片相连而成翅果状。染色体：X =7～10。

13 属，400 种，分布于北温带。我国 3 属，40 余种。全国各地均有分布，药用 3 属，24 种。

本科化学成分复杂，败酱属植物含异戊酸而具有特殊臭气，有镇静作用；挥发油，油中多为倍半萜类：如甘松酮（nardosinone）、缬草烷（valeriane）、缬草酮；黄酮类：如槲皮素（quercetin）、山萘酚（kaempferol）等；生物碱少见，如缬草碱（valerianine），有镇静作用。其他尚含环烯醚萜苷，如白花败酱苷（villoside）。三萜皂苷如黄花败酱苷（scabiosides）等。

【药用植物】

缬草 *Valeriana officinalis* L. 多年生草本。根状茎粗短，根多数簇生，有特殊香气。

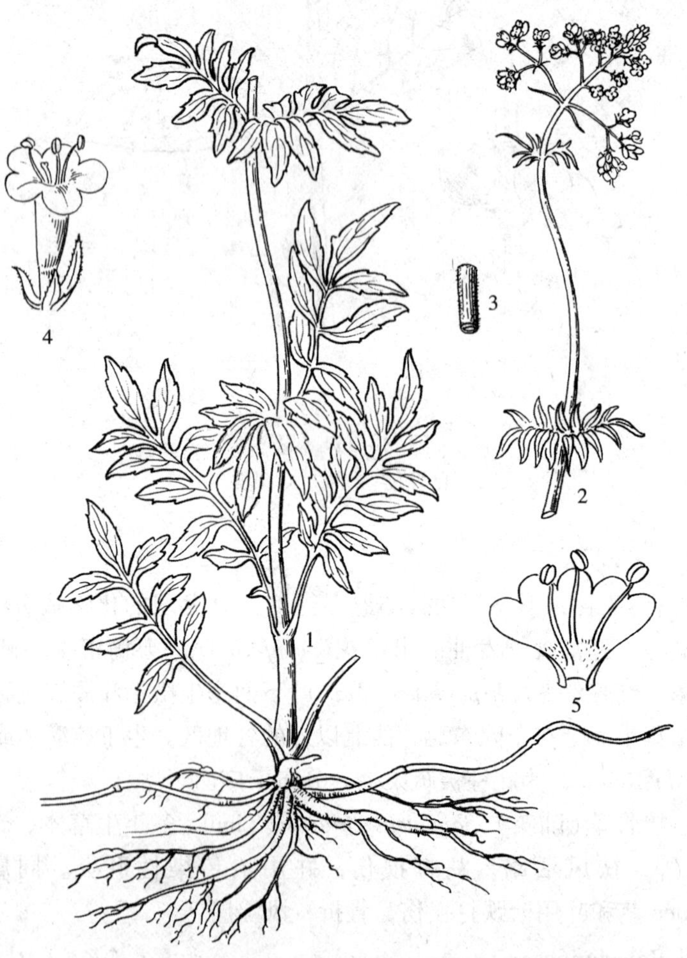

图 11－112　缬草

1. 植株下部　2. 花序枝　3. 一段茎放大　4. 花　5. 花冠展开

茎中空，被粗白毛。茎生叶对生，2～9 对羽状全裂，裂片披针形或线形，聚伞花序集成圆锥状，生于茎顶；花萼内卷；花冠 5 裂，淡红色，花冠管基部一侧稍突出呈小距状；雄蕊 3；子房下位。瘦果扁平，卵形，顶端有宿存萼片形成的羽状冠毛。分布全国各地。生于高山山坡草地、林边。其根状茎及根能安神，理气，止痛。缬草油在香料工业中主要用于调配烟、酒、食品、化妆品、香水、酒精等。目前从缬草的挥发油中鉴定出 36 种化合物，含量最高的为乙酸龙脑酯，其次是莰烯、苯乙酸正庚酯等。（图 11－112）

黄花败酱（黄花龙牙） *Patrinia scabiosaefolia* Fisch. 多年生草本。根状茎及根具有特殊的臭酱气。根茎粗壮。基生叶成丛，叶片卵形，具长柄；茎生叶对生，常 4～7 深裂，两面疏被粗毛。花小，黄色，顶生伞房状聚伞花序，花序梗一侧有白色硬毛，总花梗方形；花冠 5 裂，黄色，基部有小偏突；雄蕊 4；子房下位。瘦果无膜质增大苞片，具窄边。分布全国各地。生于山坡或溪边。全草称“败酱草”，能清热解毒，消肿排脓，祛痰止痛。根状茎及根能镇静安神。（图 11－113）

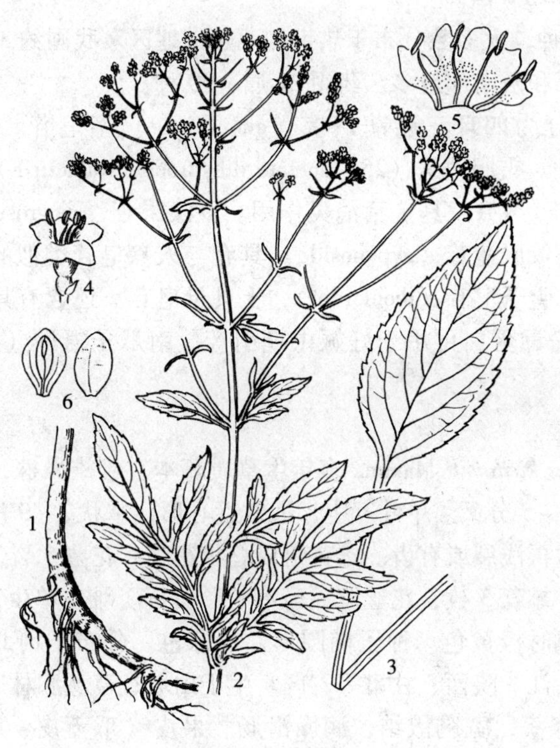

图 11－113　败酱

1. 根　2. 植株上部　3. 基生叶　4. 花　5. 花冠展开　6. 瘦果

白花败酱 *Patrinia villosa* Juss. 茎枝具倒生白色粗毛。茎上部叶不裂或仅有 1～2 对狭裂片。花白色。瘦果与宿存增大的圆形苞片贴生。全国均有分布，亦作中药败酱草用。

甘松*Nartostachys chinensis* Batal. 多年生草本。根状茎粗短，靠根处有少数叶鞘纤维残存，具强烈松脂气味。叶基生，狭条形或条状倒披针形，基部渐成柄，全缘，叶主脉平行三出。聚伞花序多呈紧密圆头状排列，花序下有总苞片2片，卵形；花萼5齿，花冠淡紫红色，花冠筒基部有偏突，先端稍不等5裂；雄蕊4；子房下位。瘦果倒卵形，顶端宿存细小花萼。分布于甘肃、青海、云南及四川。生于高山地的草原河边。根及根茎能理气止痛，开郁醒脾。同属植物匙叶甘松*N. jatamansi* DC. 分布和功效同甘松。

61. 葫芦科 Cucurbitaceae $♂ * K_{(5)} C_{(5)} A_{5,(3\sim5)}$ $♀ * K_{(5)} C_{(5)} \overline{G}_{(3:1\sim3:\infty)}$

草质藤本，茎常有纵沟纹，具卷须。叶互生；常为单叶，掌状分裂，有时为鸟趾状复叶。花单性，同株或异株，辐射对称，单生、簇生或集合成各种花序；花萼及花冠裂片5；雄花；雄蕊3或5枚，分离或合生，花药通直或折曲。雌花：萼管与子房合生，上部5裂，花瓣合生，5裂；由3心皮组成，子房下位，1室，侧膜胎座，常在中间相遇，少为3室。花柱1，柱头膨大，3裂。多为瓠果，少为蒴果。种子多数，长扁平，无胚乳。染色体：X =8 ~14。

约113属，800种，大多数分布于热带和亚热带地区。我国约32属，155种，全国各地均有分布，南部和西南部最多，药用21属，90种。

本科的活性成分为四环三萜葫芦烷（cucurbiane）型皂苷。如葫芦素（cucurbitacines）具抗癌活性。雪胆甲素（25 – acetate dihydrocucurbitacin F）（Ⅰ）和雪胆乙素（dihydrocucurbitacin F）（II）具抗菌消炎作用。罗汉果苷（mogrosides）是很好的天然甜味剂。绞股蓝中的绞股蓝苷（gypenoside）具有与人参皂苷类似的生理活性。本科亦存在五环三萜，如木鳖子皂苷（momordin），土贝母皂苷。还含有具特殊活性的蛋白质和氨基酸，如天花粉毒蛋白可用于妊娠中期引产，南瓜子氨酸（cucurbitine）有驱虫作用。

【药用植物】

栝楼*Trichosanthes kirilowill* Maxim. 多年生草质藤本。雌雄异株，雄株块根肥厚，雌株块根瘦长。卷须2 ~5分叉。单叶互生，通常近心形，掌状3 ~9浅裂至中裂，中裂片菱状倒卵形，边缘常再浅裂或有齿。雄花组成总状花序，花萼5裂，花冠白色，裂片倒卵形，顶端流苏状；雄蕊3枚，花丝短，药室S形曲折。雌花单生，子房下位，花柱3裂。瓠果椭圆形，熟时橙黄色。种子椭圆形，浅棕色。分布于河北、河南、山东、山西、江苏、安徽、浙江、陕西、甘肃等省区。生于山坡、草丛和林边。成熟果实称栝楼（全瓜蒌），能清热涤痰，宽胸散结，润燥滑肠。果皮（瓜蒌皮、瓜壳）能清热化痰，利气宽胸。种子（瓜蒌子）能润肺化痰，润肠通便。根（天花粉）能生津止渴，降火润燥，润肺化痰；天花粉蛋白能引产及治疗宫外孕，对葡萄胎及绒毛膜上皮癌有一定疗效。（图11 –114）

本属植物我国有40种，25种可入药。其中双边栝楼*T. rosthornii* Herms 的干燥成熟果实亦作栝楼用，主产长江以南各省。日本栝楼*T. japonica* Regel 的根可作“天花粉”用。

绞股蓝*Gynostemma pentaphyllum*（Thunb.）Makino 多年生草质藤本。卷须2叉，生

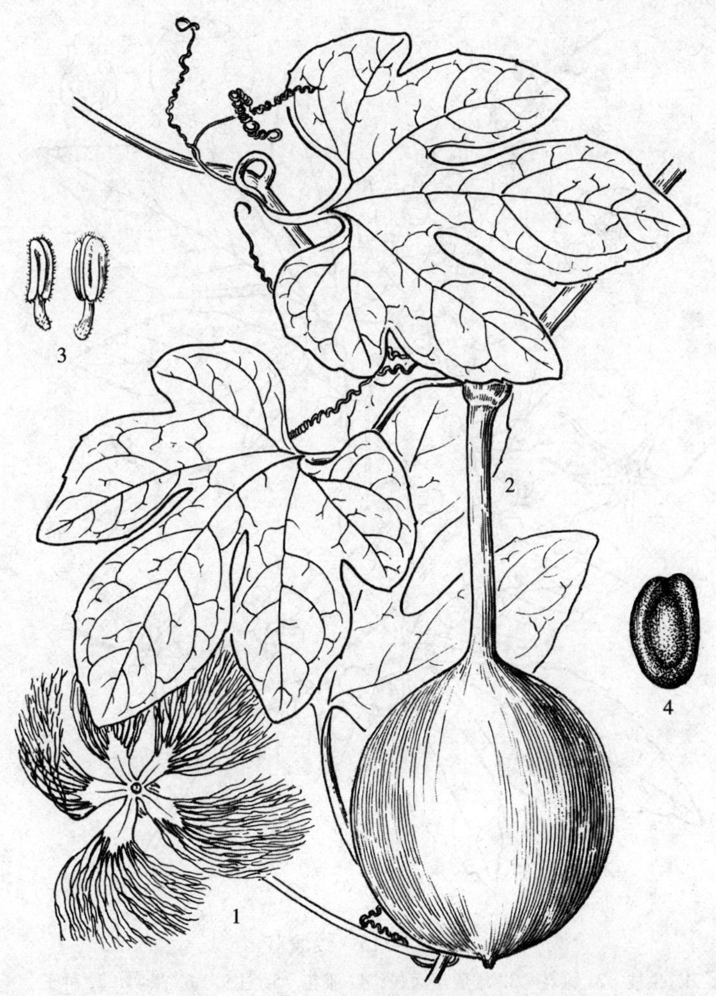

图 11－114 栝楼

1. 着生雄花的植株 2. 着生果实的植株 3. 雄蕊 4. 种子

于叶腋；叶鸟足状复叶，小叶 5～7，具柔毛。雌雄异株；雌、雄花序均圆锥状；花小，花萼、花冠均 5 裂；雄蕊 5；子房 3～2 室。瓠果球形，熟时黑色。广布于陕西南部及长江以南各省区。生于林下、沟旁。全草有消炎解毒，止咳祛痰功效。同属植物我国产 7 种，均可入药。现已从绞股蓝中分离鉴定了 82 种与人参皂苷有类似骨架的达玛烷型绞股蓝皂苷（gypenoside），具有多种生理活性。（图 11－115）

罗汉果*Siraitis grosvenorii*（Swingle）C. Jeffrey（*Momordica grosvenorii* Swingle）。多年生草质藤本，全株被白色或黑色柔毛。根块状。卷须 2 裂几达基部。叶心状卵形。雌雄异株；雄花为总状花序；花梗在中部以下有小苞片；萼 5 裂，花瓣 5，黄色；雄蕊 3；雌花序总状，子房密被短柔毛。瓠果淡黄色，干后黑褐色。分布于广东、广西、海南、贵州、江西和湖南南部等省区。生于山间阴湿，风凉地带。果能清热凉血，润肺止咳，润肠通便。块根能清除湿热，解毒。

同属植物共有 7 种，我国有 4 种，其中 2 种入药：罗汉果和翅子罗汉果*S. siamensis*

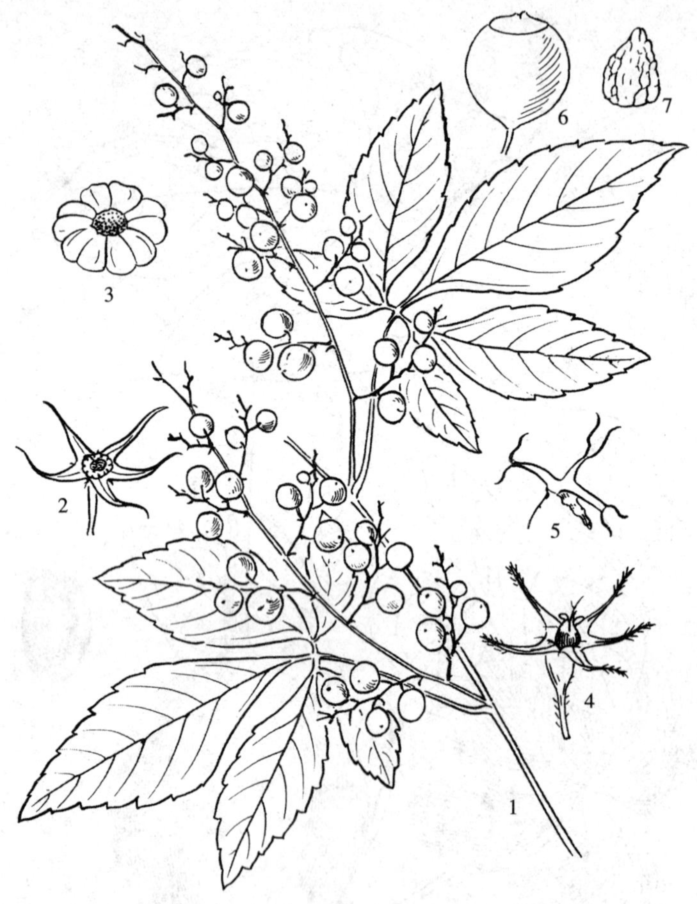

图 11－115 绞股蓝

1. 果枝 2. 雄花 3. 雄蕊正面观 4. 雌花 5. 柱头 6. 果实 7. 种子

(Craib) C. Jeffrey. 这两种植物对呼吸系统和消化系统有相近的功效。药用罗汉果以广西产为最好，药用历史已用300多年。根据它的果实形状和产地的不同，分为多种园艺品种，主要有：长滩果、拉江果、冬瓜果、青皮果等。传统上认为人工栽培品种的药效较野生品种为好，而在栽培品种中又以果形为长圆形，产于永福县长滩山区的长滩果为最好。罗汉果的化学成分以葫芦素烷三萜类（cucurbitanes）为主要成分，此外尚含有蛋白质，氨基酸，无机元素，脂肪酸及少量黄酮苷。

丝瓜*Luffa cylindrica*（L.）Roem. 一年生攀援草本。卷须被毛，2～4叉。叶掌状5浅裂。雌雄同株；雄花组成总状花序，雌花单生；花黄色，雄花雄蕊5，开时花药靠合，后分离；雌花柱头3。瓠果长圆柱状，肉质，干后里面有网状纤维。种子扁，黑色。各地栽培。果内的维管束称“丝瓜络”，能祛风通络，活血消肿。根能通络消肿。果能清热化痰，凉血，解毒。

本科药用植物还有：木鳖*Momordica cochinchinensis*（Lour）Spreng. 分布于广东，广西，江西，湖南和四川。药用种子称木鳖子，有毒。内服化积利肠；外用消肿，透毒生肌。雪胆*Hemsleya chinensis* Cogn. 根能清热利湿，消肿止痛。冬瓜*Benincasa hispida*

(Thunb.) Cogn. 果皮（冬瓜皮）能清热利尿，消肿。种子（冬瓜子）能清热利湿，排脓消肿。

62. 桔梗科 Campanulaceae　　$⚥ * \uparrow K_{(5)} C_{(5)} A_5 \overline{G}_{(2\sim5:2\sim5)}$；$\overline{G}_{(2\sim5:2\sim5)}$

草本，少灌木，或呈攀援状，常具乳汁。单叶互生，少为对生或轮生，无托叶。花单生或成各种花序；花两性，辐射对称或两侧对称；花萼常5裂，宿存；花冠常钟状、管状、辐状或二唇形，先端5裂，裂片镊合状或覆瓦状排列；雄蕊5，与花冠裂片同数而互生；花丝分离，花药通常聚合成管状或分离；心皮2~5，合生，子房通常下位或半下位，中轴胎座，2~5室，胚珠多数；花柱圆柱形，柱头2~5裂。蒴果，稀浆果。种子扁平，胚乳丰富。染色体：X=7、8、9、10、11、12、15。

有的分类系统认为半边莲属的花是两侧对称，花冠二唇形，上唇2裂至基部，下唇3裂，5枚雄蕊着生在花冠管上，花丝分离而花药合生环绕花柱，此与桔梗科其他属不同，而主张将半边莲属独立成半边莲科 Lobeliaceae。

本科60属，约2 000种，分布全球，以温带和亚热带为多。我国17属，约170种，分布全国，以西南为多。药用13属，111种。

本科植物普遍含皂苷和多糖，如桔梗皂苷（platycodins）。党参多糖可增强机体免疫力。生物碱，多存在于半边莲属中，如山梗菜碱（lobeline）有兴奋呼吸，降压，利尿作用；党参属含党参碱（codonopsine）。本科某些植物含菊糖，不含淀粉。

【药用植物】

桔梗*Platycodon grandiflorum* (Jacp.) A. DC. 多年生草本，体内有白色乳汁。主根肥大肉质，长圆锥形；茎直立，有分枝。叶近于无柄，多互生，少数轮生或对生，叶片披针形，边缘有锐锯齿。花单生或数朵聚集成疏总状花序，生于枝端；花冠钟状，蓝紫色或白色，先端5裂；雄蕊5；雌蕊1，子房半下位，5室。蒴果倒卵形，成熟时上部先端5孔裂。种子多数（图11－116）。分布于全国各地。生于山地草坡，林边。根能宣肺祛痰、消肿排脓。

根含多种皂苷，如桔梗苷A（platycodinA）等。此外还含α－菠菜甾醇及其苷和白桦酯醇（betulin）等，并含有菊糖、多糖，14种氨基酸和22种微量元素，其中一些氨基酸与微量元素为人体必需的营养成分。

桔梗不仅是一味传统中药，还是一种食品，其根可制成美味的菜肴。

沙参*Adenophora stricta* Miq. 为多年生草本，全体有白色乳汁。根肥大，圆锥形。茎直立不分枝，叶互生，基生叶心形，大而具长柄；茎生叶常4叶轮生，无柄，叶片椭圆形或卵形，边缘有锯齿，两面疏被柔毛。圆锥花序不分枝或少分枝；花萼常有毛，萼片披针形；花冠略呈钟形，蓝紫色，有毛，5浅裂；雄蕊5；花盘圆筒状；子房下位，花柱伸出花冠外，柱头3裂。蒴果3室，卵圆形。（图11－117）分布于西南、华中、华东、河南、陕西。生山坡草丛中。根称“南沙参”，能养阴清肺，祛痰止咳。

同属植物以根作“南沙参”的种类甚多，常见的如轮叶沙参*A. tetraphylla* (Thunb.) Fisch.，茎生叶4~6片轮生。花序分枝轮生；花下垂，花冠蓝色，花冠口部微缩呈坛状。多数省区有分布。

图 11－116 桔梗

1. 根 2. 部分花枝 3. 部分茎生叶

党参*Codonopsis pilosula*（Franch.）Nannf. 为多年生草质藤本。根圆柱形，表层浅灰色，内有菊花心。茎缠绕，断面有白色乳汁，长而多分枝，下部有短糙毛，上部光滑；叶对生或互生，有柄，叶片卵形或广卵形，全缘。花单生于叶腋或顶端；花冠广钟形，淡黄绿色，具淡紫色斑点，先端5裂，裂片三角形；雄蕊5，花丝基部微扩大；子房半下位，3室，每室胚珠多数。蒴果圆锥形，具宿存萼。种子小，卵形，褐色有光泽（图 11－118）。分布于四川、陕西、甘肃、河南、山西、内蒙、东北。生于林边或灌丛中。全国各地多栽培。根能补气养血、和脾胃、生津清肺。

党参含菊糖、果糖、蒲公英萜醇乙酸酯、木栓酮、棕榈酸及多种氨基酸等。

同属素花党参*C. pilosula* Nannf. var. *modesta*（Nannf）L. T. Shen 叶仅在幼时上面有疏毛，老时脱落。萼裂片近三角形，长约为宽的2倍。分布于四川、青海、甘肃。管花党参*C. tutmlosa* Kom. 花萼外面有短毛，萼裂片边缘有小牙齿；花冠筒状，花丝有毛。分布于西南。均作党参药用。

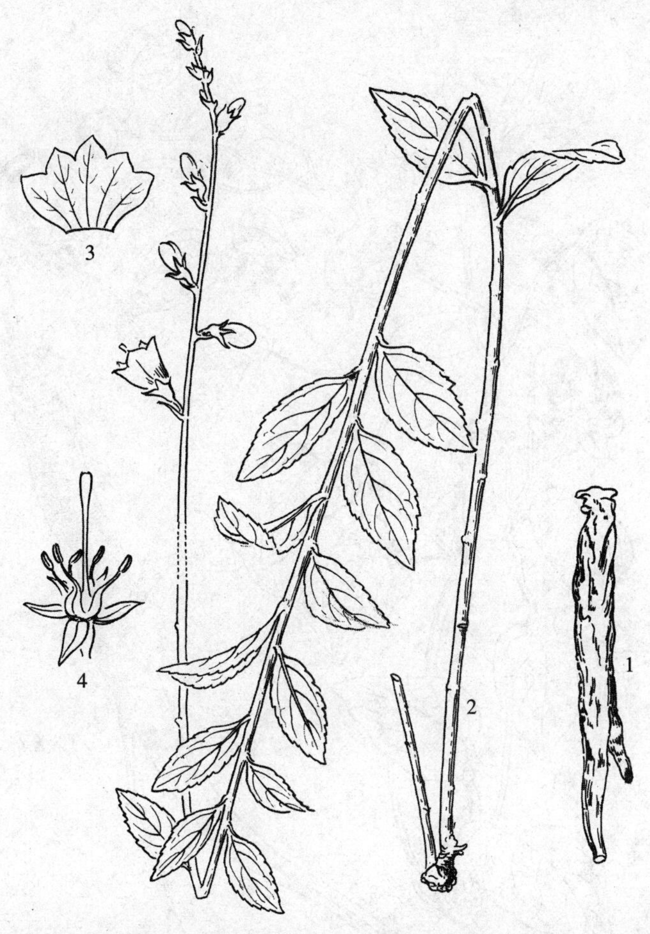

图 11－117　沙参

1. 根　2. 花枝　3. 花冠展开　4. 去花冠后，示花萼、雄蕊、雌蕊

羊乳（四叶参） *Codonopsis lanceolata* Benth. et Hook. f. 多年生缠绕草本，全株有乳汁及特异臭气。根粗壮，倒纺锤形或圆锥形，淡黄褐色，有瘤状突起。茎有多数短分枝，无毛。主茎上的叶互生，细小，短枝上的叶 4 片簇生，椭圆形或菱状卵形，全缘或有微波齿，叶缘有刚毛，背面灰绿色。花单生，偶成对生于侧枝顶端；花萼 5 裂；花冠钟状，5 浅裂，裂片反卷，黄绿色，内有紫色斑点；雄蕊 5～7，花丝粗短；子房半下位，3 室。蒴果圆锥形，有宿萼。种子有膜翅。分布于东北、华北、华东、中南及贵州、陕西。生于山野沟洼潮湿地带或林缘、灌木林下。根能补虚通乳，排脓解毒。根含淀粉 23.65%，葡萄糖 4.81%，并含皂苷。

本科药用的还有：**半边莲** *Lobelia chinensis* Lour. 小草本，具乳汁。主茎平卧，分枝直立。叶互生，狭披针形。花单生于叶腋；花冠粉红色，近唇形，裂片偏向一侧，上唇分裂至基部为 2 裂片，下唇 3 裂；花丝上部及花药合生，下方有髯毛；子房下位，2 室。蒴果 2 裂。分布长江中、下游及以南地区。生于水边、沟边或潮湿草地。全草能清热解毒，消瘀排脓，利尿和治蛇伤。

图 11－118　党参

1. 根　2. 植株一部分　3. 蒴果

63. 菊科 Compositae，Asteraceae　　⚥ $* \uparrow K_0C_{(3\sim5)}A_{(4\sim5)}\overline{G}_{(2:1:1)}$

草本、灌木或藤本。有的具乳汁或树脂道。叶互生，稀对生或轮生，无托叶；花两性或单性，极少单性异株，少数或多数聚集成头状花序，托以1或多层总苞片组成的总苞。花序托是短缩的花序轴，每朵花的基部具苞片1片，称托片，或成毛状称托毛，或缺，花序托凸、扁或圆柱状。头状花序单生或数个至多数排成总状、聚伞状、伞房状或圆锥状；头状花序中的花有同型的，即全部为管状花或舌状花，或为异型的，即外围为舌状花，中央为管状花，或具多型的；萼片变态为冠毛状、刺状或鳞片状；花冠合瓣、管状、舌状、二唇形、假舌状或漏斗状，4或5裂；雄蕊4~5，着生于花冠上，花药合生成筒状（聚药雄蕊），花丝分离；子房下位，2心皮合生，1室，具1倒生胚珠，花柱顶端2裂。连萼瘦果（萼筒参与果实形成），或称菊果（cysela）。种子无胚乳。染色体：X＝8、9、10、12、15、16、17。

菊科植物的花有：①管状花：是辐射对称的两性花。②舌状花：是两侧对称的两性花。③假舌状花：是两侧对称的雌花或中性花，先端3齿。④二唇形花：是两侧对称的两性花，上唇2裂，下唇3裂。

在一个头状花序中，位于边缘的小花称边缘花或缘花，位于中央的小花称盘花。(图11－119)

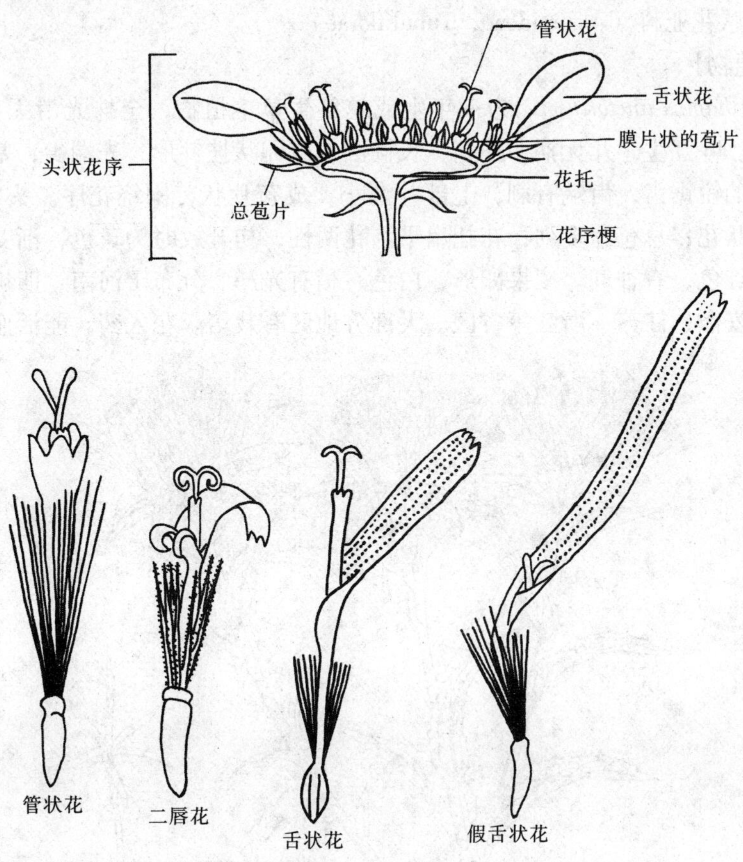

图11－119　菊科花的构造

菊科是被子植物第一大科，约1000属，25 000～30 000种，广布全球，主产温带地区。我国约230属，2 323种，全国各地均有分布，药用155属，778种。

菊科有两个亚科：**管状花亚科**(Tubuliflorae)：整个花序为管状花，有的中央为管状花，边缘为舌状花。植物体无乳汁，有的含挥发油。**舌状花亚科**(Liguliflorae)：整个花序全为舌状花，叶互生，植物体具乳汁。

菊科化学成分有多种类型，最具特点的是倍半萜内酯和菊糖，目前已发现500余种成分，生理活性显著，如佩兰内酯（euparatin）、地胆草内酯（elephantopin）、斑鸠菊内酯（vernolepin）、蛇鞭菊内酯均有抑制癌细胞作用。山道年（santonin）、天名精内酯（carpesialactone）有驱虫作用。青蒿素（arteannuin）可杀灭疟原虫，用治恶性疟疾。黄酮类，如山萘酚、槲皮素、芹菜素；水飞蓟黄酮（silymarin）可治肝炎。吡咯里西啶型生物碱，如水千里光碱（aquaticine）、野千里光碱（campestrine）、大千里光碱（macrophylline）等。喹啉生物碱，如蓝刺头碱（ecinopsine）。聚炔类：全部含在管状花亚科中，往往和挥发油共存，或者就是挥发油。如苍术炔（atractylodin）、茵陈二炔（capillene）、茵陈素（capillarin）。挥发油：普遍含在管状花亚科，如佩兰挥发油可抑制病毒，艾叶挥发油有祛痰作用。香豆素类：如蒿属香豆素（scoparone）、茵陈色酮（capillarisine）有降压、镇静、利胆作用。

（1）管状花亚科（Asteroideae，Tubuliflorae）

【药用植物】

红花*Carthamus tinctorius* L. 为一年生或越年生草本植物，全株光滑无毛。茎直立，上部有分枝。叶互生，几无柄，抱茎，长椭圆形或卵状披针形，先端尖，基部渐窄，边缘有不规则的锐锯齿，齿端有刺，上部叶渐小，成苞片状，围绕花序。头状花序顶生，着生多数管状花；总苞片多列；花托扁平。花两性，初开放时为黄色，渐变橘红色，成熟时变成深红色，有香气。瘦果卵形，白色，稍有光泽。分布于河南、四川、新疆、河北、山东、安徽、江苏、浙江等省区。大部分地区有栽培。花入药，能活血、散瘀、通

图 11－120　红花

1. 叶片　2. 花枝　3. 花

经、止痛。(图 11 – 120)

红花含多种醌类如：红花苷、新红花苷、红花醌苷、红花素、红花黄色素等；有机酸类如：棕榈酸、肉豆蔻酸、油酸等；挥发油主要成分为多炔类的混合物，此外，红花中还含有多糖及氨基酸，其中赖氨酸的含量为 0.8%。

菊花*Dendranthema morifolium* (Ramat) Tzvel. (*Chrysanthemum morifolium* Ramat.) 多年生草本；茎直立，基部常木化，上部多分枝，具细毛或柔毛。叶互生，卵形至披针形，边缘有粗大锯齿或深裂成羽状，基部楔形，下面有白色毛茸；具叶柄。头状花序顶生或腋生，总苞半球形，总苞片多层，外层绿色，条形，有白色绒毛，边缘膜质；舌状花，雌性，白色，黄色或淡红色等；管状花两性，黄色，基部常有膜质鳞片。瘦果不发育，无冠毛。(图 11 – 121) 主产于浙江、安徽、河南等省。四川、河北、山东等省亦产。多栽培。培育品种极多，作药用的品种有甘菊花、白菊花、滁菊、亳菊、杭菊等。安徽产者称"亳菊"、"滁菊"，浙江产者称"杭菊"，河南产者称"怀菊"。花序入药能清热解毒，疏散风热，清肝明目，抗菌，降压。花含腺嘌呤、生物碱、黄酮类等；此

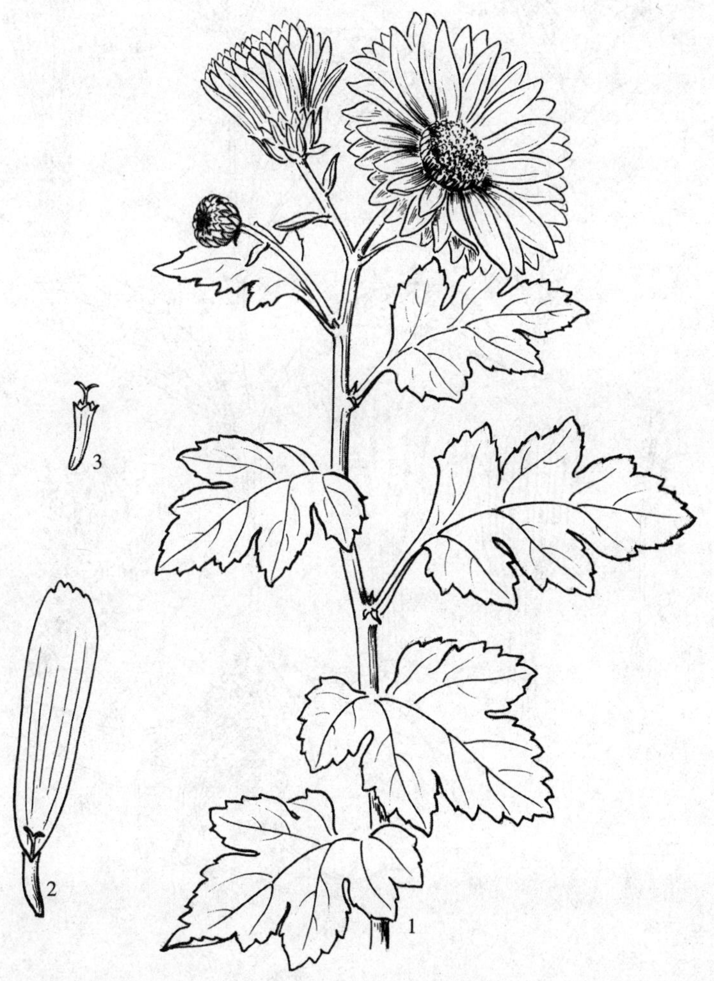

图 11 – 121　菊花

1. 花枝　2. 舌状花　3. 管状花

外，尚含挥发油约0.13%，油中主为菊花酮（Chrysanthenone）、龙脑、龙脑乙酸酯等。

甜叶菊*Stevia rebaudiana*（Bertoni）Hemsl. 多年生草本。主根不明显；茎直立，圆形，分枝多；叶对生，少数基部3叶轮生，倒卵形至宽披针形，上部叶缘有粗齿，两面被有短茸毛，三出叶脉。头状花序由4~6朵小花集成，着生于茎和枝的顶端，呈伞房状排列；管状花，两性，花柱头露出花冠外；花冠细长似钟状，顶端5瓣，白色；总苞绿色呈钟状。瘦果熟时黑色或黑褐色，长纺锤形，果顶有一束毛，每果实内含1粒种子。原产于南美洲巴拉圭的东北部与巴西相接壤的阿曼拜山脉中。我国产于江苏、台湾、海南、广东、广西、四川、云南、重庆等省区栽培。

花含二萜类化合物，含量较高的为甜叶菊苷（stevioside）与甜叶菊苷 A_3（rebculdioside）；尚含甜叶菊苷B、C、D、E等甜味物质，尚含多种黄酮类成分。

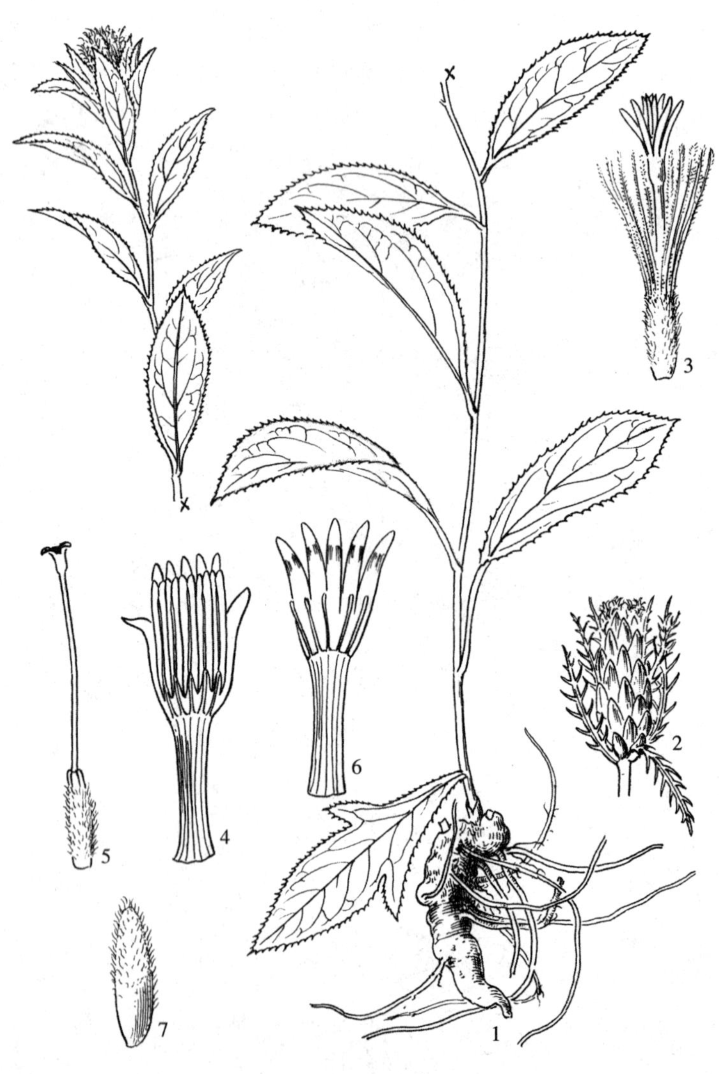

图11-122 苍术

1. 植物全形 2. 头状花序，示总苞及羽裂的叶状苞片 3. 管状花

4. 管状花剖开后，示雄蕊着生的形态 5. 雌蕊 6. 管状花剖开后示退化的雄蕊

苍术*Atractylodes lancea*（Thunb.）DC. 多年生草本。根茎横走，粗壮，呈结节状，断面具红棕色油点。叶互生，革质，卵状披针形或椭圆形，顶端渐尖，基部渐狭，边缘具不规则细锯齿，下部叶多3裂，有短柄或无柄。头状花序顶生，下有羽裂的叶状总苞一轮，总苞片6~8层；花冠白色；子房下位，密被白柔毛；单性花均为雌性，退化雄蕊5。瘦果长圆形，被白毛，顶端具羽状冠毛。分布于河南、山东、江苏、安徽、浙江、江西、湖北、四川等省。生于山坡灌丛、草丛中。（图11－122）

苍术根茎含挥发油，达3.5%~5.6%。油中主要成分有苍术素（atractylodin）、茅术醇（hincsol）、β－桉油醇（β－eudesmol）、榄香油醇（elemol）、苍术酮（atractylon）等。

白术*Atractylodes macrocephala* Koidz. 多年生草本；根茎肥厚，略呈拳状。茎直立，上部分枝。叶互生，3深裂或羽状5深裂，顶端裂片最大，裂片椭圆形至卵状披针形，边缘具细锯齿，有长柄；茎基上部叶狭披针形，不分裂，叶柄渐短。头状花序单生枝顶，总苞钟状，总苞片7~8层，基部被一轮羽状深裂的叶状苞片包围；全为管状花，

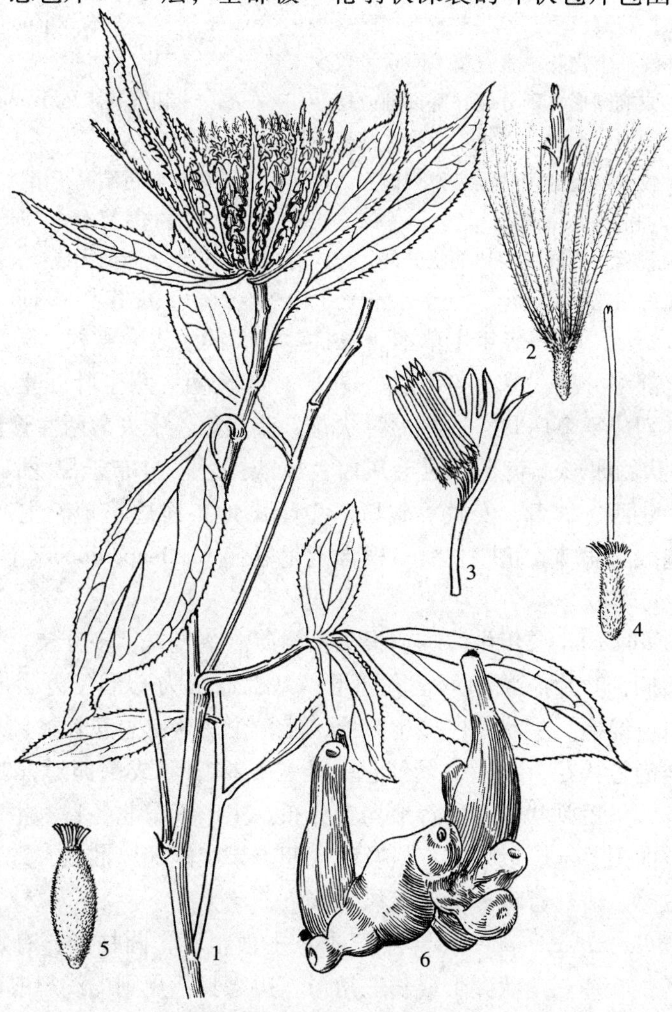

图11－123　白术

1. 花枝　2. 管状花　3. 花冠剖开，示雄蕊　4. 雌蕊　5. 瘦果　6. 根茎

花冠紫色，先端5裂；雄蕊5；子房下位，表面密被绒毛。瘦果密生柔毛，冠毛羽裂，与花冠略等长。（图11－123）分布于浙江、安徽、湖北、湖南、江西等省。生于山坡、林边及灌木林中。多为栽培。根茎入药能健脾益气，燥湿利水，止汗，安胎。

白术含挥发油约1.4%，主要成分为苍术醇（atractylol），苍术酮（atractylon），芹子烯［selina－4（15）－7（11）－dien－8－one］，倍半萜内酯化合物：白术内酯（atractylenolide）Ⅰ，Ⅱ，Ⅲ和8－β－乙氧基白术内酯Ⅲ（8－β－ ethoxyatraetylcnolideln）等。

中国术属分种检索表

1. 叶有柄或基生叶基部下延成柄；根茎挥发油中含大量苍术酮，不含苍术素。
  2. 叶大部分为基生，边缘有啮蚀状刺齿或羽状浅裂；根茎细而短缩，不发达 ……………………………………………………………… 鄂西苍术 Atractylod ~ carlinOides（Hand－Mazz）Kitam
  2. 叶大部为茎生，边缘3～5羽状全裂或不裂；根茎粗壮发达。
    3. 头状花序大；花冠紫红色；根茎多直立 ……………………………… 白术 A. macrocephala Koidz.
    3. 头状花序小，花冠白色；根茎横走 ……………………………… 关苍术 A. japoniGKoidz. exKit. am.
1. 叶无柄；根茎挥发油中含苍术素，苍术酮含量较少。
    4. 叶卵圆形或椭圆形，不分裂，基部圆或抱茎 …………… 朝鲜苍术 A. koreana（Nakai）Kitam
    4. 叶通常倒卵形，羽状分裂或不分裂．基部不抱茎。
      5. 叶通常较狭，边缘刺状锯齿排列整齐．根茎横断面多有白色结晶析出（茅术醇和β－桉油醇） …………………………………… 茅苍术 A. 1ancea（Thunb.）DC.
      5. 叶通常较宽，不同程度地羽状分裂，边缘有刺状卤；根茎断面无或不明显的白色结晶 …………………………………… 北苍术 A. chincnsis（DC.）koidz.

紫菀 *Aster tataricus* L. f. 多年生草本。根状茎短，簇生多数细根，外皮紫红色或灰褐色。茎直立，上部多分枝。基生叶丛生，匙形，有长柄；茎生叶互生，几无柄，披针形。头状花序排列成复伞房状，边缘为舌状花，蓝紫色，中央为两性管状花，黄色，花5数。瘦果长方状倒卵形，扁平，冠毛灰白色或淡褐色。分布于黑龙江、吉林、辽宁、内蒙古、山西、陕西、甘肃、安徽等省区。生于山地，河边草地。主产河北安国及安徽。根茎及根能散寒润肺、止咳化痰。根含紫菀皂苷（astrsaponin，$C_{23}H_{24}O_{10}$）、紫菀酮（shione，$C_{34}H_{56}O$）等。

牛蒡 *Arctium lappa* L. 二年生草本。根深长肉质。茎直立，多分枝。基生叶丛生，茎生叶互生；有长柄，叶片心状卵形至宽卵形，基部通常为心形，边缘带波状或具细锯齿，下面密被白色绵毛。头状花序簇生茎顶，略呈伞房状；总苞片披针形先端弯曲呈钩刺状；花小，全为管状花，两性，紫红色。瘦果长椭圆形或倒卵形，略呈三棱，有斑点；冠毛淡褐色，呈短刺状。全国各地均有分布。主产于东北各省。生于山野路旁、沟边、荒地、山坡向阳草地。以果实、根及叶入药。果实能疏风散热，宣肺透疹、散结解毒；根能疏风散热、清热解毒。叶能疏风利水。

木香 *Aucklandia lappa* Decne. 多年生草本。主根粗壮，圆柱形，有特异香气。基生叶大型，具长柄，叶片三角状卵形或长三角形，边缘具不规则的浅裂或呈波状，疏生短刺，基部下延成不规则分裂的翼，叶面被短柔毛；茎生叶较小，互生。头状花序2～3个丛生于茎顶；总苞由10余层线状披针形的苞片组成，先端刺状；花全为管状花，暗紫色，花冠5裂；子房下位，柱头2裂。瘦果线形，有棱，上端着生一轮黄色直立的羽状冠毛，熟时脱落。（图11－124）分布于西藏、云南、四川等省，有栽培。生于海拔2700m以上的高山草原。根入药称“云木香”能行气止痛，健脾消食。

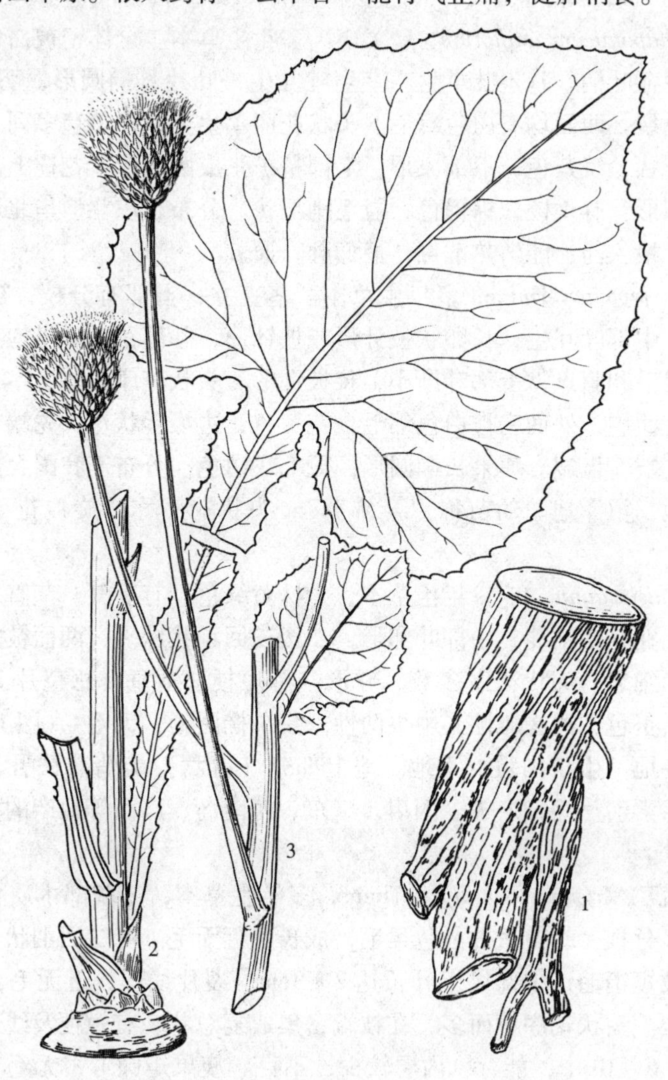

图11－124　木香

1. 根　2. 基生叶　3. 花枝

川木香*Vladimiria souliei*（Franch.）Ling 茎缩短；叶丛生成莲座状，叶片长圆状披针形，羽状分裂，叶柄无翅。头状花序6～9个密集生长；花冠紫色。瘦果具棱，冠毛刚毛状。分布于四川西北、西部和西藏部分地区。生长山坡草地。根作用同木香。

豨莶草*Siegesbeckia orientalis* L. 一年生草本。枝上部被紫褐色头状有柄腺毛及白色长柔毛。叶对生，三角状卵形至卵状披针形，边缘有钝齿，两面均被柔毛，下面有腺点，掌状脉三条。头状花序多数，排成圆锥状，花梗具白色长柔毛及紫褐色头状有柄腺毛，总苞片2层；雌花舌状，黄色；两性花筒状。瘦果倒卵形，有4棱。分布于全国大部分地区，生于林缘及荒野。全草能祛风湿，利关节，解毒。全草含萜和苷类。如豨莶糖苷（darutoside），豨莶精醇，异豨莶精醇（isodarutogenol）B，C 的结构，新型倍半萜化合物以及3，7 - 二甲氧基槲皮苷（3，7 - dimethoxy - quercitrin）等。

祁州漏芦*Rhaponticum uniflorum*（L.）DC. 多年生草本。全体密被白色柔毛。根圆柱状，上部密被残存叶柄。基生叶丛生，茎生叶互生，叶片长椭圆形，羽状全裂至深裂，边缘具不规则浅裂，两面均有白色茸毛。头状花序单生茎顶；总苞多列，具干膜质的附片。花全部为管状，淡紫色，下部条形，上部稍扩张成圆筒形；花柱上部稍肥厚，先端二浅裂。瘦果卵形，有4棱，棕褐色，冠毛刚毛状。分布于东北、华北地区。生于向阳地、干燥山坡。根入药，能清热解毒，消痈肿，通乳。

旋覆花*Inula japonica* Thunb. 多年生草本。茎直立，上部有分枝，被白色绵毛。基生叶花后凋落，中部叶互生，长卵状披针形或披针形，基部稍有耳半抱茎，全缘或有微齿，背面被疏伏毛和腺点；上部叶渐小，狭披针形。头状花序，单生茎顶或数个排列成伞房状；总苞片5层，外面密被白色绵毛；花黄色，边缘舌状花，先端3齿裂，中央管状花，两性，先端5齿裂。瘦果长椭圆形；冠毛灰白色。分布于我国大部分地区。生于河边、砂质草地、沼泽地。幼苗称“金沸草”，头状花序称“旋覆花”，能化痰降气，软坚行水。

黄花蒿*Artemisia annua* L. 一年生草本，全株黄绿色，有臭气。茎直立，多分枝。茎基部及下部的叶在花期枯萎，中部叶卵形，二至三回羽状深裂，两面被短微毛；上部叶小，常一次羽状细裂。头状花序多数，球形，有短梗，下垂，总苞片2～3层，无毛；小花均为管状，黄色，边缘雌性，中央两性。瘦果椭圆形，无毛。（图11 - 125）

分布全国各地。生于山坡、荒地。地上部分（青蒿）能清热祛暑，退虚热。从茎叶中提取的青蒿素治疗间日疟等。四川、广东、海南岛、广西等地产的黄花蒿所含青蒿素量高，杂质少。

茵陈（茵陈蒿）*Artemisia capillaris* Thunb. 多年生草本，茎基部木质化。茎直立，表面有纵条纹，多分枝；幼苗密被白色柔毛，成长后近无毛。叶二回羽状分裂，下部叶裂片较宽短，常被短绢毛；中部以上叶长达2～3cm，裂片线形，近无毛，上部叶羽状分裂，三裂或不裂。头状花序小而多，在枝端密集成复总状，有短梗及线形苞片；花黄绿色，外层雌性，6～10个，能育，内层较少，不育。瘦果矩圆形，无毛。分布于全国各地，生于山坡、路边。幼苗称茵陈，能清湿热，退黄疸。含利胆成分七叶树内酯二甲醚、茵陈香豆酸类、茵陈色原酮（capillary - sin）、甲基茵陈色原酮、绿原酸等。香豆素类成分在花蕾和果实中较多。另含挥发油等。

鬼针草*Bidens bipinnata* L. 一年生草本。茎直立，具四棱，基部略带紫色，上部分枝。茎下部叶对生，二回羽状深裂，裂片披针形至狭卵形，边缘有不规则细尖齿或钝齿，两面略有细毛，叶柄长；上部叶互生，较小，一回羽状分裂。头状花序直径6～10mm，有梗，总苞片1层，线状椭圆形，被细短毛；舌状花黄色，1～3朵，雌性，不育；管状花黄色，两性，能育。瘦果长线形，具3～4棱，有短毛；冠毛芒状。分布于全国大部分地区。生于田边、路旁、荒野较潮湿处。全草能清热解毒，祛风除湿，止泻。

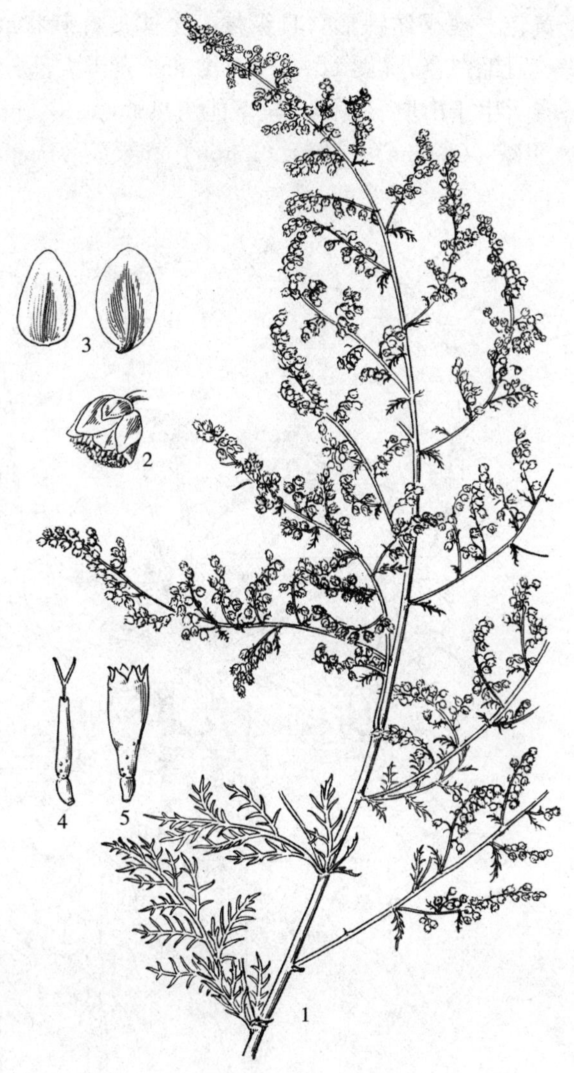

图 11－125　黄花蒿

1. 花序枝　2. 头状花序　3. 总苞片　4. 雌花　5. 两性花

本亚科药用植物尚有**蓟** *Cirsium japonicum* Fisch. ex DC. 全草（大蓟）能散瘀消肿，凉血止血。**小蓟**（大刺儿菜、刻叶刺儿菜）*Cirsium setosum*（Willd）Bieb. ［*Cephalanoplos setosum*（Bieb）Kitam. ］全草能凉血止血，消散痈肿。**水飞蓟** *Silybum marianum*（L.）Gaertn. 原产南欧至北非，我国有引种。果实能清热解毒，利肝胆，用于治肝炎。**佩兰** *Eupatorium fortunei* Turcz. 生于荒地、林边，也有栽培。全草能芳香化湿，醒脾开胃，发表清暑。**千里光** *Senecio scandens* Buch. － Ham. 全草能清热解毒，明目，去腐生肌。

（2）舌状花亚科（Liguliflorae，Cichorioideae）

蒲公英 *Taraxacum mongolicum* Hand. － Mazz. 多年生草本，含白色乳汁。根深长。叶基生，莲座状，叶片倒披针形，边缘有倒向不规则的羽状缺刻。头状花序单生花葶顶端；总苞片多层，外层卵状披针形，边缘白膜质，内层线状披针形，先端均有角状突起；花全为舌状花，黄色。瘦果纺锤形，具纵棱，全体被有刺状或瘤状突起，成行排列，顶端具纤细的喙，冠毛白色。（图 11－126）分布于全国大部分地区，主产于山西、河北、山东及东北各省。生于山坡、草地。全草能清热解毒，消肿散结。全草含蒲公英甾醇（Taraxasterol）、胆碱（Choline）、菊糖（Inulin）和果胶（Pectin）等。同属植物多种可供药用。

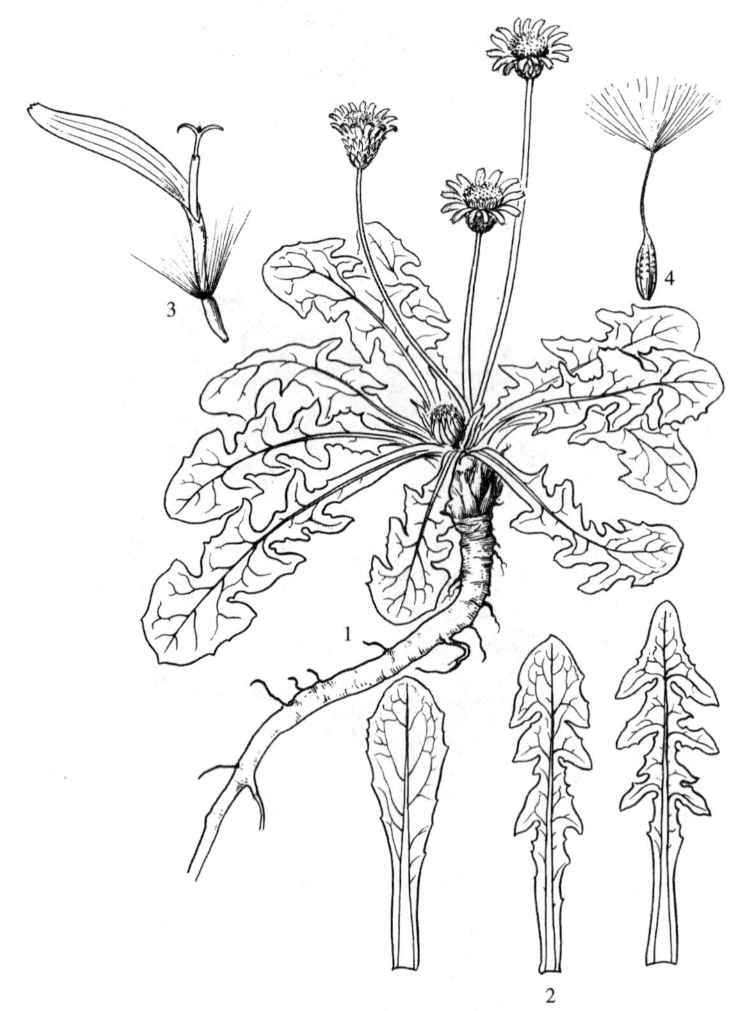

图 11－126　蒲公英

1. 植株　2. 叶　3. 舌状花　4. 果实

苦苣菜*Sonchus oleraceus* L. 根纺锤状。茎上部有的具腺毛。叶羽状深裂或大头羽状半裂。分布于全国各地。生于荒地、田边。全草能清热解毒，凉血。

二、单子叶植物纲 Monocotyledonae

64. 香蒲科 Typhaceae

♂ $* P_0 A_{1\sim7,(1\sim7)}$；♀ $* P_0 \underline{G}_{1:1:1}$

水生草本植物，具有根状茎。叶 2 列，线形，直立。花单性同株，排成稠密、圆柱状的长穗状花序，无花被；雄花在花序的上部，雄蕊 3 枚，药隔伸长；雌花位于花序下

部，有柔毛状或狭长匙形小苞片；子房一室，胚珠 1 枚；花柱狭长。小坚果。染色体：$x=15$

本科共 1 属 18 种，主要分布于热带和温带地区。我国约有 10 种，主要分布于北部和东北部，几乎全部可以供药用。

本科植物的花粉含有多种化学成分，如黄酮类、甾体类、有机酸类、糖类等。黄酮类，如异鼠李素（isorhamnetin）的糖苷等；糖类，如松二糖（taramese），麦白糖（leucrose）等。此外，本科植物中还含有多种氨基酸，脂肪油等。

【药用植物】

狭叶香蒲 *Typha angustifolia* L. 多年生草本植物，沼生。叶呈线形；花序呈穗状花序蜡烛状，雄花序与雌花序不连接。分布于全国。花粉（蒲黄）供药用，能活血化淤及止血。（图 11－127）

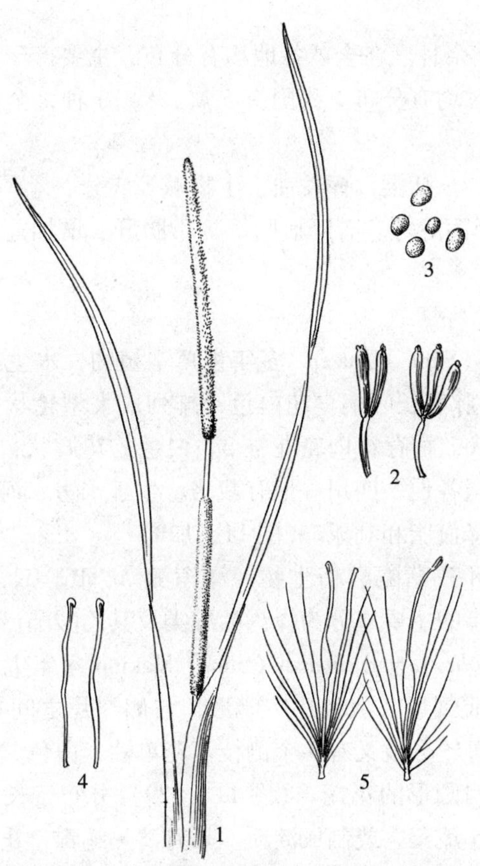

图 11－127　狭叶香蒲

1. 植株上部　2. 雄蕊　3. 花粉粒　4. 雌花苞片　5. 成熟雄花

东方香蒲*Typha orientalis* Presl. 多年生沼生草本植物，地下根状茎粗壮，有节。叶条形，基部鞘状。穗状花序圆柱状，雄花序和雌花序彼此连接；雄花序在上，有雄蕊2～3枚，花粉粒单生；雌花在下，雌花无小苞片，有多数基生的白色长毛，毛与柱头近等长；柱头钥匙形。果实为坚果。分布于华北，东北，华东，云南，陕西，广东等地。

同属植物：宽叶香蒲*T. latifolia* L. 叶宽10～15mm，雄花序长8～15cm。其花粉在不同地区也作蒲黄入药。

65. 泽泻科 Alismataceae ⚥，♂，♀；$* P_{3+3} A_{6\sim\infty} \underline{G}_{6\sim\infty}$

水生草本或沼生草本，具有根茎和球茎。单叶，常基生，基部鞘状。花两性或单性，辐射状对称，常轮生，排成总状或圆锥状花序。**花被6片，外轮3片呈萼片状，绿色，宿存；内轮3片呈花瓣状，脱落；**雄蕊6个至多数，少数则为3枚；子房上位，心**皮6枚至多数，分离，在突起或扁平的花托上常呈螺旋状排列。**1室，边缘胎座；胚珠1至数枚，只有一枚发育，花柱宿存。聚合瘦果，每瘦果含有1个种子。染色体：X=7，11.

本科共有13属，70余种。在全球各地均有分布，主要产于北半球的温带至热带地区，大洋洲、非洲等地区均有分布。我国有5属，约13种，全国各地都有。药用2属约12种。

本科主要含有糖类，三萜类，挥发油，生物碱等成分。泽泻的块茎中含有泽泻萜醇(alisol) A，B，C，表泽泻醇等。有降血脂、抗脂肪肝、增加冠脉血流量、利尿及降血糖的作用。

【药用植物】

泽泻*Alisma orientale* (Sam.) Jiuzep. 多年生草本植物，水生或沼生。有块茎；叶椭圆形或卵圆形，具5～7脉有长叶柄。花白色，排列成大型轮状分枝的圆锥花序。花两性，外轮花被3，萼片状，宿存；内轮花被3，白色，花瓣状；雄蕊6；心皮多数。聚合瘦果。广泛分布于全国各地，四川等地有栽培。生于水边、河边，沼泽等地。其块茎供药用，能清热化湿、降血脂和利尿。(图11－128)

泽泻中含有多种四环三萜酮醇衍生物：泽泻醇A，B，C，及其乙酸酯；挥发油，卵磷脂，胆碱等。降血脂的主要成分为泽泻萜醇类及其乙酸酯。

慈姑：*Sagittaria trifolia* L. var. *sinensis* (Sims) Makino 多年生水生或沼生草本。叶柄粗而有棱，叶片成戟形或剑形，顶裂片广卵形，与侧裂片之间有明显的缢缩。花序高大，通常有3轮分枝，每轮分枝又有3个侧枝。花单性，白色，基部常紫色，上部为雄花，下部为雌花而且有扁圆形的花托。(图11－129) 分布于长江以南广大地区，多栽培。球茎可供食用，也作蔬菜，或制成淀粉。具有清热解毒，止血消肿的作用。

66. 禾本科 Gramineae ⚥ $* P_{2\sim3} A_{3,1\sim6} \underline{G}_{(2\sim3:1:1)}$

多数草本，少数为木本（如竹类）。须根，具根茎。**地上茎特称为秆，**具显著而突出的节和节间，节间中空，稀为实心，如甘蔗、玉米等。**单叶互生，2列，**具叶片、叶鞘和叶舌；叶片狭长，具平行脉；**叶鞘抱秆，开放或闭合；**叶片和叶鞘连接处具膜质或

图 11－128　泽泻

1. 植株　2. 花序　3. 花　4. 聚合瘦果　5. 瘦果

纤毛状叶舌，外侧常稍厚称叶颈，两侧常突出或纤毛状称叶耳。花序由小穗排列组成。有穗状、总状、圆锥状等。小穗具 1－多朵花，2 行排列在小穗轴上，基部常有两片不孕的苞片称颖片。在下方的为外颖，上方的为内颖。花小，两性、单性或中性，外有小苞片，称外稃和内稃；外稃较厚而硬，顶端或背部有芒，内稃膜质，外稃与内稃之内有 2 个透明而肉质的小鳞片状物，称浆片或鳞被（特花的花被）。雄蕊常 3 枚，花丝细长，花药呈丁字形着生。子房上位，2～3 心皮合生，1 室，1 胚珠。花柱 2，柱头呈羽毛状。颖果。种子含有大量的淀粉质胚乳。染色体：x＝6、7、10、12。

禾本科是被子植物中的大科之一，共有 660 属，10 000 多种。世界各地均有分布。本科植物分禾亚科和竹亚科。

我国有 228 属，1200 多种。全国均有分布。药用 84 属，174 种，大多数为禾亚科植物。

图 11－129　慈姑
1. 植株　2. 花序

本科植物含有多种化学成分。主要有生物碱类：如能升压，收缩子宫作用的芦竹碱（gramine）；有抗菌作用的大麦芽碱（horocenine）。三萜类：如芦竹萜（arundoin），白毛萜（cylindrin），无羁萜（friedelin）等，均有抗炎镇痛作用。氰苷：如蜀粟苷（dhurrin）。黄酮类：如小麦黄素（tricin）和大麦黄素（lutonarin）。有些植物中还含有挥发油类成分、淀粉、氨基酸、维生素和各种酶类等：如香茅中含有挥发油，油中的柠檬醛是合成紫罗兰精的主要原料，油中香豆素及其苷类可调香，有一定的抗菌作用。（图 11－130）

分两个亚科：

禾亚科：Agrostidoideae

草本，秆为草质或木质，秆上生普通叶，具明显的中脉，通常无叶柄，故不易自叶鞘处脱落。本亚科有 550 属 6000 种，广泛分布于全球，我国有 170 属，670 种以上。

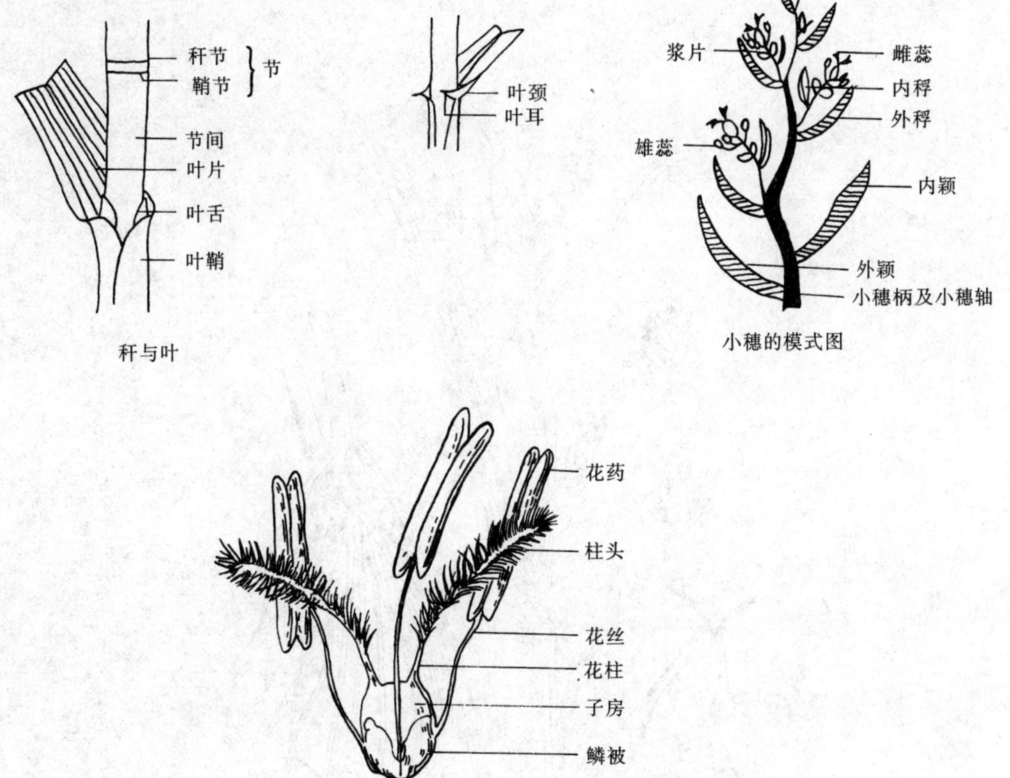

图 11－130　禾本科植物秆与叶、小穗、花的构造图

【药用植物】

薏苡*Coix lacryma－jobi* L. var. *ma－yuen*（Roman.）Stapf 一年生或多年生草本。秆直立，基部节上生根。叶互生，2 纵列排列，叶鞘与叶片间具白色膜状的叶舌；叶片长披针形，基部鞘状抱茎，总状花序成束腋生；小穗单性；雄小穗排列与花序上部，雌小穗生于花序的下部，包藏于骨质总苞中。果实成熟时，总苞坚硬而光滑，质脆，易破碎，内含 1 颖果。分布全国各地，多为栽培。生于河边、溪流边或阴沟山谷中，喜生于温暖潮湿地区。种子称薏苡仁，能健脾利湿，清热排脓、抗癌。（图 11－131）

白茅*Imperata cylindrica* Beauv. var. *major*（Nees）C. E. Hubb. 多年生草本，根茎。叶片线形或线状披针形。圆锥形花序，紧贴在一起呈穗状，有白色丝状柔毛，密生。各地均有分布。生于向阳荒地。根茎药用，能凉血止血，清热利尿。花能止血。

淡竹叶*Lophatherum gracile* Brongn. 多年生草本。根状茎粗短，近顶端部分常肥厚成纺锤状块根，叶片披针形，基部狭缩成柄状，平行脉有明显的小横脉。圆锥状花序，具有极短的柄；小穗绿色，疏生，条状。分布于长江以南的地区。生于山坡林下或阴湿处。茎叶（淡竹叶）能清热除烦，利尿生津。（图 11－132）

芦苇*Phragmites communis* Trin. 多年生湿生草本植物，具有粗壮的根状茎。叶片广披针形至宽条形，叶舌有毛。圆锥状花序顶生、微垂头，分枝纤细，成毛帚状，棕紫

图 11－131　薏苡

1. 根　2. 花序　3. 雄穗状花序　4. 雄性小穗　5. 雌花及雄小穗　6. 雌蕊

色。分布几乎遍及全国及全球温带地区。生于河流、沼泽、河边、湖边。常大片生长。在干旱地区也有生长。根茎能生津止咳，清肺，胃热，除烦止呕，利尿。

竹亚科：Bambusoideae

木本。主秆叶与枝上生出的叶有明显的区别，枝上生普通叶，具明显的中脉和小横脉，有短柄，叶鞘与叶柄相接处有一个关节，叶片容易从关节处脱落。主秆叶叫笋壳，与枝上叶有明显的区别。雄蕊 6，浆片 3 片。秆木质，枝条的叶具有短柄是禾亚科与竹亚科的主要区别。约 66 属，1000 多种，分布世界热带地区。我国有 30 属 400 种。

【药用植物】

淡竹*Phyllostachys nigra*（Lodd.）Munro var. *henonis*（Mitf.）Stapf ex Rendle 乔木。秆

图 11－132　淡竹叶

1. 植株全形　2. 小穗

绿色至灰绿色，无毛。在分枝一侧的节间有明显的沟槽。叶 1～3 片互生于最终小枝上，叶片窄披针形，背面基部疏生细柔毛。圆锥花序，小穗有 2～3 花。分布于长江以南各省区。其秆的中层刮下后称“竹茹”，能清热化痰，除烦止呕。

本科药用植物还有：稻*Oryza sativa* L. 其颖果发芽后称“谷芽”，能健脾消食。大麦*Hordeum vulgare* L. 发芽颖果称“麦芽”，能消食，回乳。芸香草*Cymbopogon distans* (Nees) A. Camus 全草能止咳平喘，消炎止痛，祛风散寒。香茅*Cymbopogon citrates* (DC.) Stapf 全草祛风除湿，消肿止痛。小麦*Triticum aestium* L. 干瘪轻浮的颖果称浮小麦，能止汗，解毒。玉蜀黍*Zea mays* L. 花柱（玉米须）能清热利尿，消肿，消渴。青皮竹*Bambusa textiles* MeClure 秆内被竹黄蜂咬伤后的分泌液干燥后块状物称“天竺黄”，能清热祛痰，凉心定惊。

67. 莎草科 Cyperaceae ⚥ $P_0A_3\underline{G}_{(2\sim3:1:1)}$；♂ $*P_0A_3$；♀ $*P_0\underline{G}_{(2\sim3:1:1)}$

多年生草本，少数为一年生。根簇生，呈纤维状。有根状茎，常丛生或呈匍匐状。少数还兼有块茎，茎常被称为秆，单生或丛生，坚实或少数中空，通常为三棱柱形或圆柱形，或少数为4～5棱形或扁平，无节。叶三列，叶片条形，基部具有闭合的叶鞘。花甚小，单生于鳞片腋间，两性或单性，同株或异株，2至多花组成的小穗，小穗单一或若干枚组成各式花序，花序具1至多数叶状，刚毛状或鳞片状苞片。小穗单性或两性，颖片2列或螺旋状排列在小穗轴上；花被缺或变态为下位鳞片或下位刚毛；雄蕊3枚或2枚，或1枚，花药底生；花丝丝状。子房上位，1室，胚珠1。花柱一枚，柱头2～3个。小坚果或瘦果，三棱，双凸或平凸，或球状，有时为苞片所形成的果囊所包裹。染色体：x=5、6、7、8。

本科共有90属，4000多种，广泛分布于全球。我国共有31属，670种。全国各地均有分布。

本科植物中大多含有挥发油。如莎草（香附）的干燥块茎中约含有1%的挥发油，含有香附醇（xyperol），芹子烯（selinerne），香附烯（cyperene），香附酮（cyperone），柠檬烯，蒎烯。此外还含有齐墩果酸及齐墩果酸苷等多种萜类化合物。还有一些植物中含有黄酮类，生物碱，糖类及强心苷类等。

【药用植物】

莎草（香附）*Cyperus rotundus* L. 多年生草本，根状茎匍匐，末端有灰黑色椭圆形芳香气味的块茎。茎直立，上部三棱形，叶基部丛生，3列，叶片窄条形。花序形如小穗，在茎顶排成伞形；花两性，无花被；雄蕊5；子房椭圆形，柱头3裂。坚果三棱形。分布于全国各地，主产于山东、福建、浙江、湖南。生于耕地、旷野、路旁和草地上。根状茎能行气解郁、调经止痛。（图11－133）

荆三棱*Scirpus yagara* Ohwi 多年生草本。根状茎顶端膨大成块茎。秆三棱。叶基生及秆生，条形。叶状苞3～4个，比花序长。聚伞状花序，每个花序有3～4辐射枝，每个辐射枝有1～3个小穗，小穗成褐色；鳞片外面有短的绒毛，顶端具有芒；小花有6条刚毛与小坚果等长，花两性。小坚果，有三棱。分布于东北、华北、西南及长江流域，生于沼泽地水中。块茎能破血祛痰，行气止痛。（图11－134）

荸荠 *Eleocharis tuberosa*（Roxb.）Roem. Et Schult. 球茎能清热生津，开胃解毒。

68. 棕榈科 Palmae ，♂，♀；⚥ $P_{3+3}A_{3+3}\underline{G}_{(3:3\sim1),3}$

乔木或灌木，有时为藤本。茎通常不分枝，丛生或单生。直立或攀援，常有残存的老叶、叶柄基或叶痕。叶互生，常聚生于茎顶；通常较大型，常绿，全缘或羽状、掌状分裂。叶柄基部常扩大成为具有纤维状结构的鞘。花小，有苞片或小苞片，辐射对称，两性或单性，同株或异株，有时杂性，聚生成分枝或不分枝肉穗花序，并被1至多枚大型的佛焰状总苞，生于叶丛中或叶鞘束下。花被片6，合生或离生，覆瓦状或镊合状排列；雄蕊6，排成两轮。子房上位，1～3室少4～7室或具3枚离生或仅基部合生的心皮，胚珠1枚；花柱短或无，柱头3。浆果、核果或坚果。外果皮常纤维质，或覆盖着覆瓦状排列的鳞片。种子与内果皮分离或黏合，胚乳均匀或嚼烂状。染色体：x=14、

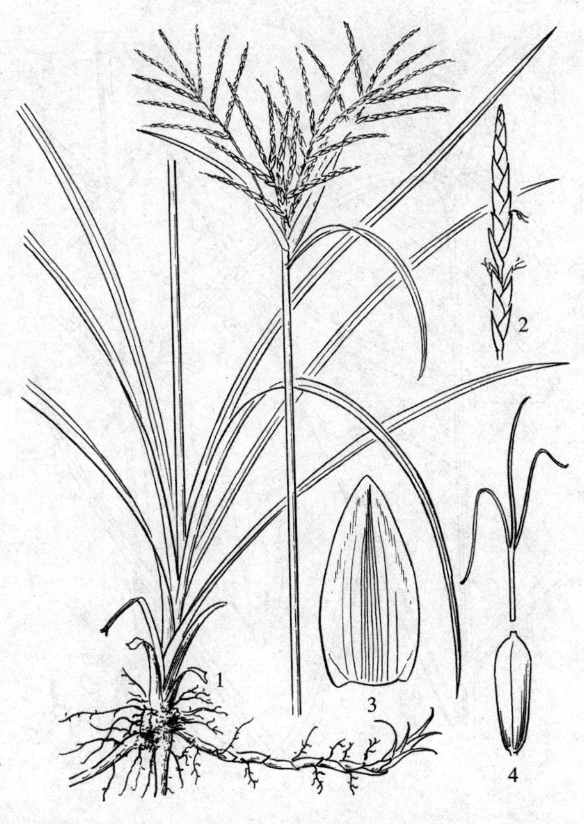

图 11－133 莎草

1. 植株 2. 穗状花序 3. 鳞片 4. 雌蕊

15、16、18。

本科植物有 217 属、2500 多种。分布于热带、亚热带地区，以美洲和亚洲为中心，是热带地区重要的植物资源。我国有 22 属，72 种。分布于西南至东南。药用有 16 属、26 种。

本科植物含有黄酮类、生物碱、多元醇和缩合鞣质等。生物碱类如槟榔碱（arecoline）、去甲槟榔碱（guvacoline）等。

【药用植物】

槟榔*Areca cathecu* L. 常绿乔木，不分枝。茎有叶痕形成的环纹。叶大型，羽状复叶，聚生于茎顶，小叶多数，条状披针形，先端有不规则齿裂；总叶柄三棱状，具长叶鞘。肉穗花序多分枝，排成圆锥状，上部为雄花，花被片 6，雄蕊 3；下部为雌花，子房 1 室。坚果红色，中果皮纤维状质，种子 1。原产马来西亚。我国海南、广东、广

图 11－134　荆三棱
1. 植株　2. 小坚果

西、福建、台湾及云南南部均有栽培。种子（槟榔）能杀虫、消积、行气、利水；果皮（大腹皮）能宽中、下气、行水、消肿。（图 11－135）

棕榈 *Trachycarpus fortunei*（Hook. f.）H. Wendl. 乔木。茎有残存但不易脱落的老叶柄。叶丛生于茎顶，扇形或椭圆形，掌状深裂，裂片顶端 2 浅裂；叶柄细长，顶端有小邸突；叶鞘纤维质，网状，暗棕色，宿存。肉穗状圆锥花序从叶丛中生出，总苞多数，革质，被锈色绒毛；花小，黄白色，雌雄异株；雌花心皮 3，离生。核果肾状球形，深蓝色。（图 11－136）分布于长江以南各省区；野生或栽培，生于向阳山坡及林间。叶柄及叶鞘纤维（药材称"棕榈皮"，煅后称"棕榈炭"）、根、叶、果实（棕榈子）能收敛止血、通淋、止泻；髓心（棕树心）能治心悸，头昏，止血。

椰子 *Cocos nucifera* L. 乔木。干直立，不分枝；有密生轮状叶痕。羽状复叶，丛生于茎顶。肉穗花序腋生，多分枝；花单性，同株；雄花聚生于分枝上部；雌花散生于下部；总苞纺锤状，厚木质。核果，顶端具有三棱，中果皮厚而具有纤维质，内果皮骨

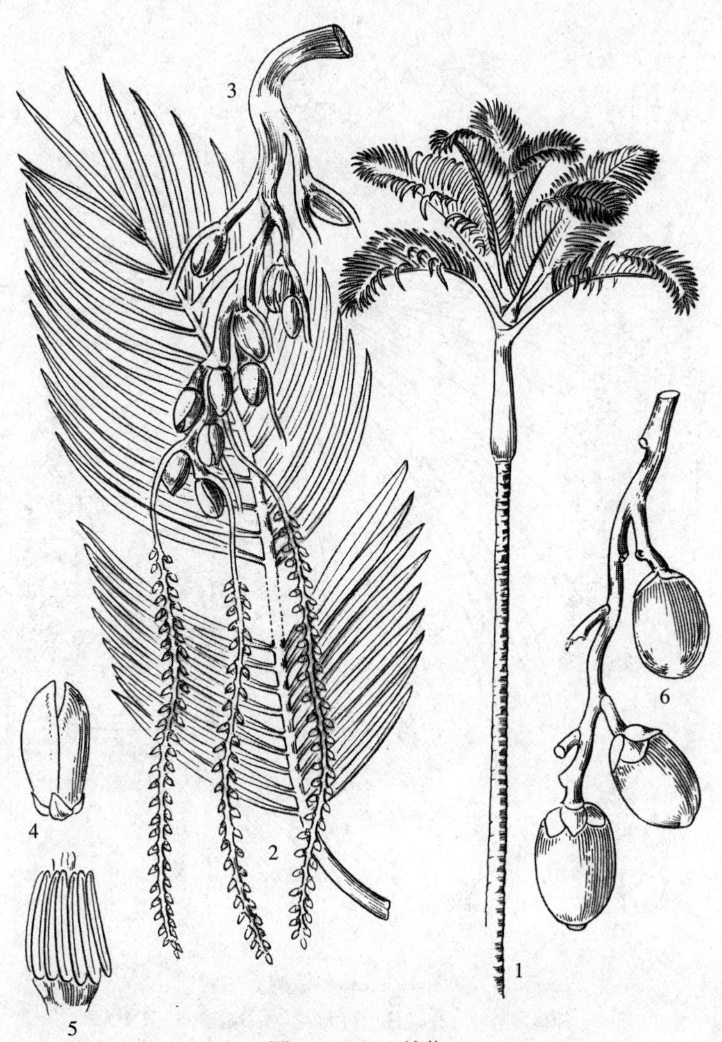

图 11－135　槟榔

1. 植株　2. 叶　3. 花序　4. 雄花

5. 雄花去花被，示雄蕊和退化雌蕊　6. 部分果序

质，近基部有 3 个发芽的小孔；种子一枚，种皮薄，紧贴白色坚实的胚乳，且胚乳内含有 1 个富含汁液的空腔。分布于热带地区海岸，尤其亚洲东南部最多。我国分布于广东、云南和台湾等地。根能止痛止血；果壳能治癣；油能治疥癣及冻疮；椰肉（胚乳）能益气祛风。

麒麟竭 *Daemonoropus draco* Bl.（*Calamus draco* Willd.）多年生常绿藤本。羽状复叶互生，近基部有时对生。圆锥花序稍肉质，花单性，异株，黄色；花被片 6，2 轮；雄花外轮花被小，雄蕊 6；雌花被合生，柱头 3 深裂。果实核果状，果皮密被覆瓦状鳞片。原产南亚热带地区，我国海南、台湾有栽培。熟时由鳞片缝中渗出的树脂干后称“血竭”，能散瘀，止痛，活血，生肌。

69. 天南星科 Araceae

$$♂\ P_0A_{(1\sim8),(\infty)};_{1\sim8,\infty};\ ♀\ P_0\underline{G}_{(1\sim\infty)};\qquad ⚥\ P_{0,4\sim6}A_{4\sim6}\underline{G}_{(1\sim\infty:1\sim\infty:1\sim\infty)}$$

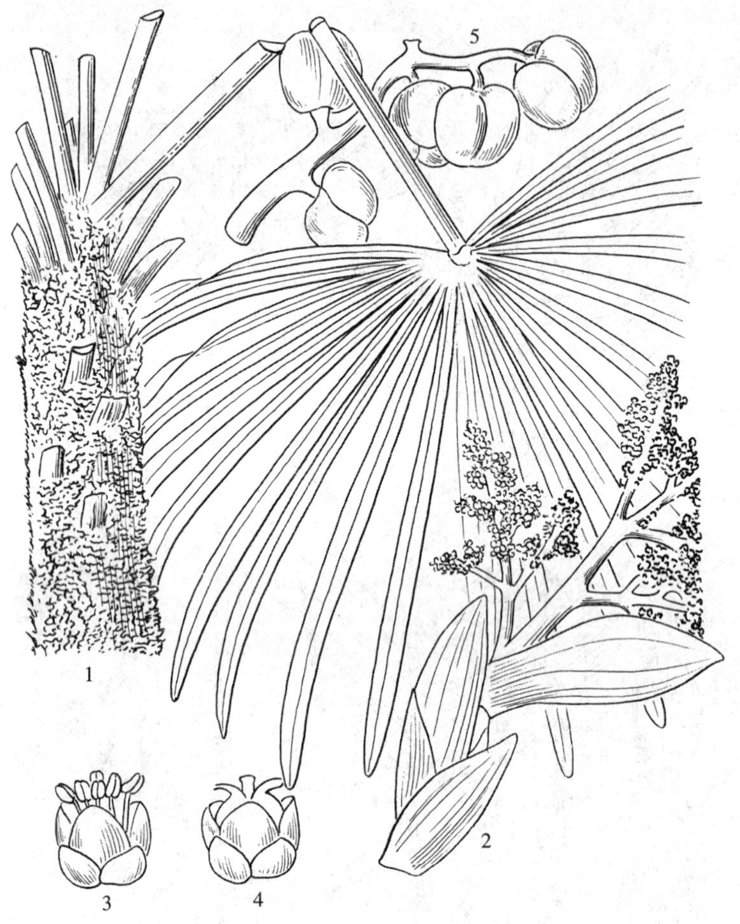

图 11－136　棕榈

1. 杆顶部与叶　2. 花序　3. 雄花　4. 雌花　5. 果实

草本，稀为攀援灌木或附生藤本，常具块茎或伸长的根状茎。植物体内多含苦味水汁、乳汁、或针状草酸钙结晶。单叶或复叶，常基生，**叶柄基部常具膜质鞘；叶脉多网状脉。肉穗花序，具佛焰苞；花小，两性或单性；单性花雌雄同株或异株；雌雄同序者**雌花群在花序下部，雄花群在上部，之间常有中性花相隔；单性花缺花被，雄蕊 1～6，常分离或愈合成雄蕊柱；两性花常具花被片 4～6，雄蕊与之同数且对生；子房上位，由 1 至数心皮组成 1 至数室，胚珠 1 至多数。**浆果，密集于花序轴上。**种子 1 至多数，通常具胚乳。染色体：X＝12、13。

约 115 属 2000 多种，广布于世界各地，主产热带地区。我国共有 35 属，210 余种。主要分布于华南、西南各省区。药用 22 属 106 种。主要属有菖蒲属、天南星属、半夏属、千年健属等。多为药用，通常有毒。

本科主要含有：挥发油，分布于菖蒲属、千年健属。聚糖类，如葡萄甘露聚糖（glucomannan）或甘露聚糖（mannan），有扩张微血管、降低血压作用，又可降低胆固醇，减肥，分布于魔芋属（*Amorphophallus*）。生物碱类，如胆碱、麻黄碱，分布于半夏属中。还含有黄酮类、氰苷等。

分属检索表

1. 花两性；肉穗花序上部无附属体；具根状茎。
  2. 叶剑形，无柄，佛焰苞呈剑形；全株有特殊香气 ………………………………… 菖蒲属 *Acorus*
  2. 叶心形或卵状心形，有长柄，佛焰苞广卵形，全株无香气 ………………………… 水芋属 *Calla*
1. 花单性，肉穗花序上部具附属体；具块茎。
  3. 肉穗花序与佛焰苞分离，佛焰苞无隔膜，不缢缩，叶柄下部不具珠芽。
    4. 雌雄同株 ……………………………………………………………………… 犁头尖属 *TyPhonium*
    4. 雌雄异株 ……………………………………………………………………… 天南星属 *Arisaema*
  3. 肉穗花序下部的雌花序1侧着花，与佛焰苞合生，佛焰苞隔膜处缢缩，叶柄下部
    具珠芽 ………………………………………………………………………………… 半夏属 *Pinellia*

【药用植物】

天南星*Arisaema consanguineum* Schott［*A. erubeseens*（Wall.）Schott.］多年生草本，块茎扁球形。叶1～3枚，叶片辐射状全裂，具10～24裂，裂片披针形。叶柄长，呈圆柱形。佛焰苞绿白色，管部圆柱形，喉部戟形不闭合；肉穗花序附属体棒状；花单性异株，总花梗短于叶柄；雄花具雄蕊4～6，花丝愈合，花药顶孔裂；雌花密集，每花具1雌蕊。浆果红色，聚合成穗状，果序下垂（图11－137）。全国广泛分布。生于林下、阴湿处灌丛或草地。块茎有毒，能燥湿化痰，祛风止痉，散结消肿。外用治疗痈肿及蛇虫咬伤。

同属东北天南星*A. amurense* Maxim. 小叶5枚，佛焰苞绿色或带紫色，有白色条纹。分布于东北、华北。异叶天南星*A. heterophyllum* Blume叶片趾状分裂，裂片11～19，花序轴附属物细长。分布于大部分地区。两者块茎均作天南星入药。

半夏*Pinellia ternate*（Thunb.）Breit多年生草本，全株光滑无毛。块茎扁球形。叶及花茎由块茎顶端生出。一年生叶单生，卵状心形至戟形，全缘；二至三年生叶为3全裂，叶柄基部具鞘，其内侧或上方叶柄顶部有1小珠芽。佛焰苞绿色，管部狭圆柱形，附属体鼠尾状，细长伸出佛焰苞外。花单性，雌雄同株，无花被；肉穗花序下部为雌花，与佛焰苞贴生，子房1室，胚珠1枚；雄花位于上部，雄蕊2枚；雌雄花之间有一段不育部分。浆果卵形，绿色，成熟时红色。分布于全国各地。生于阴湿的砂壤地，常见于山脚较湿润的田间荒地。块茎有毒，炮制后才能使用，能燥湿化痰，降逆止呕。外敷治痈肿。（图11－138）

半夏的块茎含有多种氨基酸，胆碱，三萜类化合物，微量挥发油等。

石菖蒲*Acorus tatarinowii* Schott多年生草本，全体株具浓烈芳香气。根状茎匍匐横走。叶基生无柄，叶片暗绿色，狭条形，无中肋，平行脉多数。佛焰苞和叶同形同色，不包被花序；花序柄腋生，三棱形。花两性，花被片6；雄蕊6，与花被片对生；子房2～3室。浆果倒卵形。分布于华中、华东、华南、西南等地区。生于山谷溪沟及河边石上。根状茎能开窍，豁痰，理气，活血，散风，祛湿，叶治疥癣。

独角莲(禹白附) *Typhonium giganteum* Engl. 草本。块茎卵圆形，外被暗褐色小鳞片。叶基生，叶片三角状卵形，基部箭形或戟形；叶柄密生紫色斑点。佛焰苞紫色，管部圆筒形或长圆状卵形，肉穗花序附属体棒状紫色；雄花无柄位于花序的上部，雌花位

图 11 - 137　天南星

1. 植株　2. 去佛焰苞示肉穗花序

于下部，雌雄花序间有中性花，中上部的为钻状，下部的为棒状；子房顶端近六角形，1 室，通常具基生胚珠 2 ~ 3 枚。浆果红色。分布于东北、华北、华中、西北及西南地区。生于荒地、林下、山坡或水沟旁。块茎称“白附子”，有毒，能祛风痰，定惊，止痛。因主产河南禹县又称“禹白附”。

千年健 *Homalomena occulta* (Lour.) Schot 多年生草本。根状茎匍匐。叶箭状心形至心形。佛焰苞绿白色，宿存。肉穗花序无附属体，雄花序在上部，雌花序在下部，二者间无中性花；雄花具 4 雄蕊；雌花具雌蕊和 1 退化雄蕊，子房长圆形，柱头盘状。分布于云南与广西。根状茎能祛风湿，健筋骨。

70. 百部科 Setmonaceae　$⚥ P_{2+2}A_{2+2}\underline{G}_{(2:1:2\sim\infty)}$

多年生草本或亚灌木，缠绕或直立；通常具肉质块根，纺锤形或圆柱形，簇生。单

图 11－138　半夏

1. 植株　2. 叶

叶，互生，对生或轮生，有明显的基出脉和平行、紧密的横脉。花两性，辐射对称，单生于叶腋或花梗贴生于叶片中脉上，花被片 4，花瓣状，2 轮排列；雄蕊 4，花药 2 室，顶端药隔通常延伸于药室之上呈钻状条形，具附属物或无，花丝极短，离生或极基部合生成环；子房上位或半下位，1 室，胚珠 2 至多数，生于室底或自室顶悬垂，柱头单 1 或 2～3 浅裂。蒴果开裂为 2 瓣；种皮厚，表面有纵槽，一端有膜质状附属物。染色体：X＝13。

共 3 属，约 30 种，主要分布于亚洲热带和亚热带。我国 2 属，11 种，产西南至东南部。药用 2 属 6 种。

本科百部属植物普遍含生物碱，如百部碱（stemonine）、直立百部碱（sessilistemonine）、蔓生百部碱（stemonamine）等。

【药用植物】

直立百部*Stemona sessilifolia*（Miq.）Franch. et Sav. 直立亚灌木。块根肉质纺锤形，簇生。叶 3～4 片轮生，卵形或卵状披针形，主脉 3～7，中间 3 条明显；茎下部叶鳞片状。花多数生于茎下部鳞片叶腋间；花被片 4；淡绿色，内侧 1/3 紫红色；雄蕊 4，紫红色，顶端具狭卵状黄色附属物，药隔向上延伸成钻状披针形；子房上位，柱头短，无花柱。蒴果 2 瓣裂。种子数粒，椭圆形，一端有白色刚毛。分布于浙江、江苏、安徽、山东、河南等省区。生于山坡、林下或栽培。块根能润肺下气，止咳，杀虫，止痒，有小毒。（图 11－139）

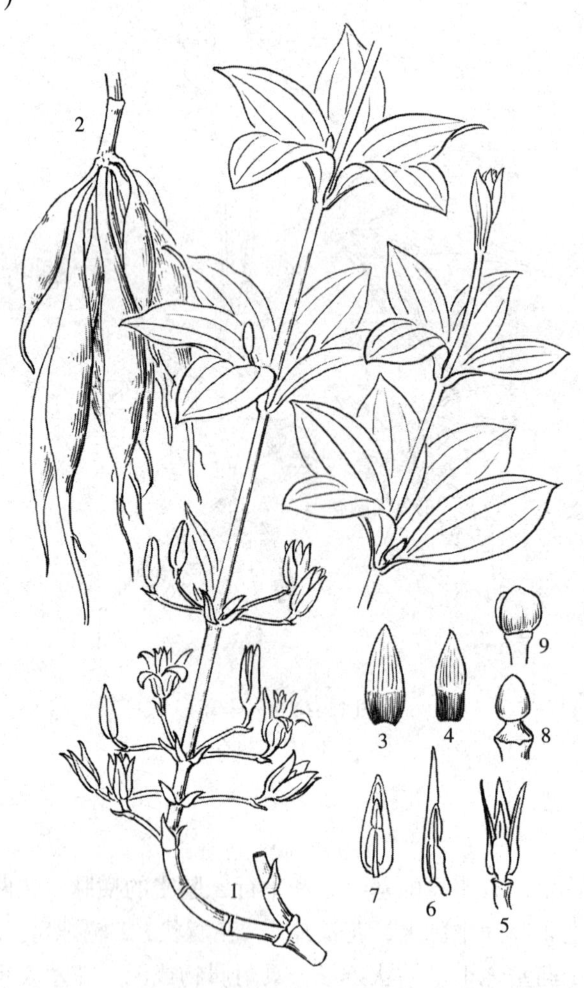

图 11－139　直立百部

1. 带花植株　2. 根　3. 外轮花被片　4. 内轮花被片　5. 雄蕊
6. 雄蕊侧面观，示花药和药隔附属物　7. 雄蕊正面观　8. 雌蕊　9. 果实

同属植物我国有 8 种，其中蔓生百部*S. japonica*（Bl.）Miq. 多年生缠绕草本。叶3～4 轮生。花单生或数朵排成聚伞花序，花序梗贴生于叶片中脉上。分布于江苏、安徽、浙江、江西、湖北、河南、福建等省。对叶百部 *S. tuberosa* Lour. 多年生攀援草本。叶对生，花序梗生于叶腋。块根功效均同直立百部。

71. 百合科 Liliaceae　　$♀ P_{3+3,(3+3)} A_{3+3} \underline{G}_{(3:3:\infty)}$

常为多年生草本，少数为灌木，具鳞茎或根状茎；单叶，互生或基生，少数对生或轮生，极少数退化成鳞片状，茎扁化成叶状枝（如天门冬属、假叶树属）；花单生或排成总状、穗状、伞形花序；花常两性，辐射对称；花被片6，花瓣状，2轮排列，分离或合生；雄蕊6；子房上位，少半下位，3心皮合生成3室，中轴胎座，稀一室而为侧膜胎座，胚珠常多数。蒴果或浆果。种子多数，有丰富的胚乳，胚小。染色体：X = 3～27。

共230属，约4000种，分布于全世界，温带和亚热带地区为多。我国有60属，570种，分布南北各地，西南地区最丰富。药用46属，359种。

本科植物含有生物碱类，如秋水仙碱（colchicine）对细胞分裂过程有明显的抑制作用；甾体生物碱，如贝母素丙（fritimine）、岷贝碱（minpeimine）、青贝碱（chinpeine）、炉贝碱（fritiminine）有镇咳作用。强心苷及甾体皂苷：如铃兰毒苷（convallatoxin）、铃兰毒醇苷（convallatoxol）有强心作用；知母皂苷（timosaponin）、麦冬皂苷（ophiopogonin）、薯蓣皂苷元（diosgenin）；醌类化合物：蒽醌类如大黄酚（chrysophanol）、大黄酸（rhein）、芦荟大黄素（aloeemodin）；苯醌类如黄精醌（polygonaguinone）；含硫化合物：如蒜氨酸（alliin）、大蒜硫苷 A_1（scordinine A_1）；多糖类：如黄精多糖、低聚糖可治多种癣症及防治动脉粥样硬化。

【药用植物】

百合*Lilium brownii* F. E. Brown. var. *viridulum* Backer 多年生草本。鳞茎近球形，白色。叶互生，倒披针形至倒卵形。花单生或数朵排成近伞形；花喇叭状，乳白色，外面稍紫色，芳香，先端外弯，蜜腺沟两侧和花被片基部具乳头状突起，花冠喉部淡黄色，常在开放一段时间后转白色。雄蕊6枚，着生于花被的基部，花丝有柔毛，花药丁字形；子房上位，3室，中轴胎座，胚珠多数，花柱细长，柱头3裂。蒴果长卵圆形，具钝棱。种子多数，卵形，扁平。分布于河北、山西、河南、陕西、湖北、湖南、江西、安徽和浙江。生于山坡草丛中、树林下、山沟旁，也有栽培。鳞茎能润肺止咳，宁心安神。亦可食用。（图11－140）

百合属植物我国有39种，南北均有分布，尤以西南和华中最多，鳞茎供食用和药用的还有：卷丹*L. lancifolium* Thunb. 叶腋常有株芽；花橘红色，有紫黑色斑点。分布于全国各地。山丹*L. pumilum* DC. 叶条形，有一条明显的脉，花鲜红色或紫红色，无斑点或有少数斑点。分布于我国东北、华北及西北地域。

黄精*Polygonatum sibiricum* Delar. ex Red. 多年生草本。根状茎近圆锥状，黄白色。叶通常4～6片轮生，叶片条状披针形，先端卷曲。花腋生，总花梗顶端常2分叉，各生1花；苞片膜质，位于花梗基部；花近白色；雄蕊6，花丝短，着生于花被上部。浆果球形，成熟时黑色。分布于东北及黄河流域各省区。生于山地灌丛中及林边。根状茎能补气养阴，健脾，润肺，益肾，降血脂及延缓衰老等。

黄精具有降血压、降血糖、降血脂，防止动脉粥样硬化的作用，能改善人体的机能，延缓衰老，黄精的保健品和保健茶相继问世。多糖是黄精的重要成分，含量较高，是天然的糖类资源，可用于食品、饮料及保健药品中。

图 11－140　百合

1. 植株上部　2. 鳞茎　3. 雌蕊　4. 雄蕊　5. 内花被片　6. 外花被片

多花黄精(囊丝黄精) *P. cyrtonema* Hua 根状茎肥厚，稍成串珠状。茎常向一边倾斜，具条纹或紫色斑点。叶互生，卵状或矩圆状披针形。花腋生，2 至多朵集成伞形花序；有时单花，苞片微小或无；花被筒状，6 裂，黄绿色；花丝顶端膨大至囊状突起。浆果黑色。分布于陕西、河南、湖北、四川、贵州及华东、华南等地区。生于山地林中、灌丛或沟谷两旁。根状茎亦作“黄精”药用。

玉竹*P. odoratum* (Mill.) Druce 根状茎圆柱形，肥厚。茎单一，稍斜立，具纵棱。单叶互生，椭圆形或卵状矩圆形，先端尖。花腋生，单一或 2 朵生于长梗顶端，花梗下垂，无苞片；花被管窄钟形，先端 6 裂，黄绿色至白色；雄蕊 6，花丝丝状，近平滑至具乳头状突起。浆果蓝黑色。分布于全国大部分省区。生于向阳坡地、草丛。根状茎(玉竹) 能养阴润燥，生津止咳。

浙贝母(象贝) *Fritillaria thunbergii* Miq. 多年生草本。地下鳞茎球形或扁球形，白色，由 2～3 枚鳞叶对合而成。叶近条形至披针形，先端不卷曲或稍卷曲，茎下部及上部的叶对生或散生，近中部的叶轮生。花 2 ~ 6 朵生于茎顶或上部叶腋，花钟状俯垂；花被 6 片，淡黄绿色，或稍带淡紫色，内外轮花被片大小形状相似，内面具紫色方格斑纹；雄蕊 6 枚，长为花被片的一半；雌蕊 1 枚，由 3 心皮合生而成，子房上位，3 室，胚珠多数，柱头 3 裂。蒴果，有 6 条宽的纵翼。种子多数，扁平。分布于浙江与江苏。生于山坡、草地，亦多栽培。国内浙江宁波地区有大量栽培。鳞茎是药材“浙贝母”来源，能清热化痰，开郁散结。（图 11 – 141）

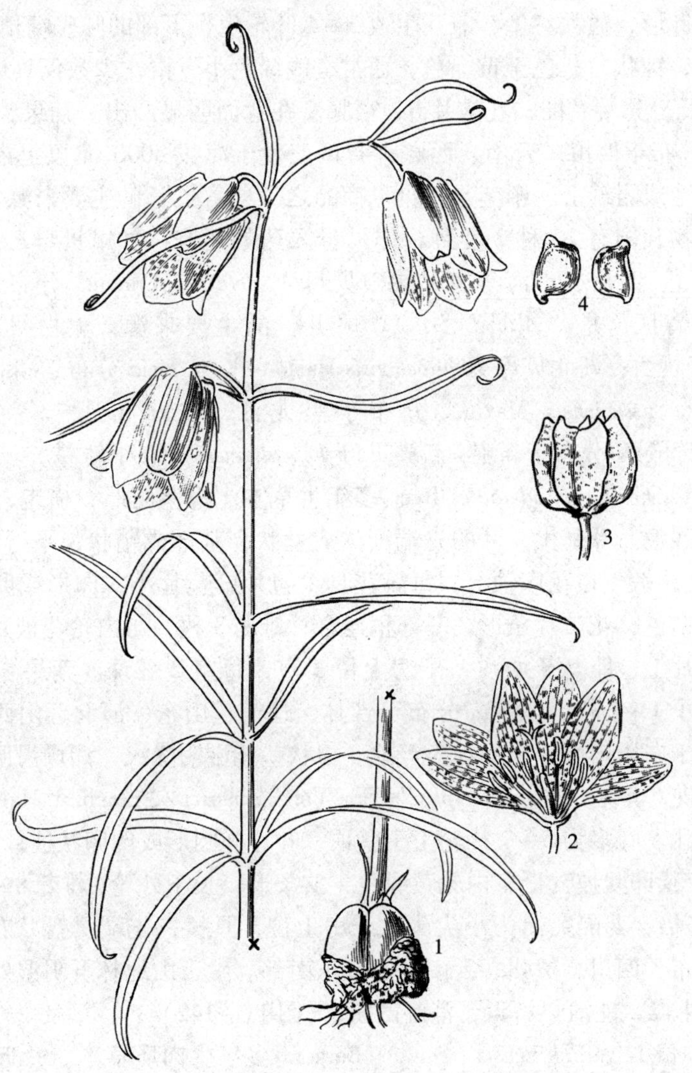

图 11 – 141 浙贝母

1. 植株 2. 花展开，示花被、雄蕊和雌蕊 3. 果实 4. 种子

鳞茎含甾醇类生物碱如贝母素甲（Peimine）、贝母素乙（Peimine）、浙贝宁（zhebeirine）、浙贝丙素（zhebeirine）、浙贝酮（zhebeinone）等，此外，尚含胆碱及二种中性甾类成分：贝母醇（propeimin）及植物甾醇。

暗紫贝母*Fritillaria unibracteata* Hsiao et K. C. Hsia 多年生草本。鳞茎球形或圆锥形。

茎生叶最下面2片对生，上面的2片互生，或对生，线形或线状披针形，先端不卷曲。花单生于茎顶；花1~2朵，深紫色，略有黄褐色小方格；叶状苞片1~2片，先端不卷曲；花被片6，蜜腺窝不明显；雄蕊6；柱头3裂。蒴果长圆形，具6棱。分布于四川西北，青海南部和甘肃南部。生海拔3200~4300m灌丛草甸中。鳞茎是药材川贝母商品之一“松贝”的主要来源，能润肺，止咳，化痰。

卷叶贝母*Fritillaria cirrhosa* D. Don. 多年生草本，鳞茎卵圆形，由两枚鳞片组成。茎生叶条形至披针形，通常对生，兼互生或3~4叶轮生，下部的叶先端稍卷曲或不卷曲。花常单生茎顶，钟状，紫色至黄绿色，通常有浅绿色小方格，少数仅具斑点或条纹；叶状苞片3，狭长，先端卷曲；花被片6，蜜腺窝在背面明显凸出。蒴果，棱上有1~1.5 mm的狭翅。分布于四川、云南、西藏等省区。生于海拔3000 m以上灌丛、草甸、河滩、山谷等湿地或岩缝上。鳞茎是川贝母商品之一“青贝”的主要来源。

贝母属植物我国有20种2变种，作贝母入药的还有：甘肃贝母*F. przewalskii* Maxim. 分布于甘肃、四川、青海等省；梭砂贝母 *F. delavayi* Franch. 分布于四川、云南、青海和西藏等省区，是“川贝母”、“炉贝”的主要来源；太白贝母 *F. taipaiensis* P. Y. Li 分布于陕西；湖北贝母 *F. hupehensis* Hsiao et K. C. Hsia 分布于湖北西部和四川东部；平贝母 *F. ussuriensis* Maxim. 分布于黑龙江、吉林和辽宁等省；伊犁贝母 *F. pallidiflora* Schrenk 分布于新疆；新疆贝母 *F. walujewii* 分布于新疆。

知母 *Anemarrhena asphodeloides* Bge. 多年生草本。根茎肥厚，横走，残留许多黄褐色纤维状的叶残痕。叶基生，叶的先端渐尖成丝状，基部成鞘状，平行脉。总状花序，花2~6朵成一簇散生在花序轴上，每簇花具1苞片，苞片小，卵形或卵圆形；花粉红色、淡紫色至白色；花被片条形，基部稍连合；雄蕊3枚，与内轮花被片对生，花丝贴生于内轮花被片上；雌蕊3心皮，子房上位3室，每室2胚珠。蒴果长卵形，具6纵棱，每室具种子1~2枚，黑色。分布于吉林、辽宁、山东、河北、山西、陕西、内蒙古等省区。生于向阳山坡、干燥丘陵等地。根状茎能滋阴降火、润燥滑肠、利大小便。

七叶一枝花（蚤休）*Paris polyphylla* Sm. Var. *chinensis*（Franch.）Hara 多年生草本。根状茎短而粗壮。叶多为5~7片轮生于茎顶，叶片椭圆形或倒卵状披针形。花被片4~7，外轮绿色，狭卵状披针形，内轮黄绿色，狭条形，长于外轮；雄蕊8~12，花药长度为花丝的3~4倍，药隔突出为小尖头；子房上位，具棱，先端具盘状花柱基，子房1室。蒴果。分布于四川、贵州、云南及西藏东南部。生于山地林下阴湿处。根茎又称重楼、蚤休，有小毒，能清热解毒，消肿散瘀。（图11－142）

芦荟*Aloe vera* L. var. *chinensis*（Haw.）Berger. 多年生肉质草本。叶近簇生，肥厚多汁，条状披针形，边缘疏生刺状小齿，具白色斑点状花纹。总状花序；苞片近披针形；花黄色，有红斑。蒴果。我国南方各省区和温室多有栽培。叶或叶汁混悬液的浓缩干燥品能清热，杀虫，通便。全世界芦荟属植物有200余种。

丽江山慈姑*Iphigenia indica* Kunth et Benth. 多年生草本。地下球茎成不规则圆锥形，被褐色膜质鞘。地上茎直立，基部常带紫色。叶线形，基部鞘状。总状花序顶生，常排成伞房状，叶状苞片狭长；花暗紫色，花被片6，线状倒披针形，早落，雄蕊6，与花被片对生；子房上位，3室，柱头3裂。蒴果，具6棱。分布于云南西北部至中部。生

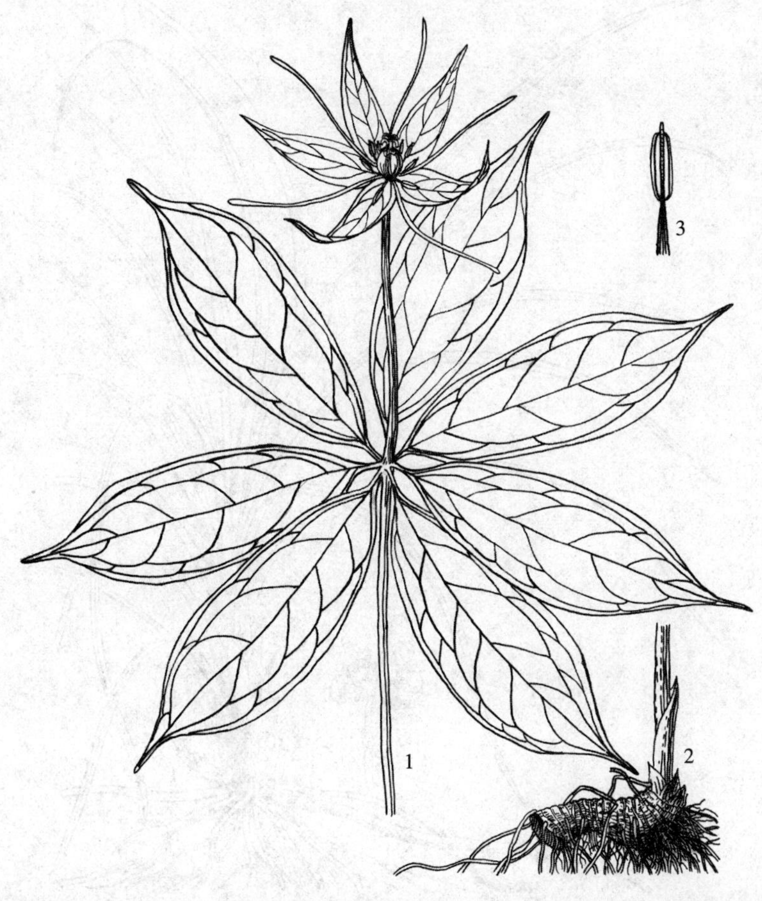

图 11－142　七叶一枝花

1. 植株　2. 根　3. 雄蕊

于向阳草坡、灌丛、林下。球茎含秋水仙碱等多种生物碱，有毒。能拔毒消肿，软坚散结。秋水仙碱对乳腺癌、鼻咽癌等有一定疗效。但要慎用。本种的鳞茎外形与川贝母略近似（习称“土贝母”），应注意鉴别。

麦冬*Ophiopogon japonicus*（L. f.）Ker－Gawl. 多年生草本。须根，中间或下端常膨大成纺锤状块根。叶基生成丛，细条形。总状花序，比叶短；花单生或成对着生于苞片腋内，苞片披针形；花被片白色或淡紫色，稍下垂；雄蕊 6，花丝很短，花药三角状披针形；子房半下位，花柱基部宽阔，稍粗而短，略呈圆锥形。（图 11－143）除东北外，大部分省区都有野生。生于山坡阴湿处。主产于四川绵阳、三台（川麦冬）及浙江杭州（杭麦冬）。块根（麦冬）能养阴生津，润肺清心。块根含麦冬皂苷 A、B、C、D（ophiopogonin A、B、C、D），含麦冬皂苷 B′、C′、D′（ophiopogonin B′、C′、D′），含有多种黄酮类化合物，此外，还含 β－谷甾醇及其葡萄糖苷、豆甾醇、多糖等。

山麦冬属 *Liliope* 的山麦冬*L. spicata* Lour. 在湖北省大量栽培，其块根亦作“麦冬”

图 11－143 麦冬

1. 植株 2. 果实

药用。该种花梗直立，子房上位；叶片狭倒披针形等可区别于麦冬。分布于江苏、安徽、福建、广西、四川、贵州、云南等省区。生于山野间阴湿处。

天门冬*Asparagus cochinchinensis*（Lour.）Merr. 多年生具刺攀援植物。块根纺锤状膨大。茎细长，常扭曲；叶状枝通常 3 枚成簇，扁平或呈锐三棱形，稍镰刀状，中脉明显。茎上的鳞片状叶基部延伸为硬刺。花单性异株，每 2 朵腋生，淡绿色；雄花花被片 6 枚，2 轮排列，雄蕊 6 枚；雌花与雄花相似，具退化的雄蕊 6 枚，子房 3 室，柱头 3 裂。浆果红色，具种子 1 枚。分布于全国大部分地区。生于山坡、林下、山谷或荒地上。块根（天门冬）能滋阴润燥，清肺生津。

光叶菝葜(土茯苓) *Smilax glabra* Roxb. 攀援灌木。根状茎块状。叶薄革质，互生，椭圆状披针形或披针形；叶柄具狭鞘，有卷须，脱落点位于近叶柄顶端。伞形花序，通常具 10 余朵花；花绿白色，六棱状球形；雄花外轮花被片近扁圆形，背面中央具纵槽，内花被片近圆形，边缘有不规则的齿；花丝极短；雌花外形与雄花相似，但内花被片边缘无齿。浆果。分布于长江流域以南和甘肃（南部）。生于林中、灌丛下、河岸或山谷中。根状茎（土茯苓）能除湿，解毒，利关节。

本科药用植物还有剑叶龙血树*Dracaena cochinchinensis*（Lour.）S. C. Chen，海南龙血树*D. cambodiana* Pierre 分布于广西、云南、海南。树干中流出的紫红色树脂是中药血竭的来源。藜芦*Veratrum nigrum* L. 分布于东北、华北及陕西、山东、河南、湖北、四川。根有毒，能祛痰，催吐，杀虫。铃兰*Convallaria keiskei* Miq. 分布于东北、华北。全草能强心，利尿，有毒。

72. 石蒜科 Amaryllidaceae ⚥ ♀ $*$，$\uparrow P_{(3+3),3+3} A_{3+3,(3+3)} \overline{G}_{(3:3}$

草本。具有膜被的鳞茎或根状茎。叶多基生，常条形，边缘有齿或全缘。花单生或为伞形花序；花序下有膜质苞片1至数枚成总苞，花两性，辐射对称或左右对称；花被片6，花瓣状，2轮排列；雄蕊常6，花丝基部常连合成筒或花丝间有鳞片；子房下位，3室，中轴胎座，每室有胚珠多数，蒴果，少为浆果状（仙茅属）。染色体：X = 6～23。

约90属，1200余种，分布于温带、热带、亚热带地区。我国14属，140余种，药用10属，24种。

本科化学成分常含生物碱类，如石蒜碱（lycorine），具有一定抗癌活性，并具消炎、解热、镇静及催吐作用。二氢石蒜碱（dihydrolycorine）有镇静作用。氧化石蒜碱（oxylycorine）可治胃癌、肝癌。伪石蒜碱（pseudolycorine）用治白血病。加兰他敏（galathamine）和石蒜胺碱（lycoramine）用作中枢神经麻痹治疗药，如肌无力症及脊髓灰质炎引起的瘫痪。甾体皂苷及苷元，如海柯皂苷元（hecogenin）和替告皂苷元（tigogenin）是合成口服避孕药及激素药物的原料。

【药用植物】

石蒜*Lycoris radiata* Herb. 多年生草本。地下鳞茎肥厚，外披紫红色薄膜。叶基生，肉质，狭带形，先端钝，全缘，深绿色。花葶单生，伞形花序顶生，有花5～6朵，其下部苞片干膜质，花鲜红色，花被管极短，上部6裂，花被裂片狭倒披针形，边缘皱缩，反卷；雄蕊6，着生于花被筒近喉部，显著伸出花被外；子房下位，3室，每室有多数胚珠，花柱细长，柱头头状，极小。蒴果。（图11－144）分布于我国中部及西南各省区。生于阴湿山坡及河岸草丛中。

鳞茎含有石蒜碱、伪石蒜碱、多花水仙碱、力可拉敏、加兰他敏等十多种生物碱，能解毒，祛痰，催吐，杀虫，但有小毒，一般只外用于疮肿。其中石蒜碱具一定抗癌活性；力可拉敏和加兰他敏为治疗小儿麻痹症的要药。

仙茅*Curculigo orchioides* Gaertn. 多年生草本。根状茎粗壮、肉质，直生地下。叶基生，3～6片，披针形，两面疏生柔毛，叶基下延成鞘。花葶短，藏于叶鞘内；花黄色，上部为雄花，下部为两性花；雄蕊6枚，花丝极短；子房下位，3室，被长柔毛，花柱细长，柱头棒状，3裂。浆果近纺锤状，顶端宿存细长的花被管，呈喙状。分布于华东、中南、西南等地。生于林下、丘陵、草地或荒坡上。根状茎能补肾阳，强筋骨，祛寒湿，有小毒。

73. 薯蓣科 Dioscoreaceae ♂ $*P_{(3+3)} A_{3+3}$；♀ $*P_{3+3} \overline{G}_{(3:3:2)}$

多年生缠绕草本或木质藤本，光滑或有刺；具根状茎或块茎。叶互生，少对生；单

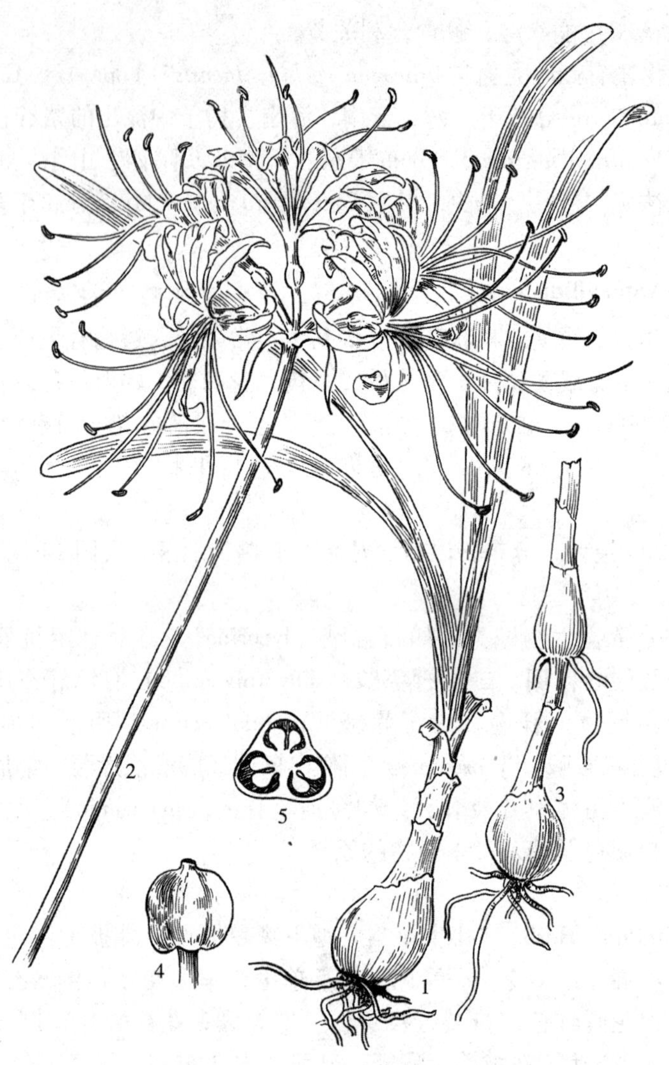

图 11－144 石蒜

1. 植株 2. 着花的茎 3. 重生鳞茎 4. 果实 5. 子房横切，示胚珠

叶或掌状复叶，具网状脉。花小，单性，雌雄异株或同株，辐射对称，排成穗状、总状或圆锥花序；雄花：花被片 6 成 2 轮，基部结合，雄蕊 6，有时 3 枚退化；雌花；花被与雄花相似，有退化雄蕊 3～6，子房下位，3 心皮合生，3 室，每室 2 胚珠，花柱 3，分离。蒴果有 3 棱形的翅。种子常有翅。染色体：X＝10、12、13、18。

约 10 属，650 种，广布全球的热带和温带地区。我国仅 1 属（薯蓣属），约 60 种，主要分布于长江以南各省。药用 37 种。

本科植物主要活性成分是甾体皂苷，集中含于薯蓣属根状茎族中。皂苷元有薯蓣皂苷元（diosgenin）、菝葜皂苷元（smilagenin）及山萆薢皂苷元（tokorogenin）。均为合成激素类药物的原料。此外，尚含生物碱：如薯蓣碱（dioscorine）其结构与药理作用相似于可卡因，有麻醉作用。

【药用植物】

薯蓣(山药、怀山药) *Dioscorea opposita* Thunb. 多年生草质藤本。根状茎直生，肉质肥厚，圆柱状，生多数须根。茎纤细而长，常紫红色。单叶，三角形至三角状卵形，边缘常3浅裂至3深裂，基部耳状膨大，宽心形，茎下部的叶互生，中部以上的对生，叶腋常有珠芽（零余子）。花雌雄异株，花小，排成穗状花序，雄花序直立，雌花序下垂；雄花花被片6，雄蕊6；雌花花柱3，子房下位，柱头3裂。蒴果有三棱，呈翅状，表面具白粉，种子扁圆形，有宽翅。分布全国大部分地区，也有栽培。生于向阳山坡或疏林下。根状茎能健脾养胃，补肺，益肾。(图11－145)

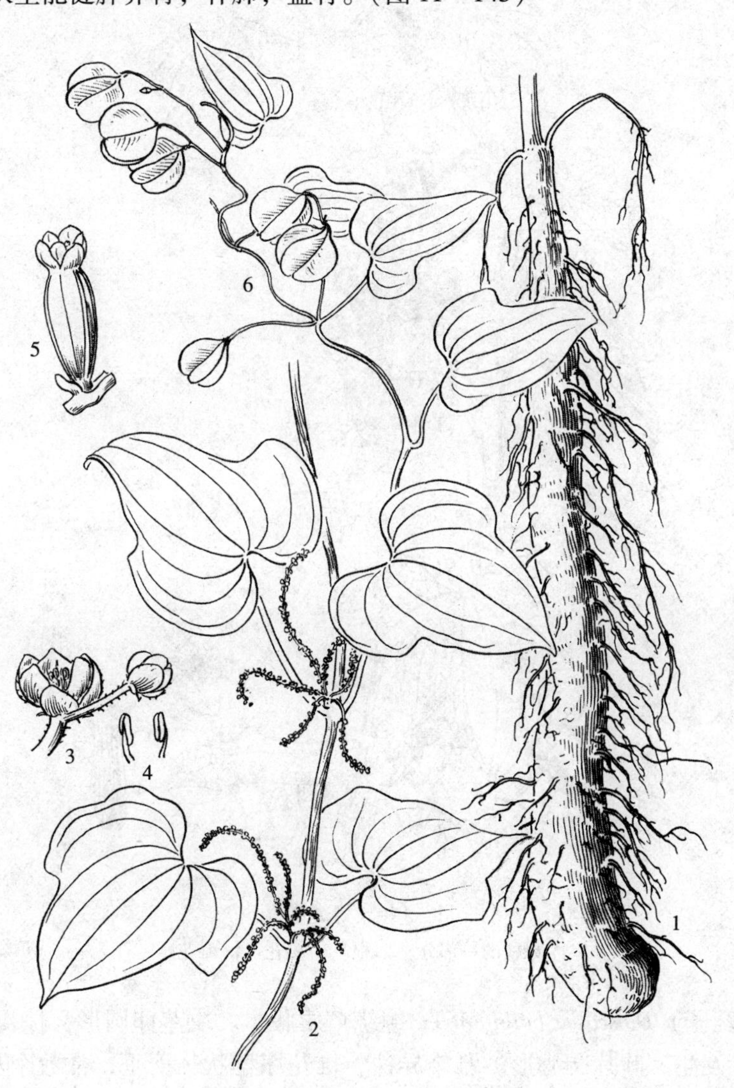

图11－145　薯蓣

1. 块茎　2. 雄枝　3. 雄花序一部分　4. 雄蕊　5. 雌花　6. 果枝

根状茎所含的薯蓣皂苷元是目前世界各国制药工业中合成甾体激素类药物（如可的松）和甾体口服避孕药所采用的原料（合成药物的前体）。

穿龙薯蓣(穿山龙) *Dioscorea nipponica* Makino 缠绕草质藤本。根状茎横生，圆柱状，外皮成片状脱落。单叶互生，叶掌状心形，边缘有不等大的三角状浅齿。花雌雄异株；雄花序为腋生的穗状花序，无梗；苞片披针形；花被片 6，雄蕊 6，着生于花被裂片的中央；雌花序穗状，单生，雌花具退化雄蕊。蒴果三棱形，每棱翅状。分布于东北、华北、西北及四川等省区。生于林缘及灌丛中。根状茎含有薯蓣皂苷元。根状茎能祛风湿，舒筋活血。(图 11－146)

图 11－146　穿龙薯蓣

1. 果枝的一部分　2. 根　3. 雄花　4. 雌花

黄独(黄药子) *Dioscorea bulbifera* L. 缠绕草质藤本。块茎卵圆形，棕褐色，表面长满须根。单叶互生，叶片阔心形。雌雄异株；雄花序穗状，下垂，常数个丛生于叶腋，雄花基部有 2 片卵形苞片；花被片披针形，紫色，雄蕊 6 枚，着生于花被基部，花丝与花药近等长；雌花序与雄花序相似。蒴果，三棱状长圆形，种子生于果实每室顶部，种翅向种子上方延伸。分布于我国东部、南部、西南及中部。多生于山林中、河谷边或山谷阴沟。

块茎能解毒消肿，化痰散瘀，凉血止血。块茎含呋喃去甲基二萜类化合物及黄药子萜 A（Diosbulbin A）、黄药子萜 B（Diosbulbin B）、黄药子萜 C（Diosbulbin C）等。

绵萆薢*Dioscorea spongiosa* J. Q. XI，M. Mizono et W. L. Zhao（*D. septemloba* Thunb.）. 缠绕草质藤本。根状茎横生，圆柱状，粗大，具细长须根。单叶互生，叶形变异较大。花单性，雌雄异株；雄花为圆锥花序，腋生，花被基部连合成管，裂片披针形；雄蕊 6 枚；雌花序腋生，为下垂圆锥花序。蒴果三棱形，每棱翅状。种子四周具膜质翅。分布于浙江、江西、湖南及华南等省区。生于山地疏林或灌丛中。根状茎能祛风，利湿。根状茎含薯芋皂苷类物质，水解后得薯蓣皂苷元，是药材“绵萆薢”的主要来源。

74. 鸢尾科 Iridaceae $⚥ \uparrow P_{(3+3)} A_3 \overline{G}_{(3:3:\infty)}$

多年生草本。有根茎、块茎或鳞茎。叶聚生于茎基部，条形或剑形。基部有套叠叶鞘，互相套叠而排成 2 列。聚伞或伞房花序，花两性，辐射对称或两侧对称，花序种种；花常大而艳丽，花被片 6，2 轮，花瓣状，基部合生成管；雄蕊 3；子房下位，中轴胎座，3 室，每室胚珠多数，柱头 3 裂，有时呈花瓣状或管状。蒴果。染色体：X = 3～5、7、8、9、10、11、15。

约 60 属，800 种，分布于热带、亚热带和温带地区，我国有 11 属，约 80 多种。药用的 8 属，39 种。

本科植物主要化学成分有异黄酮和山酮。异黄酮类如野鸢尾苷（iridin）、鸢尾黄酮新苷（iristectorin）、洋鸢尾素（irisflorentin），具抗菌消炎作；山酮类如芒果苷（mangiferin）等。还含醌类化合物如马蔺子甲素（pallason），对癌细胞有抑制作用。此外，尚含胡萝卜素化合物，如番红花苷（crocins），为天然的色素成分。

【药用植物】

番红花 *Crocus sativus* L. 多年生草本。球茎扁圆球形；叶基生，叶片线形，叶缘反卷。基部不套褶。花顶生，淡蓝色、红紫色或白色，有香味；花被管细长，花被裂片 6；雄蕊 3，花药黄色基部剑形；子房下位，3 心皮合生 3 室，花柱细长，橙红色，顶端 3 深裂，柱头顶端略膨大成漏斗状，边缘有不整齐的锯齿，一侧具裂隙。原产地中海沿岸，我国过去多自印度经西藏而来，故有藏红花之称。从 20 世纪 60 年代中期开始引种，现浙江、江西、福建、北京、南京、上海等地有栽培。（图 11－147）花柱及柱头药用，能活血养血、化瘀生新、解郁。

射干*Belamcanda chinensis*（L.）DC. 多年生草本。根状茎横生，断面鲜黄色。叶互生，基部成套褶，二列排列，宽剑形。顶生二岐状伞房花序；花橘黄色，花被片 6，散生暗红色斑点；雄蕊 3，生于花被片基部；子房下位，3 室，花柱棒状，柱头 3 浅裂，被短柔毛。蒴果有 3 纵棱，室背开裂。每室有种子 3～8 粒，种子黑色，有光泽。全国大部分地区有分布。生于干山坡、干草原、沟谷及滩地。根状茎能清热解毒，利咽消痰，活血祛瘀，有小毒。（图 11－148）

马蔺*Iris lactea* Pall. *var. chinensis*（Fisch.）Koidz. 多年生草本。根状茎短而粗壮，外具红紫色残留的叶鞘及纤维。叶基生，叶片条形，基部鞘状。花葶从叶丛中抽出，顶端有花 1～3 朵，苞片 3，叶状披针形，花被蓝紫色，有较深色的条纹，外轮花被片倒披针形，内轮花被片狭倒披针形；花柱 3 深裂，花瓣状，顶端 2 裂。蒴果长椭圆状柱形，顶端有短喙。分布于全国各地。生于山坡草地、灌丛中，尤以放牧的盐碱化草地上生长

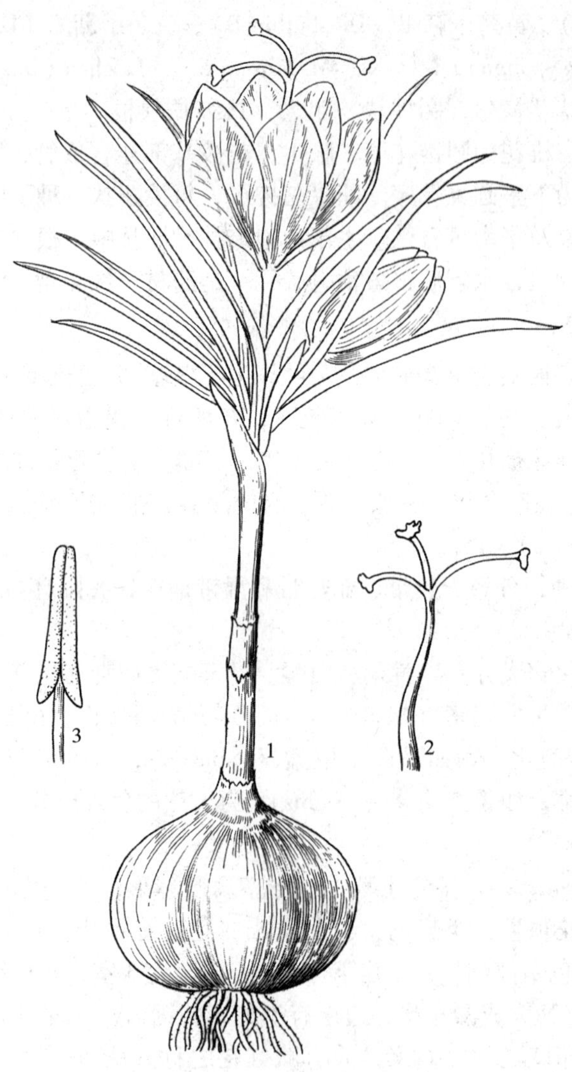

图 11 - 147　番红花

1. 植株　2. 花柱及柱头　3. 花药

较多。花能清热利尿，凉血消肿。种子能清热利湿，凉血止血。从种皮中提制的马蔺子甲素有抑癌作用，还可作口服避孕药。

鸢尾(川射干) *Iris tectorum* Maxim. 根状茎能活血祛瘀，祛风除湿，解毒，消积。

75. 姜科 Zingiberaceae　$\uparrow K_{(3)} C_{(3)} A_1 \overline{G}_{(3:3:\infty)}$

多年生草本，通常具芳香。有块茎或匍匐延长的根状茎。叶基生或茎生，通常 2 列，或螺旋状排列，具开放或闭合的叶鞘，鞘顶具明显的叶舌；花两性，两侧对称；单生或组成总状、穗状、头状或圆锥花序；生于具叶的茎上或有根茎发出的花葶上；花被片 6，2 轮，内轮萼状，常合生成管，一侧开裂或顶端齿裂，外轮瓣状，后方的 1 片最大，基部合成管；雄蕊 3 或 5，2 轮，内轮雄蕊近轴 1 枚发育，花丝具槽，侧生的 2 枚连合成 1 唇瓣；外轮雄蕊侧生 2 枚退化成瓣状或齿状或缺；子房下位，1 ~ 3 室；花柱 1

图 11－148　射干

1. 植株下部　2. 植株上部，示花、幼果

枚，丝状，通常经发育雄蕊的花丝槽中由花药室间穿出，柱头头状。蒴果 2 瓣裂，少为肉质浆果。种子有假种皮。染色体：X＝11、12、13、14、16、17。

约 50 属，1000 余种，主要分布于热带、亚热带地区。我国 19 属，约 200 种，分布于西南至东部。药用 15 属，约 100 种。是药用、香料、调味、观赏等植物资源。

本科所含挥发油是其特征性成分。其中莪术醇（curcumol）等为治疗子宫颈癌的有效成分。还含黄酮类，如高良姜素（galangin）、山姜素（alpinetin）、山萘酚（kaempferal）等；甾体皂苷，如薯蓣皂苷元（diosgenin）。

【药用植物】

姜*Zingiber offcinales* Rosc. 多年生宿根草本。根状茎肥厚，横走多分枝，断面淡黄色，有芳香及辛辣味。叶互生，叶片披针形，无柄，有抱茎的叶鞘。花葶直立，自根状茎抽出，被以覆瓦状的鳞片，穗状花序球果状；苞片卵形，淡绿色或边缘淡黄色；花冠黄绿色，唇瓣中央裂片长圆状倒卵形，短于花冠裂片，具紫色条纹及淡黄色斑点，侧裂片卵形；雄蕊暗紫色，药隔附属体延伸成长喙状。栽培者很少开花。（图 11－149）我国除东北外，其他大部分省区均有栽培。

图 11－149 姜

1. 植株 2. 花 3. 唇瓣

根状茎鲜品（生姜）能发表散寒，温中止呕，化痰止咳。干品（干姜）能温中散寒、回阳通脉，燥湿消痰。根状茎外皮（姜皮）治疗水肿。

生姜含挥发油，主要成分为姜醇（Zingiberol）、姜烯（Zingiberene）、姜辣素（Gingerol）等。

姜黄*Curcuma longa* L.（*C. domestica* Valet.）根状茎断面深黄色至黄红色，具香气，须根先端膨大成淡黄色块根。叶片椭圆形，除上面先端具短柔毛及缘毛外，两面均无毛。穗状花序自叶鞘内抽出，球果状；花冠裂片白色；侧生退化雄蕊淡黄色，唇瓣长圆形，中部深黄色；花药淡白色，基部两侧有矩。分布于西南及河北、江西、浙江、福建、台湾、湖北、湖南、广东、广西，野生于草地、路旁阴湿处或灌丛中。常栽培。根状茎为中药材“姜黄”来源之一，能破血行气，通经止痛。块根为中药材“郁金”的植物来源之一（习称黄丝郁金），能行气化瘀，清心解郁，利胆退黄。

我国药用郁金尚有下列四种植物的块根，即温郁金*Curcuma wenyujin* Y. H. Chen et C. Ling 本种块根断面白色，根茎断面柠檬黄色。穗状花序先叶于根茎处抽出；花冠白色，膜质。分布于浙江南部，本种新鲜的根茎切片晒干后称“片姜黄”。根茎煮熟后晒干称“温莪术”，块根为温郁金。莪术*C. aeruginosa* Roxb. 块根断面浅绿色或近白色，根茎断面黄绿色至墨绿色；叶鞘下端常为褐紫色；穗状花序先叶或与叶同时从根茎上抽出。分布于广东、海南、广西、四川、云南、福建等省区。主根茎为中药材“莪术”的来源之一，块根为中药材“绿丝郁金”。广西莪术*C. kwangsiensis* S. G. Lee et C. F. Liang 块根断面白色，根茎断面白色或微黄色；叶片两面密被粗柔毛，沿中脉两侧有紫晕，穗状花序先叶或与叶同时从叶鞘中央抽出或从根茎上抽出；花冠粉红色。分布于广西、云南等省。主根茎为中药材“莪术”的来源，块根为中药材“桂郁金”的来源。川郁金*C. chuanyujin* C. K. Hsich et H. Zhang 块根断面浅黄色至白色；叶两面具毛茸；圆锥状穗状花序与根茎上抽出；花冠淡粉红色。分布于四川。块根为中药材“黄白丝郁金”。

阳春砂(砂仁) *Ammomum villosum* Lour. 多年生草本，根茎匍匐。叶片长披针形，先短渐尖呈尾状或急尖，叶鞘上凹陷的方格状网纹，叶舌半圆形。花葶从根茎上生出；穗状花序，球状；花冠3裂，裂片白色，唇瓣圆匙形，先端2裂，白色，中脉黄色而染紫斑；侧生退化雄蕊呈细小的乳状凸起，雄蕊1个，药隔顶端附属体半圆形，两侧有耳状突起；子房下位，3室，每室胚珠多数。蒴果椭圆形，熟时紫色，有刺状突起。种子多角形，有浓郁的香气。分布于广东、广西、云南、福建。栽培和野生。果实（砂仁）能化湿开胃，温脾止泻，理气安胎。(图 11－150)

白豆蔻*Amomum kravanh* Pirre ex Gagnep. 多年生草本。茎丛生，茎基叶鞘绿色。叶2列，叶片卵状披针形，先端尾尖，近无柄；叶舌圆形；叶鞘口及叶舌密被长粗毛；穗状花序自根状茎发出；总苞片三角形，麦秆黄色，具明显的方格状网脉；小苞片管状，一侧开裂；花萼管状；花冠管裂片3，白色，唇瓣椭圆形，内凹，中央黄色；雄蕊1，药隔附属体三裂；子房下位，柱头杯状，先端具缘毛。蒴果近球形，果皮木质，易开裂成3瓣。原产于柬埔寨和泰国。我国云南与海南有栽培。种子和果皮能理气宽中，开胃消食，化湿止呕，亦作芳香健胃剂。

益智*Alpinia oxiphylla* Miq. 多年生丛生草本，全株具辛辣味。根茎横走，发达。叶2列，叶片披针形，边缘有脱落性的小刚毛；叶柄短，叶舌膜质，2裂，被淡棕色柔毛。总状花序顶生，花蕾时包在1鞘状苞片内。花白色，花冠裂片3；唇瓣倒卵形，粉白色而具红色脉纹，先端皱波状；侧生退化雄蕊钻状，雄蕊1，花丝扁平，药隔先端具圆形鸡冠状附属物；子房下位，3室，胚珠多数，密被茸毛。蒴果鲜时球形，干时纺锤形，果皮上有隆起的维管束条纹。种子被有假种皮，淡黄色。分布于广东和海南。广西、福建、云南亦有栽培。果（益智仁）能温脾止泻，摄唾，暖肾固精缩尿。

果实中含挥发油，油中主要成分为桉油精（Cineole）、姜烯（Zingiberene）、姜醇（Zingiberol）等倍半萜类。

图 11 – 150 阳春砂

1. 根茎及果序 2. 叶枝 3. 花 4. 雄蕊

高良姜*Alpinia officinarum* Hance 多年生草本。根茎圆柱形，节处具环形膜质鳞片，芳香。叶片线形，无柄；叶舌披针形，薄膜质。总状花序顶生，花序轴被绒毛；苞片极小；花冠白色有红色条纹，花冠裂片 3，外被短柔毛，唇瓣卵形，浅红色，中部具紫红色条纹；雄蕊 1，药隔叉无附属体；子房下位，密被绒毛。蒴果球形，熟时红色。分布于广东、广西、海南、台湾等省区。野生于灌丛、疏林中，亦栽培。根状茎能温胃、散寒、行气、止痛。

根茎含挥发油，主要成分为蒎烯、桉油精（Cineole）、桂皮酸甲酯、高良姜醇（Galangol）等及黄酮类化合物。

本科药用植物还有：**大高良姜***Alpinia galanga*（L.）Willd. 分布于华南、云南等地。**草豆蔻** *A. katsumadai* Hayata 分布于广东、广西。**草果***Amomum tsao – ko* Crevast et Lemarie 分布于云南、广西、贵州。栽培或野生。

76. 兰科 Orchidaceae $⚥ \uparrow P_{3+3}A_{1\sim2}\overline{G}_{3:1:\infty}$

多年生草本。陆生、附生和腐生。通常具根状茎或块茎。茎直立、攀援或匍匐状。单叶互生，基部常具抱茎的叶鞘，有时退化成鳞片状。花单生或排成总状、穗状或圆锥花序；花两性，稀单性，两侧对称；常因子房呈 180^{0} 扭转，而使唇瓣位于下方；花被片6，2轮，外轮3枚为萼片，花瓣状，离生或部分合生；中央1片中萼片常凹陷而与花瓣靠合成盔，两枚侧萼片略歪斜；内轮3枚花被片，两侧的为花瓣，中央1片特化为唇瓣，唇瓣常3裂或有时中部缢缩而分为上唇与下唇两部分。基部有时有蜜腺的囊或距。雄蕊与雌蕊合生成合蕊柱（蕊柱），合蕊柱半圆形，面向唇瓣；能育雄蕊1枚，生于蕊柱顶端背面，或内轮2枚侧生的能育，生于蕊柱的两侧；退化雄蕊有时存在为很小的突起；柱头侧生或极少顶生，常2或3裂；2个发育柱头上方常具有退化柱头形成的喙状小突起的蕊喙。花药通常2室，内向，具有由四合花粉或单粒花粉黏合而成的花粉块，花粉粒2~8个，具花粉块柄、蕊喙柄和粘盘或缺。子房下位，1室，侧膜胎座。蒴果，三棱状圆柱形或纺锤形。种子极多，微小。染色体：X=6~29。（图11-151）

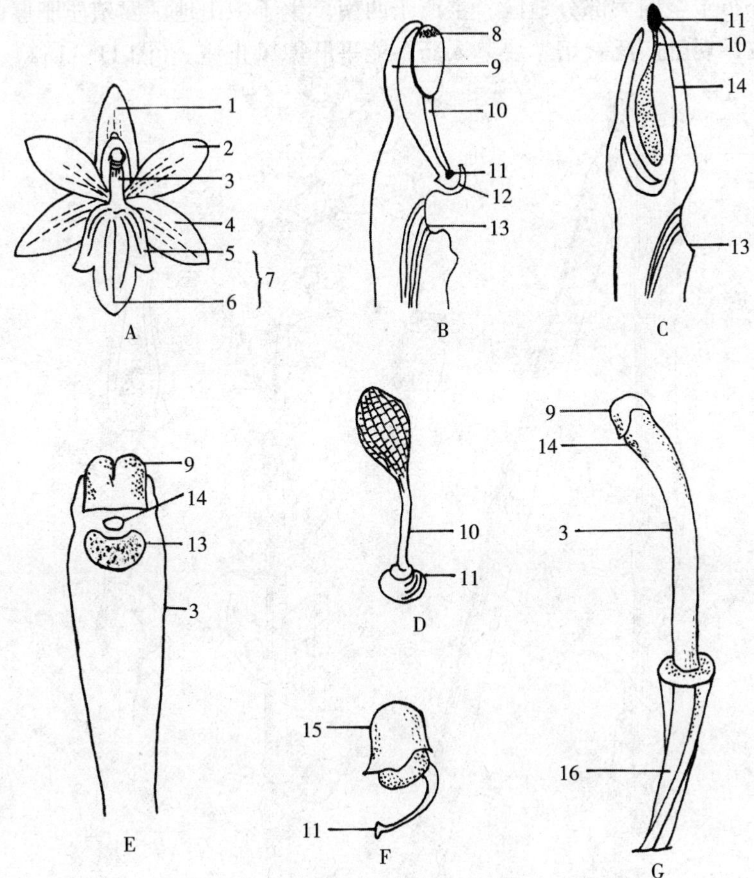

图11-151 兰科花的构造

A. 兰花的花被各部分示意图 B. 兰花的基盘部 C. 兰花的顶盘部
D. 花粉块的构造 E. 合蕊柱 F. 花药 G. 子房和合蕊柱
1. 中萼片 2. 花瓣 3. 合蕊柱 4. 侧萼片 5. 侧裂片 6. 中裂片 7. 唇瓣 8. 花粉团
9. 花药 10. 花粉块柄 11. 黏盘 12. 黏囊 13. 柱头 14. 蕊喙 15. 药帽 16. 子房

约753属，20000种，广布全球，主产热带地区。我国约166属，1069余种，南北均产，而以云南、海南、广西、台湾种类最丰富。药用76属，287种。

本科植物中化学成分有倍半萜类生物碱，如石斛碱（dendrobine）、石斛次碱（nobilonine)、石斛醚碱（dendroxine）等；异喹啉类生物碱分布于隐柱兰属（*Cryptostylis*）。酚苷类，如天麻苷（gastrodin）、赤箭苷（gastrodioside）、香荚兰苷（vanilloside）。吲哚苷，分布于虾脊兰属（*Calanthe*）、鹤顶兰属（*Phaius*）。还有黄酮类及香豆素类等成分。

【药用植物】

天麻*Gastrodia elata* Bl. 多年生腐生草本，不含叶绿素。块茎长椭圆形，肥厚，有环节。茎单一，直立，淡黄褐色或带赤色。叶鳞片状，膜质，无叶绿素，基部成鞘状抱茎。总状花序顶生；花多数淡黄色，花冠下部壶状，上部歪斜；唇瓣白色，3 裂，中裂片舌状，具乳突，边缘不整齐，上部反曲，基部贴生于花被筒内壁上，侧裂片耳状；合蕊柱顶端有 2 个小的附属物；能育雄蕊 1 枚；子房下位，子房柄扭转。蒴果。种子极多，细小。分布于全国大部分地区，主产于西南。生于中山地区腐殖质肥厚的林下，向阳灌丛及草坡，现已广泛栽培。块茎入药，能平肝熄风止痉。（图 11－152）

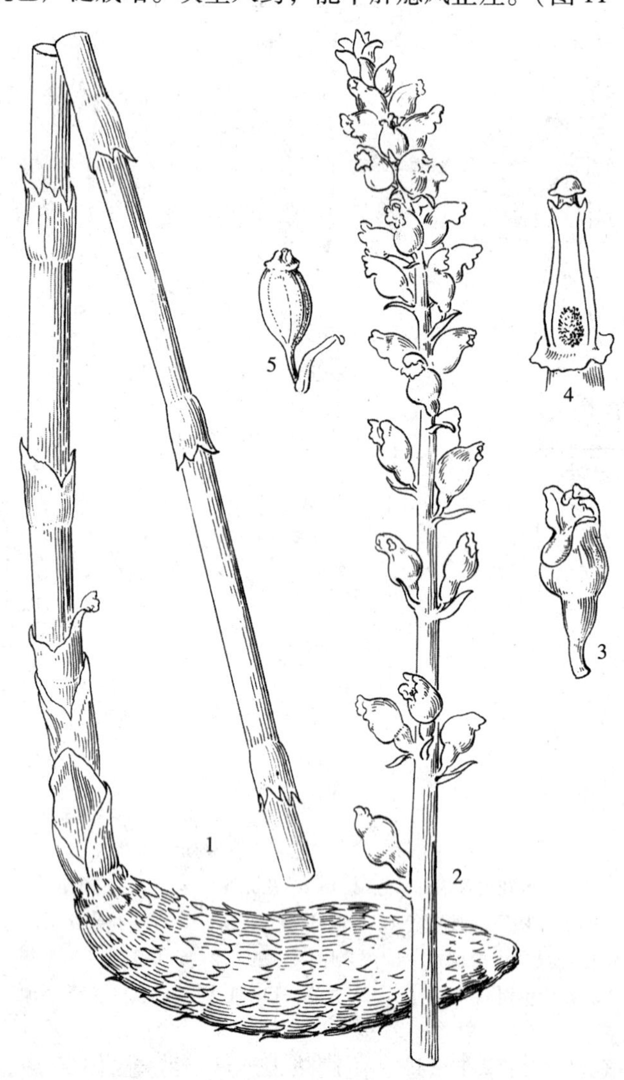

图 11－152 天麻

1. 植物下部及块茎 2. 花序 3. 花 4. 蕊柱 5. 果实及苞片

石斛*Dendrobium nobile* Lindl. 多年生附生草本。茎丛生，圆柱形，多节，稍扁，黄绿色，又名扁草，茎基部膨大成蛇头状或卵球形。叶互生，长圆形，无柄，具抱茎的鞘。总状花序；每花序有花2~3朵，总梗基部有膜质鞘1对；花大而艳丽，花萼与花瓣均粉红色，唇瓣宽卵形，近基部中央有一个深紫色大斑块，蕊柱绿色。（图11-153）分布于台湾、广东、广西、湖北、西南等省区。附生于树干或岩石上。茎称金钗石斛，能滋阴清热，益胃生津。同属植物我国63种，一半以上可供药用。其中：霍山石斛*D.* huoshanese C. Z. Tang et S. T. Chang.；马鞭石斛*D.* fimbriatum Hook；环草石斛*D. loddigesii* Rolfe.；黄草石斛*D. chrysanthum* Wall.；铁皮石斛*D. candidum* Wall. ex Lindl. 等的茎也作"石斛"用。

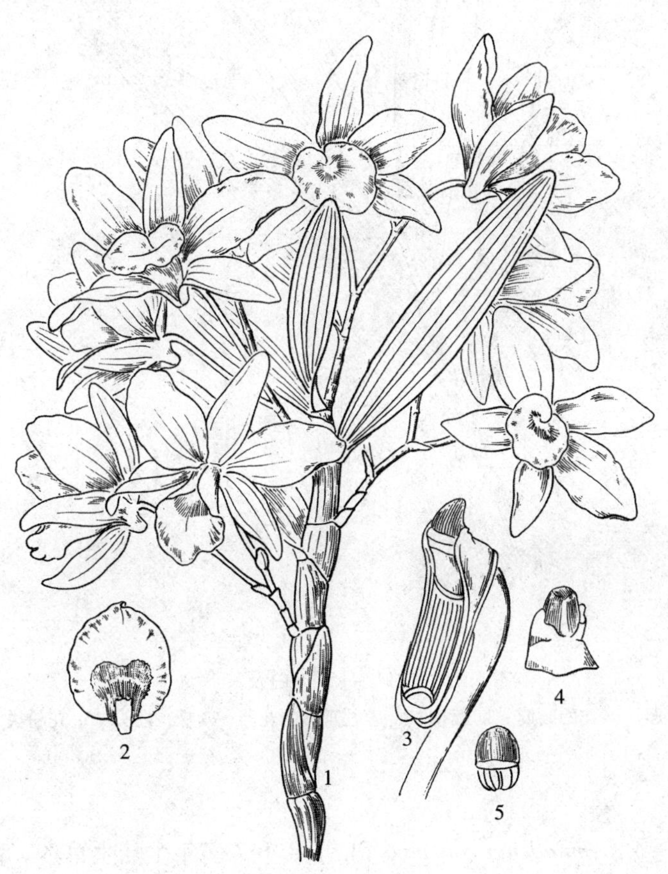

图11-153 石斛

1. 植株 2. 唇瓣 3. 合蕊柱剖面 4. 合蕊柱背面 5. 合蕊柱正面（示雄蕊）

白及*Bletilla striata*（Thunb.）Reichb. f. 多年生草本。块茎短三叉状，具环痕，断面富黏性。叶3~6片，披针形，基部下延成鞘状抱茎。总状花序顶生，有3~8多花，花淡紫红色，唇瓣3裂，上面有5条纵皱褶；合蕊柱顶部生1雄蕊，药室中共有花粉块8个。蒴果。分布于华东、华南及陕西、四川、云南等省区。生于山坡、草丛中及疏林下。块茎能收敛止血，消肿生肌。同属植物黄花白及*B. ochracea* Schltr. 块茎也作白及用。(图 11－154)

图 11－154　白及

1. 植物伞形　2. 花的唇瓣　3. 蕊柱　4. 蕊柱顶端的花药、蕊喙、柱头　5. 花粉块　6. 蒴果

手参(佛手参) *Gymnadenia conopsea* (L.) R. Br. 多年生陆生草本。块根椭圆状，下部类似掌状分裂，肉质。茎单一，茎生叶 4～7 片，叶片椭圆形至椭圆状披针形，基部鞘状抱茎。穗状花序顶生，密生粉红色小花。苞片卵状披针形，几与花等长；中萼片矩圆形，侧萼片斜卵形，反折。蒴果长圆形。分布于东北、华北、西北及川西北，西藏东南部。生于山坡林下、草地。块根称手参，能补益气血，生津止渴。

本科常见药用植物还用杜鹃兰*Cremastra appendicutata* (D. Don) Makino，石仙桃*Pholidota chinensis* Lindl. 假鳞茎能养阴清肺，化痰止咳。独蒜兰*Pleine bulbocodioides* (Franch.) Rolfe 的假鳞茎（山慈菇）能清热解毒，治淋巴结核和蛇虫咬伤。斑叶兰(银线盘) *Goodyera schlechtendaliana* Reichb. f. 能清热解毒，润肺止咳，消痈肿，补虚。

第三篇 SECTION

药用植物生物技术

药用植物生物技术的发展及意义

生物技术（BT）是继信息技术（IT）之后成为世界各国支持国民经济和社会发展的战略重点。而以生物技术为基础的药用植物生物技术（The Biotechnology of Medcinal Plants）对于解决中药产业发展面临的资源问题，有效成分含量问题，药效问题和产品质量问题具有极其重要的现实意义和深远的战略意义。药用植物生物技术是运用现代生命科学理论和工程技术研究药用植物有效成分、资源、鉴定和作用机制等的一门科学。它是新兴的由多学科交叉融合形成的知识体系，是以中药学、药学、生物科学为理论基础，以生物工程和生化工程为技术手段，并与中药产业和中药资源产业发展紧密结合而构成的学科门类。

我国拥有世界上最丰富的中药资源，其中药用植物储藏量丰富，药用植物是我国巨大的中药宝库重要的组成部分，随着开发利用天然药物的趋势日益增强，在国际上特别是我国有限资源被大量消耗，有些药用植物丧失了合适的生存环境，减弱了资源的再生能力，甚至衰退或濒临灭绝，一些优良种质正在消失或解体。在《中国植物红皮书》第一卷中，有近100余种药用植物被列为濒危珍稀植物，其中包括具有很高临床应用价值的野生冬虫夏草（*Cordyceps sinensis*）、人参（*Panax ginseng*）、天麻（*Gastrodia elata*）、杜仲（*Eucommia ulmoides*）、肉苁蓉（*Cistanche deserticola*）、黄芪（*Astragalus membranaceus*）、平贝母（*Fritillaria ussuriensis*）、黄连（*Coptis chinensis*）等。目前我国中药虽然仅占世界市场份额的3～5%，可是某些中药已出现了资源枯竭问题。如果中药的市场份额提高10倍，资源问题会更加突出。为此，我国广泛开展了药用植物的人工栽培研究工作，以期扩大药源性植物的种类和数量。但栽培中药材的“道地性”问题，标准化问题，以及农药残留量和重金属含量等问题一直是中医药界争论的焦点。有些珍贵中药材的人工栽培面临的困难很多，如人参（*Panax ginseng*）、雪莲（*Saussurea involucrate*）、黄连（*Coptis chinensis*）、杜仲（*Eucommia ulmoides*）等按常规育苗周期非常长；有的繁殖系数小，再生能力低，如肉苁蓉（*Cistanche deserticola*），麻黄（*Ephedra sinica*）和番红花（*Carthamustinctorius*）等；还有的由于易感病毒造成品质退化，有效成分含量降低，如地黄和太子参等。因此从中药可持续发展战略角度看，利用生物技术保护与发展药用植物种质资源；利用分子生物学技术进行药用植物种质资源的分类与鉴定；利用生物技术进行药用植物种质资源的创新等，才能保证中药资源的永续利用和中药产业的可持续发展。运用药用植物生物技术生产有价值的新型药物和解决原料来源问题正在成为当今国际药用资源生物技术产业化的热点和重要的发展方向。

随着现代生物技术的快速发展，在药用植物生物技术复合学科框架内，国内外科学工作者开展了大量的研究与创新工作，它在药用植物有效成分的提高、品质改良、资源保护和鉴定等方面具有广阔的应用前景。主要表现在：从中药组织细胞培养、次生代谢物形成与调控体系的建立，到 DNA 分子标记、鉴定，DNA 测序鉴定，PCR 特异鉴定，生物芯片等基因技术与中药鉴定有机结合，明晰了药用植物产地、原产地与道地性的关系和中药材的分子生物学性状特点，为药用植物深入开发提供了准确材料；从药用植物新品种的培育，药用植物品质的改良，遗传转化技术，突变体筛选与转基因药材等方面构建了药用植物品质、种质资源保藏和药用植物改良的研究思路和技术体系。同时结合中药作用机理的研究方法和药物新剂型的研究方法为药用植物生物技术产品的研究与开发开辟新的途径。

一、在细胞工程方面的应用

迄今为止，全世界已有千余种药用植物被用作植物组织培养的对象来生产次生代谢产物。在培养的药用植物细胞、组织中，半数以上的次生代谢产物的含量超过了原野生药用植物的含量，这也是植物细胞工程在中药现代化发展中具有巨大发展前景的一个重要原因。药用植物细胞工程在实施过程中，首先人们可以利用先进的生物反应器实现药用植物细胞、组织的大规模培养，通过一系列的单元操作和有效的细胞程序调控，能提高药用植物有效成分含量，通过对有效成分含量的标准化，即提供与天然药用植物具有相同药理作用的中药原料产品。其次，运用药用植物细胞工程技术分离、提取药用植物有效成分，将会统筹解决原料（栽培）质控和安全性和有效性等诸方面的问题，从而体现出药用植物生物技术产品技术含量高、质量可控、疗效确切、易于制备各种现代制剂等特点。最后，作为药用植物生物技术研究与开发的平台技术，它还有助于实现中药生产标准化的建立，实现濒危珍稀药用植物和具有较高临床价值的现代中药产品的二次开发，加快现代中药产业与世界接轨的进程。

近些年来，药用植物细胞工程的应用研究与生产主要集中在一些稀有、濒危灭绝、药效明显、经济价值较高的药用植物的次生代谢物生产方面。目前已处于中试阶段的药用植物有：红豆杉（*Taxus chinensis*）细胞培养生产紫杉醇，紫草（*Arnebia euchroma*）细胞培养生产萘醌类化合物，长春花（*Catharanthus? roseus*）细胞培养生产生物碱，青蒿（*Artemisia carvifolia*）细胞培养生产青蒿素，喜树（*Camptotheca acuminate*）细胞培养生产喜树碱，苦瓜（*Momordica charantia*）细胞培养生产类胰岛素，三七（*Panax notoginseng*）细胞培养生产皂苷和丹参（*Salvia miltiorrhiza*）细胞培养生产丹参酮等。有的已经实现工业化生产，如：通过希腊毛地黄细胞培养物生物转化生产地高辛、从日本黄连细胞培养物中生产黄连碱、利用人参细胞培养物生产人参皂苷、利用紫草细胞培养技术生产紫草宁等。而从千层塔（*Lycopodium serratum*）细胞培养中提取石杉碱，从雷公藤（*Tripterygium wilfordii*）细胞培养物中提取雷公藤甲素等研究也有了突破性进展。在东北红豆杉、喜树、肉苁蓉、刺五加、天山雪莲和冬虫夏草等的细胞培养、次生代谢物的分离和药理活性筛选等方面建立了系统化研究体系。东北红豆杉细胞培养产生的紫杉醇含量达0.19%。细胞培养天山雪莲总黄酮含量为56.2%。在冬虫夏草的深层发酵培养研究中，迄今已从培养液中分离出包括虫草素，虫草多糖，虫草酸，环（亮－脯氨酸）二肽，环（异亮－丙氨酸），环（苯丙－脯氨酸）二肽，环（缬－脯氨酸）二肽，3，7，8－三甲基－异吡嗪，琥珀酸，2－乙基－3－羟基－4*H*吡喃酮，胡萝卜苷等近30种化合物，其中环（异亮－丙氨酸）为首次发现的新化合物。虫草素含量为2.17%，远远高于天然冬虫夏草的虫草素含量。培养周期72小时，大大低于人工栽培冬虫夏草的周期。

总之，药用植物细胞工程技术的应用，对濒危珍稀药用植物资源的保护、品种纯化和质量稳定具有十分重要的意义。

二、在基因工程方面的应用

自DNA重组技术于1972年诞生以来，作为现代生物技术核心的基因工程技术得到飞速的发展。而基因工程技术与传统中药的整合近十年有了快速的发展，旨在对提高药用植物有效成分含量或实现药用植物减毒增效为目的的研究和药用植物基因鉴定研究等成为当今药用植物生物技术研究的一个热点问题。我们知道，药用植物品质和中药质量是制约中药产业发展的核心所在。高质量的药用植物是有效生产高品质中药产品的前提。因此，如何对药用植物进行选择、培育和有效成分生物合成途径的调控已成为基因工程的一个重要的研究方向。目的基因的分离和克隆是基因工程的核心内容，而目的基因的分离主要依赖于功能基因的克隆、cDNA的制备、目的基因片段的筛选和转化等。目前比较成熟的基因工程方法对不同的药用植物品种进行分子标记研究，实现不同产地药用植物的准确鉴定。对生合成途径的关键基因进行克隆、序列测定，完成了向微生物或原植物的转化。目前涉及到的技术主要有AFLP（扩增片段长度多态性），RFLP（限制性片段长度多态性），RAPD（随机扩增多态性）等。其中作为DNA分子标记（DNA molecular marker）的RFLP（restriction fragment length polymorphism）技术，主要是研究品种间、种属间的DNA变异，揭示不同品种间亲缘关系；RAPD（randomly amplified polymorphic DNA）技术较上方法方便、易行，灵敏度高，常用于贵重药用植物的鉴定；AFLP（amplified fragment length polymorphism）技术特点是在鉴定药用植物种只需极少的材料，结果稳定，但费用高，主要用在鉴定药用植物正品及其混淆品和鉴定不同产地同种药用植物方面。DNA测序（DNA sequencing）技术常用于鉴定近缘及易混淆品种和道地药材的鉴定。通过分子之间的杂交和蛋白质分子之间的杂交技术。如Southern杂交——DNA和DNA分子之间的杂交，验证目的基因是否整合到受体生物的染色体DNA中，这在真核生物中是目的基因可否稳定存在和遗传的关键。Northern杂交——DNA和RNA分子之间的杂交，它是检测目的基因是否转录出mRNA的方法，具体做法与Southern杂交相同，只是第一步从受体植物中提取的是mRNA而不是DNA，杂交带的显现也与Southern杂交相同。Western杂交——蛋白质分子（抗原—抗体）之间的杂交，它是检测目的基因是否表达出蛋白质的一种方法。目前有木蓝属 8 种药用植物、铁线莲属 7 种药用植物、人参、石斛及西红花等中药材完成了基因工程的鉴定研究。探究鉴定机制，就是从大量的结果中筛选并建立遗传标记或特征指纹图谱，从基因水平控制中药材的来源。与此同时，我们还需要建立有效成分或有效部位的基因表达差异的 cDNA 指纹图谱或蛋白质指纹图谱从药用植物的源头实现质量控制。

在转基因药用植物研究方面，据报道，中国医学科学院药用植物研究所在甘草（*Glycyrrhiza uralensis*）、丹参（*Salvia miltiorrhiza*）、黄芪（*Astragalus membranaceus*）、青蒿（*Artemisia annua*）和红豆杉（*Taxus chinensis*）等多种药用植物中建立了农杆菌介导的遗传转化，一些相关的关键基因已克隆。在红豆杉中的 20 余步紫杉醇生物合成过程中，已有 8 个功能基因找到并被克隆。水蛭（*Hirudo nipponica*）、黄芪（*Astragalus membranaceus*）中关键酶糖苷转移酶基因被克隆。将这些目的基因通过微生物载体或原药材细胞载体，使这些基因有效整合和高度表达，大大地增加了有效成分的含量和产量。

综上所述，药用植物生物技术应用于中药研究、产品开发和产业化，不仅可以保护和增殖药用植物资源，特别是那些濒危珍稀的药用植物资源，大量生产高品质的道地药材和药用活性成分，提高药用植物活性成分的含量，而且还可以使药用植物和药品生产质量稳定，阐明药效物质基础，扩大了新的药源。药用植物生物技术在中药领域日益广泛而卓有成效的应用，对促进我国中药现代化，促进我国中药进入国际市场，将起到不可替代的重要作用。

药用植物组织和细胞培养

高等植物的个体发育过程，是通过其各自部分的分生组织，在其自身所处的组织器官环境的决定下，有序地进行分化、生长。为了进一步探明植物分化、生长和发育的机制，运用植物组织培养技术，使植物的离体器官、组织在人工调控条件下，按特定的方向实现持续生长、发育和代谢物的积累，这对我们更好地认识这一问题以及由此而产生的关于植物生长、分化、代谢、转化等机理问题的研究，提供了一种十分有效的技术手段。药用植物细胞工程中的培养技术是应用细胞生物学、分子生物学和发酵工程等理论和技术，在离体条件下进行外植体培养、繁殖或人为的精细操作，使细胞的某些生物学和化学特性在一定的培养条件下发生变化，从而获得我们需要的目的产物。

药用植物细胞工程培养技术主要针对的是药用植物组织和细胞培养，因此，掌握药用植物组织、细胞在一定培养体系下的形态、功能、遗传和代谢是十分重要的。同时，掌握和研究细胞的培养、传代及代谢调控更是细胞培养的关键。为此，为培养对象建立一个适宜的培养条件是培养能否成功的关键所在。本章将围绕与药用植物组织细胞培养有关的环境建设和培养条件设计等问题进行阐述。

第一节　实验室及设备要求

实验室是任何一项实验操作所必需具备的硬件设施。任何实验室的建立均应考虑设立该实验室的研究目的，根据不同的目的要求建立不同功能的实验室单元。实验室设置的基本原则是要科学、实用、高效、经济、节约。对药用植物组织、细胞培养而言，一般来说应设化学试剂室、培养基配制室、灭菌室、接种室、培养室、观察室等。此外，可根据所从事的实验要求来灵活考虑实验室配置的各种设备，使实验室更加完善。

药用植物组织细胞实验室设置大致可以分为以下几个部分：

一、化学试剂室

化学试剂根据它们的纯度可分为优级纯（GR）、分析纯（AR）和化学纯（CP）

等规格，此外还有工业专业用试剂和生化试剂等。药用植物组织和细胞培养需要几十种化学试剂，这些试剂的质量和保存直接影响到培养效果。以科学研究为目的的植物组织和细胞培养，除特殊指明外都应该用分析纯级或更高级别化学试剂，一般不能用化学纯级试剂。用于工业化生产的如试管苗的大规模培养的试剂，为了节约经费、降低成本，可选用部分低价的化学纯级试剂。另外，试剂的质量与生产厂家有直接关系，为了实验的准确性、可重复性、可延续性，最好固定购买某些厂家品牌试剂。

化学试剂室应终年保持相对较低的温度，且应有较好的遮光和通风干燥条件，避免一些试剂在受到高温和阳光照射时发生挥发、潮解、失效和变质。另外应建立试剂购进和使用档案，记录试剂的购进日期、购进数量，取用日期、取用数量及使用人员等，以便对试剂的消耗量和实验进度是否存在问题等进行核查。化学试剂室应配置以下设备：

1. 实验台 要求牢固、平稳、抗震性强和防腐。在实验台的抽屉外贴有存放物品类别的标签。

2. 天平 根据实验需要，需 2～3 台不同精度的天平。0.01 或 0.1 感量的天平用于大量元素母液配制和一些用量较大的药品的称量；0.001 或 0.0001 感量的天平，用于一些需要量少的微量元素以及一些需要较高精确度的实验药品的称量。

药用植物组织及细胞培养所需主要试剂的化学名称、分子式如表 13－1、13－2。

表 13－1 室温常规存放的化学药品

化学药品名称	分子式	化学药品名称	分子式
硝酸铵	NH_4NO_3	乙二胺四乙酸钠	$Na_2EDTA \cdot 2H_2O$
硝酸钾	KNO_3	钼酸钠	$Na_2MoO_4 \cdot 2H_2O$
硝酸钠	$NaNO_3$	钼酸铵	$(NH_4)_2MoO_4 \cdot 2H_2O$
硫酸镁	$MgSO_4 \cdot 7H_2O$	硫酸铜	$CuSO_4 \cdot 5H_2O$
磷酸二氢钾	KH_2PO_4	氯化钴	$CoCl_2 \cdot 6H_2O$
硫酸铵	$(NH_4)_2SO_4$	氯化铝	$AlCl_3$
硝酸钙	$Ca(NO_3)_2 \cdot 4H_2O$	氯化镍	$NiCl_2 \cdot 6H_2O$
氯化钙/无水氯化钙	$CaCl_2 \cdot 2H_2O$ / $CaCl_2$	氯化亚汞（避光保存）	$HgCl$
硫酸钠	Na_2SO_4	硫酸亚铁	$FeSO_4 \cdot 7H_2O$
磷酸二氢钠	NaH_2PO_4	硫酸铁	$Fe_2(SO_4)_3$
氯化钠	$NaCl$	蔗糖	$C_{12}H_{22}O_{11}$
氯化钾	KCl	盐酸	HCl
碘化钾	KI	氢氧化钾	KOH
硼酸	H_3BO_3	氢氧化钠	$NaOH$
硫酸锰	$MnSO_4 \cdot 4H_2O$ 或 $MnSO_4 \cdot H_2O$	琼脂	
硫酸锌	$ZnSO_4 \cdot 7H_2O$	95%乙醇	

表 13－2 4℃存放的化学药品

化学药品名称	分子式
盐酸硫胺素（维生素 B_1）（避光保存）	$C_{12}H_{17}ClN_4OS \cdot HCl$
抗坏血酸（维生素 C）（避光保存）	$C_6H_8O_6$
生物素（维生素 H）（避光保存）	$C_{10}H_{16}N_2O_3S$
泛酸钙（维生素 B_5之钙盐）（避光保存）	$(C_9H_{16}NO_5)_2Ca$
盐酸吡哆醇（维生素 B_6）	$C_8H_{11}NO_3 \cdot HCl$
烟酸（维生素 B_3）	$C_6H_5NO_2$
肌醇（环己六醇）	$C_6H_{12}O_6$
叶酸	$C_{19}H_{19}N_7O_6$
维生素 B_{12}	$C_{63}H_{90}CoN_{14}O_{14}P$
甘氨酸	$C_2H_5NO_2$
腺嘌呤（Ad）	$C_5H_5N_5 \cdot 3H_2O$
6－γ，γ－二甲基丙烯嘌呤或 N－异戊烯氨基嘌呤代玉米素（2－ip）	$C_{10}H_{13}N_5O$
腺嘌呤硫酸盐	$(C_5H_5N_5)_2 \cdot H_2SO_4 \cdot 2H_2O$
2，4－二氯苯氧乙酸（2，4－D）	$C_8H_6O_3C_{12}$
α－萘乙酸（α－NAA）	$C_{12}H_{10}O_2$
吲哚－3－2Y 乙酸（IAA）	$C_{10}H_9NO_2$
P－7－氯苯氧乙酸（P－CPA）	$C_8H_7O_3Cl$
3－吲哚丁酸（IBA）（避光保存）	$C_{12}H_{13}NO_2$
6－苄基腺嘌呤或 6－苄氨基腺嘌呤（BA 或 BAP）	$C_{12}H_{11}N_5$
玉米素（ZT，异戊烯腺嘌呤）	$C_{10}H_{12}N_5O$
赤霉素（GA_3）	$C_{19}H_{22}O_6$
激动素（KT，6－呋喃甲基腺嘌呤）	$C_{10}H_9N_5O$
β－萘氧乙酸（NOA）	$C_{12}H_{10}O_2$

表 13－3 几种常见的培养基配方（mg/L）

MS（Murashige and Skoog，1962）	改良怀特培养基（1963）	B_5（Gamborg，1968）	N_6	6～7V	
无机成分					
NH_4NO_3	1650				
KNO_3	1900	80	2500	2830	800
$CaCl_2 \cdot 2H_2O$	440		150	166	200
$MgSO_4 \cdot 7H_2O$	370	720	250	185	250
$(NH_4)_2SO_4$			134	463	100
$FeSO_4$ $7H_2O$	27.8		27.8	27.8	
Ca $(NO_3)_2$ $3H_2O$		300			
Na_2SO_4		200			

（续）

MS（Murashige and Skoog，1962）	改良怀特培养基（1963）	B_5（Gamborg，1968）	N_6	6～7V	
无机成分					
NaH_2PO_4					150
$NaH_2PO_4\ H_2O$		16.5	150		
$NaH_2PO_4\ 2H_2O$					
$Na_2HPO_4\ 12H_2O$					20
KH_2PO_4	170			400	
KCl		65			200
KI	0.83	0.75	0.75	0.8	0.05
H_3BO_3	6.2	1.5	3	1.6	5
$MnSO_4\ 4H_2O$	22.3	7			4
$MnSO_4\ H_2O$			10	3.3	
Na_2EDTA	37.3		37.3	37.3	
MoO_3		0.0001			
EDTA－Na 铁盐					21.1
$CuSO_4 \cdot 5H_2O$	0.025	0.001	0.025		
$CoCl_2 \cdot 6H_2O$	0.025		0.025		0.25
$NaMoO_4 \cdot 2H_2O$	0.25		0.25		0.25
$ZnSO_4 \cdot 7H_2O$	8.6	3	2	0.5	1.5
$Fe_2(SO_4)_3$		2.5			
有机成分					
肌醇	100	100	100		100
烟酸	0.5	0.3	1.0	0.5	1.5
甘氨酸	2.0	3.0		2	
维生素 B_6	0.5	0.1	1.0	0.5	0.5
维生素 B_1	0.1	0.1	10	1.0	0.5
蔗糖	30000	20000	20000	50000	30000
琼脂	10000	10000	10000	10000	10000
pH	5.8	5.6	5.5	5.8	5.5～6.0

二、培养基制备室

为实验操作方便，在有条件情况下，建议将培养基制备室分为两个区：一是清洗、消毒、干燥区；二是培养基配制区。

玻璃器皿如培养皿、三角瓶、量筒、烧杯、容量瓶等，在实验室中需要量很大，并多次重复使用。这些器皿的清洗、消毒、干燥、存放等需要一个比较固定、宽敞的区域，在该区域内要有自来水、水槽、水盆、摆放器皿的架子和防尘柜等，最好还有一台电热烘干箱，烘干洗刷后的玻璃器皿。玻璃器皿的清洗的方法是先用洗涤剂浸泡30min，再用毛刷逐个清洗；受微生物污染的器皿清洗时还应加入次氯酸钙、次氯酸钠等漂泊液进行消毒，或在清洗之前进行高温高压消毒处理。洗涤消毒完成后，要用自来水冲洗干净，再用蒸馏水漂洗一次，倒置于架子上晾至没有流水时再转入烘箱中，在80~130℃下烘烤至完全干燥，最后转入防尘柜中存放或直接使用。

配制培养基的各种母液都应按照要求存放于冰箱中。为方便工作，蔗糖、琼脂和粗天平也可放在此区。在煮制培养基时如用钢制锅，可直接放在电炉上加热；如果是烧杯则必须在电炉上加上石棉网后再放烧杯，或在微波炉内直接加热。使用过的玻璃器皿和容器用品等。要及时送到清洗区进行清洗，一时来不及清洗的也应加入自来水浸泡，以防止剩余的培养基、化学溶液等干结在器皿上不易洗刷。

开展细胞工程研究常用的仪器设备及用具包括：

（1）超净工作台：1~2台。

（2）光照培养箱：1~2台。

（3）光照恒温摇床：1~2台。

（4）台式高速离心机：1~2台。

（5）压力蒸汽消毒器：1~2台。

（6）电子分析天平：1台。

（7）洗涤用水槽：1~2个，水槽应较大，附有下水道。

（8）4~6L不锈钢锅：加热溶液或煮制琼脂时用。

（9）电炉：1000~2000W，加热时用。

（10）微波炉：1台，加热时用。

（11）移液管：10、5、2、1ml各5支。

（12）量筒：1000、500ml各2只，100、50、10ml各4只。

（13）烧杯：1000、500、250、150、100ml各10只。

（14）pH计：调整pH值，依实验要求，也可用精密pH试纸代替。

（15）培养器皿：工作中使用大量的培养容器，主要根据培养物的生长情况来选用适当形状和大小的容器。容量50~300ml的三角瓶较常用。培养器皿尚可用瓶口宽大，操作较方便的小罐头瓶，但要注意瓶子是否耐高压消毒、透明度如何、瓶盖是否耐高压灭菌等。第一次洗涤要用洗液浸泡12小时，然后取出用自来水冲洗。在灭菌前不要把盖完全拧紧，以使瓶内外冷热空气和压力得以交流和平衡，从而能彻底灭菌。

三、灭菌室

灭菌室最好与培养基配制室相邻，配制好的培养基和一些器皿需要尽快进行高压蒸汽灭菌或过滤灭菌。高压蒸汽灭菌最常用的是高压灭菌锅。使用时操作者应严格按使用说明书去操作。及时检查核对锅内水位、放气阀、安全阀、锅上的压力表等，看看是否正常，操作过程中一定要认真、细心、负责。如果遇到化学物质经高温高压而易于分解减效或失效的，可以采用细菌过滤器进行过滤灭菌。此法适用于液体培养基和蒸馏水的灭菌。过滤灭菌所使用的滤膜孔径应在0.2~0.45μm范围内。

四、接种室

接种室又称无菌操作室，是对培养的植物材料或细胞进行无菌操作的场所。如材料的消毒接种、无菌材料的继代，这是植物组织和细胞培养工作中最关键的部分，关系到培养物的染菌率、接种工作效率等重要方面。

接种室应设置在不易受潮的地方，必须清洁、明亮、干燥，要求封闭性好，能较长时间保持无菌。最好安置一台小型空调机，在使用时开启空调，使室温保持在适宜温度。这样可以任何时候关闭无菌室的门窗，保持与外界相对隔绝，减少尘埃与微生物的侵入。若经常采用消毒措施就可以达到较高的净化水平，以利安全操作，提高工作的质量与效率。接种室应定期用70% ~75%乙醇消毒，配合紫外线灭菌灯照射灭菌，紫外线可激发空气中的氧分子缔合成臭氧分子，这种气体成分有很强的杀菌作用，可以对紫外线没有直接照射的部位产生灭菌效果。由于臭氧有碍健康，在进入操作之前应先关掉紫外灯，关闭10min后方可入内。

药用植物组织和细胞培养接种室的主要设备和器具如下：

超净台：超净台由进风口、鼓风机、出风口、无菌操作台面、紫外灯等几部分组成，由三相电机作鼓风动力，功率145 ~260W。将空气通过由特制的微孔泡沫塑料片层叠组成的“超级滤清器”后吹送出来，形成连续不断的无尘无菌的超净空气层流，除去了大于0.3μm的尘埃粒子、真菌和细菌孢子等。工作前先将紫外灯打开灭菌，空气 灭菌30 ~120min。

酒精灯：若干（按每个超净台上的用量计，下同）。

镊子：若干，根据实验需要，可选用各种类型的镊子。如植物组织解剖，可用小的尖头镊子；对于继代组织或离体培养的试管苗，则选用头部弯形镊子，较容易深入容器取出培养物。

④ 剪刀：若干，多用于植物组织的取材与分段。

五、培养室

培养室是对离体材料进行控制条件下的培养场所。培养室的温度、湿度和光照等因子可依培养要求进行设定。培养室的基本要求是能够控制光照和温度，并尽量保持无菌或少菌环境。因此，培养室应保持清洁和适度干燥。一般而言，温度多维持在25 ±1℃，相对湿度应在70% ~80%。进入培养室最好穿上干净拖鞋或穿一次性塑料鞋套，以保证培养室地面灰尘尽可能少。

培养室的主要设备及功能如下：

① 培养架：每个架子分为若干层，每层的层高应在40cm左右，每层安装3 ~4支40W日光灯管，可以根据培养要求，安放不同光照强度和光质的光源。架子的长度应根据日光灯管的长度确定，光照时间由石英电力时控器控制。

② 空调：有效调节室温，在门窗紧闭的前提下，室温能很快达到想要的温度。为保证室温均匀，空调应安装在室内较高位置。

③ 消防设备：由于培养是热能消耗大，为防止发生火灾，要求配备一定数量的灭

火器材。

六、观察室

研究过程中应及时地对培养物进行观察、记录、称量、分析和检测。以便于对培养物的生长状态及所产生的有效成分随时进行取样检查。常用的设备有：电子分析天平，不同型号的离心机，系统显微镜，以及 HPLC，GC－MS 和 LC－MS 等。

第二节 培养基与培养条件

一、培养基成分

培养基是离体组织、细胞生长所必需的原料工厂，为组织、细胞生长发育提供各种营养成分和代谢调节剂。目前常用的培养基组分，主要包括以下几大类：无机盐类（包括大量元素、微量元素）；有机营养成分（糖类、维生素类、氨基酸类等）；植物生长调节物质；有机氮源；水；其他添加物。

1. 无机盐类 根据植物对必需元素所需要的量，无机盐又有大量元素和微量元素之分。大量元素是指使用浓度大于 30mg/L 的无机元素，包括 N、P、K、Na、Ca、Mg、S 和 Cl。微量元素是指浓度低于 30mg/L 的无机元素，如 Fe、Cu、Zn、B、Mo、Mn 和 I，有时还可加入 Ni、Co、Al 等。微量元素的需要量很小，过多则会对培养物产生危害。

无机盐在水中发生解离形成离子，培养基中的活性因子即是这些离子。Mg 常以 $MgSO_4 \cdot 7H_2O$ 的形式提供，既提供 Mg 也提供 S，缺 S 时培养的植物组织会明显退绿，Mg^{2+} 是物质转运过程中的必需因子之一，参与多种酶的辅酶和激活子的合成。Ca 常以 $CaCl_2 \cdot 2H_2O$ 或 $Ca(NO_3)_2 \cdot 4H_2O$ 或其无水形式提供，Ca^{2+} 具有抑制某些酶（如糖酵解中的丙酮酸激酶）活性的作用。有时 Ca^{2+} 也能起到保持某些酶（如蛋白激酶）的活性或稳定性的作用。Fe^{2+} 常以 $FeSO_4$ 的形式存在，作为酶的重要组成成分和合成叶绿素所必需，缺乏时细胞分裂停止。

2. 有机营养成分 为使培养物更好的生长或适于不同的培养需要，培养基中常添加一些有机成分。常用的有机成分主要包括糖类、维生素类和氨基酸类等。

（1）糖类 糖是离体培养中培养物生长和发育不可缺少的有机成分，植物组织和细胞培养需要在培养基中添加一些碳水化合物，既可作碳源（通常可作碳源的碳水化合物为蔗糖、D－葡萄糖或果糖），又可维持培养基的渗透压。

（2）维生素类 植物细胞通常是维生素自养型的，但在离体培养情况下，其自身合成的量往往不能满足离体组织、细胞生长的需求，为此，需在培养基中补加若干种维生素。通常必须加入 B 族维生素，如烟酸（维生素 B_3）、泛酸钙（维生素 B_5）、硫胺素（维生素 B_1）、吡哆醇（维生素 B_6）和肌醇，都对培养物的生长起到不可忽视的作用。硫胺素（维生素 B_1）可能是几乎所有植物都需要的一种维生素，缺乏时离体培养的根就不能生长或生长十分缓慢。维生素 B_1 常常以盐酸盐的形式即盐酸硫胺素加入培养基中。肌醇主要以磷酸肌醇和磷脂酰肌醇的形式参与由 Ca^{2+} 介导的信号转导，能使培养物快速生长，对胚状体和芽的形成有良好的影响。

（3）氨基酸类　氨基酸（amino acids）是蛋白质的组成成分。常用的氨基酸有甘氨酸（glycine）及多种氨基酸的混合物，如水解酪蛋白（casein hydrolysate）、水解乳蛋白（lactoalbumin hydrolysate）等。从植物生长发育上讲，如以快速繁殖为目的增殖培养，常可以略去除蔗糖外的所有有机成分，而细胞培养、原生质体培养、愈伤组织诱导等则需要添加氨基酸等复杂的有机物。

3. 植物生长调节物质　植物生长调节物质可分为两类：一类是植物激素；另一类是植物生长调节剂。植物激素是指自然状态下植物代谢过程中自身形成的植物生长调节剂，在植物体内合成，在植物体内完成代谢作用，它是对植物生长发育产生显著作用的微量有机物；植物生长调节剂是指一些具有植物激素活性的人工合成的物质。外源激素对培养中的细胞分化和器官建成的控制主要表现在激素浓度、激素的反馈控制和激素的调节及顺序效应几方面。生长素和细胞分裂素在器官建成中表现同等重要，但生长素的作用要先于分裂素，它首先与组蛋白结合，恢复 DNA 的转录和翻译功能，同时它对细胞膜、细胞壁的形成具有直接或间接的作用。目前，通过添加不同种类和浓度的外源激素来调控细胞的生长、分化和代谢已经取得了一些规律性的认识。到目前为止，已发现植物组织中可以形成五种植物激素，即生长素、分裂素、赤霉素、脱落酸和乙烯，对于离体培养中的细胞分裂和分化、愈伤组织的诱导和器官分化等均起着重要而明显的调节作用。一般来讲，基本培养基只能保证培养物的生存，维持其最低的生理活动，只有与植物激素的配合使用，才能完成离体培养中按照需要设计的各个调节环节。

（1）生长素类　常用的生长素有吲哚乙酸（indoleacetic acid，IAA）、萘乙酸（naphthalene acetic acid，NAA）、2，4－二氯苯氧乙酸（2，4－dichlomphenoxy－acetic acid，2，4－D）和吲哚丁酸（indole butyric acid，IBA）等。愈伤组织或培养细胞的生长和生存依赖于合成的生长素（如2，4－D，α－NAA）或天然生长素（如IAA）。

IAA 为广泛分布于植物中的天然生长素，在受光和高压灭菌时稳定性较差。而 NAA、IBA、2，4－D 等人工合成的生长素类似物则较稳定，且相对活性较强，因此，这些人工合成的生长素类物质常用于各类培养中。需要注意的是，在使用2，4－D 时，必须严格控制使用浓度和培养时期，因为高浓度的2，4－D 常常抑制器官的发生，在分化培养时不能使用2，4－D 代替其他生长素。

（2）细胞分裂素类　细胞分裂素是腺嘌呤的衍生物。其主要作用是促进细胞分裂，调节器官分化，延迟组织衰老，增强蛋白质合成等。此外，它还能显著改善其他激素的作用。离体培养中，细胞分裂素能够促进不定芽的发生，与生长素协调使用可以有效调控培养物的生长与分化。常用的细胞分裂素包括：6－苄氨基嘌呤（6－benzyl adenine or 6－benzyl aminopurine，6－BA）、激动素（kinetin，KT）、异戊烯氨基嘌呤（isopentenyl-aminopurine，2－ip）、玉米素（zeatin，ZT）等。

近年来苯基噻二唑基脲（thidiazuron，TDZ）亦作为一种新的细胞分裂素类似物在许多离体培养研究中使用。

天然的细胞分裂素主要有：从菠菜、豌豆和荸荠球茎中分离出来的异戊烯基腺苷

[6－（3－甲基－2－丁烯基氨基）－9－β－D核糖呋喃基嘌呤]、从甜玉米未成熟种子或其他植物中分离到的玉米素［6－（4－羟基－3－甲基－反式－丁烯基氨基）嘌呤］等。

比较常用的人工合成细胞分裂素有苄氨基嘌呤（BAP）、6－苄氨基嘌呤（6－BA）、异戊烯氨基嘌呤（2－ip）和激动素（KT）。

药用植物组织和细胞培养物的生长过程主要取决于生长素和分裂素的比例。高浓度生长素和低浓度分裂素刺激细胞分裂，而低浓度生长素和高浓度分裂素则刺激细胞生长。另外，不同的外源激素配比对此生代谢物的产生也有较大的影响。

（3）赤霉素类 赤霉素是一类广泛存在于植物体内的激素，目前已发现的天然赤霉素有20多种。与生长素和细胞分裂素相比，赤霉素较不常用。在离体培养条件下，赤霉素的主要作用是促进细胞的伸长生长，与生长素协调作用对形成层的分化具有一定影响，同时还能刺激体细胞胚进一步发育成植株。有些情况下，赤霉素对于生长素和细胞分裂素具有一定的增效作用。在大多数情况下，培养物本身的内源赤霉素已能满足其生长发育的需要，极少数情况下才需外源添加赤霉素，其使用浓度必须严格控制。

（4）脱落酸 脱落酸（abscisic acid，ABA）最初是在研究桦树芽的休眠和棉花脱叶过程中发现的。通常情况下脱落酸可促进胚胎耐干燥性的形成，控制储藏物质的积累，抑制种子发芽，抑制生长，促使种子休眠，促进叶片衰老等。但在较低浓度处理时可以促进发芽和生根，促进茎叶生长，促进果实肥大，促进开花等。脱落酸的这种生育促进性质与其抗逆激素的性质是密切相关的。因为脱落酸的生育促进作用对于最适条件下栽培的植物并不突出，而对低温、盐碱等逆境条件下的表现最为显著。脱落酸的这种特殊的生理性质，对于正确理解脱落酸的生理意义十分重要，要根据实际情况妥善加以利用。

（5）乙烯 乙烯（C_2H_4）是一种简单的不饱和碳氢化合物，是植物正常代谢的一种产物。乙烯对植物生长发育的影响非常广泛，最主要的是促进果实成熟、促进叶片衰老和促进离层形成。一般说来，乙烯对组织培养物的生长、胚胎发生或芽的形成产生抑制作用，因此要抑制培养物产生乙烯，主要措施是降低培养基蔗糖的浓度，或者用麦芽糖和葡萄糖代替蔗糖。乙烯合成的抑制剂以及一些乙烯生理作用的抑制剂（如CO_2或Ag^+）可以延迟甚至完全抑制果实的成熟。

4. 有机氮源 蛋白质水解产物（如谷氨酰胺）或各种氨基酸是植物组织和细胞培养中使用较多的有机氮源。有机氮源对细胞的早期生长有利，氨基酸的加入主要是为了代替或增加氮源的供应，但应注意的是苏氨酸、甘氨酸和缬氨酸可通过灭活位于叶绿体和细胞质上的谷氨酸合成酶而降低氮的利用；与此相反，精氨酸通常具有补偿此灭活作用的能力。

5. 水 水是一切生命活动不可缺少的重要成分，任何生命活动必须在细胞内处于水溶液状态下才能正常进行。离体培养中，水既是培养基营养成分的溶剂，又是培养基的重要组成部分，它占培养基成分的95%。原生质体培养、细胞培养以及分生组织培养，一般应使用双蒸水或超纯水，以免水中残留的离子造成培养基成分的变化而影响培养效果。如果是大批量的快速繁殖培养，则可使用一般蒸馏水或纯净水，以降低生产成本，提高生产效益。

6. 其他添加物

（1）琼脂　除了液体悬浮培养外，所有的培养物都应生长在固体或半固体培养基上以防止培养物沉入液体培养基，因缺氧而死亡。固体培养基或半固体培养基中需加入琼脂。琼脂（agar）是一种来自海藻的多糖类物质，是植物组织和细胞培养中最常用的培养基凝固剂。琼脂的一般用量在0.6%～1.0%，若浓度太高，培养基硬度大，因而营养物质就难于扩散到培养的组织或细胞中，影响培养物对营养物质的吸收；若浓度太低，培养基则因凝固不好而影响操作，起不到支撑作用。琼脂作为一种附加物，并不是培养基的必需成分。通过添加琼脂使培养基呈固体或半固体状态，一方面限制了培养基中营养成分和水的移动；另一方面也限制了培养的植物细胞分泌物特别是有毒代谢产物的扩散而引起的植物生长受阻或受到毒害。

（2）活性炭　活性炭（activated char）为常用的吸附剂。在某些培养类型中，添加一定浓度的活性炭，可以吸附培养过程中产生的一些有毒物质，有利于培养物的生长。活性炭通常的使用浓度为0.2～0.5%左右。

（3）其他成分　在有些培养剂中添加甘露糖（醇）、山梨醇、聚乙二醇等渗透调节剂来起到调节细胞渗透作用。培养的植物组织很容易发生细菌或真菌污染，为了解决或防止这个问题，有时在配置培养基时添加抗生素。

二、培养基的配制

1. 母液的配制　培养基配方中各种成分的使用量从每升几微克到几千毫克不等，为了避免每次配制培养基都要称量各种化学试剂，常常把培养基中必需的一些化学试剂，按原量的浓度增大10倍、100倍、1000倍后称量，配成一种浓缩液，使用时按比例稀释成需要的浓度，这种浓缩液就叫做母液。各种大量元素无机盐配成的母液叫做大量元素母液；微量元素无机盐配成的母液叫做微量元素母液。各种维生素和激素，通常需单独配制，灵活使用，如IAA、NAA、6－BA、2，4－D、KT等。母液配好后要及时贴上标签，注明母液名称、浓度和配制的时间和配制人，并贮存于2～4℃的冰箱中，定期检查有无沉淀和微生物污染，如果出现沉淀或微生物污染，则不能使用。

母液的配制方法以MS培养基为例介绍如下：

（1）大量元素母液　大量元素包括硝酸钾、硝酸铵、硫酸镁、磷酸二氢钾和氯化钙五种化合物。大量元素母液的浓度是培养基配方浓度的10倍。如果要配母液1L，可以按配方中列出的10倍的用量，称取上述五种无机盐，分别进行溶解，然后再按上述顺序混合在一起，倒入容量瓶，最后加蒸馏水定容，使其总量达到1L，即为大量元素母液。每配制1L培养基用大量元素母液100ml稀释到1L即可。

（2）微量元素母液　微量元素用量很少，为了称量的方便和准确，常常把每种微量元素的无机盐的用量增大100倍或1000倍，配成为100倍或1000倍的母液。在配制MS微量元素母液时，按培养配方表用量的1000倍分别称取硫酸锰、硫酸锌、硼酸、碘化钾、钼酸钠、硫酸铜和氯化钴分别溶解，然后混合，加蒸馏水定容到1000ml，即成1000倍浓度的母液。

(3) 铁盐母液 一般使用的铁盐都是螯合铁，是用硫酸亚铁 5.57g 和乙二胺四乙酸二钠（Na_2EDTA）7.45g，分别溶解，然后混在一起，加蒸馏水定容到 1L，即配成铁盐母液。螯合铁的优点是在培养基的 pH 增高到 6～8 时，铁离子仍可保持二价，依然能够被植物培养物很好的吸收和利用。

(4) 维生素与氨基酸母液 维生素和氨基酸及类似物质，应单独配制母液，以便及时调整每一种成分在培养基中的用量。一般将每一种维生素配成浓度为 1mg/ml 的母液，1L 培养基需要多少毫克就加入母液多少毫升，这样使用起来十分方便。

(5) 植物激素母液 常用的植物激素有两大类，一类是生长素，另一类是细胞分裂素。常用的生长素有 2，4－D、萘乙酸（NAA）、吲哚乙酸（IAA）和吲哚丁酸（IBA）等。常用的细胞分裂素有激动素（KT）、6－苄基嘌呤（6－BA）和玉米素（ZT）等。赤霉素（GA_3）和脱落酸（ABA）不常使用。配制激素母液应当单独称量，分别配制，母液的浓度一般为 0.1～2mg/ml。这些激素一般不溶于水，常用激素的配制方法如下：

① IAA 先用少量 95% 乙醇使 IAA 充分溶解，再加蒸馏水定容至需要浓度的体积。

② NAA 可溶于热水中，也可采用与 IAA 同样的方法配制。

③ 2，4－D 先用少量 1 mol/L 的 NaOH 溶液充分溶解，然后，缓慢加入蒸馏水定容至需要浓度体积。

④ 细胞分裂素类 KT 和 BA 等细胞分裂素类物质均溶于稀盐酸，应先用少量 1 mol/L 的 HCl 溶解后再用蒸馏水稀释至需要的浓度。

⑤ 赤霉素的水溶液稳定性较差，一般用 95% 的乙醇配制成 5～10 mg/ml 的母液低温保存，使用时再稀释。

2. 培养基制备 在制备贮备液和培养基的时候，应当使用蒸馏水或无离子水以及高纯度的化学试剂。制备培养基的步骤如下：

配制固体培养基是需要先称出规定数量的琼脂和蔗糖，加蒸馏水到培养基最终容积 3/4，在电炉上或微波炉内加热使之溶解。在配制液体培养基时，不加琼脂则无需加热，因为蔗糖在常温很易溶解。

根据配方的要求，按顺序用量筒或移液管吸取大量元素、微量元素、铁盐、维生素和植物激素等各种母液中需要的各种母液，放在干净的烧杯中。

把所取的各种母液及溶好的糖和琼脂，加蒸馏水直至培养基的最终容积，同时不断搅动使其混合均匀，用 0.1mol/L NaOH 或 0.1mol/L HCl 调节培养基 pH 至实验要求的数值。

把培养基趁热分装到所选用的培养容器中，否则琼脂降至一定温度会凝固。

将分装好培养基的培养瓶用封口膜封好，灭菌。

三、培养基灭菌

培养基一般采用高压蒸汽灭菌或过滤灭菌。① 高压蒸汽灭菌通常是采用压力灭菌装置或高压灭菌锅，将分装好的培养基放在一个大的灭菌容器中，在压力为 0.1～0.15MPa，温度为 121℃的条件下灭菌 15～20min。培养基的灭菌时间和压力应严格控制，时间不足或低于要求的压力可能造成灭菌不彻底而使培养基污染；时间过长或压力过大又可能引起培养基成分的分解或无机盐的沉淀，有时还会引起糖类焦化而产生有毒物质，固体培养基灭菌时间过长还会引起琼脂不凝固等。② 在高温下容易使有效成分失活或分解的，可将这种成分采用过滤除菌的方法单独灭菌，然后添加到已经灭菌的培养基中。如经高压蒸汽灭菌后赤霉素 GA_3 活性仅为不经高压蒸汽灭菌的新鲜溶液的10%。因此，赤霉素要过滤灭菌，不能高压蒸汽灭菌，否则会失去作用。其中，高压蒸汽灭菌最为常用，基本操作过程如下：

首先检查其压力表、安全阀、放气阀、密封圈等是否正常，检查灭菌锅内有无足够量的水，最好用蒸馏水或去离子水，因为自来水往往含有较多的矿物质，容易使锅内形成水垢，影响锅的使用寿命。然后将需要灭菌的器皿、培养基等放入锅内，不要装得太满，以不超过锅的容量的3/4为宜，便于热蒸汽的上下回流，才能收到良好灭菌效果。加上盖系紧后，打开放气阀即可开始加热。当放气阀开始冒气说明锅内冷空气已经排净时，才可关上放气阀，指针指到0.1MPa时开始计算时间，使指针在0.1～0.15MPa之间维持15～20min（也可根据灭菌材料、培养的容器和培养基装量来确定灭菌时间），停止加热，使温度慢慢下降，当压力降至0时打开锅盖，取出灭菌物，马上将灭菌物放到无菌室备用。

第三节　药用植物组织和细胞培养的基本原理

每个植物细胞都具有该植物的全部遗传信息，并具有能分化出该植物体内任何一种类型的细胞或组织，进而发育成一个完整植株的遗传潜力，植物细胞的这种能力被形象地称为植物细胞的全能性（Cell totipotency），这也是药用植物生物技术这一门学科的理论基础。下面我们就对药用植物细胞、组织培养技术体系中常见到的一些基本概念作简单的介绍：

1. 外植体（Explants）　外植体是指植物细胞组织培养中用来进行离体培养的材料，可以是植物的器官、组织、细胞和原生质体等。在科学研究中常选用一些有较强分生能力及生命力的组织器官作为外植体，如茎段，根尖，叶片等营养器官；也可选取一些特殊的器官用以完成特定目的的培养，如花药作为外植体用于单倍体的培养、茎尖分生点作为外植体用于脱毒苗的培养等。

2. 愈伤组织（Callus）　在自然界中，愈伤组织是指植物体在受到创伤后形成的用以保护机体和修复创口的薄壁细胞团，此类细胞分裂迅速，排列疏散，多具有分化能力。在植物组织培养实验中，在一定的培养条件下，外植体一方面也可由增生的细胞产生不定型的薄壁细胞，即愈伤组织。愈伤组织既可作为液体悬浮培养的细胞种子，也可以作为新药源开发。另一方面具有分化能力的愈伤组织在适宜的培养条件下，经诱导再分化成芽，根或完整再生植株。

3. 胚状体（Embryoids）　胚状体亦称不定胚，是指培养过程中由外植体或愈伤组织产生的与正常受精卵发育方式类似的胚胎结构，根据其发育阶段不同，也可采用正常合子胚胚胎发育各时期的常用术语，如原胚、球形胚、心形胚、鱼雷形胚等来描述。

4. 继代培养（Subculture）　也称为传代培养。植物组织细胞在培养基上生长一段时间后，由于营养成分消耗、水分散失、有害代谢产物的积累和培养物的增殖等原因，此时的培养基已不能满足培养物继续生长的要求，需要将这些组织或细胞转移到新的培养基中继续培养，对植物组织或细胞这种转移操作称为继代培养。

5. 脱分化（dedifferentiation）培养　分化是指植物细胞或组织向不同结构发育，并引起功能或潜在发育方式改变的一种过程。脱分化培养是在人为因素下，使已分化的细胞组织重新恢复分裂机能并转变为分生状态，进而形成胚性细胞团或愈伤组织的培养过程。

组织培养研究的结果已经揭示，分化细胞的脱分化需要两个条件：创伤和外源激素。创伤引起的细胞脱分化现象在扦插实验中经常可以见到，例如将秋海棠或非洲紫罗兰的叶柄切断，扦插到苗床上，在适合的温度和湿度下，叶柄中薄壁细胞就能启动细胞分裂，产生分生细胞团，并由他们分化出小植株。创伤之所以能够诱导细胞的脱分化，主要是由于其组织中的生长素分布发生了变化，伤口处生长素浓度的提高是细胞开始脱分化的直接原因。在组织培养时，培养基中添加的外源激素对启动细胞脱分化起着决定性作用。

6. 再分化（redifferentiation）培养　再分化培养是在人为调控下使脱分化的细胞团或组织经重新分化而产生出新的具有特定结构和功能的组织或器官的培养过程。

一般来说，从分化细胞经过脱分化过程形成的分生细胞或分生细胞团可以经由两条再分化途径发育成为完整的植株，一是在适当外源激素诱导下，通过体细胞胚胎发生过程产生体细胞胚或胚状体，进而发育成为完整植株；或是通过器官发生，即诱导离体细胞或组织重建芽的分生组织，分化出芽后再产生根，成为完整的植株。

一、药用植物组织培养

1. 药用植物组织培养的定义及基本原理　药用植物组织培养是指在无菌条件下，将离体的药用植物的器官（如根尖、茎尖、叶、花、未成熟的果实、种子等）、组织（如花药组织、胚乳、皮层等）、细胞（体细胞、生殖细胞等）、胚胎（如成熟和未成熟的胚）、原生质体等培养在人工配置的培养基上，给予适当的培养条件，诱发产生愈伤组织、潜伏芽，或者长成新的完整植株的一种实验技术。

植物组织培养的概念是20世纪初产生的，1902年，德国植物学家哈勃兰德（Haberlandt）在《植物细胞离体培养实验》中提出了植物细胞全能性的概念，认为植物细胞具有再生成为完整植株的潜在全能性，首次提出分离植物单细胞并将其培养成植株的设想。1943年，美国科学家怀特（White）正式提出了植物细胞具有全能性的学说，即植物体单细胞经人工培育，可以通过自身的分裂分化恢复成为一株与原植物有着完全相同的遗传性状的完整植株。处在整体植株不同地位的生活细胞，由于受到整体对它们的控制，使得某些基因受到遏制而无法表达，故完整植株中不同部位的生活细胞只表现出一定的形态及生理功能，但当植株的细胞组织与植株分离之后，这些细胞组织就不再受完整植株对它们的控制，此时供给这些细胞组织以合适的营养和生长调节物质，这些细胞组织，即外植体，就可以在离体条件下分裂生长，先脱分化，后再分化为完整的再生植株（图 13－1 所示）（《中药组织培养实用技术》冉懋雄主编）。

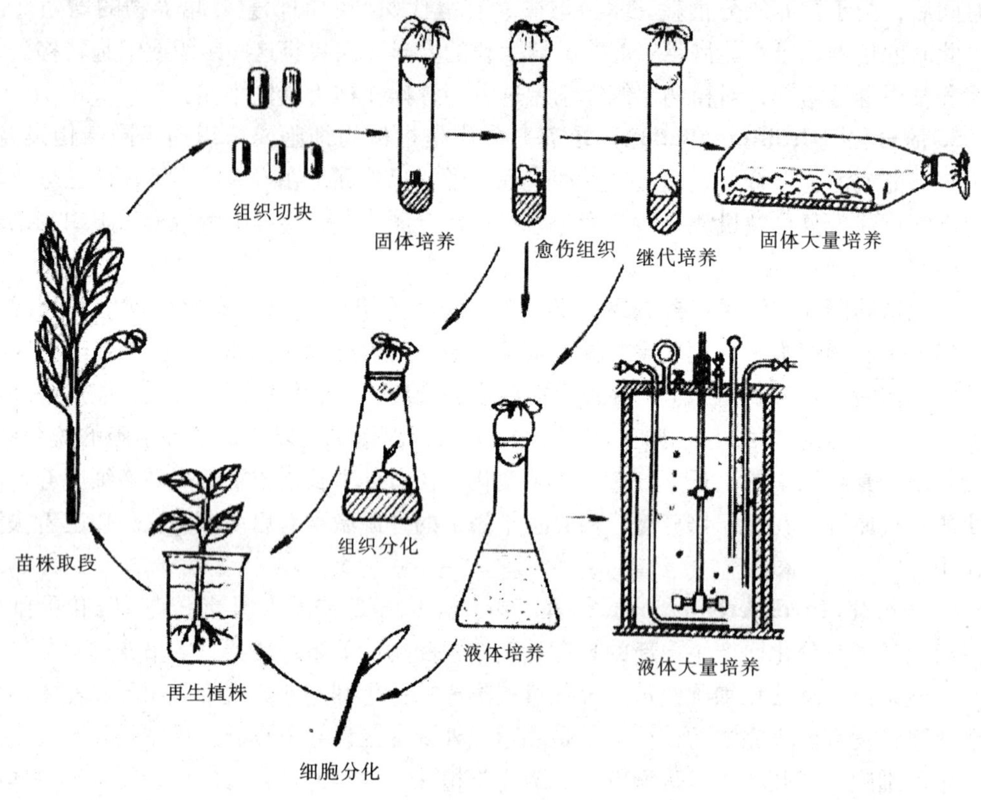

图 13－1 药用植物组织培养过程

2. 药用植物组织培养的分类 按照培养的外植体不同，药用植物组织培养可分为：茎芽培养，茎尖培养，花器培养，愈伤组织培养，毛状根培养等。其中，茎尖培养，芽尖培养是植物快速繁殖的常用方法；花器培养和茎尖培养是获得无病毒植株的重要途径；毛状根培养的目的主要是获得某些次级代谢物；愈伤组织可以通过悬浮培养而迅速增殖获取大量次级代谢物，也可作为原生质培养的材料来源。

按照培养系统可分为：固体培养和液体培养，液体培养又可分为振荡培养、旋转培养和静止培养等。

3. 药用植物组织培养的意义 药用植物组织培养主要用于药用植物的离体快速繁殖，药用植物组织培养所使用的材料并不多，却可以在短时间内获得大量植株，不受地理环境和气候条件的影响，不仅可以节约大量的种子、肥料、农药，而且可以进行工厂化育苗，节约大量土地资源，而且也解决了以往传统中药生产中有效成分含量不稳定，农残高、重金属超标等技术难题。

利用药用植物组织培养技术快速繁殖珍稀濒危药用植物是促进资源再生和开发利用、保护环境的重要手段。根据植物的生长点几乎无病毒的特点，利用中药组织培养技术，从芽、茎尖端取得生长点进行离体培养，可获得大量的脱病毒植株，提高了药用植物有效成分的产量和质量。

二、药用植物细胞培养

1. 药用植物细胞培养的定义及基本原理　药用植物细胞培养是指在离体条件下，将药用植物愈伤组织或其他易分散的组织置于液体培养基中进行培养，得到分散成游离状的悬浮细胞，通过继代培养使细胞增殖，从而获得大量细胞群体或各种代谢产物的一种技术。

药用植物细胞培养是在药用植物组织培养技术基础之上发展起来的，其理论基础及基本技术大体相同，但二者还是有一定的区别。

（1）培养对象不同。药用植物组织培养的对象主要是植物的各种组织、器官，如根、茎、叶、未成熟果实、种子、愈伤组织等；而药用植物细胞培养的对象只是各种形式的植物细胞，包括脱分化薄壁细胞（愈伤组织）、单细胞、单倍体细胞、原生质体和小细胞团等，这些细胞不再形成组织。

（1）培养目的不同。药用植物组织培养主要用于药用植物快速繁殖和获得愈伤组织，为下一步研究提供试材；而药用植物细胞培养则是以生产次生代谢产物和基因转化、生物转化等为目的。

2. 药用植物细胞培养的分类

（1）根据培养对象可分为单细胞培养、单倍体培养、原生质体培养及细胞融合等。

对大多数高等植物来说，细胞内的染色体是成对出现的，而在花药、小孢子等生殖细胞（配子体）内，染色体的数目只有普通细胞染色体数目的一半，称作单倍体。单倍体培养即是利用植物的花粉、花药、小孢子等单倍体细胞，在人工培养基上进行培养，从单倍体细胞直接发育成胚状体，然后长成植株，或离体花药通过愈伤组织诱导分化出芽和根，最终长成植株，此时得到的都是单倍体植株。

原生质体是指植物细胞或微生物细胞去除细胞壁后得到的微球体。原生质体培养是将植物的体细胞（二倍体细胞）经过纤维素酶等处理后去掉细胞壁，获得的原生质体在无菌培养基上分裂，生长、最终长成植株。通常这种方法用于将不同植物的原生质体融合后可获得体细胞杂交的植株。

（2）按照培养系统可分为悬浮培养、液体培养、固体培养和固定化培养等。

固体培养是在微生物培养基础上发展起来的植物细胞培养的方法，这种培养方法的培养系统中除了必需的营养成分外一般还需添加一定比例的琼脂，通过此种方法获得的培养基通常称胶冻样固态。

固定化培养是固体培养的一种，但不是使用固体培养基，而是将生活细胞固定在一定载体上，使其在一定空间范围内进行生命活动的植物细胞培养技术。与固定化酶或固定化微生物细胞培养类似，是在微生物和酶的固定化培养基础上发展起来的。目前应用最广泛的、能很好保持细胞活性的固定化方法是将细胞包埋于海藻酸盐或卡拉胶中。

液体培养也是在微生物培养基础上发展起来的培养方法。此种培养方法的培养系统为液态培养基，可分为静止与振荡培养两种。静止培养适合某些原生质体的培养，范围较窄。振荡培养主要有小规模的细胞培养或大规模细胞悬浮培养。

细胞悬浮培养属于液体培养的一种，是植物细胞大规模培养的主要方式，可以通过机械或气体搅拌实现细胞的悬浮，类似于微生物培养的发酵工程技术。与微生物培养相似，植物细胞的悬浮培养也包括分批培养、半连续培养（也叫流加培养）和连续培养三种方式。

目前，药用植物细胞大规模培养多采用悬浮培养方式，这主要是由于悬浮培养具有以下优点：

①可以增加培养细胞与培养液的接触面，促进营养的吸收；

②可迅速带走培养物产生的有害代谢产物，避免高浓度积聚对细胞的伤害；

③保证良好的混合状态，从而获得良好的气体传递效果；

④可以借鉴发酵工程的成熟技术，容易放大实现规模化。

3. 药用植物细胞培养的意义　药用植物细胞培养实现了利用药用植物细胞获取所需的各种次生代谢产物的产业化生产。工业上可通过大规模细胞悬浮培养生产生物碱、蒽醌、萜类和香豆素等生物活性产物。如用紫草细胞生产紫草宁，用人参细胞生产人参皂苷等。

药用植物细胞培养技术还广泛用于生物转化研究，将外源底物转化为所需的产物。如利用毛地黄细胞将甲基毛地黄毒苷转化为甲基地高辛，利用罂粟细胞将水飞蓟素转化为7－葡萄糖基水飞蓟素等。

药用植物细胞培养技术中的原生质体培养技术，单倍体细胞培养技术等，也在药用植物植物新品种的研发过程中发挥了重要作用。

三、药用植物器官培养

植物器官培养是指将植株上的各种器官从母体上分离出来，放在人工环境中让其生长或进一步发育为幼苗的过程；可用于培养的植物器官主要包括：毛状根、芽和体细胞胚等。其理论基础与药用植物组织培养及细胞培养一致，这里就不再重复。

一般来说，药用植物的次生代谢产物在已分化组织中含量较高，因此采用药用植物器官培养的方法是生产次生代谢产物的另一条途径，如利用高度分化的茎、芽进行培养以获得高含量目标代谢物，培养青蒿（*Artemisia annua*）茎生产青蒿素，培养颠茄（*Atropa belladonna*）畸形芽生产颠茄碱等。但由于相比于细胞或组织培养而言，植物器官的培养更为复杂，培养难度大，其工业化生产并不多见，应用较多的为毛状根（Hairy root）的培养。

毛状根最早是由微生物发根农杆菌（*Agrobacterium rhizogenes*）感染双子叶植物形成的毛发状类根器官，属于植物冠瘿组织的一种，其形成原理为 *A. rhizogenes* 的染色质体中某一片段整合到植物染色体中，并通过微生物 DNA 基因编码促进了生长素的合成，使得到的毛状根生长迅速。其中 Ri 质粒可刺激植物体次生代谢产物的形成，使得毛状根培养具有遗传稳定、生长迅速、产生的次生代谢物在质量与数量方面与母本相近等优点。

总之，与传统的药用植物生产相比，利用药用植物生物技术进行药用植物有效成分的生产有许多优点。如培养不受地理环境因素的限制；可提供标准化生产流程规范，产品质量可控；生产周期短、产率高；目标化合物产量可控；可实现有毒药用植物的减毒增效；产品无农残和环境污染等。

第四节　药用植物组织细胞培养的基本方法

一、药用植物组织培养

多数情况下，对药用植物进行组织培养是希望得到良好的细胞系或再生植株，一般植物通过组织培养达到再生的目的要经过以下两个步骤：

①培养的植物细胞或组织的脱分化，形成愈伤组织，对愈伤组织进行筛选。

②由新形成的愈伤组织经过继代，再分化形成一些分生细胞团，随后由其分化成不同的器官原基。

1. 基本步骤

（1）外植体的选择　药用植物组织培养成功的关键有两个重要因素，一个是培养基及培养条件，另一个就是外植体的来源。

作为外植体来源的植物应当是生长正常、无病虫害的植株，并从中选择适宜的器官组织作为外植体。从理论上讲，被选做外植体的植物组织必须为全能性细胞，而植物体中的全能性细胞主要有以下三类：

①受精卵。

②发育中的分生组织细胞。可取自分生组织、根尖、嫩茎、幼叶、花等，用它们进行无性繁殖能将一些植物无法通过有性繁殖保存的遗传性状保留下来。

③雌雄配子及单倍体细胞。应用这些外植体进行组织培养可以使基因表达充分，隐性基因不受抑制。利用它们可以直接选择所需性状，经染色体加倍，就能直接用于生产领域。

大部分的植物器官或组织都具有分生组织细胞，可以用于愈伤组织的诱导。然而，无菌种子和未木质化的茎是较理想的外植体原料。在快速繁殖中，最常用的培养材料是茎尖，通常切块长度在0.5cm左右；如果为培养无病毒苗，通常仅取茎尖的分生组织部分，其长度在0.1mm以下。对于木本药用植物材来说，阔叶树类可在1～2年生的枝条上采集，针叶树种多采种子内的子叶或胚轴，草本植物多采集茎尖。

外植体的位置对诱导培养结果也有很大影响，如不同部位的百合鳞片分化小鳞茎的能力不一，分化能力大小依次为下部、中部、上部。一般来说，顶芽的外植体成活率高于侧芽，幼嫩枝条的再生能力强。此外，在生长季节开始时由活跃生长的植物上切取的外植体通常能产生更好的诱导培养效果。

（2）培养材料的预处理

① 一般来说，外植体所在母株应事先避光培养12～24h，将选好的材料剪下自来水冲洗干净，一般30～40min即可，最后用蒸馏水冲洗，再用无菌纱布或吸水纸将材料上的水分吸干，并用消毒刀片切成适宜大小。

② 在无菌环境中将材料放入70%酒精中浸泡30～60s，这一步骤主要有两个作用：一是杀死材料表面的微生物，二是具有表面活性剂作用。

③ 将材料移入 0.01% 升汞（$HgCl_2$）中消毒 2～10min，或用漂白粉饱和液（含 NaClO 0.5%～0.75%）浸泡 5～10min。在灭菌液中可加入 0.01%～0.1% 的表面活性剂（如吐温 20、吐温 80、特波尔），以提高可润湿性减少材料表面气泡的形成。也可采用其他杀菌剂，如 2% 次氯酸钠处理 5～10min，10%～12% 的过氧化氢处理 5～15 min 等。

杀菌剂的种类、浓度和处理时间需根据植物材料对其敏感性而定。依材料幼嫩程度而定。如萌动芽和休眠芽，裸露芽和鳞片包被芽对灭菌剂的敏感性不同，杀菌强度过大易造成幼嫩组织破坏，细胞死亡。生长在地上的材料与生长在地下的材料，灭菌的难易程度不同。有无表皮附属物，如茸毛、蜡质层等，灭菌的难易程度和时间长短不同等。在灭菌过程中要达到良好的效果，必须把植物材料、灭菌剂种类及浓度、灭菌时间综合考虑；有时采用单一的杀菌剂往往难以达到理想的效果，而多采用多种药剂配合使用的方法。

④ 取出后用无菌水洗净残留菌液。

需要注意的是若外植体取自尚未度过休眠的鳞茎、块茎、球茎或其他器官，须在培养前用理化方法进行处理，以打破休眠。打破休眠的方法通常采用低温处理法和药剂处理法，如可将鳞茎或块茎在 2～12℃ 下放置 4～8 周，可明显提高诱导效果。

（3）制备外植体　在无菌的环境下，将已消毒的材料用无菌刀、剪、镊等（注意：在操作中严禁用手触摸材料，刀片和镊子每使用一次后都要进行酒精灭菌），剥去芽的鳞片、嫩枝的外皮或种皮胚乳（叶片则不需剥皮），然后切成长度为 0.2～0.5cm 的小块，用于接种。有时为了提高愈伤组织的发生机率，常要剪去外植体边缘接触杀菌剂的部位 2mm，切剪茎叶时尽量在边缘保留一定数量的叶脉，将较粗的茎纵向剖开，让切口尽量接触培养基等。

（4）接种和脱分化培养

① 接种：在无菌坏境下，将切好的外植体立即接种在脱分化诱导培养基上，每瓶接种 4～10 个，适当的减少每瓶接种的外植体数可减少整瓶染菌的几率。

② 封口：接种后，瓶、管用无菌药棉或盖封口，培养皿用无菌胶带封口。

③ 培养温度：于 22～28℃ 培养，需要注意的是培养温度要因药用植物种类及材料部位的不同而区别对待。

此外，光照的有无、光质及光照强度也对脱分化培养的结果有重要影响，依实验要求确定。

（5）增殖和再分化培养　当脱分化组织生长形成后，需要继代培养以增加其生物量。即把愈伤组织分成适当大小的块转入继代培养基中。当生物量足够时将脱分化组织转至分化培养基上，使其转化为胚性细胞或发生出叶原基，进而发育出茎叶等器官。此后将材料分株或切段转入增殖培养基中（增殖培养基一般在分化培养基上加以改良），增殖 1 个月左右后，可视情况进行再增殖。

（6）根的诱导

再分化培养形成的不定芽和侧芽一般没有根，必须转到生根培养基上进行生根培养。一般来说，大多数药用植物组织进行生根诱导 2～3 周即可在培养基接触点上产生不定根，4～6周可形成较强壮的根系。需要注意的是生芽之后诱导生根较为容易，反之，先进行生根诱导，再诱导芽的发育成功率则较低。

（7）组培苗的炼苗和移栽　组培苗在培养容器中恒温、高湿、低光、异养等特殊环境下增殖生长，使其形态解剖结构和生理特性与在自然条件下生长的植株有很大不同。为适应移栽后相对恶劣多变的自然环境，必须要对组培苗进行一个逐步锻炼的适应的过程，即进行炼苗，使其强壮化，诱导组培苗茎叶保护组织的发生，恢复其气孔开闭的水气调节功能。

主要步骤为：打开瓶口→降温→增光。一般先将培养容器打开，于室内自然光照下放2～5天，逐渐降温增光，然后取出小苗，用自来水把根系上的培养基冲洗干净，再栽入已准备好的基质中（基质使用前最好消毒）。

移栽前要适当遮荫，加强水分管理，保持较高的空气湿度（相对湿度98%左右），但基质不宜过湿，以防烂苗。

2. 愈伤组织培养的基本过程

（1）愈伤组织的形成　一般来说，由外植体或单个细胞形成愈伤组织一般要经过三个步骤：

① 启动期（或诱导期）：主要是指细胞或原生质体准备分裂的时期，需要采用合适的诱导剂，如NAA（萘乙酸）、IAA（吲哚乙酸）、2，4－D（2，4－二氯苯氧乙酸）等或细胞分裂素如激动剂（6－呋喃氨基嘌呤，KT）、玉米素（6－异戊烯腺嘌呤，ZT）、6－BA（6－苄基嘌呤）。

② 分裂期：即开始分裂并不断增生子细胞的过程。如果是外植体，其外层细胞开始分裂，并脱分化。若此时经常更换培养基，愈伤组织就可以无限制地进行分裂而维持不分化状态。

③ 分化期：细胞内部开始发生一系列形态和生理上的变化，分化出形态和功能不同的细胞。此时，表层细胞分裂减慢，内部的局部细胞也开始分裂。

（2）愈伤组织的生长　愈伤组织生长期代谢比较旺盛，为保证其生长所需的营养充足，需要不断更换新鲜培养基，此时培养基的主要作用已经不是诱导细胞分生，而是为愈伤组织的生长提供营养物质，因此继代培养基成分可与诱导培养基稍有不同，可以适当调节原诱导培养中的激素含量变化。

（3）愈伤组织的分化和形态的发生　在人为调控下，愈伤组织可以再分化成为芽和根的分生组织并由其发育成完整植株。该过程主要受外植体自身条件（如遗传性状、来源部位和年龄等）、培养基（如培养系统是固态还是液态、生长素、激动素和其他营养等）和培养条件（如温度、光质与光照强度、光周期和通气量）等因素影响。

二、药用植物细胞培养

一般来说，从外植体获得的植物细胞或经过细胞改良以后获得的优良细胞数量较少，性质不稳定，不适于进行大规模培养，需要采用一定的方法进行植物细胞培养，使细胞生长、繁殖，形成细胞团，进一步获得稳定的细胞系。此外，通过植物细胞培养可以进行细胞特性、细胞生长和代谢规律等方面的研究。可以获得大量所需的植物细胞和各种所需的次级代谢产物。可以进行生物转化，将外源底物转化为所需的产物。也可以用于植物种质保存、人工种子的制备和植物的大规模快速繁殖等。

1. 植物细胞的特性　植物细胞与微生物细胞、动物细胞一样，都可以在人工控制条件的生物反应器中生长、繁殖、生产人们所需的各种产物。然而植物细胞与微生物、动物细胞比较，在细胞体积、倍增时间、营养要求、对理化因子的要求、对剪切力的敏感程度以及人们进行细胞培养主要获得的目的产物等方面的特性都有所不同（表 13 -4）。

表 13 -4　动物、微生物、植物细胞特性比较

细胞种类	动物细胞	微生物细胞	植物细胞
细胞大小/μm	10 ~ 100	1 ~ 10	20 ~ 300
倍增时间/h	>15	0.3 ~ 6	>12
营养要求	复 杂	简 单	简 单
光照要求	不要求	不要求	大多数要求　光照
剪切力敏感度	敏 感	大多数不敏感	敏 感
主要产物	疫苗、激素、单克隆抗体、多肽、酶等功能蛋白质	醇、有机酸、氨基酸、抗生素、核苷酸、抗生素、酶等	药物、色素、香精、酶、多肽等次级代谢物

从表 13 -4 中可以看到，植物细胞与动物细胞及微生物细胞之间的特性差异主要有以下几点：

① 形态特异性：植物细胞的形态虽然根据细胞种类、培养条件和培养时间的不同有很大的差别，但是其细胞大小都比微生物及动物细胞大得多，而且植物细胞在分批培养过程中，细胞形态会随着培养时间的不同而有明显变化，一般在分批培养的初期，细胞体积较大，随着进入旺盛生长期，细胞进行分裂，使体积变小，并且容易聚集成细胞团，进入生长平衡期后，细胞伸长，体积变大，细胞团比较容易分散成单个细胞。例如，烟草细胞在培养初期平均长度为 93μ，随着培养的进行，细胞分裂，平均长度缩短到 50μ，细胞容易聚集成细胞团。进入平衡期后，细胞长度又变为 90 ~ 100μ。

② 代谢特异性：植物细胞的生长速率和代谢速率低，生长倍增时间长。植物细胞的平均倍增时间都在 12h 以上，比微生物长得多。例如，烟草细胞的倍增时间约为 20h，胡萝卜细胞的倍增时间约为 33h，酵母平均倍增时间 1.2h，大肠杆菌却只有 20min。

③ 营养要求低：与动物细胞相比，植物细胞和微生物细胞的营养要求较为简单。植物为自养型生物，即使部分细胞离开植株相对独立，植物细胞在短时间内也能以简单的小分子物质为营养源，但这并不是说植物细胞对培养基的要求就不苛刻，不适合的培养基一样会导致植物细胞的生长停滞，甚至死亡。动物是异养型生物，组织细胞分化程度较高，对营养的要求较高。微生物，也是异养型生物，但多分化程度极低，对营养的要求不高。

④ 群体生长性：植物的单细胞难以生长、繁殖，所以在植物细胞培养时，接种到培养基中的植物细胞需要达到一定的密度，才有利于细胞培养。并且在培养过程中，植

物细胞容易结成细胞团，所以一般所说的植物细胞悬浮培养主要是指小细胞团悬浮培养。

⑤ 光敏性：植物细胞与动物细胞、微生物细胞的主要不同点之一，是大多数植物细胞的生长以及次级代谢物的生产要求一定的光照强度和光照时间，甚至不同波长的光对其生长以及次级代谢物的生产都具有不同的效果。在植物细胞大规模培养过程中，如何满足植物细胞对光照的要求，是反应器设计和实际操作中要认真考虑并有待研究解决的问题。

⑥ 机械力敏感性：植物细胞与动物细胞一样，对机械刺激（如剪切力）十分敏感，这在生物反应器的研制和培养过程通气、搅拌方面要严加控制。相比之下，微生物细胞，尤其是细菌对机械刺激具有较强的耐受能力。

⑦ 产物特异性：植物细胞和微生物、动物细胞培养主要目的产物各不相同。植物细胞主要用于生产药物、色素、香精和酶等次级代谢物。微生物细胞主要用于生产醇类、有机酸、氨基酸、核苷酸、抗生素和酶等。而动物细胞主要用于生产疫苗、激素、抗体、多肽生长因子和酶等功能蛋白质。基于这种差异，三者的培养条件和培养方式相应有较大的差异。

2. 单细胞培养　单细胞培养是从外植体、愈伤组织、群体细胞或者细胞团中，分离得到单细胞，然后在一定条件下进行培养的过程。通过单细胞培养，可以得到具有相同基因及特征的细胞团或细胞系，用这种细胞系进行大规模细胞培养，易于对其生长代谢进行调节控制，并得到较为均一的次生代谢产物。

（1）单细胞的获得

① 机械法：将外植体或愈伤组织通过切割、捣碎、研磨或震荡等方法，过 200 目以上的筛网，获得游离的单细胞悬浮液。此方法是一种原始的方法，效率较低，获得的完整细胞数量少，分散性较好。

② 原生质体再生法：外植体愈伤组织或细胞团经过纤维素酶和果胶酶等的作用，除去细胞壁而获得游离的原生质体，经计数和适当稀释，在一定条件下进行原生质体培养使细胞壁再生，而获得单细胞悬浮液。

（2）单细胞培养方法

① 单细胞平板培养法：是指将单细胞接种或混合于固体培养基上，在培养皿中进行培养的方法。其具体步骤为：

（i）单细胞悬浮液的密度调整：大量研究表明，在单细胞的平板培养中，植板的细胞必须达到临界密度，细胞才能顺利地生长繁殖，一般应控制在 103 ~ 104 个/ml。

（ii）培养基配制及灭菌：单细胞平板培养多使用固体培养基，成分一般按所培养的细胞不同而不同，具体方法参照本书第二章。

（iii）接种：将调整好细胞密度的单细胞悬浮液与 50℃左右（在此温度琼脂可维持液体状态）的固体培养基以 1∶1 的比例混合均匀，分装，水平放置，冷却。

（iv）培养：将平板置培养箱中，在一定条件下培养若干天，使细胞生长形成细胞团。

（v）继代培养：选取生长良好的由单细胞形成的细胞团，接种于新鲜的固体培养基上进行继代培养，获得由单细胞形成的细胞系。

② 单细胞看护培养法：是指采用一块活跃生长的愈伤组织来看护单细胞，使单细胞持续分裂和增殖，从而获得由单细胞分裂形成的细胞系的方法。其基本过程如下：

（i）培植愈伤组织：配置好适于愈伤组织生长的固体培养基，将生长活跃的愈伤组织植入培养基中间。

（ii）接种单细胞：在愈伤组织的上方放置一片面积为 $1cm^2$ 左右的无菌滤纸，滤纸下方紧贴培养基和愈伤组织，并以培养基浸湿，取一小滴单细胞悬浮液接种于滤纸上。

（iii）培养：在一定温度及光照下培养若干天，单细胞在滤纸上分裂形成细胞团。

（iv）继代培养：将滤纸上的细胞团转移至新鲜的固体培养基上进行继代培养，可得到由单细胞形成的细胞系。

③ 单细胞的饲养层培养：是用处理过的（如 X 射线处理）无活性或分裂很慢、不具备分裂代谢能力的细胞来饲养所需培养的细胞，使其分裂生长。具体方法有：

（i）饲养细胞与靶细胞（要培养的细胞）共同混合于琼脂培养基中。

（ii）饲养细胞与靶细胞分别混合于琼脂培养基中，饲养细胞培养基又称条件培养基，位于下层。

（iii）饲养细胞与靶细胞一起培养于液体培养基中。

（iv）双层滤纸植板培养：在饲养层细胞和靶细胞层之间放两张无菌滤纸，上面一层滤纸用于将靶细胞转移到其他培养基上使用。

④ 单细胞的微室培养：是将种有单细胞的少量培养基置于微室（或有凹槽的载玻片）中，使单细胞生长繁殖的方法，多用于在显微镜观察单细胞的分裂现象。

⑤ 液体浅层静置培养：将一定密度的混悬细胞放在培养皿中形成一浅薄层，封口静置培养。可以镜检，易于补加新的培养基。

⑥ 单细胞悬浮培养：主要指将细胞接种于液体培养基中，在保持良好的分散状态情况下培养。此法由于细胞营养吸收充分、培养环境条件好，细胞增殖快，能大量提供比较均匀的细胞，因此适合大规模培养。

3. 原生质体的培养

（1）原生质体的特点

① 具有全能性：植物原生质体虽然去除了细胞壁，但仍保留了植物全套的遗传信息，因此，植物原生质体与植物细胞一样具有全能性，经人工培养可发育成为完整植株。

② 吸收能力强：植物原生质体由于去除了细胞壁这一扩散障碍，就使其吸收能力比完整细胞强，利于氧气、营养成分的吸收。

③ 分泌能力强：植物细胞产生的许多代谢物之所以不能分泌到胞外，细胞壁对物质扩散的障碍是重要原因之一。原生质体由于去除了这层障碍，使得细胞的通透性增强，利于胞内产物的分泌，使较多代谢产物分泌到细胞外，可以不经过细胞破碎，直接从培养液中分离得到其代谢产物。

④ 易诱导融合：无细胞壁障碍，便于细胞膜外的物质进入细胞膜内，可以方便的进行遗传操作，基因的转移和原生质体融合。

⑤ 稳定性差：植物原生质体由于没有细胞壁的保护作用，稳定性较差，易于受到渗透压等条件变化的影响，所以在原生质体培养过程中，必须添加适宜的渗透压稳定剂等，以免原生质体受到破坏。

（2）原生质体的获得

① 机械法：

先使细胞质壁分离，再用刀把细胞壁切破，使原生质体流出或释放出来。由于这种方法手工操作难度大，以致于原生质体得率非常低，而且费时费力，难以进行原生质体大量制备。

② 酶解法：

1960 年，英国诺丁汉大学的科金（E. C. Cocking）第一次采用酶解的方法从番茄幼苗根尖中成功地大量制备出原生质体，从而开创了酶法大量获得原生质体的方法。该方法具有条件温和、原生质体完整性好、活力高、得率高等优点。该方法的创立极大地促进了原生质体培养、融合、转化等一系列研究的开展。

通常采用的制备原生质体的酶包括：琼脂酶、果胶酶、蜗牛酶、纤维素酶等。实际应用中需要根据不同的细胞来源选择合适的酶、酶的浓度、酶作用温度、pH 以及作用时间。

③ 原生质体纯化：

原生质体酶解结束后，首先要将原生质体与未消化的碎片及酶液分离，然后经过洗涤后再进行培养。如果用作细胞融合等特别用处，则还必须要进一步纯化。具体的纯化方法有以下几种：

（i）过滤－离心法：

多采用 40～100μ 的网筛过滤细胞混合液，除去未消化的细胞、细胞团、碎片，在适当溶剂内低速离心使原生质体下沉于离心管底部，细胞碎片留在上清液中，如此收集得到原生质体，反复 3～4 次。

（ii）漂浮法：

原生质体比重较小，能在具有一定渗透压的溶液（如 2.5% 的蔗糖溶液）中漂浮，然后用吸管收集。此种方法优点是制备的原生质体比较纯净，但缺点是丢失的较多。

（iii）沉降法和漂浮法结合：

先将收集到的原生质体酶解液低速离心，倾去上清液，再将沉降得到的原生质体重新悬浮于纯化液中（含 21% 的蔗糖），离心，在表面得到漂浮的原生质体。再将漂浮得到的原生质体重新悬浮于洗涤液中，离心，收集沉于底部的原生质体。根据需要，重复两次以上操作，这样获得的纯化的原生质体就可以用于培养或细胞融合等操作了。

（1）原生质体的培养方法

① 液体静止培养法：

液体静止培养法是将纯化后的原生质体悬浮于液体培养基中，静止培养，经细胞壁再生，形成单细胞，在分裂成细胞团的过程。原生质体的起始密度在每毫升 10^4～10^6 个，如果采用的是看护培养等特殊方法，密度可降低。

液体静止培养又可以分为液体浅层培养和液体悬滴培养两种，前者类似于单细胞的液体培养，后者是在培养皿的盖子上制成原生质体小滴，在皿底内加少量培养液，保持湿度，然后将皿盖盖上皿底后，用胶布密封，放进一个大的培养皿内培养。

需要注意的是，刚刚从酶液分离出来的原生质体一般要用高渗透压的培养液。在一定时间内逐渐将高渗透压的培养液降低至正常渗透压的培养液。时间要根据不同的培养对象有所不同。

② 固体平板法：

类似于前面讲的植物单细胞平板培养法，不再赘述。

③ 双层培养法：

在琼脂培养基上部加入一薄层液体原生质体培养液培养原生质体。这样，液体培养基与固体培养基相结合，能保持良好的湿度，利于原生质体的生长。

4. 小细胞团培养 细胞团是指由若干个植物细胞聚合在一起而形成的细胞团块。小细胞团培养是将2～8个细胞组成的细胞小团块接种于培养基中，在一定条件下进行培养的过程。

（1）小细胞团的获得

① 愈伤组织分割法：

愈伤组织分割法是在无菌条件下用镊子或者小刀将愈伤组织块分割成小细胞团（小组织块）的过程。

分割得到的小细胞团可以接种到新鲜的固体培养基中进行继代培养，继代培养获得的细胞团块还可以继续分割成小细胞团，分割得到的小细胞团也可以转移到液体培养基中进行悬浮培养。

在液体悬浮培养过程中，小细胞团不断分裂增殖，细胞团会越来越大，可以通过下述的细胞团分散法使其重新成为小细胞团。

② 单细胞增殖法：

植物细胞由于具有群体生长特性，细胞外围有一层果胶等胶体物质，容易将细胞黏结在一起而形成细胞团。单细胞培养过程中，单细胞经过分裂繁殖也会形成细胞团直至形成小愈伤组织块。

③ 细胞团分散法

细胞团分散法是在剪切力的作用下，使大细胞团分散成为小细胞团或者单细胞的过程。

通常用于细胞团分散的方法是采用机械搅拌或者通入无菌空气，使其分散为小细胞团和部分单细胞；也可将细胞团转移到装有培养液的三角瓶中，加入灭菌的玻璃珠，在一定条件下振荡培养而分散成小细胞团和单细胞。在使用上述方法的过程中，要注意控制好搅拌速度、通气量、通气速度、振荡速度等，以免使植物细胞受到破坏。

此外，降低培养基中钙离子的含量，可以防止大细胞团的形成，添加一定量的果胶酶可以增强分散效果，以控制细胞团的体积。

（2）小细胞团的同步化 植物小细胞团悬浮培养，要求细胞团大小和所处的生长期一致，这样各细胞团在液体培养基中的悬浮状态才会相同，营养物质和氧气的传递才可能均一，使其生长繁殖、新陈代谢状态尽量一致。

为了使小细胞团在悬浮培养时处于比较均一的状态，需要进行同步化处理。一般的同步化处理主要包括以下两步：

① 体积选择：

体积选择是对细胞团的体积大小进行选择，以使悬浮在液体培养基中的细胞团体积比较接近。操作时，将培养一段时间的细胞悬浮液，在无菌条件下，用一定孔径的不锈钢筛网过滤，除去大细胞团。然后，滤液再用较小孔径的筛网过滤，除去滤液中的小颗粒、细胞碎片和可溶性物质，获得颗粒大小较均匀的小细胞团，再悬浮于新鲜的液体培养基中进行培养。

② 生长状态选择：

将大小较为均一的小细胞团采用一定手段（低温处理，限制营养或加入细胞分裂抑制剂）使其在一定时间内所有细胞停止分裂，然后将细胞转移到新鲜的液体培养基中，在一定的条件下进行悬浮培养，则所有的细胞几乎同步地开始分裂，即得到大量生长状态一致的细胞团。

（3）小细胞团的培养方法

① 小细胞团固体培养：

固体培养是将小细胞团接种于含有 0.8% 左右琼脂的固体培养基中，在一定条件下进行培养的过程。

② 小细胞团液体悬浮培养：

小细胞团的液体悬浮培养是将小细胞团悬浮于液体培养基中，在一定条件下进行培养的过程。

小细胞团液体悬浮培养可以获得数量较多的植物细胞，而且质量较高，可大批量地获得各种所需的次级代谢物，是当今最常使用的方法。

小细胞团液体悬浮培养所使用的反应器主要有搅拌式反应器、气升式反应器、鼓泡式反应器等。在反应器的设计和使用过程中，要特别注意剪切力对小细胞团悬浮特性及其生长繁殖的影响。剪切力过低时，植物细胞容易结成较大的细胞团，会影响营养物质和氧气的传递，使细胞团内部的细胞生长、繁殖和新陈代谢受到影响，大细胞团还会沉降，堆积在反应器的底部，起不到悬浮培养的效果。剪切力过大时，则小细胞团可能分散成植物单细胞，甚至会受到破坏而影响细胞的生长繁殖和新陈代谢。因此，必须控制好搅拌转速或通气量与通气速度，既能满足细胞对溶解氧的需求，又能使培养液与细胞混合均匀，并使小细胞团保持一定的大小，保持良好的悬浮状态，免于受到破坏。

5. 固定化细胞培养　固定化细胞是指固定在载体上，在一定的空间范围内进行生命活动的细胞。与植物细胞悬浮培养比较，固定化植物细胞具有稳定性好、产物容易分离和利于连续化生产等特点，但此种培养方法只适用于可以分泌到细胞外的次级代谢物的生产。

（1）固定化细胞的特点　固定化植物细胞与植物细胞悬浮培养对比具有下列特点：

① 植物细胞经固定化后，由于有载体的保护作用，可减轻剪切力和其他外界因素对植物细胞的影响，提高植物细胞的存活率和稳定性。

② 细胞经固定化后，不容易聚集成团。

③ 固定化植物细胞培养可以简便地在不同的培养阶段更换不同的培养液。

④ 固定化植物细胞可反复使用或连续使用较长的一段时间，大大缩短生产周期，提高产率。

⑤ 固定化植物细胞易于与培养液分离，利于产品的分离纯化，提高了产品质量。

(2) 细胞的固定化方法

① 一般吸附法：

是将植物细胞吸附在多孔陶瓷、多孔玻璃、多孔塑料等的大孔隙或裂缝之中，使其正常生长代谢，产生药物和酶等次级代谢物。

其基本过程为：将洗净、灭菌后的多孔材料粒放进待培养细胞的培养液中，振荡培养一段时间，培养细胞会吸附在多孔材料的孔隙内，并在其中进行生长、分裂、繁殖和新陈代谢。

② 中空纤维吸附法：

此法是把植物细胞定置在中空纤维的外壁与外壳容器的内壁之间，细胞吸附在中空纤维的外壁，培养液及氧气在中空纤维的管内流动，各种营养成分及溶解氧透过中空纤维的半透膜管壁传递给管外壁的细胞，植物细胞的代谢产物又通过中空纤维膜分布到管内培养液中，随培养液流出。

这种方法近似于植物体内物质的传递与交换形式，有利于细胞生长和新陈代谢的进行，具有较好的应用前景。中空纤维作为固定化载体的缺点是有时纤维管会阻塞而影响物质传递，而且中空纤维成本较高，难以大规模生产利用。

③ 凝胶包埋法：

以各种多孔凝胶为载体，将细胞包埋在凝胶的微孔内而使细胞固定化的方法称为凝胶包埋法，细胞经包埋固定化后，被限制在凝胶的微孔内进行生长、繁殖和新陈代谢。

凝胶包埋法是应用最广泛的细胞固定化方法，适用于各种植物细胞、动物细胞和微生物的固定化。凝胶包埋法所使用的载体主要有琼脂、海藻酸钙凝胶、角叉莱胶、明胶、聚丙烯酰胺凝胶和光交联树脂等。其中，以角叉莱胶使用最为广泛。

(3) 固定化细胞的培养方法

固定化植物细胞培养所使用的培养基都是液体培养基，培养方法主要有振荡培养、流化床反应器培养、填充床反应器培养和膜反应器培养等。

① 振荡培养

振荡培养是将固定化植物细胞在无菌条件下装进含有液体培养基的三角瓶中，置于振荡培养箱中，在一定的条件下进行振荡培养的过程。

振荡培养设备简单，操作容易，在固定化植物细胞的生长、繁殖和代谢等方面的特性研究中经常采用。通过振荡培养可以掌握固定化细胞的生长和生产次级代谢物的条件和规律，了解培养基组分、培养温度、pH、溶解氧和光照等条件对细胞生长和次级代谢物积累的影响。但是由于培养基的体积少，所获得的样品数量不多，只能用于分批培养，加上振荡培养的条件与生物反应器的条件有较大差异，放大过程的难度较大。

② 流化床反应器培养

流化床反应器培养是将固定化植物细胞悬浮在液体培养基中，置于流化床等反应器中，在一定的条件下进行培养的过程。

流化床反应器培养过程中，固、气、液三相的混合较好，传质、传热较为均匀，但是剪切力较大，对固定化植物细胞会造成破坏。

③ 填充床反应器培养

填充床反应器培养是将固定化细胞置于填充床反应器中堆叠在一起，固定化细胞静止不动，通过培养基的流动提供所需的营养成分和氧气，同时带出各种代谢物的培养过程。

填充床反应器培养的优点在于单位体积的反应器中所含有的固定化细胞数量多，细胞密度高，反应速率较大。但是其混合效果差，传质效率较低，底层的固定化细胞受到的静压力较大，容易变形或者破坏，导致培养液的流动受阻。

三、药用植物的器官培养

早在 1934 年 Hildebrand 就报道了发根农杆菌感染苹果树能诱导产生毛状根。到目前为止，已有 160 多种植物诱导出了毛状根。由于此项技术在植物生产次生代谢产物的生产中有着较为广泛的应用及极大的发展潜力，本章对此技术体系给予详细介绍。

1. 发根农杆菌的生物学特性　发根农杆菌（*Agrobacterium tumefaciens*）是根瘤菌科（*Rhizobitaceae*）农杆菌属（*Agrobacterium*）的一种革兰阴性土壤细菌，具有鞭毛，能游动，可以侵染绝大多数的双子叶植物和少数的单子叶植物及个别裸子植物，并诱发植物组织发生癌变，在侵染部位形成毛状根。

最新研究发现，在发根农杆菌染色体之外，存在独立的巨大的双链共价闭合环状 DNA，即 Ri 质粒，大小在 180 ~ 250 kb 之间，分为 Vir 区（致病区）和 T – DNA 区（转移区）；T – DNA 可以在 Vir 区的协助下转移至寄主植物并在侵染期间整合到寄主植物的染色体上，迫使植物细胞增殖，并生成低分子的化合物—冠瘿碱。冠瘿碱是一种特殊的氨基酸，不编码蛋白质，植物细胞以它为唯一碳氮源，使转化的植物细胞无限繁殖，外在表现出毛状根的症状，从而形成了毛状根。冠瘿碱合成酶的编码区分布在 T – DNA 区，但该基因的启动子为真核性的，在发根农杆菌内不表达，只有整合到植物染色体上才可以表达。

2. 发根农杆菌感染植物产生毛状根的方法

（1）植物体直接接种法　将植物种子消毒后，在合适的培养基上进行萌发，长出无菌苗。可以取茎尖继续培养，等无菌植株生长到一定时候，将植株的茎尖、叶片切去，剩下茎杆和根部，在茎杆上划出伤口，将带 Ri 质粒的农杆菌接种在伤口处和茎的顶部切口处，或用活化好的新鲜菌液对发芽数日或二周内的幼苗或试管苗，反复注射（2 ~ 3 次），一般两周后即可在注射部位产生毛状根，这种方法是最为简便的，但它仅适合于可以用茎尖继代培养的植物。

（2）外植体接种法　将外植体用刀片或剪刀切成小块或小段，用活化好的菌液进行侵染，或在伤口处涂抹，然后与农杆菌共同培养 2 ~ 3 天，可诱导产生毛状根。

（3）原主质体共培养法　通常是将从植物的叶肉细胞获得的原生质体培养 3 ~ 5 日后，或将愈伤组织按常规方法制备成原生质体，原生质体再生细胞与农杆菌混合，农杆菌对原生质体进行转化，得到转化细胞克隆，最后在分化培养基上得到完整植株。此法要求原生质体有较高的再生率，对那些原生质体培养还没有成功或再生率较低的植物不宜使用这种方法。

（4）茎切段法　将茎切成0.5～1cm左右的切段，然后用粘有发根农杆菌的悬浮液的刀片刺穿或切伤茎切段的任何部位，将切段插入培养基中，经过一段时间的培养，可在刺伤和切伤部位长出毛状根。

（5）愈伤组织法　将发根别农杆菌液直接注射到愈伤组织内部，经过一段时间的培养，在注射部位长出毛状根。

3. 毛状根的除菌　经农杆菌转化产生的毛状根，首先要进行除菌。可以将毛状根转移到含抗生素的培养基中进行继代培养至除菌干净为止。但是抗生素对毛状根的生长有抑制作用，可使毛状根生长停止或愈伤组织化，因此注意此时抗生素的用量不能太大，为避免抗生素的影响，可多次截取毛状根尖端进行继代培养，当去掉抗生素时，毛状根的快速生长可以得到重新恢复。

4. 毛状根的选择与增殖培养　由于农杆菌转化植物细胞时Ri质粒上的T－DNA片段整合到植物基因组中是随机的，因此，所得的毛状根生长速度、分枝形态也有差异。要选择那些生长速度较快、分枝较多的毛状根建立发根培养系。然后在低盐浓度的液体培养基（如White培养基）中黑暗、恒温条件下进行悬浮、振荡培养，进行毛状根的增殖培养，由于植物种类和培养条件不同，毛状根的生长速度也不一样。

基因工程与药用植物鉴定和品质改良

基因工程技术在药用植物细胞、组织和器官培养和鉴定等方面上有广泛应用前景。随着我国中药产业的发展，其中中药资源品质混杂和退化日益严重，大量有用基因损失，即使是代表我国传统中药材精品的“道地药材”（authentic and superior medicinal herbals）也不能幸免，药材质量得不到有效的保证，制约了我国中药产业的发展和中药产品走向国际市场步伐。为保证用药的安全有效，需对药用植物的真伪、优劣作出准确的判断，对药用植物的品质进行基因改造，从药用植物基因工程方面而言，为了要保持道地药材以及其他众多药用植物的优势而使其长盛不衰，开展药用植物基因鉴定和品质改良研究，解决品种混杂的问题，实现药用植物品质的永续保持和良性发展有重要意义。

第一节　基因工程与药用植物鉴定

一、DNA 分子标记鉴定

DNA 分子标记技术也称 DNA 分子诊断技术，是以生物大分子多态性为基础的一种遗传标记。广义上是指可遗传且可检测的 DNA 序列或蛋白质。狭义上是指 DNA 分子遗传标记，是研究 DNA 分子由于缺失、插入、易位、倒位、重复等产生的多态性的检测技术。DNA 分子遗传标记有以下优点：① 不受样品形态和药材来源影响，不受环境限制，不存在表达与否等问题；② 数量多，可遍布整个基因组；③ 多态性高；④ 不影响目标性状的表达；⑤许多标记表现为共显性的特点，能区别纯合体和杂合体。

DNA 分子标记技术已被广泛开发应用于 DNA 多态性研究领域，此类技术大致上可分为五类：① RFLP 分子标记技术；② RAPD 分子标记技术；③ AFLP 分子标记技术；④ SSR 重复序列的标记技术；⑤ DNA 测序技术。

1. RFLP 分子标记技术　将药用植物 DNA 用限制性内切酶消化后，进行限制性片段长度多态性分析，确定其基因的种属特异性。RFLP（Restriction Fragment Length Polymorphism）是根据不同品种（个体）基因组的限制性内切酶的酶切位点碱基发生突变，或酶切位点之间发生了碱基的插入、缺失、导致酶切片段大小发生了变化，这种变化可以通过特定探针杂交进行检测，并经放射自显影技术可在X光片上看到DNA多态性，从而可比较不同品种（个体）的DNA水平的差异（即多态性）。亦可对药材DNA的PCR扩增产物进行限制性片段长度多态性分析，找出种属特异性来鉴别中药。如马小军等采用RFLP技术对5个人参农家类型进行了比对，发现其DNA特征指纹的差异。虞泓等采用RFLP技术对石斛属类石斛组4个种和1个外类群种进行RFLP分析，结果显示从64对引物组合中选出5对引物组合构建了5个种的DNA指纹图谱。通过聚类分析，石斛属4种植物聚成一个大类，彼此间关系得到了很好的辨析。RFLP遗传标记的特点：①普遍存在，稳定遗传；②共显性；③信息量大；④不受环境影响，不受材料来源影响。但RFLP技术含Southern转移、探针标记、杂交、检测等繁琐的试验步骤与核素污染等，在应用上费时费力，又要受到探针来源的限制。同时，RFLP分析技术要求新鲜的材料，难适用于干燥药材的鉴定。

2. RAPD分子标记技术 以待测的DNA作模板，用一组随机序列的寡核苷酸引物，进行PCR。由于模板和随机引物的结合位点不同，扩增后得到一组数目和长度不同的DNA片段，这种技术即RAPD（Random Amplification of Polymorphic DNA）。梁之桃等利用RAPD技术对正品柴胡及其混淆品进行分子水平鉴定，为柴胡类药材的分子鉴定提供依据，同时探讨了它们之间的亲缘关系。丁建弥在比较野山人参和栽培人参的80个引物的RAPD图谱中发现一个引物能产生稳定的、可重复的野生山参特征条带，可以用来鉴定野山人参。RAPD技术特点是：①无需专门设计引物；②实验成本低，可快速获得大量分子标记信息；③扩增特异性差。

3. AFLP分子标记技术 AFLP（Amplified restriction fragment polymorphism）又称扩增酶切片段长度多态性，是1993年由荷兰科学家Zabeau等发展起来的一种检测DNA多态性的新方法。AFLP的原理是基于对植物基因组总DNA双酶切经PCR扩增后的限制片段进行选择。胡珊梅等运用RAPD技术对福建、江西、四川产的泽泻进行了基因检测分析，共得到321个RAPD标记，其中多态性标记68个，通过分析建泽泻与川泽泻有较近的遗传距离，二者与江泽泻均有较远的遗传距离，这与建泽泻与川泽泻质量较好的评价标准一致。彭锐等研究利用10个引物对15种石斛属植物进行了鉴定，共产生99条带，有15条扩增带为公共带，表明石斛属丰富的遗传多样性，与形态分类结果一致。AFLP方法技术特点：①检测稳定性好；②DNA用量少，适用于分析DNA的大小范围；③多态性标记多，条带密集，便于比较分析；④操作易于标准化和自动化，适用于大批量的样品分析。此外，以PCR与RFLP结合的技术还有DALP（Direct amplification of length polymorphism）、RFLP-PCR等。

4. SSR简单重复序列的标记技术 简单序列重复标记（Simple sequence repeat，简称SSR标记）（Tautz D 1989），又称微卫星序列重复，是由一类由几个核苷酸（1～6个）为重复单位组成的长达几十个核苷酸的重复序列，这些重复的DNA序列被称为微卫星DNA。微卫星位点是由其核心序列与其两侧的侧翼序列构成。侧翼序列使微卫星位点具有特异性，微卫星 DNA 本身重复单位数的变异是形成微卫星多态性的基础，多态性常表现为复等位性，复等位基因的存在正是生物多样性在遗传上的直接原因。因此可以用微卫星区域特定顺序设计成对引物，通过 PCR 技术，经聚丙烯酰胺凝胶电泳，即可显示 SSR 位点在不同个体间的多态性。SSR 该方法技术特点：① 标记数量丰富，具有较多的等位变异，广泛分布于各条染色体上；② 是共显性标记；③ 技术重复性好，易于操作，结果可靠；④ 开发此类标记需要预先得知标记两端的序列信息，引物合成费用高。植物的 SSR 分离及克隆已扩展到大豆、水稻、小麦、油菜、西红柿、甜菜等作物上。

5. DNA 测序技术　DNA 测序技术是以 PCR 扩增引物作为测序引物，极大地提高了 DNA 序列分析的效率。目前用于中药材 DNA 测序的基因主要为叶绿体基因组 brLc、mat K、PrCo；核基因组 rRNA、ITS 间隔区；线粒体基因组 Cytb 等基因。对药用植物的鉴定就是运用 DNA 测序技术建立正品药用植物及相关伪混品的原植物基因的序列数据库，用同样的方法对待检样品进行测序，对照数据库即可鉴定出药用植物的真伪。例如，张西玲等利用特异性引物对当归、大黄种子中 rRNA 基因内转录间隔区进行套式 PCR 扩增，并将其碱基序列测定，结果显示当归和大黄种子 rRNA 基因内转录间隔区的碱基序列具有明显的差异和可对比性，不同植物种子 rRNA 基因内转录间隔区碱基序列可作为从分子水平进行鉴定的标记。Wen 和 Zimmer 对人参属 12 种植物的 ITS 区和 5. 8S rRNA 基因区进行了序列分析，结果表明美洲东北部 2 个种西洋参与三叶人参，西洋参与东亚种人参、竹节参、三七具有更近的亲缘关系；而 TIS 序列证明人参、西洋参和三七不是一个单系群。金成庸等对茵陈原植物茵陈蒿的代用品韩茵陈及其同名植物白莲蒿进行鉴定，测定了 rDNA ITS 序列，序列之间的差异显示韩茵陈和白莲蒿应为两种植物，但两者存在密切的亲缘关系。DNA 测序技术的特点：① 对检测成本和仪器设备要求都很高，操作上较复杂，容易引入外源性的污染；② 当 PRC 产物经克隆后测序无论是实验周期还是费用都将大大增加。

二、常用分子标记方法特性比较

依据以上介绍的部分常用的分 DNA 子标记鉴定方法，我们将 DNA 子标记鉴定方法和技术特点总结如下，见表 14－1 所示（依《中药分子鉴定》，邵鹏柱等）。

表 14－1　常用 DNA 分子标记方法的应用特点

方法	多态性		重显性
	种间	种内	
RAPD	＋＋	＋	＋
SSR	＋＋＋＋	＋＋＋	＋＋
AFLP	＋＋＋＋	＋＋＋＋＋	＋＋
DALP	＋＋＋	＋＋	＋＋
PCR－RFLP	＋＋	＋	＋＋＋

注：“＋＋＋＋”：表示最高程度；“＋”：表示最低程度

表 14－2　常用 DNA 分子标记技术类型的技术特点

特性	RFLP	RAPD	AFLP	SSR
分布	普遍	普遍	普遍	普遍
可靠性	高	中	高	高
重复性	高	中	高	高
遗传性	共显性	显性	显性/共显性	共显性
多态性	中	高	很高	高
放射性	一般有	无	有或无	无
技术难度	中	简单	中	简单
探针类型	低拷贝 DNA 或 cDNA 克隆	随机序列	特异 DNA 序列	特异 DNA 重复序列
探测部分	低拷贝编码区	整个基因组	整个基因组	整个基因组
检测位点	1～3	1～10	20～100	1～5

第二节　转基因技术与药用植物品质改良

植物转基因技术是运用 DNA 重组技术，将外源基因导入植物细胞，并在其中整合、表达和传代，引起植物体的性状发生改变，从而创造出新型的植物品种。通过这种方法创造出来的新型植物称为转基因植物。目前转基因技术已在农作物上得到了广泛而深入地研究与实践。转基因技术的发展和应用正在领导一场新的农业科技革命的同时，药用植物转基因技术在我国自 90 年代后期也如火如荼的开展起来，该技术在药用植物品质改良和新品种选育方面同样表现出了巨大的发展潜力。转基因药用植物或器官研究、有效次生代谢途径关键酶基因的克隆研究、药用植物 DNA 分子标记以及中药基因芯片的研究等，已成为当今药用植物转基因技术研究的热点。

目前我国药用植物的转基因技术研究主要涉及的方向包括六方面：抗病、抗虫药用植物的研究；抗病毒药用植物研究；抗逆性药用植物研究；高品质药用植物研究；转基因药用植物的有效成分含量研究和转基因药用植物安全行研究等方面。

1. 抗病、抗虫研究　对于药用植物而言，由于生态环境的变化和人为的干预，使某些药用植物原有的优良特性在慢慢丢失，染病、虫害不断发生，这极大的影响了药用植物的生长和品质的保持。如东北人参锈腐病、白术根腐病、附子白绢病、地黄线虫病、浙贝软腐病以及传病原真菌、细菌等十分严重，致使这些著名的药用植物处于毁灭性的打击。通过常规手段喷施农药灭菌，虽然解决了一些问题，但是农药残留又降低了药用植物的品质，增加了药用植物的毒副作用。运用转基因技术选育带有抗病基因的品种是防止和减轻病毒危害的有效方法。它在增强植物对细菌和真菌病的抗性方面取得了很大进展，这在农业方面表现得比较突出，有较多的研究成果，药用植物的防病研究还处于起步阶段。

长期以来人们普遍采用化学杀虫剂来控制害虫，但化学杀虫剂的长期使用极易造成农药的残留、害虫的耐受性和环境污染等严重的问题，运用基因工程的手段培育抗病虫药用植物新品种。除了可以克服以上缺点外，同时还具有成本低、特异性强等优点。1987 年科学家们成功地从苏云金杆菌中分离出了能杀死一部分昆虫的结晶的蛋白毒素——内毒素，并把它们转入了烟草、番茄和马铃薯中，结果这些转基因植物杀虫效果良好，毒素基因能够稳定遗传，而且毒素对人、畜无害。目前人们已获得多种抗虫基因，其中有蛋白酶抑制剂基因、淀粉酶抑制剂基因、植物凝集素基因、昆虫特异性神经毒素基因、几丁质酶基因等，它们已被导入烟草、棉花、油菜、水稻、玉米、马铃薯等多种农作物，在抗虫方面得到了广泛的应用，有的已进入了商品化生产。

迄今发现并应用于提高植物抗虫性的基因主要有两类：一类是从细菌中分离出来的抗虫基因，如苏云金芽孢杆菌毒蛋白基因（Bt 基因）；另一类是从植物中分离出来的抗虫基因，如蛋白酶抑制剂基因（PI 基因）、淀粉酶抑制剂基因、外源凝集素基因等，其中 Bt 基因和 PI 基因在利用最广。

2. 抗病毒研究　病毒是药用植物生产过程中较难对付的主要病害之一，虽然正常发病率低，但同样会造成药用植物产量降低与品质下降。传统的抗病毒作法是将植物天生的抗病毒基因从一个植物品种转移到另一个植物品种。然而由于抗病植株常会转变为染病植株，或者病毒株的变异，出现防不胜防的窘地。运用转基因技术选育带有抗病基因的品种是防止和减轻病毒危害的有效方法。最有效的是将病毒外壳蛋白基因导入药用植物中获得抗病毒的工程药材。也有研究表明把地黄、半夏等药用植物体细胞分出来进行增殖，并可以大量栽培，又免受病毒感染，保持稳定的质量，其药效比天然生药高 1.5 倍，而收量可达天然生药的 3 ~4 倍。通过茎尖培养也是脱毒的好办法，应用广泛。

3. 抗逆性研究　植物为了适应恶劣生长条件的影响，表现出一种抗逆性，如抗寒、抗冻、抗盐和抗旱等。在自然条件下，植物体通过这种自发遗传变异来实现抗逆性的过程，但周期长。由于干旱、水涝和高温等不良环境的出现是个频繁发生的过程，它往往会导致药用植物干枯，生产上大面积减产。如以根入药的植物如板蓝根、桔梗、紫胡、黄芩等品种更是如此。传统的抗逆性药用植物研究方法是在一定逆性环境选择压力下，采用随机筛选或通过诱变、组织培养、原生质体融合、体细胞杂交等方法定向筛选，这些方法盲目性较大，同时由于药用植物遗传变异频率较低，导致筛选效率不高，很难顺利地将这种遗传性状转入到其他种的植物体中去。植物基因工程技术可以有效地解决这些问题。一方面由于它是特定抗性基因的定向转移，因而频率较高，比自发突变高出 100 倍以上，从而大大提高选择效率，极大地避免了盲目性；另一方面其基因来源打破了种属的界限，不仅植物来源的基因可用，动物、细菌、真菌、甚至病毒来源的基因都可以使用。运用转基因技术可以提高药用植物的抗逆性，将对提高药用植物产量、降低管理成本发挥重要作用。

4. 高品质药用植物研究　品质对于药用植物来说是至关重要的，利用转基因技术可以提高药用植物的品质。如金银花以花蕾的品质为最佳，在实际生产中对开花的时间是很难控制的，但利用基因工程技术可以抑制金银花的开花，最大程度地获得高品质的药材。丹参中的脂溶性成分被认为是治疗心血管疾病的有效成分，但药用植物中这一类成分的含量较低，利用基因工程技术可以定向提高脂溶性成分的含量，提供高品质的药用植物原料。

5. 有效成分含量研究 在转基因药用植物研究方面，中国医学科学院药用植物研究所分别通过发根农杆菌和根癌农杆菌诱导丹参形成毛状根和冠瘿瘤进而再分化形成植株，他们将其与栽培的丹参作了形态和化学成分比较研究，结果发现毛状根再生的植株叶片皱缩、节间缩短、植株矮化、须根发达等；而冠瘿组织再生的植株株形高大、根系发达、产量高，丹参酮的含量高于对照，这对丹参的良种繁育，提高药用植物有效成分含量具有重要意义。

6. 安全性研究 转基因药用植物的安全性是我们不容忽视的问题。对转基因药用植物的安全性评价主要遵循的原则是实质等同原则和个案原则，主要涉及两个方面，即环境安全性和食品安全性。其中对药食兼用的药用植物，其食品安全性问题显得较为突出。药用植物的有效成分是治疗疾病的物质基础，一种药用植物往往含有千百个化学成分，而一个化学成分又有多方面的药理作用，这些因素合起来的作用机制十分复杂。因此，对于一种转基因药用植物来讲，首先与非转基因药用植物进行比较考虑其治病的有效性；其次，还要要对短期和长期服用所带来的毒性和副作用进行重点评价。

第四篇 SECTION

药用植物资源的分布与开发

药用植物资源的分布

第一节　中国药用植物的分布

我国幅员辽阔，自然环境复杂，条件优越，蕴藏着极为丰富的药用植物资源。据初步统计：我国药用植物的总数约 10 000 余种，其中藻菌植物约 300 种，苔藓植物约 40 种，蕨类植物 400 余种，裸子植物 120 余种，双子叶植物 8000 余种，单子叶植物近 1400 种。它们分布在寒带、温带、亚热带和热带的各种植被类型和人工栽培的区域内，其中有些药用植物为我国所特有，如人参、杜仲、银杏等。现根据我国气候特点、土壤和植被类型，以及药用植物的自然地理分布等分为东北、华北等八个区。（参见图 15 - 1）

一、东北区

本区包括黑龙江、吉林、辽宁三省东部和内蒙古自治区的东北部。本区位于欧亚大陆的东部，东部与俄罗斯、朝鲜相邻，西、北两面则与蒙古高原和西伯利亚相接壤。大、小兴安岭以人字形崛起在本区北部，东南侧有长白山绵延，地形、地势变化很大。本区是我国最寒冷的地区，大部分地区属于寒温带和温带的湿润和半湿润地区。冬季严寒而漫长，夏季短促，夏季从太平洋和亚洲边缘海上吹来湿热或比较湿热的季风，使本区又出现了青山绿水的风光。年降水量在 350 ~ 700mm，长白山东南可达 1000 ~ 1300mm，是本区雨量最多的地带。相对湿度 70% ~ 80%，长白山的湿度较大。三江平原地区夏秋雨量较多，由于土壤为白浆层和沉淀层，积水下渗较难，易受涝害。

本区主要由东西伯利亚植物区系和长白植物区系构成，具有少量蒙古植物区系和极地植物区系成分，森林植被类型较复杂，地带性植被以兴安落叶松为主的寒温性针叶林和以红松为主的温性针阔混交林。本区全部由山地构成，森林覆盖率 60% ~ 80%，药用植物资源较多，以温带亚洲成分为主，如升麻（*Cimicifuga dahurica*）白头翁（*Pulsatilla chinensis*）、龙牙草（*Agrimonia pilosa*）等；这一地区尚有第三纪孑遗植物，如黄柏（*Phellodendron amurense*）、五味子（*Schisandra chinensis*）等。我国地道药材“关药”多产于本区。

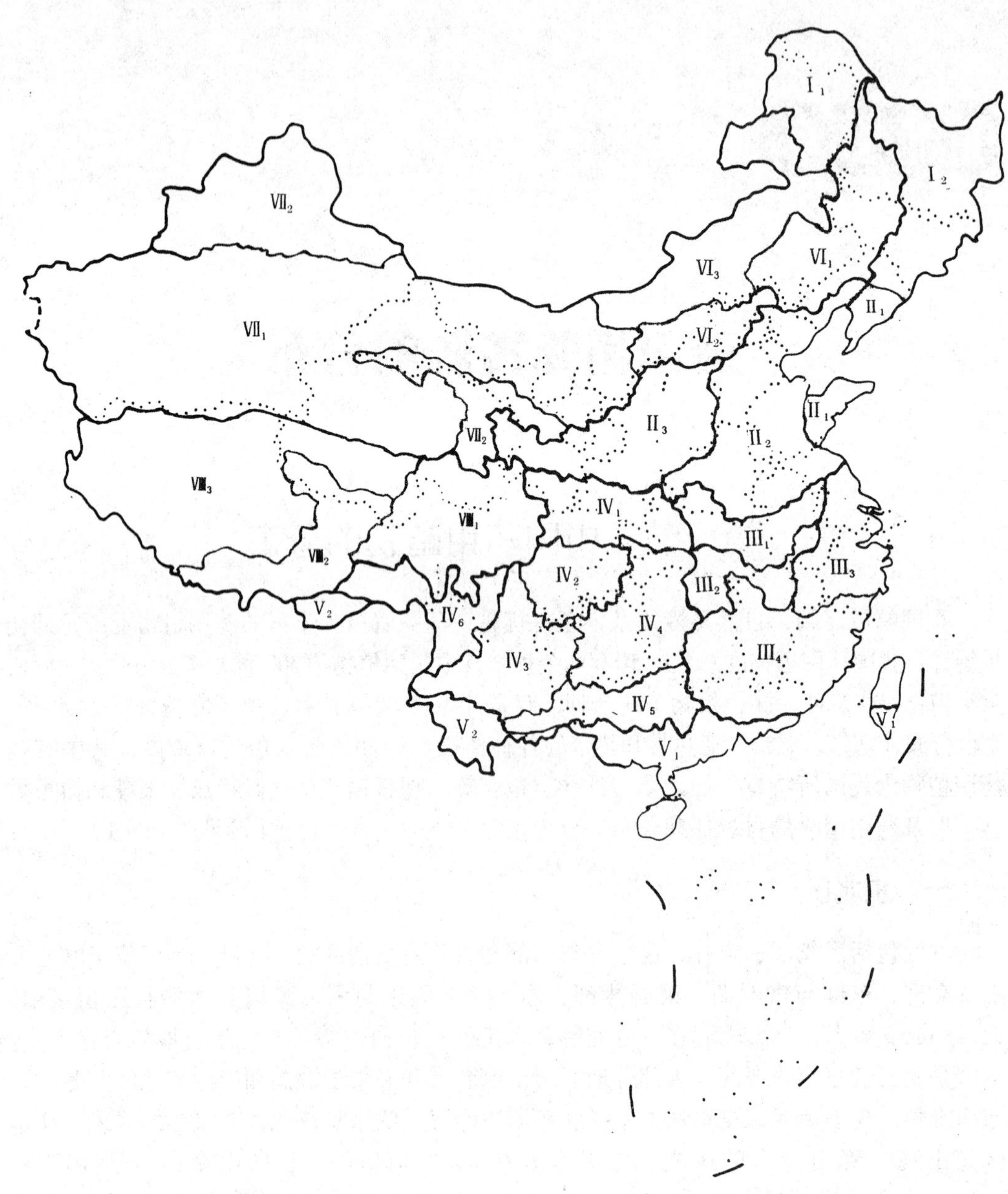

图 15－1　中国药用植物分区图

（一）大兴安岭地区

大兴安岭地区位于我国最北部，与俄罗斯东部西伯利亚相邻，包括黑龙江省大兴安岭地区全部和内蒙古自治区呼伦贝尔盟的部分地区。主要是大兴安岭山地，由片麻岩和花岗岩所构成，海拔高度多在 500～1000m 左右，最高达 1460m。这一地区气候异常寒冷，是我国唯一的寒温带，年平均气温低于 0℃，冬季严寒而漫长，没有真正的夏季，最热月（7 月）平均气温 17.2～19.3℃。无霜期 60～110 天。全年降水量 360～430mm，在海拔 1000m 以上的地方可达 600mm。土壤主要由花岗岩经风化后形成的棕色针叶林土，土壤呈酸性，局部地区有沼泽土和草甸土。

植物主要以耐寒针叶树种为主，如兴安落叶松（*Larix gemelinii*）林和獐子松（*Pinus sylvestris* var. *mongolica*）兴安落叶松林，并与西伯利亚的落叶松林共同构成了欧亚针叶林区域，伴生树种有白桦（*Betula platyphylla*）、山杨（*Populus davidiana*）。在兴安落叶松和其他针叶林被砍伐或火烧以后，往往出现大片次生的落叶阔叶林，其中最常见的树种有白桦、山杨、黑桦（*Betula dahurica*）和蒙古栎（*Quercus mongolica*）等。海拔1000m以上的山顶，部分常有偃松（*Pinus pumila*）、岳桦（*Betula ermanii*）矮曲林的分布。在河谷地区局部有鱼鳞云杉（*Picea jezoensis*）林分布。

大兴安岭北部地区气候寒冷，南部（伊勒呼里山以南）虽然热量稍高，但植物种类也不多，大兴安岭地区药用植物有500余种，主要有兴安杜鹃（*Rhododendron dahuricum*）、西伯利亚小檗（*Berberis sibirica*）、杜香（*Ledum palustre*）、芍药（*Paeonia lactiflora*）、升麻、北苍术（*Atractylodes chinensis*）、兴安薄荷（*Mentha dahurica*）、黄芪（*Astragalus membranaceus*）、红花鹿蹄草（*Pyrola incarnata*）、防风（*Saposhnikovia divaricata*）、大叶龙胆（*Gentiana macrophylla*）、三花龙胆（*G. triflora*）、野罂粟（*Papaver nudicaule*）、柴胡（*Bupleurum chinense*）、少量北五味子等。

（二）东北地区

习称“长白区”，以长白山为中心，南达丹东 - 沈阳沿线，西至双辽 - 齐齐哈尔一线，北抵黑龙江流域，包括黑龙江、吉林、辽宁东部的地区。本区主要由小兴安岭、完达山、张广才岭、老爷岭和长白山等山地构成。

本区大部分为山地与丘陵，北段为小兴安岭，其地形比较平缓，一般海拔高度400～600m，个别高峰可达海拔1000m，长白山主峰白头山，屹立于中朝边境，海拔2743 m，是松花江、图们江、鸭绿江的发源地，长白山周围的山地有许多平行的山脊和纵切的宽谷，海拔高度多在500～1000m，东北角为低陷的三江平原。

本区气候由于受到高山和海洋的影响，具湿润温带季风特征，雨量和气温都相对增高，年降水量在东部山区可达1000mm以上，西部平原为500～700mm。冬季严寒漫长，夏季温暖而多雨，无霜期120～150天，一些喜暖树种显著增加。

本区是寒带至寒温带针叶森林和温带阔叶林的过渡地带。植被特点是形成针叶树种，以红松（*Pinus koraiensis*）为主，混生有云杉（*Picea koraiensis*）、冷杉（*Abies nephrolepis*）、长白落叶松（*Larix olgensis*），阔叶树种以紫椴（*Tilia amurensis*）、糠椴（*T. mandshurica*）、水曲柳（*Fraxinus mandshurica*）、花曲柳（*F. rhynchophylla*）、核桃楸（*Juglans mandshurica*）、黄柏、春榆（*Ulmus propinqua*）及多种槭树等为主的针阔混交林，并常形成以红松为主的红松阔叶混交林（很少红松纯林），还有阔叶杂木林、蒙古柞林等。林内有刺五加（*Acanthopanax senticosus*）、五味子、人参（*Panax ginseng*）、细辛（*Asarum hetrotropoides* var. *mandshuriensis*）、天麻（*Gastoodia elata*）、党参（*Codonopsis pilosula*）、木通（*Aristolochia mandshuriensis*）、马兜铃（*A. contorta*）、铃兰（*Convallaria keiskei*）等分布。

海拔900m以上到1100～1800m之间，为亚高山针叶林，海拔再高一些是以岳桦为主的亚高山矮曲林，海拔2100m以上有高山冻原的分布，以高山矮小灌木为主的高山冻原。药用植物高山红景天（*Rhodiola sachalinensis*）在这一带有分布。

三江平原一带地势平坦，沼泽化草甸和沼泽分布最广，草本植物占优势，主要药用植物有细叶百合（*Lilium pumilum*）、东北龙胆（*Gentiana manshurica*）等。一些水湿地及河流附近生有毛茛（*Ranunculus japonicus*）、芦苇（*Phragmites communis*）、山梗菜（*Lobelia sessilifolia*）、睡菜（*Menyanthes trifoliata*）等。

二、华北区

本区包括辽东半岛、山东半岛丘陵，黄淮海平原和辽河下游平原以及西部的黄土高原和北部的冀北山地。

山东半岛、辽东半岛为山地丘陵，海拔大多在500m左右，只有少数山峰超过1000m。广阔的华北平原和辽河下游平原，地势低平，一般不超过50m。华北平原的北缘接冀北山地，西缘接太行山、中条山，这些山地高600～1000m，太行山以西是地表切割破碎的黄土高原。

华北地区具有温暖带气候特征，夏热多雨，温暖；冬季晴朗干燥；春季多风沙。降水量一般在400～700mm，东部的辽河平原和黄淮海平原，受海洋湿润气候影响，降水可在600mm以上，沿海个别地区达1000mm，黄土高原则较干燥，常低于500mm。

土壤为原生和次生黄土，沿海、河谷和较干燥的地区多为冲积性褐土和盐碱土，山地和丘陵为棕色森林土。

本区的地带性植被类型为油松（*Pinus tabulaeformis*）、栎属（*Quercus*）多种植物组成的暖温性针阔叶混交林或落叶阔叶林。由于长期开发，平原地区多垦为农田。本区原生性森林植被保存很少，大多为次生疏林和灌木丛，秃山比比皆是，植物种类较为复杂。华北地区植物起源于北极第三纪植物区系，由于没受到大规模冰川的直接影响，残留很多种类，药用植物有文冠果（*Xanthoceras sorbifolia*）、臭椿（*Ailanthus altissima*）、构树（*Broussonetia papyrifera*）等。许多起源于热带的喜马拉雅和西南的植物经西北达华北，如大黄（*Rheum officinale*）、大叶龙胆等，尚有欧亚大陆草原成分，如蒺藜（*Tribulus terrestris*），东北长白区系成分，如刺五加、蒙古栎等。该区是我国地道药材“北药”的产区。

（一）辽宁、山东半岛低山丘陵地区

辽东、山东两半岛隔渤海相望，植被类型相似，因受海洋气候影响，年降水量550～900mm，辽东半岛达1200mm，冬季因受冷气团影响，限制了一些喜温植物的分布。地区性植被以赤松（*Pinus densiflora*）、辽东栎（*Quercus liaotungensis*）、麻栎（*Q. acutissima*）为主。伴有天女木兰（*Magnolia sieboldii*）、山胡椒（*Lindera glauca*）、三桠乌药（*L. obtusiloba*）等。大片的荒山主要由灌丛和草丛所占，常见的种类有：荆条（*Vitex negundo* var. *heterophyllus*）、酸枣（*Zizyphus jujuba* var. *spinosa*）、胡枝子（*Lespedeza bicolor*）、铁扫帚（*Indigofera bungeana*）、细叶小檗（*Berberis poiretii*）、枸杞（*Lycium chinense*）等。草本植物以黄背草（*Themeda triandra* var. *japonica*）、白羊草（*Bothriochloa ischaemum*）最占优势。本区与日本中北部、南朝鲜区系有密切联系。

辽东半岛的千山，海拔500～1000m。山东低山丘陵包括胶东丘陵，胶莱平原及鲁中南山地。由于人口密度大，农业历史悠久，自然植被已少见。常见药用植物有：金银花（*Lonicera japonica*）、蔓荆子（*Vitex rotundifolia*）、紫珠（*Callicarpa japonica*）、栝楼（*Trichosanthes kirilowii*）、防风、地黄（*Rehmannia glutinosa*）、槐（*Sophora japonica*）、香附（*Cyperus rotundus*）等。海滩沙地有珊瑚菜（*Glehnia littoralis*）。

（二）淮海平原及辽河下游平原地区

本区包括华北平原及辽河下游平原，华北平原是海河、黄河、淮河等河流共同堆积的大平原；辽河平原除少数孤立山丘外，是一片广阔的冲积平原，沿海有一片沼泽地。华北平原和辽河平原是我国主要农业生产基地，自然植被已少见，只有多种散生的乔、灌木呈零星状分布。本区位于我国暖温带的东部，临近海洋，年降水量为450～600mm。各地常见的树种有旱柳（*Salix matsudana*）、垂柳（*S. babylonica*）、加拿大杨（*Populus canadensis*）、毛白杨（*P. tomentosa*）、侧柏（*Biota orientalis*）、刺槐（*Robinia pseudoacacia*）、槐等。主要灌木有荆条、胡枝子、酸枣、紫穗槐（*Amorpha fruticosa*）、柽柳（*Tomarix chinensis*）、锦鸡儿（*Caragana sinica*）等。这一地区由于人口密集和长期开发利用，野生药用植物种类不多，主要有：酸枣、黄芩、知母（*Anemarrhena asphodeloides*）、栝楼（*Trichosanthas kirilowii*）、菟丝子（*Cuscuta chinensis*）、香附（*Cyperus rotundus*）等。此外还有大面积栽培植物有：地黄、金银花、怀牛膝（*Achyranthes bidentata*）、连翘（*Forsythia suspinsa*）、薯蓣（*Dioscorea opposita*）、白芍（*Paeonia lactiflora*）、北沙参（*Glehnia littoralis*）、板蓝根（*Isatis indigotica*）、丹参、枸杞、紫苑等。本区的武陵、博爱、沁阳等县是“四大怀药”地黄、山药、菊花、牛膝的传统产地。

（三）黄土高原地区

黄土高原地区包括黄土高原、冀北山地（辽西低山丘陵、冀北山地、晋北山间盆地）。

冀北山地的植被由森林－森林草原向干草原过渡，植物成分较复杂，药用植物中旱生类型较多。

黄土高原位于太行山以西，伏牛山、秦岭以北，恒山、长城以南，乌鞘岭以东，包括陕西中北部，山西大部，甘肃中东部，宁夏南部及青海东部。这里是我国黄土分布最集中的地区，除高山裸岩外，其余皆为黄土覆盖。本区属暖温带半湿润半干旱过渡地区。

这一地区原生植被多被破坏。在山区可见有辽东栎、山杨、白桦、油松、侧柏等组成的森林植被。林下灌木主要有胡枝子、连翘、金银忍冬（*Lonicera maackii*）、杭子梢（*Campylotropis macrocarpa*）、沙棘（*Hippophae rhamnoides*）、蒙古荚蒾（*Viburnum mongolicum*）、黄刺莓（*Rosa xanthina*）、多花木兰（*Indigofera amblyantha*）、野皂荚（*Gleditsia microphylla*）、六道木（*Abelia biflora*）、小叶锦鸡儿（*Caragana microphylla*）、黑榆（*Ulmus davidiana*）等；林下药用草本植物有桃儿七（*Sinopodophyllum emodi*）、淫羊藿（*Epimedium brevicornum*）、龙牙草、玉竹（*Polygonatum odoratum*）、黄精（*P. sibiricum*）、柴胡、北苍术、地榆（*Sanguisorba officinalis*）、羽叶三七（*Panax pseudoginseng* var. *bipinnatifidus*）、羌活（*Notopterygium incisium*）、党参等；生于山坡、草甸的药用植物有铁棒锤（*Aconitum flavum*）、大叶龙胆、远志（*Polygala tenuifolia*）、百里香（*Thy-*

mus mongolicus)、甘肃黄芩(*Scutellaria rehderiana*)、半夏(*Pinellia ternata*)等。栽培药用植物有党参、大黄(*Rheum palmatum*、*Rh. tanguticum*)、沙苑子(*Astragalus complanatus*)等。

三、华东区

本区是指巫山、雪峰山以东、秦岭(东段)、淮河以南,南岭山脉以北的广大亚热带东部地区。包括江西、浙江二省和上海市的全部,湖南、湖北、安徽、江苏、福建等省的大部和广东、广西北部地区。

本区位于我国三大阶梯中的最低一级,以低山丘陵为主,全区丘陵山地占3/4,平原占1/4。北有东西排列的淮阳丘陵,南有江南丘陵、闽浙丘陵和南岭山地。平均海拔500m左右,只有部分低山可达800~1000m。南北丘陵山地之间为长江中下游平原,海拔多在50m以下。

本区属北亚热带、中亚热带,气候温暖而湿润,冬温夏热,四季分明。冬季气温较低,但不严寒。平均年降水量在800~1600mm,由东南沿海向西北递减,是我国雨量丰沛的地区之一,湿润的气候有利于中、湿生作物的生长。

土壤主要是黄棕壤、黄壤和红壤。黄棕壤分布于苏皖二省沿长江两岸和鄂北、豫西南的低山丘陵,以及长江以南海拔1400~1500m以上的中山地带。长江以南,凡海拔500~900m以下的低山丘陵多属红壤和山地红壤。黄壤多散见于较高山地。

本区在温暖而湿润的亚热带季风气候下形成了亚热带森林植被。长江以北地区(淮阳山地,长江中下游平原),在植被组成中,既有亚热带的常绿阔叶树,又有大量的北方种类的落叶阔叶树,植被类型为落叶阔叶-常绿阔叶混交林。落叶阔叶树中以壳斗科栎属(*Quercus* spp.)最多:栎树、小叶栎(*Quercus chenii*)、麻栎、栓皮栎(*Q. variabills*)等。此外还混生有枫香(*Liguidambar formasana*)、黄连木(*Pistacia chinensis*)化香树(*Platycarya strobilacea*)、山合欢(*Albizia kalkora*)、盐肤木(*Rhus chinensis*)、灯台树(*Bothrocaryum controversum*)等落叶树。林中常绿阔叶树有女贞(*Ligustrum lucidum*)、青冈(*Cyclobalanopsis glauca*)、刺柞(*Xylosma congestum*)、冬青(*Ilex chinensis*)等。

典型的亚热带常绿阔叶树主要分布在长江以南。最主要的是栲槠(*Castanopsis*)、青冈栎(*Cyclobaianopsis*)、石栎(*Pasania*)等三属,杂生的落叶阔叶树有木荷(*Schima confertiflora*)、马蹄荷等,并有杉木(*Cunninghamia lanceolata*)、马尾松等针叶树种。林间还有藤本植物和附生植物。

本区南部,特别是南岭山地南坡,海拔1000m以下的常绿阔叶林中,常有一些热带科属的树种混杂其间,而较耐寒的青冈栎则少见,植被结构以显示出渐渐向热带性常绿林过渡的特点。

本区处于暖温带与亚热带之间的过渡地区,植被区系组成成分比较丰富,兼有我国南北植物种类成分。另外,本区处于古北极植物区系南部,与古热带植物区系相接。由于受到第四纪大陆冰川影响较小,保存了许多第三纪残余植物,如连香树(*Cercidiphyllum japonicum* var. *sinense*)、鹅掌楸(*Liniodendron chinense*)、水杉(*Metasequoia glyptostroboides*)、银杏（*Ginkgo biloba*）、金钱松等。

本区是我国地道药材“浙药”和部分“南药”的产区。如浙江主产的浙贝母、麦冬、玄参、白术、白芍、菊花、延胡索、温郁金，以“浙八味”著称，浙江厚朴，习称温朴。安徽的“四大皖药”除亳白芍、亳白菊产于华北区外，皖西的茯苓，滁州的滁菊，歙县的贡菊，铜陵、南陵的丹皮（凤丹），霍山石斛、宣城的木瓜；江苏的苏薄荷、茅苍术；湖北大别山的茯苓；闽北的建莲，建泽泻，厚朴，闽东的瓜蒌、陈皮，闽西的乌梅；江西的江枳壳，丰城鸡血藤等，尚有太子参、明党参、丹参、茵陈、半夏等。

（一）江淮丘陵山地地区

本区由南阳-襄樊盆谷、桐柏山-大别山地、江淮丘陵岗地等组成。境内伏牛山、桐柏山、大别山自西北向东南连绵500余公里，穿越河南、湖北、安徽三省，是长江、淮河之间唯一的中低山山系，伏牛山系的老君山最高，海拔2192 m。

本区位于北亚热带中部，具亚热带向温暖温带过渡的气候特征。年降水量850～1200mm，雨量充沛，冬季常受寒流南侵。土壤以黄棕壤为主。

本区是我国南方植物区系的北界，又是某些北方植物分布的南界，是落叶阔叶林逐步过渡到落叶阔叶-常绿阔叶混交林的地区，以落叶栎类为主，主要有栓皮栎、麻栎、槲栎等，常绿树种有细叶青冈、青冈、冬青、樟树等。山地丘陵还有大面积的黄荆灌丛，映山红、茅栎、化香等组成的次生灌丛。药用植物多分布在500～1000m的山地或丘陵山地。主要有山茱萸（*Macrocarpium officinalis*）、侧柏，乌药（*Lindera strychnifolia*）、茯苓（*Poria cocos*）、华东菝葜（*Smilax sieboldii*）、茅苍术（*Atractylodes lancea*）、射干（*Belamcanda chinensis*）、半夏（*Pinellia ternata*）、辛夷、霍山石斛等。

（二）长江中游丘陵平原地区

本区由洞庭湖平原、鄱阳湖平原、江汉平原和鄂皖沿江丘陵、平原等组成。区内河湖密布，圩堤交错，地势低平，多条水系冲积成湖盆状冲积平原，平原四周的低山丘陵海拔在200m以下。

本区大部分地区为北亚热带，年降水量在1200～1600mm，因受山地阻挡，冬季气温略高一些。土壤主要为冲积土，低于丘陵区是黄壤和石灰土类。本区农业发达，自然植被已不存在。从平原边缘低山丘陵岗及零散的植被组成看，仍是以壳斗科为主的常绿阔叶-落叶混交林，其过渡性十分明显，亚热带的马尾松、杉木、毛竹分布相当普遍。本区湖泊星罗棋布，水生植物十分丰富，其中有莲（*Nelumbo nucifera*）、芡实（*Euryale ferox*）、睡莲（*Nymphaea tetragona*）、眼子菜（*Potamogeton distinctus*）、荇菜（*Nymphoides peltata*）等；浅水植物有：水烛（*Typha angustifolia*）、黑三棱（*Sparganium stoloniferum*）、苹（*Marsilea quadrifolia*）、菖蒲（*Acorus calamus*）等；浮水植物有：槐叶萍（*Salvinia natans*）、浮萍（*Lemna minor*）、满江红（*Azolla imbricata*）等。丘陵地区的草本药用植物有丹参（*Salvia miltiorrhiza*）、益母草（*Leonurus* sp.）、蔓荆（*Vitex trifolia*）、柳叶白前（*Cynanchum stauntonii*）、芫花白前、茵陈蒿（*Artemisia capillaris*）、牛膝（*Achyranthes bidentata*）等。藤本药用植物有：三叶木通（*Akebia trifoliata*）、百部（*Ste-*

mona japonica)、海金沙(*Lygodium japonicum*)、何首乌(*Polygonum multiflorum*)等。

本区适用于多中药材的栽种，仅沪、杭、宁等地栽培的药用植物就达1000种。主要有：地黄、山药、独角莲、温郁金、芍药、牡丹、白术、薄荷、延胡索、百合、天门冬、杭菊花、红花、白芷、藿香等。

(三)钱塘江、长江下游山地平原地区

本区主要由苏中平原、苏浙太湖平原和丘陵山地构成。区内湖泊洼地、冲积平原、沿海滩涂等平原类型占60%以上，山地丘陵分布在本区东南部和南部，最高峰为黄山莲花峰，海拔1841 m。

本区地处北亚热带东部，濒临海洋，雨量丰沛，年降水量在1000~1600mm，无霜期230~270天，夏季气温较高。大部分地区的土壤为砂质壤土或轻质壤土，腐殖质含量丰富，平原地区分布有水稻土，山地以黄红壤为主。

本区位于长江下游，地势低平，有“水乡泽国”之称，原生植被极少保存，仅沿海具有盐生植被，主要是獐茅草甸，伴生有羊草、二色补血草、猪毛蒿、碱蓬、芦苇等。部分山区为中亚热带常绿阔叶林北部，主要有青冈、苦槠组成，或含有较多的石栎，并有紫楠、红楠、米槠等。常有华南区系成分如黄瑞木、肖梵天女花、杜英、五月茶、含笑等分布。低山丘陵分布着竹林，主要有毛竹、刚竹、淡竹、石竹、苦竹等组成纯林或混生林，这是本区植被的特色。

本区药用植物资源丰富，在沿海滩涂有猪毛菜、滨蒿、蒲公英、罗布麻、芦苇、白茅(*Imperata cylindrica* var. *major*)、香附等；江河湖泊中有莲、芡实、菖蒲、黑三棱、泽泻、苹、浮萍、眼子菜等；平原地区有藜(*Chenopodium album*)、青葙子(*Celosia argenta*)、夏枯草(*Prunella vulgaris*)、蛇床子(*Cnidium monnieri*)等；丘陵山地有：三尖杉(*Cephalotaxus fortunei*)、粗榧(*C. sinensis*)、乌药、狗脊(*Cibotium barometz*)、华中五味子(*Schisandra sphenanthera*)、野葛(*Pueraria lobata*)、白花前胡(*Peucedanum praeruptorum*)等。

本区主要是冲积平原的耕作区，由于气候适宜、土质好，适用于多种药材的栽种，主要有浙贝母、太子参、菊花(杭菊)、延胡索、白术、木瓜、山茱萸、薄荷、玄参、明党参、丹参、栀子、百合、白芷、天门冬、西红花等。

(四)江南低山丘陵地区

江南山地广阔，自北向南分布着东西走向的幕阜山、九岭山和武功山，以及南北走向的罗霄山脉等，丘陵、山地海拔为500~1500m，闽浙山地海拔较高，1000m以上的中山连绵不断，南岭山体为东西走向，本区丘陵山地约占总面积的3/4以上，在江南群山环抱之间，分布着许多盆地。

本区地处中亚热带东部，夏季高温，冬季不甚寒冷，闽浙丘陵依山濒海，受海洋影响气温甚高，南岭山体是中亚热带与南亚热带之间一条自然地理界限，使本区既有亚热带的特色，又显露出热带的某些景色，无霜期260~350天，年平均降水量1400~2000mm，是亚热带药用植物生长发育的最适宜区域之一。土壤以红壤和黄壤为主。

植被类型为常绿阔叶林，常绿树种有米槠(*Castanopsis carlesii*)、甜槠(*C. eyrei*)、

紫楠（*Phoene shearert*）、木荷（*Schima superba*）、红楠（*Machilus thunbergii*）等，落叶阔叶树种有枫香、青线柳，针叶树中除马尾松、杉木外，还有古老的南方红豆杉（*Taxus chinensis* var. *mairei*）、三尖杉等。竹的种类更丰富。沿海丘陵平原上还有多种榕树分布。

主要药用植物有厚朴（*Magnolia officinalis*）、吴茱萸（*Evodia rutaecarpa*）、贴梗海棠（*Chaenomeles speciose*）、钩藤（*Uncaria rhynchophylla*）、杜仲（*Eucommia ulmoides*）、银杏、大血藤（*Sargentodoxa cuneata*）、五叶木通（*Akebia quinata*）、乌饭树（*Vaccinium bracteatum*）、淡竹叶（*Lophatherum gracile*）、前胡（*Peucedanum decurdivum*）、翠云草（*Selaginella uncilata*）、桔梗（*Platycodon grandiflorum*）、阔叶麦冬（*Liriope platyphylla*）、浙贝母（*Fritillaria thunbergii*）、泽泻、金银花、明党参（*Changium smyrnioides*）、杭白芷（*Angelica dahurica* var. *formosana*）等。还引种栽培了党参、川芎、防风、怀牛膝、补骨脂、云木香、宁夏枸杞等。

本区热带成分显著增加，栲属种类占有很大优势，青冈属退居次要地位，而以热带种类的青冈属植物居多，如毛果青冈（*Cyclobalanopsis yleuryi*）、栎子青冈（*C. blakei*）等。樟科植物也有增加。在南岭山地南坡，湿热的沟谷地，常出现树木有板状根和茎花现象。木质藤本植物很多，并有相当数量的热带成分，如鹰爪藤（*Artabotrys hexapetalus*）、紫玉盘（*Uvaria microcarpa*）等。药用植物有肉桂（*Cinnamomum cassia*）、八角（*Illicium verum*）、山姜（*Alpinia pumila*）、大高良姜（*A. galanga*）、狗脊、淡竹叶、龙眼（*Dimocarpus longan*）、巴戟天（*Morinda officinalis*）、广防己（*Aristolochia fangchi*）等。

四、西南区

西南区位于我国西南部，包括秦巴山地、四川盆地、云贵高原及部分横断山地。属于我国的第二级阶梯，地势起伏较大，山地、丘陵和高原，占全区土地面积的95%左右，地势西高东低，高差悬殊，切割强烈，河流广布。北有由秦岭、大巴山及汉中、安康、商洛盆地构成的秦巴山地。秦岭是我国南北气候的天然分界处，又是暖温带与亚热带植被的交壤地带和过渡地带。西有由燕山运动皱褶而形成的四川盆地和云南高原、滇西高山峡谷、川西南高山谷地及藏南山地。南有桂东北山地、桂北山地丘陵。东有鄂西北及湘西山地丘陵与贵州高原山地。

本区属东亚亚热带季风气候，由于本区地形复杂，多为山地。气候具有亚热带高原盆地的特点，受太平洋、印度洋气流的影响，尤其是处在青藏高原东部，受高原效应的影响，本区多数地区春温高于秋温、春旱而夏秋多雨。年降水量为800～1200mm，由东向西、由南向北递减。

由于本区南、北部热量的差异，东、西部湿度的不同，土壤有红壤、黄壤、黄棕壤、黄褐土、黄棕土、砖红壤性红壤、石灰土等。

本区是北方暖温带落叶林与南方亚热带常绿阔叶林过渡地带，大部分地区属亚热带常绿阔叶林，以壳斗科的常绿树种为主。只有秦巴山地、汉水谷地属于北亚热带常绿与落叶阔叶混交林。林中有较多热带林的种类混生，使本区出现南亚热带和热带植被类型交错现象。本区亚热带处在古北极和古热带植物区系的相交地带，受第四纪大陆冰川的影响较小，保留了许多第三纪以前的孑遗植物，如杜仲、厚朴等。本区是我国地道药材“川药”、“云药”“桂药”和部分“广药”的产区，素有“川广云贵道地药材”之称。

（一）巴山地区

本区包括秦岭、大巴山地以及期间的汉水谷地。

本区位于我国亚热带的最西北角，北部为秦岭，秦岭山脉平均海拔在2000m以上，主峰太白山海拔3767 m；南部为大巴山，山体多为浑圆状平梁山丘，大部海拔1500～2000m，向东进入湖北境内为神农架（主峰海拔3105 m）。由于本区北有秦岭屏障，南有大巴山和神农架，植物区系丰富多彩，具有许多特有科属，如甘肃瑞香（*Daphne tangutica*）、秦岭丁香（*Syringa giraldiana*）等。

秦岭一带的药用植物资源丰富，据调查有241科994属。主要有太白贝母（*Fritillaria taipaiensis*）、黄芪、金翼黄芪（*Astragalus chrysopterus*）、岩黄芪（*Hedysarum multijugum*）、太白岩黄芪（*H. taipaicum*）、猪苓（*Polyporus umbellatus*）、华中五味子、天麻、杜仲、远志、山茱萸、党参、桃儿七（*Sinopodophyllum emodi*）、窝儿七（*Diphyleia sinensis*）等。神农架素有“植物宝库”之称，有药用植物1800多种。如黄连、天麻、杜仲、厚朴、八角莲（*Dysosma versipellis*）、小丛红景天（*Rhodiola dumulosa*）、延龄草（*Trillium tschonoskii*）、重齿毛当归（*Angelica pubescens* f. *biserrata*）、南方山荷叶（*Diphylleia sinensis*）等。本区栽培药用植物由60余种。主要有：当归已有1500多年的栽培历史，主产于岷县、武都、漳县等地；天麻主产于汉中及秦巴山地；杜仲其皮细、张大、肉厚；黄连（*Coptis chinensis*）、党参、多序岩黄芪（*Hedysarum polybotrys*）、掌叶大黄，其商品“个大清香、喳口鲜黄、质坚体重”是驰名中外的“铨水大黄”等。

（二）四川盆地区

本区包括四面环山的四川盆地、高山深谷和河流两侧农垦区。

本区以丘陵为主，平原和山地均较少，四面环山，海拔多在300～500m，成都平原地势平坦辽阔，土质深厚肥沃。

本区气候为中亚热带湿润气候，秦岭、大巴山阻挡了北方的寒流，夏季南方气流越过大娄山下沉，使气候冬暖夏热，无霜期320～350天，年平均温度在18℃以上，年降水量900～1200mm，是我国云雾最多、湿度较大、日照较少、辐射量最小地区之一。土壤为紫色冲积土、黄壤和红壤。典型植被为以山毛榉科、樟科、山茶科、木兰科和山矾科等植物为主的亚热带常绿阔叶林及以松科、杉科、柏科为主的亚热带常绿针叶林和亚热带竹林。

在海拔1000m以下的盆地底部，是栽培药材的重要基地，如渠县、中江的芍药；石柱的黄连；江油的川乌（*Aconitum carmichaeli*）；合川的使君子（*Quisqualis indica*）；灌县、崇庆的泽泻（*Alisma orientale*）、川芎（*Ligusticum wallichii*）；绵阳、三台的麦冬（*Ophiopogon japonicus*）；叙永、珙县的巴豆（*Croton tiglium*）；垫江、长寿的牡丹；中江、金堂的丹参；南川、重庆的枳实；中江的荆芥、薄荷；内江、达县的红花等。

在海拔2000m以下的常绿阔叶林，分布有多种药用植物，如黄皮树（*Phellodendron*

chinensis)、青夹叶（*Helwingia japonica*)、小通草（*Stachyurus himalaicus*)、朱砂根（*Ardisia ponica*)、七叶一枝花（*Paris polyphylla*)、有柄石韦（*Pyrrosia petiolosa*)、贯众（*Cyrtomium fortunei*)、川桂、山胡椒、山苍子、麦冬、何首乌、海金沙及狗脊等。

（三）云贵高原地区

本区是青藏高原向贵州高原山地丘陵过渡的斜坡地带，包括川西南山地，云南高原大部。

本区有高原、山地、盆地、河谷，以高原、山地为主。北部及西部是青藏高原向南延伸部分，平均海拔4000～5000m，山川相间，地势陡峻，河谷深切，高差悬殊，构成高山峡谷地貌，高差达3000m以上，东南部及东北部为云贵高原，海拔约2000m。

本区为亚热带－热带高原型湿润气候，气候垂直变化显著，干湿季节分明。年均降水量800～1100mm。土壤以红壤为主，尚有黄壤、山地棕壤、暗棕壤、高山草甸土。

由于地形复杂，气候多变，植被类型也明显不同。海拔800m以下深谷，属南亚热带干旱、半干旱气候，植被以稀树灌丛草原为主。药用植物有木蝴蝶（*Oroxylum indicum*)、仙人掌（*Opuntia dillenii*）等；在低、中山常绿针叶林，药用植物有芒萁（*Dicranopteris dichotoma*)、海金沙、茯苓、滇黄芩（*Scutellaria amoena*)、柴胡、川黄芩（*Scutellaria hypericifolia*）等；海拔2000m以下的常绿阔叶林，药用植物有：川桂、黄皮树、刺黄柏（*Mahonia gracilipes*)、鹅掌柴（*Schefflera octophylla*)、喜马拉雅旌节花、白木通（*Akebia trifoliata* var. *australis*)、防己（*Sinomenium acutum*)、七叶一枝花、麦冬、贯众等；海拔2100～2600m的中山常绿阔叶与落叶混交林，药用植物较丰富，主要有：杜仲、天麻、枸骨（*Ilex cornuta*)、升麻（*Cimicifuga foetida*)、峨参（*Anthriscus sylvestris*)、楤木（*Aralia chinensis*)、鹿蹄草（*Pyrola rotundifolia* var. *chinensis*）等；海拔2600～3500m的亚高山常绿针叶林内还有羌活（*Notopterygium incisium*)、宽叶羌活（*N.　forbesii*)、岩白菜（*Bergenia purpurascens*)、珠子参（*Panax japonicus* var. *major*)、蒙自藜芦（*Veratrum mengtzeanum*）等；在亚高山灌丛和亚高山灌丛草甸主要有：贝母、药用大黄、秦艽、冬虫夏草、木香（*Aucklandia lappa*)、白亮独活（*Heracleum candicans*)、多种绿绒蒿、多种乌头、多种小檗、多种龙胆等；海拔4500m以上的高山流石滩植被中，生长有高山独特的药用植物，如梭砂贝母（*Fritillaria delavai*)、多种雪莲花（*Saussurea* spp.)、绵参（*Eriophyton wallichii*)、全缘叶兔儿草（*Lagotis integra*）等。

本区栽培药用植物主要有：三七、当归、川贝母、茯苓商品质量以体坚实、个大、圆滑、不破裂质量为佳，著称“云苓”。

（四）川黔湘鄂山地丘陵地区

本区是云贵高原东部及其延伸地带。包括四川、贵州、湖南、湖北四省的部分地区。

本区以山原丘陵为主，间有河谷盆地。山体较大，海拔在800～1500m，最高达2500m。山间河流纵横，形成不少河谷盆地，但狭小而零星。本区山体虽大，顶部较为宽旷，呈圆顶土包状排列，形成山地丘陵，有“山原”之称。

本区为中亚热带湿润季风气候，因受高大山体影响，东南暖湿气流受阻抬升，具有云雾多、湿度大、降水充沛的特点。无霜期 260 ~ 300 天，年降水量 1400 ~ 1800mm，土壤主要为山地黄壤，尚有红壤、黄红壤、黄棕壤和山地草甸土。

本区为中亚地带常绿阔叶林。区内地形复杂，受冰川破坏较小，植物区系成分和植被类型特别丰富，以亚热带区系成分为主，伴有温带、南亚热带植物区系成分，古老孑遗植物和珍稀树种很丰富，如珙桐属、山白树属、串果藤属、水杉属、鹅掌楸属、领香木属植物均有分布，是我国最大的油桐、乌桕、生漆产区及油茶产区。药用植物近 4000 种，在海拔 1300m 以下的常绿阔叶林中有巴东木连（*Magliatia patungensis*）、鹅掌楸、银杏、石楠（*Piper wallichii*）、枇杷（*Eriobodrya japonica*）、女贞、天师栗（*Aesculus wilsonii*）、樟（*Cinnamomun camphora*）等，海拔 1300 ~ 2000m 常绿 - 落叶阔叶混交林中有：红豆杉（*Taxus chinensis*）粗榧（*Cephalotaxus sinensis*）、华中五味子、乌药、延龄草（*Trillium tschonoskii*）、淡竹叶（*Lophatherum gracile*）等。还有青蒿、盐肤木、木姜子（*Litsea pungens*）、乌桕（*Sapium sebiferum*）、葛、桑树、前胡、南沙参、单叶淫羊藿、龙胆、黄精、紫苑、土茯苓等。本区民族药亦较多，主要有紫金牛（*Ardisia japonica*）、华南落新妇（*Astilbe autrosinensis*）、小花清风藤（*Sabia parviflora*）等。

（五）黔桂山原丘陵地区

本区是云贵高原东南缘向广西丘陵盆地过渡的斜坡地带。包括滇东南岩溶山原，黔西南山地丘陵，桂西北、桂北及桂东北山地丘陵。

本区是我国最典型的岩溶（喀斯特）地区，桂林山水、路南石林等是我国亚热带地区岩溶地貌的胜地。本区以山地丘陵为主，最高海拔 2142 m（猫儿山）。

本区为亚热带湿润季风气候，无霜期 265 ~ 340 天，年降水量 800 ~ 1700mm，最高可达 2000mm，土壤主要是红壤、黄壤和石灰土。

本区为亚热带常绿阔叶林，药用植物有 3000 多种，以滇黔桂及华南植物区系成分为主，并有华中和华东成分，主要药用植物有：华南紫萁（*Osmunda vachellii*）、狗脊（*Cibotium baromeiz*）、石韦（*Pyrrosia gralla*）、十大功劳（*Mahonia fortunei*）、两面针（*Zanthoxylum nitidum*）、何首乌、路路通（*Liquidambax formosana*）、鹅不食草（*Centipeda minima*）、土萆薢、百部、香附、白茅根、虎杖（*Polygonum cuspidutum*）、巴豆（*Croton tiglium*）、轮叶沙参（*Adenophora tetraphylla*）、木蝴蝶、环草石斛（*Dendrobium loddigesii*）、黄草石斛（*D. chrysanthum*）、倪藤（*Gnetum montanum*）、飞龙掌血（*Toddalia asiatica*）、大丁草（*Leibnitzia anadria*）、蜘蛛香（*Valeriana jatamansi*）、通关藤（*Marsdenia tenacissima*）等。栽培药用植物有 60 多种，主要有：艾纳香、肉桂、金银花、罗汉果、灵香草等，三七在本区文山等地有数百年栽培历史。

（六）横断山、东喜马拉雅山地区

本区位于我国西南边疆，是青藏高原东南向云南高原山地过渡的斜坡地带。横跨喜马拉雅山东南缘、横断山脉中南段及滇西高原西部，地势高峻，峡谷幽深。

本区气候为亚热带、山地暖温带、山地温带气候，垂直变化很大。土壤主要为红壤、黄壤、山地黄棕壤、暗棕壤等。

本区处于中纬度地带，地貌复杂，气候多样，植被类型也较为复杂。东南部以常绿阔叶林为主，西北部以冷杉、云杉针叶林或针阔混交林为主。在川西北、滇西北海拔3000～4200m阴坡，生长着以长苞冷杉（*Abies georgei*）、川滇冷杉（*A. forrestii*）、苍山冷杉（*A. delavayi*）、丽江冷杉（*Picea likiangensis*）、云南铁杉（*Tsuga dumosa*）等为主的亚高山常绿林。海拔3800～4200m处，有绣斑杜鹃（*Rhododendron siderophyllum*）、枇杷叶杜鹃等小乔木层及落叶阔叶灌木层。在海拔较低的干热峡谷灰岩陡壁上，有仙人掌、霸王鞭为主的常绿肉质有刺灌丛，散生有落地生根、油芦子等常绿肉质植物，峡谷坡上有滇刺枣、金合欢、灰浆果楝、假虎刺、青香树等落叶多刺灌丛。

本区因交通不便，人为活动较少，自然生态保护完整、药用植物种类繁多，约4000种，主要有：川贝母、珠子参、雪莲花、重楼、冬虫夏草、天麻、胡黄连、黑皮芪（*Astragalus dahuricus*）、黑藁本（*Ligusticum pteridophyllum*）、雪茶（*Thamnolia vermicularis*）、滇豆根、绿绒蒿、甘松、丽江山慈菇、西南细辛（*Asarum himalaicum*）、单叶铁线莲（*Clematis henryi*）、云南金莲花（*Trollius yunnanensis*）、岩白菜、甘青青兰、地不容、大株红景天等。栽培药用植物有：当归栽培历史久远，商品当归个大、肉质、体坚实、味香浓、色白肥润、油性足，有“云归头”美称，运销海外，尚有木香、胡黄连等。

五、华南区

华南区位于我国最南部，也是世界热带的最北界，本区西北高，东部低。东部以山地、丘陵为主，间有盆地、台地平原，西部为云南高原南缘，海拔多在1000～1500m，台湾东部山地海拔一般在3000m以上，海南岛山地集中在中部偏南，五指山海拔1867m。该地区为南亚热带、热带区，高温多雨，冬暖夏长，干湿季节较分明，无霜期300～365天，年降水量达1500～2000mm。典型的植被是常绿的热带雨林－季雨林和南亚热带季风常绿阔叶林。土壤是砖红壤与砖红壤性红壤（赤红壤）。植物以热带区系成分为主，以桃金娘科、番荔枝科、樟科、龙脑香科、肉豆蔻科、红树科、棕榈科、猪笼草科植物为特色，并保存了大批古老的科属。

（一）东部地区

本区位于我国东南沿海地区，东起台湾，西至广西百色的秦皇老山，包括台南丘陵山地、粤东南滨海丘陵、琼雷软廉台地、桂西南石灰岩山地。

植物区系成分以马来西亚成分为主，也有不少中国－日本成分分布。植被类型为季节性雨林，河谷和局部地区有小片雨林的分布。其他还有常绿针叶林、山地常绿阔叶林、中高山寒温性针叶林、海湾的红树林等，是我国地道药材“广药”的产区。主要药用植物有：槟榔（*Areca catechu*）、儿茶（*Acacia catechu*）、广防己（*Aristolochia fangchi*）、石蟾蜍（*Stephania tetrandra*）、巴戟天（*Morinda officinalis*）、广豆根（*Sophora tonkinensis*）、何首乌、高良姜（*Alpinia officinarum*）、益智（*A. oxyphylla*）、阳春砂（*Amomum villosum*）、鸭胆子（*Brucea javanica*）、海南龙血树（*Dracaena cambodiana*）、广藿香（*Pogostemon cablin*）、广金钱草（*Desmodium styracifolium*）、鸡血藤（密花豆）（*Spatholobus suberectum*）、肉桂、红花寄生（*Scurrula parasitica*）、八角茴香等。

（二）西部地区

本区包括云南南部的峡谷中山地区、西双版纳全部和思茅地区的西南部、滇西南河谷山地及西藏南部的东喜马拉雅南翼河谷山地。河谷盆地一般海拔 300 ~ 600m 左右，大部分绵亘的山地，海拔多在 1000 ~ 1500m 左右，东喜马拉雅山南侧，高峰自东向西逐渐增高，常超过 5000 ~ 6000m 以上。土壤为红壤或黄壤。

植物种类多为印度 - 缅甸成分，兼有一些中国 - 喜马拉雅和中国热带或亚热带特有的成分。植被类型：低海拔丘陵地区为季节雨林和半常绿季雨林；1000m 以上为山地常绿阔叶林；山脊、山顶部分有山顶矮林。从 1800m 开始，在中山、高山山地上（主要在西藏），依次出现温性针叶林和局部的落叶阔叶林、寒温性针叶林以及高山灌丛和高山草甸等类型。本区药用植物非常丰富，主要有：胡椒（*Piper nigrum*）、云南马钱（*Strychnos pierriana*）、白花安息香（*Styrax hypoglaucus*）、山茶、槟榔、龙脑香（*Dipterocarpus aromatica*）、肉桂、相思子（*Abrus precatorius*）、草果（*Amomum tsao - ko*）、萝芙木（*Rauvolfia verticillata*）、美登木（*Maytenus hookeri*）、金鸡纳（*Cinchona succirubra*）、三七、白木香（*Aquilaria sinensis*）、大雪莲（*Saussurea gossypihora*）、红景天（*Rhodiola complanatum*）等。

六、内蒙古区

本区位于我国中北部，包括黑龙江中南部，吉林西部，辽宁西北部，河北北部，山西北部和内蒙古中、东部。

本区属温带半湿润、半干旱气候，冬季严寒而漫长，夏季温暖而不长，无霜期 100 ~ 180 天，日温差很大，降水量少（年平均降水量 200 ~ 700mm），且分配不均，东部 750mm，向西降为 200mm，日照充足，多风沙。

土壤类型多样，主要有黑土、草甸土、风沙土、黑钙土、盐化草甸土、盐碱土、沼泽土等。

本地区属温带草原区。本区的西辽河平原为沙层覆盖，沙丘上有各种沙生植被，丘间低地以草甸占优势；西辽河上游有黄土、沙黄土堆积形成的黄土丘陵，植被以虎榛灌丛、铁杆蒿群落、长芒草群落等最常见；大兴安岭以西，内蒙高原的东北角是呼伦贝尔高原，海拔 700 ~ 900m，多为草原植被；往南是内蒙高原中段的锡林郭勒高原，一般海拔 900 ~ 1300m，以草原植被为主，沙地上生长了榆树疏林、各种沙生灌丛、半灌丛及草本群落；从锡林郭勒高原往西，进入阴山山脉以北的乌兰察布高原，海拔 1000 ~ 1500m，具有草原向荒漠过渡的特征，高原的干河道和湖盆洼地，为盐化草甸和盐生植被所占据；阴山山脉以南被黄河河道所包围的鄂尔多斯高原，海拔 1100 ~ 1500m。高平原的东部是黄土丘陵，以草原植被为主，南部是毛乌素沙漠，大部分高原因受长期剥蚀和沙层堆积，其植被多以沙生的半灌木蒿类为主；河套平原海拔 900 ~ 1100m，植被以盐化草甸和盐生植被占优势。

植物区系成分以多年生、旱生、草本植物占优势，多属亚洲中部成分和内蒙古草原成分，植物种类比较贫乏。药用植物种类虽少，但每种分布广、产量大，主要有：防风、黄芩、赤芍、地榆、三花龙胆（*Gentiana triflora*）、龙胆（*G. scabra*）、甘草（*Glycyr-*

rhiza uralensis)、黄精(*Polygonatum sibiricum*)、黄芪、蒙古黄芪(*Astragalus mongolicus*)、远志、山杏(*Prunus armeniaca*)、知母、肉苁蓉(*Cisranche salsa*)、麻黄(*Ephedra sinica*)、中麻黄、木贼麻黄、兴安升麻、银柴胡(*Stellaria dichotoma*)、蒙古扁桃(*Prunus* mongolica)、祁州漏芦(*Rhaponticum uniflorum*)等。

(一)东北平原森林草原地区

本区在我国东北，包括黑龙江南部、吉林西部、辽宁西北部和内蒙古东部。

本区四面环山，中间是广阔的平原，北部是松嫩平原，南部及西南部是西辽河与辽河冲积平原，地势西高东低，西南部是大兴安岭向西南延伸的南端。本区植物以内蒙古植物区系为主。北部、东部和南部混有东北及华北植物区系成分，为典型草原区。药用植物主要有：甘草，以条直、色红紫、酸性高、灰份小、质地独特而著称于世，防风、麻黄、桔梗、柴胡、蒙古黄芪、黄芩、苦参、赤芍、知母等。

(二)阴山山地及坝上高原地区

本区位于我国华北北部、内蒙古高原南部。包括河北张家口，承德西北部，保定北部，山西雁北地区，内蒙古呼市、包头市、伊克昭盟东部及乌兰察布盟。

本区以阴山山脉和坝上高原为主体，坝上高原位于本区东北部，阴山山地位于本区中部，是我国北部重要的地理分界线。

由于气候条件较差，整个高原形成了一些耐寒抗旱植物群落，喜暖的亚洲中部草原成分构成本区的主体，如长芒草、短花针茅等，一些耐干旱的东亚成分也占较大比重，如白羊草、委陵菜、兴安胡枝子、细叶胡枝子、茵陈、酸枣、荆条、虎榛子等。

药用植物有800种，地道药材产量大，质量优。有山西的黄芪，河北的知母，坝上的黄芩、远志，阴山山地的郁李仁等。尚有党参、柴胡、草麻黄、苍术、玉竹、黄精、白头翁、苦参、狼毒等。

(三)蒙古高原地区

本区位于我国北部边疆。包括内蒙古兴安盟、锡林郭勒盟全部及呼伦贝尔盟等部分地区。

本区基本上是高原地带，海拔1000~1500m，东北部是呼伦贝尔草原，西部是阴山山脉以北的乌兰察布高原，南部是阴山山麓的山前丘陵。

本区以蒙古草原成分和亚洲中部草原成分为主，辽阔的高原草原内，旱生植物占多数，以大针茅为代表。药用植物有600种，主要有蒙古黄芪、知母、芍药、银柴胡、远志、秦艽、防风、地榆、小白花地榆、大白花地榆、桔梗、北苍术、黄芩、黄精、草乌、铃兰、苦参等。

七、西北区

西北地区深居内陆。包括新疆、青海、宁夏北部和内蒙古西部，为我国最干旱地区。境内大部分属干荒漠，东西两侧边缘地区属荒漠草原。境内有一些高大山体，如阿尔泰山、天山、昆仑山、祁连山、贺兰山等，植物垂直分布明显。

本区是我国降水量最少，相对湿度最低，蒸发量最大的干旱地区。无霜期100~

223天，年降水量一般不及200mm，除天山、祁连山等少数高寒地区外，80%以上地区降水量少于100mm，有的地区少于25 mm。

土壤种类较多，主要有属于荒漠土壤的灰棕漠土、灰漠土、棕漠土和属半荒漠的棕钙土、灰钙土及风沙土、草甸土、沼泽土、高山寒漠土、高山草甸土等。

本区以亚洲荒漠成分占优势。山地森林以西伯利亚落叶松、雪岭云杉等为主体。本区植被稀疏，有大面积裸露地面，半灌木、灌木荒漠－草原化荒漠区的主要药用植物有甘草、麻黄、肉苁蓉、锁阳、新疆紫草、阿魏、苦豆子等；高山地带有雪荷花、冬虫夏草、羌活、赤芍、新疆党参等；平原、河岸边有盐生草甸、灌丛、胡杨林和盐漠植被，药用植物有甘草、罗布麻、骆驼刺、白刺、锁阳、柽柳、胡杨等。

本区具有几列海拔高度在4000～5000m以上的庞大山系，有充沛的冰雪融水，使单调贫乏的荒漠出现了形形色色的山地森林、灌丛、草原和高山植物。

（一）西北荒漠草原和荒漠地区

本区包括内蒙古西部、宁夏北部，新疆的准葛尔盆地、塔里木盆地，青海的柴达木盆地等。本区周围被高山围绕，降水很少，且分布不均，一般年降雨量不过100mm，是世界上著名的干燥地区之一。

土壤为灰钙土或荒漠土，但都不同程度的盐渍化。

1. 西部荒漠　本区包括准葛尔盆地西部和塔城、伊犁谷地一带。植物区系成分以中亚成分为主，多为小乔木荒漠和半灌木荒漠，群落中常出现春雨型的短生植物和多年生短生植物。地下水较浅的区域有胡杨（*Populus diversifolia*）林、柽柳灌丛和芨芨草草甸分布。由于有天山水源的灌溉，形成许多绿洲。药用植物主要有：葫芦巴（*Trigonella arcuata*）、长喙牻牛儿苗（*Erodium hoeftianum*）、准葛尔山楂（*Crataegus songarica*）、新疆阿魏（*Ferula sinkiangensis*）、伊犁贝母（*Fritillaria pallidiflora*）、阿拉套乌头（*Aconitum alatavicum*）、几种猪毛菜（*Salsola* spp.）等。

2. 东部荒漠　本区包括准葛尔盆地东部和南部阿拉善、马宗山－诺敏戈壁、东疆哈顺戈壁、塔里木和柴达木一带。植物区系成分以亚洲中部的荒漠成分为主，以灌木、半灌木荒漠、红砂、珍珠猪毛菜最普遍。湖盆周围固定、半固定沙地也有梭梭、白刺、尖叶盐爪爪的分布。河谷低地的胡杨林和柽柳灌丛也很普遍。药用植物主要有：宁夏枸杞（*Lycium barbarum*）、锁阳（*Cynomorium songaricum*）、沙苁蓉（*Cistanche sinensis*）、肉苁蓉（*C. salsa*）、甘草、麻黄、新疆紫草（*Arnebia euchroma*）等。

（二）西北山地区

西北山地包括天山、阿尔泰山及祁连山等，位于草原或荒漠地区内。

天山主峰高达5000m左右。北坡由于接受西来的湿气流，气候较湿润。植物垂直分布明显：海拔800～1000m，为山地荒漠，以各种蒿类为主；海拔1100～1600m，为山地草原，包括荒漠草原和典型草原；海拔1600～2800m，为亚高山针叶林和草甸，针叶林中雪岭云杉（*Picea schrenkiana*）为主，草甸中的植物种类较多；海拔2800～3600m为高山草甸，有高山紫苑（*Aster alpinus*）、中西火绒草（*Leontopodium ochroleucum*）等；海拔3600～4000m，为高山亚冰雪稀疏植被，仅有个别雪莲（*Saussurea involucrata*）、高山蓼（*Polygonum alpinum*）等。天山地区植物比较丰富，大约有2500种，主要药用植物有200多种，其中有：天山贝母（*Fritillaria walujewii*）、黄芪、新疆假紫草（*Arnebia euchroma*）、天山党参（*Codonopsis clematidea*）、雪莲花、园叶鹿蹄草（*Pyrola rotundifolia*）、新疆缬草（*Valeriana fedtschenkoi*）等。

阿尔泰山地形比较平缓，海拔2000~3000m左右。其西北部主要为草原。阳坡灌木草原一直分布到海拔2100m，阴坡从海拔1500m以上为西伯利亚落叶松和西伯利亚云杉林，局部地区有西伯利亚冷杉林的分布。东南部比较干旱，植被以草原为主。药用植物有：多裂阿魏（*Ferula dissecta*）、马蹄囊吾（*Ligularia altaica*）、阿尔泰金莲花（*Trollius altaicus*）、黑种草（*Nigella sativa*）、红景天、阿尔泰乌头（*Aconitum altaicum*）、异叶青兰（*Dracocephalum heterophylla*）等。

祁连山位于青藏高原的东北，最高峰5000~6000m，海拔4500m以上终年积雪。本地区属高寒半干旱气候。植被垂直分布明显，北坡海拔2500m以下为山地荒漠，海拔2500~3300m为山地草原，海拔3300~3800m为高寒草原，海拔3800m以上至雪线为高山亚冰雪稀疏植物；南坡海拔2900~3500m为山地荒漠，海拔3500~3900m为高寒荒漠草原，海拔3900~4500m为高寒荒漠植被。本地区有植物1200种，其中药用植物主要有：唐古特大黄、甘肃贝母、水母雪莲花（*Saussurea medusa*）、雪莲花（*S. Inconspincus*）、冬虫夏草、高山唐松草（*Thalictrum alpinum*）、马尿泡（*Przewalskia tangutica*）、山莨菪（*Anisodus tangutica*）、高山龙胆（*Gentiana algida*）、大叶龙胆、唐古特青兰（*Dracocephalum tanguticum*）、羌活、唐古特乌头（*Aconitum tanguticum*）、大通虎耳草（*Saxifraga tangutica*）、甘松、多种红景天（*Rhodiola* spp.）等。

八、青藏区

青藏地区是世界著名的高原之一。包括西藏自治区大部，青海省南部、甘肃东南部、四川省西北部。

本地区平均海拔4000~5000m，并有许多耸立于雪线之上的山峰。区内地貌复杂，有多条长1000公里以上的高大山脉，山脉之间分布有高原、盆地和谷地。

本区气候具明显而独特的高寒类型，高原空气稀薄，光照充足，辐射量大，气温低。干湿季分明，干旱季多大风。降水量最高达800mm，羌塘高原年降水量仅18~60mm，自然植被一般都比较矮小稀疏。土壤为高山草甸土、高山寒漠土。

本地区的东南部，地势稍低，海拔为3000~4000m（河谷最低处约2000余米），气候温暖湿润。植被类型为针阔叶混交林和寒温性针叶林，主要树种为常绿栎类、高山松（*Pinus densata*）、多种云杉和冷杉，局部地区有亚热带湿性常绿阔叶林；经西北地势升高，气候寒冷，植被为高寒灌丛和高寒草甸；再往西北为羌塘高原，气候寒冷半干旱。植被为高寒草原和高山荒漠草原；在海拔较低的藏南谷地，其植被为温性草原和温性干旱落叶灌丛；西藏高原的最西北部，地势更高，海拔在5000m以上，气候极为寒冷干旱，有大面积的冻土，植被类型为高寒荒漠。

青藏高原虽然是一个年轻的地区，但植物区系较为复杂，特别是东部和东南部。据调查有维管植物4000余种。

（一）川青藏高山峡谷地区

本区位于青藏高原东南，包括川西北高原，青南高原，甘南高原及藏东高山峡谷，是“世界屋脊”的第一阶梯，即青藏高原的东南部，以横断山脉中北部的高山峡谷和唐古拉山的东延支脉为主体。山川相间排列，走向近于南北。山峰高度多在3500～6500m，谷地海拔2500～4000m。

本区属青藏高原寒气候区。气候高寒，半湿润气候垂直变化大。年降水量达400～1000mm，无霜期180天，气候总的特点是：年温差小，日温差大，光照丰富，辐射强烈，雨热同季，干湿分明，暖季短促，冷季漫长。

本区在海拔4300m以下的沟谷、山地，由松、云杉、圆柏、冷杉、高山栎、山杨、红杉等构成的森林中药植物有川贝母、羌活、黄芩、天南星、掌叶大黄、多花黄芩、匙叶甘松（*Nordostachys jatamansi*）、长花党参（*Codonopsis mollii*）、柴胡、刺参、萝卜秦艽、天麻等。从海拔2000～5000m的高山灌丛或高山灌丛草甸中药用植物有多种马先蒿、高山大戟、高山唐松草、唐古特大黄、银莲花、长花铁线莲、红景天、鼠掌老鹳草、独活、花锚、黄精、长松萝等。在3800～4500m的高原草甸上有冬虫夏草、网脉大黄、川西小黄菊、藏角蒿、兔耳草、乌奴龙胆（*Gentiana urnula*）、珠芽蓼、多种绿绒蒿等。本区地广人稀，草木繁茂，区中植物资源相当丰富，冬虫夏草、贝母、大黄驰名中外，南坪县刁口坝所产党参，称为“刀党”。

（二）雅鲁藏布江中游山原坡地区

本区位于青藏高原的中南部，以雅鲁藏布江地段为主体，包括西藏、青海的部分地区。

本区主要为山原湖盆谷地，平均海拔5500～6000m以上，有许多高达7000m以上的高峰，喜马拉雅山北麓有一系列广阔的盆地和宽谷，海拔多在4300～4600m，盆地与谷地之间多为相对高达200～500m的波状丘陵和低山，第四纪冰川和冰川堆积物广泛分布。

本区属温暖半干旱气候，地区差异和垂直变化明显，一般东部河谷地区较温暖干燥，山地随海拔升高而变冷，无霜期50～150天，年降水量300～650mm。土壤以亚高山灌丛草原土、亚高山草原土、高山草原土为主。

一般海拔在4400m以下的干旱谷区、盆地和山坡下是喜温的亚高山草原和落叶灌丛，主要由欧亚草原成分和喜暖的禾草组成；海拔4400m以上，是适于高寒的草原群落和高山常绿针叶灌丛、高山落叶灌丛、高山草甸等。并有零散的垫状群落，本区林木稀少，野生药用植物主要有天麻、胡黄连、山莨菪、角蒿、绿绒蒿等。

从垂直分布来看，山原湖盆地带，主要分布有西藏的特产的胡黄连，乌奴龙胆、角茴香、兔耳草、梭砂贝母、西藏中麻黄（*Ephedra intermedia* var. *tibetica*）、露蕊乌头、穗序大黄（*Rheum spiciforme*）、狼毒、唐古特青兰等。海拔3000～4000m主要有墙草（*Parietaria micrantha*）、尼泊尔酸模、柴胡、红景天、喜马红景天、多花黄芪、珠子参、参三七（*Panax pseudoginseng*）、疙瘩七（*P. japonicus* var. *bipinnatifidus*）、西藏龙胆、甘西鼠尾草、青海茄参（*Mandragora caulescens*）、鸡蛋参（*Codonopsis convolvulacea*）、柔软紫苑（*Aster flaccidus*）、川西小黄菊、绢毛菊（*Siegebeckia gilli*）、卷鞘鸢尾（*Iris potaninii*）、水母雪莲等。海拔4000～5000m，主要有藏麻黄、掌叶大黄、穗序大黄、甘肃雪灵芝（*Arenaria kansuensis*）、山地蚤缀（*Aconitum edgeworthiana*）、船盔乌头（*A. naviculare*）、甘青铁线莲（*Clematis tangutica*）、尼泊尔黄堇（*Corydalis hedersonii*）、长鞭红景天（*Rhodiola fastigiata*）、圣地红景天（*R. sacra*）、云南黄芪（*Astragalus yunnanensis*）、乌头龙胆、长梗龙胆、长花滇紫草（*Onosma hookeri* var. *longiflorum*）、厚叶兔耳草（*Lagotis crassifolis*）、长叶绿绒蒿（*Meconopsis lancifolia*）、青海马先蒿、齿叶玄参（*Scrophularia dentata*）、象南星（*Arisaema elephas*）、西藏延龄草、西南手参（*Gymnadenia orchidis*）、长松萝（*Usnea longissima*）等。海拔5000m以上主要有冬虫夏草、囊距翠雀花（*Delphinium brunonianum*）、绿绒蒿、绵参（*Eriophyton wallichii*）、多种马先蒿、甘松、刺参（*Morina nepalensis*）、川藏沙参（*Adenophora liliifolioides*）、藏沙蒿（*Artemisia wellbyi*）、苞叶雪莲（*Saussurea obvallata*）、星状雪兔子、梭砂贝母、角盘兰（*Herminium monorchis*）、藏黄连（*Hagotis* sp.）、露蕊乌头等。

（三）羌塘高原地区

本区位于青藏高原的西北部，以羌塘高原为主体，包括西藏、青海部分地区。

本区由高原宽谷和羌塘高原组成，是地势最高、面积最大的高寒高原。山峰海拔多在5800～6000m，最高可达7000m以上，山势雄伟，有大面积的冰雪覆盖，发育有大小不等的冰川，在山脉之间多为山麓冰川冲积－洪积平台、谷地或湖盆，海拔4500～5000m区内湖泊星布，湖泊周围为平缓的低山和丘陵。

本区深居高原腹地，气候寒冷而干燥，为典型的高原寒带。在四季如冬的气候条件下，植物生长季节极短，覆盖度极小，年降水量东多西少，北多南少，在150～300mm之间，本区又是我国大范围大风区，东部约100天左右，西部达200天左右。土壤主要是高山草原土。

植被类型为高寒荒漠，在海拔4600m以下河谷侧坡和洪积平台是荒漠化草原；4600～5000m是高山草原；海拔5400m以上为高山岩屑坡稀疏植被（高山冰缘植被）。

本区气候寒冷，水量较少，环境恶劣，部分地带仍是“无人区”。药用植物比较贫乏，在海拔4000～5000m主要有：云南黄芪、西藏亚菊（*Ajania tibetica*）、棘枝忍冬（*Lonicera spinosa*）、车前状垂头菊（*Cremanthodium plantagineum*）、藏麻黄、网脉大黄、穗序大黄、三裂碱毛茛（*Halerpestes cymbalaria*）、冬虫夏草、川贝母、锁阳、马尿泡、秦艽、高原毛茛（*Ranunculus brotherusii* var. *tanguticus*）等，海拔5000m以上的高山流石坡，高山流石滩生长的药用植物主要有：山岭麻黄、雪莲花、冬虫夏草、珠芽葱、穗序大黄、多刺绿绒蒿、甘草虎耳草（*Saxifraga tangutica*）、雪灵芝（*Arenaria bryophylla*）、高山葶苈、水母雪莲、鼠曲雪兔子、三指雪兔子等。

由于本区药用植物品种缺少，又多为野生，分布不均，气候严酷，环境恶劣，给开发利用带来很大困难。

第二节　主要植物药材的分布

我国位于欧亚大陆东部，幅员广阔，东自太平洋西岸，西至亚洲大陆内部，南北跨热带、亚热带、暖温带、温带和寒温带。自然条件复杂多样。以大兴安岭、阴山、贺兰山至青藏高原东部为界，东南半部属于季风气候，受太平洋季风的影响，比较湿润，季节变化分明。西南部还受印度洋季风的影响，夏季西南季风沿横断山脉长驱直入，形成干热河谷，使这一地区出现独特的植被类型。西北半部为亚洲内陆干旱的荒漠和草原气候，塔里木盆地是亚洲或欧亚大陆的干旱中心。其南面高亢的青藏高原为高寒的高原气候。不同的自然条件决定了各地药用植物的种类和资源的丰度。黄河以北的广大地区由于气候寒冷干燥，药用植物种类较少，在1000－2000种。长江以南气候温暖湿润，药用植物在2000－4000种。西南地区地形、气候复杂多样，药用植物资源最丰富，在4000－5000种，其中云南省5050种，四川省4350种，贵州省4290种；这一区域资源丰富、种类多、质量优。四川、陕西、湖北交界的秦巴山脉，药用资源3000多种，品种齐全，兼有南北药物所长；秦岭是我国南北气候分界线，药用资源1500多种，素有“天然药库”之称，这些地区蕴含着极为丰富的药材资源。有些是著名的地道药材，如东北地区的人参、鹿茸、五味子、细辛、黄柏、龙胆等；西南高山地区的冬虫夏草、贝母、黄连、大黄、三七、天麻等；西北沙漠地带的肉苁蓉、锁阳、麻黄、甘草等；广东、海南的槟榔、胡椒、金线莲、穿心莲等；广大暖温带地区的地黄、银杏、红花、白术、麦冬等。我国药用植物达1万种以上，其中应用范围较广、属于常用和比较常用的约500种左右。现将主要植物药材的主要产地按省及自治区分列如下：

黑龙江省：人参、黄芪、龙胆、防风、五味子、刺五加、黄柏、北柴胡、穿山龙、细辛、甘草、赤芍、地榆、麻黄、平贝母 、草乌等。

吉林省：人参、平贝母、党参、细辛、黄芪、龙胆、牛蒡子、麻黄、五味子、甘草、防风、桔梗、北柴胡、紫草、苦参、升麻、黄芩等。

辽宁省：细辛、五味子、人参、龙胆、黄柏、平贝母、牛蒡子、贯众、桔梗、党参、北柴胡、紫草、赤芍、地榆、防风、黄芩、三棱、郁李仁、秦皮、草乌、北沙参、朝鲜淫羊藿、马兜铃、木贼等。

内蒙古自治区：黄芪、甘草、麻黄、银柴胡、防风、升麻、黄芩、肉苁蓉、锁阳、苦参、地榆、苦杏仁、藁本、黄精、龙胆、木贼、地骨皮等。

河北省：紫苑、白芷、芥穗、知母、金莲花、黄芩、祁菊花、北苍术、柴胡、远志、酸枣仁、板蓝根、枸杞、槐米、红花、北沙参、桔梗、薏苡仁、马兜铃、麻黄、升麻、柴胡、五加皮、蒺藜、白茅根等。

山西省：党参、黄芪、柴胡、远志、款冬花、地骨皮、秦艽、小茴香、防风、连翘、麻黄、黄芩、知母、猪苓、九节菖蒲等。

陕西省：丹参、绞股蓝、薯蓣、秦艽、山茱萸、杜仲、酸枣仁、威灵仙、党参、汉中防己、九节菖蒲、天麻、潼蒺藜、牛蒡子、密蒙花、白附子、猪苓、小茴香、款冬花、远志、五倍子、辛夷、花椒、银柴胡、连翘等。

甘肃省：当归、大黄、甘草、羌活、款冬花、贝母、秦艽、党参、黄芪、锁阳、牛蒡子、天仙子、麻黄、肉苁蓉、远志、苦杏仁、小茴香等。

宁夏回族自治区：枸杞、麻黄、银柴胡、肉苁蓉、甘草、锁阳、秦艽、羌活等。

青海省：大黄、贝母、甘草、羌活、秦艽、冬虫夏草、锁阳、肉苁蓉、猪苓等。

新疆维吾尔自治区：雪莲、新疆紫草、红花、肉苁蓉、麻黄、甘草、贝母、锁阳、木香、阿魏、款冬花、牛蒡子、红景天等。

山东省：金银花、北沙参、栝蒌、天南星、徐长卿、黄芩、山楂、香附、蔓荆子、半夏、茵陈蒿、柏子仁、蒺藜、芡实、白芍、牡丹皮、太子参、昆布、海藻等。

河南省：菊花、地黄、山药、牛膝、山楂、白附子、冬凌草、槐米、辛夷、茯苓、连翘、红花、补骨脂、金银花、天麻、天南星、五味子、柴胡、白芷、玉竹、杜仲等。

安徽省：牡丹皮、亳菊、滁菊、贡菊、桔梗、菘蓝、芍药、柴胡、白术、葛根、紫苑、茯苓、石斛、百部、木瓜、瓜蒌、白前、白薇、独活、青木香等。

江苏省：菊花、薄荷、银杏叶、白首乌、野马追、半夏、苍术、三棱、夏枯草、太子参、明党参、板蓝根、桔梗、玉竹、洋金花、香橼等。

浙江省：延胡索、菊花、浙贝母、白术、薏苡仁、益母草、西红花、雷公藤、白芷、芍药、乌药、玄参、麦冬、温郁金、明党参、粉防己、龙胆、前胡、覆盆子、厚朴、山茱萸、地黄、桔梗、百合、三棱、丝瓜络、莪术等。

江西省：栀子、枳壳、车前子、蔓荆子、夏天无、泽泻、鸡血藤、草珊瑚、覆盆子、荆芥、茵陈蒿、陈皮、枳实、香薷、姜黄、钩藤、杜仲、毛冬青等。

福建省：泽泻、使君子、姜黄、青皮、薏苡仁、金樱子、狗脊、海风藤、莲子、乌梅、昆布、海藻、毛冬青等。

湖北省：茯苓、独活、厚朴、杜仲、射干、湖北贝母、贯叶连翘、宽叶缬草、木瓜、黄连、大黄、续断、连翘、白术、半夏、苍术、天麻、黄精、五倍子等。

湖南省：玉竹、吴茱萸、乌药、黄精、前胡、金果榄、黄药子、陈皮、金樱子、夏枯草、厚朴、土茯苓、白术、木瓜、辛夷、牡丹皮、白及、百合、栀子、钩藤等。

广东省：巴戟天、砂仁、广藿香、穿心莲、佛手、溪黄草、化州橘红、山银花、五爪龙、土茯苓、沉香、鸦胆子、何首乌、广防已、诃子、相思子、黄精、莪术、槟榔、草豆蔻、马钱子、使君子等。

广西壮族自治区：罗汉果、肉桂、栝蒌、何首乌、三七、石斛、八角茴香、吴茱萸、千年健、千层纸、山豆根、天门冬、山柰、莪术、郁金、丁香等。

四川省：川芎、川贝、附子、天麻、黄连、麦冬、红豆杉、薯蓣、当归、川牛膝、羌活、冬虫夏草、大黄、白芷、杜仲、川木香、泽泻、党参、黄柏、使君子、枳实、枳壳、常山、甘松、巴豆、丹参、独活、郁金、川楝子、佛手、通草、辛夷、厚朴等。

重庆市：半夏、天冬、黄连、金荞麦、仙茅等。

贵州省：杜仲、淫羊藿、黄柏、天麻、黄精、艾纳香、半夏、天门冬、吴茱萸、五倍子、白及、钩藤、千层纸、银耳、八角茴香、常山、石斛等。

云南省：云木香、云当归、三七、滇龙胆、青叶胆、滇黄芩、青阳参、茯苓、贝母、猪苓、大黄、天麻、天竺黄、冬虫夏草、黄连、鸡血藤、马钱子、儿茶、佛手、防风、红芽大戟、草果、半夏、诃子、胡椒、芦荟、砂仁等。

西藏自治区：红景天、冬虫夏草、大黄、羌活、麻黄、贝母、木香、秦艽、胡黄连、甘松、天仙子等。

海南省：益智仁、槟榔、肉豆蔻、丁香、高良姜、胡椒、金线莲、芦荟、降香、沉香、鸦胆子、砂仁、蔓荆子、草豆蔻等。

台湾省： 藿香、郁金、槟榔、泽泻、高良姜、胡椒、通草、樟脑、大风子、木瓜、苏木、海风藤、山柰、姜黄等。

参见图 15－2

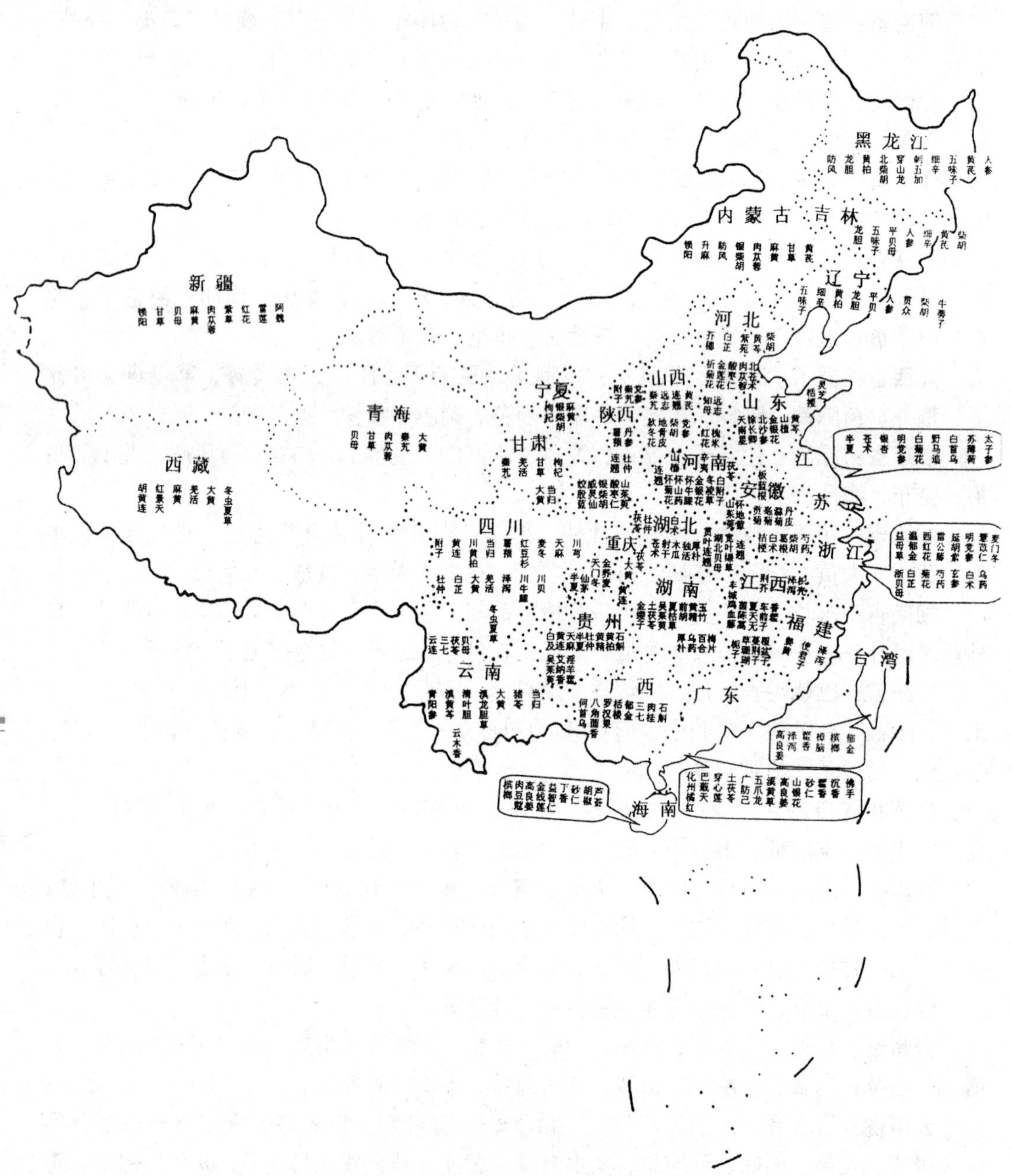

图 15－2　主要植物药材的分布

药用植物资源的开发与利用

第一节　药用植物资源的开发与利用

在当今“人类要回归大自然”思潮的影响下，药用植物资源的开发和利用已受到了世界性的关注，是药用植物研究的中心任务之一。资源的开发是指人们对植物资源进行劳动，以达到利用所采取的措施。资源的利用是人们对已开发出来的资源进行一定目的的使用，如进行加工和制成新产品等。开发和利用在概念上有区别，但两者又紧密联系。纵观植物资源开发现状，一方面资源大量破坏和浪费，一方面资源又严重不足，这已成为中医药事业发展的突出矛盾。多年的实践证明，限制对药用植物的开发影响中医药事业的发展，单纯的保护代价又太大，只有从合理开发和综合利用药用植物资源着手，最大限度地提高资源利用率，才能更好地保护资源，满足需求。

药用植物资源的开发和利用是多层次、多方位和多学科的，它包括以发展药材及原料为主的初级开发，以开发药物与其他产品为主的二级开发，以开发天然化学药和单体为主要内容的深层次开发。此外，还包括其他方面的开发，如保健品、饮料、调味剂、色素、甜味剂、香精香料、化妆品、酿酒、农药等多品种开发。

一、药用植物资源的药物开发

植物是药物的重要来源之一，人类利用药用植物的历史源远流长。今天，尽管科学家已经能够利用化学方法研制品类繁多的药品，但开发利用植物药的热情在世界范围内却有增无减。这主要是由于植物种类丰富，体内所含的有效成分形形色色，具有开发新药的巨大潜力：既可以从中直接发现新药；又可以发现新的先导物，通过结构修饰等技术发明新药。

（一）深入资源调查，加强信息工作

我国幅员广阔，有各种各样的地理和气候条件。因而富有各种类型的植被，植物资源非常丰富。据考察，我国高等植物种类约有3万余种，居世界第3位，其中药用植物有一万余种。随着医药事业的发展，对药物的来源与资源的利用也不断提出了新的要

求，这就必须不断开展药用植物资源的调查，一方面要寻找新的药用植物来源，另一方面，要研究怎样更合理、更充分地利用已发现的药用植物资源。

通过资源调查可以了解和掌握各地的药用植物种类，做到就地取材，就地治病，从而寻找进口药的本国资源或新的药用植物。如对许多重要药用植物同种属是否有药用价值进行考证，象雪莲、千里光、蒲公英、青蒿、黄芪、黄芩、萎陵菜、毛茛等，同属种的植物大多都有二、三十种，鉴定其是否都具有药效很有现实意义。对流传或散失民间的中草药、民族药用植物的来源及应用进行搜集整理，对古今中外的医药文献进行综合分析，做到去粗取精，去伪存真。对一些资源不够清楚的药用植物进行系统的调查、分析和研究，将为药用植物的开发利用提供科学的依据。

为了合理地利用药用植物资源，对于经调查研究认为有利用价值的药用植物，就应当进行资源普查，并将普查的原始资料如蕴藏量、年生产量，年需要量等输入计算机系统，建立成数据库形式，然后可以根据数学模式预测今后发展和需求的趋向。这对药用植物资源有计划地开发和利用具有战略意义。

（二）扩大药用部位，增加产品

对于药用植物，传统经验往往仅择其一或几个部位药用，其余弃之。实际上，植物的不同部位含有不同的化学成分或含量有所差异，而且现在药用植物野生资源品种正在减少，许多已濒临灭绝，因此只要有药用价值就应充分利用，这对于扩大药源，发现新药，提高药用植物的资源利用率，都起到积极的作用。

许多植物的其他部位也往往含有药用成分。如大青（*Isatis indigotica*）《唐本草》记载“用叶兼茎，不独用茎也”，有清热解毒，凉血止血作用。大青叶的根《本草纲目》收载称之为板蓝根，其功效与大青叶相同，现已证明它们都含有绿原酸、木犀草素、靛玉红等成分。再如三七根、三七叶都有止血、消肿、定痛作用，而三七花则有清热平肝，降压作用，虽功效与根、叶不同，但仍可药用。又如山楂（*Crataegus* sp.）的根、果核、木均与果有类似消食、治疝气作用，其根还有祛风活血之功，但目前则仅用其果和叶，其他部位却很少用。滇重楼（*Paris polyphylla* var. *yunnanensis*）的地上部分含有与根茎相同的化学成分，有时含量还远高于地下部分，若改变传统使用和收购，保留重楼的根茎和其茎叶，或利用茎中提取有效成分，则可缓解药源紧张的状况。诸参（人参、党参、玄参等）及牛膝、桔梗，传统用药时多去芦（根茎），现今研究确认，芦头与根的成分基本一致，可供药用。这样变废为宝，节省了药材，达到物尽其用的目的。

但是，目前仍有许多植物药成分、药理尚不明确，而且有的药用资源已濒危，而替代品又没能找出，因此，要合理开发利用植物资源，使产量达到最大持待量，对已开发的植物资源做到“物尽其用”，最充分，最合理，最有效，最科学地加以利用。

（三）运用现代高新技术，增加药物新品种。

现代分离纯化技术，已能对植物各种成分进行分离而得到各种化合物类群或单一化合物，现代的各种筛选技术又能对各类化学成分进行筛选和试验，发现药物新作用，增加药物新品种。如伞形科植物川芎分得有效成分川芎嗪（tetrame thylpyrazine，TMP）已作为活血化瘀成分广泛用于临床，降低肺动脉压，抗慢性肝炎时肝纤维化，治疗妊高症，心绞痛和大脑局部缺血性疾病等方面均取得了很好的疗效。又如天麻提取物的对神经衰弱、神经综合征、血管神经性头痛患者的头痛和失眠症状有较好的疗效，而且对多种神经痛（坐骨神经痛、三叉神经痛、枕神经痛）和眩晕也有肯定的疗效。从天然植物中提取有效部位，利用各类化学成分，是开发新药的另一途径。从百合科，石蒜科，薯蓣科，兰科，虎耳草科，车前草科等植物黏液中提取的多糖成分中，可显著降低机体心肌脂褐质和皮肤羟脯氨酸的含量，以及单胺氧化酶 - B 的活性，从而达到延缓机体衰老的作用，还具有降低机体乳酸脱氢酶的活性，可使肝糖原含量显著增加而提高机体的运动能力，达到抗疲劳的作用。从中药薏苡仁中提取有效部位，采用先进工艺制成供静脉注射的脂肪乳剂，经Ⅱ期、Ⅲ期临床证明，具有抑杀癌细胞、抗转移、提高机体免疫功能，并能控制癌痛，抗癌症恶病质的作用。

经现代高科技研究，红豆杉属（*Taxus*）三尖杉属（*Cephalotaxus*）美登木属（*Mantenus*）紫萁（*Osmunda japonica*）、大蒜、香茶菜属（*Rabdosia*）、芦笋（*Asparagus officinalis*）、油菜（*Camellia oleifera*）具有抗癌作用；红景天属（*Rhodiola*）、无花果（*Ficus carica*）、绞股蓝等有抗缺氧、抗疲劳、双向调节作用及提高机体免疫力，抗肿瘤的作用；鱼腥草（*Houttuynia cordata*）、大蒜具抗菌、抗病毒的能力；姜黄、山楂、马蹄香（*Valeriana jatamansii*）、荞麦（*Fagopyrum esculentum*）能降压强心、扩张血管、增加冠脉流量并有降低胆固醇作用。

（四）深度加工，提高有效成分利用率

利用化学手段对中药活性成分进行人工合成，拓宽利用植物资源的范围。抗癌新药三尖山酯碱（harringtonine）、异三尖山酯碱（isoharringtonine）、高三尖山酯碱（homoharringtonine）等生物碱在植物体内含量很低，可以从三尖杉中得到三尖杉碱（cephalotaxine），再通过人工合成途径可得到三尖杉酯碱的差向异构体的混合物，扩大了药源。又如抗生育药月桔碱，存在于芸香科植物九里香（*Murraya paniculata*）根中。九里香盛产于亚热带，我国南方各省均有野生，俗称月桔，该植物根部民间曾外用于引产，经化学成分研究，分出一个双吲哚生物碱，含量20mg/kg，取名月桔烯碱，为消旋体，大白鼠试验显示抗着床有效率100%。根据生源学说解剖月桔烯碱可由两分子 3 - 异戊二烯吲哚，经 Diels - Alder 加成聚合而成。

对药用植物的化学成分进行结构改造，提高其生物利用度，或降低毒性提高药效，可提高有效成分的利用率。药用植物三分三（*Anisodus acutangulus*）含莨菪碱高达1%，但莨菪碱本身用途并不广泛，经结构改造后制成阿托品，却是用途极广的重要药物。将仙鹤草（*Agrimonia pilosa*）冬芽中提取的驱绦药物鹤草酚转变为鹤草酚精氨酸盐，其驱绦作用不变，但毒性降低二分之一。用于治疗疟疾有良效的中药青蒿（*Artemisia annua* 和 *A. apiacea*）原多以煎剂服用，其有效成分青蒿素因溶解度小而在煎剂中含量较低，疗效不明显，采用植化方法提取青蒿素结晶并经结构改造后制成的青蒿琥酯静脉注射剂、蒿甲醚肌肉注射剂，成为抢救和治疗各种危重疟疾和脑型疟疾的高效低毒新药提高了青蒿的生物利用率。把喜树的活性成分进行化学修饰，开发出 3 种衍生物，topoteecan（拓扑替康）；irinotecan（伊诺替康）；9 - 氨基喜树碱（9 - aminocamptothecin），用于多种类型肿瘤的治疗。鬼臼酯素经过化学修饰，改变糖基部分就能引起它对二型拓扑异构酶的抑制作用的改变，在随后的生化和化学研究及临床使用和开发中派生了一些有效的抗癌药物。

（五）减少生产废料，充分利用植物资源

中药在制剂过程中，用各种溶剂提取出大部分有效成分，但其中间产物、副产物及废弃物里往往仍残存不同的有用物质，应充分开发利用。如制备五味子酊剂后，药渣中五味子的种子内含有大量木脂素类化合物，是很好的降低转氨酶药物；许多含丰富淀粉的中草药，如穿山龙、黄姜、石蒜等，可在提取有效成分后，药渣用来酿酒；而提取麻黄碱后的麻黄草渣，是制造微晶纤维素的好原料。再如对用汽油提取青蒿素的青蒿废渣进行处理，制成有明显抑菌而无过敏和刺激反应的青蒿素软膏，是治疗化脓性皮肤病的外用药。经60%乙醇提取后的人参渣（干品）可再提取约0.2%的人参总皂苷，其中含有与根相同的所有单体皂苷和七种必需氨基酸，并测出有多种人体必需微量元素和具抗衰老作用的微量原素锗。有些中药往往既含水溶性成分，又具挥发性成分；在水提过程中，对挥发性物质因无回收装置而造成浪费。有些中草药，挥发油是其主要活性成分，如降香、木香、厚朴、川芎、当归、薄荷、紫苏和柴胡等，在提取挥发油时，又缺少对其水溶性成分及残渣的利用，殊为可惜。如江南大面积生产薄荷地区，每年有大量药渣残液，其中含有一定量的齐墩果酸和多种黄酮类化合物，有较好的消炎、利胆作用，应设法提取利用。

综合利用药用植物资源，可使过去的废物变成产品，实施废料再资源化，提高资源利用率，从而获得较高的经济效益和综合效益。

二、植物资源在其他方面的开发利用

随着人民生活水平、科技水平的提高，人们对具有保健和延缓衰老作用的保健药品和保健食品，美容产品，香料香精，食用色素，矫味剂，卫生用品等的需求逐年增加，同时对这些作用于人体的产品质量要求也越来越高。其中最重要并有倾向性的一点要求是尽量使用天然原料，少用或不用合成原料，以减少毒副作用或增加产品的天然风味。植物药有其独特性，它与西药只针对疾病的病症进行治疗有所不同，植物药强调的是整体观念和辨证论治。毫无疑问，植物药具有治疗和保健双项功能。我国丰富的植物资源为开发这些产品提供了广阔的天地。

（一）保健药品和保健食品

以健康长寿为目的的养生保健已成为人们生活的一种追求和时尚。“预防疾病，增智健脑，强身壮体，养颜护肤，益寿延年”等，于是既有东方医药文化特色，又有传统饮食文化特色，可免除疾病吃药之苦，还可以防病保健的中药保健食品便呼之即出。药品一般是指预防和治疗人体某种疾病的产品，其作用往往是特异性的。而保健药品和保健食品是保障和维护人体处于健康状态的产品，其作用大多是非特异性的。人体有健康状态、疾病状态和介于二者之间的第三状态。第三状态又称诱病状态，当它向疾病方向发展到一定程度时，人体就会发生疾病。保健药品和保健食品使用，可使处于第三状态的人体向健康状态转化。这是对保健药品和保健食品功能的一种现代解释。我国古代很早就有关于治疗各种虚症的论述及药物方剂的记载，并创制了各种具有“扶正固本”、“扶正祛邪”、“攻补兼施”功能的成药和药膳食品。80 年代以后，我国研制生产的以中药为主要成分或主要添加剂的保健食品和保健药品，更是发展迅速，并大量出口，受到国内外的欢迎。预计将来中药在这方面的开发利用，将进一步扩大和深化。

用于保健药品和保健食品的中草药，常常是一些既有营养，又能提高机体抵抗力，无毒性的植物。如银耳（*Tremella fuciformis*）及黑木耳（*Auriculana auncula*）含有丰富的氨基酸、蛋白质、纤维素、钙、磷、铁以及维生素 B_1、B_2 等营养物质。其子实体中含有多种多糖更具有生理活性，故银耳和黑木耳具有养阴滋补、扶正固本的功效，是延年益寿的滋补剂，确为食疗和医疗佳品。香菇（*Lentinus edodes*），其子实体含香菇多糖、蛋白质、腺嘌呤、棕榈酸、亚油酸等，有益气、托痘症疮毒之功效，另外，所含嘌呤类物质—二羟 1 –（9 – 腺嘌呤）丁酸可降低所有血浆脂质，包括胆固醇，三酰甘油和磷脂，游离胆固醇的降低较脂类更多，且不引起脂肪肝的形成。银杏其种子（白果）是传统中药，有润肺、定喘、涩精、止带的作用。除制备药品外，现已制成各种保健品，如清水白果罐头、白果露、白果汁、银杏王、银杏蜜、银杏果品以及口香糖、巧克力等，用于预防和治疗老年痴呆、脑卒中等；还制成化妆品如洗发香波、护肤霜，用于治疗粉刺、痤疮等。悬钩子属（*Rubus*）果实富含氨基酸、矿物质、维生素 E 等人体必需的营养物质外，还含有大量的 SOD 和类 SOD 生物活性物质，以及酚酸、挥发油、黄酮、萜类及甾类等有效成分，具有抗氧化剂活性强、种类多，能从多方面改善机体内自由基的代谢状况和新陈代谢，从而达到抗炎症、抗突变、抗衰老的效果。现已加工制成罐头、果酱、果冻、果汁或作酿酒原料、果奶制品添加剂。五味子（*Schisandra chinensis*）现以成为一种新兴的食品工业和饮料行业的重要原料已开发的有五味子果汁，五味子原汁，五味子果冻，五味子果酒等。再如以黄精为原料生产的保健食品，用于肺燥咳嗽，肺结核，高血压，高脂血症，卒中，糖尿病等病的防治有一定作用。山楂可制成饮料、果酱、果脯、也可泡茶饮，可防暑、健胃、消食、降压、降血脂等作用。菊花制成保健茶，具有清热解毒，降压降脂作用。枸杞子制成各种冲剂和饮料，具有利肝明目，增强免疫力，抗衰老等作用。马蹄叶，朝鲜族视其为包饭植物中的珍品，用它包饭吃不但口感好，而且还能治疗风寒感冒，慢性支气管炎，久咳痰中带血等疾病。人参含有多种人参皂苷，因其丰富的活性成分，药用效果很好，一般可将人参切成薄片泡茶，口含干嚼，对增强体力、恢复疲劳均有很好的作用。三七粉对冠心病有很好的作用，有明显的强心作用，以及改善冠状血流量、降低血压等作用。另外，灵芝、女贞、当归、大蒜可抑制血小板聚集，非常适用于研制心血管保护的保健食品，人参、大蒜、芦荟可被利用研制对便秘有一定作用的保健食品。利用富含蛋白质及不饱和脂肪酸的果仁或种仁经加工乳化制成乳状保健饮料如豆奶、椰子奶、桃仁乳和松子奶等。

随着人们生活水平的提高，肥胖人群也越来越多，从植物药中寻找减肥保健也越来越受到重视。如：有明显抑制食欲或降低体重的植物包括：麻黄草及其提取物，防己科植物（如汉防己、粉防己）南美洲柯拉果及其提取物，中国金橘（苦味柑橘类）、紫花苜蓿、含葡甘露聚糖的植物（如魔芋、菊芋等）以及甘薯提取物（甘薯纤维），利用上述植物原料可加工成形形色色的减肥制剂。

（二）化妆品添加剂

从某种意义上，化妆品和药品一样，直接作用于人体的一类加工产品。它的质量优劣，会直接影响人体，尤其是皮肤的健康。由于以往化妆品中大量使用合成原料，或为某种美容目的而添加一些对皮肤健康无益的化工原料，使用者往往会产生皮肤过敏等不良反应。为达到美容、保健双重目的，减少可能产生的副作用，用植物提取物营养物质作为化妆品的乳化剂、基质、添加剂，是开发新一代药物性化妆品的重要途径。如珠兰（*Choranthus spicatus*）其鲜花及根茎可提芳香油，配制各种化妆品香料和皂用香精；芦荟提取物不仅对皮肤细胞有软化、滋润和营养作用，而且对紫外线有一定的屏蔽和隔绝作用，使皮肤免受紫外线的伤害；薏苡（*Coix lacrma - jobi*）能健美皮肤，能消除粉刺、雀斑、老年斑等，尤其对扁平疣、寻常疣和由病毒感染引起的疣都有治疗作用。

现代美容过程中，添加药用树叶，树皮、花以及全草植物提取有效成分的药物型化妆品总数已超过千种以上，如大宝系列产品，人参霜，白芷美容膏，大黄祛斑膏，首乌洗发香波，当归洁液，龙凤洗液，芦荟清凉蜜等。

（三）天然香料、香精及食品添加剂

不少药用植物，又是天然香料、香精的原料。古时，几乎全部香料来自天然香料。近百年来，随着化学工业的发展，合成香料使用越来越多。但是，由于天然香料、香精大多是含有数十种甚至数百种组分的芳香油，优质天然香料的纯真香味，完全靠人工合成几乎是难以做到的，即使能合成出天然香料、香精中的大部组分，其成本也十分高昂。因此，一些高级的香精往往添加天然香料配制而成，使其表现出天然、纯真或高雅的风格。许多食品中使用的调味料或矫味剂往往直接使用中药材或其加工品，如甘草甜素可用于盐浸食品，鱼肉制品等食品中调味，产生浑圆柔和的味感，用于可口可乐、咖啡或固体饮料中，可掩盖不适应人们口味的怪味，从而提高饮料、食品的适口感。又如石香薷（*Mosla chinensis*）是唇形科石荠柠属一年生草本，可作糕点、饮料、果冻等食品防腐剂。

另外，一些挥发油中含有香气成分，也可作为罐头、饮料、奶制品的添香剂，也可作为化妆品和洗涤香料的添加剂。如从木兰科植物：云南含笑（*Magnolia yunnanensis*）提取的茉莉酮及番荔枝科植物依兰提出的依兰油具有优雅芬芳的香气，可为高级化妆品香精。豆科植物金合欢（*Acacia farnesiana*）花提出的浸膏具紫罗兰及橙花香混合香味，其芳香油含香叶醇、芳樟醇、苄醇、金合欢醇、茴香醇、苯甲醇等，作为高级香水及化妆品的香料。楝科植物：米仔兰（*Aglaia odorata*）是我国特产香花植物。花的浸膏和精油为我国花香型香料原料珍品之一，可作熏茶的香料。杜鹃花科植物白珠树属（*Gaultheria*）的地檀香（*G. forrestii*）、滇白珠（*G. yunnanesis*）的枝、叶都含有芳香油地檀香油，有消炎止痛功效也用于口腔清洁剂中以及食品中起调味作用。姜黄（*Curcurma domestica*）根含有芳香油，用于食品、化妆品中作香精或调味香精。香叶天竺葵（*Pelorgonium graveoleus*）及黄花草木樨（*Melilotus offcinalis*）全珠含浓郁的玫瑰花香，可调配各种化妆品香精、皂用香精和食用香精。香荚兰（*Varilla planifolia*）全珠含有香兰素等芳香物质，是各种食品加香中不可缺少和无法代替的原料，故有“食品香料之王”的称号。丛生树花（*Ramalina fastigiata*）是我国特有的一种香原料植物，提出的树苔浸膏和树苔净油，广泛用于烟用和皂用香料配方中，是一种独特的调香剂和优良的定香剂。

我国芳香性中药的种质资源十分丰富，据调查有香料植物400余种，其中八角、砂仁、木姜子、花椒、吉龙草等均为特产，但仍有不少尚未很好的开发利用。香料在食品、饮料、医药、烟酒等工业行业不可缺少，因此除了提高我国香料工业生产技术之外，还应多从野生植物资源中发掘具有我国特色的香精香料。

（四）天然色素

具有一定利用价值的天然色素多数来源于动植物组织。他们色调自然，安全性较高，有的色素本身兼有营养和治疗作用，像类胡萝卜素、核黄素、黄酮素、花青苷、醌类等，不仅是人们必须的维生素来源，而且还有抗菌、抗癌、防癌等作用。目前，人们对天然色素的研究，主要从树木、果实、蔬菜、花、草、动物、昆虫中筛选天然染料的原料。在食品上采用天然物质，主要可分为7大类：1. 类胡萝卜素系色素；2. 卟啉系色素；3. 醌系色素；4. 黄酮类色素；5. 甜菜红色素；6. 二酮化合物；7. 其他色素。我国使用的食用天然色素有姜黄、甜菜红、紫胶色素、红花黄、叶绿素铜钠盐、酱色、辣椒红、红曲米和β-胡萝卜素以及越桔红，还准备增加玫瑰茄、萝卜红、菊花黄、红米色素、高粱色素、玉米黄素、黑豆皮、可可色素、栀子黄等。

不少药用植物同时又是提取天然色素的原料来源，如茜草（*Rubia cordifolia*）含有红色的茜素，可用于纤维的染料，也可用于食品或药用，胡萝卜含有红色至红紫色的β-胡萝卜素，是维生素A元，故着色时有营养作用，因其为油溶性色素，适合于人造奶油、奶油、干酪等食品着色，对冰淇凌、糖果、蛋黄酱、调味汁亦能着色。紫草（*Lithosspermum erythrohizon*）含有红色植物色素-紫草醌，可用于辣酱等罐头的着色。姜黄根含姜黄素，可作黄色染料，用于食品着色，如咖喱粉、饮料、糖果、香肠等食品的增香及着色用。从叶绿素提出的叶绿素铜钠（Sodium copper chlorophyllin）是叶绿素铜钠a和b两种盐的混合物，用于汽水、糖果、配制酒、果味水、果子露、罐头、糕点等食品和牙膏等用品上。现以广泛应用的有：从姜黄的根茎中提取姜黄色素（curcumin）、从红花中提取红花黄色素（carthamine），从栀子的果实中得到栀子黄色素（crocin）、从锦葵科植物玫瑰茄（*Hibiscus sabdariffa*）的花萼中提取红色素—玫瑰茄色素（roselle pigment）等等。

我国有丰富的天然色素原料植物，有近二十个科一百种以上，如苋科、十字花科、豆科、木兰科、鼠李科、茜草科、锦葵科、杜鹃花科、紫草科、菊科、姜科等。有的在国外早已大量栽培应用，而我国尚很少使用或仅作观赏用，如金盏菊（*Calendula officinalis*）、蜀葵属（*Althaea* spp.）、金鸡菊（*Cereopsis* spp.）等。有的国内已引种成功的药用植物，如番红花（*Crocus sativus*），仅限于作药用，而尚未用作食用色素。还有大量野生的色素原料植物，只要合理引种，降低生产成本，就有良好的利用前途。

（五）天然甜味剂

食品、药品中往往要添加甜味剂。由于传统的天然甜味剂—蔗糖、果糖、葡萄糖等，同时又是营养素，过量食用会使人肥胖，甚至会诱发冠心病、高血压、糖尿病、龋齿等疾病；化学合成的甜味剂往往安全性差而受到限制。为此，从植物中寻找安全性高、低热量、甜味足、风味佳的优良天然甜味剂，便成为植物资源开发中一个引人注意的课题。如甜菊苷是原产于南美巴拉圭的菊科植物甜味菊（*Stevia rebaudiana* Berfoni）茎叶中所含的甜味成分，无毒性，使用安全，味清甜甘美，具低热能，抗龋齿等特点，是优良的天然甜味剂，应用到酿造业（酒、酱油、酱菜等）、饮料、糕点及医药、烹调等行业。蔷薇科甜凉茶（*Rubus suavissimus* S. Lee）及其同属植物掌叶覆盆子（*R. chingii* Hu）中所含的悬钩子苷（rubusoside）和甜凉茶苷，葫芦科植物罗汉果（*Momordica grosvenori* swingle）果实中的罗汉果苷（momordicoside），水龙骨科植物欧亚水龙骨（*polypodium vulgara* L.）的根茎中的水龙骨甜素（osladin）等也属于这类成分。另外，糖醇类如：木糖醇（xylotol）存在于玄参科植物野甘草（*Scoparia dulcis* L.）全草中，山梨醇（sorbitol）广泛分布于植物特别是蔷薇科植物中，还有 D-甘露醇（mannitol）以及麦芽糖醇（maltol）等，它们甜度不高，但分布广，性质稳定，不上升血糖值，不增加胆固醇，多用于糖尿病及肥胖症病人。

（六）植物农药

植物农药对人畜安全，分解容易，无有机磷及一些化学物质残毒的危害，不污染环境。对粮食作物、果树、蔬菜以及药用植物等食用植物施用非常适合，尤其适合在绿色食品生产过程中使用。植物农药的种类多种多样，杀虫能力也各不相同。银杏（*Ginkgo biloba*），其种皮含白果酚酸，可防止稻螟、棉蚜、斜纹液稻蛾、红蜘蛛、桑蝗、红铃虫等。胡桃（*Juglans regia*），外果皮、叶子对昆虫又很强的胃毒，尤以青的外果皮杀虫效果最佳。叶含没食子酸等，果含胡桃叶醌，可防治蚜虫、红蜘蛛、桑苗粉虱、菜青虫、棉蚜虫等。水蓼（*Polygonum hydropiner*），茎、叶中含甲氧基蒽醌，可防治多种害虫，如蚜虫、地老虎、菜毛虫、菜虫、叶跳虫、金花虫、螟虫、稻飞虱、稻花虫、卷叶虫等。绣毛鱼藤（*Derris ferruginea*）是豆科植物，含有杀虫成分鱼藤酮（$C_{23}H_{22}O_3$），可防治菜蚜、毛虫、桃蚜、白背稻飞虱。豆科植物还有许多植物有杀虫作用，如皂荚（*Glditsia sinensis*）、苦参（*Sophora flavescens*）等。马桑科植物马桑（*Coriaria sinica*）叶、果有毒，可防治棉蚜、红蜘蛛、稻螟虫等。雷公藤（*Tripterygium wilfordii*），全株含雷公藤碱，有强烈的胃毒及接触杀虫效果，可防治菜青虫、猿叶虫、铁甲虫、菜毛虫等多种害虫。油茶（*Camellia deifera*），其种子含有皂素、鞣质、植物碱等，具有良好的杀虫作用。茄科曼陀罗属（*Datura*）植物的花、叶、果含生物碱，可防治蚜虫、玉米螟、稻螟、红蜘蛛等。百部（*Stemona japonica*），其块根含多种生物碱，可防治孑孓、蚜虫、红蜘蛛等。蓼科植物中的虎杖（*Polygonum avicuare*）、酸模（*Rumex acetosa*）也有杀虫作用。植物农药的另一类中药资源是一些植物含有控制昆虫蜕皮、变态的保幼激素和蜕皮激素，如从百日青（*Podocarpus* sp.）叶中分离出的植物性保幼激素活性-保幼生物酮（biojuvone）；从筋骨草（*Ajuga decumbens*）中分离出了具有内酯环的抗蜕皮激素-筋骨草内酯（Ajugolactone），从菊科植物（*Ageratum houstonianum*）精油成分中分离了早熟色烯 A、B（precocene A、B）两种抗保幼激素成分。含蜕皮激素的植物有：水龙骨属（*Polypodium*）；罗汉松属（*Podocarpus*）；红豆杉属（*Taxus*）；牛膝属（*Achy-*

ranthes)；杯苋属（*Cyathula*）；筋骨草属（*Ajuga*）；水竹叶属（*Murdannia*）等。保幼激素的植物有：菊科飞蓬属（*Erigeron*）；唇形科荆芥属（*Nepeta*）；豆科车轴草属的白花车轴草（*Trifolium repens*）；樟科檫木属（*Sassafras*）等。植物性农药优点在于对人畜比较安全，很适于果蔬类食用植物上使用。在目前环保问题日益紧迫的情况下，大力寻找和发展植物性农药也有着非常重要的意义。

（七）其他方面

在自然界中有一些植物能够吸收有害物质，并能顽强生活，起到绿化环境，防止或减少污染的作用。如芦苇属（*Phragmites*）植物能吸收水中的氯化物，有机氮、磷酸盐、氨等有害物质；浮萍（*Lemna minor*）、金鱼藻（*Ceratophyllum demersum*）能吸收水中的锌、砷、汞等有害物质；苦木科植物臭椿（*Ailanthus altissima*）对二氧化硫、氯气、氟化氢、二氧化氮有抗性，还能吸收硫、铅、并有杀菌及吸滞粉尘的作用。中国特产侧柏（*Biota orientalis*）对氯气、氟化氢抗性强、对二氧化硫抗性较强，有吸收二氧化硫的能力，也有一定的杀菌能力。樟树（*Cinnamomum camphora*）对有毒气体二氧化硫、氯气、臭氧抗性强，并能吸收二氧化硫、氟。山楂及柿（*Diosphros kaki*）对二氧化硫、氟化氢抗性强，能吸收二氧化硫，刺槐（*Robinia pseudoacacia*）对氟化氢的抗性强，对二氧化硫、氯气、氮氧化物、臭氧有一定的抗性，吸收含硫、氯、氟等有害气体的能力强，还有一定吸收铅蒸汽的能力，吸滞粉尘的能力很强。

此外，不少植物的加工品还可用于纺织、制革、烟草、石油勘探、建筑、化工等多种工业部门。如含鞣质植物经浸提加工出来的浸膏，除用于制革业外，还用于锅炉除垢及防垢、矿物浮选剂、污水处理剂、涂料、染料、医药、石油钻探及矿物冶炼、陶瓷制造等行业；云南油杉（*Keteleeria evelyniana*）种子油可制肥皂；山桐（*Aleurites Montana*）为桐油代用品，可制油漆；松脂是生产松香、松节油的原料，松节油广泛用于造漆，制革及其他需用溶剂的工业上；松香是造纸、制皂、制漆、电器、橡胶等工业的重要原料；梧桐胶广泛用于食品、纺织、医药、化妆品、香烟等工业；桃胶可作粘接剂亦可做药片赋形剂，等等。还有一些植物种类虽少，但在工、农业生产中发挥独特作用的植物。如碱蓬可测环境中的汞含量；凤眼莲能快速富集水中的镉类金属，清除酚类。

综上所述，药用植物资源的开发利用，不仅直接影响医药事业的发展，而且还与人类日常生活密切相关。

第二节 寻找药用新资源的途径

当今，世界各国医药工业寻找新药物，正朝着天然、无污染、无毒副作用、防病治病、延年益寿的方向发展。人们对具有保健和延缓衰老作用的保健药品和保健食品，美容产品，香料香精，食用色素，矫味剂，卫生用品等的需求逐年增加，同时对这些作用于人体的产品质量要求也越来越高。植物药有其独特性，它与西药只针对疾病的病症进行治疗有所不同，植物药具有治疗和保健双项功能。我国丰富的植物资源为开发这些产品提供了广阔的天地，我们利用先进技术研究自己的新药，变资源优势为经济优势，这是药学工作者的重要任务。途径有：

一、从历代本草记载中寻找

新药的发掘和研究，首先是以历代本草和民间药为基础。应研究我国举世瞩目的《神农本草经》、《本草纲目》、《救荒本草》、《植物明实图考》等大量经典著作，他们为新药研究提供了线索和实践经验。还要研究国外的民间医药文献，从中取其精华。要特别重视为临床证实具有肯定疗效的药用植物，例如黄花蒿（*Artemisia annua* L.）原名草蒿，《神农本草经》称青蒿。公元三百年左右，东晋葛洪《肘后备急方》已载青蒿治疟疾。《本草纲目》载："草蒿。……与青蒿相似，但此蒿色绿带淡黄，气臭，不可食，人家采以罨酱黄、酒曲是也。"李时珍根据叶的颜色与气味以将青蒿与黄花蒿列为两种。目前全国大部分地区所用青蒿是黄花蒿。近年研究结果，青蒿（*Artemisia apiacea* Hance ex Walp.）不含抗疟成分青蒿素，只有黄花蒿才含。又如古代最初使用的细辛为陕西产的华细辛（*Asarum sieboldii*），至明末的《本草化义》乃有细辛"取辽宁者佳"的记载，但早在南北朝时，陶弘景在《本草经集注》中指出："今用东阳临海者，形段乃好，而辛烈不及华阳高丽者"，说明当时浙江金华、临海地产细辛已供药用。清代的《伪药条辨》记载有安徽产细辛。可见细辛属多种植物早已供药用，与现今一致。

本草文献如实反映各历史时期药物品种的变迁情况，也反映出药用植物新品种、新资源不断被利用的情况。相当多的中药来源于多品种，如柴胡、贝母、黄精、大黄等等，也为寻找新药、新资源提供了依据。

二、从民族医药中发掘

全世界有近二千个民族，我国有五十六个民族，它们都各有悠久的传统医药历史，应用着极丰富的民族药资源防治疾病，以我国云南省为例，有25个民族，使用的民族药达3781种。各民族在长久的岁月实践中，总结、流传下来很多安全有效的天然药物，构成人类防治疾病的巨大药物宝库，很值得继承。我国先后组织并出版了众多的民族医药书籍，如藏族的《晶珠本草》、《迪庆藏药》、《藏药晶镜本草》等；蒙古族的《方海》、《四部医典》、《蒙药正典》、《普济验方》等；彝族的《彝药志》；纳西族的《玉龙本草》等。用现代科技方法去筛选、研究、开发，必能寻得不少新成分、新剂型、新用途、新药和新资源。如长春新碱是从印度民间抗疟草药长春花中筛选的高效抗白血病的有效成分。朝鲜族民间药龙牙草根芽中分离出驱绦虫有效成分鹤草酚；傣族药亚乎奴（*Cissampelos pareira*）分得肌松有效成分锡生藤碱；马齿苋（*Portulaca oleracea*）为全国分布的常用野菜，并作治疗痢疾、肠炎、湿疹、无名肿毒和胃癌的草药，近年来陕西等民间用水煎食，治糖尿病效果很好。国际上历来所发现的一些具特殊疗效的活性成分，很多是从民间植物药中发掘的，如麻黄碱（平喘）、咖啡碱（兴奋条件反射）、阿托品（解痉和磷中毒）、奎宁（抗疟）、奎尼丁（治心房性纤维颤动）、士的宁（兴奋中枢）、洋地黄毒苷（强心）、可待因（镇咳）、吗啡（镇痛）等。众多实例有力说明，民族医药是寻找新药的源泉。

三、应用植物化学分类学原理寻找

根据"亲缘关系相近的植物类群具有相似的化学成分"的规律及化学成分在植物

界分布的状况，可预测或有目的、有范围的在某些植物类群中寻找新药源、新成分。如唇形科、樟科、芸香科、伞形科中含不同类型的挥发油。麻黄科、毛茛科、罂粟科、小檗科、防己科、夹竹桃科、萝藦科、茜草科、马钱科、百合科、石蒜科中多含有生物碱，龙胆科中多含苦味素。

用于治疗肿瘤的秋水仙碱，系从国外所产百合科秋水仙（*Colchicum autumnale* L.）的球茎和种子中分离得到，后来在我国产的同科植物丽江山慈姑（*Iphigenia indica* Kunth.）中也找到秋水仙碱。又如紫金牛科植物紫金牛（*Ardisia japonia*（Hornsted.）Blume）含有镇咳成分矮茶素（又称“岩白菜素”Bergenin），因岩白菜素系首次从虎耳草科植物岩白菜中提得，便从虎耳草科植物中进行筛选研究，结果发现落新妇属（*Astilbe*）中有多种植物含有较多的矮茶素，成为提制这种成分较理想的资源植物。

四、从国内外科技文献信息中发现

从国内外科技文献信息中能了解到本学科及相关学科的研究动态、进展、解决与待解决的问题等，从中寻找研究信息，吸取理论、思路、技巧、方法、规律及正面反面的经验。

例如：日本科学家从葫芦科绞股蓝属（*Gynostema*）植物中分离出绞股蓝皂苷 1－50，其中 4 种与人参皂苷相同。我国科技工作者查到此报道后，就把我国所产的绞股蓝（*Gymostema pentaphylla*（Thunb.）Makino）植物资源开发利用。从邻国文献中查到刺五加（*Acanthopanax senticosus*（Bupr. et Maxim.）Harms）根中主要含多种皂苷，我国东北、山西、河北、陕西也有，首先利用东北的资源制成滋补安神强壮药畅销国外。从英国观察家报得到一条消息，月见草油能降高血脂，中科院沈阳应用生态所，通过研究，完成了新药的试验与投产。一些曾依靠进口的药物如马钱子、萝芙木、安息香、胡黄连、血竭等，也都早已在国内发现了原植物或代用品。

五、进行综合开发利用

我国药用植物蕴藏量虽大，品种虽多，但人均占有资源及药材量低于世界的平均水平，资源相对贫乏是实际国情。存在资源严重不足，又大量浪费和严重破坏的现象，故应设法充分利用现有资源的同时，合理保护，合理开发。

（1）进行药用植物不同部位的合理开发利用　重要商品药材按传统，仅用药用植物的某些特定部分，其余多废弃不用。事实上，许多被废弃部位或含与药用部位相同的有效成分，或有其他的成分或用途。如人参的芦头，过去认为有催吐作用。经研究，与根的活性成分及毒性一致，并无催吐作用。如改变用参去芦的习惯，相当于每年增产人参 20 万公斤。又如，古代文献记载：乌药、巴戟天、大戟、远志、天冬、麦冬及连翘等用时要去心，但研究发现，连翘的心与壳化学成分基本相同，抑菌试验与毒性试验也基本一致，而心的毒性比青翘、老（落）翘要低。又如通过紫外分光光度法测定不同产地远志中皂苷含量，发现其心与皮中均含皂苷，皮中含量为心的 2.5 倍，说明心的含量较低，但仍可利用。

（2）中药加工及制剂生产中原料的综合开发利用　药用植物常含多种不同的生物

活性成分，在中药制剂及天然原料药物的生产过程中，除分离、提取某些需要的成分外，还可提制有不同用途的其他活性成分，可扩大原料的使用价值。如小檗属植物为原料生产黄连素后，母液中尚含小檗胺（升高白细胞作用）、药根碱（抗菌消炎）。柴胡提取挥发油后的残渣中含柴胡的有效成分柴胡皂苷。人参经乙醇提取后的残渣，尚可提取一定数量的人参总皂苷，并可得到水溶性的人参多糖。山莨菪（*Anisodus tangulicus*）提取脱品类生物碱，其母液中含有无药用价值的大量红古豆碱（cuscohygrine），将此碱还原为红古豆醇，再与苦杏仁酸酯化，得到的红古豆醇酯，经研究证明，该成分有解痉、止痛、安眠和治疗消化道溃疡等方面的作用，已作为商品生产。

中药加工、制剂后的副产品以应充分予以利用，如人参、蘑菇、天麻加工后的水溶液都有不同程度的含该药有效成分，可利用作保健品。山楂传统用药为果实，果实中主要含有果酸、氨基酸、黄酮等，而叶中黄酮含量高于果实，现已把山楂叶提取物制成益心酮片，用于治疗冠心病。银杏的传统用药为种子（白果），而现今，银杏叶不仅可以代替白果入药，制剂，还广泛应用于食品，保健品，化妆美容等各个领域，深受国内外市场欢迎。

（3）农副产品及工业废料中寻找制药原料　世界上农副产品的下脚料、残渣，每年多达数十亿吨，其中不少可当制药原料。如白毛夏枯草（*Ajuga decumbens* Thunb.）主要有效成分是木犀草素能止咳平喘、消炎，但含量低，花生果壳含木犀草素达0.1%，是价廉物美的药用资源。从茄科植物赛莨菪提取阿托品后的废弃液中，提取的其他四种莨菪类生物碱已生产出多种有价值的药物。又如苦杏仁，既含有止咳成分苦杏仁苷，同时含有较大量的脂肪油，这样可先将油榨出来，油渣可再提取苦杏仁苷，被提后的药渣含有丰富的植物蛋白，经处理后作为饲料；药物蒸制后的蒸馏液多作废物丢弃，但其中含有部分有效成分，可浓缩后与原药材相拌凉干，被原蒸制的药材吸收以提高质量，如山茱萸的炮制；或将蒸馏液精制浓缩后炮制其他中药，如用蒸制地黄的馏液炮制首乌。从煎煮过的药材中挑选地黄、甘草、山楂等药渣煅烧成炭后粉碎，用于骨刺丸等水泛丸的包衣，既不影响崩解又使丸剂表面乌黑发亮。

综合利用药用植物资源，变废为宝，提高资源利用率，从而获得较高的经济效益和综合效益。

六、利用生物技术进行植物微繁殖或产生生物活性物质

生物技术是70年代初，在分子生物学和细胞生物学基础上发展起来的一种新兴技术领域，它包括细胞工程、基因工程、酶工程和发酵工程。其中细胞工程和基因工程，对中药资源的开发利用具有更现实的意义。

细胞工程是应用植物细胞全能性，用植物体某一部分组织或细胞，经过培养，在试管内繁殖试管苗和保存种质。利用这种方法还可以进行脱病毒和育苗工作。如山东怀地黄脱毒苗已在生产上应用，增产5～7倍；山西育成枸杞多倍体新品种；安徽、广西对石斛种子进行无菌萌发形成试管苗，实验证明，这一技术应用于药用植物上，并加以性状优选更有意义。

利用细胞工程产生次级代谢产物已有不少成功实例，如利用人参根培养生产食品添

加剂等已进入商品市场；利用黄连培养细胞产生小檗碱，利用紫草培养细胞产生紫草素，利用长春花培养细胞产生蛇根碱及阿吗碱和利用洋地黄培养细胞生产地高辛等均进入了工业化生产阶段。我国在药用植物组织培养方面做了不少工作，著名的如人参、紫草、三七、萝芙木、紫杉、绞股蓝、红豆杉、黄连、盾叶薯蓣、延胡索、贝母、长春花、粗榧、丹参、石斛等一百多种。

附录

被子植物门分科检索表

1. 子叶2个，极稀可分为1个或较多；茎具中央髓部；在多年生的木本植物且有年轮；叶片常具网状脉；花常为5出或4出数。（次1项见529页） …………………… **双子叶植物纲 Dicotyledoneae**

2. 花无真正的花冠（花被片逐渐变化，呈覆瓦状排列成2至数层的，也可在此检查）；有或无花萼，有时且可类似花冠。（次2项见503页）

3. 花单性，雌雄同株或异株，其中雄花，或雌花和雄花均可成葇荑花序或类似葇荑状的花序。（次3项见493页）

4. 无花萼，或在雄花中存在。

5. 雌花以花梗着生于椭圆形膜质苞片的中脉上；心皮1 ……………… **漆树科 Anacardiaceae**

（九子不离母属 Dobinea）

5. 雌花情形非如上述；心皮2或更多数。

6. 多为木质藤本；叶为全缘单叶，具掌状脉；果实为浆果 …………… **胡椒科 Piperaceae**

6. 乔木或灌木，叶可呈各种型式，但常为羽状脉；果实不为浆果。

7. 旱生性植物，有具节的分枝，和极退化的叶片，后者在每节上且连合成为具齿的鞘状物…………………………………………………………… **木麻黄科 Casuarinaceae**

（木麻黄属 Casuarina）

7. 植物体为其他情形者。

8. 果实为具多数种子的蒴果；种子有丝状毛茸 …………………… **杨柳科 Salicaceae**

8. 果实为仅具1种子的小坚果、核果或核果状的坚果。

9. 叶为羽状复叶；雄花有花被 ………………………………… **胡桃科 Juglandaceae**

9. 叶为单叶（有时在杨梅科中可为羽状分裂）。

10. 果实为肉质核果，雄花无花被 ………………………… **杨梅科 Myricaceae**

10. 果实为小坚果；雄花有花被 ……………………………… **桦木科 Betulaceae**

4. 有花萼，或在雄花中不存在。

11. 子房下位。

12. 叶对生，叶柄基部互相连合 ……………………………… **金粟兰科 Chloranthaceae**

12. 叶互生。

13. 叶为羽状复叶……………………………………………… **胡桃科 Juglandaceae**

13. 叶为单叶。

14. 果实为蒴果 ……………………………………………… **金缕梅科 Hamamelidaceae**

14. 果实为坚果。

15. 坚果封藏于一变大呈叶状的总苞中 ………………………… **桦木科 Betulaceae**

15. 坚果有一壳斗下托，或封藏在一多刺的果壳中 ……………… **壳斗科 Fagaceae**

11. 子房上位。

16. 植物体中具白色乳汁。

17. 子房1室；桑椹果 ……………………………………………… **桑科 Moraceae**

17. 子房 2~3 室；蒴果 ………………………………………… **大戟科 Euphorbiaceae**

16. 植物体中无乳汁，或在大戟科的重阳木属 Bischofia 中具红色汁液。

18. 子房为单心皮所成；雄蕊的花丝在花蕾中向内屈曲 ……………… **荨麻科 Urticaceae**

18. 子房为 2 枚以上的连合心皮所组成；雄蕊的花丝在花蕾中常直立（在大戟科的重阳木属 Bischofia 及巴豆属 Croton 中则向前屈曲）。

19. 果实为 3 个（稀可 2~4 个）离果瓣所成的蒴果；雄蕊 10 至多数，有时少于 10 ………………………………………… **大戟科 Euphorbiaceae**

19. 果实为其他情形；雄蕊少数至数个（大戟科的黄桐树属 *Endospermum* 为 6~10），或和花萼裂片同数臣对生。

20. 雌雄同株的乔木或灌木。

21. 子室 2 室；蒴果 ………………………………………… **金缕梅科 Hamamelidaceae**

21. 子房 1 室；坚果或核果 ………………………………………… **榆科 Ulmaceae**

20. 雌雄异株的植物。

22. 草本或草质藤本；叶为掌状分裂或为掌状复叶 ……………… **桑科 Moraceae**

22. 乔木或灌木；叶全缘，或在重阳木属为 3 小叶所成的复叶 ………………………………………… **大戟科 Euphorbiaceae**

3. 花两性或单性，但并不成为葇荑花序。

23. 子房或子房室内有数个至多数胚珠。（次 23 项见 495 页）

24. 寄生性草本，绿色叶片 ………………………………………… **大花草科 Rafflesiaceae**

24. 非寄生性植物，有正常绿叶，或叶退化而以绿色茎代行叶的功用。

25. 子房下位或部分下位。

26. 雌雄同株或异株，为两性花时，成肉质穗状花序。

27. 草本。

28. 植物体含多量液汁；单叶常不对称 ……………… **秋海棠科 Begoniaceae**
（秋海棠属 *Begonia*）

28. 植物体不含多量液汁；羽状复叶 ……………… **四数木科 Datiseaceae**
（野麻属 *Datisca*）

27. 木本。

29. 花两性，成肉质穗状花序；叶全缘 ……………… **金缕梅科 Hamamelidaceae**
（假马蹄荷属 *Chunia*）

29. 花单性，成穗状、总状或头状花序；叶缘有锯齿或具裂片。

30. 花成穗状或总状花序；子房 1 室 ……………… **四数木科 Datiscaceae**
（四数木属 *Tetrameles*）

30. 花呈头状花序；子房 2 室 ……………… **金缕梅科 Hamamelidaceae**
（枫香树亚科 *Liquidambaroideae*）

26. 花两性，但不成肉质穗状花序。

31. 子房 1 室。

32. 无花被；雄蕊着生在子房上 ………………………………………… **三白草科 *Saururaceae***

32. 有花被；雄蕊着生在花被上。

33. 茎肥厚，绿色，常具棘针；叶常退化；花被片和雄蕊都多数；浆果 ………………………………………… **仙人掌科 Cactaceae**

33. 茎不成上述形状；叶正常；花被片和雄蕊皆为五出或四出数。或雄蕊数为前

者的 2 倍；蒴果 ………………………………………… 虎儿草科 Saxifragaceae

31. 子房 4 室或更多室。

34. 乔木；雄蕊为不定数 ………………………………………… 海桑科 Sonneratiaceae

34. 草本或灌木。

35. 雄蕊 4 ………………………………………………………… 柳叶菜科 Onagraceae

（丁香蓼属 *Ludwigia*）

35. 雄蕊 6 或 12 ………………………………………………… 马兜铃科 Aristolochiaceae

25. 子房上位。

36. 雌蕊或子房 2 个，或更多数。

37. 草本。

38. 复叶或多少有些分裂，稀可为单叶（如驴蹄草属 *Caltha*），全缘或具齿裂；心皮多数至少数 ………………………………………………………… 毛茛科 Ranunculaceae

38. 单叶，叶缘有锯齿；心皮和花萼裂片同数 ……………… 虎耳草科 Saxifragaceae

（扯根菜属 *Penthorum*）

37. 木本。

39. 花的各部为整齐的三出数 ……………………………… 木通科 Lardizabalaceae

39. 花为其他情形。

40. 雄蕊数个至多数，连合成单体 ………………………… 梧桐科 Sterculiaceae

（苹婆族 *Sterculieae*）

40. 雄蕊多数，离生。

41. 花两性；无花被 ………………………………… 昆栏树科 Trochodendraceae

（昆栏树属 *Trochodendron*）

41. 花雌雄异株，具 4 个小形萼片 ………………… 连香树科 Cercidiphyllaceae

（连香树属 *Cercidiphyllum*）

36. 雌蕊或子房单独 1 个。

42. 雄蕊周位，即着生于萼筒或杯状花托上。

43. 有不育雄蕊，且和 8～12 能育雄蕊互生 ……………… 大风子科 Flacourtiaceae

（山羊角树属 *Casearia*）

43. 无不育雄蕊。

44. 多汁草本植物；花萼裂片呈覆瓦状排列，成花瓣状，宿存；蒴果盖裂 ……………………………………………………………… 番杏科 Aizoaceae

（海马齿属 *Sesuvium*）

44. 植物体为其他情形，花萼裂片不成花瓣状。

45. 叶为双数羽状复叶，互生，花萼裂片呈覆瓦状排列；果实为荚果；常绿乔木 ……………………………………………………………… 豆科 Leguminosae

（云实亚科 *Caesalpinoideae*）

45. 叶为对生或轮生单叶；花萼裂片呈镊合状排列；非荚果。

46. 雄蕊为不定数；子房 10 室或更多室；果实浆果状 … 海桑科 Sonneratiaceae

46. 雄蕊 4～12（不超过花萼裂片的 2 倍）；子房 1 室至数室；果实蒴果状。

47. 花杂性或雌雄异株，微小，成穗状花序，再成总状或圆锥状排列 ………………………………………………………… 隐翼科 Crypteroniaceae

（隐翼属 *Crypteronia*）

47. 花两性，中型，单生至排列成圆锥花序……………… **千屈菜科 Lythraceae**

42. 雄蕊下位，即着生于扁平或凸起的花托上。

48. 木本；叶为单叶。

49. 乔木或灌木；雄蕊常多数，离生；胚珠生于侧膜胎座或隔膜上 …………………………………………………………………………………… **大风子科 Flacourtiaceae**

49. 木质藤本；雄蕊4或5，基部连合成杯状或环状；胚珠基生（即位于子房室的基底）…………………………………………………………… **苋科 Amaranthaceae**

（浆果苋属 *Deeringia*）

48. 草本或亚灌木。

50. 植物体沉没水中，常为一具背腹面呈原叶体状的构造，象苔藓 …………………………………………………………………………………… **河苔草科 Podostemaceae**

50. 植物体非如上述情形。

51. 子房3~5室。

52. 食虫植物；叶互生；雌雄异株 ………………………… **猪笼草科 Nepenthaceae**

（猪笼草属 *Nepenthes*）

52. 非为食虫植物；叫对生或轮生；花两性 ……………………… **番杏科 Aizoaceae**

（粟米草属 *Mollugo*）

51. 子房1~2室。

53. 叶为复叶或多少有些分裂 ………………………………… **毛茛科 Ranunculaceae**

53. 叶为单叶。

54. 侧膜胎座。

55. 花无花被 ……………………………………………… **三白草科 Saururaceae**

55. 花具4离生萼片 ……………………………………… **十字花科 Cruciferae**

54. 特立中央胎座。

56. 花序呈穗状、头状或圆锥状；萼片多少为干膜质 …………………………………………………………………………………… **苋科 Amaranthaceae**

56. 花序呈聚伞状；萼片草质 ……………………… **石竹科 Caryophyllaceae**

23. 子房或其子房室内仅有1至数个胚珠。

57. 叶片中常有透明微点。

58. 叶为羽状复叶 ……………………………………………………… **芸香科 Rutaceae**

58. 叶为单叶，全缘或有锯齿。

59. 草本植物或有时在金粟兰科为木本植物；花无花被，常成简单或复合的穗状花序，但在胡椒科齐头绒属 *Zippelia* 则成疏松总状花序。

60. 子房下位，仅1室有1胚珠；叶对生，叶柄在基部连合……………………………………………………………………………… **金粟兰科 Chloranthaceae**

60. 子房上位；叶如为对生时，叶柄也不在基部连合。

61. 雌蕊由3~6近于离生心皮组成，每心皮各有2~4胚珠…………………………………………………………………………… **三白草科 Saururaceae**

（三白草属 *Saururs*）

61. 雌蕊由1~4合生心皮组成，仅1室，有1胚珠 …………… **胡椒科 Piperaceae**

（齐头绒属 *Zippelia*，豆瓣绿属 *Peperomia*）

59. 乔木或灌木；花具一层花被；花序有各种类型，但不为穗状。

62. 花萼裂片常3片，呈镊合状排列；子房为1心皮所成，成熟时肉质，常以2瓣裂开；雌雄异株 ………………………………………… **肉豆蔻科 Myristicaceae**

62. 花萼裂片4~6片，呈覆瓦状排列；子房为2~4合生心皮所成。

63. 花两性；果实仅1室，蒴果状，2~3瓣裂开 ………… **大风子科 Flacourtiaceae**
（山羊角树属 *Casearia*）

63. 花单性，雌雄异株；果实2~4室，肉质或革质，很晚才裂开 …………………
………………………………………………………… **大戟科 Euphorbiaceae**
（白树属 *Gelonium*）

57. 叶片中无透明微点。

64. 雄蕊连为单体，至少在雄花中有这现象，花丝互相连合成筒状或成一中柱。

65. 肉质寄生草本植物，具退化呈鳞片状的叶片，无叶绿素…… **蛇菇科 Balanophoraceae**

65. 植物体非为寄生性，有绿叶。

66. 雌雄同株，雄花成球形头状花序，雌花以2个同生于1个有2室而具钩状芒刺的果壳中 ……………………………………………………………… **菊科 Compositae**
（苍耳属 *Xanthium*）

66. 花两性，如为单性时，雄花及雌花也无上述情形。

67. 草本植物；花两性。（次67项见　页）

68. 叶互生 ……………………………………………………………… **藜科 Chenopodiaceae**

68. 叶对生。

69. 花显著，有连合成花萼状的总苞 ………………………… **紫茉莉科 Nyctaginaceae**

69. 花微小，无上述情形的总苞……………………………………… **苋科 Amaranthaceae**

67. 乔木或灌木，稀可为草本，花单性或杂性；叶互生。

70. 萼片呈覆瓦状排列，至少在雄花中如此 ………………………… **大戟科 Euphorbiaceae**

70. 萼片呈镊合状排列。

71. 雌雄异株：花萼常具3裂片；雌蕊为1心皮所成，成熟时肉质，且常以2瓣裂开 ……………………………………………………… **肉豆蔻科 Myristicaceae**

71. 花单性或雄花和两性花同株；花萼具4~5裂片或裂齿；雌蕊为3~6近于离生的心皮所成，各心皮于成熟时为革质或木质，呈蓇葖果状而不裂开 ……………………
………………………………………………………………………… **梧桐科 Sterculiaceae**
（苹婆族 Sterculieae）

64. 雄蕊各自分离，有时仅为1个，或花丝成分枝的簇丛（如大戟科的蓖麻属 *Ricinus*）。

72. 每花有雌蕊2个至多数，近于或完全离生；或花的界限不明显时，则雌蕊多数，成1球形头状花序。

73. 花托下陷，呈杯状或坛状。

74. 灌木；叶对生，花被片在坛状花托的外侧排列成数层………… **蜡梅科 Calycanthaceae**

74. 草本或灌木；叶互生；花被片在杯或坛状花托的边缘排列成一轮 … **蔷薇科 Rosaceae**

73. 花托扁平或隆起，有时可延长。

75. 乔木、灌木或木质藤本。

76. 花有花被 ……………………………………………………… **木兰科 Magnoliaceae**

76. 花无花被。

77. 落叶灌木或小乔木；叶卵形，具羽状脉和锯齿缘；无托叶，花两性或杂性，在叶腋中丛生；翅果无毛，有柄 ………………………… **昆栏树科 Trochodendraceae**

（领春木属 *Euptelea*）

77. 落叶乔木；叶广阔，掌状分裂，叶缘有缺刻或大锯齿；有托叶围茎成鞘，易脱落；花单性，雌雄同株，分别聚成球形头状花序；小坚果，围以长柔毛而无柄 ………………………………………………………………………… 悬铃木科 **Platanaceae**

（悬铃木属 *Platanus*）

75. 草本或稀为亚灌木，有时为攀援性。

78. 胚珠倒生或直生。

79. 叶片多少有些分裂或为复叶；无托叶或极微小；有花被（花萼）；胚珠倒生；花单生或成各种类型的花序 ………………………………………… 毛茛科 **ranunculaceae**

79. 叶为全缘单叶；有托叶；无花被；胚珠直生；花成穗形总状花序 ……………………………………………………………………………………… 三白草科 **Saururaceae**

78. 胚珠常弯生；叶为全缘单叶。

80. 直立草本；叶互生，非肉质 ……………………………………… 商陆科 **Phytolaccaceae**

80. 平卧草本，叶对生或近轮生，肉质 ………………………………… 番杏科 **Aizoaceae**

（针晶粟草属 *Gisekia*）

72. 每花仅有1个复合或单雌蕊，心皮有时于成熟后各自分离。

81. 子房下位或半下位（次81项见430页）。

82. 草本。

83. 水生或小形沼泽植物，

84. 花柱2个或更多；叶片（尤其沉没水中的）常成羽状细裂或为复叶 ……………… 小二仙草科 **Haloragidaceae**

84. 花柱1个；叶为线形全缘单叶 ………………………………… 杉叶藻科 **Hippuridaceae**

83. 陆生草本。

85. 寄生性肉质草本，无绿叶。

86. 花单性，雌花常无花被；无珠被及种皮 ………………… 蛇菇科 **Balanophoraceae**

86. 花杂性，有一层花被，两性花有1雄蕊；有珠被及种皮 ……………………………………………………………………………………… 锁阳科 **Cynomoriaceae**

（锁阳属 *Cynomorium*）

85. 非寄生性植物，或于百蕊草属 *Thesium* 为半寄生性，但均有绿叶。

87. 叶对生，其形宽广而有锯齿缘 ………………………………… 金粟兰科 **Chloranthaceae**

87. 叶互生。

88. 平铺草本（限于我国植物），叶片宽，三角形，多少有些肉质 ……………………………………………………………………………………… 番杏科 **Aizoaceae**

（番杏属 *Tetragonia*）

88. 直立草本，叶片窄而细长 …………………………………… 檀香科 **Santalaceae**

（百蕊草属 *Thesium*）

82. 灌木或乔木。

89. 子房3～10室。

90. 坚果1～2个，同生在一个木质且可裂为4瓣的壳斗里 …………… 壳斗科 **Fagaceae**

（水青冈属 *Fagus*）

90. 核果，并不生在壳斗里。

91. 雌雄异株，成顶生的圆锥花字，后者并不为叶状苞片所托 …………………

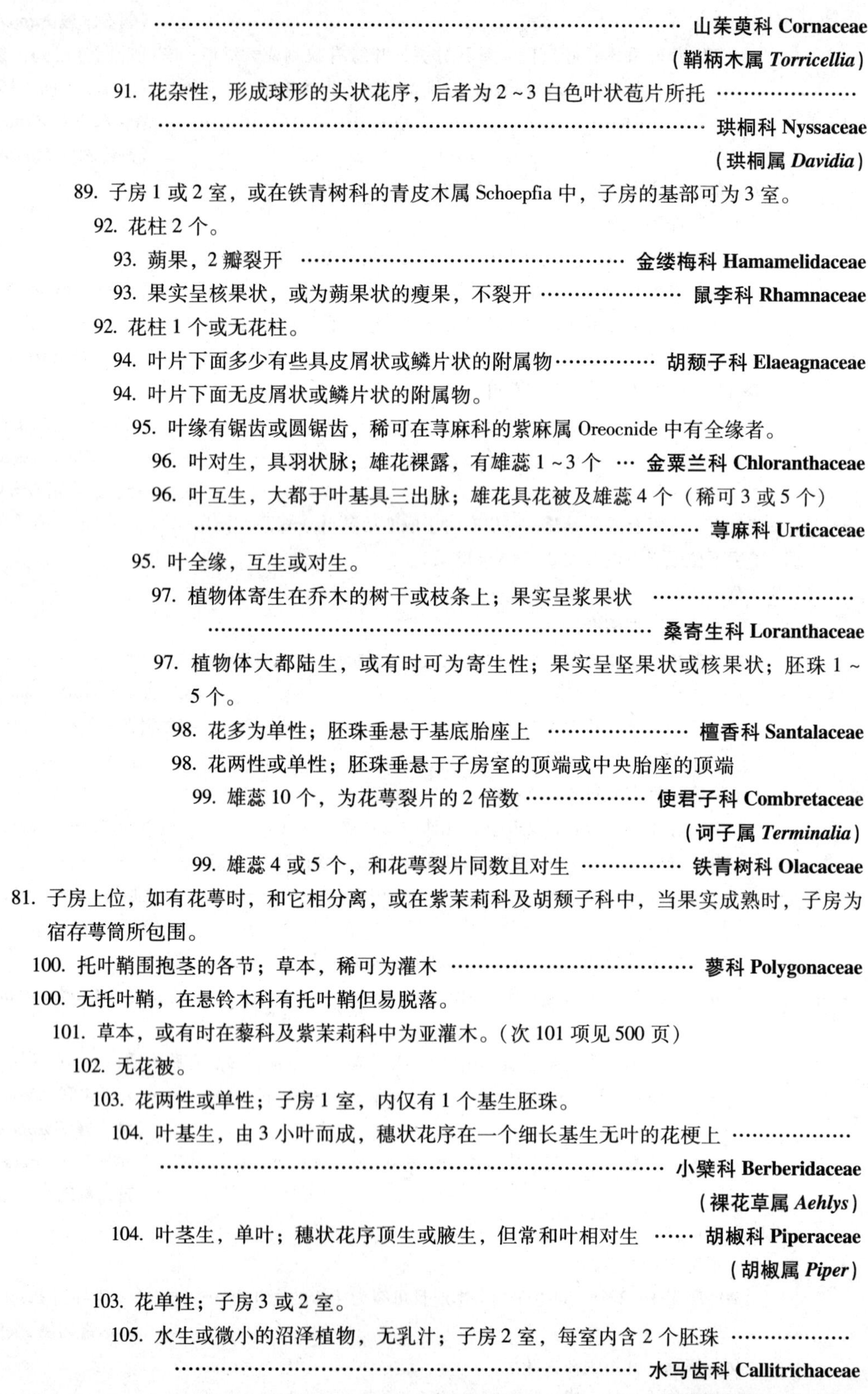

……………………………………………………………………… 山茱萸科 Cornaceae

（鞘柄木属 *Torricellia*）

91. 花杂性，形成球形的头状花序，后者为2～3白色叶状苞片所托 ………………… ……………………………………………………………………… 珙桐科 Nyssaceae

（珙桐属 *Davidia*）

89. 子房1或2室，或在铁青树科的青皮木属 Schoepfia 中，子房的基部可为3室。

92. 花柱2个。

93. 蒴果，2瓣裂开 ………………………………………… 金缕梅科 Hamamelidaceae

93. 果实呈核果状，或为蒴果状的瘦果，不裂开 …………………… 鼠李科 Rhamnaceae

92. 花柱1个或无花柱。

94. 叶片下面多少有些具皮屑状或鳞片状的附属物…………… 胡颓子科 Elaeagnaceae

94. 叶片下面无皮屑状或鳞片状的附属物。

95. 叶缘有锯齿或圆锯齿，稀可在荨麻科的紫麻属 Oreocnide 中有全缘者。

96. 叶对生，具羽状脉；雄花裸露，有雄蕊1～3个 … 金粟兰科 Chloranthaceae

96. 叶互生，大都于叶基具三出脉；雄花具花被及雄蕊4个（稀可3或5个） ……………………………………………………………… 荨麻科 Urticaceae

95. 叶全缘，互生或对生。

97. 植物体寄生在乔木的树干或枝条上；果实呈浆果状 ………………………… …………………………………………………………… 桑寄生科 Loranthaceae

97. 植物体大都陆生，或有时可为寄生性；果实呈坚果状或核果状；胚珠1～5个。

98. 花多为单性；胚珠垂悬于基底胎座上 ………………… 檀香科 Santalaceae

98. 花两性或单性；胚珠垂悬于子房室的顶端或中央胎座的顶端

99. 雄蕊10个，为花萼裂片的2倍数 ……………… 使君子科 Combretaceae

（诃子属 *Terminalia*）

99. 雄蕊4或5个，和花萼裂片同数且对生 …………… 铁青树科 Olacaceae

81. 子房上位，如有花萼时，和它相分离，或在紫茉莉科及胡颓子科中，当果实成熟时，子房为宿存萼筒所包围。

100. 托叶鞘围抱茎的各节；草本，稀可为灌木 ……………………………… 蓼科 Polygonaceae

100. 无托叶鞘，在悬铃木科有托叶鞘但易脱落。

101. 草本，或有时在藜科及紫茉莉科中为亚灌木。（次101项见500页）

102. 无花被。

103. 花两性或单性；子房1室，内仅有1个基生胚珠。

104. 叶基生，由3小叶而成，穗状花序在一个细长基生无叶的花梗上 ……………… ……………………………………………………………… 小檗科 Berberidaceae

（裸花草属 *Achlys*）

104. 叶茎生，单叶；穗状花序顶生或腋生，但常和叶相对生 …… 胡椒科 Piperaceae

（胡椒属 *Piper*）

103. 花单性；子房3或2室。

105. 水生或微小的沼泽植物，无乳汁；子房2室，每室内含2个胚珠 ……………… ………………………………………………………… 水马齿科 Callitrichaceae

（水马齿属 *Callitriche*）

105. 陆生植物；有乳汁；子房3室，每室内仅含1个胚珠…… **大戟科 Euphorbiaceae**

102. 有花被，当花为单性时，特别是雄花是如此。

106. 花萼呈花瓣状，且呈管状。

107. 花有总苞，有时这总苞类似花萼 ……………………… **紫茉莉科 Nyctaginaceae**

107. 花无总苞。

108. 胚珠1个，在子房的近顶端处 ……………………… **瑞香科 Thymelaeaceae**

108. 胚珠多数，生在特立中央胎座上……………………… **报春花科 Primulaceae**

（海乳草属 *Glaux*）

106. 花萼非如上述情形。

109. 雄蕊周位，即位于花被上。（次109项见 页）

110. 叶互生，羽状复叶而有草质的托叶，花无膜质苞片；瘦果 ………………
……………………………………………………………… **蔷薇科 Rosaceae**

（地榆族 *Sanguisorbieae*）

110. 叶对生，或在蓼科的冰岛蓼属 *Koenigia* 为互生，单叶无草质托叶；花有膜质苞片。

111. 花被片和雄蕊各为5或4个，对生；囊果，托叶膜质 ………………
………………………………………………………… **石竹科 Caryophyllaceae**

111. 花被片和雄蕊各为3个，互生；坚果；无托叶 ……… **蓼科 Polygonaceae**

（冰岛蓼属 *Koenigia*）

109. 雄蕊下位，即位于子房下。

112. 花柱或其分枝为2或数个，内侧常为柱头面。

113. 子房常为数个至多数心皮连合而成 ……………… **商陆科 Phytolaccaceae**

113. 子房常为2或3（或5）心皮连合而成。

114. 子房3室，稀可2或4室……………………… **大戟科 Euphorbiaceae**

114. 子房1或2室。

115. 叶为掌状复叶或具掌状脉而有宿存托叶……………… **桑科 Moraceae**

（大麻亚科 *Cannaboideae*）

115. 叶具羽状脉，或稀可为掌状脉而无托叶，也可在藜科中叶退化成鳞片或为肉质而形如圆筒。

116. 花有草质而带绿色或灰绿色的花被及苞片 ………………………
…………………………………………………… **藜科 Cbenopodiaceae**

116. 花有干膜质而常有色泽的花被及苞片 ……… **苋科 Amaranthaceae**

112. 花柱1个，常顶端有柱头，也可无花柱。

117. 花两性。

118. 雌蕊为单心皮；花萼由2膜质且宿存的萼片而成；雄蕊2个 …………
…………………………………………………… **毛茛科 Ranunculaceae**

（星叶草属 *Circaeaster*）

118. 雌蕊由2合生心皮而成。

119. 萼片2片；雄蕊多数 ………………………… **罂粟科 Papaveraceae**

（博落回属 *Macleaya*）

119. 萼片4片；雄蕊2或4 ………………………… **十字花科 Cruciferae**

（独行莱属 *Lepidium*）

117. 花单性。

120. 沉没于淡水中的水生植物；叶细裂成丝状 ………………………………………………………………………… 金鱼藻科 Ceratophyllaceae （金鱼藻属 *Ceratophyllum*）

120. 陆生植物；叶为其他情形。

121. 叶含多量水分；托叶连接叶柄的基部；雄花的花被2片；雄蕊多数 ……………………………………………………… 假牛繁缕科 Theligonaceae （假牛繁缕属 *Theligonum*）

121. 叶不含多量水分；如有托叶时，也不连接叶柄的基部；雄花的花被片和雄蕊均各为4或5个，二者相对生 ………… 荨麻科 Urticaceae

101. 木本植物或亚灌木。

122. 耐寒旱性的灌木，或在藜科的琐琐属 Haloxylon 为乔木；叶微小，细长或呈鳞片状，也可有时（如藜科）为肉质而成圆筒形或半圆筒形。

123. 雌雄异株或花杂性；花萼为三出数，萼片微呈花瓣状，和雄蕊同数且互生；花柱1，极短，常有6~9放射状且有齿裂的柱头；核果，胚体劲直；常绿而基部偃卧的灌木；叶互生，无托叶 ………………………………………………………… 岩高兰科 Empetraceae （岩高兰属 *Empetrum*）

123. 花两性或单性，花萼为五出数，稀可三出或四出数，萼片或花萼裂片草质或革质，和雄蕊同数且对生，或在藜科中雄蕊由于退化而数较少，甚或1个；花柱或花柱分枝2或3个，内侧常为柱头面，胞果或坚果；胚体弯曲如环或弯曲成螺旋形。

124. 花无膜质苞片，雄蕊下位；叶互生或对生；无托叶，枝条常具关节 ………………………………………………………………………… 藜科 Chenopodiaceae

124. 花有膜质苞片；雄蕊周位；叶对生，基部常互相连合；有膜质托叶；枝条不具关节 ………………………………………………………………… 石竹科 Caryophyllaceae

122. 不是上述的植物；叶片矩圆形或披针形，或宽广至圆形。

125. 果实及子房均为2至数室，或在大风子科中为不完全的2至数室。

126. 花常为两性。

127. 萼片4或5片，稀可3片，呈覆瓦状排列。

128. 雄蕊4个；4室的蒴果 ………………………………………… 木兰科 Magnoliaceae （水青树属 *Tetracentron*）

128. 雄蕊多数；浆果状的核果 ………………………………… 大风子科 Flacouriticeae

127. 萼片多5片，呈镊合状排列。

129. 雄蕊为不定数；具刺的蒴果 ……………………………… 杜英科 Elaeocarpaceae （猴欢喜属 Sloanea）

129. 雄蕊和萼片同数，核果或坚果。

130. 雄蕊和萼片对生，各为3~6 …………………………… 铁青树科 Olacaceae

130. 雄蕊和萼片互生，各为4或5 …………………………… 鼠李科 Rhamnaceae

126. 花单性（雌雄同株或异株）或杂性。

131. 果实各种；种子无胚乳或有少量胚乳。

132. 雄蕊常8个；果实坚果状或为有翅的蒴果；羽状复叶或单叶 ……………………………………………………………………… 无患子科 Sapindaceae

132. 雄蕊5或4个，且和萼片互生；核果有2~4个小核；单叶 ……………………

………………………………………………………………………… 鼠李科 Rhamnaceae

（鼠李属 *Rhamnus*）

131. 果实多呈蒴果状，无翅；种子常有胚乳。

133. 果实为具 2 室的蒴果，有木质或革质的外种皮及角质的内果皮 ………………

……………………………………………………………… 金缕梅科 Hamamelidaceae

133. 果实纵为蒴果时，也不象上述情形。

134. 胚珠具腹脊；果实有各种类型，但多为胞间裂开的蒴果 ………………………

………………………………………………………………………… 大戟科 Euphorbiaceae

134. 胚珠具背脊，果实为胞背裂开的蒴果，或有时呈核果状 …… 黄杨科 Buxaceae

125. 果实及子房均为 1 或 2 室，稀可在无患子科的荔枝属 *Litchi* 及韶子属 *Nephelium* 中为 3 室，或在卫矛科的十齿花属 *Dipentodon* 及铁青树科的铁青树属 *Olax* 中，子房的下部为 3 室，而上部为 1 室。

135. 花萼具显著的萼筒，且常呈花瓣状。

136. 叶无毛或下面有柔毛；萼筒整个脱落 ………………………… 瑞香科 Thymelaeaceae

136. 叶下面具银白色或棕色的鳞片；萼筒或其下部永久宿存，当果实成熟时，变为肉质而紧密包着子房 ………………………………………… 胡颓子科 Elaeagnaceae

135. 花萼不是象上述情形，或无花被。

137. 花药以 2 或 4 舌瓣裂开 ……………………………………………… 樟科 Lauraceae

137. 花药不以舌瓣裂开。

138. 叶对生。

139. 果实为有双翅或呈圆形的翅果 ……………………………… 槭树科 Aceraceae

139. 果实为有单翅而呈细长形兼矩圆形的翅果 …………………… 木犀科 Oleaceac

138. 叶互生。

140. 叶为羽状复叶。

141. 叶为二回羽状复叶，或退化仅具叶状柄（特称为叶状叶柄 phyllodia） ……

………………………………………………………………………… 豆科 Leguminosae

（金合欢属 *Acacia*）

141. 叶为一回羽状复叶。

142. 小叶边缘有锯齿；果实有翅 …………………… 马尾树科 Rhoipteleaceae

（马尾树属 *Rhoiptelea*）

142. 小叶全缘；果实无翅。

143. 花两性或杂性……………………………………… 无患子科 Sapindaceae

143. 雌雄异株………………………………………… 漆树科 Anacardiaceae

（黄连木属 *Pistacia*）

140. 叶为单叶。

144. 花均无花被。

145. 多为木质藤本；叶全缘；花两性或杂性，成紧密的穗状花序 ……………

…………………………………………………………………… 胡椒科 Piperaceae

（胡椒属 *Piper*）

145. 乔木；叶缘有锯齿或缺刻；花单性。

146. 叶宽广，具掌状脉及掌状分裂，叶缘具缺刻或大锯齿；有托叶，围茎成鞘，但易脱落；雌雄同株，雌花和雄花分别成球形的头状花序；雌蕊为单心皮而成；小坚果为倒圆锥形而有棱角，无翅也无梗，但围以长柔毛 ………………………………………… **悬铃木科 Platanaceae**

（悬铃木属 *Platanus*）

146. 叶椭圆形至卵形，具羽状脉及锯齿缘；无托叶；雌雄异株，雄花聚成疏松有苞片的簇丛，雌花单生于苞片的腋内；雌蕊为2心皮而成；小坚果扁平，具翅且有柄，但无毛 ………………… **杜仲科 Eucommiaceae**

（杜仲属 *Eucommia*）

144. 花常有花萼，尤其在雄花。

147. 植物体内有乳汁 ……………………………………………… **桑科 Moraceae**

147. 植物体内无乳汁。

148. 花柱或其分枝2或数个，但在大戟科的核实树属 *Drypetes* 中则柱头几无柄，呈盾状或肾脏形。

149. 雌雄异株或有时为同株；叶全缘或具波状齿。

150. 矮小灌木或亚灌木；果实干燥，包藏于具有长柔毛而互相连合成双角状的2苞片中，胚体弯曲如环 ………… **藜科 Chenopodiaceae**

（优若藜属 *Eurotia*）

150. 乔木或灌木；果实呈核果状，常为1室含1种子，不包藏于苞片内；胚体颈直 ……………………………… **大戟科 Euphorbificeae**

149. 花两性或单性；叶缘多有锯齿或具齿裂，稀可全缘

151. 雄蕊多数 ……………………………………… **大风子科 Flacourtiaceae**

151. 雄蕊10个或较少。

152. 子房2室，每室有1个至数个胚珠；果实为木质蒴果 ………… ……………………………………………… **金缕梅科 Hamamelidaceae**

152. 子房1室，仅含1胚珠；果实不是木质蒴果 …… **榆科 Ulmaceae**

148. 花柱1个，也可有时（如荨麻属）不存，而柱头呈画笔状。

153. 叶缘有锯齿；子房为1心皮而成。

154. 花两性 ……………………………………………… **山龙眼科 Proteaeeae**

154. 雌雄异株或同株。

155. 花生于当年新枝上；雄蕊多数 ………………… **蔷薇科 Rosaceae**

（假桐李属 *Maddenia*）

155. 花生于老枝上；雄蕊和萼片同数 …………… **荨麻科 Urticaceae**

153. 叶全缘或边缘有锯齿；子房为2个以上连合心皮所成。

156. 果实呈核果状或坚果状，内有1种子；无托叶。

157. 子房具2或2个胚珠；果实于成熟后由萼筒包围 ……………… ……………………………………………… **铁青树科 Olacaceae**

157. 子房仅具1个胚珠；果实和花萼相分离，或仅果实基部由花萼衬托之 ……………………………………………… **山柚仔科 Opiliaceae**

156. 果实呈蒴果状或浆果状，内含数个至1个种子。

158. 花下位，雌雄异株，稀可杂性，雄蕊多数；果实呈浆果状；无托叶 ……………………………………… **大风子科 Flacourtiaceae**

（柞木属 *Xylosma*）

158. 花周位，两性；雄蕊5～12个；果实呈蒴果状；有托叶，但易

脱落。

159. 花为腋生的簇丛或头状花序；萼片 4 ~ 6 片……………………
…………………………………………… 大风子科 Flacourtiaceae
（山羊角树属 *Casearia*）

159. 花为腋生的伞形花序；萼片 10 ~ 14 片……………………………
…………………………………………… 卫矛科 Celastraceae
（十齿花属 *Dipentodon*）

2. 花具花萼也具花冠，或有两层以上的花被片，有时花冠可为蜜腺叶所代替。

160. 花冠常为离生的花瓣所组成。（次 160 项见 520 页）

161. 成熟雄蕊（或单体雄蕊的花药）多在 10 个以上，通常多数，或其数超过花瓣的 2 倍。（次 161 项见 508 页）

162. 花萼和 1 个或更多的雌蕊多少有些互相愈合，即子房下位或半下位。

163. 水生草本植物；子房多室 …………………………………… 睡莲科 Nymphaeaceae

163. 陆生植物；子房 1 至数室，也可心皮为 1 至数个，或在海桑科中为多室。

164. 植物体具肥厚的肉质茎，多有刺，常无真正叶片……………… 仙人掌科 Cactaceae

164. 植物体为普通形态，不是仙人掌状，有真正的叶片。

165. 草本植物或稀可为亚灌木。

166. 花单性

167. 雌雄同株；花鲜艳，多成腋生聚伞花序；子房 2 ~ 4 室………………………
…………………………………………………… 秋海棠科 Begoniaceae
（秋海棠属 *Begonia*）

167. 雌雄异株；花小而不显著，成腋生穗状或总状花序 ………………………
…………………………………………………… 四数木科 Datiscaceae

166. 花常两性。

168. 叶基生或茎生，呈心形，或在阿柏麻属 *Apama* 为长形，不为肉质；花为三出数 ……………………………………… 马兜铃科 Aristolochiaceae
（细辛族 *Asareae*）

168. 叶茎生，不呈心形，多少有些肉质，或为圆柱形；花不是三出数。

169. 花萼裂片常为 5，叶状；蒴果 5 室或更多室，在顶端呈放射状裂开 ……
……………………………………………………… 番杏科 Aizoaceae

169. 花萼裂片 2；蒴果 1 室，盖裂 ……………………… 马齿苋科 Portulacaceae
（马齿苋属 *Portulaca*）

165. 乔木或灌木（但在虎耳草科的银梅草属 *Deinanthe* 及草绣球属 *Cardiandra* 为亚灌木，黄山梅属 *Kirengeshoma* 为多年生高大草本），有时以气生小根而攀援。

170. 叶通常对生（虎耳草科的草绣球属 *Cardiandra* 为例外），或在石榴科的石榴属 Punica 中有时可互生。

171. 叶缘常有锯齿或全缘；花序（除山梅花属 Philadelpheae 外）常有不孕的边缘花 ………………………………………… 虎耳草科 Saxifragaceae

171. 叶全缘；花序无不孕花。

172. 叶为脱落性；花萼呈朱红色 ……………………… 石榴科 Punicaceae
（石榴属 *Punica*）

172. 叶为常绿性；花萼不呈朱红色。

173. 叶片中有腺体微点；胚珠常多数 ………………… **桃金娘科 Myrtaceae**
173. 叶片中无微点。
174. 胚珠在每子房室中为多数 …………………… **海桑科 Sonneratiaceae**
174. 胚珠在每子房室中仅2个，稀可较多 ……… **红树科 Rhizophoraceae**
170. 叶互生。
175. 花瓣细长形兼长方形，最后向外翻转 ………………… **八角枫科 Alangiaceae**
（八角枫属 *Alangium*）
175. 花瓣不成细长形，或纵为细长形时，也不向外翻转。
176. 叶无托叶。
177. 叶全缘；果实肉质或木质 ……………………… **玉蕊科 Lecythidaceae**
（玉蕊属 *Barringtonia*）
177. 叶缘多少有些锯齿或齿裂；果实呈核果状，其形歪斜 ………………… ………………………………………………… **山矾科 Symplocaceae**
（山矾属 *Symplocos*）
176. 叶有托叶。
178. 花瓣呈旋转状排列，花药隔向上延伸；花萼裂片中2个或更多个在果实上变大而呈翅状 ……………………… **龙脑香科 Dipterocarpaceae**
178. 花瓣呈覆瓦状或旋转状排列（如蔷薇科的火棘属 *Pyracantha*）；花药隔并不向上延伸；花萼裂片也无上述变大情形。
179. 子房1室，内具2～6侧膜胎座，各有1个至多数胚珠；果实为革质蒴果，自顶端以2～6片裂开 ……………… **大风子科 Flacourtiaceae**
（天料木属 *Homalium*）
179. 子房2～5室，内具中轴胎座，或其心皮在腹面互相分离而具边缘胎座。
180. 花成伞房、圆锥、伞形或总状等花序，稀可单生；子房2～10室，或心皮2～5个，下位，每室或每心皮有胚珠1～2个，稀可有时为3～10个或为多数；果实为肉质或木质假果；种子无翅 ………… ……………………………………………… **蔷薇科 Rosaceae**
（梨亚科 Pomoidae）
180. 花成头状或肉穗花序；子房2室，半下位，每室有胚珠2～6个；果为木质蒴果；种子有或无翅………… **金缕梅科 Hamamelidaceae**
（马蹄荷亚科 Bucklandioideae）
162. 花萼和1个或更多的雌蕊互相分离，即子房上位。
181. 花为周位花。
182. 萼片和花瓣相似，覆瓦状排列成数层，着生于坛状花托的外侧 ……………………… ……………………………………………………… **蜡梅科 Calycanthaceae**
（洋蜡梅属 *Calycanthus*）
182. 萼片和花瓣有分化，在萼筒或花托的边缘排列成2层。
183. 叶对生或轮生，有时上部者可互生，但均为全缘单叶，花瓣常于蕾中呈皱折状。
184. 花瓣无爪，形小，或细长；浆果 ……………………… **海桑科 Sonneraliaceae**
184. 花瓣有细爪，边缘具腐蚀状的波纹或具流苏；蒴果 ………… **千屈菜科 Lythraceae**
183. 叶互生，单叶或复叶，花瓣不呈皱折状。

185. 花瓣宿存；雄蕊的下部连成一管 ………………………………… 亚麻科 Linaceae

（粘木属 *Ixonanthes*）

185. 花瓣脱落性；雄蕊互相分离。

186. 草本植物，具二出数的花朵；萼片 2 片，早落性，花瓣 4 个 ……………………… ……………………………………………………………………… 罂粟科 Papaveraceae

（花菱草属 *Eschscholzia*）

186. 木本或草本植物，具五出或四出数的花朵。

187. 花瓣镊合状排列；果实为荚果；叶多为二回羽状复叶，有时叶片退化，而叶柄发育为叶状柄；心皮 1 个 ……………………………… 豆科 Leguminosae

（含羞草亚科 *Mimosoideae*）

187. 花瓣覆瓦状排列；果实为核果、蓇葖果或瘦果，叶为单叶或复叶；心皮 1 个至多数 …………………………………………………………………… 蔷薇科 Rosaceae

181. 花为下位花，或至少在果实时花托扁平或隆起。

188. 雌蕊少数至多数，互相分离或微有连合。

189. 水生植物。

190. 叶片呈盾状，全缘 ……………………………………………… 睡莲科 Nymphaeaceae

190. 叶片不呈盾状，多少有些分裂或为复叶 ………………………… 毛茛科 Ranunculaceae

189. 陆生植物。

191. 茎为攀援性。

192. 草质藤本。

193. 花显著，为两性花 ………………………………………… 毛茛科 Ranunculaceae

193. 花小形，为单性，雌雄异株 ………………………………… 防己科 Menispermaceae

192. 木质藤本或为蔓生灌木。

194. 叶对生，复叶由 3 小叶组成，或顶端小叶形成卷须 …… 毛茛科 Ranunculaceae

（锡兰莲属 *Naravelia*）

194. 叶互生，单叶。

195. 花单性。

196. 心皮多数，结果时聚生成一球状的肉质体或散布于极延长的花托上 …… ……………………………………………………………… 木兰科 Magnoliaceae

（五味子亚科 *Schisandroideae*）

196. 心皮 3～6，果为核果或核果状 ………………… 防己科 Menispermaceae

195. 花两性或杂性；心皮数个，果为蓇葖果 ……………… 五桠果科 Dilleniaceae

（锡叶藤属 *Tetracera*）

191. 茎直立，不为攀援性。

197. 雄蕊的花丝连成单体 ……………………………………………… 锦葵科 Malvaceae

197. 雄蕊的花丝互相分离。

198. 草本植物，稀可为亚灌木；叶片多少有些分裂或为复叶。

199. 叶无托叶；种子有胚乳 ……………………………… 毛茛科 Ranunculaceae

199. 叶多有托叶；种子无胚乳 …………………………………… 蔷薇科 Rosaceae

198. 木本植物，叶片全缘或边缘有锯齿，也稀有分裂者。

200. 萼片及花瓣均为镊合状排列；胚乳具嚼痕 ……………… 番荔枝科 Annonaceae

200. 萼片及花瓣均为覆瓦状排列；胚乳无嚼痕。

201. 萼片及花瓣相同，三出数，排列成3层或多层，均可脱落 ……………………………………………………………… 木兰科 Magnoliaceae

201. 萼片及花瓣甚有分化，多为五出数，排列成2层，萼片宿存。

202. 心皮3个至多数；花柱互相分离；胚珠为不定数 ……………………………………………………………… 五桠果科 Dilleniaceae

202. 心皮3～10个；花柱完全合生；胚珠单生 ……… 金莲木科 Ochnaceae（金莲木属 *Ochna*）

188. 雌蕊1个，但花柱或柱头为1至多数。

203. 叶片中具透明微点。

204. 叶互生，羽状复叶或退化为仅有1顶生小叶 ……………………… 芸香科 Rutaceae

204. 叶对生，单叶 ……………………………………………… 藤黄科 Guttiferae

203. 叶片中无透明微点。

205. 子房单纯，具1子房室。

206. 乔木或灌木；花瓣呈镊合状排列；果实为荚果 ………………… 豆科 Leguminosae（含羞草亚科 *Mimosoideae*）

206. 草本植物；花瓣呈覆瓦状排列；果实不是荚果。

207. 花为五出数；蓇葖果 ……………………………… 毛茛科 Ranunculaceae

207. 花为三出数；浆果 ………………………………… 小檗科 Berberidaceae

205. 子房为复合性。

208. 子房1室，或在马齿苋科的土人参属 *Talinum* 中子房基部为3室。（次208项见509页）

209. 特立中央胎座。

210. 草本；叶互生或对生；子房的基部3室，有多数胚珠 ……………………………………………………… 马齿苋科 Portulacaceae（土人参属 *Talinum*）

210. 灌木；叶对生；子房1室，内有成为3对的6个胚珠 … 红树科 Rhizophoraceae（秋茄树属 *Kandelia*）

209. 侧膜胎座。

211. 灌木或小乔木（在半日花科中常为亚灌木或草本植物），子房柄不存在或极短；果实为蒴果或浆果。（次211项见438页）

212. 叶对生；萼片不相等，外面2片较小，或有时退化，内面3片呈旋转状排列 ……………………………………………………… 半日花科 Cistaceae（半日花属 *Helianthemum*）

212. 叶常互生，萼片相等，呈覆瓦状或镊合状排列。

213. 植物体内含有色泽的汁液；叶具掌状脉，全缘；萼片5片，互相分离，基部有腺体；种皮肉质，红色 …………………………… 红木科 Bixaceae（红木属 *Bixa*）

213. 植物体内不含有色泽的汁液；叶具羽状脉或掌状脉；叶缘有锯齿或全缘；萼片3～8片，离生或合生，种皮坚硬，干燥 …… 大风子科 Flacourtiaceae

211. 草本植物，如为木本植物时，则具有显著的子房柄；果实为浆果或核果。

214. 植物体内含乳汁；萼片2～3 ………………………… 罂粟科 Papaveraceae

214. 植物体内不含乳汁；萼片4～8。

215. 叶为单叶或掌状复叶；花瓣完整；长角果 ……… 白花菜科 Capparidaceae

215. 叶为单叶，或为羽状复叶或分裂；花瓣具缺刻或细裂；蒴果仅于顶端裂开 …………………………………………………………… 木犀草科 Resedaceae

208. 子房 2 室至多室，或为不完全的 2 至多室。

216. 草本植物，具多少有些呈花瓣状的萼片。

217. 水生植物；花瓣为多数雄蕊或鳞片状的蜜腺叶所代替 … 睡莲科 Nymphaeaceae（萍蓬草属 *Nuphar*）

217. 陆生植物；花瓣不为蜜腺叶所代替。

218. 一年生草本植物；叶呈羽状细裂；花两性 …………… 毛茛科 Ranunculaceae（黑种草属 *Nigella*）

218. 多年生草本植物；叶全缘而呈掌状分裂；雌雄同株 … 大戟科 Euphorbiaceae（麻疯树属 *Jatropha*）

216. 木本植物，或陆生草本植物，常不具呈花瓣状的萼片。

219. 萼片于蕾内呈镊合状排列。

220. 雄蕊互相分离或连成数束。

221. 花药 1 室或数室；叶为掌状复叶或单叶，全缘，具羽状脉 ………………………………………………………………………………… 木棉科 Bombacaceae

221. 花药 2 室；叶为单叶，叶缘有锯齿或全缘。

222. 花药以顶端 2 孔裂开 ………………………… 杜英科 Elaeocarpaceae

222. 花药纵长裂开 ……………………………………… 椴树科 Tiliaceae

220. 雄蕊连为单体，至少内层者如此，并且多少有些连成管状。

223. 花单性，萼片 2 或 3 片……………………… 大戟科 Euphorbiaceae（油桐属 *Aleurites*）

223. 花常两性；萼片多 5 片，稀可较少。

224. 花药 2 室或更多室。

225. 无副萼；多有不育雄蕊；花药 2 室；叶为单叶或掌状分裂 …………………………………………………………… 梧桐科 Sterculiaceae

225. 有副萼；无不育雄蕊；花药数室；叶为单叶，全缘且具羽状脉 ……… …………………………………………………… 木棉科 Bombacaceae（榴莲属 *Durio*）

224. 花药 1 室。

226. 花粉粒表面平滑；叶为掌状复叶 ………………… 木棉科 Bombacaceae（木棉属 Gossampinus）

226. 花粉粒表面有刺；叶有各种情形 ………………… 锦葵科 Malvaceae

219. 萼片于蕾内呈覆瓦状或旋转状排列，或有时（如大戟科的巴豆属 *Croton*）近于呈镊合状排列。

227. 雌雄同株或稀可异株；果实为蒴果，由 2 ~ 4 个各自裂为 2 片的离果所成…… ……………………………………………………………… 大戟科 Euphorbiaceae

227. 花常两性，或在猕猴桃科的猕猴桃属 Actinidia 中为杂性或雌雄异株；果实为其他情形。

228. 萼片在果实时增大且成翅状；雄蕊具伸长的花药隔 ……………………… ………………………………………………………… 龙脑香科 Dipterocarpaceae

228. 萼片及雄蕊二者不为上述情形。

229. 雄蕊排列成二层，外层 10 个和花瓣对生，内层 5 个和萼片对生…………………………………………………………………… 蒺藜科 Zygophyllaceae（骆驼蓬属 *Peganum*）

229. 雄蕊的排列为其他情形。

230. 食虫的草本植物；叶基生，呈管状，其上再具有小叶片 …………………………………………………………………… 瓶子草科 Sarraceniaceae

230. 不是食虫植物；叶茎生或基生，但不呈管状。

231. 植物体呈耐寒旱状；叶为全缘单叶。

232. 叶对生或上部者互生；萼片 5 片，互不相等，外面 2 片较小或有时退化，内面 3 片较大，成旋转状排列，宿存；花瓣早落 ………………………………………………………… 半日花科 Cistaceae

232. 叶互生；萼片 5 片，大小相等；花瓣宿存；在内侧基部各有 2 舌状物 ……………………………………………………… 柽柳科 Tamaricaceae（琵琶柴属 *Reaumuria*）

231. 植物体不是耐寒旱状；叶常互生；萼片 2～5 片，彼此相等；呈覆瓦状或稀可呈镊合状排列。

233. 草本或木本植物，花为四出数，或其萼片多为 2 片且早落。

234. 植物体内含乳汁；无或有极短子房柄；种子有丰富胚乳 ………………………………………………………………… 罂粟科 Papaveraceae

234. 植物体内不含乳汁；有细长的子房柄；种子无或有少量胚乳 ………………………………………………… 白花菜科 Capparidaceae

233. 木本植物；花常为五出数，萼片宿存或脱落。

235. 果实为具 5 个棱角的蒴果，分成 5 个骨质各含 1 或 2 种子的心皮后，再各沿其缝线而 2 瓣裂开 …………………… 蔷薇科 Rosaceae（白鹃梅属 *Exochorda*）

235. 果实不为蒴果，如为蒴果时则为胞背裂开。

236. 蔓生或攀援的灌木；雄蕊互相分离；子房 5 室或更多室；浆果，常可食 ……………………………… 猕猴桃科 Actinidiaceae

236. 直立乔木或灌木，雄蕊至少在外层者连为单体，或连成 3～5 束而着生于花瓣的基部，子房 5～3 室。

237. 花药能转动，以顶端孔裂开；浆果；胚乳颇丰富 ………………………………………………… 猕猴桃科 Actinidiaceae（水冬哥属 *Saurauia*）

237. 花药能或不能转动，常纵长裂开：果实有各种情形；胚乳通常量微小 ………………………………… 山茶科 Theaceae

161. 成熟雄蕊 10 个或较少，如多于 10 个时，其数并不超过花瓣的 2 倍。

238. 成熟雄蕊和花瓣同数，且和它对生。（次 238 项见 510 页）

239. 雌蕊 3 个至多数，离生。

240. 直立草本或亚灌木；花两性，五出数 ……………………………… 蔷薇科 Rosaceae（地蔷薇属 *Chamaerhodos*）

240. 本质或草质藤本；花单性，常为三出数。

241. 叶常为单叶；花小型；核果；心皮3～6个，呈星状排列，各含1胚珠…………………………………………………………………………… 防己科 **Menispermaceae**

241. 叶为掌状复叶或由3小叶组成；花中型；浆果，心皮3个至多数，轮状或螺旋状排列。各含1个或多数胚珠 ………………………………………… 木通科 **Lardizabalaceae**

239. 雌蕊1个。

242. 子房2至数室。

243. 花萼裂齿不明显或微小；以卷须缠绕他物的灌木或草本植物 …… 葡萄科 **Vitaceae**

243. 花萼具4～5裂片；乔木、灌木或草本植物，有时虽也可为缠绕性，但无卷须。

244. 雄蕊连成单体。

245. 叶为单叶；每子房室内含胚珠2～6个（或在可可树亚族 Theobromineae 中为多数） ……………………………………………………………… 梧桐科 **Sterculiaceae**

245. 叶为掌状复叶；每子房室内含胚珠多数 ………………… 木棉科 **Bombacaceae**（吉贝属 *Ceiba*）

244. 雄蕊互相分离，或稀可在其下部连成一管。

246. 叶无托叶；萼片各不相等，呈覆瓦状排列；花瓣不相等，在内层的2片常很小 ……………………………………………………………… 清风藤科 **Sabiaceae**

246. 叶常有托叶；萼片同大，呈镊合状排列；花瓣均大小同形。

247. 叶为单叶 ………………………………………………………… 鼠李科 **Rhamnaceae**

247. 叶为1～3回羽状复叶……………………………………………… 葡萄科 **Vitaceae**（火筒树属 *Leea*）

242. 子房1室（在马齿苋科的土人参属 *Talinum* 及铁青树科的铁青树属 *Olax* 中则子房的下部多少有些成为3室）。

248. 子房下位或半下位。

249. 叶互生，边缘常有锯齿；蒴果…………………………… 大风子科 **Flacourtiaceae**（天料木属 *Homalium*）

249. 叶多对生或轮生，全缘；浆果或核果 …………………… 桑寄生科 **Loranthaceae**

248. 子房上位。

250. 花药以舌瓣裂开 ………………………………………………… 小檗科 **Berberidaceae**

250. 花药不以舌瓣裂开。

251. 缠绕草本；胚珠1个；叶肥厚，肉质 ……………………… 落葵科 **Basellaceae**（落葵属 *Basella*）

251. 直立草本，或有时为木本：胚珠1个至多数。

252. 雄蕊连成单体；胚珠2个 …………………………………… 梧桐科 **Sterculiaceae**（蛇婆子属 *Walthenia*）

252. 雄蕊互相分离；胚珠1个至多数。

253. 花瓣6～9片；雌蕊单纯 ……………………………… 小檗科 **Berberidaceae**

253. 花瓣4～8片；雌蕊复合。

254. 常为草本；花萼有2个分离萼片。

255. 花瓣4片；侧膜胎座 ……………………………… 罂粟科 **Papaveraceae**（角茴香属 *Hypecoum*）

255. 花瓣常5片；基底胎座 …………………………… 马齿苋科 **Portulacaceal**

254. 乔木或灌木，常蔓生，花萼呈倒圆锥形或杯状。

256. 通常雌雄同株；花萼裂片 4～5；花瓣呈覆瓦状排列；无不育雄蕊；胚珠有 2 层珠被 ………………………………… **紫金牛科 Myrsinaceae**
（信筒子属 *Embelia*）

256. 花两性；花萼于开花时微小，而具不明显的齿裂；花瓣多为镊合状排列；有不育雄蕊（有时代以蜜腺）；胚珠无珠被。

257. 花萼于果时增大；子房的下部为 3 室，上部为 1 室，内含 3 个胚珠 ……………………………………………………… **铁青树科 Olacaceae**
（铁青树属 *Olax*）

257. 花萼于果时不增大；子房 1 室，内仅含 1 个胚 ……………………… ……………………………………………………… **山柚子科 Opiliaceae**

238. 成熟雄蕊和花瓣不同数，如同数时则雄蕊和它互生。

258. 雌雄异株，雄蕊 8 个，不相同，其中 5 个较长，有伸出花外的花丝，且和花瓣相互生，另 3 个则较短而藏于花内；灌木或灌木状草本，互生或对生单叶，心皮单生；雌花无花被，无梗，贴生于宽圆形的叶状苞片 ………………………………… **漆树科 Anacardiaceae**
（九子不离母属 *Dobinea*）

258. 花两性或单性，纵为雌雄异株时，其雄花中也无上述情形的雄蕊。

259. 花萼或其筒部和子房多少有些相连合。（次 259 项见 512 页）

260. 每于房室内含胚珠或种子 2 个至多数。

261. 花药以顶端孔裂开；草本或木本植物；叶对生或轮生，大都于叶片基部具 3～9 脉 ………………………………………………………… **野牡丹科 Melastomaceae**

261. 花药纵长裂开。

262. 草本或亚灌木；有时为攀援性。

263. 具卷须的攀援草本；花单性 ………………………………… **葫芦科 Cucurbitaceae**

263. 无卷须的植物；花常两性。

264. 萼片或花萼裂片 2 片；植物体多少肉质而多水分 ……………………… …………………………………………………… **马齿苋科 Portulacaceae**
（马齿苋属 *Portulaca*）

264. 萼片或花萼裂片 4～5 片；植物体常不为肉质。

265. 花萼裂片呈覆瓦状或镊合状排列；花柱 2 个或更多；种子具胚乳 ……… ………………………………………………… **虎耳草科 Saxifragaceae**

265. 花萼裂片呈镊合状排列；花柱 1 个，具 2～4 裂，或为 1 呈头状的柱头；种子无胚乳 ………………………………… **柳叶菜科 Onagraceae**

262. 乔木或灌木，有时为攀援性。

266. 叶互生。

267. 花数朵至多数成头状花序；常绿乔木；叶革质，全缘或具浅裂 …………… ………………………………………………… **金缕梅科 Hamamelidaceae**

267. 花成总状或圆锥花序。

268. 灌木；叶为掌状分裂，基部具 3～5 脉；子房 1 室，有多数胚珠；浆果 ……………………………………………… **虎耳草科 Saxifragaceae**
（茶藨子属 *Ribes*）

268. 乔木或灌木；叶缘有锯齿或细锯齿，有时全缘，具羽状脉；子房 3～5 室，每室内含 2 至数个胚珠，或在山茉莉属 Huodendron 为多数；干燥或木质

核果，或蒴果，有时具棱角或有翅 ………………… **野茉莉科 Styracaceae**

266. 叶常对生（使君子科的榄李树属 Lumnitzera 例外，同科的风车子属 Combretum 也可有为互生，或互生和对生共存于一枝上）。

269. 胚珠多数，除冠盖藤属 Pileostegia 自子房室顶端垂悬外，均位于侧膜或中轴胎座上；浆果或蒴果；叶缘有锯齿或为全缘，但均无托叶；种子含胚乳 ……………………………………………………… **虎耳草科 Saxifragaceae**

269. 胚珠 2 个至数个，近于自房室顶端垂悬；叶全缘或有圆锯齿；果实多不裂开，内有种子 1 至数个。

270. 乔木或灌木，常为蔓生，无托叶，不为形成海岸林的组成分子（榄李树属 *Lumnitzera* 例外）；种子无胚乳，落地后始萌芽 ……………………………………………………… **使君子科 Combretaceae**

270. 常绿灌木或小乔木，具托叶；多为形成海岸林的主要组成分子；种子常有胚乳，在落地前即萌芽（胎生） …………… **红树科 Rhizophoraceae**

260. 每子房室内仅含胚珠或种子 1 个。

271. 果实裂开为 2 个干燥的离果，并共同悬于一果梗上；花序常为伞形花序（在变豆菜属 *Sanicula* 及鸭儿芹属 *Cryptotaenia* 中为不规则的花序，在刺芫荽属 *Eryngium* 中，则为头状花序） ……………………………………………………… **伞形科 Umbeliferae**

271. 果实不裂开或裂开而不是上述情形的；花序可为各种型式。

272. 草本植物。

273. 花柱或柱头 2～4 个；种子具胚乳；果实为小坚果或核果，具棱角或有翅………… ……………………………………………………… **小二仙草科 HalOragidaceae**

273. 花柱 1 个，具有 1 头状或呈 2 裂的柱头；种子无胚乳。

274. 陆生草本植物，具对生叶；花为二出数；果实为一具钩状刺毛的坚果 ………… ……………………………………………………… **柳叶菜科 Onagraceae**

（露珠草属 *Circaea*）

274. 水生草本植物，有聚生而漂浮水面的叶片；花为四出数；果实为具 2～4 刺的坚果（栽培种果实可无显著的刺） …………………………… **菱科 Trapaceae**

（菱属 *Trapa*）

272. 木本植物。

275. 果实干燥或为蒴果状。

276. 子房 2 室；花柱 2 个 ……………………………… **金缕梅科 Hamamelidaceae**

276. 子房 1 室；花柱 1 个。

277. 花序伞房状或圆锥状 ……………………………… **莲叶桐科 Hernandiaceae**

277. 花序头状 ……………………………………………… **珙桐科 *Nyssaceae***

（旱莲木属 *Camptotheca*）

275. 果实核果状或浆果状。

278. 叶互生或对生；花瓣呈镊合状排列；花序有各种型式，但稀为伞形或头状，有时且可生于叶片上。

279. 花瓣 3～5 片，卵形至披针形；花药短 …………………… **山茱萸科 Cornaceae**

279. 花瓣 4～10 片，狭窄形并向外翻转；花药细长 ………… **八角枫科 Alangiaceae**

（八角枫属 *Alangium*）

278. 叶互生；花瓣呈覆瓦状或镊合状排列；花序常为伞形或呈头状。

280. 子房1室；花柱1个；花杂性兼雌雄异株，雌花单生或以少数朵至数朵聚生，雌花多数，腋生为有花梗的簇丛……………………………… **珙桐科 Nyssaceae**

（蓝果树属 *Nyssa*）

280. 子房2室或更多室；花柱2~5个；如子房为1室而具1花柱时（例如马蹄参属 *Diplopanax*），则花两性，形成顶生类似穗状的花序 …… **五加科 Araliaceae**

259. 花萼和子房相分离。

281. 叶片中有透明微点。

282. 花整齐，稀可两侧对称；果实不为荚果 ……………………………… **芸香科 Rutaceae**

282. 花整齐或不整齐；果实为荚果 ……………………………………………… **豆科 Leguminosae**

281. 叶片中无透明微点。

283. 雌蕊2个或更多，互相分离或仅有局部的连合；也可子房分离而花柱连合成1个。（次283项见513页）

284. 多水分的草本，具肉质的茎及叶 ………………………………… **景天科 Crassulaceae**

284. 植物体为其他情形。

285. 花为周位花。

286. 花的各部分呈螺旋状排列，萼片逐渐变为花瓣；雄蕊5或6个；雌蕊多数 ………………………………………………………… **蜡梅科 Calycanthaceae**

（蜡梅属 *Chimonanthus*）

286. 花的各部分呈轮状排列，萼片和花瓣甚有分化。

287. 雌蕊2~4个，各有多数胚珠；种子有胚乳；无托叶……………………………………………………………………………… **虎耳草科 Saxifragaceae**

287. 雌蕊2个至多数，各有1至数个胚珠，种子无胚乳；有或无托叶 …………………………………………………………………………… **蔷薇科 Rosaceae**

285. 花为下位花，或在悬铃木科中微呈周位。

288. 草本或亚灌木。

289. 各子房的花柱互相分离。

290. 叶常互生或基生，多少有些分裂；花瓣脱落性，较萼片为大，或于天葵属 Semiaquilegia 稍小于成花瓣状的萼片…………… **毛茛科 Ranunculaceae**

290. 叶对生或轮生，为全缘单叶；花瓣宿存性，较萼片小 ……………………………………………………………………… **马桑科 Coriariaceae**

（马桑属 *Coriaria*）

289. 各子房合具1共同的花柱或柱头；叶为羽状复叶；花为五出数；花萼宿存；花中有和花瓣互生的腺体；雄蕊10个 …………… **牻牛儿苗科 Geraniaceae**

（熏倒牛属 *Biebersteinia*）

288. 乔木、灌木或木本的攀援植物。

291. 叶为单叶

292. 叶对生或轮生 ……………………………………………… **马桑科 Coriariaceae**

（马桑属 *Coriaria*）

292. 叶互生。

293. 叶为脱落性，具掌状脉；叶柄基部扩张成帽状以覆盖腋芽 …………………………………………………………………… **悬铃木科 Platanaceae**

（悬铃木属 *Platanus*）

293. 叶为常绿性或脱落性，具羽状脉。

294. 雌蕊 7 个至多数（稀可少至 5 个）；1 直立或缠绕性灌木；花两性或单性 …………………………………………… 木兰科 Magnoliaceae

294. 雌蕊 4 ~ 6 个；乔木或灌木；花两性。

295. 子房 5 或 6 个，以 1 共同的花柱而连合，各子房均可成熟为核果 …………………………………………… 金莲木科 Ochnaceae （赛金莲木属 *Ouratia*）

295. 子房 4 ~ 6 个，各具 1 花柱，仅有 1 子房可成熟为核果…………… …………………………………………… 漆树科 Anacardiaceae （山木羡仔属 *Buchanania*）

291. 叶为复叶。

296. 叶对生 …………………………………………… 省沽油科 Staphyleaceae

296. 叶互生。

297. 木质藤本；叶为掌状复叶或三出复叶 ………… 木通科 Lardizabalaceae

297. 乔木或灌木（有时在牛栓藤科中有缠绕性者）；叶为羽状复叶。

298. 果实为 1 含多数种子的浆果，状似猫屎 …… 木通科 Lardizabalaceae （猫儿屎属 *Decaisnea*）

298. 果实为其他情形。

299. 果实为蓇葖果 ………………………………… 牛栓藤科 Connaraceae

299. 果实为离果，或在臭椿属 *Ailanthus* 中为翅果 ……………………… …………………………………………… 苦木科 Simaroubaceae

283. 雌蕊 1 个，或至少其子房为 1 个。

300. 雌蕊或子房确是单纯的，仅 1 室。

301. 果实为核果或浆果。

302. 花为三出数，稀可二出数；花药以舌瓣裂开 ………………………… 樟科 Lauraceae

302. 花为五出或四出数；花药纵长裂开。

303. 落叶具刺灌木；雄蕊 10 个，周位，均可发育 …………………… 蔷薇科 Rosaceae （扁核木属 *Prinsepia*）

303. 常绿乔木；雄蕊 1 ~ 5 个，下位，常仅其中 1 或 2 个可发育……………………… …………………………………………… 漆树科 Anacardiaceae （杧果属 *Mangirero*）

301. 果实为蓇葖果或荚果。

304. 果实为蓇葖果。

305. 落叶灌木；叶为单叶；蓇葖果内含 2 至数个种子 ………………… 蔷薇科 Rosaceae （绣线菊亚科 Spiraeoideae）

305. 常为木质藤本；叶多为单数复叶或具 3 小叶，有时因退化而只有 1 小叶；蓇葖果内仅含 1 个种子 ……………………………………… 牛栓藤科 Connaraceae

304. 果实为荚果 ……………………………………………………… 豆科 Leguminosae

300. 雌蕊或子房并非单纯者，有 1 个以上的子房室或花柱、柱头、胎座等部分。

306. 子房 1 室或因有 1 假隔膜的发育而成 2 室，有时下部 2 ~ 5 室，上部 1 室。（次 306 项见 515 页）

307. 花下位，花瓣 4 片，稀可更多。

308. 萼片2片 ………………………………………………………… 罂粟科 Papaveraceae
308. 萼片4～8。
309. 子房柄常细长，呈线状 ……………………………… 白花菜科 Capparidaceae
309. 子房柄极短或不存在。
310. 子房为2个心皮连合组成，常具2子房室及1假隔膜 … 十字花科 Cruciferae
310. 子房3～6个心皮连合组成，仅1子房室。
311. 叶对生，微小，为耐寒旱性；花为辐射对称；花瓣完整，具瓣爪，其内侧有舌状的鳞片附属物……………………………… 瓣鳞花科 Frankeniaceae
（瓣鳞花属 *Frankenia*）
311. 叶互生，显著，非为耐寒旱性；花为两侧对称；花瓣常分裂，但其内侧并无鳞片状的附属物 …………………………………… 木犀草科 Resedaceae
307. 花周位或下位，花瓣3～5片，稀可2片或更多。
312. 每子房室内仅有胚珠1个。
313. 乔木，或稀为灌木；叶常为羽状复叶。
314. 叶常为羽状复叶，具托叶及小托叶 ……………………… 省沽油科 Staphyleaceae
（银鹊树属 *Tapiscia*）
314. 叶为羽状复叶或单叶，无托叶及小托叶………………… 漆树科 Anacardiaceae
313. 木本或草本；叶为单叶。
315. 通常均为木本，稀可在樟科的无根藤属 Cassytha 则为缠绕性寄生草本；叶常互生，无膜质托叶。
316. 乔木或灌木，无托叶；花为三出或二出数，萼片和花瓣同形，稀可花瓣较大；花药以舌瓣裂开；浆果或核果 ………………………… 樟科 Lauraceae
316. 蔓生性的灌木，茎为合轴型，具钩状的分枝；托叶小而早落；花为五出数，萼片和花瓣不同形，前者且于结实时增大成翅状；花药纵长裂开；坚果 … ……………………………………………… 钩枝藤科 Ancistrocladaceae
（钩枝藤属 *Ancistrocladus*）
315. 草本或亚灌木；叶互生或对生，具膜质托叶 ……………… 蓼科 Polygonaceae
312. 每子房室内有胚珠2个至多数。
317. 乔木、灌木或木质藤本。
318. 花瓣及雄蕊均着生于花萼上 ……………………………… 千屈菜科 Lythraceae
318. 花瓣及雄蕊均着生于花托上（或于西番莲科中雄蕊着生于子房柄上）。
319. 核果或翅果，仅有1种子。
320. 花萼具显著的4或5裂片或裂齿，微小而不能长大 ……………………… ……………………………………………………… 茶茱萸科 Icacinaceae
320. 花萼呈截平头或具不明显的萼齿，微小，但能在果实上增大 ………… ……………………………………………………… 铁青树科 Olacaceae
（铁青树属 *Olax*）
319. 蒴果或浆果，内有2个至多数种子。
321. 花两侧对称。
322. 叶为2～3回羽状复叶；雄蕊5个 …………………… 辣木科 Moringaceae
（辣木属 *Moringa*）
322. 叶为全缘的单叶；雄蕊8个 ………………………… 远志科 Polygalaceae

321. 花辐射对称；叶为单叶或掌状分裂。
323. 花瓣具有直立而常彼此衔接的瓣爪……………海桐花科 **Pittosporaceae**
（海桐花属 *Pittosporum*）
323. 花瓣不具细长的瓣爪。
324. 植物体为耐寒旱性，有鳞片状或细长形的叶片；花无小苞片 ………
………………………………………………………… 柽柳科 **Tamariceae**
324. 植物体非为耐寒旱性，具有较宽大的叶片。
325. 花两性。
326. 花萼和花瓣不甚分化，且前者较大…… 大风子科 **Flacourtiaceae**
（红子木属 *Erythrospermum*）
326. 花萼和花瓣很有分化，前者很小 ……………… 堇菜科 **Violaceae**
（雷诺木属 *Rinorea*）
325. 雌雄异株或花杂性。
327. 乔木；花的每一花瓣基部各具位于内方的一鳞片；无子房柄
……………………………………………… 大风子科 **Flacourtiaceae**
（大风子属 *Hydnocarpus*）
327. 多为具卷须而攀援的灌木；花常具一为5鳞片所成的副冠，各鳞片和萼片相对生；有子房柄 …………… 西番莲科 **Passifloraceae**
（蒴莲属 *Adenia*）
317. 草本或亚灌木。
328. 胎座位于子房室的中央或基底。
329. 花瓣着生于花萼的喉部 ……………………………… 千屈菜科 **Lythraceae**
329. 花瓣着生于花托上。
330. 萼片2片；叶互生，稀可对生 ………………… 马齿苋科 **Portulaeaceae**
330. 萼片5或4片；叶对生 …………………………… 石竹科 **Caryophyllaceae**
328. 胎座为侧膜胎座。
331. 食虫植物，具生有腺体刚毛的叶片 …………………… 茅膏菜科 **Droseraceae**
331. 非为食虫植物，也无生有腺体毛茸的叶片。
332. 花两侧对称。
333. 花有一位于前方的距状物；蒴果3瓣裂开 ……………… 堇科 **Violaceae**
333. 花有一位于后方的大型花盘；蒴果仅于顶端裂开 ……………………
………………………………………………………… 木犀草科 **Resedaceae**
332. 花整齐或近于整齐。
334. 植物体为耐寒旱性；瓣内侧各有1舌状的鳞片 …………………………
……………………………………………………… 瓣鳞花科 **Frankeniaceae**
（瓣鳞花属 *Frankenia*）
334. 植物体非为耐寒旱性；花瓣内侧无鳞片的舌状附属物。
335. 花中有副冠及子房柄 ……………………… 西番莲科 **Passifloraceae**
（西番莲属 *Passiflora*）
335. 花中无副冠及子房柄 ……………………… 虎耳草科 **Saxifragaceae**
306. 子房2室或更多室。
336. 花瓣形状彼此极不相等。

337. 每子房室内有数个至多数胚珠。
338. 子房 2 室 ……………………………………………………………… 虎耳草科 **Saxifragaceae**
338. 子房 5 室……………………………………………………………… 凤仙花科 **Balsaminaceae**
337. 每子房室内仅有 1 个胚珠。
339. 子房 3 室；雄蕊离生；叶盾状，叶缘具棱角或波纹 ………… 旱金莲科 **Tropaeolaceae**
（旱金莲属 *Tropaeolum*）
339. 子房 2 室（稀可 1 或 3 室）；雄蕊连合为一单体；叶不呈盾状，全缘 ……………
……………………………………………………………………… 远志科 **Polygalaceae**
336. 花瓣形状彼此相等或微有不等，且有时花也可为两侧对称。
340. 雄蕊数和花瓣数既不相等，也不是它的倍数。
341. 叶对生。
342. 雄蕊 4 ~ 10 个，常 8 个。
343. 蒴果 ……………………………………………………… 七叶树科 **Hippocastanaceae**
343. 翅果 ……………………………………………………………… 槭树科 **Aceraceae**
342. 雄蕊 2 或 3 个，也稀可 4 或 5 个。
344. 萼片及花瓣均为五出数；雄蕊多为 3 个 ………………… 翅子藤科 **Hippocrateaceae**
344. 萼片及花瓣常均为四出数；雄蕊 2 个，稀可 3 个 ………………… 木犀科 **Oleaceae**
341. 叶互生。
345. 叶为单叶，多全缘，或在油桐属 Aleurites 中可具 3 ~ 7 裂片；花单性…………………
……………………………………………………………………… 大戟科 **Euphorbiaceae**
345. 叶为单叶或复叶；花两性或杂性。
346. 萼片为镊合状排列；雄蕊连成单体 ………………………… 梧桐科 **Sterculiaceae**
346. 萼片为覆瓦状排列；雄蕊离生。
347. 子房 4 或 5 室，每子房室内有 8 ~ 12 胚珠；种子具翅 …………… 楝科 **Meliaceae**
（香椿属 *Toona*）
347. 子房常 3 室，每子房室内有 1 至数个胚珠；种子无翅。
348. 花小型或中型，下位，萼片互相分离或微有连合……… 无患子科 **Sapindaceae**
348. 花大型，美丽，周位，萼片互相连合成一钟形的花萼 ……………………………
…………………………………………………………… 钟萼木科 **Bretschneideraceae**
（钟萼木属 *Bretschneidera*）
340. 雄蕊数和花瓣数相等，或是它的倍数。
349. 每子房室内有胚珠或种子 3 个至多数。
350. 叶为复叶。
351. 雄蕊连合成为单体…………………………………………………… 酢浆草科 **Oxalidaceae**
351. 雄蕊彼此相互分离。
352. 叶互生。
353. 叶为 2 ~ 3 回的三出叶，或为掌状叶 ………………… 虎耳草科 **Saxifragaceae**
（落新妇亚族 *Astilbinae*）
353. 叶为 1 回羽状复叶………………………………………………… 楝科 **Meliaceae**
（香椿属 *Toona*）
352. 叶对生。
354. 叶为双数羽状复叶 ……………………………………… 蒺藜科 **Zygophyllaceae**

354. 叶为单数羽状复叶 ………………………………………… 省沽油科 Staphyleaceae
350. 叶为单叶。
355. 草本或亚灌木。
356. 花周位；花托多少有些中空。
357. 雄蕊着生于杯状花托的边缘 ……………………………… 虎耳草科 Saxifragaceae
357. 雄蕊着生于杯状或管状花萼（或即花托）的内侧 ……… 千屈菜科 Lythraceae
356. 花下位：花托常扁平。
358. 叶对生或轮生，常全缘。
359. 水生或沼泽草本，有时（例如田繁缕属 *Bergia*）为亚灌木；有托叶 ………
…………………………………………………………………… 沟繁缕科 Elatinaceae
359. 陆生草本；无托叶 ………………………………………… 石竹科 Caryophyllaceae
358. 叶互生或基生；稀可对生，边缘有锯齿，或叶退化为无绿色组织的鳞片。
360. 草本或亚灌木；有托叶；萼片呈镊合状排列，脱落性 …… 椴树科 Tiliaceae
（黄麻属 *Corchorus*，田麻属 *Corchoropsis*）
360. 多年生常绿草本，或为死物寄生植物而无绿色组织；无托叶；萼片呈覆瓦状排列，宿存性 ………………………………………… 鹿蹄草科 Pyrolaceae
355. 木本植物。
361. 花瓣常有彼此衔接或其边缘互相依附的柄状瓣爪……… 海桐花科 Pittosporaceae
（海桐花属 *Pittosporum*）
361. 花瓣无瓣爪，或仅具互相分离的细长柄状瓣爪。
362. 花托空凹；萼片呈镊合状或覆瓦状排列。
363. 叶互生，边缘有锯齿，常绿性 ……………………… 虎耳草科 Saxifragaceae
（鼠刺属 *Itea*）
363. 叶对生或互生，全缘，脱落性。
364. 子房 2 ~ 6 室，仅具 1 花柱；胚珠多数，着生于中轴胎座上………………
…………………………………………………………………… 千屈菜科 Lythraceae
364. 子房 2 室，具 2 花柱；胚珠数个，垂悬于中轴胎座上 …………………
……………………………………………………………… 金缕梅科 Hamamelidaceae
（双花木属 *Disanthus*）
362. 花托扁平或微凸起；萼片呈覆瓦状或于杜英科中呈镊合状排列。
365. 花为四出数，果实呈浆果状或核果状；花药纵长裂开或顶端舌瓣裂开。
366. 穗状花序腋生于当年新枝上；花瓣先端具齿裂 … 杜英科 Elaeocarpaceae
（杜英属 *Elaeocarpus*）
366. 穗状花序腋生于昔年老枝上；花瓣完整 ………… 旌节花科 Stachyuraceae
（旌节花属 *Stachyurus*）
365. 花为五出数：果实呈蒴果状；花药顶端孔裂。
367. 花粉粒单纯；子房 3 室 ………………………………… 山柳科 Clethraceae
（山柳属 *Clethra*）
367. 花粉粒复合，成为四合体；子房 5 室 …………………… 杜鹃花科 Ericaceae
349. 每子房室内有胚珠或种子 1 或 2 个。
368. 草本植物，有时基部呈灌木状。
369. 花单性、杂性，或雌雄异株。

370. 具卷须的藤本；叶为二回三出复叶…………………………… 无患子科 Sapindaceae
（倒地铃属 *Cardiospermum*）

370. 直立草本或亚灌木；叶为单叶 ……………………………… 大戟科 Euphorbiaceae

369. 花两性。

371. 萼片呈镊合状排列；果实有刺 ……………………………………… 椴树科 Tiliaceae
（刺蒴麻属 *Triumfetta*）

371. 萼片呈覆瓦状排列，果实无刺。

372. 雄蕊彼此分离；花柱互相连合………………………… 牻牛儿苗科 Geraniaceae

372. 雄蕊互相连合；花柱彼此分离 …………………………………… 亚麻科 Linaceae

368. 木本植物。

373. 叶肉质，通常仅为 1 对小叶所组成的复叶 …………………… 蒺藜科 Zygophyllaceae

373. 叶为其他情形。

374. 叶对生；果实为 1、2 或 3 个翅果所组成。

375. 花瓣细裂或具齿裂；每果实有 3 个翅果 ……………… 金虎尾科 Malpighiaceae

375. 花瓣全缘；每果实具 2 个或连合为 1 个的翅果 …………… 槭树科 Aceraceae

374. 叶互生，如为对生时，则果实不为翅果。

376. 叶为复叶，或稀可为单叶而有具翅的果实。

377. 雄蕊连为单体。

378. 萼片及花瓣均为三出数；花药 6 个，花丝生于雄蕊管的口部 ……………
…………………………………………………………………… 橄榄科 Burseraceae

378. 萼片及花瓣均为四出至六出数；花药 8～12 个，无花丝，直接着生于雄蕊管的喉部或裂齿之间……………………………………………… 楝科 Meliaceae

377. 雄蕊各自分离。

379. 叶为单叶；果实为一具 3 翅而其内仅有 1 个种子的小坚果 ……………
…………………………………………………………………… 卫矛科 Celastraceae
（雷公藤属 *Tripterygium*）

379. 叶为复叶；果实无翅。

380. 花柱 3～5 个；叶常互生，脱落性 ……………… 漆树科 Anacardiaceae

380. 花柱 1 个；叶互生或对生。

381. 叶为羽状复叶，互生，常绿性或脱落性；果实有各种类型 …………
…………………………………………………………… 无患子科 Sapindaceae

381. 叶为掌状复叶，对生，脱落性；果实为蒴果 …………………………
………………………………………………… 七叶树科 Hippocastanaceae

376. 叶为单叶；果实无翅。

382. 雄蕊连成单体，或如为 2 轮时，至少其内轮者如此，有时其花药无花丝（例如大戟科的三宝木属 Trigonastemon）。

383. 花单性；萼片或花萼裂片 2～6 片，呈镊合状或覆瓦状排列………………
…………………………………………………………… 大戟科 Euphorbiaceae

383. 花两性；萼片 5 片，呈覆瓦状排列。

384. 果实呈蒴果状，子房 3～5 室，各室均可成熟………… 亚麻科 Linaceae

384. 果实呈核果状；子房 3 室，大都其中的 2 室为不孕性，仅另 1 室可成熟，而有 1 或 2 个胚珠 ………………………… 古柯科 Erythroxylaceae

（古柯属 *Erythroxylum*）

382. 雄蕊各自分离，有时在毒鼠子科中可和花瓣相连合而形成1管状物。

385. 果呈蒴果状。

386. 叶互生或稀可对生；花下位。

387. 叶脱落性或常绿性，花单性或两性；子房3室，稀可2或4室，有时可多至15室（例如算盘子属 Glochidion） … **大戟科 Euphorbiaceae**

387. 叶常绿性；花两性；子房5室 ………… **五列木科 Pentaphylacaceae**

（五列木属 *Pentaphylax*）

386. 叶对生或互生；花周位 ………………………… **卫矛科 Celastraceae**

385. 果呈核果状，有时木质化，或呈浆果状。

388. 种子无胚乳，胚体肥大而多肉质。

389. 雄蕊10个 ………………………………………… **蒺藜科 Zygophyllaceae**

389. 雄蕊4或5个。

390. 叶互生；花瓣5片，各2裂或成2部分 …………………………… ………………………………………………… **毒鼠子科 Dichapetalaceae**

（毒鼠子属 *Dichapetalum*）

390. 叶对生，花瓣4片，均完整 ……………… **刺茉莉科 Salvadoraceae**

（刺茉莉属 *Azima*）

388. 种子有胚乳，胚体有时很小。

391. 植物体为耐寒旱性；花单性，三出或二出数 ………………………… ………………………………………………… **岩高兰科 Empetraceae**

（岩高兰属 *Empetrum*）

391. 植物体为普通形状；花两性或单性，五出或四出数。

392. 花瓣呈镊合状排列。

393. 雄蕊和花瓣同数 ……………………………… **茶茱萸科 Icacinaceae**

393. 雄蕊为花瓣的倍数。

394. 枝条无刺，而有对生的叶片 ………… **红树科 Rhizophoraceae**

（红树族 *Gynotrocheae*）

394. 枝条有刺，而有互生的叶片 …………… **铁青树科 Olacaceae**

（海檀木属 *Ximenia*）

392. 花瓣呈覆瓦状排列，或在大戟科的小束花属 Microdesmis 中为扭转兼覆瓦状排列。

395. 花单性，雌雄异株；花瓣较小于萼片 … **大戟科 Euphorbiaceae**

（小盘木属 *Microdesmis*）

395. 花两性或单性，花瓣常较大于萼片。

396. 落叶攀援灌木，雄蕊10个，子房5室，每室内有胚珠2个 ……………………………………… **猕猴桃科 Actinidiaceae**

（藤山柳属 *Clematoclethra*）

396. 多为常绿乔木或灌木：雄蕊4或5个。

397. 花下位，雌雄异株或杂性，无花盘 … **冬青科 Aquifoliaceae**

（冬青属 *Ilex*）

397. 花周位，两性或杂性：有花盘 ……… **卫矛科 Celastraceae**

（异卫矛亚科 *Cassinioideae*）

160. 花冠为多少有些连合的花瓣所组成。

398. 成熟雄蕊或单体雄蕊的花药数多于花冠裂片。（次 398 项见 521 页）

399. 心皮 1 个至数个，互相分离或大致分离。

400. 叶为单叶或有时可为羽状分裂，对生，肉质 ……………………… **景天科 Crassulaceae**

400. 叶为二回羽状复叶，互生，不呈肉质 ………………………………… **豆科 Leguminosae**

（含羞草亚科 *Mimosoideae*）

399. 心皮 2 个或更多，连合成一复合性子房。

401. 雌雄同株或异株，有时为杂性。（次 401 项见 页）

402. 子房 1 室；无分枝而呈棕榈状的小乔木 ……………………… **番木瓜科 Caricaceae**

（番木瓜属 *Carica*）

402. 于房 2 室至多室；具分枝的乔木或灌木。

403. 雄蕊连成单体，或至少内层者如此；蒴果 ……………… **大戟科 Euphorbiaceae**

（麻疯树科 *Jatropha*）

403. 雄蕊各自分离；浆果 …………………………………………………… **柿树科 Ebenaceae**

401. 花两性。

404. 花瓣连成一盖状物，或花萼裂片及花瓣均可合成为 1 或 2 层的盖状物。

405. 叶为单叶，具有透明微点 ……………………………………… **桃金娘科 Myrtaceae**

405. 叶为掌状复叶，无透明微点 …………………………………… **五加科 Araliaceae**

（多蕊木属 *Tupidanthus*）

404. 花瓣及花萼裂片均不连成盖状物。

406. 每子房室中有 3 个至多数胚珠。

407. 雄蕊 5 ~ 10 个或其数不超过花冠裂片的 2 倍，稀可在野茉莉科的银钟花属 Halesia 其数可达 16 个，而为花冠裂片的 4 倍，

408. 雄蕊连成单体或其花丝于基部互相连合；花药纵裂；花粉粒单生。

409. 叶为复叶，子房上位；花柱 5 个 …………………… **酢浆草科 Oxalidaceae**

409. 叶为单叶，子房下位或半下位；花柱 1 个；乔木或灌木，常有星状毛 ………………………………………………………… **野茉莉科 Styracaceae**

408. 雄蕊各自分离，花药顶端孔裂，花粉粒为四合型 ……… **杜鹃花科 Ericaceae**

407. 雄蕊为不定数。

410. 萼片和花瓣常各为多数，而无显著的区分；子房下位，植物体肉质，绿色，常具棘针，而其叶退化……………………………… **仙人掌科 Cactaceae**

410. 萼片和花瓣常务为 5 片，而有显著的区分；子房上位。

411. 萼片呈镊合状排列，雄蕊连成单体 ……………………… **锦葵科 Malvaceae**

411. 萼片呈显著的覆瓦状排列。

412. 雄蕊连成 5 束，且每束着生于 1 花瓣的基部；花药顶端孔裂开；浆果 ……………………………………………………… **猕猴桃科 Actinidiaceae**

（水冬哥属 *Saurauia*）

412. 雄蕊的基部连成单体；花药纵长裂开，蒴果 ………… **山茶科 Theaceae**

（紫茎木属 *Stewartia*）

406. 每子房室中常仅有 1 或 2 个胚珠，

413. 花萼中的 2 片或更多片于结实时能长大成翅状 … **龙脑香科 Dipterocarpaceae**

413. 花萼裂片无上述变大的情形。
414. 植物体常有星状毛茸 ………………………………… 野茉莉科 Styracaceae
414. 植物体无星状毛茸。
415. 子房下位或半下位；果实歪斜 …………………………… 山矾科 Symplocaceae
（山矾属 *Symplocos*）
415. 子房上位。
416. 雄蕊相互连合为单体；果实成熟时分裂为离果 …… 锦葵科 Malvaceae
416. 雄蕊各自分离；果实不是离果。
417. 子房 1 或 2 室；蒴果 ………………………… 瑞香科 Thymelaeaceae
（沉香属 *Aquilaria*）
417. 子房 6～8 室；浆果……………………………… 山榄科 Sapotaceae
（紫荆木属 *Madhuca*）
398. 成熟雄蕊并不多于花冠裂片或有时因花丝的分裂则可过之。
418. 雄蕊和花冠裂片为同数且对生。
419. 植物体内有乳汁 ……………………………………………… 山榄科 Sapotaceae
419. 植物体内不含乳汁。
420. 果实内有数个至多数种子。
421. 乔木或灌木；果实呈浆果状或核果状 ……………………… 紫金牛科 Myrsinaceae
421. 草本；果实呈蒴果状……………………………………… 报春花科 Primulaceae
420. 果实内仅有 1 个种子。
422. 子房下位或半下位。
423. 乔木或攀援性灌木；叶互生 ……………………………… 铁青树科 Olacaceae
423. 常为半寄生性灌木；叶对生 ……………………………… 桑寄生科 Loranthaceae
422. 子房上位。
424. 花两性。
425. 攀援性草本；萼片 2；果为肉质宿存花萼所包围 ………… 落葵科 Basellaceae
（落葵属 *Basella*）
425. 直立草本或亚灌木，有时为攀援性；萼片或萼裂片 5；果为蒴果或瘦果，不为花萼所包围 ………………………………………… 蓝雪科 Plumbaginaceae
424. 花单性，雌雄异株；攀援性灌木。
426. 雄蕊连合成单体；雌蕊单纯性 ………………………… 防己科 Menispermaceae
（锡生藤亚族 Cissampelinae）
426. 雄蕊各自分离；雌蕊复合性 …………………………… 茶茱萸科 Icacinaceae
（微花藤属 *Iodes*）
418. 雄蕊和花冠裂片为同数且互生，或雄蕊数较花冠裂片为少。
427. 子房下位
428. 植物体常以卷须而攀援或蔓生；胚珠及种子皆为水平生长于侧膜胎座上 …………………………………………………………………… 葫芦科 Cucurbitaceae
428. 植物体直立，如为攀援时也无卷须；胚珠及种子并不为水平生长。
429. 雄蕊互相连合。
430. 花整齐或两侧对称，成头状花序，或在苍耳属 Xanthium 中，雌花序为一仅含 2

花的果壳，其外生有钩状刺毛；子房1室，内仅有1个胚珠 ……………………………………………………………………………………… 菊科 Compositae

430. 花多两侧对称，单生或成总状或伞房花序；子房2或3室，内有多数胚珠。

431. 冠裂片呈镊合状排列；雄蕊5个，具分离的花丝及连合的花药 ……………………………………………………………………………… 桔梗科 Campanulaceae（半边莲亚科 *Lobelioideae*）

431. 花冠裂片呈覆瓦状排列；雄蕊2个，具连合的花丝及分离的花药 ……………………………………………………………………………… 花柱草科 Stylidiaceae（花柱草属 Stylidium）

429. 雄蕊各自分离。

432. 雄蕊和花冠相分离或近于分离。

433. 花药顶端孔裂开；花粉粒连合成四合体；灌木或亚灌木 ……………………………………………………………………………… 杜鹃花科 Ericaceae（乌饭树亚科 *Vaccinioideae*）

433. 花药纵长裂开，花粉粒单纯；多为草本。

434. 花冠整齐；子房2～5室，内有多数胚珠 …………… 桔梗科 Campanulaceae

434. 花冠不整齐；子房1～2室，每子房室内仅有1或2个胚珠 ……………………………………………………………………… 草海桐科 Goodeniaceae

432. 雄蕊着生于花冠上。

435. 雄蕊4或5个，和花冠裂片同数。

436. 叶互生；每子房室内有多数胚珠 …………………… 桔梗科 Campanulaceae

436. 叶对生或轮生；每子房室内有1个至多数胚珠。

437. 叶轮生，如为对生时，则有托叶存在 ………………… 茜草科 Rubiaceae

437. 叶对生，无托叶或稀可有明显的托叶。

438. 花序多为聚伞花序 ……………………………………… 忍冬科 Caprifoliaceae

438. 花序为头状花序 ………………………………………… 川续断科 Dipsacaceae

435. 雄蕊1～4个，其数较花冠裂片为少。

439. 子房1室。

440. 胚珠多数，生于侧膜胎座上 ………………………… 苦苣苔科 Gesneriaceae

440. 胚珠1个，垂悬于子房的顶端 ………………………… 川续断科 Dipsacaceae

439. 子房2室或更多室，具中轴胎座。

441. 子房2～4室，所有的子房室均可成熟；水生草本 … 胡麻科 Pedaliaceae（茶菱属 *Trapella*）

441. 子房3或4室，仅其中1或2室可成熟。

442. 落叶或常绿的灌木；叶片常全缘或边缘有锯齿 ……………………………………………………………………… 忍冬科 Caprifoliaceae

442. 陆生草本；叶片常有很多的分裂 ………………… 败酱科 Valerianaceae

427. 子房上位。

443. 子房深裂为2～4部分；花柱或数花柱均自子房裂片之间伸出。

444. 花冠两侧对称或稀可整齐；叶对生 ……………………………… 唇形科 Labiatae

444. 花冠整齐；叶互生。

445. 花柱2个；多年生匍匐性小草本，叶片呈圆肾形 ………… 旋花科 Convolvulaceae

（马蹄金属 *Dichondra*）

445. 花柱 1 个 …………………………………………………………… 紫草科 **Boraginaceae**

443. 子房完整或微有分割，或为 2 个分离的心皮所组成；花柱自子房的顶端伸出。

446. 雄蕊的花丝分裂。

447. 雄蕊 2 个，各分为 3 裂 ………………………………………………… 罂粟科 **Papaveraceae**

（紫堇亚科 *Fumarioideae*）

447. 雄蕊 5 个，各分为 2 裂 ………………………………………………… 五福花科 **Adoxaceae**

（五福花属 *Adoxa*）

446. 雄蕊的花丝单纯。

448. 花冠不整齐，常多少有些呈二唇状（次 448 项见 524 页）。

449. 成熟雄蕊 5 个。

450. 雄蕊和花冠离生 …………………………………………………… 杜鹃花科 **Ericaceae**

450. 雄蕊着生于花冠上 ………………………………………………… 紫草科 **Boraginaceae**

449. 成熟雄蕊 2 或 4 个，退化雄蕊有时也可存在。

451. 每子房室内仅含 1 或 2 个胚珠（如为后一情形时，也可在次 451 项检索之）。

452. 叶对生或轮生，雄蕊 4 个，稀可 2 个；胚珠直立，稀可垂悬。

453. 子房 2～4 室，共有 2 个或更多的胚珠 ……………… 马鞭草科 **Verbenaceae**

453. 子房 1 室，仅含 1 个胚珠 ………………………………… 透骨草科 **Phrymaceae**

（透骨草属 *Phryma*）

452. 叶互生或基生；雄蕊 2 或 4 个，胚珠垂悬；子房 2 室，每子房室内仅有 1 个胚珠 ………………………………………………………… 玄参科 **Scrophulariaceae**

451. 每子房室内有 2 个至多数胚珠。

454. 子房 1 室具侧膜胎座或中央胎座（有时可因侧膜胎座的深入而为 2 室）。

455. 草本或木本植物，不为寄生性，也非食虫性。

456. 多为乔木或木质藤本；叶为单叶或复叶，对生或轮生，稀可互生，种子有翅，但无胚乳 ……………………………………………… 紫葳科 **Bignoniaceae**

456. 多为草本，叶为单叶，基生或对生，种子无翅，有或无胚乳 ……………………………………………………………………… 苦苣苔科 **Gesneriaceae**

455. 草本植物，为寄生性或食虫性。

457. 植物体寄生于其他植物的根部，而无绿叶存在；雄蕊 4 个；侧膜胎座 ……………………………………………………………………… 列当科 **Orobanchaceae**

457. 植物体为食虫性，有绿叶存在，雄蕊 2 个；特立中央胎座；多为水生或沼泽植物，且有具距的花冠 ………………………… 狸藻科 **Lentibulariaceae**

454. 子房 2～4 室，具中轴胎座，或于角胡麻科中为子房 1 室而具侧膜胎座。

458. 植物体常具分泌粘液的腺体毛茸，种子无胚乳或具一薄层胚乳。

459. 子房最后成为 4 室，蒴果的果皮质薄而不延伸为长喙；油料植物 ……… ………………………………………………………………… 胡麻科 **Pedaliaceae**

（胡麻属 *Sesamum*）

459. 子房 1 室，蒴果的内皮坚硬而呈木质，延伸为钩状长喙；栽培花卉 …… …………………………………………………………… 角胡麻科 **Martyniaceae**

（角胡麻属 *Pooboscidea*）

458. 植物体不具上述的毛茸；子房 2 室。

460. 叶对生；种子无胚乳，位于胎座的钩状突起上 …… **爵床科 Acanthaceae**

460. 叶互生或对生，种子有胚乳，位于中轴胎座上。

461. 花冠裂片具深缺刻；成熟雄蕊 2 个 …………………… **茄科 Solanaceae**

（蝴蝶花属 *Schizanthus*）

461. 花冠裂片全缘或仅其先端具一凹陷；成熟雄蕊 2 或 4 个 ……………… ……………………………………………… **玄参科 Scrophulariaceae**

448. 花冠整齐，或近于整齐。

462. 雄蕊数较花冠裂片为少。

463. 子房 2 ~ 4 室，每室内仅含 1 或 2 个胚珠。（次 463 项见　页）

464. 雄蕊 2 个 ……………………………………………………… **木犀科 Oleaceae**

464. 雄蕊 4 个。

465. 叶互生，有透明腺体微点存在 ………………………… **苦槛蓝科 Myoporaceae**

465. 叶对生，无透明微点 …………………………………… **马鞭草科 Verbenaceae**

463. 子房 1 或 2 室，每室内有数个至多数胚珠。

466. 雄蕊 2 个，每子房室内有 4 ~ 10 个胚珠垂悬于室的顶端 … **木犀科 Oleaceae**

（连翘属 *Forsythia*）

466. 雄蕊 4 或 2 个；每子房室内有多数胚珠着生于中轴或侧膜胎座上。

467. 子房 1 室，内具分歧的侧膜胎座，或因胎座深入而使子房成 2 室 ……… ……………………………………………………… **苦苣苔科 Gesneritaceae**

467. 子房为完全的 2 室，内具中轴胎座。

468. 花冠于蕾中常折迭；子房 2 心皮的位置偏斜 ………… **茄科 Solanaceae**

468. 花冠于蕾中不折迭，而呈覆瓦状排列，子房的 2 心皮位于前后方 …… ……………………………………………… **玄参科 Scrophulariaceae**

462. 雄蕊和花冠裂片同数。

469. 子房 2 个，或为 1 个而成熟后呈双角状。

470. 雄蕊各自分离，花粉粒也彼此分离 ………………………… **夹竹桃科 Apocynaceae**

470. 雄蕊互相连合，花粉粒连成花粉块 ……………………… **萝藦科 Asclepiadaceae**

469. 子房 1 个，不呈双角状。

471. 子房 1 室或因 2 侧膜胎座的深入而成 2 室。

472. 子房为 1 心皮所成。

473. 花显著，呈漏斗形而簇生；果实为 1 瘦果，有棱或有翅 ……………………… …………………………………………………………… **紫茉莉科 Nyctaginaceae**

（紫茉莉属 *Mirabilis*）

473. 花小型而形成珠形的头状花序，果实为 1 荚果，成熟后则裂为仅含 1 种子的节荚 ……………………………………………………………… **豆科 Leguminosae**

（含羞草属 *Mimosa*）

472. 子房为 2 个以上连合心皮所成。

474. 乔木或攀援性灌木，稀可为一攀援性草本，而体内具有乳汁（例如心翼果属 *Cardiopteris*）；果实呈核果状（但心翼果属则为干燥的翅果），内有 1 个种子 … …………………………………………………… **茶茱萸科 Icacinaceae**

474. 草本或亚灌木，或于旋花科的麻辣仔藤属 Erycibe 中为攀援灌木，果实呈蒴果状（或于麻辣仔藤属中呈浆果状），内有 2 个或更多的种子。

475. 花冠裂片呈覆瓦状排列。

476. 叶茎生，羽状分裂或为羽状复叶（限于我国植物如此）……………………………………………………………………………………… **田基麻科 Hydrophyllaceae**

（水叶族 *Hydrophylleae*）

476. 叶基生，单叶，边缘具齿裂 ………………………… **苦苣苔科 Gesneriaceae**

（苦苣苔属 *Conandron*，黔苣苔属 *Tengia*）

475. 花冠裂片常呈旋转状或内折的镊合状排列。

477. 攀援性灌木，果实呈浆果状，内有少数种子 ……… **旋花科 Convolvulaceae**

（麻辣仔藤属 *Erycibe*）

477. 直立陆生或漂浮水面的草本；果实呈蒴果状，内有少数至多数种子 ………………………………………………………………………… **龙胆科 Gentianaceae**

471. 于房 2 ~ 10 室。

478. 无绿叶而为缠绕性的寄生植物 ………………………… **旋花科 Convolvulaceae**

（菟丝子亚科 *Cuscutoideae*）

478. 不是上述的无叶寄生植物。

479. 叶常对生，且多在两叶之间具有托叶所成的连接线或附属物 ……………………………………………………………………………………… **马钱科 Loganiaceae**

479. 叶常互生，或有时基生，如为对生时，其两叶之间也无托叶所成的连系物，有时其叶也可轮生。

480. 雄蕊和花冠离生或近于离生。

481. 灌木或亚灌木，花药顶端孔裂；花粉粒为四合体；子房常 5 室 ……………………………………………………………………………… **杜鹃花科 Ericaceae**

481. 一年或多年生草本，常为缠绕性：花药纵长裂开；花粉粒单纯；子房常 3 ~ 5 室 …………………………………………………… **桔梗科 Campanulaceae**

480. 雄蕊着生于花冠的筒部。

482. 雄蕊 4 个，稀可在冬青科为 5 个或更多。

483. 无主茎的草本，具由少数至多数花朵所形成的穗状花序生于一基生花葶上 …………………………………………………… **车前科 Plantaginaceae**

（车前属 *Plantago*）

483. 乔木、灌木，或具有主茎的草本。

484. 叶互生，多常绿 ………………………………………… **冬青科 Aquifoliaceae**

（冬青属 *Ilex*）

484. 叶对生或轮生。

485. 子房 2 室，每室内有多数胚珠……………… **玄参科 Scrophulariaceae**

485. 子房 2 室至多室，每室内有 1 或 2 个胚珠　… **马鞭草科 Verbenaceae**

482. 雄蕊常 5 个，稀可更多。

486. 每子房室内仅有 1 或 2 个胚珠。

487. 子房 2 或 3 室；胚珠自子房室近顶端垂悬；木本植物，叶全缘。

488. 每花瓣 2 裂或 2 分；花柱 1 个；子房无柄，2 或 3 室，每室内各有 2 个胚珠，核果；有托叶 ……………………… **毒鼠子科 Dichapetalaceae**

（毒鼠子属 *Dichapetalum*）

488. 每花瓣均完整；花柱 2 个；子房具柄，2 室，每室内仅有 1 个胚珠；

翅果；无托叶 ………………………………… 茶茱萸科 Icacinaceae

487. 子房 1～4 室；胚珠在子房室基底或中轴的基部直立或上举；无托叶；花柱 1 个，稀可 2 个，有时在紫草科的破布木属 Cordia 中其先端可成两次的 2 分。

489. 果实为核果；花冠有明显的裂片，并在蕾中呈覆瓦状或旋转状排列，叶全缘或有锯齿；通常均为直立木本或草本，多粗壮或具刺毛 …… ……………………………………………… 紫草科 Boraginaceae

489. 果实为蒴果，花瓣完整或具裂片；叶全缘或具裂片，但无锯齿缘。

490. 通常为缠绕性稀可为直立草本，或为半木质的攀援植物至大型木质藤本（例如盾苞藤属 Neuropeltis）；萼片多互相分离；花冠常完整而几无裂片，于蕾中呈旋转状排列，也可有时深裂而其裂片成内折的镊合状排列（例如盾苞藤属） …… 旋花科 Convolvulaceae

490. 通常均为直立草本；萼片连合成钟形或筒状；花冠有明显的裂片，唯于蕾中也成旋转状排列 …………………… 花荵科 Polemoniaceae

486. 每子房室内有多数胚珠，或在花荵科中有时为 1 至数个；多无托叶。

491. 高山区生长的耐寒旱性低矮多年生草本或丛生亚灌木；叶多小型，常绿，紧密排列成覆瓦状或莲座式；花无花盘；花单生至聚集成几为头状花序；花冠裂片成覆瓦状排列；子房 3 室，花柱 1 个，柱头 3 裂；蒴果室背开裂 ……………………………………… 岩梅科 Diapensiaceae

491. 草本或木本，不为耐寒旱性，叶常为大型或中型，脱落性，疏松排列而各自展开；花多有位于子房下方的花盘。

492. 花冠不于蕾中折迭，其裂片呈旋转状排列，或在田基麻科中为覆瓦状排列。

493. 叶为单叶，或在花荵属 *Polemonium* 为羽状分裂或为羽状复叶，子房 3 室（稀可 2 室）；花柱 1 个；柱头 3 裂，蒴果多室背开裂 … ……………………………………………… 花荵科 Polemoniaceac

493. 叶为单叶，且在田基麻属 Hydrolea 为全缘；子房 2 室；花柱 2 个；柱头呈头状，蒴果室间开裂 …………… 田基麻科 Hydrophyilaceae

（田基麻族 *Hydroleeae*）

492. 花冠裂片呈镊合状或覆瓦状排列，或其花冠于蕾中折迭，且成旋转状排列，花萼常宿存；子房 2 室；或在茄科中为假 3 室至假 5 室；花柱 1 个，柱头完整或 2 裂。

494. 花冠多于蕾中折迭，其裂片呈覆瓦状排列，或在曼陀罗属 *Datura* 成旋转状排列，稀可在枸杞属 *Lycium* 和颠茄属 *Atropa* 等属中，并不于蕾中折迭，而呈覆瓦状排列，雄蕊的花丝无毛：浆果，或为纵裂或横裂的蒴果 ……………………………… 茄科 Solanaceae

494. 花冠不于蕾中折迭，其裂片呈覆瓦状排列，雄蕊的花丝具毛茸（尤以后方的 3 个如此）。

495. 室间开裂的蒴果 …………………… 玄参科 Scrophulariaceae

（毛蕊花属 *Verbascum*）

495. 浆果，有刺灌木 ……………………………… 茄科 Solanaceae

（枸杞属 Lycium）

1. 子叶1个；茎无中央髓部，也无呈年轮状的生长；叶多具平行叶脉；花为三出数，有时为四出数，但极少为五出数 ……………………………………………… **单子叶植物纲 Monocotyledoneae**

496. 木本植物，或其叶于芽中呈折迭状。

497. 灌木或乔木；叶细长或呈剑状，在芽中不呈折迭状 ……………… **露兜树科 Pandanaceae**

497. 木本或草本，叶甚宽，常为羽状或扇形的分裂，在芽中呈折迭状而有强韧的平行脉或射出脉。

498. 植物体多甚高大，呈棕榈状，具简单或分枝少的主干，花为圆锥或穗状花序，托以佛焰状苞片 ……………………………………………………………… **棕榈科 Palmae**

498. 植物体常为无主茎的多年生草本，具常深裂为2片的叶片；花为紧密的穗状花序 ……… ……………………………………………………………… **环花科 Cyclanthaceae**

（巴拿马草属 *Carludovica*）

496. 草本植物或稀可为木质茎，但其叶于芽中从不呈折迭状。

499. 无花被或在眼子菜科中很小

500. 花包藏于或附托以呈覆瓦状排列的壳状鳞片（特称为颖）中，由多花至1花形成小穗（自形态学观点而言，此小穗实即简单的穗状花序）。

501. 秆多少有些呈三棱形，实心；茎生叶呈三行排列；叶鞘封闭；花药以基底附着花丝，果实为瘦果或囊果 ……………………………………………… **莎草科 Cyperaceae**

501. 秆常呈圆筒形；中空；茎生叶呈二行排列，叶鞘常在一侧纵裂开；花药以其中部附着花丝；果实通常为颖果 ……………………………………… **禾本科 Gramineae**

500. 花虽有时排列为具总苞的头状花序，但并不包藏于呈壳状的鳞片中。

502. 植物体微小，无真正的叶片，仅具无茎而漂浮水面或沉没水中的叶状体 ………………… ……………………………………………………………… **浮萍科 Lemnaceae**

502. 植物体常具茎，也具叶，其叶有时可呈鳞片状。

503. 水生植物，具沉没水中或漂浮水面的叶片。

504. 花单性，不排列成穗状花序。

505. 叶互生1花成球形的头状花序 ……………………… **黑三棱科 Sparganlaceae**

（黑三棱属 *Sparganium*）

505. 叶多对生或轮生；花单生，或在叶腋间形成聚伞花序。

506. 多年生草本；雌蕊为1个或更多而互相分离的心皮所成，胚珠自子房室顶端垂悬 ……………………………………………… **眼子菜科 Potamogetonaceae**

（角果藻族 *Zannichellieae*）

506. 一年生草本；雌蕊1个，具2~4柱头，胚珠直立于子房室的基底……………… ……………………………………………………………… **茨藻科 Najadaceae**

（茨藻属 *Najas*）

504. 花两性或单性，排列成简单或分歧的穗状花序。

507. 花排列于1扁平穗轴的一侧。

508. 海水植物，穗状花序不分歧，但具雌雄同株或异株的单性花；雄蕊1个，具无花丝而为1室的花药，雌蕊1个，具2柱头；胚珠1个，垂悬于子房室的顶端 ……………………………………………… **眼子菜科 Potamogetonaceae**

（大叶藻属 *Zostera*）

508. 淡水植物；穗状花序常分为二歧而具两性花；雄蕊6个或更多，具极细长的花丝和2室的花药；雌蕊为3~6个离生心皮所成；胚珠在每室内2个或更多，

基生 ……………………………………………………… 水蕹科 Aponogetonaceae

（水蕹属 *Aponogeton*）

507. 花排列于穗轴的周围，多为两性花；胚珠常仅 1 个 ……………………………… ……………………………………………………… 眼子菜科 Potamogetonaceae

503. 陆生或沼泽植物，常有位于空气中的叶片。

509. 叶有柄，全缘或有各种形状的分裂，具网状脉，花形成一肉穗花序，后者常有一大型而常具色彩的佛焰苞片 ……………………………… 天南星科 Araceae

509. 叶无柄，细长形、剑形，或退化为鳞片状，其叶片常具平行脉。

510. 花形成紧密的穗状花序，或在帚灯草科为疏松的圆锥花序。

511. 陆生或沼泽植物，花序为由位于苞腋间的小穗所组成的疏散圆锥花序，雌雄异株，叶多呈鞘状 ……………………………… 帚灯草科 Restionaceae

（薄果草属 *Leptocarpus*）

511. 水生或沼泽植物；花序为紧密的穗状花序。

512. 穗状花序位于一呈二棱形的基生花葶的一侧，而另一侧则延伸为叶状的佛焰苞片；花两性 ……………………………… 天南星科 Araceae

（石菖蒲属 *Acorus*）

512. 穗状花序位于一圆柱形花梗的顶端，形如蜡烛而无佛焰苞；雌雄同株 …… ……………………………………………………… 香蒲科 Typhaceae

510. 花序有各种型式。

513. 花单性，成头状花序。（次 513 项见 459 页）

514. 头状花序单生于基生无叶的花葶顶端，叶狭窄，呈禾草状，有时叶为膜质 ……………………………………………… 谷精草科 Eriocaulaceae

（谷精草属 *Eriocaulon*）

514. 头状花序散生于具叶的主茎或枝条的上部，雄性者在上，雌性者在下，叶细长，呈扁三棱形，直立或漂浮水面，基部呈鞘状 ……………………… ……………………………………………… 黑三棱科 Sparganiaceae

（黑三棱属 *Sparganium*）

513. 花常两性。

515. 花序呈穗状或头状，包藏于 2 个互生的叶状苞片中；无花被；叶小，细长形或呈丝状；雄蕊 1 或 2 个；子房上位，1 ~ 3 室，每子房室内仅有 1 个垂悬胚珠 ……………………………… 刺鳞草科 Centrolepidaceae

515. 花序不包藏于叶状的苞片中；有花被。

516. 子房 3 ~ 6 个，至少在成熟时互相分离 ………… 水麦冬科 Juncaginaceae

（水麦冬属 *Triglochin*）

516. 子房 1 个，由 3 心皮连合所组成 …………………… 灯心草科 Juncaceae

499. 有花被，常显著，且呈花瓣状。

517. 雌蕊 3 个至多数，互相分离。

518. 死物寄生性植物，具呈鳞片状而无绿色叶片。

519. 花两性，具 2 层花被片；心皮 3 个，各有多数胚珠 ……………… 百合科 Liliaceae

（无叶莲属 *Petrosavia*）

519. 花单性或稀可杂性，具一层花被片：心皮数个，各仅有 1 个胚珠 …………………… ……………………………………………………… 霉草科 Triuridaceae

（喜阴草属 *Sciaphila*）

518. 不是死物寄生性植物，常为水生或沼泽植物，具有发育正常的绿叶。

520. 花被裂片彼此相同；叶细长，基部具鞘 ……………………… **水麦冬科 Juncaginaceae**

（芝菜属 *Scheuchzeria*）

520. 花被裂片分化为萼片和花瓣 2 轮。

521. 叶（限于我国植物）呈细长形，直立，花单生或成伞形花序，蓇葖果　科 Butomaceae

（　属 *Butomus*）

521. 叶呈细长兼披针形至卵圆形，常为箭镞状而具长柄，花常轮生，成总状或圆锥花序，瘦果 …………………………………………………… **泽泻科 Alismataceae**

517. 雌蕊 1 个，复合性或于百合科的岩菖蒲属 Tofieldia 中其心皮近于分离。

522. 子房上位，或花被和子房相分离。

523. 花两侧对称；雄蕊 1 个，位于前方，即着生于远轴的 1 个花被片的基部 ……………………………………………………………………… **田葱科 Philydraceae**

（田葱属 *philydrum*）

523. 花辐射对称，稀可两侧对称，雄蕊 3 个或更多。

524. 花被分化为花萼和花冠 2 轮，后者于百合科的重楼族中，有时为细长形或线形的花瓣所组成，稀可缺如。（次 524 项见 460 页）

525. 花形成紧密而具鳞片的头状花序，雄蕊 3 个，子房 1 室 … **黄眼草科 Xyridaceae**

（黄眼草属 *Xyris*）

525. 花不形成头状花序；雄蕊数在 3 个以上。

526. 叶互生，基部具鞘，平行脉：花为腋生或顶生的聚伞花序，雄蕊 6 个，或因退化而数较少 …………………………………………… **鸭跖草科 Commelinaceae**

526. 叶以 3 个或更多个生于茎的顶端而成一轮，网状脉而于基部具 3 ~ 5 脉；花单独顶生；雄蕊 6 个、8 个或 10 个 ………………………… **百合科 Liliaceae**

（重楼族 *Parideae*）

524. 花被裂片彼此相同或近于相同，或于百合科的白丝草属 Chinographis 中则极不相同，又在同科的油点草属 Tricyrtis 中其外层 3 个花被裂片的基部呈囊状。

527. 花小型，花被裂片绿色或棕色。

528. 花位于一穗形总状花序上，蒴果自一宿存的中轴上裂为 3 ~ 6 瓣，每果瓣内仅有 1 个种子 ………………………………………… **水麦冬科 Juncginoce – e**

（水麦冬属 *Triglochin*）

528. 花位于各种型式的花序上；蒴果室背开裂为 3 瓣，内有多数至 3 个种子 …… ………………………………………………………… **灯心草科 Juncaceae**

527. 花大型或中型，或有时为小型，花被裂片多少有些具鲜明的色彩。

529. 叶（限于我国植物）的顶端变为卷须，并有闭合的叶鞘；胚珠在每室内仅为 1 个；花排列为顶生的圆锥花序 ……………………… **须叶藤科 Flageilariaceae**

（须叶藤属 *Flaglllaria*）

529. 叶的顶端不变为卷须；胚珠在每子房室内为多数，稀可仅为 1 个或 2 个。

530. 直立或漂浮的水生植物；雄蕊 6 个，彼此不相同，或有时有不育者 ……… ……………………………………………………… **雨久花科 Pontederiaceae**

530. 陆生植物；雄蕊 6 个，4 个或 2 个，彼此相同。

531. 花为四出数，叶（限于我国植物）对生或轮生，具有显著纵脉及密生的横脉 ………………………………………………… 百部科 Stemonaceae

（百部属 *Stemona*）

531. 花为三出或四出数；叶常基生或互生 …………………… 百合科 Liliaceae

522. 子房下位，或花被多少有些和子房相愈合。

532. 花两侧对称或为不对称形。

533. 花被片均成花瓣状；雄蕊和花柱多少有些互相连合 …………… 兰科 Orchidaceae

533. 花被片并不是均成花瓣状，其外层者形如萼片；雄蕊和花柱相分离。

534. 后方的1个雄蕊常为不育性，其余5个则均发育而具有花药。

535. 叶和苞片排列成螺旋状；花常因退化而为单性；浆果；花管呈管状，其一侧不久即裂开 ………………………………………………… 芭蕉科 Musaceae

（芭蕉属 *Musa*）

535. 叶和苞片排列成2行；花两性，蒴果。

536. 萼片互相分离或至多可和花冠相连合；居中的1花瓣并不成为唇瓣 ……… ………………………………………………………… 芭蕉科 Musaceae

（鹤望兰属 *Strelitzia*）

536. 萼片互相连合成管状；居中（位于远轴方向）的1花瓣为大形而成唇瓣 ………………………………………………………… 芭蕉科 Musaceae

（兰花蕉属 *Orchidantha*）

534. 后方的1个雄蕊发育而具有花药，其余5个则退化，或变形为花瓣状。

537. 花药2室；萼片互相连合为一萼筒，有时呈佛焰苞状 …… 姜科 Zingiberaceae

537. 花药1室；萼片互相分离或至多彼此相衔接。

538. 子房3室，每子房室内有多数胚珠位于中轴胎座上；各不育雄蕊呈花瓣状，互相于基部简短连合 ……………………………… 美人蕉科 Cannaceae

（美人蕉属 *Canna*）

538. 子房3室或因退化而成1室，每子房室内仅含1个基生胚珠；各不育雄蕊也呈花瓣状，唯多少有些互相连合 ……………………… 竹芋科 Marantaceae

532. 花常辐射对称，也即花整齐或近于整齐。

539. 水生草本，植物体部分或全部沉没水中 ………………… 水鳖科 Hydrocharitaceae

539. 陆生草本。

540. 植物体为攀援性；叶片宽广，具网状脉（还有数主脉）和叶柄 ………………… ………………………………………………………… 薯蓣科 Dioscoreaceae

540. 植物体不为攀援性；叶具平行脉。

541. 雄蕊3个。

542. 叶2行排列，两侧扁平而无背腹面之分，由下向上重叠跨覆，雄蕊和花被的外层裂片相对生 ……………………………………………… 鸢尾科 Iridaceae

542. 叶不为2行排列；茎生叶呈鳞片状；雄蕊和花被的内层裂片相对生 ……… ……………………………………………………… 水玉簪科 Burmanniaceae

541. 雄蕊6个。

543. 果实为浆果或蒴果，而花被残留物多少和它相合生，或果实为一聚花果；花被的内层裂片各于其基部有2舌状物；叶呈带形，边缘有刺齿或全缘 … ………………………………………………………… 凤梨科 Bromielaceae

543. 果实为蒴果或浆果，仅为 1 花所成；花被裂片无附属物。

544. 子房 1 室，内有多数胚珠位于侧膜胎座上；花序为伞形，具长丝状的总苞片 ………………………………………………………… **蒟蒻薯科 Taccaceae**

544. 子房 3 室，内有多数至少数胚珠位于中轴胎座上。

545. 子房部分下位 …………………………………………… **百合科 Liliaceae**

（肺筋草属 *Aletris*，沿阶草属 *Ophiopogon*，球子草属 *Peliosanthes*）

545. z 子房完全下位 ………………………………… **石蒜科 Amaryllidacese**